WILDERNESS AND THE AMERICAN MIND

Roderick F. Nash

原生自然とアメリカ人の精神

R・F・ナッシュ
［著］

松野 弘
［監訳］

ミネルヴァ書房

WILDERNESS AND THE AMERICAN MIND 5th
Edition by Roderick Frazier Nash .New Material

Japanese Translation rights arranged with
Yale University Press in London
through The Asano Agency, Inc. in Tokyo.

刊行によせて

広井良典

このたび，アメリカを代表する環境思想研究者であるナッシュの代表的著作『原生自然とアメリカ人の精神』の翻訳がこうして公刊されるに至ったことを，まずは心から祝福したいと思う。これによって，ナッシュの主要著作たる『自然の権利』『アメリカの環境主義』と並んで，彼の三大著作とも呼べる著作群が，いずれも松野弘博士の翻訳・監訳によって日本の読者のもとに届けられることになった。

さて，そもそもこの本をどのような視点で読むかという点に関する大きな前提として，松野教授が「監訳者あとがきにかえて」でも言及しているように，アメリカないしアメリカ人の「環境（ないし環境問題）」に対する姿勢の，ある種の二律背反あるいは両義性という点はまず押さえておくべき点だろう。

すなわちアメリカは，本書がまさに主題としているように，自然保護とりわけ「原生自然」(Wilderness) の保護に対する強い関心を早い時期からもち，国立公園システムなどに象徴されるように政策面でも先導的な役割を果たし，それは日本を含む他の先進諸国にも大きな影響を与えてきた。他方でアメリカは，その風土的特性や“純粋な資本主義”とも呼びうる社会システム，ひいては基底にある人々の価値意識や世界観の帰結として，「大量生産・大量消費・大量廃棄」という——ある意味で“反環境的”な——志向の最も顕著な社会であり続けており，一人当たりのガソリン消費等も際立って大きく，近年では二酸化炭素排出や生物多様性の保全に関する国際的な取組みにおいても消極的な対応を取り続けていることは記憶に新しい。

「環境」に対するアメリカないしアメリカ人の，逆説的とも見えるこうした両義的な態度は，どのような自然観ないし環境観に由来するものなのだろうか。本書はこうした話題についても基本となる視座を与えてくれるように思われる。

ところで，先にもふれた「原生自然」というコンセプトを軸とするアメリカ的な自然観に関して，しばしば議論されてきたのは，“アメリカにおける「原生自然」vs 日本における「里山」”という対照である。

すなわち，「手つかずの自然」が“自然本来”の姿であり，それに人間が手を加えることなく保存するのが望ましい自然保護のあり方であるという（アメリカ的な）考え方の枠組みに対し，むしろ農作業や山菜の収集等々，「生活」あるいは「生業」と一体のものとして，人間が自然に一定の手を加えつつ，ある種の持続的な共存関係を保ってきたのが「里山」的な人間—自然関係であり，むしろこちらのほうが基本とされるべき姿ではないか，といった議論である。

これはいわゆる「保存」と「保全」をめぐる論争とも関わるテーマであり，ここでこの話題に関する結論的な方向を述べるのは困難だが（こうした点に関する優れた著作として鬼頭秀一『自然保護を問いなおす』〔ちくま新書，1996年〕参照），1点のみ記すとすれば，以上のような「原生自然 vs 里山」という対照を過度に強調し，二者択一の問題のように捉えるのは必ずしも生産的ではないように私は考える。

というのも，日本における「里山」的な自然観や伝統といっても，実際には，首都圏などの大都市圏に住む多くの日本人にとって，現実の生活において自然と“生業的”に関わるという経験は事実上皆無に近い。自然はせいぜい休日などに余暇あるいは「癒し」の対象として関わるという面がむしろ中心であり，ある意味でそれは（日常の生活や生業から離れた自然という点で）アメリカ的な「原生自然」の自然イメージに近いとも言えるからである。

さらに言えば，現在の社会における，とりわけ「都市」に生活する現代人にとっての自然観は，実質において「原生自然」的な性格のものに接近しており，その意味では，本書の主題である「原生自然とアメリカ人の精神」というテーマは，その“アメリカ論”としての性格を超えて，むしろ先進諸国における現代人にとっての「自然」の意味という，より普遍的な意味，あるいは現代社会論的な意味ももっているのではないだろうか。

さて，こうした議論の延長で若干話題を広げることをお許しいただくと，近年，ブータンの「GNH（グロス・ナショナル・ハピネス〔国民総幸福量〕）」をめぐる話題など，経済成長やGDPには還元できない人間の「幸福」に関するテーマが大きな関心を集めるようになっている。そして，本書で述べられているような「自然」との関わりやつながりは，こうした現代社会における「幸福」というテーマとも深く関連していると思われる。

多少の偶然だが，東京都の荒川区は数年前から「GAH（グロス・アラカワ・ハピネス)」という区の目標を掲げ，子どもの貧困問題などに取り組んできており，私も多少の関わりをもたせていただいているが，先日新たに「子どもの自然体験」をテーマとするプロジェクトを発足させることになった。“自然とのつながり”が子どもの成長や，子どもに限らず現代人の「幸福」にとって本質的な意味をもつのではないかという問題意識からのものである。

こうした関連で，興味深いことにアメリカで2005年に出された『あなたの子どもには自然が足りない（原題は *Last Child in the Woods*〔森の中の最後の子ども〕』，著者リチャード・ルーヴ）という著作は多くの国でベストセラーとなり，そこでは「自然欠乏障害」(Nature Deficit Disorder)，つまり現代人は自然とのつながりが根本的に不足しており，それがうつなどを含めた様々な現代病の背景にもなっているとの議論が展開されている。また，自然治癒や統合医療で日本でもよく知られるアンドリュー・ワイル博士も，最近の著書『うつが消える心のレッスン（原題は *Spontaneous Happiness*〔内発的な幸福〕)』の中で自然とのつながりの重要性を強調している。

多少話題を広げることになったが，以上のように，本書で論じられている「自然」あるいは人間と自然の関係性というテーマは，狭い意味での環境問題にとどまらず，現在大きな関心事となっている「幸福」をめぐる話題や，現代人の心身の健康というテーマとも深くつながるものであることを指摘しておきたいと思う。

最後に，本書でのテーマをさらに発展させていく方向の論点として二つを挙げさせていただきたい。一つは，先ほどの「里山」という話題とも関連するが，日本における“鎮守の森”あるいは“八百万の神様”的な自然観ないし自然信仰と，本書で述べられているようなアメリカでの自然観の対比など，より大きな視座の中で地球上の各地域の自然観・環境意識を比較し，その全体構造を掘り下げていく作業である（こうした話題に関する先駆的かつ示唆に富む著作としてキャリコット『地球の洞察』〔みすず書房，2009年〕がある)。

もう一つは，本書では必ずしも十分に主題化されていない，環境に関する包括的な社会システムのありように関する，「環境政治」ないし「環境国家」をめぐる議論や政策研究であり，これについては監訳者の松野教授による『環境思想とは何か』（ちくま新書，2009年）や『現代環境思想論』（ミネルヴァ書房，2014年）が日本での数少ない貴重な著作となっている。

いずれにしても，いま述べたような議論の新たな展開を含め，本書は現代社会あるいは現代人にとっての「自然」の意味や環境保護のあり方について，多くのインスピレーションを与えてくれる書物であり，あらためて今回の出版をお慶びしたい。

（ひろい・よしのり：千葉大学法政経学部教授）

日本語版への序文

私の最初の学術的成果である本書，『原生自然とアメリカ人の精神』（*Wilderness and the American Mind*）が千葉商科大学人間社会学部教授／千葉大学大学院人文社会科学研究科客員教授 松野 弘博士のご尽力により日本の読者に届けられることになり，大変嬉しく思っています。松野教授には，これまで，私の主要著作，『自然の権利』〔*The Rights of Nature* =［邦訳］TBSブリタニカ版（1993年），ちくま学芸文庫版（1999年），ミネルヴァ書房版（2011年）〕や『アメリカの環境主義』（*American Environmentalism* =［邦訳］同友館，2004年）の日本語版の刊行にご協力いただき，心より感謝の意を表したいと思います。

私の個人的な見方から言わせていただければ，伝統のある文化が国立公園や原生自然への法的保護といったアメリカの新しい環境思想を通じて日本の皆様に興味深く，かつ，啓発的，環境倫理的な示唆をささやかですが，提示できればと思っています。本書の原著（第５版）が刊行された2014年は特別な年でもあります。というのは，2014年は世界で最初に原生自然の保護思想に法的な制度化を行なった，アメリカの「国家原生自然保全制度法（National Wilderness Preservation System Act）」（略称「原生自然法」〔Wilderness Act〕）が成立して以来，50年目にあたるからです（監訳者注：ここでいう，「原生自然法」（Wilderness Act）は，正式には「すべての人々のための恒久の福利とその他の目的のために，国家原生自然保全制度（National Wilderness Preservation System）を制定する法令（An Act to establish a National Wilderness Preservation System for the permanent good of the whole people and other purposes）」のことで，1964年の米国議会によって制定された。当時のリンドン・B・ジョンソン大統領が法案に署名した。一般的には，略称として，1964年の「原生自然法」と呼ばれている）。このことはまた，「原生自然とアメリカ人の精神」に関する，ウィスコンシン大学における私の博士論文を完成させてから50年目にもなったということになります。記念すべき年の翌年に本書の邦訳が刊行されたことはまことに意義深いことと思います。

本書の中心的な企図は，環境思想に関する革命的な問題提起ということになります。このことは，野性的，かつ，人間が制御不可能な自然に対する態度が恐れや敵対心から，自然への称賛や保護へと人間の関心が変化してきたことを示しています。その意味で，本書は自然保護思想を推進していくための新しい環境思想の著作と言えます。原生自然の保護（保存）は自然破壊に関するこれまでの歴史的事実にもかかわらず，人間は文明化のプロセス（過程）に対して何らかの制限を加えていくという意志をまさに例証しています。こうした人間文明に対する抑止力は，われわれ人間が生命共同体（*the life community*）の支配者というよりも単なる一成員にすぎないことを受け入れることができるということのシンボリックな徴候を意味しています。すなわち，私たちはこの素晴らしい地球という惑星を他の生命体やそれらの進化的な活動と共有できるということを学ぶことができるのです。

本書を通じて，人間中心主義的な倫理観が歴史的な経過を経て，変化することができたこと，さらに，人間の関心は人間以外の自然（生命体）とともに，よりよき生態系のバランス（均衡）を保つことができるということを日本の読者の皆様にご理解いただけることが私の希望であります。

最後に，私の三大著作，『自然の権利』，『アメリカの環境主義』，そして，今回の『原生自然とアメリカ人の精神』を日本の読者の方々に訳書として，紹介し，環境思想の重要性と有効性について，理論的・実践的に研究してこられた，長年の友人である，千葉商科大学人間社会学部教授の松野 弘博士に対して，あらためて心より謝意を表したいと思います。

2015年7月1日

カリフォルニア大学サンタバーバラ校
名誉教授，Ph.D.　ロデリック・F・ナッシュ

序　文

チャー・ミラー（Char Miller）

原生自然は社会的な争点となっています。物理的な現実として，荒野（wild land）はハイキングやスキー，ボート遊びに供されてきただけでなく，採掘され，ダムにされ，牧場にされ，収穫されてきました。こうした経済的・娯楽的使用は声高に擁護されるとともに，非難されてもいます。文化的領域からみても，原生自然はまさに論争の的なのです。海岸や山地，河岸の風景の自然らしさを保存しようと努めてきた人々，あるいは，大草原や湿地，森林，草地を人の管理の手から自由にしておこうと努めてきた人々はそうした場所に埋蔵されている資源を開発しようとする人々と戦ってきました。こうした戦いは，草の根の組織や州や連邦の部局を巻き込むために，また，こうした闘争は何十年にもわたって繰り広げられるために，議論や協力関係の変遷をしっかりと追跡していくためにも評価のための採点表が必要です。原生自然の意味をめぐるこうした大規模な論争の思想的ルーツ，政治的起源，社会的意義を理解する糸口として，皆さんが手にしているこの分厚い本に勝るものはありません。

この度，『原生自然とアメリカ人の精神』が第5版を迎えたこと，また，本書が1967年に初めて世に出てから出版され続けてきたことはアメリカ合衆国を支えている自然全体と折り合いをつけるための闘争がもつ，永続的な性質をあらわしています。また，それは，著者であるロデリック・フレイザー・ナッシュ（Roderick Frazier Nash）が私たちと原生自然との間の対立関係を活発化させている緊張状態を鮮やかに描写し――また，そうすることで，原生自然についての分析的理解と原生自然と関わるための枠組みを多くの読者に提供してきた――ことも伝えてくれます。歴史家のマイケル・ルイス（Michael Lewis）は，「ナッシュはアメリカの原生自然の鼓動を捉えて表現しただけではなく」，「その鼓動を明確に定義するための一助となったので，その後，何世代もの環境学者たちや環境活動家たちが，彼が挙げた実例や偉人たちを使って，ナッシュの言葉で，アメリカの原生自然を論じたのだ」と述べています。それこそが後世代に大きな影響を及ぼし，人々の関心を喚起させるようなテキスト（本書）の定義なのです。[1)]

ナッシュの著作が教えている教訓のいくつかはアメリカ西部の荒れ狂う川を激しく波立たせる白く泡立つ急流をボートで下った数十年間からさまざまな仕方で得られたものであり，その仕事は，彼がハーバード大学の学生だった頃に始まりました。「私にとって，オールを水に入れ続けることは，常に，自然のプロセスや荒野と接触し続ける方法でした。ちょうどルネサンスの研究者がイタリアに行かなければならないように，私は野生の地に赴くことで自分の言行を一致させていたので，それだけ一層，私は書き手として感覚が研ぎ澄まされているように感じました」。本書はほとんどすべてのページで，自然がもつ，人間の野心を打ち砕き，大きな打撃を与え，弱めるという人間を謙虚にさせる力や私たちが「野生」と呼ぶものに対して支配権を主張したいという私たちの衝動を制限する力に対して，ナッシュが一層，敏感になったことを気づかせてくれます。それを示す一つの例は，コロラド川のラヴァ・フォールズ（Lava Falls）で，グレンキャニオン（Glen Canyon）とフーバーダム（Hoover dams）の間に位置し，ナッシュの評価では，「川下りに適した西部の急流では最も難攻不落の一帯であると自負」してもよい場所です。その激しく渦巻く急流を何とか下り切った人々は，「その瞬間の喜び」にすっかり参ってしまい，「この急流を自分は征服したのだと思い」たくなるかもしれません。ナッシュは，そうした人たちとは違っていました。「あなたが，偉大なるものを真に打ち負かすことは決してない」と，彼は警告しています。「あなたを通過させるかどうか決めるのは川なのだ」[2]と。

『原生自然とアメリカ人の精神』1973年版をページの隅を折りながら読み終えるたびに，私は同じ気持ちになるのです――本書は，語りの範囲とはいわないまでも，その影響力，幅広さ，野心によって，読者を魅了すると同時に圧倒するのです。裏話から始めましょう。ナッシュがウィスコンシン大学で伝説的な思想史家マール・カーティ教授（Merle Curti）の指導のもとで博士課程の研究を始めた際，環境史のようなものはありませんでした。一部の学者と批評家――とりわけ，ウォルター・プレスコット・ウェッブ（Walter Prescott Webb）とヘンリー・ナッシュ・スミス（Henry Nash Smith），そして，レオ・マルクス（Leo Marx）――が自然における人間の立場について，素晴らしい論文を書いていましたが，ナッシュはアメリカ国民の想像力の中で原生自然が原生自然として果たしている根本的な役割について，だれも研究してこなかったことに気づいたのです。「原生自然という概念が人気を博していることを説明する『文化的文脈』（cultural context)」を立証するための彼のアプローチをカーティが支持したことは決定的に重要なことであり，将来刊行される本書の内容を完璧に表現したものであると同時に，本書が第一世代の読者に非常に深い影響を与えた理由の一つであることがわかりました。また，幸運なことがもう一つ起こりました。ナッシュは20世紀で最も重要な自然保護主義者の一人といってよいアルド・レオポルド（Aldo Leopold）の論文を収集，整理，分類する——自然についてのアメリカ人の見解の変化を辿ることに専念する野心的な歴史学者にはうってつけの仕事なのですが——ために，自分を雇うように，大学の文書館を何とか説得したのです。[3)]

こうした可変的な概念が彼のテキストを——その冒頭の数語でさえも——構成しています。原生自然に関する本はいうまでもなく，いかなる種類の本でも，『原生自然とアメリカ人の精神』のように，文法のレッスンで始まる本はほとんどないといってよいでしょう。ナッシュにとって，原生自然は定義の難しい言葉なのです。それは「形容詞のように作用する」名詞であり，一度その作用が及ぶと，識別可能な現実の結果をもたらす認識なのです。しかし，それは「たやすく定義できないほどに個人的で，象徴的で，移ろいやすい意味をずっしりと背負っている」ために，ナッシュの仕事——この可変的な概念の歴史的進化を辿ることと，彼が「自己意識をもった」（文字通り，「野生の」）世界と呼ぶものをその後の何世代かのアメリカ人がどのように理解したのかを把握すること——は奇妙にも，直接的な形になっています。[4)]

彼は，ヘンリー・デービッド・ソロー（Henry David Thoreau）やジョージ・キャトリン（George Catlin），ジョン・ミューア（John Muir），アルド・レオポルド，そして，ジョン・マクフィー（John Mcphee）のような偶像化された作家たちによる原生自然の擁護を評価することによって，また，野生の国アメリカを褒め称える簡潔にして要を得た政治的演説を発見することによってこの仕事を行なっています。1964年の「原生自然法」（Wildness Act）の可決で頂点に達する，公有地やそれらが体現する「野生」（wildness）の保護を目的とした立法上のイニシアチブが徐々に現れてきたことが格好の材料となるように，新聞の社説もまた，芸術的表現や文化的生産の多様な形態と同じく，すぐれた資料となるのです。そうした夥しい数の学際的な資料とそれらに含まれる一風変わった細部のいくらかへのナッシュの細心の注意が彼を語調や質感や趨勢の微妙な変化に敏感にさせているのです。

これらの節目の一つが彼の語りにとってきわめて重要であることが判明したのであり，それはまた，アメリカの政治文化の構造上の変化についての私たちの解釈を象徴しています。19世紀末まで，原生自然は恐れられ，戦われ，破壊されるべき場所でした。この原野とそこに住まう先住民（インディアン）は，欧米人の主張によれば，銃と鋤と鉄道によって制圧され，「文明化」されなければならないものなのです。しかし，その目的が達成されるや否や，フロンティア（西部の辺境地帯）の過酷で，あらゆるものを育む最果ての地に対する郷愁の波が都市化された東部の人々を席巻しました。メイン州の森で自らの野性を取り戻す裸の試みとして，生まれたままの姿で自然に帰った「現代の原始人」ジョー・ノールズ（Joseph Knowles）の1913年の偉業を取り巻いた拍手喝采の渦を考えてみてください。彼の再生計画は2カ月後に終わり，ノールズは様変わりして，文明に戻りました。彼が設備の整った山小屋で過ごしたという疑惑が囁かれても，人々は彼の美徳を褒め称えることや，都市化がアメリカを軟弱にしているらしいことへの自身の不安を露わにすることを止めることはありませんでした。

この精神的な危機——それは文学，詩，絵画に反映されているのですが——こそが原生自然に有利に働くのに一役買ったとナッシュは主張します。「市街地と快適な住居という視点からみると，野生の地は，開拓者が森を切り開いてできた開拓地から見た時とは非常に異なる態度を刺激した」。むしろ，産業化しつつある社会からもたらされる富によって，都市生活者たちは，「征服者というよりは行楽客の目で原生自然に近づく」ようになり，それは新たに発見された視点，正反対のものを生み出した「意味の革命」でした——「原生自然の不快な含意の多くが新しい都市環境に転嫁された」のですが，そのことの恐ろしい含意がシカゴの食肉加工産業の腐敗を暴いたアプトン・シンクレア（Upton Sinclair）の『ジャングル』（*The Jungle*）に正確に描かれています。全域を牧場にされ，伐採され，耕されるべき土地として，かつては悪し様にいわれていた「野生」という概念が，近代化しつつあるアメリカを悩ませるあらゆるものに対して，元気づけてくれる強壮剤として浮上したのです。[5)]

それから驚くべき変化がさらに強まっていきました。20世紀初頭までに，原生自然の純粋さという考えをかなり多くの人々が抱くようになったのですが，それは，現代の自然主義者であるジョン・ミューアがヨセミテ（Yosemite）とシエラ山脈（the Sierra Mountains）に寄せた頌歌，「光の峰」（“Range of Light”）を通じて神聖視した感性です。やがて後の世代は，詩的なアピールから一歩進んで，原生自然保護を求める政治的な要求を編み出しました。志を同じくする大勢の支持者を動員した人々の中にいたのがロバート・マーシャル（Robert Marshall）で，彼は1930年に「原生自然の自由のために闘う人々の組織」の創設を主張した急進的なアメリカ合衆国森林局の職員でした。その4年後，彼は「原生自然協会」（Wilderness Society）（会長アルド・レオポルド）を創設するとともに，資金を提供し，特定の場所の特殊利益の推進に着手しました。協会のメンバーたちは国有林や他の公有地の一部を原生自然に指定させる――それは断続的で骨の折れる過程でした――ために戦うと同時に，また，文化遺産を水浸しにし，偶像視されている地形を水没させ，激流を静めてしまう恐れのあるダムをコロラド川や他の西部の川に建設するのを回避しようと奮闘すると同時に，より広範な解決策，つまり，今もなお残っている「野生」を永久に守るような議会法の可決を思いつきました。その後30年にわたり，協会は不屈の指導者，ハワード・ザーナイザー（Howard Zahniser）が先頭に立ち，渋る議会に自らの主張を押し通しました。しかし，1964年にリンドン・ジョンソン（Lyndon Johnson）大統領が署名した「原生自然法」ですらその規制権限を弱めるような留保や特別条項，抜け穴が数多く含まれていたために，ナッシュは，こうした妥協は「原生自然と文明に関する両価値性（アンビヴァランス）に関するアメリカ人の二面性の典型的な例」であると述べました。[6)]

このように逃げ道を作るやり方は，それ以来ずっと続いてきました。野生の声に心から応えようとしている環境運動の勢力が増してきているにもかかわらず，環境運動に批判的な人々はどの点からみても同じくらい激しく，資源開発の過剰規制だと彼らが考えているものをここ50年間，非難してきました。20世紀半ばのダムをめぐる戦いは21世紀初めになると，不毛の地，山々の隘路，海の沖合いなどでの大規模な太陽光発電施設や風力発電基地の建設，石炭を地中から掘り出すための山頂の爆破，そして，地下深くに埋蔵されている天然ガスを手に入れるための破壊的な水圧破砕技術の使用といったものをめぐる闘いに取って代わられてきました。これらの脅威のいずれも，無秩序に拡大する都市化がもたらす脅威と結びつくと，孤独，再生，回復の場所としての荒野の文化的枠組み――そうした場所が国民の心を癒すものであるのと同じくらい，そうした場所自体にとっても不可欠である――を破壊してしまうのです。

ナッシュの解釈では，こうした現在進行している緊張状態もまた，関連した課題，すなわち，「地球という庭」(garden-earth) の創造に具体的に表れています。この「地球という庭」は，砂だらけの周辺部がこすり落とされた，徹底的，かつ，完璧に管理された地球，「トマス・ジェファーソンが独立自営農民をエデンの園にまで理想化したこと」にまで遡る起源を持つ牧歌的な楽園のことです。この均質的な農夫のビジョンは地球の人口が70億人に近づくにつれて，避けられないものとなってきていますが，支払うべき代償がある，とナッシュは警告します。「原生自然はコンクリートの荒地の中では死んでいるのとちょうど同じように，庭の中でもまた死んでしまうのだ」，と。一度死ねば，復活することはできませんし，一度失ったら，見つけることはできないのです[7)]。

アメリカ文化に関するナッシュの洞察と危惧は環境史の内部での方法論や焦点をめぐる重大な議論の一部です。どんな歴史を語ろうと努めるのか。だれの歴史が優先されるのか。これらの質問に対する答えは，1960年代末にこの分野が出現して以来，一部には，『原生自然とアメリカ人の精神』の出版に呼応して変化してきています。実際のところ，この分野の歴史叙述的評価のほとんどがナッシュの著作で始まっており，それが研究の発展に与えた影響を認めるとともに，それをこの分野の進化の基礎とみなしています。この進化の過程を明らかにする一つの方法は，歴史家が問いかける疑問と彼らがその疑問に答えるために用いる資料を通じた方法です。例えば，ドナルド・ウースター (Donald Worster) は，第1世代が引き出した問題の一つは，自然が思想的・文化的にどう認識されているのか，そうした認識がアメリカ人の詩と散文，芸術と手工芸品，法，神話，儀礼においてどのように明らかにされているのか，ということだったと述べています。これらの野心的な (また，現在進行中の) 計画と結びついていたのが，こうしたさまざまな視点が政治と政策に与える影響，すなわち，環境の政治経済学を辿るためのイニシアチブであり，この二つは『原生自然とアメリカ人の精神』が詳細に記述することに努めているテーマです。しかし，自然科学によってより十分に形作られたその後の研究は自然界を中心とした歴史的研究——生態系，あるいは，動植物の個体群が，時が経つにつれ，また，人間の干渉と管理に反応してどのように変化するのか——を再構成しました。こうした疑問によく似たものが社会科学にもあり，それがきっかけで歴史学者たちは不均衡な環境負荷——貧しい人々や力を奪われた人々が大気汚染や地下水汚染に直面した時に負う負荷，あるいは，女性が家庭環境，職場，雄大な自然の中で遭遇するジェンダー差異やジェンダー差別のことです——を厳密に調べるようになっています。それから，気候変動が生み出している，また，今後も生み出し続ける可能性のある人間並びに，生物の課題が山積しており，私たちはそれを記録し始めたばかりなのです。原生自然の研究に端を発する環境史はより複雑な学問的研究となっているのです。[8)]

この分野が次第に複雑になっている一つの兆候はナッシュの言葉でいうと，人間が「異質な存在」であるような原始的な地域，神聖なものとしての原生自然の概念そのものが今や議論の的となっているということです。この用語の再定義を求める圧力の一部はアメリカ合衆国，並びに，国外の先住民，アフリカや北アメリカや南アメリカで原生自然地域や国立公園が創設された直接の結果として，伝統的なランドスケープ（景観）から追い出された共同体（コミュニティ）から来ています。彼らが自分たちの追放をもたらした，人跡未踏の荒野という特権化された奇想を拒むのも，不思議ではありません。[9)]

人間の痕跡から解放されたものとしての原生自然，というロマンティックなビジョンに異議を唱えてきたもう一人の人物がウィリアム・クロノン（William Cronon）です。彼は1995年の挑発的な論文，「原生自然の問題——間違った自然への回帰」（“The Trouble with Wilderness: Or, Getting Back to the Wrong Nature”）の中で，文明に対する解毒剤として，私たちが原生自然を受け入れていることには誤りがある，と主張しています。「原生自然は，人間から遠く離れた地上の唯一の場所であるどころか，完全に人間の創造物です——まさに，人類史のごく特定の時点における，ごく特定の人間文化の創造物なのです」。原生自然は文化的構築物であるために，「汚染化の過程にある文明の害毒」から逃れることはできませんし，「それどころか，それはその文明の産物であるので，それをつくり出した原材料それ自体によって汚染されることなどまずありえません」。しかし，原始的なものの力はとても強いために，それはアメリカ人の想像力の中に二元論をつくり出してきた，と彼は主張しています。「私が原生自然に反対する主な理由は，原生自然が私たちに，ささやかな場所や経験を……一蹴すること，あるいは，軽蔑することさえも教えているのではないか，ということです。私たちが気づかぬうちに，原生自然は，自然の中のあるものを特権化し，それ以外のものを犠牲にしがちです」。この不均衡の一つの結果が，アメリカ人の80パーセント以上が暮らす都市地域に対する低い評価とその後の環境運動がこれらのランドスケープ（都市景観）を真剣に受け止め，その自然らしさを育むことに失敗したことです。「野生が外部に（のみ）存在するのをやめ，内部に（も）存在し始めることができれば，野生が自然のままであるのと同様に人間的なものとなり始めることができるならば，私たちは，この世で正しく生きようと奮闘するという終わりなき務めを続けることができるだろう[10]」。

原生自然を擁護する活動家や学者が野生の特別な地位とその不可侵性，並びに，文化的優越性の擁護に躍起になったように，クロノンの批判に対する反応は敏速でした。無理からぬことですが，多くの人々がクロノン批判の中でロデリック・ナッシュを引き合いに出しましたが，ナッシュは，自身がその論争に加わった時に，それを支持しました。数千年にわたり先住民が存在し続けてきたことを考えると，地理学者にとっては，北アメリカが未開であったことなど一度もなかったかもしれないことを認めながらも，彼は次のように反論しました。「山や峡谷，森林とは違い，『原生自然』は知覚された現実，特質なのです。それは，土地の地理学よりも，精神の地理学により関係しています」と。この認識が重要とみなされてきたこと，また，これからも重要であり続けることはさまざまな仕方で記録されており，その後，何世代にもわたるアメリカ人が，「自分たちの環境を説明するために」，この考えをそれに付随する長所と短所も含めて，利用しました。原生自然の数々の美点の中でも重要なものは人間の傲慢さ，すなわち，成長と発展に対する限りない欲求を抑制する力である，とナッシュは結論づけました。「人間が自然に『属している』ことは確かだが，それだからといって，60億人もの人々が至る所に存在してよいということではありません。人間という高度に文明化された種を許容できない他の種にも生きる権利や自由があり，また，自分の思い通りに幸福を追求してよいのです」。こうした倫理的な譲歩と，ナッシュがエピローグに挿入している，その結果として生じる政策的処方箋としての，――「島嶼文明」（Island Civilization）―には，重要な主張が込められています。「保存された原生自然は強欲なことで悪名高い，種の側が自己を抑制する意思表示です。それは結局のところ，この地球上で人間はエコロジー的なよき隣人であるということがわかるだろうという，希望の象徴なのです[11]」。

この主張は気候変動の時代にはとりわけ，痛切なものです。というのは，何が自然や自然のものを構成しているのか，ということについての私たちの諸前提が崩れつつあるからです。

ツンドラはかつて，「木本植生」（woody vegetation）のない凍結地帯と定義されていましたが，木本植物を育み始めています（訳注：木本〔もくほん〕植物は，植物学の用語で，いわゆる樹木のことを指す。草〔草本植物〕と対比される）。「侵入生物」(invasive species)――植物，ないし，動物――は，長い間，生態学的復元主義者(ecological restorationists)の悩みの種でしたが，それにもかかわらず，気象条件が変化した結果，こうした新来の植物相と動物相が生態学的レジームの進化を予兆することがよくあります。これらの変化が「保存」という概念，「野生」という概念にとって何を意味するのかは，こうした言葉の意味が変化するのは確かであるとはいえ，だれにもわからないことです。この新しい語彙は，人為的な気候変動が地上に与える影響を表した評論家ビル・マッキベン（Bill McKibben）の印象的な言葉，「自然の終焉」(End of Nature）を意味しているわけではないかもしれませんが，それは，自然の歴史におけるはっきりとした断絶を表すでしょうし，一部の研究者たちが，現在の地質学的な世――「完新世」(the Holocene)（およそ1万1000年前の最終氷期の終わりとみなされている）――が終わり，「人新世」(the Anthropocene)（地球の気候に対する人類の影響がとりわけ大きいことを反映して名付けられた）が始まったとすでに主張していることの理由の一つです[12)]。

この素晴らしい新世界が物質的現実としての原生自然に何を引き起こそうとも，これらの土地を守るためにどのように行動すべきか，ということに向けた私たちの選択とともに，私たちの野生の概念が進化するのは間違いありません。このような原則に基づいた目的のために，『原生自然とアメリカ人の精神』は，特にロデリック・フレイザー・ナッシュは本書の出版を通じて原生自然の歴史をつくったわけですから，未来の研究者，学生，活動家にとって信頼できる手引書であり続けるでしょう。

注

1） Michael Lewis, *American Wilderness: A New History* (New York, 2007), p.7.

2） Roderick Frazier Nash, *The Big Drops: Ten Legendary Rapids of the American West* (Boulder, Colo., 1989), p.200.

3） Walter Prescott Webb, *The Great Plains* (Boston, 1931); Henry Nash Smith, *Virgin Land: The American West as Symbol and Myth* (Cambridge, Mass., 1950); Leo Marx, *The Machine in the Garden: Technology and the Pastoral Idea in America* (New York, 1964); Marc Cioc and Char Miller, “Interview: Roderick Nash,” *Environmental History*, 12 (April 2007), pp.399–400.

4) Roderick Nash, *Wilderness and the American Mind* (5th ed., New Haven, Conn., 2014), pp.1-2; Nash, "Island Civilization: A Vision for Human Occupancy of Earth in the Fourth Millennium," *Environmental History*, 15 (2010), pp.371-380.

5) Nash, *Wilderness and the American Mind*, pp.141-160; "Rod Nash," *Boatman's Quarterly Review*, 9 (Spring 1996), pp.31-32.

6) Nash, *Wilderness and the American Mind*, p.226; Mark Harvey, *Wilderness Forever: Howard Zahniser and the Path to the Wilderness Act* (Seattle, 2005); Paul S. Sutter, *Driven Wild: How the Fight Against Automobiles Launched the Modern Wilderness Movement* (Seattle, 2002).

7) Nash, "Epilogue to the Third Edition," *Wilderness and the American Mind* (3rd ed., New Haven. Conn., 1982), pp.379-388; *Boatman's Quarterly Review*, pp.40-43.

8) Max Oelschlager, *The Idea of Wilderness: From Prehistory to the Age of Ecology* (New Haven, Conn., 1991); Mark Fiege, *The Republic of Nature: An Environmental History of the United States* (Seattle, 2012); Alf Horboorg, J. R. McNeill and Joan Martinez-Alier, eds., *Rethinking Environmental History: World-System History and Global Environmental Change* (Lanham, Md., 2007); Donald Worster, ed., *The Ends of the Earth: Perspectives on Modern Environmental History* (New York, 1988); Carolyn Merchant, *Ecological Revolutions: Nature, Gender and Science in New England* (2nd ed., Chapel Hill, N. C., 2010); Kimberly A. Jarvis, "Gender and Wilderness Conservation," in Lewis, *American Wilderness*, pp.149-166; Carolyn Merchant, "Shades of Darkness: Race and Environmental History," *Environmental History*, 8 (July 2003), pp.380-394; Dianne Glave and Mark Stoll, eds., *To Love the Wind and the Rain: African Americans and Environmental History* (Pittsburgh, 2005); Devon G. Pena, *Tierra y Vida: Mexican Americans and the Environment* (Tucson, 2005); Jennifer Price, "Remaking American Environmentalism; On the Banks of the LA River," *Environmental History*, 13 (July 2008), pp.536-555.

9) Christopher Conte, "Creating Wild Places from Domesticated Landscapes: The Internationalization of the American Wilderness Concept," in Lewis, *American Wilderness*, pp.223-242; Karl Jacoby, *Crimes Against Nature: Squatters, Poachers, Thieves, and the Hidden History of American Conservation* (Berkeley, 2001); Ramachandra Guha, "Radical American Environmentalism and Wilderness Preservation: A Third World Critique," *Environmental Ethics*, 11 (1989), pp.71-83.

10) William Cronon, "The Trouble with Wilderness: Or, Getting Back to the Wrong Nature," in *Out of the Woods: Essays in Environmental History*, ed., Char Miller and Hal K. Rothman (Pittsburgh, 1997), pp.28-50; *Environmental History*, 1 (January 1996), pp.7-55も参照のこと。ここには，クローニンの論文と一連のコメント，および，反論が所収されている。

11)　J. Baird Callicott and Michael Nelson, eds., *The Great New Wilderness Debate* (Athens Ga., 1998); Cioc and Miller, "Interview: Roderick Nash," pp.404-405; Nash, "Epilogue to the Third Edition," pp.379-390; このナッシュの主張は，彼の "Island Civilization," pp.371-380 においてすでに明確に述べられていたものである。

12)　Bill McKibben, *The End of Nature* (New York, 1989); McKibben, *Earth: Making a Life on a Tough New Planet* (New York, 2011); Emma Marris, *Rambunctious Garden: Saving Nature in a Post-Wild World* (New York, 2011); Michelle Marvier, Robert Lalasz and Peter Kareiva, "Conservation and the Anthropocene: Beyond Solitude and Fragility," *The Breakthrough* (Winter 2012), http://theberakthrough.org/index.php/jounal/past-issues/issue-2/conservation-in-the-anthropocene/, (2013年4月8日に検索); Paul Crutzen and Eugene F. Stoermer, "Have We Entered the 'Anthropocene?,'" *Global Change* (Newsletter 41, 2000), http://www.igbp.net/5.d8b4c3c12bf3be638a8000578.htm, (2013年3月18日に検索).

第5版　はしがき

——原生自然の50年——

「タイミング（時機）がすべてだ」，とよくいわれます。この金言は私に，本書は素晴らしい本，いやそれどころか，寛大にも一部の方がいってくださっているように，「古典」なのかもしれませんが，それは紛れもなく幸運なのだ，ということを思い出させてくれます。私は，「原生自然」（Wilderness）への支援の波が最高潮に達し始めた時にその波に乗り，私が本書で記述した環境思想革命そのものの恩恵を受けることとなったのでした。私がこのはしがきを書いていた時にも，2014年9月3日の「原生自然法」制定50周年が刻々と近づいていました。また，本書の元となったウィスコンシン大学の学位論文を完成させた1964年の夏からも，半世紀が経過しました。しかし，雑誌『アウトサイド』（*Outside*）の読者投票の結果が示すように，『原生自然とアメリカ人の精神』が世界を変えた本の一つであるならば，世界はすでに変わる準備ができていたということも認めなくてはなりません。

実をいうと，本書は原生自然から遠く離れたニューヨーク市の中心，マンハッタン島のアパートで始まりました。私が育ったこの場所よりも都会的な場所はないといっていいでしょう。狭い路地と堅いレンガの壁に面していた私の寝室の窓からは，生きものは一つも見えませんでした。時折，10階上にある屋根のテラスから鳩の羽根が舞い落ちてきたものです。ニューヨークの夜は星がなく，本当に静寂だということもありません。それにもかかわらず，これが野生の地への関心を育んだはっきりとした背景でした。10ブロック先では，セオドア・ルーズベルトの家族が彼を育てていました。つまり，原生自然を高く評価するようになったのはフロンティア（西部の辺境地帯）からではなく，都市からなのです。もし私が後にしばらく住むことになった，ユタ州のモアブ出身だったら，アメリカ思想における「都市」（cities）について書くことを選んでいたでしょう。

しかし，偶然ではありますが，1960年に，ウィスコンシン大学大学院で歴史学を専攻する1年生として，私は博士課程での研究の焦点を原生自然に絞るという計画を胸にマール・カーティ（Merle Curti）教授の門を叩きました[1]。教授は，非常に論理的に，原生自然は人間とは何の関係もないとすれば，君は間違った校舎に来てしまったと親切に教えてくれました。君の計画には，地学科か生物学科の方がよりふさわしいのではないですか，と。話し合いの残りの数分間で，私は，原生自然は場所ではなくてむしろ，場所についての感情――知覚された現実，精神の状態――なのだと何とか主張しました。ですから，原生自然に関する思想の歴史でもよいのではないか，と。

私は，1964年にまずはダートマス大学で，後にカリフォルニア大学サンタバーバラ校で教えるためにウィスコンシン州マディソンを離れ，出版のための原稿を準備していた時，アメリカ人の価値観と態度の抜本的な変化が原生自然とその保存に対する関心の高まりを後押ししていました。私たちはこうした変化を1960年代の「環境主義」(Environmentalism)，「生態学的展望」(Ecological perspective)，「対抗文化」(Counterculture) というようなやさしい言葉に要約しています。レイチェル・カーソン (Rachel Carson) は『ニューヨーカー』(*New Yorker*) に掲載された殺虫剤についての論文で驚くべき10年間の幕を切りましたが，この論文が1962年に『沈黙の春』(*Silent spring*) という１冊の本になりました。

それから数年のうちに，1949年に出版されてから見向きもされていなかったもう一つの本もベスト・セラーになりました。それがアルド・レオポルド (Aldo Leopold) の奇妙なタイトルの本，『砂の国の暦』(*A Sand County Almanac*) です。この本は自然保護志向をもつ世代のアメリカ人にとって，「倫理」の定義を変えるものでした。「原生自然法」(1964) は，時代の変化についてのボブ・ディラン (Bob Dylan) の言葉に現実性を付与しました。その４年後には，グランドキャニオンのコロラド川にダムを建設する計画が退けられました。ニール・アームストロング (Neil Armstrong) が月から振り返って「宇宙船地球号」(spaceship earth) を見たのは，1969年のことです。1970年には，最初の「アースデイ (地球の日)」(the Earth Day) と「国家環境政策法」(National Environmental Policy Act) が続きました。その後の３年間に制定された，「海洋哺乳動物保護法」(Marine Mammal Protection Act) と「絶滅危惧種保護法」(Endangered Species Act) は，アメリカの政治と文化が10年前のレイチェル・カーソンのメッセージを真に理解していることを示しました。

イェール大学出版部が『原生自然とアメリカ人の精神』の初版を出版したのは1967年のことです。ペーパーバック版の値段はたった２ドル25セントだったのです！　私は「原生自然」への人気の高まりに付き物の皮肉についての考察で，この本を締め括りました。「原生自然はひどく愛されているのかもしれない」と。その次の第２版と第３版（1973年と1982年）は話をさらに広げて，グランドキャニオンのダムをめぐる闘いとアラスカの野生の地の地位をめぐる闘いを収載しました。また，20世紀後半のアメリカ文明にとっての原生自然の意味についても記すとともに，原生自然の「管理」（management）という，いささか矛盾語法的な現象をより深く考察しました。加えて，アメリカが国立公園や法的に保護された「原生自然」を設けたことの国際的な意義も考察しました。

1982年の第３版の最後の数ページで，私は，急激に変化している地球上の原生自然の将来を探究しはじめました。人口やスプロール現象を抑制し，「中央集権の有益な形態とそれらを実現可能にする技術[2]」を発見する必要性を考察しました。また，かつて原生自然への高い評価の理論的根拠とされていた人間中心主義的な主張に代わるものにも関心をもっていました。野生の地は人間にとって価値あるものであるがゆえに重んじられ，保護されていました。伴っているものが景観であれ，レクリエーションであれ，ネイチャーツーリズムであれ，原生自然は私たち人間のために存在するものでしかなかったようでした。

しかし，より新しい生態系中心主義的な理論的根拠は，利己的なことで悪名高い種，すなわち，人間を抑制する可能性の象徴として，原生自然を重視しました。この時，私がもう１冊の本，『自然の権利——環境倫理の歴史』（*The Rights of Nature: A History of Environmental Ethics,* 1989）を書いていたことはそれと大いに関係があります。これは，自然には固有の権利があり，倫理はより大きな共同体へと拡大されるべきだという思想の歴史です。私はアメリカの自然権イデオロギーをその論理的極限まで突き詰めれば，自然の権利を明確に表現しようとする哲学者や活動家があらわれるのかどうか，知りたかったのです。この研究は，私にとって，原生自然を保存することの意義を，他の種と地球，並びに，進化のプロセスを共有する方法として理解するのに役立ちました。

2001年の第４版の時まで，私は，「島嶼文明」（Island Civilization[3]）という新しい名称を使って，人間が地球に及ぼす影響を論じていました。この言葉は，私があのおなじみの地図，すなわち，原生自然保護地域は，人間が手を加えてきた土地という「海」に浮かぶ小さな緑色の四角い「島」のように見える地図を眺めていた時に思いついたものです。それを逆転させようと考え始めてもよいのではないか。私たち人間が自然に与える影響を増加させるというよりもむしろ減少させることをやがて可能にしてくれるようなテクノロジーの助けを借りれば，私たちは原生自然ではなく，文明の周りに境界線を設けることに尽力するようになるだろう。本書の「第５版へのエピローグ」は，この可能性について論じています。「島嶼文明」は私たちと地球を共有することになっている他の種の進化の可能性を弱めたり，排除したりすることなく，人間の進化の可能性を実現する一つの方法である，と私は考えています。

ここで，1967年の初版の冒頭にあるいくつかの発想を取り上げ，また，「原生自然」という概念の起源と意味に関する新しい考え方を紹介するのが適切だと思われます。原生自然はアメリカ文化の基本的な構成要素でした。物質としての原生自然から得られる原料から，アメリカ人は文明を築き上げました。原生自然という考えを使って，彼らはその文明にアイデンティティと意味を与えようとしたのです。今日，野生の地は幅広い人気を博しています。あまりにも多くの熱狂的な訪問者たちによってそうした地域が破壊され，その結果，レクリエーション目的での使用が制限される恐れさえあります。しかし，その歴史のほとんどを通じて，アメリカ人は原生自然を進歩や文明やキリスト教といった名目で征服したり，耕したりすることにのみ適した精神的・物質的な荒野とみなしていました。このような態度を好意的な評価へと転じさせてきた驚くべき転換が本書の関心です。それはまた，自然思想史における最も革命的な変化の一つでもあります。

話のルーツは，文明が原生自然を創造したという事実にあります。歴史の大半を通じて人類を構成していた遊牧狩猟採集民にとって，「原生自然」は無意味な概念でした。自然界のすべてが生息地にすぎませんでした。人々は自らを継ぎ目のない共同体の一部だと理解していました。飼い馴らされているものが何もなかったので，「野生」（wild）と呼べるものは何もなかったのです。１万年前に牧畜と農業，そして定住の出現とともに――土地と人間の心の中に――境界線が引かれるようになりました。その後で，自然を自らの「意思」（will）をもつ部分と，人間の意思に従うよう屈服させられた部分とに分けて考えることが意味をなすようになりました。「野生」（wild）という言葉は，「意思をもった」（willed）の縮約形です。文字通り，「原生自然」（wilderness）は自己意識をもった土地（self-willed land）を意味しているのです。[4)]

この概念が使用可能になって，管理された（家畜化された）動植物と管理されていない動植物の区別が意味をもつようになりました。柵で囲まれた野原や牧草地，そして，塀に囲まれた町といった，管理された場所の概念もそうでした。人類は初めて，自らを自然のその他の部分とは異なる存在であるばかりか，彼らの理屈によれば，それに勝る存在として，理解するようになりました。人々の心をそそる数々の魅惑的な考えが，もやのように村の煙とともに渦を巻きながら立ち昇っていったのです。人間は「生命共同体」（life community）の一員であるというだけでなく，その支配者，ないし，所有者だと考えることもできました。今や，自然を管理・統制するのも，人間が生存するためでした。原生自然は危険な，いやそれどころか，邪悪なものにまでなったのです。曲がったものはまっすぐに，凸凹の土地を平坦にしてもよいではないか。神は人間に征服させるために自然を「与えて」くださったという考えを宗教に取り入れてもよいではないか。こうした啓蒙された夢の極致が人間の欲望に完全に合致した環境，すなわち，「楽園」（paradise）という考え方でした。楽園の反対はもちろん，原生自然でした。原生自然は，あっけなく，敵対者，搾取の標的，並びに，対象となりました。こうしたことは，聖書の牧畜文化が表した予想通りの偏見であり，それらは原生自然が突如として非常に現実味を帯びて，とても恐ろしいものになった新世界へと持ち込まれる思想という荷物の重要な一部であったのです。

しかし，アメリカ先住民（インディアン）はどうでしょうか。ヨーロッパの開拓者たちが辿り着いた時，北アメリカに人間がいたことは明らかです。しかし，彼らの大部分は，依然として，自分たちと自己意識をもった自然との間に前述の境界線を引いていない狩猟採集民でした。例えば，オグララ・スー族（the Oglala Sioux）のルーサー・スタンディング・ベア（Luther Standing Bear）酋長は，自分たち部族は，「広々とした大平原を……（中略）……『野生』（wild）とは思っていなかった。白人にとってのみ，自然は『原生自然』だった」と説明しました[5)]。また，白人には，先住民を指す言葉として「野蛮人」（savages）がありました。彼らはちょうど野生の土地のように，征服され，変えられるべき（あるいは，排除されるべき）ものでした。今日，私たちがこれをどう思うかに関係なく，先住民によって，新世界はヨーロッパからやって来た牧畜民にとって原生自然ではなくなるどころか，いやむしろ，一層，原生自然になったのです。

原生自然に対するアメリカ人の態度は長い歴史をもち，複雑です。それはどのフロンティア（西部の辺境地帯）においても，常に最大の事実でした。本書で私たちがこれから探究することを短くまとめれば，「原生自然」という概念は恐怖と嫌悪の文脈の中で生まれたということ，そして，昔からの偏見はなかなかなくならないということです。原生自然に対する好意的な評価は最近のことであり，まだ完全ではありません。アメリカ人は野生との戦いにおおむね勝利した時（いくつかの点で，1890年の国勢調査でのいわゆる「フロンティアの消滅宣言」がそれを示している）にようやく，自分たちの旧来の敵に救いの手を差し伸べて，立ち上がらせようとしたのです。それから１世紀以上を経た今，多くの人たちは，課題はもはや原生自然の征服ではなく，行き過ぎた文明がもつ自己破壊的な傾向にある，と考えています。この重大な任務に携わる新しい開拓者たちが，残存する原生自然が自分たちの最も大切な協力者の一人だということを知る，ということさえあるかもしれません。

この第５版では，私の話は1967年の初版と，1973年，並びに，1982年の発展版のプロローグといくつかの中心的な章をそのまま残すことを選びました。半世紀以上も前に，最初は「歴史」の一部であるとさえ考えられなかった俯瞰的なテーマに一か八か賭けてくださった，今は亡きマール・カーティ教授に，あらためて謝意を申し上げます。また，この本を生かし続けてくれたサラ・ミラー（Sarah Miller）とイェール大学出版部に，さらに，長年にわたり本書を評価して下さった，読者である研究者，並びに，活動家の皆様にも感謝の意を表します。

注

1） マール・カーティの著書の一つ，*The Growth of American Thought* は，1944年に歴史書部門でピューリッツァー賞を受賞した。

2） *Wilderness and the American Mind* (3rd ed., New Haven, Conn., 1982), p.383.

3） 私がこの概念を最初にはっきりと述べたのは，“Island Civilization: A Vision for Planet Earth in the Year 2992,” *Wild Earth*, 1（Winter, 1991-1992), pp.2-4 である。それを繰り返して述べた最近のものは，“Island Civilization: A Vision for Human Inhabitance in the Fourth Millennium,” in *Life on the Brink: Environmentalists Confront Overpopulation*,, ed., Philip Cafaro and Eileen Christ（Athens, Ga., 2012), pp.301-312である。

4） 本書の1967年の初版では，私は「自己意識をもった」（self-willed）という用語を用いたが，しかし，それを主として，動物に適用していた（本書のプロローグ，１～２ページを参照）。1983年に，ジェイ・ヴェスト（Jay Vest）は，第３回世界原生自然会議において，初期のケルト文化では，「原生自然」（wilderness）は自らの「意思の力」をもった土地を意味していたことを示す論文を読み上げた。Jay Hansford Vest, "Will of the Land: Wilderness Among Primal Indo-Europeans," *Environmental Review*, 9 (1985), pp.323-329. 本質的な考え方では，原生自然は，狩猟・採集が徐々に衰退していくのに伴って発達した牧畜文明によって管理されていない場所を意味する，ということである。

5） Standing Bear, *Land of the Spotted Eagle* (Boston, 1938), p.38.

2013年６月
コロラド州，クレステッド・バットにて

ロデリック・フレイザー・ナッシュ

[凡　例]

一、〔　　〕は訳者の挿入，[　　] は原著者のものである。
一、原書の 注）は，各章末にまとめた。
一、訳者の〔注〕については，本文の必要な箇所に入れた。
一、原文の“　　”は，原則的に「　　」で示した。
一、原文のイタリック（強調を示す）は，原則的に傍点で示した。
一、固有名詞（人名，組織名等）の各章の初出には，原則的に「　」を付し（原語）を入れた。
一、本文で重要と思われる用語にも「　」を付けた。

[主要用語の訳出上の留意点]

◈本書『原生自然とアメリカ人の精神』はR・F・ナッシュ博士（カリフォルニア大学サンタバーバラ校名誉教授）の，自らの環境倫理思想史・環境思想史に関する研究の出発点となる著作である。したがって，後の『アメリカの環境主義』や『自然の権利』等のキー・コンセプトとなる専門的なターム（用語）が頻繁に使用されている。そうしたタームに関して，本書の訳出の考え方をここで，記載しておくので，ご留意いただきたい。

1.**「保存主義」と「保全主義」**〜自然環境の保護に関しては，20世紀初頭のヘッチ・ヘッチ論争以来，二つの見方，すなわち，自然環境を手付かずのまま保存していくという「保存主義」(preservationism) と，自然環境と人間の文明との均衡ある共存を目的とした「保全主義」(conservationism)，の考え方がある。前者の代表がアメリカの自然保護運動をリードしてきた，ジョン・ミューア（John Muir）であり，後者の代表がアメリカ連邦政府森林局の初代長官のギフォード・ピンショー（Gifford Pinchot）である。本書では，preservation（保存，ないし，保存主義），preservationist（保存主義者），conservation（保全，ないし，保全主義）と訳出している。

2.**「保存」と「保全」とアメリカ政府の環境保護組織の関係**〜アメリカ政府は基本的には，原生自然の保存（保護）と人間の文明（開発）との共存を政策指針としているので，アメリカ政府が設置した組織，例えば，「全米原生自然保全協議会」(National Wilderness Preservation Council)，「国家原生自然保全制度」(National

Wilderness Preservation System), についていえば, 本来の preservation の意味からすると, 保存が相応しいと思われるが, 政府機関が原生自然の管理に関与している関係上, 保全主義的な思想が環境政策の前提となっているので, 保全という言葉を一般的な用法に倣って使用している。

3.**「保護」について**～基本的には, 環境保護という言葉は, 'to protect of the environment', として使われるのが一般的であるが, 'conservation movement' のように, アメリカ政府の森林局長官の G. ピンショーが登場する以前にも, この言葉は使用されてきた経緯から, 一般的な意味で, 自然保護運動, ないし, 環境保護運動として訳出されていることが多い。本書でもこれに準拠している。ピンショー的な「保全主義」という意味で使用すると誤解されるので, そうした対応をしている。また, Nature Conservancy のような社会組織については,「自然保護協会」といった形で, 一般的な表現に準拠して訳出している。

4.**「原生自然法」について**～1964年にアメリカ議会で成立した「国家原生自然保全制度法」(National Wilderness Preservation System Act) は,「原生自然法」と一般的に呼ばれている。'Preservation' の本来の意味からすると,「国家原生自然保存制度法」とするのが適切かと思われるが, 一般的な表記としては,「保全」が使用されていることが多い。その背景には, 原生自然が政府機関のもとに行政管理されているという意味で, アメリカの保全主義の提唱者である G. ピンショーの「保全」という理念が内包されていると推測される。本書では, 一般的な表記として使用されている「国家原生自然保全制度法」と表記しているが, その理由は上記の通りであることに留意していただきたい。「保存」も「保全」も原生自然を保護 (protect) することに変わりないということから,「原生自然保護制度法」として表記しているものも一部にはみられる。これは,「保存」と「保全」を包括的な意味としての「保護」として捉えていることがその背景にあるように思われる。

5.**「原野 (あるいは, 野性)」と「原生自然」**～本書には, wild や wilderness が頻繁に登場してくる。1990年代には, 日本では, wilderness を「原生自然」と訳出していることはほとんどなく, 荒野, 原野, 野性等と訳しているのが一般的であった。基本的には,「手付かずの自然」(自然のままの自然) という意味では同じであるが, 人間の手が入らないまったくの自然のままの状態と人間の管理が自然の生態系を壊さない範囲で自然のままの状態を維持していくという点で, 本書では, wild は原則的には「原野 (あるいは, 野性)」, wilderness は「原生自然」と訳出している。しかし, 文脈によっては, wild についていえば,「荒野」(desert),「荒地」(waste),「未開」(wild/wilds/wildness) 等の訳語を使用している場合もある。

以　上

(監訳者　松野 弘)

目　次

—— Contents ——

刊行によせて……広井良典

日本語版への序文……R・F・ナッシュ

序　文……C・ミラー

第5版　はしがき

凡　例

プロローグ　原生自然とは何か …… *1*
The Condition of Wilderness

第1章　旧世界における自然観の起源 …… *9*
Old World Roots of Opinion

第2章　原生自然の状態 …… *29*
A Wilderness Condition

第3章　ロマン主義と原生自然 …… *57*
The Romantic Wilderness

第4章　アメリカの原生自然 …… *87*
The American Wilderness

第5章　哲学者　ヘンリー・デーヴィッド・ソロー …… *109*
Henry David Thoreau: Philosopher

第6章　原生自然を保存せよ！ …… *123*
Preserve the Wilderness!

第7章　保存された原生自然 …… *137*
Wilderness Preserved

第8章　原生自然の伝導師　ジョン・ミューア …… *153*
John Muir: Publicizer

第9章　原生自然への熱狂 …… *175*
The Wilderness Cult

第**10**章　ヘッチヘッチ渓谷……199
Hetch Hetchy

第**11**章　預言者　アルド・レオポルド……223
Aldo Leopold: Prophet

第**12**章　永続のための決断……243
Decisions for Permanence

第**13**章　原生自然の哲学をめざして……287
Toward a Philosophy of Wilderness

第**14**章　アラスカ……329
Alaska

第**15**章　勝利という「皮肉」……381
The Irony of Victory

第**16**章　国際的展望……413
The International Perspective

第5版へのエピローグ……457

文献リスト……465

監訳者あとがきにかえて　「人間と自然」関係の再考……松野　弘……471

人名索引……487

事項索引……494

プロローグ
原生自然とは何か

Wild-dēor...n. A wild animal, wild beast（野生…名詞．野生の動物，野獣）
——『アングロサクソン語辞書』より

「原生自然」(Wilderness）という言語は一見すると，具体的な概念が内包されているようにみえる。その難しさはその言葉が名詞でありながら，形容詞のように機能するということにある。具体的な物体がまったくないのが原生自然である。その用語は（-ness が示しているように）ある個人に一定の雰囲気や感覚をもたせる特質を表しており，結果的にその個人に特定の場所を想起させるかもしれない。この主観性のために，原生自然の概念が広く受け入れられるような定義を見出すことは困難である。ある人にとっての原生自然は，他の人にとっては沿道の遊戯場であるかもしれない。ユーコン州の猟師はミネソタ州北部への旅を文明への回帰と考えるのに対して，シカゴから来た旅行者にとってそこへの旅は実際に原生自然への冒険である。さらに，自然界の特性の数はその観察者の数とほぼ同じくらいある。時が経つにつれて，原生自然に対する一般的な姿勢は抜本的に改変されている。つまり，原生自然は安易な定義を許さないほど多くの個人的，かつ，象徴的で変化する意味をもっている。

その言葉の語源的意味自体は一つの理解方法を提示している。多くの英単語の基になっている古代のゲルマン語とノルウェー語では，その起源はわがままな，頑固な，あるいは，制御不可能なという記述的な意味をもつ「will」にある。「willed」（意志のある）という言葉を起源とする形容詞「wild」（原野の）はかつて取り損なう，手におえない，無秩序な，あるいは，混乱したという意味だった。例えば，古代スウェーデン語では，「wild」という言葉は沸騰した湯の様子に由来する。その基本的な考え方は統制されていないこと，あるいは，制御不能であることである。その言葉は初めて人間の行動に適用された時，他の生物にも拡張された。したがって，古代英語の ‘dēor’（動物）は人間の支配下にない生物を示す wild の後ろに置かれた。その最も早い使用法の一つは18世紀の叙事詩『ベオウルフ』（*Beowulf*）にみられる。そこでは，森，岩山，および，崖といった荒涼たる地域に生息する獰猛な，空想上の獣に言及する際に ‘wildēor’ という語が用いられている。[1)]

この点からみて，「原生自然」という言葉の起源は明らかである。‘wildēor’ は ‘wilder’ に縮められ，‘wildern’ そして，最後には，‘wilderness’ を生じさせた。語源学的に，その語は ‘wild-dēor-ness’，つまり，野生動物の生息する場所を意味する。[2)]

森林で覆われた土地という原生自然という言葉のより正確な意味は，その語の言語的な起源が北欧言語に限定されることを考慮する，と弁明できる。例えば，ドイツでは，‘*Wildnis*’（荒野）が同語源語であり，‘Wilror’ は狩猟によって捕獲した鳥獣肉を意味する。一方，ロマンス語にはその概念を表現する単語はないが，その特質の一つに依拠している。それゆえに，スペイン語では，原生自然は ‘*immensidad or falta de cultura*’（耕作の不足）である。フランス語では，同義語は *Lieu desert*（砂漠地帯），および，‘*solitude inculte*’（未開の孤独）である。イタリア人は目に浮かぶような ‘*scene di disordine o confusion*’（無秩序，または，混乱の場面）という描写を使う。このように，原生自然という語がゲルマン語に限定されることは，耕作されていない土地が重々しく森林に覆われているヨーロッパ北部とその語を結び付けているのである。結果的に，その言葉はかつて，森と特別な関係をもっていた。野生動物は確かに森に相応しく，また，開けた平原ではない森は道に迷うような，あるいは，当惑するような論理的な場所だった。さらなる証拠は，‘wild’ という言葉が古代英語で森を意味する ‘weald’，あるいは，‘woeld’ という言葉と部分的に関係があるという可能性から生じる。後にその言葉の意味が拡大したことで，その単語の元々の明瞭さは弱められたものの，一般的に原生自然という言葉が呼び起こす最初のイメージは原始的な森のイメージである。

もちろん，原生自然は人間との関係という点でも重要であった。野生動物の生息地という概念は人間の不在を意味し，人間は病気になり，混乱し，「野蛮な」状態になってしまうような地域と考えられた。実際に，‘bewilder’（当惑させる）という語は ‘wilder’ に ‘be’ を付加してできた言葉である。そのイメージは，人間の生活を正常に整え，かつ，統制する文明が不在の外部環境にいる人というイメージである。

原生自然という言葉として知られている，最初の使用は13世紀初期の『ライアモンズ・ブルート』[3]（*Layamons Brut*）であるが，その言葉はジョン・ワイクリフ（John Wycliffe）がラテン語の聖書の初めての英訳を奨励した19世紀後半まで一般的に認知されていなかった。彼と彼の助手たちは原生自然という言葉を聖書に記載されている出来事の非常に多くが起こった，人が住んでいない，不毛な近東地域の土地を示すために使用した。ウィリアム・ティンデイル（William Tyndale）は1526年に聖書のギリシャ語とヘブライ語を翻訳する際に，こうした使用法に従い，さらに，『欽定英訳聖書（あるいは，ジェームズ王訳聖書）』（*the King James Bible,* 1611）の従者はその用語を公表した。この聖書の使用法を通じて，サミュエル・ジョンソン（Samuel Johnson）が木の無い荒地という概念を1755年に彼の『英語辞典』（*Dictionary of the English Language*）で「砂漠―人里離れた未開の地域」と定義するほど，その概念は原生自然と非常に密接に関係するようになった。ジョンソンの定義はイギリスだけでなく，アメリカでも長い間，標準となっていた。

今日，辞書では，原生自然を耕作していない，または，未開の土地と定義している。人間の不在と野生生物の存在が想定されている。その語は海や，もっと最近では，宇宙のような他の非人間的な環境を意味する。これらの現状と等しく重要なことは，この現状が観察者に想起させる感覚である。人間が指針を失い，道に迷い，当惑する場所はすべて原生自然と呼ばれるかもしれない。この使用法は比喩的表現の可能性を多分にもっており，元来の適用をはるかに超えて言葉の意味を拡張してきた。大規模で無秩序な物の集まりは，たとえ人工物であっても，あてはまる。したがって，原生自然は迷宮の形に計画的に生垣を植える整形式庭園のことでもある。また，キリスト教信者にとって，原生自然は長い間，罪深い人間の倫理的な無秩序，あるいは，この世の神の子の命の概念，のどちらかに適用される説得力のある象徴，になっている。

ヘンリー・アダムズ（Henry Adams）は，彼が1880年に「男性と女性の原生自然」[4]（wilderness of men and women）に関する小説を書いて，その語の元来の意味を完全に転換した。都市の興隆はさらに，もう一つの分野を切り開いた。街道，あるいは，混雑している港の無数の船の帆柱に言及することが一般的になった。作家たちは，例えば，‘*The City Wilderness*’，および，‘*The Neon Wilderness*’[5]という主題のもとに，貧民街の状況や都市の堕落を議論した。都市部の近年の研究は「大都市において成長してきたこの新しい『原生自然』[6]」に言及している。その意味するところは，かつて，人間が森の中で野生動物の間に感じていたのと同じような不安や混乱を現代人は都市的な状況の中で感じている，ということである。その言葉は人を誤って導き，邪悪であるとみなされる思想にさえ広がっている。フランクリン・D・ルーズベルト（Franklin D. Roosevelt）政権期間のハーバート・フーバー（Herbert Hoover）に言及するアメリカ史の本のある章の題目は「ニューディール時代における原生自然の声[7]」（Voice in the New Deal Wilderness）である。

原生自然という言葉の通常の辞書的な意味は人間の資質に対する敵性を意味するが，その言葉は好意的な含意へと発展している。英語の辞書は二重の意味を避けているけれども，代表的なドイツ語の辞書は直接それを対比している。ジェイコブ（Jacob）とウィルヘレム・グリム（Wilhelm Grimm），および，彼らの改訂者によれば，Wildnis は二つの感情的な語気をもつ。一方では，‘Wildnis’ は荒れ果てて，不親切で，謎めいており，脅迫的であるのに対して，もう一方では，美しく，親切で，見る人を高揚させ楽しませることが可能である。この二つ目の概念は，慰めが必要な人が文明の圧力からの一時的な開放を感じることができる避難所としての自然界の価値にも関係している[8]。

原生自然の定義は複雑で部分的に矛盾しているとしても，少なくとも辞書編集者は一般的にその概念を論じることに対する優位性をもっている。原生自然という言葉を特定の地域に適用することが必要になった時に，そうした定義はますます困難になってくる。ある地域が原生自然として認められるためにはどのくらい野性的でなければならないのか，あるいは，反対に文明の影響がどのくらいならば認められるのか，という問題がある。絶対的な潔白を主張するならば，おそらく人間が一度も踏み入れたことのない土地だけが原生自然である，ということになるだろう。しかし，多くの人にとって，人間，および，人間の行為との最小限の接触は原生自然の特質を破壊しない。これは程度の問題である。先住民（インディアン）や放牧牛の存在はある地域を（原生自然として）不適格にするだろうか。ビールの空き缶はどうだろうか。頭上の飛行機はどうだろうか。

規模の問題はもう一つの難題である。ここでも，原生自然の精神的な基準が物質的な基準と同じくらい重要になる。理論的には，ある人が文明を見たり，聞いたり，嗅いだりしないならば，その人は原生自然の内にいる。しかし，ほとんどの人は清涼飲料の自動販売機は引きずって壊れると騒がしい音を立てるという追加的な知識を必要とする。ある人は自動販売機が数マイル離れたところにあることを望む。冒険家であり，原生自然の保護活動家である，ロバート・マーシャル（Robert Marshall）は機械的な手段なしでは1日で歩き回ることができないほど大きな地域を要求した[9)]。生態学者であり，哲学者である，アルド・レオポルド（Aldo Leopold）は自分の基準として，「2週間のバックパック旅行を吸収する[10)]」だけの地域の能力を設定した。

近年，地主と政治家は原生自然の効果的な定義を考案することに対して，顕著な成果を上げておらず，苦戦している。1920年代と1930年代に，「アメリカ合衆国森林局」（United States Forest Service）は管理下にある土地を分類する作業においてさまざまな言葉を使って試みたが，「原始的」，「道がない」，および，「未開墾の」という言葉は，より大きな分類よりも明確ではないということに気がついた[11)]。結局のところ，道とは何か，ということになる。「野外レクリエーション資源検討委員会」（The Outdoor Recreation Resources Review Commission）の1962年の報告書は原生自然を「共用の道路がない」10万エーカー以上の地域と定義している。その土地は現地の人間の活動から生態学的な重大な妨害がない，とみられることも想定しているが，家畜の放牧やかつての製材業の痕跡といった特定の状況は黙認される[12)]。また，1964年9月3日付けの法律の起草者は，アメリカの自然界を保護するための100年間の活動を頂点に到達させ，「国家原生自然保全制度法」（National Wilderness Preservation System）を法制化し，定義を企図した。その立法者によれば，「原生自然は，人間と人間の行為が景観を支配する地域とは対照的であり，この結果，土地とその生活共同体（コミュニティ）が人間によって妨害されていない地域，たとえ人間がいたとしてもとどまらない訪問者である地域である[13)]」。しかし，昔からの難題は続いている。実際に何が妨害された状況，あるいは，原始的な状況に構成するのか。また，原生自然はどのくらいの訪問に耐えられるのか，といったことが問題となってくる。

これらの問題，および，原生自然が精神の状態であることを示しているという傾向を考慮して，人々が原生自然と呼ぶ場所を原生自然と認めるというように，その言葉それ自身に定義させることが試みられている。ここで重要なことは，何が原生自然であるかということではなく，人間が何を原生自然と考えるかということである。明らかに優位な点は主観的な自然の概念への適応である。現実性ではなく，信念に焦点をあてることは特にその語に関する過去の思想を研究したいと思っている歴史家の構想にとって有用である。しかし，この方法の限界は個人的な関心から定義を行なったり，まったく定義しなかったりする，という点にある。

この問題に対する考えられ得る解決策は純粋な野生という一方の極から，純粋な文明化というもう一方の極，すなわち，原始から舗装道路までの幅をもつ状態，あるいは，環境の種類の範囲という考え方である。この二極間の尺度の概念は，変化と混成の概念を示していることから有用である。原生自然と文明は比率が変化して組み合わさることで，ある地域の特性を決める正反対の影響要因になる。この尺度の中間地点には，自然と人間の要因の平衡状態を示す農村の，あるいは，田園の（耕作された）環境がある。[14] この中間地点から原生自然の極へ向かって動くと，人間の影響要因はあまりみられなくなる。その尺度のこの地点では，文明は原生自然の前哨，すなわち，フロンティア（西部の辺境地帯）として存在する。もう一方の農村の領域の側では，人間が自然に影響を与える度合いは増す。最終的に，文明の極へと近づくと，野生の状態と農村の状態が共有する自然環境は都市に存在する完全で，合成的な状態に取って代わられる。

定義を基礎として，環境の尺度は絶対不変の性質ではなく，変化の度合いを重視する。野生が文明化される分水嶺を発見する必要はそれほど逼迫したものではない。しかし，尺度の概念は野生と，地方の風景，農村，屋外，フロンティア，および，田園のような関連する概念とを区別することを可能にする。その脈絡によって，例えば，「自然」は原生自然と同じことを表していることもあれば，都市公園に言及することもできるだろう。また，この尺度は原生自然の極に限りなく近い領域という，原生自然の一般的な定義も提示する。帯の端に置かれるものは人によっては異なる地点に置かれ得るが，その尺度に沿った一定の距離に対する合意は確実に期待できるだろう。この分類における土地は主として非人間的な環境，野生動物の住処である。時々，見かけるビール缶，小屋，もしくは，道ですらその存在はある地域を不適格にするのではなく，その地域をわずかに文明化の極に移動させるだけである。広大でほとんど改変されていない地域は完全な原生自然に非常に近い。定住以前の北アメリカの状態はその一例である。それは広大な地域を内包し，そこに住む先住民は野生生物としてみなされ，その野蛮さは自然界の特質を構成した。新世界は発見した時点では原生自然でもあった。なぜならば，ヨーロッパ人が新世界をそのように考えたからである。ヨーロッパ人は自然界に強要した支配的，かつ，秩序立った彼らの文明は不在であり，人間は外に置かれていると考えたのである。

注

1） *Beowulf and the Fight at Finnsburg*, ed., Fr[iderich] Klaeber（Boston, 1922）.

2） James A. H. Murray et al., *A New English Dictionary on Historical Principles*（10 vols. Oxford, 1888–）, Eric Partridge, *Origins: A Short Etymological Dictionary of Modern English*（London, 1958）, Ernest Weekley, *An Etymological Dictionary of Modern English*（London, 1921）, Hensleigh Wedgwood, *A Dictionary of English Etymology*（and rev. ed., London, 1872）.

3） *Layamons Brut*, ed., Frederic Madden（3 vols. London, 1847）, 3 , 217.

4） Adams, *Democracy*（New York, 1880）, p.2 .

5） Robert A. Woods, *The City Wilderness*（Boston, 1898）, および，Nelson Algren, *The Neon Wilderness*（New York, 1960）.

6） Jean Gottmann, *Megalopolis: The Urbanized Northeastern Seaboard of the United States*（New York, 1961）, p.216.（ジーン・ゴットマン著／木内信蔵・石水照雄訳『メガロポリス』鹿島研究所出版会，2000年）。

7） *The New Deal at Home and Abroad, 1929–1945*, ed., Clarke A. Chambers（New York, 1965）, p.103.

8） Jacob and Wilhelm Grimm et al., *Deutsches Wörterbuch*（2nd ed., Leipzig, 1960）.

9） Robert Marshall, “The Problem of the Wilderness,” *Scientific Monthly, 30*（1930）, 141.

10） Aldo Leopold, “The Wilderness and its Place in Forest Recreational Policy,” *Journal of Forestry, 19*（1921）, 719.

11） James P. Gilligan, “The Development of Policy and Administration of Forest Service Primitive and Wilderness Areas in the Western United States”（unpublished Ph.D. dissertation, University of Michigan, 1953）, pp.122–130, 196–203.

12） Wildland Reseach Center, *Wilderness and Recreation — A Report on Resources, Values, Problems*, Outdoor Recreation Resources Review Commission Study Report, 3 （Washington, 1962）, pp.3–4, 26.

13） U.S., *Statutes at Large, 78*, p.891.

14） Leo Marx, *The Machine in the Garden: Technology and the Pastoral Idea in America*（New York, 1964）, 特に pp.73–144.（レオ・マルクス著／榊原胖夫・明石

紀雄訳『楽園と機械文明——テクノロジーと田園の理想』研究社，1972年)，Charles L. Sanford, *The Quest for Paradise: Europe and the American Model Imagination* (Urbana, Ill., 1961), pp. vii, 135–154；John William Ward, *Andrew Jackson: Symbol for an Age* (New York, 1955), pp. 30–45, 78.（ジョン・W・ウォード著／宇田佳正訳『アンドルー・ジャクソン——時代のシンボル』研究社，1975年)，および，Henly Nash Smith, *Virgin Land: The American West as Symbol and Myth* (Cambridge, Mass., 1950), pp. 51–120.（ヘンリー・N・スミス著／永原誠訳『ヴァージンランド——象徴と神話の西部』研究社，1995年）は関連する概念を用いている。

第1章
旧世界における自然観の起源

彼らの来る前には，地はエデンの園であるが，彼らが去った後は荒れ果てた野である。

——「ヨエル書」第2章第3節

新世界を発見したり，入植していったヨーロッパの人々は，大西洋を渡る前から原生自然のことを熟知していた。こうした知識には直接体験によって得られたものもあった。というのは中世末期には，未開の地が依然としてヨーロッパ大陸に豊富に存在していたからである。しかしながら，それよりもはるかに重要であったのは，西洋思想では，観念として原生自然が深い残響を響かせていたことである。それは，何か人間とは異質なもの——文明が絶え間なく戦ってきた不安定で不快な環境——として本能的に理解された。ヨーロッパ人は人の住まない森林を民間伝承や神話の重要な要素である，と考えていた。その暗い，神秘的な性質によって，近代科学確立以前の〔人々の〕想像力が悪霊や精霊の群れを活躍させるお膳立てを森林は果たした。加えて，実際に眼前に存在するもの，および，象徴としての原生自然はユダヤ＝キリスト教的な伝統に深く根を下ろしていた。聖書を読んだことがある人ならだれでも，未開の地とは何かについて，より広い教えを手に入れることができた。その後のキリスト教の変遷は〔未開の地の意義に関して〕新たな重要性を付け加えてきた。その結果，最初の移民たちは原生自然について多くの先入観を抱いて北アメリカに臨んだのである。旧世界から新世界へ受け継がれたこのような知識は初期入植者の〔原生自然に対する〕対応を決定づけたのみならず，アメリカの思想に永続的な痕跡を残したのである。

原始人の価値体系は生き延びられるかどうか，という観点から構成されていた。原始人は自分の幸福に寄与するものを高く評価し，自分が支配したり理解したりすることができないものを恐れた。原始人にとって「最もすぐれた」木とは，食物や隠れ場所をもたらすものであり，一方で「よき」土地とは平坦で肥沃，かつ，水に十分恵まれた土地のことであった。何にも増して最も望ましい条件のもとでは，生活は楽で安全なものであった。なぜならば，自然が人間の利益になるように整えられていたからである。初期の文化のほとんどすべてがそうした地上の楽園の概念をもっていた。それがどこにあるのかと考えられていようと，何と呼ばれていようと，すべての楽園はその言葉（paradise）の語源であるペルシャ語での本来の意味――ぜいたくな庭園[1]――と同じで，多大な恩恵を授ける恵み深い自然環境をもつという点で共通していた。気候は常に穏和であり，熟した果実がありとあらゆる木の枝から垂れ下がり，それを採ろうと差し伸べた手を刺すトゲは一つとしてなかった。楽園の動物たちは人間と融和して暮らしていた。欠乏のみならず恐怖も，この理想的な自然の状態においてはどこにも見あたらなかった。[1)]

もし楽園が初期の人間にとって最高の善であったとすれば，原生自然はその対極にあるものとして，最大の悪であった。ある状況でその環境は庭園のごとく，人間のあらゆる欲望を満たしてくれるものだった。それに対して，また別の状況では，それはせいぜいよくて益にも害にもならないもの，そして，しばしば危険な，さらに，常に支配不可能なものであった。しかも原始人が戦わなくてはならなかったのは，実際にはこの後者の状態の方であった。他に選択肢がまったくないような時には，原生自然での生活は実に不気味なもののように思えた。「安全」（safety），「幸福」（happiness），「進歩」（progress）〔を達成すること〕はすべて，原生自然の状況から脱することにかかっているように思われた。自然を支配することが必要不可欠なこととなった。火はその第一歩であった。野生動物のうちの何種類かを家畜化したことはさらなる一歩だった。次第に人間は土地を支配し，農作物を栽培する方法を学んでいった。森林には木が伐採された空き地が登場した。この原生自然の減少こそ，人間が文明に向かって前進しえたことを明確に示すものだった。しかし，進歩はゆっくりとしていた。何世紀にも渡って，野生状態の力はその影響力に対する〔人々の〕弱々しい抵抗を凌駕していた。人間は原生自然のない生活を夢見た。意義深いことに，多くの伝説では，島やどこか他の囲い込まれた地域として楽園を位置づけていた。このように，最初の共同体（コミュニティ）の周囲にあまねく存在し，脅威となった未開の後背地は〔楽園の概念からは〕排除されていたのである。楽園の神話の中に原生自然の入る余地はなかった。

荒野はギリシャやローマのように比較的進んだ文明においてさえ，嫌悪感を与えるものであり続けた。古典文学に豊富にみられる自然への賛美は，開墾された，牧歌的な種類の自然に限られている。自然における美は豊饒であること，あるいは，有益であること，と密接に関連していた。[2)]紀元前1世紀のローマの詩人，タイトゥス・ルクレティウス・カルス（Titus Lucretius Carus）は『デ・レルム・ナトゥラ』（*De Rerum Natura*）において，地上の大半のものが「野獣の住まう山や森によって強欲に所有されている」ことは重大な「欠陥」であると述べ，自分が生きていた時代〔の考え〕を代弁した。人間が文明化した地域を除けば，荒野は「木立や巨大な山々，深い森林地帯の隅から隅まで絶え間ない恐怖で満たされている」。しかし，ルクレティウスは希望を捨ててはいなかった。というのは「われわれはこうした地域を避けようと思えば大抵は避けられる」からである。

ルクレティウスは歴史に目を向けて，原生自然における文明化以前の生活を気味悪く描いた。人間は四方八方からの危険に悩まされ，食うか食われるかという古くからの掟の渦中を生き延びながら，悪夢のような生活を送っていた，というのだ。ルクレティウスは，人類が衣服や金属，その後「船，農業，都市の城壁，法律，武器，道路」といったものを発明することで，この悲惨な状態から脱出したことを明らかな満足感をもって語った。これら〔の発明〕は人間が未開の自然を支配し，完全にというわけではないが，安全性を確保することを可能にした。原生自然から解放されると，文化は〔ますます〕洗練され，「生活を魅力的にするあらゆるもの」が生み出された。[3)]

ルクレティウスやホラティウス〔2〕（Horace），ウェルギリウス〔3〕（Virgil），他の同時代の作家たちが「自然」への愛を告白し，町を離れ「自然的な」生活をしたいという願望を表明した時，彼らは〔「自然」を〕牧歌的な，あるいは，田園的な環境と意味づけしていたのであった。例えば，ルクレティウスは労働によって「森をますます山腹へと後退させた」最初の農民たちの努力を称えた。この努力によって，価値がきわめて高い耕作地を作るための場所が提供されたのである。それは，「頼もしい果物が飾りのように散りばめられ，四方を実のなる木々で囲まれた，……畑や……農作物，楽しいブドウ園，それらの真ん中に走り，境界となっている灰緑色のオリーブの木の列」からなっていた。[4)]これが理想だとすれば，原生自然は近寄りがたく，嫌悪感をここはもよおさせるものでしかなかった。

原生自然を支配したり，利用したりすることができないことがそれに対する人間の敵意の基本的要因であった一方で，未開への恐怖には他の原因もあった。その一つは，多くの文化の民俗的伝統が原生自然を超自然的で奇怪なものと結び付ける傾向であった。原生自然，とりわけ，夜の原生自然には，想像力を刺激するような神秘的な特質があった。恐怖でおびえた目には木々の大枝は異様で今にも飛掛からんとする人の姿となったし，風の音は不気味な叫び声に聞こえた。未開の森は生命を吹きこまれたように思えた。あらゆる種類の不思議な生き物がその奥地に潜んでいると考えられた。生け贄でなだめようとした神々も，悪魔とみなされたものも，こうした森の生き物はともに恐れられた。5)

古代ギリシャやローマの神話では，未開の場所に住むと信じられていた下級の神々やダイモン[4]（demons）といった面々すべてが語られていた。森の主であるパン（pan）はヤギの脚，耳，尾と，人間の胴体をもつものとして描かれた。パンははなはだしい好色さと限りない遊びへのエネルギーとを兼ね備えていた。森や山の中を通り抜けなくてはならないギリシャ人はパンとの遭遇を恐れた。実際，「パニック」（panic）という語は原生自然で奇妙な叫び声を耳にしたら，パンが近づいていると思い込む旅行者に，分別を失わせるような恐怖に由来していた。パンに関連して語られるのがサテュロス族（the tribe of satyrs）――酒と踊りと肉欲に身をささげた狂暴な性格の半分人間，半分ヤギの神――であった。彼らは夜にだけ，それももっぱら森の最も暗い部分にだけ現れると考えられた。ギリシャの民間伝承によれば，サテュロスは原生自然にある自分たちのねぐらに大胆にも入ってきた女性たちを犯し，子どもをさらったという。これにシレノス（sileni）とケンタウロス（centaurs）を加えれば，ギリシャの森の精霊コレクションは完成である。これらの怪物は人間の上半身と頭，そして，シレノスの場合はヤギ，ケンタウロスの場合は馬の下半身と脚をもっていた。大抵の場合，彼らは根こそぎ取られたままの形をした棍棒をもっている姿で描かれたが，それは彼らの好んだ生息地を想起させる役目も果たしていた。ローマ神話ではサテュロスのような姿をしたものがファウヌス（fauns）として登場し，それもまた，鬱蒼とした森林地帯に潜んでいた。6)

昔の民間伝承では，中央，および，北部ヨーロッパの原生自然も超自然的な生き物で一杯だった。その中には崇拝されたものもあったが，概して，未開の人々が理解できないものに対して向ける態度に特徴的な恐怖の念をもたれていた。その他の〔超自然的な生き物〕は悪霊とか，悪魔の一団として分類された。例えば，スカンディナヴィア諸国では，ルシファー[5]（Lucifer）とその追随者たちが天から追放された時，あるものたちは森に降り立ち，森の妖精，もしくは，トロール[6]（Trolls）になった，と考えられた。中世ヨーロッパの怪物の多くは，古代ギリシャやローマの神話の半人半獣の神々の直系の子孫〔とでも言える性質をもつもの〕であった。ロシア，チェコ，スロヴァキアの民間伝承では森や山に住み，女の顔と雌豚の胴体，そして，馬の脚をもった生き物のことが語られた。[7)] ドイツでは嵐が森の中を吹き荒れる時，ほえたてる猟犬の群れを引き連れた幽霊猟師が外出し，猛然と突き進んで道すがら出会うものすべてを殺しているのだ，と広く信じられていた。人食い鬼や邪悪な狼人間も未開の，人里離れた地域に居るものと考えられた。森の生き物は，エルフ[7]（elves）のように，人間の役に立つ存在である場合もあったが，ほとんどは恐ろしいものと考えられ，原生自然の不快さをいや増す存在であった。[8)]

アングロ・サクソン人――最初にアメリカに渡った大半の人々の祖先――は，原生自然には恐ろしい動物がいるとする伝説を永きに渡ってもっていた。8世紀の叙事詩『ベオウルフ』（*Beowulf*）はこうした伝説の多くをまとめたものである。物語の主軸は2匹の巨大な吸血鬼と，ベオウルフ（Beowulf）率いる部族との戦いである。話が展開していくにつれ，原生自然が中世初期にとって，〔重要な〕意味を込められた一つの概念であったことが明らかになる。その詩では終始一貫して，人の住まない地域は悪い面――湿っぽく，寒くて，陰気な面――を可能な限り，最も強調して描かれている。吸血鬼たちは「オオカミが出没する丘や吹きさらしの岩山，危険な沼地の中の小道，といった所にある人っ子一人やって来ない土地に」住んでいることになっている。勇敢にもベオウルフはこの原生自然の中へと分け入り，「山の木々の陰鬱な木立」の下で怪物らに復讐を果たしたのである。[9)]

中世ヨーロッパの原生自然において最も重要な想像上の住民は，半分人間の野人（Wild Man）であった。全身濃い体毛でおおわれたその裸の姿は，当時の芸術，文学，戯曲に幅広く登場した。[10)] 計り知れない力をもつ野人は，古代ギリシャ・ローマのシレノスやケンタウロスに似て，棍棒をもった姿で描かれることが多かった。民俗的な伝説によれば，野人は文明からできるかぎり遠く離れた森林の奥地に住んでいたという。彼は子どもをむさぼり食い，若い娘を犯す人食い鬼の一種とみなされていた。野人の仲間の特徴は場所によりさまざまであった。オーストリアのチロル地方，および，バヴァリア・アルプス地方[8]では，女の野人は巨大な体と剛毛，とても大きく垂れ下がる乳房，そして，耳から耳まで伸びるぞっとする口をもつものと想像された。しかしながら，ドイツをさらに北上すると，彼女〔の身体〕はより小さく，見た目もそれほど恐ろしくないものと考えられた。この野人の主な災厄は，人間の赤ん坊を盗み，その代わりに自分の子どもを残していくことであった。森に住む他の悪霊とともに野人は原生自然の暗闇に，なかなか追い払い難い恐ろしい不気味さを帯びさせたのである。

ユダヤ＝キリスト教的な伝統〔的自然観〕は，新世界を発見し，そこに入植したヨーロッパ人の原生自然に対する態度形成に，もう一つの強い影響力を与えた。聖書を著すに際して，その著者たちは説明を補足するものとして，また，象徴的概念として，原生自然に中心的な地位を与えた。その言葉は改訂標準版の旧約聖書では245回，新約では35回登場する。加えて，「原生自然」（wilderness）と同じ本質的意味をもち，また，いくつかの例においては同一のヘブライ語，もしくは，ギリシャ語の語根をもつような，「荒野」（desert）[9]や「荒地」（waste）といった語が数百回，使用されている。[11)]

年間降水量が４インチ[10]未満という人の住まない土地が古代近東地域では大半であった。そのような地域には，エルサレムのちょうど，西から始まってヨルダン川，および，死海に平行して広がる細長い土地が含まれていた。ここから砂漠が南方へシナイ半島，および，アラビア半島に向かって延びていた。[12)]先進技術がないために，人間はそのような荒れ果てた環境では長く生きていくことができなかった。そういう環境を農作物や家畜を養う「よい」土地と区別するために，古代ヘブライ人たちは「原生自然」（wilderness）と言い換えられる数多くの語を用いたのである。[13)]

年間降水量が４インチという生き延びるのにぎりぎりの量を超えている場所ですら，生存には不安定さがつきまとっていた。例年になく，乾燥した季節が農作物を枯らし，耕作可能な土地を砂漠に変えてしまうこともあった。こうした状況では，人間は当然のことながら原生自然を憎悪し，恐れた。その上，降水量というものは人間の影響力や理解を超えたものなので，その変動に宗教的説明を与えるというのも無理のないことであった。干ばつとその結果生じる原生自然とは，神が自分の不快感を示すために与える呪いと考えられた[14)]。他方，生命を与える水が豊富に得られることは神の承認を意味した。例えば，洗礼は近東地域の気候や地理的な特性を意義深いものとした象徴的儀式であった。

旧約聖書は古代ヘブライ人が原生自然を「呪われた土地」とみなしていたこと，また，彼らがその近寄り難い性質を水の欠乏と結び付けていたことを明らかにしている。何度も何度も繰り返して，「広大で恐ろしい荒野」は「水のまったくない乾いた土地」として記述された。罪深い人々を脅したり，罰したりしたいと思った時，旧約聖書の神は原生自然の状態こそが最も強力な武器になる，ということに気づいた。「山や丘を荒らしてしまおう，そして，そこに生えている草を枯らしてしまおう。川を島に変えてしまおう，そして，水たまりを干上がらせてしまおう。……雲に命じてそこに雨を降らせないようにもしてしまおう[15)]」。ソドムとゴモラの両都市は市民の罪に対する罰として，塩田やイバラの茂みから成るすっかり干上がった荒地になってしまった[[11]]。

それとは逆に，神が自らの喜びを表したいと思った時に，授けることのできる最高の祝福は原生自然を「よい土地，小川や泉，湧き水のある土地」に変えることであった。「イザヤ書」にある贖いをうたった有名な一節で，神は「荒野や乾いた土地は喜ぶであろう……というのは水が荒野に流れ出し，川が砂漠の中に生じるだろうから」。「荒野に水を与える」ことは神が自身の配慮を表す方法であった[16)]。砂漠を非常に恐れている人々にとってそれはわかりやすいイメージであった。

乾燥した荒地を神の呪いと同一視することは，原生自然が邪悪な環境，一種の地獄であるという確信をもたらした。その結果，次のような伝説が生まれた。ヘブライ人の想像力は他の文化のそれと同様に，原生自然を悪霊や悪魔の住家とした。それら悪霊たちの中には「タン」（tan）という吠える竜や，夜半に出現し，翼をつけた「リリス」（lilith）と呼ばれる女の怪物[[12]]，すでにおなじみの半分人間，半分ヤギの「セイリム」（seirim）が含まれていた。すべてを統轄していたのがアザゼル（Azazel）という原生自然の大悪魔であった。アザゼルは，生きたヤギが土地の祭司長の前に連れて来られ，祭司長が集団の罪を象徴的にそのヤギに負わせるという贖罪の儀式において，重要な役割を果たした[[13]]。次に，そのヤギは耕作地の末端まで連れて来られ，「荒野のアザゼルのもとへと送られた[17)]」。この儀式は

「スケープゴート」の概念の起源としてだけでなく，ヘブライ人の原生自然観の実例としても意義をもつものである。

未開の地に対する不道徳性に関する考え方は，旧約聖書が楽園をどのような場所として扱っているかという点においても明確に表れている。エデンの園について語られるわずかなことからでも，それは他の楽園と同じく，原生自然とは正反対のものであったと判断できる。「エデン」とは，「喜び」を表すヘブライ語であったが，現に「創世記」はそれを気持ちのよい場所として描いている。エデンの園には水が潤沢にあり，また，食べられる植物で溢れている。アダム（Adam）とイブ（Eve）は生き延びるために働く必要性からは解放されていた。ただ一つの例外を除けば，楽園をともにしている生き物は平和的で，人間の役に立つものであったので，恐怖もまた，排除されていた。しかし，その唯一の例外であるヘビがこの人類最初の夫婦に禁断の木の実を食べるようすすめたために，その罰として二人はエデンの園から追放された。〔楽園を追われた〕アダムとイブが今まさに直面している世界は荒野，「イバラとアザミ」で満ちた「呪われた」地であった。旧約聖書では後に，エデンと荒野とが，その最初の関係がはっきりわかるように並置されている。「彼らの来る前には地はエデンの園のようである」，と「ヨエル書」の著者は書いた，「しかし，彼らの去った後は荒れ果てた野である」。さらに，「イザヤ書」には，神がシオン[14]を慰め，「その荒野をエデンのように，その砂漠を主の庭のようにされる」という約束が含まれている[18)]。エデンの園とその喪失の物語は西洋思想に，原生自然と楽園は物理的にも精神的にも相容れないものである，という観念をしっかりと定着させた。

古代イスラエル国の歴史は，ユダヤ＝キリスト教における原生自然の理解にまた，別の側面を付け加えた。紀元前1225年頃のエジプトでの束縛からの脱出の後，ユダヤ人たちはモーセ（Moses）の指揮のもと，40年間もシナイ半島の原生自然をさまよっていたと伝えられている。旧約聖書の記述は，この「獣の吠える荒地[15]」で遭遇した数々の困難を強調しているが[19)]，砂漠での経験はイスラエルの部族にとって非常に重要であった。この間，彼らの祖先が崇拝していた神はヤハウェ（Yahweh）として姿を現し，彼らの特別の保護者になることを約束した。シナイ山上の荒野のまっただ中でモーセはヤハウェとイスラエルとの間の契約をもたらす十戒を受け取った。その後，主は奇跡によって水と食物を与えることで，その庇護する力を示した。神はまた，イスラエルの民が契約に忠実であるならば，彼らが荒野を逃れて乳と蜜が溢るる約束の地カナンに入ることを許す，と約束した。[20]

40年に及ぶ放浪の経験によりイスラエル人は原生自然にいくつかの意味を与えた。第一に，それは罪深い，迫害する社会から逃れる聖域として理解された。第二に，未開の地は神を見出し，神に近づくための環境を意味するようになった。それは選ばれた人々が清められ，謙虚にされ，約束の地に入る準備をさせられる試練の地としての意味も獲得した。[21] 原生自然はその苛酷で近寄り難い性格を決して失わなかった。実際，まさにそうした性格ゆえにそこに人が住むことはなく，それは試練を与える力であるだけでなく，避難所ともなりえたのである。逆説的なことに，人々は清められ，それゆえに，そこから楽園のごとき約束の地へと救済される一手段を原生自然に求めたのである。ヘブライ人の伝統には原生自然それ自体に対する愛着などまったくなかったのである。

イスラエル人の脱エジプト経験は自由の獲得と信仰の浄化のために原生自然に赴くという伝統を確立した。社会が満足しきって不信心になると，宗教的指導者たちは再び，神に身を捧げ，〔そのような社会から〕逃げ込むための場所として原生自然に期待した。これこそが「エレミヤの嘆願」（Jeremiah's Plea）――「私が砂漠に旅人の宿をもっていればいいのに，そうして私の民のもとから去ることができればいいのに……というのも彼らはいずれも姦通を犯した者，不実な者どもの一団だからである」――の含意である。エリヤ（Elijah）が神からの霊感と導きを求めた時，彼は象徴的な40日間〔という期間〕原生自然に入り，モーセのように，それを人けのない山の上で受け取った。[22] 時には，メシア到来の道を実際に整えてくれるであろう，清らかさと誠実さを実現するという目的で，〔共同体の〕居住者全員がイスラエルの居住地を離れて原生自然に向かうということもあった。こうした世界の終末を信じた共同体の中で最も有名なものが，紀元前2世紀に死海近くの洞窟で暮らしたエッセネ派の共同体であった。[16] 彼らは，その滞在がシナイ砂漠での祖先のそれと同様に，新たな，よりよい約束の地へと導かれることを望んだ。

聖域としての原生自然の重要性はキリスト教において不朽のものとされた。洗礼者ヨハネ（John the Baptist）は新約聖書において，モーセやエリヤ，エッセネ派の人々に相当する人物であった。彼は信仰を甦らせ，メシア到来の準備をするためにヨルダン川一帯の未開の渓谷へと赴いた。[23] 福音書はいずれもヨハネを，神の道を整えるべく「荒野で！」叫ぶ声が聞こえると「イザヤ書」で言及された預言者と結び付けた。イエス（Jesus）が洗礼を受けるためにユダヤの砂漠にいるヨハネの所へ行った時，その預言が成就したのである。[17]その後すぐに，キリスト（Christ）は「悪魔に試されるべく聖霊によって荒野へと導かれた」。[24)]40日間の断食で完成するこの経験[18]は，脱エジプト時のイスラエルの試練を示唆したものである。さらに，原生自然は精神的浄化が生起する邪悪と苦難の環境としての重要性をもち続けていた。イエスは神の言葉を述べる準備が整った状態で，原生自然から帰ってきたのである。

初期，および，中世のキリスト教において原生自然は，全キリスト教徒が克服しなければならない悪の諸力が存在する地上の領域としての意義をもち続けていた。これは北ヨーロッパの部族に伝道する活動においては，文字通りの事実であった。キリスト教徒は未開の森林を伐採し，異教徒たちが儀式を執り行なっていた神聖な木立を切り倒した時，自分たちの仕事が成功したと判断した。[25)]より比喩的な意味で，原生自然はこの世で人間が直面する状況についてのキリスト教的概念を象徴していた。それは人間が生まれながらにして罪を犯す性向，物質世界の誘惑，そして，悪の力それ自体が複合してできたものだった。この地上の混沌の中で人間は迷って孤独にさまよい，今や天界にあるとされている約束の地へと救済されることを願ってキリスト教にすがったのである。

しかし，キリスト教は，未開の地が〔沈思黙考のための〕避難所，および，宗教的純粋さの場となりうるという考えも保持していた。その後のキリスト教の隠者や修道士たち（文字通り，一人で生活している者）は，原生自然の寂しさが瞑想や精神的洞察，道徳的完成に資するということを知った。3世紀に聖アントニウス（Saint Anthony）がナイル川と紅海とに挟まれた砂漠に生涯に渡って引きこもったことは，その典型的な例であった。[19]その後，修道生活が盛んになり，多くの熱狂的な信者らが人里離れた隠遁場所を探し求めた。[26)]4世紀には大聖バシリウス（Saint Basil the Great）が黒海の南にある原生自然に修道院を設置し，「主がお住まいになる荒野に……私は住んでいるのだ」と誇らしげに語った。[20]自分が暮らしていた木々の生い茂る山についてのバシリウスの記述は，原生自然の美しさについて彼がある種の認識をしていたことを示唆するものである。[27)]しかし，この点における彼の事実上の特殊性が当時の原生自然に対する全般的な無関心さを劇的に表している。概して，修道士たちは原生自然を堕落した社会から逃れるのに見合うだけの価値しかもたないものとみなした。それは信仰の炎を燃やすことで原生自然の至る所をゆくゆくは神の楽園に変えたい，と彼らが願ったような場所であった。

崇拝の自由を得るために，人の住まない地域へ逃れるという伝統は，中世に入っても根強く残っていた。例えば，12世紀終わり頃，リヨンの商人ピーター・ワルドー（Peter Waldo）はこの世の富，および，快楽をすべて放棄することを含む一種のキリスト教的禁欲主義を擁護し始めた。

国教であるローマ・カトリック教会は，ワルドーがその物質主義を暗に批判しているのをよく思わなかった。1184年に破門された後，ワルドーとその信奉者たちは異端者として迫害された。自分たちの信条を捨てることを拒み，社会にとどまっていれば異端審問の手にかけられて死ぬという現実に直面して，数千人ものワルドー派の人々はフランス・イタリア国境地帯にあるピエモンテ・アルプス地方に逃れる道を選択した。この原生自然の洞窟や人里離れた谷で，彼らは自分たちの自己否定の哲学に資する環境のみならず，宗教的迫害からの逃げ道を見出したのであった。[28)]

中世のキリスト教徒の中でアッシジの聖フランチェスコ[21]（St. Fransis of Assisi）は〔人間は自然界の一部であるとする〕通則があったことを示す例外的な人物である。自然界を前にして謙遜と尊敬の態度で立っていたのは彼一人であった。鳥，オオカミ，他の野生の生き物にも魂があると信じていた聖フランチェスコは，人間と同等の存在としてそれらの生物に説教をした。人間を自然界の一部というよりもその上に位置する者と考える人間観に対するこのような挑戦は支配的な原生自然の概念を変えていたかもしれなかった。しかし，ローマ・カトリック教会は聖フランチェスコの信条を異端とした。キリスト教は，神が人間を自然界にいるその他のものと区別し，それに対する支配権を人間に与えたのだという考え（「創世記」第1章第28節）にこだわりすぎていて，それを簡単に放棄することはできなかったのだ。[29)]

敬虔なキリスト教徒ならば，この世の快楽から距離を置き続けるべきだ，という信念は原生自然に対する態度を決定するのにも役立った。中世のキリスト教徒ならばだれでも，最も理想的なことは，天の至福に到達することであって，現在の状況を享受することではなかった。そのような考え方は，自然美を高く評価することは何であれ抑制する傾向にあった。それゆえに，ルネサンスの時期，未開の風景を感じ取ることに次第に喜びを感じるようになっていたことに対して，キリスト教〔的価値観〕はかなりの抵抗をみせた。1336年のペトラルカ（Petrarch）のヴァントゥー山登山は一例である。彼は最初，「山や森，川を自由に一人で」さまようことで得られる「喜び」をいくばくか経験すること以外，登山の目的はもっていなかった。日がな一日苦労して登った後，ペトラルカと弟は頂上に辿り着いた。「壮大な風景が眼前に広がっていた」，とペトラルカは友人に宛てた手紙で書いた，「私は目の眩んだ者のように立ち尽くしていた」。雲が彼の足の下を漂い，地平線には雪に覆われたアルプス山脈が見えた。もしペトラルカがこの時点で山を下りていたら，彼はその景色を見て感じた喜びを半減させることなくもち続けていたかもしれなかった。しかし，その時，彼は常にもち歩いていた聖アウグスティヌス[22]（Saint Augustine）の『告白』（*Conffessions*）を見てみようと思い立った。彼が偶然開いたのは山や景色に喜びを感じるのではなく，むしろ自らの救いを求めよ，と人間に訓戒する一節が載ったページだった。ペトラルカはこれに〔まさに〕キリスト教徒としての反応を示した。「私は恥じ入り，そして，……本を閉じた，魂の他に驚嘆すべきものは何もないということを……ずいぶん前に学んでいたかもしれないのに，未だ地上のものを称賛している自分自身に腹が立って」。この後，彼は急いで頂上を去り，「心の眼を自分自身に向け」，宿に戻った，地上の美が関心をもつべき事柄から人間をそらしてしまうことに対する呪いの言葉をつぶやきながら。[30)]

聖フランチェスコとペトラルカの例を想起すればわかるように，原生自然に対する初期の西洋の態度と他の文化のそれとを比較すれば，ユダヤ＝キリスト教の伝統〔的価値観〕が原生自然に対する嫌悪を喚起し育てるということに関して多大な影響を及ぼしてきたことが浮き彫りになる。西洋と対比すると，極東での人間と自然との関係には，西洋には存在しないような愛に近い尊敬の念といった特徴があった。インドの初期の宗教，とりわけ，ジャイナ教[23]，仏教，ヒンズー教はすべての生き物に対する憐れみを重要視した。そこでは，人間は自然の一部だと理解されていた。[31)] さらに，東洋の思想では，原生自然は不浄で邪悪な意味合いはもたず，それどころか，神の象徴，神の本質そのものでさえあるとして崇拝されていた。紀元前５世紀にはすでに，中国の老荘哲学者たち[24]は自然界に無限で恵み深い力があるとの前提をおいていた。原生自然は排除されていなかったのだ。古代の中国人は未開の場所を避けるどころか，彼らが万物に浸透していると信じていた統一性，および，リズムのようなものをよりはっきりと感じることができるのではないかと期待して，それらを探し求めた。[32)] 日本では最初の宗教である神道が一種の自然崇拝であり，そこでは，未開の状態は田園の状態よりも強力に神的存在をあらわすと考えられていたので，実りの豊かな牧歌的な風景よりも山や森，嵐，豪雨の方を神格化していた。[33)] 西洋の宗教が行なったように神と原生自然とを対比させるのではなく，それらを結び付けることによって，神道と老荘哲学は原生自然に対する憎しみよりもむしろそれに対する愛を育てたのである。

彼らの比較的進歩した人口稠密な文明が国土のほとんどをすでに開墾していたという理由もあるかもしれない。しかし，主として，その宗教観の帰結として，中国や日本の風景画家たちは，西洋の芸術家の1000年以上も前に原生自然を賛美していた。6世紀までに，自然の精神的意義をとらえたいと望む絵が主要な芸術様式となっていた。芸術家でもあった哲学者はしばしば原生自然への巡礼の旅を行ない，何カ月もそこにとどまっては瞑想し，崇拝し，可能であれば内なる調和を達成しようとした。人の手が加えられていない眺望〔を描くこと〕がこの種の絵の主流であり，人間の姿は，もし現れたとしても，その重要性は崖や木々，川に次ぐものであった。[34)]

11世紀中国の山水画の大家，郭熙[25]（Kuo Hsi）は自らの芸術哲学を絵筆のみならず，文章によっても表現した。彼の『林泉高致』（*Essay on Landscape Painting*）は，「徳のある人が風景に喜びを感じるのはなぜなのか」と修辞的に問いかけることから始まった。それに対する答えは，文明から離れることで人間は「自分の本性を育むことができるかもしれない」ということだった。郭熙はこれを敷衍して，こう続けた――「塵にまみれた世界の喧噪と，人間の住居がそこに閉じ込められている状態は，人間の本性が常に忌み嫌うものである。一方，それとは逆に，もや，かすみ，山に出没する精霊は，人間の本性が求めるのだけれどもめったに見つけることのできないものである」と。彼によれば，山水画の目的は，人々が直接そうすることができないような時でも，自然の楽しみを経験したり自然の教訓を自分のものとしたりすることができるようにすることであった。郭熙が牧歌的なものよりもむしろ原生自然を念頭においていたということは，『林泉高致』の長い冒頭部分，もっぱら川や岩，マツの木，そして，特に山を強調しているところから明らかである。[35)]

古代ギリシャ・ローマの文化やユダヤ教，キリスト教の呪縛から自由であった東洋文化は原生自然を恐れることも嫌悪することもなかった。東洋文化はまた，ヴァントゥー山上でペトラルカを苦悶させた宗教と自然美に対する肯定的評価との間の葛藤を感じることもなかった。しかし，西洋思想は原生自然に対する強力な偏見を生み出し，新世界への入植はこの感情を表現する機会を豊富に提供した。

注

1） Mircea Eliade, "The Yearning for Paradise in Primitive Tradition," *Daedalus, 88* (1959), 255–267; Loren Baritz, "The Idea of the West," *American Historical Review, 66* (1961), 618–640; Arthur O. Lovejoy and George Boas, *Primitivism and Related Ideas in Antiquity* (Baltimore, 1935), 290–303; George Boas, *Essays on Primitivism and Related Ideas in the Middle Ages* (Baltimore, 1948), pp.154–174.

2） Lovejoy and Boas, pp.222–242; Henry Rushton Fairclough, *Love of Nature Among the Greeks and Romans* (New York, 1930); Archibald Geikie, *The Love of Nature Among the Romans during the Latter Decades of the Republic and the First Century of the Empire* (London, 1912); Charles Paul Segal, "Nature and the World of Man in Greek Literature," *Arion, 2* (1963), 19–53.

3） *Titus Lucretius Carus on the Nature of Things*, trans. Thomas Jackson (Oxford, 1929), pp.155, 160, 184ff., 201. Lovejoy and Boas, pp.192–221, はギリシャの作家たちの間での「反原始主義」の他の例を提供している。

4） *Lucretius*, pp.198–199.

5） Edward B. Tylor, *Primitive Culture* (2nd ed., 2 vols. London, 1873), 2, 214–219; Willhelm Mannhardt, *Wald- und feldkulte* (2 vols. Berlin, 1904–05); James Frazier, *The Golden Bough: A Study in Magic and Religion* (3rd rev. ed., 12 vols. New York, 1935), *2*, 7–96; *9*, 72–108; Alexander Porteus, *Forest Folklore, Mythology, and Romance* (New York, 1928), pp.84–148.

6） Porteus, pp.114–119; J. H. Philpot, *The Sacred Tree: The Tree in Religion and Myth* (London, 1897), pp.55–58; Thomas Keightley, *The Mythology of Ancient Greece and Italy* (2nd ed., London, 1838), pp.229–235, 316–318; Robert Graves et al., *Larousse Encyclopedia of Mythology* (New York, 1959), pp.182–185.

7） Porteus, p.84; Jan Machal, *Slavic Mythology: The Mythology of All Races,* ed., Louis Herbert Gray (13 vols. Boston, 1916), *3*, 261–266.

8） 原生自然に住む精霊への多数の言及を含むチュートン民族やノルウェー民族の民

俗的伝統については，Manhard，の前掲書や，Jacob Grimm, *Teutonic Mythology*, trans. James Steven Stallybrass（4 vols. London, 1880）; H. R. Ellis Davidson, *Gods and Myths of Northern Europe*（Baltimore, 1964）; Benjamin Thorpe, *Northern Mythology*（3 vols. London, 1851），において幅広く論じられている。

9）*Beowulf*, trans. David Wright（Harmondsworth, Eng., 1957）, pp.59, 60.

10）これに関する最も信頼できる研究は Richard Bernheimer の *Wild Men in the Middle Ages: A Study in Art, Sentiment, and Demonology*（Cambridge, Mass., 1952），である。

11）John W. Ellison, *Nelson's Complete Concordance of the Revised Standard Version Bible*（New York, 1957）.

12）Denis Baly, *The Geography of the Bible: A Study in Historical Geography*（New York, 1957）, pp.34–36, 252–266; Robert W. Funk, "The Wilderness," *Journal of Biblical Literature, 78*（1959）, 205–214.

13）James Hastings, ed., *Dictionary of the Bible*（rev. ed., New York, 1963）, p.1037; Thomas Marland Horner, "A Study in the Terminology of Nature in Isaiah 40–55"（unpublished Ph.D. dissertation, Columbia University, 1955）, pp.41–49; Ulrich W. Mauser, *Christ in the Wilderness*, Studies in Biblical Theology, 39（Naperville, Ill., 1963）, pp.18–20.

14）Johannes Pedersen, *Israel: Its Life and Culture*（2 vols. London, 1926, 1940）, *1*, 454–460; Eric Charles Rust, *Nature and Man in Biblical Thought*（London, 1953）, pp.48 ff.; Alfred Haldar, *The Notion of the Desert in Sumero-Akkadian and West-Semitic Religions*（Uppsala, 1950）; George H. Williams, *Wilderness and Paradise in Christian Thought*（New York, 1962）, pp.10–15.

15）「申命記」8：15；「イザヤ書」42：15，5：6。これら，および，その後の表現は the *Holy Bible: Revised Standard Version*（New York, Thomas Nelson and Sons, 1952），によるものである。

16）「申命記」8：7；「イザヤ書」35：1，6；「イザヤ書」43：20。「イザヤ書」41：18–19，32：15，も参照のこと。

17）「申命記」16：10。原生自然に関するヘブライ人の民間伝承については，Williams, p.13；Frazier, *9*, 109 ff., Angelo S. Rappoport, *The Folklore of the Jews*（London, 1937）, pp.39 ff., を参照のこと。

18）「創世記」2：9，3：17；「ヨエル書」2：3；「イザヤ書」51：3。

19）「申命記」32：10。

20）Martin Noth, *The History of Israel*（New York, 1958）, pp.107–137; W. O. E. Oesterley and Theodore H. Robinson, *A History of Israel*（2 vols. Oxford, 1932）, *I*, 67–111.

21）敷衍的な記述については以下の著作を参照のこと。Williams の前掲書 pp.15–19;

Mauser, *Christ in the Wilderness*, pp.20–36; Robert T. Anderson, "The Role of the Desert in Israelite Thought," *Journal of the Bible and Religion, 27* (1959), 41–44.

22）「エレミヤ書」9：2；「列王記」上19：4–18。

23） John H. Kraeling, *John the Baptist* (New York, 1951), pp.1–32. 新約聖書における原生自然の使用については，Mauser の前掲書62ページ以降ですべて論じられている。

24）「イザヤ書」40：3–5；「マタイによる福音書」4：1。

25） Philpot, *Sacred Tree*, p.18; Jacob Burckhardt, *The Civilization of the Renaissance in Italy* (New York, 1954), p.218.

26） Walter Nigg, *Warriors of God: The Great Religious Orders and their Founders*, ed. and trans. Mary Ilford (New York, 1959), pp.19–49; Charles Kingsley, *The Hermits* (London, 1891), pp.21–82; Helen Waddell, *The Desert Fathers* (London, 1936), pp.41–53; Williams の前掲書28ページ以降を参照のこと。Kenneth Scott Latourette, *A History of Christianity* (New York, 1953), pp.221–235; Herbert B. Workman, *The Evolution of the Monastic Ideal* (London, 1913), 29ページ以降を参照のこと。

27） *Saint Basil: The Letters*, trans. Roy J. Deferrari (4 vols. London, 1926), *I*, 261; 107–111.

28） Emilio Comba, *History of the Waldenses of Italy* (London, 1889); Alexis Muston, *The Israel of the Alps: A Complete History of the Waldenses*, trans. John Montgomery (2 vols. London, 1875).

29） 聖フランチェスコのこのような解釈については，1966年12月26日に開かれた「アメリカ科学振興協会」(American Association for the Advancement of Science) で読み上げられ，『サイエンス』(*Science*) 誌の次号に掲載されることになっている，リン・ホワイト・ジュニア (Lynn White, Jr.) の論文「現在の生態学的危機の歴史的根源」("The Historical Roots of Our Ecologic Crisis") に負っている。西洋文化における人間と土地の関係の概念がもつ一般的問題については，Clarence J. Glacken の記念碑的な，*Traces on the Rhodian Shore*, の中で考察されている。私は著者の好意で，カリフォルニア大学出版局によって出版される前の原稿を読ませていただいた。

30） James Harvey Robinson and Henry Winchester Rolfe, eds., *Petrarch: The First Modern Scholar and Man of Letters* (2nd rev. ed., New York, 1914), pp.297, 313–314, 317–320. 関連した二次的議論については，Alfred Biese, *The Development of the Feeling for Nature in the Middle Ages and Modern Times* (London, 1905), pp.109–120, を参照のこと。

31） Albert Schweitzer, *Indian Thought and Its Development*, trans. Mrs. Charles E. B. Russell (New York, 1936) の諸所を参照のこと。また，A. L. Basham, *The Wonder That Was India* (New York, 1954) の276ページ以降を参照のこと。

32) Joseph Needham, *Science and Civilization in China* (4 vols. Cambridge, 1962), 2, 33–164; Arthur Waley, *The Way and Its Power: A Study of Tao Te Ching and Its Place in Chinese Thought* (Boston, 1935) の43ページ以降を参照のこと。Maraharu Anesaki, *Art, Life, and Nature in Japan* (Boston, 1933), pp.3–28.

33) G. B. Sansom, *Japan: A Short Cultural History* (rev. ed., New York, 1962), pp.46–63; J. W. T. Mason, *The Meaning of Shinto* (New York, 1935).

34) Hugo Munsterberg, *The Landscape Painting of China and Japan* (Rutland, Vt., 1955), 3ページ以降を参照のこと。Michael Sullivan, *The Birth of Landscape Painting in China* (Berkeley, Cal., 1962); Arthur de Carle Sowerby, *Nature in Chinese Art* (New York, 1940), pp.153–160; Otto Fischer, "Landscape as Symbol," *Landscape, 4* (1955), 24–33; Benjamin Roland, Jr., *Art in East and West* (Cambridge, Mass., 1954), pp.65–68.

35) Kuo Hsi, *An Essay on Landscape Painting,* trans. Shio Sakanishi (London, 1935), p.30.

訳注

[1] 紀元前5世紀のギリシアの軍人・歴史家クセノフォンがペルシャの果樹園，狩猟地などを指すのに用いたのが最初と言われている（寺澤芳雄編『英語語源辞典』研究社，1997年，1029ページより）。

[2] 紀元前65～68年。ローマの詩人，風刺家。

[3] 紀元前70～19年。ローマの詩人。『アエネーイス』の作者。

[4] ギリシャ神話で，下位の神格。または，人間と神との中間的存在（『英語語源辞典』より）。

[5] ラテン語で「光をもたらす者」つまり，暁の明星の意であるが，旧約聖書でイザヤは，天に昇って神と同等の権威を持つと豪語し，やがて奈落の底に転落するよう運命づけられてしまうバビロニアの王のことをこの名で呼んだ（「イザヤ書」第14章第12～15節）。ダンテの「地獄篇」，クリストファー・マーロウの『ファウスト博士』などでは地獄の王を彼とし，ミルトンの『失楽園』では高慢の罰を担う堕天使でサタンと同一視された（船戸英夫・中野記偉編著『じてん・英米のキャラクター』研究社，1998年，465～466ページより）。

[6] スカンディナヴィア諸国では，トール（北欧神話における雷の神）と戦った巨人たちが無骨なトロールに変えられたという。民間の迷信では，トロールは山間の洞穴や粗末な小屋に住んでいる愚鈍で邪悪な妖精だという（ホルヘ・ルイス・ボルヘス＆マルガリータ・ゲレロ著／柳瀬尚紀訳『幻獣辞典』晶文社，1998年，234ページより）。

[7] 北欧の小さな妖精。家畜や子供をさらったり，ちょっとしたいたずらをして喜ぶという（キャサリン・ブリッグズ著／井村君江訳『妖精　Who's Who』筑摩書房，

1996年，153～155ページ，『幻獣辞典』88ページより）。

［8］ドイツ南東部。

［9］現在では，この単語は「砂漠」の意で用いられるのが一般的だが，昔は広義の「不毛の地」や「人間が居住していない地域」といった意味で使用されていたようである。Oxford English Dictionary では，今ではもう使われない意味として，次の定義を紹介している。“formerly applied more widely to any wild, uninhabited region, including forest-land. Obs［oletely］.” また，『英語語源辞典』には次のような記述がある。「『砂漠』の原義は『世捨て人・隠者以外には人の住まぬ不毛のために見捨てられた土地』の意味」。

［10］約10.16センチメートル。

［11］「創世記」第18, 19章を参照のこと。

［12］ユダヤ教の解説書『タルムード』によれば，リリスはアダムの最初の妻であり，蛇であったという。そして，後にアダムの妻となったイヴに復讐するために，彼女をそそのかして禁断の木の実を味わわせたという。しかし，中世の間に，「夜」を意味するヘブライ語“layil”の影響で夜の化身とされた。夜に子どもをさらったり，寂しい道を旅する人間に襲いかかったりする悪魔となった（『幻獣辞典』151～152ページ，『じてん・英米のキャラクター』453ページより）。

［13］「レビ記」第16章。

［14］ユダヤ人の故国，および，ユダヤ教の象徴としてのパレスチナのこと（『ランダムハウス英和大辞典』より）。

［15］日本聖書協会訳。

［16］エッセネ派はユダヤ教の一派で，共同体（コミュニティ）を形成し，厳しい禁欲主義を実践した一団。紀元前2世紀～後2世紀にかけて主に死海沿岸に居住していた。彼らの居住地で有名なのが死海の北西岸にあるクムランと呼ばれる集落遺跡で，崖に囲まれた洞窟住居である。

［17］「マタイによる福音書」第3章第1～3節，「マルコによる福音書」第1章第2～4節，「ルカによる福音書」第3章第2～6節，「ヨハネによる福音書」第1章第23節。

［18］「マタイによる福音書」第4章第1～11節，「マルコによる福音書」第1章第12～13節，「ルカによる福音書」第4章第1～13節。

［19］251年頃～356年。〈修道生活の父〉と呼ばれるエジプトの隠修士，聖人（『キリスト教人名辞典』日本基督教団出版局，1986年，107ページより）。

［20］330年頃～379年。〈カッパドキア三教父〉の一人，聖人（『キリスト教人名辞典』より）。

［21］1181年，あるいは，1182～1226年。フランシスコ会の創立者。清廉と貧困と服従を旨とし，私有財産を否定した。やさしい心の持ち主で，鳥や獣に親しく説教をしたと伝えられる（『じてん・英米のキャラクター』232～233ページより）。

[22]　聖アウグスティヌスは354～430年に生きていた西方教会最大の教父。キリスト教に回心する前はマニ教をはじめとするさまざまな思想的遍歴を重ねたが，387年に洗礼を受けた後は神学論争に全身全霊を傾けた。『告白』はそうした自分の過去を赤裸々に語った自伝部分と哲学・神学上の問題を論じた部分とからなる大著である。

[23]　古代インドにおいて仏教に並ぶ重要な宗教であったが，現在のインドでも少数ではあるが信者がいる。輪廻からの解脱をめざすとともに，非暴力を追求した。生命を傷つけないことは出家信者の義務の一つであり，ガンディーの思想に大きな影響を与えたと言われている。

[24]　老荘哲学は中国の戦国時代の思想家，老子と荘子の思想。万物の根元であり，秩序であるところの一なるものを指す「道」を世界観の中心に置く。万物はすべて道の顕現であるという認識をもって自然の理に従って生きることこそ，真の生命を養うことだとした。

[25]　1068～1085年頃に活躍した北宋の山水画家。神宗皇帝の恩顧を受けた。中国山水画の基本構図とされる三遠形式を完成させた。

第2章
原生自然の状態

ほんの数年ほど先の展望を見通すだけで，何と崇高な光景が現れてくることか！　かつて，孤独と野蛮の住まう場所として選ばれた原生自然は，多くの人が暮らす都市や笑い声が満ちている村，美しい農場や大農園に変わっているのだ！

——「チリコーシサポーター」（オハイオ州，1817年）

アレクシス・ド・トクヴィル[1]（Alexis de Tocqueville）は1831年のアメリカ合衆国を旅行中に原生自然を見ようと決意した。この若いフランス人は7月にはミシガン準州において，ついに自分が文明のはずれに到達したと感じた。しかし，彼が〔原生自然を〕楽しむために原生林を旅したいと開拓者たちに伝えると，彼らは，彼が気でも狂っているのかと思った。自分の関心は製材や土地の投機とは別の事柄にある，ということをトクヴィルから得々と説明されて，ようやくアメリカ人たちは納得した。後日，トクヴィルは，自分のようなヨーロッパ人は原生自然をその目新しさゆえに貴重なものとみなしているのに，「未開の地に暮らしている［開拓者は］人間のつくったものだけに価値を置く」と日記で概括した。[1] 彼は『アメリカにおける民主主義』（*Democracy in America*）でこの点を詳述する中で，「ヨーロッパでは，人々はアメリカの未開の地についてよく話すが，アメリカ人自身はと言えば，彼らはそれについて決して考えない。彼らは生命のない世界の数々の驚異に鈍感で，周囲の広大な森の存在にはそれが手斧にかかって倒れるまで気づかない，と言っても過言ではなかろう。彼らの目は別の光景に向けられているのだ」と結論付け，そして，こう付け加えた，「つまり，こうした未開の地に……進軍すること，沼地を干拓すること，川の流れを変えること，人里離れた所に人が住むこと，そして，自然を征服することに」[2] であると。

トクヴィルがミシガンで観察したような，原生自然に対する否定的な態度は，アメリカの他のフロンティア（西部の辺境地帯）にも存在していた。ウィリアム・

ブラッドフォード[2]（William Bradford）がメイフラワー号（May flower）から降り，「恐ろしい荒涼たる原生自然」に足を踏み入れた時から，彼の原生自然を嫌悪する伝統が始まったのである。わずかな例外を除いて，後の開拓者たちは原生自然を挑戦的な憎悪の目で見続け，「チリコーシサポーター」（the Chillicothe Supporter）とともに文明の進歩こそ，数ある至福の中でも最高のものだとして誉め称えた。いかなる状況下であれ，未開の地域――ブラッドフォードの同時代人の一人は「原生自然の状態」（a Wilderness condition）と呼んだ――のすぐ近くで暮らさざるをえない場合は強い嫌悪感を生み出した。ブラッドフォードの時代から２世紀後の毛皮商人，アレグザンダー・ロス[3]（Alexander Ross）は，コロンビア川[4]近くの「陰鬱」で「物寂しく」，「不浄な原生自然」に遭遇した時に感じた絶望を記録に残している3)。

アメリカの開拓者が原生自然に対してもっていた偏見は二つの要素によって構成されていた。直接的・物理的なレベルでは，原生自然は彼の生存そのものに対する恐るべき脅威であった。大西洋を横断する旅とその後の西進には何世紀もの時間が費やされた。次から次へと波のように押し寄せたフロンティア開拓者たちは，原始人が直面したのと同様の，人知の及ばない，恐ろしい原生自然と戦わなくてはならなかった。安全性や快適性，そして，食物や住まいのような必需品でさえ，それらを確保できるかどうかは未開の環境を克服することにかかっていた。中世のヨーロッパ人と同様に，最初のアメリカ人にとって森の暗闇とは，野蛮人や野獣，さらには，想像を絶する生き物が潜んでいる場所であった。加えて文明人は，周囲の環境の未開性に屈して，自ら野蛮な状態に戻ってしまうという危険に直面していた。要するに，開拓者は原生自然からあまりにも近い所に住んでいたために，それを高く評価することができなかったのである。初期アメリカ人の態度が敵対的で，また，その支配的規準が功利主義的であったというのも理解できる。原生自然の征服が開拓者の主要な課題だったのである。

原生自然は開拓者たち〔の侵入を〕を物理的に阻止させただけでなく，暗く邪悪な象徴としての意味をも獲得した。未開の地域を道徳的空白，呪われた混沌たる荒地として把握するという西洋の長きに渡る伝統を彼らは共有していた。その結果，フロンティア開拓者たちは，個人の生存のためのみならず，国，民族，神のために未開の地域と戦っているのだということを強く感じていた。新世界を文明化することは暗愚を啓蒙し，混沌を秩序づけ，悪を善に変えることを意味した。西進を道徳劇に見立てると，原生自然は悪党であり，開拓者は英雄として，原生自然が破壊されるのを楽しんでいた。原生自然を文明に変えることは開拓者が払った犠牲に対する報酬であり，その功績の定義づけであり，また，彼の誇りの源泉であった。開拓者はその闘いにいかに高い賭け金を賭けたかを連想させるような言い回しで，自らの成功を称賛した。

新世界の発見は，地上の楽園はどこか西方にあるというヨーロッパの伝統的観念を再燃させた。旧世界〔の人々〕は，最初の探検家たちの報告が知れわたるようになると，アメリカは古代から夢みてきたような場所であるかもしれないと信じ始めた。楽園神話の主題の一つである，新天地の物質的・世俗的性質が強調された。そこは信じられないほど多くの財宝や温暖な気候，長寿，庭園のような自然美で満たされてい〔ることになってい〕た。[4)] 探検や植民地建設の後援者たちはこうした噂を粉飾して喧伝した。おそらく新世界に足を踏み入れたことは一度もないと思われるあるロンドン市民は，ヴァージニアの土壌の肥沃さやそこにいる猟獣の豊富さについて抒情的に書いた。彼はこう付け加えることさえした――「その原生自然に格別の美がないというわけではない，一面オークやマツ，シーダーの原生林であるのだから……どれをとってもきわめて愉快な光景であるので，この世で最も憂鬱に沈んだ目であってもそれを見て満足せずにはいられないし，称賛せずにはいられないほどだ」。[5)] しかしながら，新世界における地上の楽園を描いたヨーロッパ人たちは概して，恵み深い自然という考えと矛盾するような「原生自然」の側面を完全に無視した。まったくばかげた話ではあるが，彼らはアメリカには他の文明化されていない地域にみられる不利な生活条件などはない，と決めつけたのである。

第二のエデンへの期待は，北アメリカの〔自然環境の〕現実にぶつかってすぐに砕け散った。17世紀のフロンティア開拓者は新世界到着後すぐに，そこが楽園とは正反対のものであると悟った。それまで期待していただけに失望は大きかった。ジェームズタウン[5] (Jamestown) の入植者たちは金探しを諦め，ショック状態のうちに，厳しい環境の中で生き延びることの必要性について考え始めた。それから数年後，ウィリアム・ブラッドフォードは，コッド岬[6]が未開で荒れ果てているのを目にした時の落胆を記録に残している。彼は，新天地への入植者たちが「自分たちの希望を満たしてくれるようなもっと良質の土地がないかどうか，この原野から眺めるための」見晴らしのいい地点を見つけることができないことを嘆いた。[6] 実際，そのような地点は一つもなかった。森はブラッドフォードや彼と同世代の人々が想像していた以上に遠くまで広がっていた。ヨーロッパ人にとって未開の地とは，単峰の山やヒースが生い茂る原野，あるいは，集落によって囲まれた，孤島のような人の住まない土地のことであった。彼らは少なくともその性質，および，広さは知っていた。しかし，新世界の，眼前に果てしなく広がる原生自然は何かそれとは別のものであった。この広大な空虚を前に勇気は挫け，想像力は恐怖を増幅させた。

何年か後，ピューリタンの到着について論評したコットン・マザー〔7〕（Cotton Mather）は，新世界との接触がもたらした態度変化について言及した。「アラベラ嬢は」と彼は書いている，アメリカに行くべくイギリスの「地上の楽園」を離れ，そして，「悲しみの原生自然に遭遇した」と。そして，彼女は亡くなり，「天上の楽園に行くために，その原生自然を離れた」のだ。[7] アメリカの原生自然が楽園でなかったことは明白である。アメリカで牧歌的な環境を享受したいならば，未開の地を征服することでそれをつくる必要があっただろう。マザーは1693年に，「原生自然」は「それを通じて約束の地へと至るための」段階であることに気づいた。[8] しかし，楽観的なアメリカ人はだまされ続けた。「庭園の代わりに」と1820年，ある旅人はオハイオ渓谷で語った，「私は原生自然を発見した」と。[9]

フロンティア開拓者が遭遇した原生自然の描写〔の内容〕は，彼らの嫌悪感の強さを反映するものだった。同じ言葉が何度も繰り返しその描写にあらわれた。原生自然は「荒涼とした」，「陰気な」，「恐ろしい」所であった。1650年代にジョン・エリオット〔8〕（John Eliot）は，「重労働と欠乏以外の何もあらわれないような原生自然に」入ることについて書いたし，エドワード・ジョンソン〔9〕（Edward Johnson）は「原生自然における諸々の窮乏状態」を記述した。[10] コットン・マザーは1702年，「苛酷で厳しい原生自然の数々の困難」について納得したし，1839年にジョン・プラム・ジュニア〔10〕（John Plumbe, Jr.）はアイオワ，および，ウィスコンシンにある「原生自然の苦難と欠乏状態」について語った。[11] 開拓者たちは，原生自然が自分たちの困難の根本原因であると常々指摘し続けた。一つには，〔眼前に立ちふさがる〕原生林の実態そのものが入植者を妨害し，挫折させるものであるということがわかったからである。マサチューセッツ州でコンコードの町を建設するという「原生自然での仕事」を記録した人は，「未知の森」や沼地，肌を引き裂くやぶの中での苦闘を詳しく，まざまざと描いた。町の建設者たちは鬱蒼とした森の，方向感覚がまったくなくなるような暗闇の中を何日間も途方に暮れてさまよった。最後にすべき仕事が原生自然から野原を切り開く，という骨の折れるものであった[12]。森林地域に入植した後の世代の人々も同様の苦難を報告している。どんなフロンティアにおいても，文明の象徴である開墾地を手に入れるということは，途方もない努力を要するものであった。

開拓者の置かれた状況と彼らの態度は，彼らが文明の到来を論ずるのに，軍事的な隠喩（メタファー）をもち出すまでにさせた。フロンティア時代の無数の日記や講演，回想録は原生自然を「開拓軍」によって「征服」され，「制圧」され，「降伏」させられねばならない「敵」として表現した。これと同じ言葉遣いは今世紀に入っても根強く残っていた。かつて，ミシガンの開拓者であった人は若い頃，「原生自然を豊かで繁栄する文明に変える」目的で，「自然との格闘」に従事していたことを回想した[13]。〔フロンティアの〕西部地域の拡大を研究する歴史家たちも同じ隠喩（メタファー）を選んだ――「彼らは原生自然を征服した森を支配下においた，土地を実り多き従属状態においた[14]」。人間と原生自然との熾烈な死闘，というイメージは忘れがたいものであった。コロラド水系の巨大ダム建設計画を擁護する人々は1950年代，「地を支配するというあの永遠の問題」や「原生自然を征服すること」について語ったが，その一方，ある大統領[11]は1961年の就任演説で「砂漠を征服する」よう私たちに熱心に主張した。1965年『サタデー・イヴニング・ポスト』(*Saturday Evening Post*) のある記者が明言したように，原生自然は，「まさに人間が骨折りながら，ぎこちない足取りで文明をめざして登り始めた時から，ずっと戦ってきたものなのである。それは私たちの祖先が押し戻してくれた暗く，形もなく，恐ろしい，昔ながらの混沌なのだ……。それは絶えざる監視によって食い止められているが，監視が弱まると大げさな復讐をすべく，突然襲いかかってくる[15]」。そのような言い回しは原生自然に人間へのほぼ意識的な敵意を与えてそれに生命を吹き込むものだったが，人間はこの敵意に対し十分なお返しをしたというわけである。

原生自然は開拓地や文明に障害をもたらしたのに加えて，フロンティアの人間を既知のものだけでなく，想像上のものも含めた恐ろしい生き物に直面させた。未開人はそうした面々の筆頭だった。最初，先住民（インディアン）は憐れみの目で見られ，福音を授けられたが，最初の大虐殺後には，その憐れみのほとんどは軽蔑に変わった[16)]。突然，森から現れて襲いかかり，その後また森の中へ消えていく野蛮人が原生自然と結び付けられることは，ほとんど常態であった。メアリー・ローランドソン[12]（Mary Rowlandson）は，1670年代にマサチューセッツのフロンティアで先住民の捕虜となった時，自分は「嘆き悲しみ，わが祖国を遠く離れて，広大で荒涼とした原生自然まで旅をしに」来ているのだ，と書き残している。彼女の記録のその他のところでは，自分を捕えた者たちへの，また，彼女の言う「この原生自然の状態」へのヒステリックな恐怖が明らかにされていた。それから1世紀後，J・ヘクター・セント・ジョン・クレーヴクール[13]（J. Hector St. John Crevecoeur）はアメリカ先住民の襲撃が差し迫っているということをフロンティア生活における主要な「悩み」の一つとして論じ，自分の家を襲う最初の矢を，銃を手にしながら待つことの苦しみを描いた。「原生自然は」と彼は述べた，「[先住民が] どこにいるか見分けられないような隠れ家であり……連中が好きなときにいつでもわが国に入ることのできるドアなのだ」。想像力と眼前に存在する未開の地〔の存在〕は恐怖をいくらでも増すことができた。1830年代，ジョサイア・グレッグ[14]（Josiah Gregg）はサンタフェ街道[15]（the Santa Fe Trail）の「蛮人の出没場所」を馬で通った時，「小石のカチッという音の一つひとつ」が，「火打ち石銃を撃った時のピシッという音」のように聞こえ，「木の小枝がはね返る音自体，さっと飛んでくる矢を思わせる」と〔恐怖を〕感じた[17)]。

野生動物〔の存在〕はアメリカの原生自然の危険性を増大させたが，ここでもまた，未知の要素が恐怖感を増幅した。フランシス・ヒギンソン[16]（Francis Higginson）は1630年にニューイングランドの「不便さ」についての報告に，「この地域には森や原生自然がきわめて数多くあるので，奇妙な色をした巨大なヘビもとてもたくさんいる」と書いた。彼はさらに付け加えて，そのヘビの中には，「尾の部分にガラガラ音を出す器官をもち，人間から逃げようとしない……どころか，人間に跳びかかり，刺して致命傷を与えるので，刺された人はそれから15分以内に死んでしまう」というような記載もあった。この話やフロンティア文学の世界で人口に膾炙している「原生自然で……獰猛な野獣にむさぼり食われた」人間の話にはかなりの真実味があることは明らかだが，恐怖が誇張をもたらすことも少なからずあった。例えば，コットン・マザーは1707年に，「**皆さんに大破壊**を……**もたらし**，**朝まで皆さんの骨から離れようとしない夕闇のオオカミ**，狂暴でうなり声をあげる**原生自然のオオカミ**」に気をつけるよう警告した。これがマザーの同時代人にショックを与えることで，信心深い行ないをさせようという意図からなされた嘆きであったにしても，彼のイメージ選択は依然として，未開の地における生命の危険という強烈な概念を反映したものだった。他のところでマザーはきわめて真面目に，「竜」や「悪魔の群れ」，「炎を吐きながら飛ぶヘビ」が原生林にいると書いていた[18]。実際，入植初期から優に独立国家となる時期に入っても，伝説や民話は新世界の原生自然を多数の怪物や魔女，その他同類の超自然的な生き物と結び付けていたのである[19]。先住民や動物以上に名状しがたいほど恐ろしかったものは，勝手気ままな原生自然が人間に与える，獰猛，あるいは，野蛮な振舞いをする機会であった。新世界への移住者が過酷なヨーロッパの法律や伝統からの解放を求めたのは確かだが，原生自然での完全な自由は薬の過剰服用のようなものであった。道徳と社会的秩序は開拓地のはずれで止まってしまうように思われた。抑制が欠如していると考えれば，開拓者はジョン・エリオットの言う，「原生自然の誘惑」に屈してしまうのではないか？[20]　未開なものが近くにあると，全アメリカ文明の水準が下がってしまうのではないか？　多くの人は最悪の事態を恐れ，野蛮に対する戦いへの関心が植民地中に広がった[21]。例えば，17世紀，ニューイングランドの町の「入植者」たちは原生自然が個人にもたらす危険に痛ましいほど気づいていた。彼らは，共同体（コミュニティ）全体を十分組織化された形で移住させることによって，北部のフロンティアへの入植を試みた。このようなアメリカ人は自由と孤独は群衆の中にいる人間にとって望ましいものかもしれないが，原生自然においては社会の群居傾向と支配的制度が優先することを示している。

イェール大学総長のティモシー・ドワイト[17]（Timothy Dwight）は同世代の人々の大半を代表して，開拓者はますます原野へと押し進んでいったために，「ますます文明人でなくなって」しまっていることを悔やんだ。J・ヘクター・セント・ジョン・クレーヴクールはこれよりも一層，具体的に述べている。彼の1782年の記述によれば，「広大な森」の近くに住む人々は「近隣の未開さに左右される」傾向があるということだった。これは人間の支配がまったく及ばないも同然であった。フロンティア開拓者は「模範の力，恥という抑止力」の及ばぬところにいたのである。クレーヴクールによれば，彼らは「狩猟をする状態にまですっかり退化」してしまっており，最終的には「上等の肉食動物同然に」なってしまったというのである。彼は最後に，もし人間が幸福を望むなら，「一人で暮らすことはできない，ある種の絆によって結び付けられた何らかの共同体（コミュニティ）に属さなくてはならない」，と結論付けた。[22]

開拓者たちの行動によって，こうした懸念を裏付けることがたびたびあった。多くの人々は生存闘争において野蛮に近いレベルの生活を送っていたし，アメリカ先住民の部族に加わる者も少なからずいた。食人風習（カニバリズム）という究極の恐怖ですら，チャールズ・「ビッグ・フィル」・ガードナー（Charles "Big Phil" Gardner）の例が証明しているように，ロッキー山脈のマウンテンマン[18]の間では珍しいものではなかった。[23] 原生自然は，社会が絶えず監視を続けていなければ，人間を野蛮な状態に陥れてしまうこともできたのである。人間の内なる野蛮性を覆い隠す文明は，原生自然状態のもとでは，入植地にいる時よりもはるかに薄いものであるように思われた。

開拓者が原生自然をさまざまな苦難や危険と結び付けたということから判断すると，管理された田園状態としての自然こそ，開拓者魂がめざすものであり，かつ，彼の労働の目的であったということだ。牧歌的状態が楽園や安寧と満足の生活に最も近いように思われた。エデンが庭園であったということをアメリカ人に思い出させる必要性はほとんどなかった。田園は実り多きところでもあり，そのような場所としてそれはフロンティア開拓者の功利主義的本能を満足させた。牧歌的であるかどうかという点，および，実用的であるかどうかという点，この両方の点において原生自然は呪われた場所であった。

未開の地を田園に変えることの先例が聖書にあり，ニューイングランドの開拓者はそれをよく知っていた。「創世記」第1章第28節にある，神から人間への最初の命令は，人類が増え，地上を征服し，すべての生き物を支配すべきだと明言するものであった。これが原生自然の運命を明白にした。1629年，ジョン・ウィンスロップ（John Winthrop）が「原生自然……へ」出発する理由をあげた時，その中でも重要な理由は「この地上はあまねく主の庭であり，主はそれを人の子らにお与えくださった，しかも，『創世記』第1章第28節に記されている条件――増えよ，地に満ちよ，地を従わせよ――を皆につけて」であった。ウィンスロップは，なぜ，イギリスにとどまって「大陸全体が……いかなる改良も施されることなく，荒れ果てるがままにしておくのか」と主張した。[24] それから1年後，ジョン・ホワイト（John White）もこの点について論じた時，人間は神に命じられて支配するのだという考えを援用し，「居住と耕作による以外に……人間はどのようにして［未使用の土地］から利益を得るのか」わからない，と結論付けた。[25)] 2世紀後，国土を原生自然にまで拡張させることを擁護した人々も同じレトリックを用いた。「疑う余地などない」，と軍人であり，ミシガン州選出の上院議員でもあった，ルイス・キャス[19]（Lewis Cass）は1830年に断言した，「自然状態にある地を開墾し，耕作するべきだ，と神が計画なさったことに」と。同年，ジョージア州知事のジョージ・R・ギルマー[20]（George R. Gilmer）は，これは明確に「神が人間を創りたもうた時，人間に下されたあの命令――生めよ，増えよ，地に満ちよ，地を従わせよ――に基づく」ものである，と書いた。[26)] 原生自然は不用なものだった。それに対する適切な行動はと言えば，搾取であった。

聖書を引き合いに出すまでもなく，開拓の過程に関わっていた他の人々は開墾や利益を産むものを好む傾向を示した。彼らはどこで未開の地に遭遇しようと，それを功利主義の色眼鏡を通して見た――つまり，木は材木，大草原は農場，大峡谷は水力発電用のダム建設地，として彼らの目に映ったのである。開拓者が自ら考えた使命は，こうしたことを成し遂げることであった。ウィリアム・クーパー[21]（William Cooper）は18世紀末，ニューヨーク州北部に入植した時の経験について書いた時，自分の「第一の大きな目的」は「原生自然に花を咲かせ，実を結ばせること」である，と断言した。荒地を庭園に，というイメージを表現したものとしてもう一つ人気があったのは，アイオワ州の農民が「原生自然をバラのように開花させる」，という記述にみられるものであった。庭園のような田園状態の自然はこのような心的態度にとって，常に善の基準であった。ニューイングランドの歴史について書かれた17世紀の記録には，「荒涼たる原生自然」が入植者の努力によって「楽しき地」になったことが記されていた。クリストファー・ギスト[22]（Christopher Gist）は1751年にオハイオ地方について語った時，「そこをきわめて喜ばしい地域にするには，ただ耕作することだけが必要だ」と述べた。原生自然だけでは，開拓者を喜ばせることも楽しませることもできなかった。19世紀初期のある報告書で述べられているように，「耕作されていない」土地は「まったく役に立たない」ものであった。[27)] 牧歌的なものへの極端な賛美は，時として感情的なものとなった。トマス・パウノール[23]（Thomas Pownall）は1750年代，入植地の外辺への旅についてこう書いた――「そこここに見える農場や新しくできた野や花咲く果樹園がこの自然の表面を明るく照らし始めている，そういう土手を眺めていると，何という溢れんばかりの喜びで心が溶けることか。これ以上に目に喜ばしいものはなく，これ以上に心に染みこむ感覚を伴うものはない」。同様に，ゼビュロン・M・パイク[24]（Zebulon M. Pike）は1806年の探検で，オセージ川[25]（The Osage River）近くにある未開の大草原を「未来の農業の中心地」と考え，「この幸福な平原に喜びという栄誉を授けるよう明らかに運命づけられている，畜牛の多数の群れ」についての考えに酔いしれた。数十年後，シエラネバダ山脈でジーナス・レナード[26]（Zenas Leonard）は，その山々ですら数年後には「活気のある職人のハンマーの音や，口取りの少年の楽しげな口笛で迎えられる」ことを予想した。28) このようなフロンティア開拓者たちは原生自然それ自体を見ていたというよりも，原生自然を通して何か別のものを見ていたのだ。未開の地は潜在的な文明としての価値をもっていたのである。

フロンティア開拓期のアメリカにおける「自然」に対する熱狂的態度のほとんどすべては，田園の状態に言及するものであった。1668年のリチャード・スティール（Richard Steele）『農夫の天職』（*The Husbandman's Calling*）に始まり，ロバート・ビヴァリー[27]（Robert Beverley），トマス・ジェファーソン（Thomas Jefferson），カロラインのジョン・テイラー[28]（John Taylor—訳注：バージニア州カロライン郡出身の下院議員だったために，そう呼ばれている）らによるおなじみの所説へと続く田園生活の度重なる賛美は，自然のままの未開の風景を「改良されていない」土地として軽蔑しているということを露呈しているにすぎない。29) 原生自然の景色が心に訴えた場合でも，それはその未開さゆえではなく，それが「イギリスの庭園や果樹園」に似ているからであった。30) サミュエル・シューアル[29]（Samuel Sewall）の例はその点で役に立つものである。というのは，彼が1697年に述べた，ボストンの北部のプラム島への大賛辞は新世界の風景に対する愛着を表明した，知られている限り最初のものとして，引用されてきたからである。31) しかしながら，シューアルの心に実際に訴えたのは島の未開性ではなく，それがイギリスの田園地帯に似ていることであった。彼は野原で草を食む牛や丘の上のヒツジ，「肥沃な沼地」，そして，田園風景の最後の仕上げとして，収穫後残っている穀粒をついばむハトに言及した。プラム島でシューアルが目にしたのは，アメリカの原生自然とは程遠い，古代ギリシャ人以来，おなじみの田舎の田園風景であった。実際，彼はその同じ地域で異教の儀式が行なわれる恐ろしい場所として，「暗い原生自然の洞窟」を選んだのである。32)

サミュエル・シューアルが未開の地を〔キリスト教の〕神の否定と結び付けた

ことは，原生自然が一般に物理的障害や身体的脅威とは別の意味をもっていた，ということを想起させてくれる。それは概念として倫理的含意をかなり帯びていたし，精巧な比喩的用法に向いていた。実際，17世紀までに「原生自然」(wilderness) という言葉はキリスト教の位置づけを論じるのに好んで用いられる隠喩(メタファー)となっていた。ジョン・バニヤン[30] (John Bunyan) の『天路歴程』(*Pilgrim's Progress*) は，キリスト教的なものと不変に対立している無秩序と邪悪の象徴としての原生自然という支配的な見解を要約したものである。この本の冒頭の言葉，「私がこの世の原生自然の中を歩いた時」は，その後に続く，混沌として誘惑に満ちたこの世で生活しながら信仰をもち続けようとする試みの描写に相応しい雰囲気をつくっている。原生自然に与えられた意味に関していっそう辛辣であったのが，ベンジャミン・キーチ (Benjamin Keach) の『隠喩(メタファー)論――だれもが知っている聖書の隠喩の手引き』(*Tropologia, or a Key to Open Scripture Metaphor*) だ。一連の類推の中でキーチは読者に，原生自然が「不毛」であるようにこの世も神聖さに欠けているということ，人が荒地で道に迷うように現世の領域で神からはぐれてしまうということ，旅人が未開の地で野獣からの保護を必要とするように，キリスト教徒も神の導きと助けを必要とすること，を教えた。「原生自然は」とキーチは結論を述べた，「寂しく悲しみに満ちた場所である――信心深い人間にとってはこの世もそうなのだ」と。[33)]

ニューイングランドに入植したピューリタンはバニヤンやキーチの態度を生み出したのと同じような原生自然に対する伝統〔的思想〕を共有していた。ロジャー・ウィリアムズ[31] (Roger Williams) は1664年に出版したアメリカ先住民の言語に関する辞典の中頃で，以下のような道徳的考察をした――「原生自然は，野獣が雌ジカやノロジカを追跡し，貪り食うように，強欲で猛り狂った人間が無害で無垢な者を迫害し，貪り食うような現世に明らかに似ている」と。特に，ピューリタンはキリスト教的な原生自然の概念を理解したが，それというのも，彼らは自分たちのことを神の目的を推進するために，未開に勇敢に立ち向かった非国教徒集団の長き系譜における末裔と考えていたからである。彼らは12世紀のワルドー派信徒たちやまた，砂漠や山に〔聖域としての〕自由を求めたそれよりさらに前のキリスト教の隠者や苦行者たちに，「新世界」への挑戦の先例を見出した。「予型論」(typology)（これによると，旧約聖書の出来事は後に起こる出来事を予表すると考えられた）の技の熱烈な実践者として，ニューイングランドの最初の住民は自分たちの移住を出エジプトと関連付けた。ウィリアム・ブラッドフォードはマサチューセッツ湾に到着するとすぐ，モーセが約束の地をそこから見た，と言われている「ピスガ」（Pisgah）という山[32]を探した。エドワード・ジョンソンは具体的にピューリタンを「キリストが昔，エジプトからカナンに至るまで，あの広大で恐ろしい原生自然の中を手をとって導いた，キリストに愛された古代人」になぞらえた。サミュエル・ダンフォース[33]（Samuel Danforth）にとって洗礼者ヨハネの経験〔した状況〕は，ニューイングランドの状況に最も類似したものであるように思われた。とはいえ，彼は彼らの使命をイスラエルの子らのそれにもなぞらえたのだが。[34]

ピューリタンや完全主義という点で彼らの先輩と言える人々は堕落した文明から原生自然に逃れることがしばしばあったが，それだからといって，原生自然それ自体を自分たちの目的とみなすことは決してなかった。彼らを駆り立てた衝動は常に，荒地から庭を彫り出すこと，周囲の暗黒の中に神聖な光の島をつくることであった。ピューリタンの使命に未開の地が入る余地はなかった。ジョン・ウィンスロップが仲間に建設を求めたのは結局のところ，丘の上の都市だったのだ。ピューリタンと南部で大農園を営んでいたかなりの数の隣人たちは，[35]この世を「原生自然」の状態から救う仕事を始めるために原生自然に向かった。逆説的なことに，彼らにとって，聖域と敵とはまったく同一のものであったのだ。[36]

最近の研究は，原生自然に関してピューリタンがもっていた〔旧世界からの〕思想的遺産の影響力をないがしろにしてきた。アラン・ヘイマート（Alan Heimert）が断言しているように，アメリカの原生自然についての彼らの考えは，まったく，あるいは，その大部分が「原生自然それ自体から」生まれたものではなかった。[37]ジョン・ウィンスロップが1629年に述べたように，彼らはヨーロッパを去る前から，真の教会を設立するために「原生自然……へ」逃れるのだということを承知していた。[38]さらに，彼らの聖書には，原生自然を憎悪すべく彼らが知るべきあらゆる必要事項が含まれていた。北アメリカの原生自然との実際の遭遇は，ピューリタンがすでに信じていたことをただ補足するだけであった。この意味で，入植者たちの原生自然観は新世界のというよりも旧世界の産物であった。[39]

もちろん，ピューリタンにとって，原生自然は現実であるのみならず，隠喩（メタファー）でもあった。フロンティアでは，この二つの意味が互いに補強し合い，恐怖を増幅させた。17世紀の書物には，邪悪な環境として未開の地を位置づける考えが浸透している。旧約聖書の写本筆記者たちが砂漠をサテュロス（satyrs）や下等な悪霊がうろつく呪われた地として描いたように，初期のニューイングランド住民は，入植前夜の「新世界」は「不毛で荒涼たる原生自然，／何ひとつ住まない／地獄の悪霊や野蛮な人間を除けば／そして悪魔が崇拝していたところ」と考える，マイケル・ウィグルズワース[34]（Michael Wigglesworth）と同じ見解をもっていた。異教の大陸というこの見解はピューリタンの想像につきまとって離れがたかった。ウィグルズワースはさらに続けて，北アメリカを「正義の太陽」が決して輝かない「永遠の夜」と「容赦なき死」の領域と呼んだ。その結果，「暗くて陰気な西部の森」は「悪魔の巣窟」となった。コットン・マザーは，北アメリカがどのようにしてこの状態に陥ったのか自分は知っている，と思っていた――つまり，サタンが拠点を作る目的で最初の住民である先住民を誘惑したのである。この視点からすると，北アメリカの先住民は異教徒であっただけでなく，悪魔の積極的な弟子でもあった。「捕虜となったわが同胞のうちの幾人かの間で，恐ろしい魔術師，地獄の悪霊を呼び出す降霊術師，悪魔と交わるような輩であったということで有名な族長に統率された先住民」について書いた時のマザーは，ほとんどヒステリー状態だった。[40)]そのような存在をかくまっている原生自然は単にこれといった特性がないものではなく，また，単なる物理的障害物というわけでもなかった。

自称，神の代理人としての，ピューリタンの開拓者たちは，悪の力をくじくことが自分たちの使命であると考えた。これはあの「人間の本性という荒涼たる，大きくなりすぎた原生自然」をめぐる内面の闘いを伴うものであり，[41)]ニューイングランドのフロンティアではそれは未開の自然を征服することも意味した。原生自然を文明化することは利益や安全，世俗的安楽だけにとどまらず，はるかにそれ以上のことを意味するのだということをピューリタンが忘れることはほとんどなかった。「福音の明るい輝き」と「反キリスト教の漆黒の闇」との間でマニ教的闘い[35]が行なわれていた。[42)]原生自然は不敬であるという考えを表明するためにピューリタンが著したものには，この光対暗黒のイメージがたびたび用いられた。ウィリアム・スティール（William Steele）は1652年，先住民への布教活動に関して，「不毛な原生自然の最初の果実」は文明とキリスト教が「別世界の暗闇に一筋の光を……照らし出すこと」に成功した時に得られる，と断言した。コットン・マザーの『マグナリア』（*Magnalia*）は「アメリカの岸辺へと……飛んでいく」宗教が驚嘆すべき仕方で「先住民の原野を照らし」たことを題材としていた。「燦然たる福音の輝き」に抵抗した者たちは，予想通り，「広く大きな森」のどこまでも奥深くへと逃げていった。[43)]

原生自然の征服にピューリタンが与えた桁外れの重要性を鑑みれば，彼らが西への拡大を自分たちの最大の業績の一つとして賛美したのも理解できる。未開の地が多産で文明化された場所になることは不断の驚きの種であり，また，神の祝福の証拠であった。1654年に出版されたエドワード・ジョンソンの『驚異の摂理』（*Wonder-Working Providence*）はこの〔未開から文明への〕変容を広範囲にわたって解説したものである。「この貧しき不毛な原生自然を肥沃の地ならしめた」，あるいは，「この世で最も忌まわしく限りない未知の原生自然の一つを……十分な秩序ある共和国に変えてくださった……」のは常に「キリストなるイエス」か「主」であった。例えば，ボストンでは，「キリストの偉大な御業」が数十年の間に，「オオカミやクマが子を育てていた」ような「忌まわしい叢林（そうりん）」を「はね回って遊ぶ少年少女たちで一杯の街」へと変容させた，という。[44)] ジョンソンとその同時代人は，原生自然を破壊する努力について神は自分たちの味方であるということを決して疑わなかった。神の「彼らの企てに対する祝福が」，と初老のジョン・ヒギンソン[36]（John Higginson）は1697年にこう書いた，「原生自然が征服され……以前は異教信仰，偶像崇拝，悪魔崇拝以外の何もなかった……ところに……町が建設され，教会が設置される」のを可能にした，と。[45)] ニューイングランドの入植者たちは自らを原野と戦う「キリストの軍隊」や「キリストの兵士」とみなした。[46)]

ピューリタンの入植者たちが原生自然を物質的苦難や精神的誘惑で満ちたものとして描いた理由の一つは，後の世代に自分たちの功績の大きさを思い出させるためであった。この偉業に関して称賛されたのは当然のこと，神であったが，入植者たちは原生自然を破壊することに自分たちが果たした役割への強い自負心を隠すことができなかった。それを明白に表現した最初の言明の一つはロジャー・クラップ（Roger Clap）の『回想録』（*Memoirs*）に登場した。1630年にニューイングランドに到着した一行の一人であったクラップは，1670年代に自分の子どもたちの教育のために，昔のことを書こうと決心した。彼は，「当時，まだ征服されていなかった原生自然」での生活上の悩みや神の下僕たちに欠けていた多くの「不足品」を詳細に記した。それから彼は第二世代に直接呼び掛けて，そこから教訓を引き出した。「あなた方は昔よりも良い食物や衣服をもっている。しかし，あなたたちはあなたたちの祖先よりもすぐれた心をもっているだろうか？」。1671年にジョシュア・スコットウ（Joshua Scottow）も同じ主題で，最初の入植者たちの「この原生自然への自ら望んで行なった異境生活」は「意識して思い出され，記憶され，そして，決して忘れられない」ようにするべきだと強く訴えた。47) ここに暗示されていたのは，原生自然の数々の危険とそれらに立ち向かう人々の資質との関係であった。数年後，ジョン・ヒギンソンは自らの開拓者としての長い経験を振り返り，こう断言した――「われわれが直面した原生自然の状態は，われわれを謙虚にし，試し，悩ませるような摂理で満ちていた」。その摂理の目的は，彼の考えによれば，「われわれが自ら公言しているところにしたがって，また，［神の］期待にしたがって，神の命令を守っているかどうか」を決定することであった。48) 生き延びることは，この点で成功の証のように思われた。苛酷で敵対的な環境として描かれた原生自然は，苦境を際立たせ，開拓者の功績を強調する引き立て役だったのだ。

原生自然に対する邪悪な意味づけは17世紀では終息しなかった。後の世代の代表者たち，とりわけ，フロンティアと直接接触した人々は，未開の地がもつ象徴的な力を感じ続けていた。ジョナサン・エドワーズ[37]（Jonathan Edwards）は雲や花，野原のような自然の風物から精神的な喜びを得たり，さらには，そこに美を感じ取ったりすることすら時にあったかもしれないが，〔彼には〕原生自然は依然として受け入れられていなかった。49) 彼に先立つキリスト教徒たちにとってそうであったのと同様に，エドワーズにとって，「われわれが［天国に行くために］通らなければならない地は原生自然である。そこには，われわれが道中越えねばならぬ山や岩，未開の場所が数多くある」のであった。50) ピューリタンにならって，アメリカ人は原生自然を聖書の視点で解釈し続けた。エレアザー・ホイーロック[38]（Eleazar Wheelock）は1769年，コネチカット川上流沿いにダートマスカレッジを創設した時，「荒野で叫ぶ声」（“Vox Clamantis in Deserto”）を座右の銘とした。ここで，また，非常に多くの他の記述において森を表すのに「荒野」（デザート：desert）という言葉を用いたことは，原生自然に対する〔人々の〕反応を決定するのには，ニューイングランドの現実よりも旧約聖書の方がはるかに重要であったことを暗示している。このダートマスの座右の銘は洗礼者ヨハネを想起させるものでもあったが，カレッジの〔建設に彼を突き動かした〕最初の衝動はヨハネのそれと類似したものであった――つまり，神の言葉を異教の領域に広めることである。後の大学設立者たちは火花を出すことで，暗黒をやがて光に変えるという，それくらいの意気込みで，臆することなく西へ進んでいった。例えば，ジョセフ・P・トンプソン[39]（Joseph P. Thompson）は，「西部における大学，および，神学教育推進協会」（The Society for the Promotion of Collegiate and Theological Education At the West）で1859年に行なった講演を次のような忠告で締め括った――「西部の道徳的な原生自然へ行きなさい。そこの砂漠で水源を開きなさい，そして，生命の水のための泉を作りなさい[51)]」と。原生自然は依然として克服すべき障害物であったのだ。

ナサニエル・ホーソーン[40]（Nathaniel Hawthorne）の著作の多くは，ピューリタン的な原生自然観が19世紀に入っても執拗に生き残っていたことを示唆している。彼にとって，未開の地は暗愚で野蛮な人間の心を表す強力な象徴であっただけでなく，依然として「暗黒」の，「荒涼たる」場所でもあった。ホーソーンの短編小説には，原生自然の性質が筋書きを規定したものが何編かある。『ロジャー・マルヴィンの埋葬』（*Roger Malvin's Burial*, 1831）では，原生自然の恐ろしい性質が一人の男に，彼がかつて「陰鬱な密林」で行なった悪事の報いとして自分の息子を銃殺させた。『若いグッドマン・ブラウン』（*Young Goodman Brown*, 1835）の主人公もまた，原生自然は悪魔と，人間の中にある悪魔的傾向の両方が存在する悪夢のような場所であると知ることになった。『緋文字』（*The Scarlet Letter*, 1850）は，原生自然のテーマを使ったホーソーンの試みの頂点に位置する作品であった。彼が17世紀のセーレムの周辺に創造した原生林は，ヘスター・プリン（Hester Prynne）が非常に長い間さまよった「道徳的な原生自然」（moral wilderness）を象徴し，強調するものである。その森は社会的追放からの自由を意味したが，そのような完全なる自由は抵抗しがたい悪への誘惑という結果に終わるだけだ，ということにホーソーンは何の疑いも残さなかった。「邪悪な鬼の子，罪の象徴，かつ，産物」である，私生児パール（Pearl）は原生自然でくつろぐことのできる唯一の登場人物である。ホーソーンとピューリタンにとって，文字通りの，また，同時に，隠喩（メタファー）上の恐ろしい溝が文明と原生自然の間に存在したのである[52)]。

アメリカの使命を宗教的な観点からというより世俗的な観点から再定義しようという傾向が次第に増していっても，原生自然に対する嫌悪という点ではほとんど変わらなかった。文明の西への拡大が善だと考えられた限りにおいては，原生自然は悪であった。それは信心の妨げとみなされたのと同様に，進歩，繁栄，力を妨害する障壁として解釈された。あらゆるフロンティアで，未開の文明への変革は激しい熱狂を伴って迎えられた。開拓者の日記や回想録は，「未開墾の道なき原生自然」が「開墾」され，「実り豊かな農場や……栄える都市に変えられ」たというテーマで持ち切りであったが，そのような変化は当然のことながら，「常にいい方への変化」と考えられた[53]。単純に，荒野が「エデンのように」なった，と言う人々もいた[54]。

この原生自然を管理下に置くということはフロンティア開拓者の生活に意義と目的を与えた。「進歩」を理想化した時代においては，開拓者は自らを全人類のために価値ある目標を成し遂げる，その急先鋒と考えた。開拓者や彼らの代弁者たちは，直接的には自分自身や自分の後継者のために働く一方で，もっと大きな不安定な問題があることを絶えず意識していた。州の農業組合の集会では演説者たちが，「前進的発展，すなわち，成長」に関する法律は「原生自然の中心から」都市が誕生するのをもたらしたのだから，それには有益な効果があるというようなことを主題とした演説を繰り返し行なった。彼らは，「原生自然に労苦の実である花が咲くまで，また，かつて西部の荒地であったこれらの土地に喜びの歌が響きわたるまで」働いた人々に感謝の言葉を捧げた[55]。開拓者が考えたように，この変化によって得られたものは豊かな収穫よりもはるかに大きいものであった。開拓者は，人類の幸福のために人間の伝統的な敵と戦う文明の代理人であったのではないか？　「未開生活の長い鎖」を断ち切り，「原始的な野蛮」の状態を「芸術，および，科学」は言うまでもなく，「文明，自由，法律」に取り換えたのは結局のところ，彼であったのだ[56]。言い換えれば，原生自然を破壊することに価値がある，ということに疑いはほとんどなかった，ということである。アンドリュー・ジャクソン[41]（Andrew Jackson）が1830年の大統領就任演説において修辞疑問で問いかけたように，「一体，どんな善良な人間が都市や町，栄える農場が点在し，技術によって設計され，勤勉によって成し遂げられるようなすべての改良で飾られた広大なわが共和国よりも，森で覆われ，数千人の野蛮人がうろつくような国の方を好むだろうか？」[57]。物質的進歩という範疇では，原生自然は障害物としての意味しかもたなかった。

19世紀の開拓者が物質的進歩を強調したからといって，神の名において原生自然を征服するという昔の考えが完全に締め出されたわけではなかった。コロラド準州初代知事を務め，アメリカの「明白なる宿命」（Manifest Destiny）[42]を吹聴して回ったウィリアム・ギルピン[43]（William Gilpin）は，「進歩は神である」ということ，そして「未開の地域の占有は……神の定めの厳粛さすべてをもって行なわれる」ことを明白にした。実際，国家を西へ推し進め，原生自然を斧や鋤に明け渡したのは「神の手」であった。フロンティア開拓者たちは，自分たちの主要な目的の一つが「純然たるキリスト教の拡大」である，ということを決して忘れなかった――要するに，彼らは「野蛮な叫び声」が「シオンの歌」に取って代わるのを満足げに眺めたのである。入植と宗教とは相伴っていたのだ。チャールズ・D・カーク（Charles D. Kirk）は1860年に出版された小説の中で，西進についてのフロンティア的な見方を「文明，および，キリスト教の軍勢が前進する規則的でゆっくりとした，しかしながら，確かな足取り」と要約した。58)

原生自然の征服は開拓者が抱いていた誇りの主要な源泉であった，というのも理解できる。実際，全国民が西部への入植を自分たちの傑出した功績とみなした。ティモシー・ドワイトなどは，それはヨーロッパの文化的偉大さと比較するに値するものであるとさえ感じた。「原生自然を人間にとって望ましい居住地に変えることは」，と彼は19世紀初期に断言した，「少なくとも……古城や朽ち果てた僧院，すぐれた絵画の欠如を補うものかもしれない」。59) 自らの業績に関する自意識が強く，独立を首尾よく正当化したい若い国にとって，原生自然の征服は国民の自尊心を支えるものであった。60)「われらは何と偉大な国民だろう！　わが国は何とすばらしい国だろう！」，とジョサイア・グリンネル[44]（Josiah Grinnell）は1845年，得意げに語った，「つい昨日までは原生自然であったというのに」。これより謙虚であるにしても，開拓者一人ひとりは土地を開墾することや，処女地を切り開くことに熱烈な誇りを感じていた。ある入植者向けの手引書は次のように宣伝した――「あなたはあたりを見回しこう囁くことでしょう，“私がこの原生自然を征服し，混沌を秩序と文明で満ちたものにしたのだ，私一人でやったのだ”と」。これと同じ口調は，自分の一族がテキサスのペダナレス川流域にある「不毛」で「近づき難い」地域を，「果実や牛，ヤギ，ヒツジでいっぱいに」したことに大きな誇りをもっている大統領のレトリックにおいても，しばしばみられるものである。61)

当然のことながら，多くの開拓者たちは原生自然での生活を意図的に選んだ。

多くの人々は隣人の家から出る煙が見えるようになると，新しい家を求めて西へ移動したと伝えられている。しかしながら，この行動を促したのは荒地への愛着というよりも，むしろそれを破壊したいという渇望であった。開拓者たちは未開の地を挑戦しがいのある難題として歓迎した。彼らは自らを邪悪で無益なものを有益な文明に変える再生過程を仲介する代理人である，と自己規定していた。この役目を果たすのに原生自然は必要不可欠であり，それゆえに，彼らは西へと駆り立てられたのである。文字通り森に心を奪われ，再生の使命を無視したのは，一握りのマウンテンマンや船頭（voyageur）[45]だけであった。原始的状態に戻ったり先住民の部族に加わる例さえ散見された，これらの例外的な人々は，ほとんどの開拓者たちが原生自然に対して向けた嫌悪の目を文明へと向けたのである。[62)]

「荒野で生活すること」が反ってそれに対する偏見を生み出した，というトクヴィルの分析は総体として正しかった。原生自然に絶えずさらされていることが，生き延び成功するためにはそれと戦わなくてはならなかった者たちの側に恐怖と憎悪を生み出したのだ。わずかな例外はあったものの，アメリカのフロンティア開拓者たちが原生自然を功利主義的な基準とは別の基準で評価することはめったになかったし，自分たちとそれとの関係を軍事的な隠喩（メタファー）を使わずに語ることもめったになかった。原生自然の状態の倫理的・美的な価値に気づき始めたのは，そこから離れたところにいる彼らの子どもたち・孫たちであった。しかし，都市居住者ですら，かつての態度を完全に無視することは難しいと思っていた。原生自然に対する偏見は過去何世紀にも及ぶ力をもっていたのであり，開拓状態が消滅して随分経ってからもアメリカ人の見解に影響を及ぼし続けた。この嫌悪感という，より暗い〔思想的〕背景に対抗して，もっと好意的な反応がためらいがちに具体化してきた。

注

1） Alexis de Tocqueville, *Journey to America*, trans. George Lawrence, ed., J. P. Mayer (New Haven, Conn., 1960), p.335. ミシガン旅行の詳細とわずかに異なる翻訳については，George Wilson Pierson, *Tocqueville in America* (Garden City, N. Y., 1959), pp. 144–199, を参照のこと。

2） Tocqueville, *Democracy in America*, ed., Phillips Bradley (2 vols. New York, 1945), 2, 74.

3） William Bradford, *Of Plymouth Plantation, 1620–1647*, ed., Samuel Eliot Morison (New York, 1952), p.62; Edward Johnson, *Johnson's Wonder-Working Providence, 1628–1651* (1654), ed., J. Franklin Jameson, *Original Narratives of Early American History, 7* (New York, 1910), p.100; Alexander Ross, *Adventures of the First Settlers on the Oregon or Columbia River* (London, 1849), pp.143, 146.

4) Loren Baritz, "The Idea of the West," *American Historical Review, 66* (1961), 618–640; Charles L. Sanford, *The Quest for Paradise* (Urbana, Ill., 1961), 36ページ以降を参照のこと。Howard Mumford Jones, *O Strange New World* (New York, 1964), pp.1–34; Louis B. Wright, *The Dream of Prosperity in Colonial America* (New York, 1965); Leo Marx, *The Machine in the Garden: Technology and the Pastoral Ideal in America* (New York, 1964), pp.34–72.

5) Peter Force, *Tracts and Other Papers* (4 vols. New York, 1947), 3, No. 11, 11所収の E[dward] W[illiams], *Virginia...Richly and Truly Valued* (1650).

6) ブラッドフォードの前掲書，62ページ。

7) [Cotton] Mather, *Magnalia Christi Americana* (2 vols. Hartford, Conn., 1853), *1*, 77. 初版は1702年に出版された。

8) Mather, *The Wonders of the Invisible World* (London, 1862), p.13. この点について，論評を加えているものとして以下の論文があげられる。Alan Heimert, "Puritanism, the Wilderness, and the Frontier," *New England Quarterly, 26* (1953), 369–370.

9) Adlard Welby, *A Visit to North America* (London, 1821), p.65.

10) Williams, *Wilderness and Paradise*, p.102, に引用されている Eliot, "The Learned Conjectures" (1650) より。ジョンソンの前掲書，75ページ。

11) Mather, *Magnalia, 1*, 77; [John] Plumbe[, Jr.], *Sketches of Iowa and Wisconsin* (St. Louis, 1839), p.21.

12) ジョンソンの前掲書，111～115ページ。障害物としての森の劇的な描写については，Richard G. Lillard, *The Great Forest* (New York, 1947), pp.65–94, を参照のこと。

13) General B. M. Cutcheon, "Log Cabin Times and Log Cabin People," *Michigan Pioneer Historical Society Collections, 39* (1901), 611.

14) George Cary Eggleston, *Our First Century* (New York, 1905), p.255. 19世紀末の文学における邪悪で脅威的な自然の表現については，Carleton F. Culmsee, *Malign Nature and the Frontier*, Utah State University Monograph Series, 8 (Logan, Utah, 1959), において論じられている。

15) Ashel Manwaring and Ray P. Greenwood, "Proceedings before the United States Department of the Interior: Hearings on Dinosaur National Monument, Echo Park and Split Mountain Dams" (April 3, 1950), Department of the Interior Library, Washington D.C., pp.535, 555; John F. Kennedy, "For the Freedom of Man," *Vital*

Speeches, 27（1961），227; Robert Wernick, "Speaking Out: Let's Spoil the Wilderness," *Saturday Evening Post, 238*（Nov. 6, 1965），12.

16） Roy Harvey Pearce, *The Savages of America: A Study of the Indian and the Idea of Civilization*（rev. ed., Baltimore, 1965）; Jones, *O Strange New World*, 50ページ以降を参照のこと。

17） Charles H. Lincoln ed., *Narratives of the Indian Wars, 1675–1699*, Original Narratives of Early American History, 19（New York, 1913），pp.126, 131–132 所収の Mary Rowlandson, *Narrative of the Captivity and Restauration*（1682）より；[J. Hector St. John] Crevecoeur, *Letters from an American Farmer*（London, 1782），272; [Josiah] Gregg, *Commerce of the Prairies or the Journal of a Santa Fe Trader*（2 vols. New York, 1845），*1*, 88.

18） Force の前掲書, *1*, No. 12, 11–12 所収の［Francis］Higginson, *New-Englands Plantation*（1630）; John Lawson, *Lawson's History of North Carolina*（1714），ed., Frances L. Harriss（Richmond, Va., 1951），p.29; Cotton Mather, *Frontiers Well-Defended*（Boston, 1707），p.10; Mather, *Wonders*, pp.13, 85.

19） Richard M. Dorson, *American Folklore*（Chicago, 1959），8ページ以降；Jones, 61ページ以降を参照のこと。このような慣習のヨーロッパでの先例については第1章で触れられている。

20） エリオットのこの言葉は，Williams, *Wilderness and Paradise*, p.102, に引用されている。

21） Oscar Handlin, *Race and Nationality in American Life*（Garden City, N. Y., 1957），p.114; Louis B. Wright, *Culture on the Moving Frontier*（Indianapolis, 1955），特に11～45ページ。Edmund S. Morgan, *The Puritan Dilemma*（Boston, 1958）は，ピューリタンが有機的な共同体（コミュニティ）を重視したのは一部分には原生自然での過度の自由に対する反応であった，ということを証明するために，ジョン・ウィンスロップの例を用いている。Roy Harvey Pearce によれば，「先住民（インディアン）がイギリス人の精神にとって重要となったのは，彼の性格・人格のためでなく，むしろ彼が文明人に，彼らと違うところや彼らが真似してはいけないところを見せたためである」と主張している。Pearce, *Savages of America*, p.5.

22） Timothy Dwight, *Travels in New-England and New-York*（4 vols. New Haven, Conn., 1821–22），2, 441; Crevecoeur, *Letters*, pp.55–57, 271.

23） LeRoy R. Hafen, "Mountain Men: Big Phil the Cannibal," *Colorado Magazine, 13*（1936），53–58. 他の例は以下の著書を参照されたい。Ray A. Billington, *The American Frontiersman: A Case-Study in Reversion to the Primitive*（Oxford, 1954）. Arthur K. Moore, *The Frontier Mind*（Lexington, Ky., 1957），77ページ以降を参照のこと。

24） *Old South Leaflets*（9 vols. Boston, 1895），*2*, No. 50, 5 所収の Winthrop, *Conclu-*

sions for the Plantation in New England (1629).

25) Force, *Tracts, 2*, No. 3, 2に所収のWhite, *The Planters Plea* (1630). ピューリタンが先住民から土地を奪うのに用いた同様の理論的根拠に関する議論については, Chester E. Eisinger, "The Puritans' Justification for Taking the Land," *Essex Institute Historical Collections, 84* (1948), 131-143, を参照のこと。

26) Cass, "Removal of the Indians," *North American Review, 30* (1830), 77; ギルマーのこの言葉は, Albert K. Weinberg, *Manifest Destiny: A Study of Nationalist Expansionism in American History* (Baltimore, 1935), p.83, に引用されている。

27) [William] Cooper, *A Guide in the Wilderness or the History of the First Settlements in the Western Counties of New York with Useful Instructions to Future Settlers* (Dublin, 1810), p.6; John B. Newhall, *A Glimpse of Iowa in 1846* (Burlington, 1846), ix; Force, *Tracts, 4*, No. 11, 4～5ページ所収のAnonymous, *A Brief Relation of the State of New England* (1689); *Christopher Gist's Journals*, ed., William M. Darlington (Pittsburgh, 1893), p.47; Gabriel Franchere, *Narrative of a Voyage to the Northwest Coast of America*, ed., and trans. J. V. Huntington (New York, 1854), p.323, を参照のこと。

28) Thomas Pownall, *A Topographical Description of...Parts of North America* (1776) as *A Topographical Description of the Dominions of the United States of America*, ed., Lois Mulkearn (Pittsburgh, 1949), p.31; Zebulon Montgomery Pike, *The Expeditions of Zebulon Montgomery Pike*, ed., Elliott Coues (3 vols. New York, 1893), *2*, 514; *Adventures of Zenas Leonard: Fur Trader*, ed., John C. Ewers (Normal, Okla., 1959), p.94.

29) 田園的なものにアメリカ人が魅了されることについては, 以下の文献で十分に論じられている。Marx, *Machine in the Garden*; Sanford, *Quest for Paradise*; Henry Nash Smith, *Virgin Land: The American West as Symbol and Myth* (Cambridge, Mass., 1950), 121ページ以降を参照のこと。A. Whitney Griswold, *Farming and Democracy* (New York, 1948).

30) *Narratives of Early Virginia, 1606-1625*, ed., Lyon Gardiner Tyler, Original Narratives of Early American History, 5 (New York, 1907), p.16所収の, George Percy, "Observations" (1625). これと同じレトリックは, 開拓者が東部の密林からインディアナやイリノイの開けた, 庭園のような大草原に出た時に用いられた。James Hall, *Notes on the Western States* (Philadelphia, 1838), p.56.

31) Perry Millerは*The American Puritans: Their Prose and Poetry* (Garden City, N. Y., 1956), pp.213, 295, および, *The New England Mind: From Colony to Province* (Boston, 1961), p.190において, シューアルの「心の叫び」はピューリタンが「アメリカの土に根を下ろした」アメリカ人となり, 「アメリカの景色に喜び」を感じるようになった時期を示したものである, と主張している。

32）［Samuel］Sewall, *Phaenomena…or Some Few Lines Towards a Description of the New Haven*（Boston, 1697）, pp.51, 59–60.

33）［John］Bunyan, *The Pilgrim's Progress from this World to That which is to Come*, ed., James Blanton Wharey（Oxford, 1928）,［p.9］;［Benjamin］Keach, *Tropologia*（4 vols. London, 1681–82）, *4*, 391–392.

34）［Roger］Williams, *A Key to the Language of America*, ed., J. Hammond Trumbull, Publications of the Narragansett Club, I（Providence, R. I., 1866）, p.130; Bradford, *Of Plymouth Plantation*, p.62; Johnson, *Wonder-Working Providence*, 59;［Samuel］Danforth, *A Brief Recognition of New-England's Errand into the Wilderness*（Cambridge, Mass., 1671）, pp.1, 5, 9.

35）この点については，以下の文献を参照のこと。Perry Miller, "The Religious Impulse in the Founding of Virginia: Religion and Society in the Early Literature," *William and Mary Quarterly, 5*（1948）, 492–522. Louis B. Wright, *Religion and Empire: The Alliance Between Piety and Commerce in English Expansion, 1558–1625*（Chapel Hill, N. C., 1943）.

36）Williams, *Wilderness and Paradise*, 73ページ以降はこの関係の意味を検討している。

37）［Alan］Heimert, "Puritanism, the Wilderness, and the Frontier," 361.

38）Winthrop, *Conclusions*, 5.

39）原生自然を救いたいという衝動に比べて，私は，何人かのピューリタンの考え方，大西洋は彼らにとってシナイ砂漠であり，カナンはそれを渡って辿り着くニューイングランドにあるという考え方を一次的で束の間の意義しかもたないものとして，意図的に軽視している。ヘイマートの前掲書，361～362ページはこの立場を簡潔に論じている。 私はまた，ペリー・ミラー（Perry Miller）の *Errand Into the Wilderness*（Cambridge, Mass., 1656），第1章における以下の主張，ピューリタンによる新世界への「使命の旅」の性質は17世紀末までに宗教改革を導くというものから，アメリカの原生自然を征服するというものへ変化した，という主張を彼に対する恩義を過小評価する意図はまったくなしに，度外視するつもりだ。後者の目的は始めから強力だったのであり，しかも，それは常に前者の必要不可欠な一部だったと思うからだ。

40）*Proceedings of the Massachusetts Historical Society*, 12（1871）, pp.83, 84 所収の［Michael］Wigglesworth, *God's Controversy with New England*（1662）; Mather, *Magnalia, 1*, 42; Lincoln ed., *Narratives*, p.242 所収の，Mather, *Decennium Luctuosum: An History of Remarkable Occurrences in the Long War which New-England hath had with the Indian Salvages*（1699）, を参照のこと。悪魔としての先住民という考え方について詳細に述べたものについては，Jones, *O Strange New World*, pp.55–61, Pearce, *Savages of America*, pp.19–35, を参照のこと。

41) Force, *Tracts, 1*, No. 7, 7 に所収の "R. I.," *The New Life of Virginia* (1612).

42) Joseph Sabin, *Sabin's Reprints* (10 vols. New York, 1865), *10,* 1 に所収の Thomas Shepard, *The Clear Sunshine of the Gospel Breaking Forth upon the Indians in New-England* (1648); Mather, *Magnalia, 1*, 64.

43) *Sabin's Reprints, 5*, [2] に所収の Henry Whitfield, *Strength out of Weakness* (1652) における William Steele, "To the Supreme Authority of this Nation"; Mather, *Magnalia, 1,* 25; Wigglesworth, *God's Controversy*, p. 84, を参照のこと。

44) Johnson, *Wonder-Working Providence*, pp. 71, 108, 248.

45) Mather, *Magnalia, 1,* 13 所収の Higginson, "An Attestation to the Church-History of New England."

46) Johnson, *Wonder-Working Providence*, pp. 60, 75.

47) Alexander Young, *Chronicles of the First Planters of the Colony of Massachusetts Bay* (Boston, 1846) 所収の *Memoirs of Capt. Roger Clap* (1731), pp. 351, 353; [Joshua] Scottow, *Old Men's Tears for their own Declensions Mixed with Fears of their and Posterities further falling off from New-England's Primitive Constitution* (Boston, 1691), p. 1. ロジャー・ウィリアムズも同様の目的で，ロードアイランドの原生自然で自分が経験した激しい苦しみを強調した。Perry Miller, *Roger Williams* (Indianapolis, 1953), p. 52より。この問題についての二次的解説は，Kenneth B. Murdock, "Clio in the Wilderness: History and Biography in Puritan New England," *Church History, 24* (1955), 221–238, を参照のこと。

48) Mather, *Magnalia, 1,* 16 所収の Higginson, "Attestation."

49) エドワーズが自然美を高く評価したことの具体例については，Alexander V. G. Allen, *Jonathan Edwards* (Boston, 1890), pp. 355–356, および，*Images or Shadows of Divine Things by Jonathan Edwards,* ed., Perry Miller (New Haven, 1948), pp. 135–137, を参照のこと。

50) "True Christian's Life," *The Works of President Edwards* (4 vols. New York, 1852) *4*, 575.

51) [Joseph P.] Thompson, *The College as a Religious Institution* (New York, 1859), p. 34. Williams, *Wilderness and Paradise,* 141ページ以降は大学の発展を楽園の伝統の観点から論じている。

52) 本文中の引用は *The Complete Writings of Nathaniel Hawthorne* (Old Manse ed., 22 vols. New York, 1903) による。ホーソーンの原生自然の用い方については，以下の文献から学ぶところが大きかった。R. W. B. Lewis, *The American Adam: Innocence, Tragedy, and Tradition in the Nineteenth Century* (Chicago, 1955), pp. 111–114; Wilson O. Clough, *The Necessary Earth: Nature and Solitude in American Literature* (Austin, Texas, 1964), pp. 117–125; Edwin Fussell, *Frontier: American Literature and the American West* (Princeton, N. J., 1965), pp. 69–131; Chester E.

Eisinger, "Pearl and the Puritan Heritage," *College English, 52* (1951), 323–329.

53) Judge Wilkinson, "Early Recollections of the West," *American Pioneer, 2* (1843), 161; William Henry Milburn, *The Pioneer Preacher: Rifle, Axe, and Saddle-Bags* (New York, 1858), p.26; J. H. Colton, *The Western Tourist and Emigrant's Guide* (New York, 1850), p.25; Henry Howe, *Historical Collections of the Great West* (2 vols. Cincinnati, 1854), *1*, 84.

54) Jones, *O Strange New World*, p.212, における1796年の記述から引用した。

55) A. Constantine Barry, "Wisconsin — Its Condition, Prospects, Etc.: Annual Address Delivered at the State Agricultural Fair," *Transactions of the Wisconsin State Agricultural Society, 4* (1856), pp.266, 268.

56) Roscoe Carlyle Buley, *The Old Northwest Pioneer Period, 1815–1840* (2 vols. Indianapolis, 1950), *2*, 45, に引用されている，コロンバス版 *Ohio State Journal* より。*Laws of Indiana* (1824–25) in Bulcy, *2*, 46; Dr. S. P. Hildreth, "Early Emigration," *American Pioneer, 2* (1843), 134.

57) Andrew Jackson, "Second Annual Message," *A Compilation of the Messages and Papers of the Presidents*, ed., J. D. Richardson (10 vols. Washington D.C., 1896–99), *2*, 521. 進歩理論とこの理論が原生自然の真価を認めることと相容れないことについては，以下にあげる文献を参照のこと。Arthur A. Ekirch, Jr., *The Idea of Progress in America, 1815–1860* (New York, 1944); Moore, *Frontier Mind*, pp.139–158; Weinberg, *Manifest Destiny*; Alan Trachtenberg, *Brooklyn Bridge: Fact and Symbol* (New York, 1965), pp.7–21.

58) [William] Gilpin, *Mission of the North American People: Geographical, Social and Political* (Philadelphia, 1873), p.99; John Reynolds, *The Pioneer History of Illinois* (Belleville, Ill., 1852), p.228; Hildreth, "Early Emigration," 134; [Charles D.] Kirk, *Wooing and Warring in the Wilderness* (New York, 1860), p.38.

59) Dwight, *Travels, 1*, 18.

60) 原生自然の所有がこの目的にも適うものであったという証拠については，第4章を参照のこと。

61) [Josiah] Grinnell, *Sketches of the West* (Milwaukee, 1847), pp.40–41; Sidney Smith, *The Settlers' New Home: or the Emigrant's Location* (London, 1849), p.19; Lyndon B. Johnson, "State of the Union: The Great Soceity," *Vital Speeches, 31* (1965), 197.

62) ほぼ当然のことながら，文明との結び付きを完全に断った男たちについての文書での記述は事実上，皆無である。Moore, Frontier Mind, *Billington, American Frontiersman*, Stanley Vestal, *Mountain Men* (Boston, 1937), Sydney Greenbie, *Furs to Furrows: An Epic of Rugged Individualism* (Caldwell, Idaho, 1939), の特に第19章，Hiram Chittenden, *The American Fur Trade of the Far West* (3 vols.

New York, 1902), *1*, 65ページ以降，Grace Lee Nute, *The Voyageur* (New York, 1931), を参照のこと。こうした文献はこの点を解明してくれるような洞察を与えるものである。Lewis Mumford, *The Golden Day: A Study in American Experience and Culture* (New York, 1926), pp.55–56, は私の解釈とは正反対の主張をしている。

訳注

［1］ 1805～1859年。フランスの政治家，政治学者，歴史学者。

［2］ 1590～1657年。メイフラワー号に乗ってアメリカに向かったピルグリム・ファーザーズの一人。後にプリマス植民地総督になった。

［3］ 1783～1856年。カナダの毛皮商人および探検家。

［4］ カナダのブリティッシュコロンビア州からアメリカ合衆国のワシントン州を通り，オレゴン州との境界を流れて太平洋にそそぐ川。全長2000キロメートルあまり。

［5］ ヴァージニア州東部の旧村。1606年，ヴァージニア会社によってアメリカに送られた入植者たちが1607年に建設した，北米における英国最初の開拓地（五十嵐武士・福井憲彦著『世界の歴史21　アメリカとフランスの革命』中央公論社，1998年，18ページより）。

［6］ マサチューセッツ州南東部，ケープコッド湾と大西洋に挟まれた砂地の半島。1620年11月20日，ピルグリム・ファーザーズが最初にたどり着いたのがこのコッド岬である（『アメリカとフランスの革命』24ページ，『アメリカ文学思潮史』7ページより）。

［7］ 1663～1728年。アメリカの清教徒牧師，著述家。

［8］ 1604～1690年。北アメリカの植民地の聖職者，宣教師。数多くのアメリカ先住民を改宗させた。

［9］ 1598～1672年。イギリス・カンタベリー生まれだが，1630年にボストンに移住。植民地の年代記を記した。

［10］ 1809～1857年。イギリス・ウェールズ生まれのアメリカの鉄道員，政治記者，写真家。

［11］ J・F・ケネディ大統領。

［12］ 1635年頃～1678年頃。著述家。結婚し，マサチューセッツ州ランカスターで暮らしていた時，町が先住民の襲撃に遭い，11週間もの間，先住民の捕虜として拘束された。

［13］ 1735～1813年。フランス生まれのアメリカの作家。1782年の Letters of an American Farmer で有名。

［14］ 1806～1850年。サンタフェ商人，著述家。

［15］ 19世紀前半，アメリカ・ミズーリ州インディペンデンスとニューメキシコ州サンタフェとを結んだ街道。陸路の重要な交易ルートだった。

[16]　1586～1630年。イギリス生まれの聖職者。1629年にニューイングランドに移住。

[17]　1752～1817年。会衆派聖職者，著述家，詩人。アメリカのコネチカットを拠点として文学活動に従事した「コネチカット・ウィッツ」の一人。1795～1817年までイェール大学総長を務めた（『アメリカ文学思潮史』77～78ページ，向井照彦著『アメリカン・ウィルダネスの諸相』英宝社，2000年，4ページより）。

[18]　『ランダムハウス大英和辞典』によれば，山男（mountain man）とは「山岳地帯や荒野で毛皮猟や商売をしていた男。特に米国西部開拓時代などの辺境の開拓者」である。また飛田茂雄編『現代英米情報辞典』（研究社，2000年）には，同書742ページに「1810年から40年ごろに米国の極西部や南西部の山岳地帯で狩猟で生計を立てていた男たち」とある。

[19]　1782～1866年。軍人，政治家。

[20]　1790～1859年。法律家，議員。1829～1831年，1837～1839年にジョージア州知事を務めた。

[21]　1754～1809年。法律家，地主。作家ジェームズ・フェニモア・クーパーの父。ニューヨーク植民地に自分の名を冠したクーパーズタウンを建設した。

[22]　1706～1759年。探検家，軍人。オハイオ川流域やケンタッキー北東部を探検した最初のアメリカの白人。

[23]　1722～1805年。イギリス生まれ。植民地行政に携わった。

[24]　1779～1813年。軍人，探検家。

[25]　カンザス州東部から東流してミズーリ州中部でミズーリ川に合流する川。

[26]　1809～1857年。わな猟師，著述家。

[27]　1673年頃～1722年。アメリカの歴史家。ヴァージニア出身で，ヴァージニアの歴史を著した。

[28]　1753～1824年。アメリカの政治家，農業哲学者。彼のプランテーションがあるヴァージニアの郡の名に因んでそう呼ばれた。

[29]　1652～1730年。イギリス生まれのアメリカ植民地法に関する法律家。セーレムの魔女裁判の判事。後に奴隷解放を唱え，1718～1728年にかけてマサチューセッツ州最高裁判所長官を務めた。

[30]　1628～1688年。イギリスの鋳掛け職人，説教師。

[31]　1603？～1683年。1631年にアメリカのマサチューセッツ湾植民地に移住したイギリス出身の牧師。しかし，マサチューセッツを追放され，1646年にロードアイランド植民地を建設した。

[32]　「申命記」第34章第1～4節を参照のこと。

[33]　1626～1674年。ニューイングランドの聖職者，説教師（『アメリカ文学思潮史』24ページより）。

[34]　1631～1705年。初期ニューイングランドを代表する詩人，マサチューセッツの牧師。

[35]　マニ教は３世紀にイランで起こった宗教。その教義は，世界を二つに分け，善の領域と悪の領域との二元論的争いとみるものである。それによると，光（霊）の領域は神がおさめ，闇（肉）の領域はサタンが治める。元来，この二つの領域は完全に分かれていたのだが，原初の大破壊の際に，闇の領域が光の領域を侵犯し，二者は混交して永遠の闘争を続けることになったという。

[36]　1616～1708年。イギリス生まれのマサチューセッツ州セーレムの聖職者。

[37]　1703～1758年。アメリカの神学者，哲学者，形而上学者。当時，成長していた自由神学に強く反対し，衰微しつつあったピューリタン信仰を復活させるための信仰復興運動の重要な人物であった。

[38]　1711～1779年。会衆派聖職者。ダートマスカレッジ初代総長。

[39]　1819～1879年。会衆派聖職者，編集者。

[40]　1804～1864年。アメリカ・マサチューセッツ州セーレム出身の作家。

[41]　1767～1845年。アメリカの将軍。1829～37年，第７代大統領。

[42]　Manifest Destiny：『ランダムハウス英和大辞典』の記述によれば，「19世紀中葉以降に支持された，アメリカの拡張政策を擁護する信念・主義；領土を北米全体に拡大し，その政治的・社会的・経済的影響力を拡大強化することがアメリカの責務であるとする」考え方である。『英米史辞典』によると，この言葉はジョン・L・オサリヴァンが編集する雑誌『民主評論』（*The Democratic Review*）に掲載された論説の中で用いられたのが最初という。この言葉はアメリカの領土拡張を正当化するイデオロギーとなった。同書450ページより。

[43]　1813～1894年。軍人，法律家，聖職者。1861～62年，初代コロラド準州知事。

[44]　1821～1891年。会衆派聖職者，奴隷制廃止論者。

[45]　voyageur：『リーダーズ英和辞典』によると，「《昔カナダで毛皮会社に雇われて物資・人員を徒歩，または，カヌーで運搬した》運び屋；《カナダの原野の》船頭，木こり」。『ランダムハウス英和大辞典』には「熟練した船頭，僻地案内人を兼ねる人，（特に）遠い所に出張所をもつ毛皮会社に雇われて運送に従事した船頭」とある。

第3章
ロマン主義と原生自然

孤独であることの長所は何と多いことだろうか！——絶えまなく活動している自然のエネルギーが沈黙しているというのは何と崇高であることか！　原生自然という名それ自体に人の耳を喜ばせ，心をなだめる何かがある。そこには宗教がある。

——エストウィック・エヴァンズ（1818年）

原生自然が高く評価され始めたのは都市においてであった。斧を手にした開拓者ではなく，ペンをふるう文学に精通した紳士が最初に強力な嫌悪の本流に対して，抵抗する気配を示した。こうした知識人の考えが彼らの経験を決定したわけだが，それというのも，主に彼らは見たいと思うものを原生自然の中に見出したからである。16・17世紀にヨーロッパ人は，［原生自然に対する］好意的な態度の思想的基盤を築いた。理神論[1]が自然と宗教を結び付けた一方で，崇高，かつ，美的であるという概念は美学を援用することによって，未開の地への先導役を果たした。自然により近い生活の原始主義的な理想化と結び付いたこうした考えが，原生自然にとって幅広い含意をもつロマン主義運動を育てたのである。

18世紀，および，19世紀初期にロマン主義が花開くようになると，未開の地のおぞましさはほとんどなくなった。原生自然がもはや寂しく，神秘的で混沌とした場所ではなくなった，ということではなく，それどころかむしろ，新しい思想の文脈においてはこうした特質が熱望された，ということである。ヨーロッパのロマン主義者たちは「新世界」の原生自然に関心を抱き始め，都市環境で暮らし，文学的関心をもったアメリカ人も，数は少ないが，次第に好意的な態度をとり始めた。とは言え，原生自然に対する無関心や敵意の方が依然，概して支配的であることは確かだった。未開の状態を熱烈に信奉している人々ですら，開拓者の視点を完全に無視することは難しいと思っていた。しかし，19世紀中頃までには原生自然を高く評価すべきだ，と積極的に主張するアメリカ人が少し現れていた。

人々が未開の地を呪われた不敬の地とみなしている間は，その当然の成り行きとして人々は敵意を抱いた。それが高く評価され始めたのは，地と原生自然とが結び付けられた時である。このような態度の変化は，「啓蒙運動[2]」(the Enlightenment) の始まりを示すヨーロッパの天文学上，および，物理学上の大発見とともに始まった[1)]。科学者たちが広大で複雑，かつ，調和した宇宙の姿を示した時，彼らはこの雄大で驚くべき創造物の源は神であるという信念を強めた。やがて，太陽系についての知識が増すとともに生じた畏怖の念が砂漠や海といった地球の巨大な物理的造形にまで拡大した。その結果，未開に対する自然観に著しい変化が起こった。例えば，山は一般に17世紀初期には地表のいぼ，吹き出物，水疱，または，それ以外の醜い奇形物とみなされていた。イギリスの「ディヴェルスーアース」(Divels-Arse[3]) のような個々の峰の名前は，［当時の］支配的見解を暗示するものであった[2)]。しかし，17世紀の終わりまでに正反対の態度が登場した。トマス・バーネット[4] (Thomas Burnet) の『宗教的地球論』(*The Sacred Theory of the Earth*, 1684) やジョン・レイ[5] (John Ray) の『被造物に現れし神の叡智』(*The Wisdom of God Manifested in the Works of the Creation*, 1691) といった，タイトルを見ただけで主題がすぐわかるような著作は精巧な神学的・地理学的論法を用いて，山が神の似姿そのものではないにしても，神の手で創られたものである可能性を提起した。文明化されていない地域は，サタンよりもむしろ神の影響力を物語るものであるという意識を〔人々は〕もつようになったが，それは，神のそれに匹敵するような美や壮大さを未開の地の景色の中に感じ取るまであと一歩，というところであった。

未開の地に関するこの新しい感情を表現するために，18世紀には崇高の概念が広く用いられるようになった。美的範疇としての崇高さは，快適で肥沃で秩序ある自然だけが美しいという考えを一掃した。広大で混沌とした景色も喜びを与えることができるとされた。崇高さの基準に従えば，原生自然が喚起した恐怖ですら不都合なものとはならなかった。エドマンド・バーク[6] (Edmund Burke) はその1757年の著書『崇高，および，美の概念の起源の哲学的研究』(*Philosophical Enquiry into the Origin of Our Ideas of the Sublime and Beautiful*) において，自然に対して感じる恐怖や憎悪は不安や嫌悪に由来しているというよりも，歓喜や畏怖，喜びに由来するものであるという考えを正式に表明した。それから6年後，イマニュエル・カント[7]（Immanuel Kant）の『美と崇高の感覚に関する所見』（*Observations on the Feeling of the Beautiful and the Sublime*）は特に，山や砂漠，嵐といった，より未開度の高い自然界の特色を美的に好ましいものとみなせるような論法で，この二つの感覚を区別した。カントは『判断力批判』（*Critique of Judgment*, 1790）においてこうした考えをさらに追究したが，一方で，イギリスの美学者ウィリアム・ギルピン[8]（William Gilpin）は「絵画性」（the “picturesque”）を自然の荒々しさ，不規則性，複雑さがもつ喜ばしい特質として定義したという点で，先駆者であった。そのような考えは秩序と均斉美という古代ギリシャやローマの概念の幅を大きく広げた。ギルピンの1792年の著書『森林風景と他の森林地の眺めに関する意見』（*Remarks on Forest Scenery and Other Woodland Views*）は，文明化されていない自然への高い評価を明瞭に述べるのに相応しい修辞的文体を生み出した。原生自然は変わらぬままだったが，嗜好の変化がそれに対する態度を変えつつあった。3）

崇高さは神と未開の自然との結び付きを暗示するものであった。神が森羅万象の創造者，あるいは，第一原因であることを強調する理神論は宗教の基礎としてこの関係を用いた。当然のことながら，人間は思考し始めるようになってから，自然の風物や過程には精神的意義があると信じてきたけれども，「自然の」証拠は大抵，天啓に次ぐもの，それを補足するものであった。さらに，多少とも不合理なことではあるが，原生自然は自然の範疇から締め出されていた。しかし，理神論者たちは神の存在に関する信仰全体については，理性を自然に適用することに基づいて行なっていた。その上，彼らは純粋な自然である原生自然に，神の力と卓越性が示される最も純粋な媒体として特別な重要性を与えたのである。精神的真実は人間の住んでいない土地からは非常に強力にあらわれるが，都市や田舎の田園地帯では人間の創作物が神の創作物の上に重ねられてしまっている〔そのために，精神的真実は出られない〕とされた。理神論は崇高の感覚とともに，著しい思想的転換の基礎を築く一助となった。18世紀半ばまでに，原生自然は以前はその定義上欠けているとされた美や神聖さと結び付けられ〔て考えられ〕るようになった。人々はかつて嫌っていたものを称賛し，崇拝さえすることを次第に可能だと思うようになっていった。

理神論，および，崇高さは，主として啓蒙運動から生まれたものだが，それらはまったく違った自然の概念を生み出す一因となった。「ロマン主義」(Romanticism) は定義しにくい言葉だが，それは奇妙なもの，遠く離れたもの，孤独なもの，神秘的なものへの熱狂を一般に含意する[4)]。したがって，自然に関しては，ロマン主義者たちは未開の地の方を好んだ。彼らは，啓蒙運動の精神にとって非常に魅力的であった，細部まで整えられたヴェルサイユの庭園を拒み，手入れされていない森に目を転じた。原生自然は人間や人間の創作物に飽きてしまった，もしくは，うんざりしてしまった人々の心に訴えた。それは社会から逃れる手段を提供しただけでなく，ロマン主義者がしばしば行なっていた，自分の魂の崇拝を行なうのに理想的な舞台でもあった。原生自然〔で経験できる〕孤独と完全なる自由は沈思黙考するための，あるいは，歓喜するための完璧な舞台を作り出した。

原始主義はロマン主義を構成する思潮の比較的重要な概念の一つであった。原始主義者たちは，人間の幸福や福利は文明化の度合いに正比例して減少する，と信じていた。同時代の文化の中でも未開の状態により近いものか，あるいは，すべての人が今よりも簡素で望ましい生活を送っている，と彼らが信じていた前の時代か，のいずれかを理想化した[5)]。原始主義とロマン主義が原野 (wildness) に魅了されていたことを示す前例は，西洋思想をかなりさかのぼった頃から存在し，中世末期までには，高貴な野蛮人に関する民間伝承が数多く存在した[6)]。その中のあるものは，中世文化によって嫌悪感を抱かせるような特徴だけでなく，その埋め合わせとなるような特徴をも備えたものとして描かれた，神話の中の野蛮人に関するものであった (第1章を参照のこと)。原生自然のねぐらで捕えられ，文明世界に連れ戻された野蛮人は普通の人間よりもすぐれた騎士になると考えられた。荒地との接触が彼に，無垢や生来の気高さを兼ね備えた並々ならぬ力，獰猛さ，強壮さを与えると信じられていた。その上，未開人の際立った性的能力は文明化された男性のそれを見劣りするものにしたと伝えられている[7)]。

超人としての野蛮人という伝説は，人間が原生自然に引きこもることは有益である，という考え方をもたらした。15世紀のドイツの作家たちは野蛮人を文明化するのではなく，都市居住者がその環境に行く方がよいのではないか，と提案した。森へ入った人々を待ち受けているのは，おそらく牧歌的生活だろう，と。平和，愛，調和が都会の不道徳や争い，物質主義に取って代わるだろう，そう考えられた。もう一つのテーマは，原始の状態に戻ることで人間は，その官能性の十全な表現を抑圧してきた社会的制約から解放されるだろう，ということを暗示するものだった。[8] 例えば，1530年に出版されたハンス・ザックス[9]（Hans Sachs）の『不誠実な世に関する野蛮人の嘆き』（*Lament of the Wild Men about the Unfaithful World*）は都会の諸悪の列挙から始まり，それに続いて，不満をもつ人々がそれに抗議して文明世界を離れ，原生自然の洞窟で生活するようになる様子を語るものであった。ザックスによれば，彼らはそこで最大限質素に暮らし，静寂を見出し，文明化されている同胞がその間違った習慣を変えるのを待っていた，という。

ハンス・ザックスからほんの半世紀後に登場したのがモンテーニュ[10]（Montaigne）の随筆『食人者について』（*Of Cannibals*）で，〔それは〕ヨーロッパにおける原始主義の隆盛が始まったことを示すものであった。この独創性に富んだ著作以後，高貴な野蛮人，および，自然の中の野生に対する熱狂は文学的慣習として次第に広く普及していった。[9] 18世紀初めまでに，それは文明を批判するための道具として広く用いられた。イギリスでは，ウォートン兄弟[11]（the Wartons），シャフツベリー伯[12]（Shaftesbury），ポープ[13]（Pope）といった詩人たちが，「贅沢と虚飾」でまみれた「煙だらけの都市」を攻撃し，その一方で，堕落していない「道なき原野」を切望した。[10] そういう態度がより一般的に現れているのが，ダニエル・デフォー[14]（Daniel Defoe）の『ロビンソン・クルーソーの生涯と驚くべき冒険』（*The Life and Surprising Adventures of Robinson Crusoe*）であった。1719年に出版され，瞬く間に大変な成功を収めたこの物語は，何年も前に，チリ沖合にある無人島に漂着した水夫の実体験にインスピレーションを得たものであった。原生自然の状態にはいくつか不利な点がある，ということにデフォーは何の疑いも残さなかった一方で，彼の作品はクルーソーの島での生活には，18世紀のイギリス社会にもいくつか欠点があるということを暗示する魅力を与えていた。[11]

ヨーロッパ大陸における主導的な原始主義者は，ジャン＝ジャック・ルソー[15]（Jean-Jacques Rousseau）であった。彼は完全な未開の状態を理想化しなかったし，森に帰りたいという個人的願望を表明することも一切なかったが，その一方で『エミール』（*Emile*，1762）においては，現代人は原始的特質を目下，歪んでしまっているその文明生活の中に組み込むべきである，と論じた。さらに，彼の『ジュリー，あるいは，新エロイーズ』（*Julie ou La Nouvelle Hèloise*，1761）はアルプス山脈の原生自然風景の崇高さを惜しみなく称賛したものだったので，それはある世代の芸術家や作家たちを刺激して，ロマン主義様式を採用させるほどであった。[12)]

道なき森や野蛮人で溢れた新世界は，ロマン主義者の想像力を掻き立てた。[13)] ヨーロッパ人の中には，原始的なものに対する熱狂を思う存分満足させるために，大西洋を横断する旅をした者さえもいた。こうした訪問者たちの中で最初の人物がフランソワ=ルネ・ド・シャトーブリアン[16]（François-René de Chateaubriand）で，彼は1791年から1792年にかけての冬の5カ月間をアメリカ合衆国で過ごした。彼はニューヨーク州北部の原生自然を旅した時，嬉しいことに道路や町，法律，王がまったく存在しないことを発見し，「一種の猛烈な興奮状態」に襲われた，と述べている。シャトーブリアンは最後にこう締め括った――「［ヨーロッパの］耕作された平原の真ん中で，想像力があてもなく漂泊しようとしても無駄である……しかし，この住む人とていない地域では，魂は果てしない森の中に喜んで身を埋め，紛れ込み……自然の野性的な崇高さと……交わり，混ざり合う」。彼はフランスに戻ると人気中編小説２作，『アタラ』（*Atala*）と『ルネ』（*Rene*）を執筆したが，それらは「ケンタッキーの雄大な荒地」における先住民（インディアン）の生活にロマン主義的な輝きをちりばめたものである。これらの物語の主人公である，「わが人生の途方もない空虚さを埋めてくれる何か」を探し求める典型的なロマン主義的英雄は，原生自然の自由さ，受ける刺激，真新しさが非常に魅力的なものだということを知ったのである。[14)]

シャトーブリアンに続いて，アレクシス・ド・トクヴィル（Alexis de Tocqueville）（第２章を参照のこと）を含むロマン主義的嗜好をもつヨーロッパ人たちが立て続けにアメリカの原生自然を訪れたり，それについて書いたりした。バイロン卿（Lord Byron）という名の方でより知られているジョージ・ゴードン[17]（George Gordon）は，最も率直な，そして，最も大きな影響力をもつ未開の自然の擁護者の一人であった。「若い頃からずっと」と，彼の登場人物の一人が断言している，「私の心は人間の魂とともに歩むことはなかった……私の悲しみ，私の情熱，私の能力が私をよそ者にしたのだ……私の喜びは原生自然にあった」。バイロンは別の作品の主人公として，文明世界に幻滅した結果，未開の地の孤独を価値あるものとみなすようになった，物思いに沈む皮肉屋を選んだ。社会からの逃避，というテーマに魅せられていたために，彼の関心は新世界の原生自然やそれに夢中になった人間たちへと引き寄せられたのだ。『ドン・ジュアン』(*Don Juan*) の中で，バイロンはダニエル・ブーン[18] (Daniel Boone) を称えた――征服する開拓者としてではなく，ロマン主義的英雄として。同世代の人々に公式声明 (manifesto) とみなされているバイロンの1816年の告白は次のようなものであった――「道なき森に喜びがある／寂しい岸辺に歓喜がある／いかなるものにも侵されざる社会がある……／ゆえに，なおさら私は人を愛さずに，自然をより愛する」[15)]。バイロンがこの時思い浮かべていた自然は原生自然だったのであり，彼の作品は原生自然を好意的に描くことができるような思想的な枠組みを創造する，というヨーロッパのロマン主義が1世紀もかかってなしとげた偉業の頂点に位置するものであった。未開の地の価値を最初に認めたアメリカ人たちは自らの考えを明瞭に表現する際，この伝統と表現形式に大いに依存したのであった。

ロマン主義，理神論，崇高の感覚を基盤とした原生自然に対する熱狂〔的態度〕は，都市や書物に囲まれて〔生活して〕いる洗練されたヨーロッパ人の間で発展していった。アメリカにおいても，原生自然の真価を認め始めたのは，作家や芸術家，科学者，休暇で訪れた観光客，身分の高い紳士――要するに，開拓者の視点から原生自然に直面したのではない人々――であった。ウィリアム・バード2世[19] (William Byrd II) はそういった人々の最初の時代の一人として好例である。ヴァージニア植民地に生まれたバードは人格形成期をロンドンで過ごし，そこで，イギリスのジェントリ (紳士階級) 教育，および，嗜好，を身に付けた。1705年に北アメリカの植民地へ戻った彼は，一族が所有する広大な農園ウェストオーヴァーを相続し，政界に入った。しかし，バードはイギリスの社会的・文学的様式に高い関心をもち続けていた。当時勃興しつつあったロマン主義における野生に喜びを感じるということも含めて。

1728年，バードはヴァージニア〔で彼が所有している〕植民地とノースカロライナ植民地との境界設定をするための土地測量事業をヴァージニアから委託され，その仕事を始めた。この仕事で彼はアパラチア高原南部のかなり奥地へと赴いたが，『境界線の歴史』(*History of the Dividing Line*) という本で彼が示したその地域の描写は，原生自然に対して敵意とは別の感情を示した最初のアメリカ人による長編の解説である。バードは「この偉大な原生自然」への旅を楽しい冒険として描いた。彼は，自分たち一行が大農園主の家に泊まることもできたのに戸外で眠ることを選んだのは，「私たちはあの自然の宿の方がとても気に入った」からである，と述べている。彼は原始主義的論調でこう概括した，「人間は羽ぶとんのベッドや暖かい部屋といった贅沢により，多くを失っている」[16]と。

測量隊がさらに西へと苦労しながら進み，人の住む地域から離れていくに従い，バードの興奮は増していった。1728年10月11日，彼らは初めてアパラチア山脈を目にした。バードはそれを「上へ上へと伸びてゆく青い雲の列」と記述した。４日後一行は「魅力的な場所」で野営をしたが，そこからの眺めはあまりに壮観なために，「私たちはその眺めをもっと完璧に楽しもうと，絶えず近くの高台に登っていた」。一度，霧のためその景色をはっきりと見ることができなかった時，バードは「この未開の地の眺望の喪失」を嘆いた。しかし，まもなく「もや」が晴れ，「すぐさまこのロマンティックな景色を私たちの眼前に展開してくれた」。測量を終えて山を離れる時，バードはたびたび馬上から振り返り，「どこかの道楽者に似てきわめて野性的でありながら，しかもとても感じがいい，そういう眺めと別れるのがつらく〔後ろ髪を引かれるかのように〕」，それらを見つめた，と記した。[17]

宗教的志向の強力な影響力が欠如していたという点はあるものの，ウィリアム・バードは何よりもまず，その紳士的趣味ゆえに原生自然を楽しんだ。第一に，彼は同時代の植民者のほとんどが気づいていなかった未開の自然に関する美的・文学的慣習に通じていた。さらに，バードは最新流行型の嗜好を公然と支持することによって自分の洗練さを証明し，そうすることで文化的に田舎くさい，という汚名に抵抗しようと決意していたのだった。『境界線の歴史』は，その著者たる自分の優美さと洗練性をそこに投影させるべく，彼が書き上げたものであった。[18]実際，俗に「秘密の歴史」と言われている，元となった日記には，未開の山々を賛美するくだりは含まれていなかった。バードは10年後，出版用原稿を準備していた時に，それらを文飾として付け加えたのだ。[19]ヨーロッパ人の嗜好に関する当時の状況を考えれば，そのような原生自然への熱狂〔的態度〕のおかげで，バードは時勢に明るい（au courant）作家となった。未開の地に対するバードの態度を形成したもう一つの要因は，彼が開拓者としてではなく，豊かな大農園という場所からそれに直面したという事実であった。このウェストオーヴァーの郷士にとって，原生自然を攻撃・征服しようという衝動はフロンティア（西部の辺境地帯）の開拓者に比べるとはるかに少なかった。その上，かなりの教養に恵まれた紳士としてバードは，自分が野蛮人であると感じたり，その状態に戻る危険があると感じたりすることなく，原生自然を楽しむことができる立場にあった。もっとも，彼がこの可能性を忘れたわけではないことは確かであった――彼はフロンティアの森林地帯で，周囲を取り巻く未開の地の環境に同化してしまった人々を目撃し，嘆いたのだから。しかし，彼は自分自身の原生自然との関係と彼らのそれとを注意深く区別したのであった。

バードの経験はアメリカ人が原生自然の価値を認めたといっても，それが純粋なものであることはめったになかったということも明らかにしている。かつての開拓者的な嫌悪がそう簡単に屈するわけがなかった。ロマン主義的熱狂さはある程度まで，それと正反対の態度を隠す覆いであった。バードが「陰気な原生自然」に言及したり，また，旅の終わりで「私たちは荒涼たる原生自然で日々，神の恵み深い御手によって養われていた」という感謝の念を表明したりしている記述の部分では，その覆いはすり減って薄くなっていた。さらに，彼はフロンティア開拓者がやるように，有益で牧歌的な自然を理想化した。ある時，バードは未開の渓谷を見つめ，そこには，「それを完璧な田園風景にするのに必要な，牧草地で草を食む牛や丘の上で草を食べているヒツジやヤギだけが欠けている」と述べた。20)

新たな発見をめざして，北アメリカ植民地の未開拓の奥地へと突き進んでいった科学者たちもまた，原生自然を敵意とは違った観点で見ることができるような有利な立場にいた。最初，「博物学[20]（あるいは，自然史）」（natural history）の研究者たちは当時支配的であった視点を共有していた。17世紀随一の植物学者ジョン・ジョスリン[21]（John Josselyn）は1663年にワシントン山[22]に登り，「限りなく広がる鬱蒼とした森で包まれた……岩だらけの丘陵地帯」の眺めを「怖気づいてしまうほど恐ろしい」と記述した。21) 調査のため18世紀初期にノースカロライナ西部へ向かったジョン・ローソン[23]（John Lawson）やジョスリンはしばしば空想と事実とを混合させ，気味悪く恐ろしい怪物が棲む環境としての原生自然，という概念を一般大衆の想像力が築きあげるのを煽り立てた。しかし，18世紀中頃までに，叙述的，科学的な著作において新しい態度がみられるようになっていた。ジョン・クレイトン[24]（John Clayton），ピーター・カーム（Peter Kalm），アンドレ・ミシュー（Andre Michoux），そして，独学で学んだ生まれながらの植物学者ジョン・バートラム[25]（John Bartram）らは，単に文明の原料としてだけではなく，自然の実験室としてのアメリカの原生自然について，かなり興奮している様子を示した。征服は彼らの主要な関心事ではなく，これらの博物学者たちは時に仕事の手を休めて景色を感嘆することさえあった。[22] 理神論，および，崇高の感覚を生み出した，ヨーロッパ的な自然界の概念に基づいて，彼らはマーク・ケイツビー[26]（Mark Catesby）の言う，「創造主の偉大な作品」の研究を原生自然で行なっている，と思っていた。[23] そのような視点からすれば，一般に未開の地と結び付けられてきた邪悪なモチーフは次第に擁護できないものとなっていった。

植民地第二世代の植物学者である，ウィリアム・バートラム（William Bartram）は原生自然に対する印象を並外れて明確に表現した。精神生活を重んじる家に生まれたバートラム，はロマン主義的見解にかなり通じていて，1773年には南東部の未入植地域を広範囲にわたって探検し始めた。それから4年もの間，彼はおよそ5000マイルも旅しながら，詳細な日記をつけ続けていた。従来，新世界の植物学者たちは自分の研究に没頭するあまり，原生自然におざなりな注意しか払っていなかった。それに対して，バートラムはこの優先順位をたびたび逆転させた。1775年のある時，彼はジョージア北部の山に登り，「そこから，ついさっき横切ったばかりの山の原野［の］……えも言われぬほど雄大，かつ，広大な眺めを堪能した」。それからこう付け加えた――「このように，この雄大な風景の観賞にもっぱら従事しているわが想像力は，ロドデンドロン[27]（Rhododendron）の新種……の存在に……ほとんど気づかなかった」。[24]

ウィリアム・バートラムにロドデンドロンを忘れさせ，原生自然で歓喜させたのはその崇高さであった。彼の記述はアメリカ文学において最初に，その語を幅広く用いたことを示すものである。彼の『旅行記』（*Travels*）のほとんどすべてのページにその具体例が登場している。バートラムはフロリダにあるジョージ湖のそばで野営をした際，「原始的性質をもつ，これらの崇高で魅力的な風景に誘惑され」たことを認め，また，カロライナの原生自然では，彼は「崇高なほど荘厳な，力と雄大さをもつ風景，互いに折り重なって立つ山々の世界を，歓喜と驚愕の思いで眺めた」。ヨーロッパの唯美主義者にとってと同様に，バートラムにとって，自然の中の崇高さは神の偉大さと結び付いていたのであり，「英知と力」（wisdom and power）を原生自然の中に示した「至高なる自然の創造者」を彼はたびたび称賛した。[25]

ウィリアム・バードと同様，ウィリアム・バートラムはロマン主義的原始主義の本質的要素に賛同していた。「われわれがおかれた状況は」，と彼はフロリダのある野営地について述べている。「人間が原始的状態にある時の状況のごとく，平和で満ち足りた，和やかなものであった」と。しかし，バートラムの原生自然に対する態度はこれもまた，バードと同様に，もっと複雑なものであった。それを最も端的に表す論評は，彼のアパラチア山脈南部への旅行中にもたらされた。彼は広大な未開の山岳地域一帯を横断しようと計画し，最初の15マイルの距離を一緒に旅する仲間を見つけられた自分は幸運だと思っていた。やがてバートラムは一人になったが，その一人でいるという状態は彼を複雑な感情で満たした。山は「陰惨」として，不吉な様相を呈しているようにさえ思われた。バートラムはこの機に乗じて，人間というものはおそらく，文明に喜びを感じる群居性の生き物なのだろう，と述べた。チャールストンで最近〔経験した〕楽しかった滞在を思い出し，彼は自分自身と，社会から追放されて「山や原野をさまよい歩き，そこで森の野獣どもと群れをなして食事をすることを余儀なくされた」ネブカデネザル[28]（Nebuchadnezzar）とを悲しい気持で比べた。バートラムがこうした気落ちさせるような思いにふけっているうちに崖に辿り着くと，そこから西の方へと広がる原生自然が見えた。彼はすぐさま不安を忘れ，「この驚くべき壮大な眺め」に向かって歓喜の叫び声を上げた。[26] 不安や疑いがバートラムの未開への愛を長いこと翳らすことはできなかったのだ。

明らかに，北アメリカの植民地にはバードやバートラムのような人はほとんどいなかった。彼らと同時代の人々の大半は，開拓者的な嫌悪感を原生自然に対してもっていたし，彼らでさえ，その好意的評価は不確かさの海の上を不安げに漂っていたのである。新しい態度は古いものに代替されたというよりも，それと共存していたのだ。同様に，独立国家時代の初期では，ロマン主義的視点はアメリカ人の原生自然評価の，次第に成長しつつあるものにせよ，ほんの一部にすぎなかった。

18世紀末までに原始主義を悟ったアメリカ人がわずかながら存在した。[27] 1781年，および，1782年に，フィリップ・フレノー[29]（Philip Freneau）は「森の哲学者」（“The Philosopher of the Forest”）という共通のタイトルのもと，一連のエッセイを出版したが，そこでは，隠者が著者の文明社会批判の代弁者としての役目を果たしていた。哲学者はペンシルヴェニアの森における自分の質素で道徳的な生活と都市居住者の歪んだ生活とを繰り返し対比した。10年後，フレノーは

「トーモー＝チーキー随想」（“Tomo-Cheeki Essays”）においても同一のテーマに専念した。ここでは，彼はアメリカ先住民の姿になって文明社会を訪れ，「森の野性的な才能」と「けばけばしい技巧の産物」とを対比した。1800年，フィラデルフィアの医師ベンジャミン・ラッシュ[30]（Benjamin Rush）は「人間は生来，野生動物であり，ゆえに……森を離れてしまったら，再び，そこに戻るまで決して幸せにはなれない……」と述べ，原始主義と原生自然とをはっきりと結び付けた。[28)]

フレノーやラッシュがともにフィラデルフィアの客間で自らの原始主義を解説していた一方で，エストウィック・エヴァンズ（Estwick Evans）という名のニューハンプシャーの著名な弁護士は自らの哲学を実践に移した。1818年の冬，エヴァンズはクマの毛皮で飾られたバッファローの皮製のローブとモカシンを身に着け，２頭の犬を引き連れ4000マイルにも及ぶ西部への「徒歩旅行」に出発した。「私が手に入れたかったのは」，と彼は宣言した，「未開の地の生活の簡素さと素朴な感情，美点であった。私は文明社会の不自然な習慣，偏見，欠陥を脱ぎ捨てて……西部の荒地の孤独と雄大さの中に，人間性や人間の真の重要性に関するより正しい視点を見つけたかった」。これこそが原始主義の真髄であり，エヴァンズは原生自然を立て続けに称賛することによってそれに従った。エリー湖南岸を回っている間も，彼の心にさまざまな感情がこみ上げてきて，ロマン主義的な歓喜の歌を捧げずにはいられなかった。「孤独の利点は何と多いことか！　原生自然活動している自然のエネルギーが沈黙しているというのは何と崇高であることか！　原生自然という名それ自体に人の耳を喜ばせ，心をなだめる何かがある。そこには宗教がある」。[29)]西洋思想の領域において，これは比較的新しく，しかも，革命的な含意をもつ考えであった。宗教を原生自然と対立させるのではなく，伝統的にそうであったように，むしろそれと同一視するならば，つくり出されるのは憎悪の基盤というよりも，好意的理解の基盤であった。

エストウィック・エヴァンズは，「苦難の楽しさと危険の物珍しさを経験する」ためにわざと冬の数カ月間旅行をしたのだ，と断言したのだが，彼の世代のアメリカ人が原生自然を好意的な目で見始めることができるようになったもう一つの理由を，この時，彼は示唆していた。[30)]19世紀初期には，アメリカ史上初めて，未開の地と接触することなく生活したり，また，広い範囲を旅行したりすることさえ可能になった。人々は次第に，原生自然の苦難や不安を経験しなくてすむような定住農場（established farm）や都市で暮らすようになった。快適な農場や図書館，都市の街路といった文明的な有利性という視点からみれば，原生自然は開拓者が切り開いた土地とははるかに異なる性格を帯びていた。エストウィック・エヴァンズや他の暇と教養のある紳士たちにとって原生自然は，まさに，文明に代わる刺激的でちょうど，〔挑戦に値しうる〕選択肢となりうるような目新しいものとなっていた。

エヴァンズの真似をする人はほとんどいなかったが，ロマン主義的嗜好をもつ彼と同時代の人々の多くは，未開の地を楽しみ始めた。1792年には早くも，ハーバード大学出身でニューハンプシャー州ドーヴァーの会衆派教会牧師をしていたジェレミー・ベルクナップ[31]（Jeremy Belknap）が，ホワイト山脈を写実的に描写しつつそれを称賛した本を出版していた。その地域は「鬱蒼とした原生自然」であるが，「沈思黙考する精神」を集中させるに十分適した場所である，と彼は書いた。ベルクナップは，「詩的空想はこうした未開の，起伏の多い風景に囲まれてこそ完全に満たされるのではないか」と説明し，「驚きや慰め，歓喜を与える」可能性の高いものとして，「歳月を重ねた山々，巨大な高地，漂う雲，張り出す岩，緑深き森……そしてとどろく奔流」を選んだ。彼は最後に，「崇高さや美の観念を閃かすことができると思われる，自然界のほとんどすべてのものが，ここに実現されている」と述べた。しかし，「幸福な社会」を実現するのに必要な理想的な環境に関する自らの考えをベルクナップが明らかにした時，原生自然の入る余地はなかった。彼によれば，このユートピアにおける土地は，「完全に柵で囲まれ，耕作された」ものであるだろう，そして，自作農が繁栄している田舎の村落をすでにつくり出していることだろうということだった。31)

サディアス・メーソン・ハリス[32]（Thaddeus Mason Harris）もまた，1803年のオハイオ渓谷奥地への旅行について記した日記の中で，原生自然に対し相反する感情を抱いていることを明らかにしていた。ベルクナップ同様に，ハリスはハーバード出身の牧師であった。彼は感受性が鋭く内気で，虚弱な男と言われていた。実のところ，健康の回復がその西への旅の目的だった。フィラデルフィアから出発したハリスは一方では，アレゲニー山脈の「ロマンティックな未開性」に感動した。彼が特に好んだのは広大な山の景色で，それを見て彼は「感嘆の念だけでなく畏敬の念を抱いて」ぞくぞくした，という。ハリスは自分のそういう気持を理解しようとしてこう断言した――「この広大な森の陰と静けさの中には，畏敬の念を抱かせるようなものがある。深い孤独の中，ただ自然だけとともにある時，われわれは神と交わる」[32]。１世紀前に崇高の観念を生み出したイギリス人の場合と同様に，未開の自然の広大さ，および，壮大さは造物主と類似した特質をもっているということを暗示するものであった。

しかし，ハリス牧師は原生自然で出合った「ロマンティックな眺め」をしばしば楽しんだ一方で，それとはまったく異なる見解も彼の記述には含まれていた。「人里離れた寂しい森」は時として，気分を滅入らせる，近寄り難いものであった。「気持を非常に元気づけてくれるような何物かがある」，と彼は断言した，「旅行者が文化の存在しない地域を横断した後で，孤独な奥地を抜け，開けた，心地よい，耕作された地域に遭遇した時には」。実を言うと，原生自然が文明になる光景は，原生自然それ自体と同じくらいハリスを興奮させた。彼はオハイオ川沿いのホイーリング[33]近くで，「人気（ひとけ）のない荒地」に人が住み，「かつて，野獣が潜んでいたところに」建物が建設されていることを称えた。「荒涼たる荒地」に集落が出現する光景は，聖書のレトリックを連想させた――人間の努力が「砂漠を多産な野に変えることができる」というわけだ。最後にハリスは，「陰惨とした森の懐から，十分，かつ，豊富な量の糧が湧き出てくるのをみると――神の慈悲に満ち溢れたご意向について何と教えられることか！」と結論付けた[33]。このような態度をとったという点で，ハリスは開拓者と同じであったといえよう。

こうした但し書きはつくけれども，最終的にサディアス・ハリスは未開の地を好んだ。1803年６月17日，ノース山の肩の上にいた彼の周囲は農地が取り巻いていたが，遠くには伐採されていない森を目にすることができた。このように二種類の風景の併存がきっかけとなって，ハリスはそれらの相対的な美点について思いをめぐらした。彼はまず，田園のよさについて，牧草地や実り豊かな畑，花が咲き乱れている庭は「楽しい気晴らし」を提供してくれる，と指摘した。しかし，〔一方，〕「未開墾の原生自然の雄大な地形」は「空想の広がりと，より厳かで崇高な思考の高まり」をもたらすとした。ハリスによれば，原生自然の広大さを目にすると，精神はそれ特有の威厳や力強さを悟るべく膨らんでいく，という。「自然における崇高さは」，と彼は概括した，「魂を畏怖で満たしながらとりこにし，精神性を高め，拡大すると同時に魅了する」と[34]。

ハリスのように，原生自然に関して異なる二つの見解をもっていることは，他の多くの19世紀初期の著作にもみられた。その一例として，ジェームズ・ホール[34]（James Hall）があげられる。荒地への好意的評価を最初に表明した多くの人々と同様，ホールは上流階級の生まれであった。[35] 彼はフィラデルフィアの上流階級出身で，彼の母親サラ・ユーイング・ホール[35]（Sarah Ewing Hall）は高級誌『ポートフォリオ』（*Port Folio*）に寄稿するほどであった。ホールは若い頃にロマン主義的な感受性を発達させ，1820年にイリノイに移り住んだ時には，原生自然を好意的な目で見る準備がすでにできていた。しかしながら，フロンティア〔が置かれていた〕状況と開拓者的な価値観がホールのロマン主義的な熱狂を部分的に相殺してしまった。その結果，彼の文章には原生自然のテーマに関する矛盾点が豊富にみられる。開拓者の代弁者として，進歩していく文明への賛辞を書くということは，ホールにとって不可能ではなかった。「ごく最近まで原生自然であったこの土地から」，と彼は1828年に記した，「野蛮人は追放されている。町や大学が誕生している。農場が建設されている。機械技術が育まれている。生活必需品は潤沢にあり，贅沢品の多くが享受されている」。この変革は彼にとって「“汝，地上のすべてを治めよ！”というあの約束の美しき成就」であるように思われた。しかし，ホールは原生自然を別の見地からも見ていた。オハイオ渓谷が「原生自然から，楽園に」変えられたのを称える部分から数ページ前のところで，彼はこう断言した――「原始の状態を無傷のまま保ち，力強い植物の溢れんばかりの美しさで飾られ，尊き古い時代の栄誉を授けられた西部の森以上に素晴らしいものを私は知らない」と。ロマン主義者としてのホールは西部が未開の地であることを喜んだが，それというのも「雄大な森がある。壮麗，かつ，最上の原生自然がここにある。損なわれていない自然，乱されていない静寂がここにある」からであった。[36]

ロマン主義的なムードが広まるにつれ，原生自然の真価を認めるということは一つの文学ジャンルとなっていった。1840年代までに，東部の主要都市の知識人たちが断続的に未開の荒地へ旅しては「印象」を集め，仕事場に戻って風景や孤独への愛をしたたらせた写実的な随筆を壮麗なロマン主義的手法でしたためる，ということはありふれたこととなっていた。実際，原生自然の価値を理解する能力は，紳士が備えるべき特質の一つとみなされていた。そうした随筆家たちは常に，未開の地の自然を楽しむことを洗練さや育ちのよさと結び付けていた。「ボストンの紳士」とだけ名乗っていたある本の著者は，1833年のニューハンプシャーへの旅行についての記述で，親がわが子の審美眼を磨きたいと思うのなら，「子どもに森や荒地，山を見せて，それらに慣れ親しませるといい」と述べた。彼はさらに，通人をめざす者はだれであれ，何よりもまず，「自然の雄大さの中で暮らし，そこにあるロマンティックな原野にたびたび足を運ぶことによって，その絵のように美しく生気に満ちた景色を眺めることによって」自然にどっぷりと浸らなければならない，と断言している。[37] このようにロマン主義の作家たちは自らを，未開の地に経済的尺度しかあてはめないような人々よりもすぐれた「感性」をもつ，ある種の社会的模範の形だと位置づけた。彼らにとって，原生自然を楽しむことは上流階級の務めであったのだ。

上流階級のロマン主義は個人に価値をおいていたにもかかわらず，19世紀初期における原生自然への賛美は文体，および，言葉の両方において，断定的なパターンに陥っていた。典型例は，1833年，上流階級向けの雑誌『アメリカン・マンスリー・マガジン』（*American Monthly Magazine*）に寄稿されたある匿名の記事で，それは「どこか辺鄙な林間の空き地をたった一人でそぞろ歩く時，必ずといっていいほど喚起されるあのやさしい感情」に関するものであった。この記事の執筆者はバイロン（Byron）や他の作家たちからの引用を自分の散文にちりばめながら，「今これだけ洗練されている私たちにだって，原生自然での野趣溢れる娯楽やそれ以上に野性味に富んだ危険を経験してみたいという気持は依然としてある」と断言した。「人工的な」都市と比較して自然がもっている有利な点について言及され，それらは「心に直接訴えかけてくる」ものであった。原生自然は「社会の混乱，不安，むなしさ」からの，および，「あくせくとした汚らわしい金儲け商売の巣窟」からの避難所であった。[38] 原生自然を熱愛するロマン主義者たちの常套手段であるそのような考え方は，雑誌や「風景」画集，文学「年報」，その他の当時の優雅な上流階級向けの文学の中に決まって姿を見せた。「崇高な」（“sublime”），とか，「絵画的な」（“picturesque”）といった形容詞が意味を失ってしまうほど見境なく用いられた。[39]

ニューヨークの作家兼編集者であった，チャールズ・フェノ・ホフマン[36]（Charles Fenno Hoffman）は原生自然への関心の増大に貢献した紳士の代表であった。彼は文学の題材を探そうと，1833年にミシシッピ渓谷への旅に出発した。彼がニューヨークの『アメリカン』（*American*）誌に送った手紙は後に1冊の本にまとめられたが，そこには「完全な原生自然」に遭遇してそのとりこになった一人の男の姿が明らかにされていた。ホフマンは，ほとんどの人には「美と雄大さ」を解するセンスが欠けていることを「ああ！」と嘆きの声を上げながら認める一方で，自分にとって「原生自然には並外れた喜ばしさ」がある，と指摘した。彼が旅行で行った場所は，そこを魅力的なものにするために開墾する必要もなく，また，旅仲間も必要としないような所であった。「私が感じたのは」，と彼は報告した，「いくつかの景色に囲まれて，こんなにも美しく，また，こんなにも寂しい場所が……私のためだけに花開いているのだ，というある種の自分本位の喜び，途方もない嬉しさであった」[40)]。西部への旅の後，ホフマンはニューヨーク市で『アメリカン・マンスリー』の編集者となったが，休暇の折には原生自然へ行くことを止めなかった。実の話，彼はアディロンダック山地を未開の地の景色を愛好する人々のメッカとして最初にほめそやした人々の一人であったのだ。そこまで遠く離れた場所に行くことのできないニューヨーク市民のために，ホフマンは自分の雑誌に「家の近くにある未開の地の風景——夏の旅行者の心得」（“Wild Scenes Near Home; or Hints for a Summer Tourist”）のような記事を収録した[41)]。

チャールズ・フェノ・ホフマンがアディロンダック山地を「発見」した後，そこは原生自然を熱烈に愛する人々の行楽地として人気を博した。ジョエル・T・ヘッドレー[37]（Joel T. Headley）が1849年に出版した『アディロンダック——森の生活』（*The Adirondack: or Life in the Woods*）は，その地域を休暇で訪れた教養人がそこで見出した喜びを記したものである。ニューヨークの『トリビューン』（*Tribune*）紙で多くの記事を書いていた，執筆者兼記者のヘッドレーは原生自然を称賛するためにありとあらゆる標準化された手法を用いた。山脈は「曖昧さ，恐ろしさ，崇高，力，そして，美」を表すものであり，また，理神論的な意味で神の創造物，および，「神の全能の象徴」であった。ヘッドレーは，「感受性の鋭い人」にとって，「人間同士の争いや生活上のさまざまな不調和」から逃れる手段を原生自然に見出すことには，「大いなる魅力」があった，と主張している。自分自身に関して，彼はこう述べている——「私は原生自然の中では何も拘束がないということ，そして，そこに慣習的な作法がないことを大変気に入っている。徒歩で森を通り抜ける時の長い道のりやどこかの古い山の頂上から見えるぞくぞくするような，見事な眺めも大好きである。私はそこがとても好きだし，そこが混み合う都会よりも自分にとっていいということ，そう，精神と肉体その両方にとっていいということを知っている」。ヘッドレーはこの本を「旅行者の心得」で締め括った。健脚で，丈夫な心臓をもち，そして，「未開，および，自由への愛」を備えた人ならだれでも，アディロンダックでの休暇を楽しみ，「前よりも健康で，かつ，よりすぐれた人間になって文明生活に戻ってくる」ことができるだろう，と。[42)]

ホフマン，および，ヘッドレーが原生自然に関する疑念のほとんどをロマン主義的幸福感の洪水の中に溺死させた一方で，チャールズ・ランマン[38]（Charles Lanman）はたとえ知識人であっても，開拓時代の過去に吹いていたより暗い風に影響されていないわけではないということを示している。編集者，図書館司書，風景画家であった，ランマンは1830年代に，メイン州北部やミネソタ州北部といった広大な地域への一連の夏期旅行を始めた。多くのノートを抱えて戻ってきた彼は，『原生自然の夏』（*A Summer in the Wilderness*）や『アレゲニー山脈からの手紙』（*Letters from the Allegheny Mountains*）といったタイトルの，原生林にある楽しいものの数々を描写した優雅なエッセイ集を出した。森は「私がよく神と二人きりでとても幸せに過ごしていたあの素晴らしい森，孤独と静寂の家」となった。1846年，ランマンはスペリオル湖近くの「未開の，静かな原野」を，「この地球上のどこかの国に存在するのではないか，と想像していたものよりもはるかに美しい」と言った。他方，彼は昔ながらの態度も支持していた。彼はミネソタ州リーチ湖で先住民の病気払いの踊りを見て，原生自然が邪悪でこの世のものとは思えない生き物がいる恐ろしい環境である，ということを思い出した。ランマンの相反する感情は，ミシガンの原野について書いているある一つのページに表れていた。最初，彼は「原始的な美しさと力をもつ自然」を称賛した。だが，そのすぐ後には，「オオカミの遠吠えではなく，農夫たちの歌声が，多くの快適な住居を見つけることができるかもしれないような……谷間の中を今，響き渡っている」ことへの喜びが表現されていた。[43)]

探検，わな猟，農業や，その他の原生自然の征服を生業としている人々は，都会のインテリや休暇を利用した観光客に比べて，ロマン主義的な態度の影響を受けなかった。しかし，それでもフロンティア開拓者の報告の中にそういう態度がしばしば見受けられるということは，この態度の影響力の強さを証明するものであった。早くも1784年には，ダニエル・ブーンの「自伝」と伝えられているもの（そのほとんどは，彼と同じケンタッキー出身のジョン・フィルソン〔John Filson〕の作[44)]であった）において，いつもの未開の地に対する批判と並んで新しい主題があらわれていた。冒頭は，「荒涼たる原生自然」は「肥沃な原野」に変革することこそ適している，という標準的な言及で始まっている。しかし，その自伝には，ブーンが未開の地の景色に「何かに打たれたような喜び」を感じたことも明かされていた。ある尾根からの眺めが開拓者を原始主義哲学者へと変えたのだ。「どのような大都市であれ」，とブーンは断言した，「さまざまな種類の商業活動や堂々とした建築物があるにもかかわらず，私がここで見つけた数々の自然美が与えてくれたような喜びを，私の心に与えることは到底できないだろう」と。ブーンが自分のことを「原生自然に入植するよう命じられた道具」と呼んで話を終えた時でさえ，自分はいく分，嫌々ながら，この役目を果たしているという印象を残している。45) ブーンが実際にこうした感情をもっていたかどうかにかかわらず，それらを典型的な開拓者に帰することができるということは重要であった。

ブーン以後，次第に多くのフロンティア開拓者が原生自然には美的価値があるという考えに時には賛意を示すようになっていった。確かに，原生自然に対する一般アメリカ人の反応のほとんどは記録されないままだったが（その事実に照らしてみれば，自分の印象を書き留めた開拓者はだれであれ例外的だった），数少ない記録の痕跡が，そういうこともありえたとの可能性を暗示している。46) 例えば，開拓者家族のもとに生まれ，本人もミズーリ以西でわな猟師をしていたジェームズ・オハイオ・パティー[39]（James Ohio Pattie）は，「私は，自然の未開の地の風景に，美しく，興味深く，堂々としたものを数多く見た」と日記に記した。47) もう一人のわな猟師オズボーン・ラッセル[40]（Osbourne Russell）の記述はもっと具体的だった。1836年8月20日，彼はワイオミング北西部のラマー渓谷という，後にイエローストーン国立公園に包含されることになる地域で野営をしたが，それについてこう書いた――

> この渓谷の野趣に富むロマンティックな風景の中には，言葉で表現……できない何かがあるけれども，太陽が静かにすべるように西の山の背後に退いていき，その巨大な影を谷間全域に投げかけているある夕暮れ時，高台から周りの風景を見つめている間に私の心に刻まれた印象は，時が経っても私の記憶から決して消えることのないものであった。ところが，何しろ私は詩人画家でもロマンス作家でもないので，つまらぬ日記をつけていることに甘んじ，この美しい谷間を自然美をもっと上手に称賛できる人が訪れるまでだれにも知られぬようにしておかなくてはならない。48)

自分の感情を表現しようというラッセルの苦闘は誇張した散文という結果で終わってしまったが，それは，原生自然に美的な特質があることを認識する能力が素朴な辺境人にすらあるということを証明するものであった。

もし未開の地と戦う必要があったとしたならば，容赦ない敵意を抱いていたかもしれないような人々の考え方をロマン主義は緩和した。ある軍医は，1830年代末期にセミノール族の先住民（Seminole Indians）を追いかけてエヴァーグレーズ湿地[41]の中を重い足取りで進んでいた時，ふと気がつくと不快感を忘れ，「自然の野性的なロマンティックさ」を「喜びと畏れの入り混じった感情で見つめた」のであった。ジョン・C・フリーモント（John C. Fremont）が1842年のワイオミング州ウィンドリヴァー山脈への旅を綴った日記には，「雄大」で「壮麗」，かつ，「ロマンティックな」景色への言及が溢れている。フリーモントの一行が乗った舟がプラット川[42]の急流で転覆し，装備を失った時でさえ，「景色はきわめて絵のように美しく，絶望的な状況だったにもかかわらず，私たちはしばしば立ち止まってはそれを称賛せずにはいられなかった」と記録することができた。[49)]

原生自然がもたらす自由と冒険の機会ゆえに，原生自然を魅力的だと感じた開拓者たちも何人かいた。ベンジャミン・L・E・ボンヌヴィル[43]（Benjamin L. E. Bonneville）は1830年代，一連のロッキー山脈の探検の終わりに，文明社会に戻ることは「その生涯すべてを，原生自然での冒険に伴う心を動かすような興奮と絶えざる警戒に費やしてきた私たちのような人間」を不快な気分にする，と述べた。彼は最後に，「大都市の華やかさや賑やかさ」に喜んで背を向け，「原生自然の苦難や危険の真っ只中にもう一度飛び込み」たい，と言って締め括った。[50)]ジョサイア・グレッグ（Josiah Gregg）も同様だった。サンタフェ街道[44]を舞台に交易をしていた商人（the Santa Fe traders）の第一世代の一人であったグレッグは，1839年の旅を最後に身を落ち着けた。しかし，彼は原生自然で「強烈な興奮」を味わった後では，「平穏無事な文明生活」に耐えられなかった。グレッグは，大草原地帯への愛着を説明する時，この環境の「完全な自由」（perfect freedom）について詳述した。彼は，そのような自由を経験した後では，自分の「肉体的・精神的な自由が社会制度の複雑な機構によって何かと侵害される」ような場所で暮らすことは難しい，ということを悟ったのだ。グレッグにとって，唯一の解決策は未開の荒地に戻ることであった。[51)]

そのような感情〔をもつ人々がいた〕にもかかわらず，原生自然に対するロマン主義的熱狂が開拓精神の中にある嫌悪感への重大な挑戦となることは決してなかった。原生自然への肯定的評価は，むしろ，支配的な嫌悪が一時的に緩んだことから生まれたものだった。例えば，驚くほど多くの毛皮商人たちが「高貴な野蛮人」の慣習に精通していて，社会の欠陥を際立たせるものとして，先住民の美点を時々用いたが，彼らは，その考えを文字通りの真実として受け入れることはしなかった。先住民との接触は彼らのロマン主義的な期待を損なう役目を果たした。[52] 未開の地に対する開拓者の反応も複雑であった。1846年にカリフォルニアに移住したエドウィン・ブライアント（Edwin Bryant）は肯定的評価と嫌悪のレトリックの両方を同じくらい器用に用いた。ロッキー山脈を越える時，彼は，「ここに展開されている景色よりも多くの多様性，美しさ，崇高さが融合されている風景を想像することはとてもできない」と断言した上で，後には，文明化されていない西部以上に「野性的で起伏に富み，雄大でロマンティック，しかも，うっとりするほど絵画的で美しい」ものが自然の中にあるのをこれまで見たことがない，と告白した。しかし，ブライアントは「文明」を後に残したことに深く心を痛め，これからの「荒涼たる原生自然を通り抜ける難儀な旅」に恐れおののいてもいた。ついにカリフォルニアの入植地に到着すると，彼は「再び，文明の範囲内で眠る」ことができることに対して，神に感謝の言葉を捧げた。[53]

他の多くの19世紀初頭のアメリカ人もブライアントの相反する感情と同様の感情を抱いていたと言うことができよう。原生自然〔の位置づけ〕に関する見解は過渡期の状態にあったのだ。未開の地の肯定的評価が存在する一方で，それが無条件のものであることはめったになかった。原生自然の状態がもたらしていた本能的な恐怖や敵意を完全に排除することはできなかったものの，原生自然に対する好意的な態度の形成を可能にする程度まで，ロマン主義――理神論，および，未開の美学も含む――は原生自然に対する旧態依然としたさまざまな想定を一掃していたのである。

注

1）　以下の分析において，私は，Marjorie Hope Nicolson の先駆的な研究書，*Mountain Gloom and Mountain Glory: The Development of the Aesthetics of the Infinite* (Ithaca, N. Y., 1959)，に厳密に従った。

2）　この言葉の使用，および，1613年のある記述におけるその山の嫌悪感を催させるような性質の描写に関しては，Michael Drayton, *Poly-Olbion*, ed., J. William Hebel,

Michael Drayton Tercentenary Edition（5 vols. Oxford, 1961), *4*, 531, を参照のこと。Konrad Gessner の1543年のエッセイ, *On the Admiration of Mountains*, trans. H. B. D. Soulè (San Francisco, 1937), は注目すべき例外である。

3）バークの *Enquiry* (London, 1958), に増補された, J. T. Boulton の序文は有益な解釈である。他の二次的参考文献としては以下のものがある。Nicolson, *Mountain Gloom*; Walter John Hipple, Jr., *The Beautiful, the Sublime, and the Picturesque in Eighteenth Century British Aesthetics* (Carbondale, Ill., 1957); Christopher Hussey, *The Picturesque: Studies in a Point of View* (London, 1927); Samuel H. Monk, *The Sublime: A Study of Critical Theories in Eighteenth-Century England* (New York, 1935); Hans Huth, *Nature and the American: Three Centuries of Changing Attitude* (Berkeley, Cal., 1957), pp.11-12. 後の時期に関する文献としては, David D. Zink, "The Beauty of the Alps: A Study of the Victorian Mountain Aesthetic" (unpublished Ph. D. dissertation, University of Colorado, 1962), がある。

4）ロマン主義運動全体については, 以下の文献を参照のこと。Arthur O. Lovejoy, "On the Discrimination of Romanticisms" in *Essays in the History of Ideas* (New York, 1955), pp.228-253; Lovejoy's "The Meaning of Romanticism for the Historian of Ideas," *Journal of the History of Ideas, 2* (1941), 257-278; Hoxie Neale Fairchild, *The Romantic Quest* (New York, 1931); Merle Curti, *The Growth of American Thought* (2nd ed., New York, 1951), pp.238-242.

5）この問題全般の扱いで最もすぐれたものは以下の文献である。Arthur O. Lovejoy and George Boas, *Primitivism and Related Ideas in Antiquity* (Baltimore, 1935), pp.ix, 1-22; George Boas, *Essays on Primitivism and Related Ideas in the Middle Ages* (Baltimore, 1948), pp.1-14; Lois Whitney, *Primitivism and the Idea of Progress in English Popular Literature of the Eighteenth Century* (Baltimore, 1934), pp.7-68 と Arthur O. Lovejoy が寄せた序文。Frank Buckley, "Trends in American Primitivism" (unpublished Ph.D. dissertation, University of Minnesota, 1939), も貴重な文献である。

6）Lovejoy and Boas, *Primitivism in Antiquity*, pp.287-367; Boas, *Primitivism in the Middle Ages*, pp.129-153; Hoxie Neale Fairchild, *The Noble Savage: A Study in Romantic Naturalism* (New York, 1928), pp.1-56.

7）Bernheimer, *Wild Men in the Middle Ages*, pp.16-19, 121 以降を参照のこと。

8）同書, 20ページ, 112～117ページ, および, 147ページ以降を参照のこと。

9）ロマン主義以前の原始主義についての信頼できる著作は, Paul Van Tieghem, *Le Sentiment de la Nature Préromantisme Européen* (Paris, 1960), である。

10）Whitney, *Primitivism*; Margaret M. Fitzgerald, *First Follow Nature: Primitivism in English Poetry, 1725-50* (New York, 1947); Cecil A. Moore, *Backgrounds of English Literature, 1700-1760* (Minneapolis, 1953), pp.53-103 の "The Return to

Nature in English Poetry of the 18th Century"; Myra Reynolds, *The Treatment of Nature in English Poetry between Pope and Wordsworth* (Chicago, 1896). 本文で引用されているのは, Eric Partridge ed., *The Three Wartons: A Choice of Their Verse* (London, 1927), pp.72, 75, 77, に収録されている, 1740年作 Joseph Warton, "The Enthusiast or the Lover of Nature", である。

11) James Sutherland, *Defoe* (Philadelphia, 1938), pp.227–236; Maximillian E. Novak, *Defoe and the Nature of Man* (Oxford, 1963), p.25 以降を参照のこと。

12) Van Tieghem, *Sentiment de la Nature* の諸所を参照のこと。Fairchild, *Noble Savage*, pp.120–139; William Henry Hudson, *Rousseau and Naturalism in Life and Thought* (Edinburgh, 1903); Richard Ashley Rice, *Rousseau and the Poetry of Nature in Eighteenth Century France*, Smith College Studies in Modern Languages, 6 (Menasha, Wis., 1925); Arthur O. Lovejoy, *Essays*, pp. 14–37 所収の, "The Supposed Primitivism of Rousseau's Discourse on Inequality." Geoffroy Atkinson, *Le Sentiment de la Nature et le Retour a la Vie Simple, 1690–1740*, Société de Publications Romanes et Française, 66 (Paris, 1960), および, René Gonnard, *Le Legende du Bon Sauvage*, Collection D'Histoire Economique, 4, Paris, 1946, はルソーの思想のいくつかの背景, および, 影響を論じている。

13) Gilbert Chinard, *L'Amerique et le Rêve Exotique dans la Litterature Française au XVIII Siècle* (Paris, 1913); George R. Healy, "The French Jesuits and the Idea of the Noble Savage," *William and Mary Quarterly, 15* (1958), 143–167; Durand Echeverria, *Mirage in the West: A History of the French Image of American Society to 1815* (Princeton, N. J., 1957), pp.12, 32–33.

14) Chateaubriand, *Recollections of Italy, England and America* (Philadelphia, 1816), pp.138–139, 144; Chateaubriand, *"Atala" and "René,"* trans. Irving Putter (Berkeley, Cal., 1952), pp.21, 96.

15) Lord Byron, *Manfred: A Dramatic Poem* (London, 1817), pp.33–34; Joseph Warren Beach, *The Concept of Nature in Nineteenth Century English Poetry* (New York, 1936) に引用されている *Childe Harold's Pilgrimage*, IV, clxxvii, p.35. バイロンが原生自然に寄せた多様なロマン主義的関心は, Andrew Rutherford, *Byron: A Critical Study* (Edinburgh, 1962), 26ページ以降, および, Ernest J. Lovell, Jr., *Byron, the Record of a Quest: Studies in a Poet's Concept and Treatment of Nature* (Austin, Texas, 1949), において論じられているが, その一方で, 彼がアメリカの思想に与えた影響をテーマにしたものとしては, William Ellery Leonard, *Byron and Byronism in America* (Boston, 1905), がある。

16) *The Writings of 'Colonel William Byrd of Westover in Virginia Esqr,'* ed., John Spencer Bassett (New York, 1901), pp.48–49, 192. 伝記的記述については, 以下の文献を参照のこと。同書, pp.ix-lxxxviii のバセットによる「序文」; Richard Croom

Beatty, *William Byrd of Westover* (Boston, 1932); Byrd, *The London Diary* (*1717–1721*) *and Other Writings*, ed., Wright and Marion Tinling (New York, 1958) 所収の Louis B. Wright, "The Life of William Byrd of Virginia, 1674–1744," pp.1–46, など。

17) *Writings of Byrd*, pp.135, 146, 163, 172, 186.

18) この解釈への支持は次の文献にみられる。Kenneth S. Lynn, *Mark Twain and Southwestern Humor* (Boston, 1959), pp.3–22; Louis B. Wright, *The First Gentlemen of Virginia* (San Marino, Cal., 1940), pp.312–347.

19) バードの『境界線の歴史』の歴史は，*William Byrd's Histories of the Dividing Line Betwixt Virginia and North Carolina*, ed., William K. Boyd (Raleigh, 1929), の詳細な序文で述べられている。この版では，完成稿とそれ以前の版とが並列されていて役に立つ。

20) Boyd, ed., *Histories*, p.245; Bassett, ed., *Writings of Byrd*, pp.233, 242.

21) [John] Josselyn, *New England's Rarities* (1672), ed., Edward Tuckerman (Boston, 1865), p.36.

22) 一例として，John Bartram, *Observations on the Inhabitants, Climate, Soil, Rivers, Productions, Animals...from Pennsylvania to Onondago, Oswego and the Lake Ontario* (London, 1751), p.16, がある。関連したものとして，以下の文献もある。Edmund Berkeley and Dorothy Smith Berkeley, *The Reverend John Clayton, A Parson with a Scientific Mind: His Scientific Writings and Other Related Papers* (Charlottesville, Va., 1965)，および，彼らによる伝記 *John Clayton: Pioneer of American Botany* (Chapel Hill, N. C., 1963); Peter Kalm, *The America of 1750*, ed., Adolph B. Benson (2 vols. New York, 1937); Donald Culross Peattie, *Green Laurels: The Lives and Achievements of the Great Naturalists* (New York, 1936), 197ページ以降; Phillip Marshall Hicks, *The Development of the Natural History Essay in American Literature* (Philadelphia, 1924), pp.7–38; William Martin Smallwood, *Natural History and the American Mind* (New York, 1941), pp.3–41.

23) [Mark] Catesby, *The Natural History of Carolina, Florida and the Bahama Islands* (2 vols. London, 1754), *1*, iii. George Frederick Frick and Raymond Phineas Stearns, *Mark Catesby: The Colonial Audubon* (Urbana, Ill., 1961), も参照のこと。

24) *The Travels of William Bartram: Naturalist's Edition*, ed., Francis Harper (New Haven, 1958), pp.212–213. バートラムを扱った二次的資料については，Ernest Earnest, *John and William Bartram: Botanists and Explorers* (Philadelphia, 1940), 84ページ以降，および，N. Bryllion Fagin, *William Bartram: Interpreter of the American Landscape* (Baltimore, 1933) がある。

25) William Bartram, *Travels*, pp.69, 229; 同書，pp.120–121.

26) 同書，pp.71, 227–229.

27)　しかしながら，1780年と1785年の間に「未開の，心を動かすような風景を称賛する新しい精神が完全に定着した」という，Mary E. Woolley の見解［"The Development of the Love of Romantic Scenery in America," *American Historical Review, 3*（1897), 56-66］，に賛成することは不正確であるだろう。この時期はクライマックスというよりも，むしろ不確かな始まりの時期であったから。

28)　*The Prose of Philip Freneau*, ed., Philip M. Marsh（New Brundswick, N. J., 1955), pp.196–202, 338; *The Autobiography of Benjamin Rush*, ed., George W. Corner（Princeton, N. J., 1948), p.72.

29)　［Estwick］Evans, *A Pedestrious Tour of Four Thousand Miles through the Western States and Territories during the Winter and Spring of 1818*（Concord, N. H., 1819), pp.6, 102.

30)　Evans, *Pedestrious Tour*, p.6. 傍点は筆者が付加した。

31)　［Jeremy］Belknap, *The History of New-Hampshire*（3 vols. Boston, 1792), 3, 40, 51, 73, 333–334. この本における記述の土台となっている，昔の旅行についてベルクナップが記した日記は，*Journal of a Tour to the White Mountains in 1784*, ed., Charles Deane（Boston, 1876)，として出版されている。二次的文献としては，Sidney Kaplan, "The History of New Hampshire: Jeremy Belknap as Literary Craftsman," *William and Mary Quarterly, 31*（1964), 18–39, がある。Timothy Dwight, の *Travels in New-England and New-York*（4 vols. New Haven, 1821–22), *2*, 142, 297–300, はベルクナップと同時期における，同じ地域に関するやはり同一の両面価値的（アンビヴァラント）な感情を明かしているものである。

32)　［Thaddeus Mason］Harris, *The Journal of a Tour into the Territory Northwest of the Allegheny Mountains*（Boston, 1805), pp.14, 21, 60. ハリスの略伝は *Dictionary of American Biography*, にあるが，補足として，Nathaniel L. Frothingham の "Memoir of Rev. Thaddeus Mason Harris, D. D.," *Collections of the Massachusetts Historical Society, 2*（1854), pp.130–155, を参照した方がよいだろう。

33)　Harris, *Journal of a Tour*, pp.27, 51–52.

34)　同書，pp.71–72.

35)　ホールの生涯の詳細については，John T. Flanagan, *James Hall: Literary Pioneer of the Ohio Valley*（Minneapolis, 1941)，および，Randolph C. Randall, *James Hall: Spokesman of the New West*（Columbus, Ohio, 1964)，を参照のこと。

36)　［James］Hall, *Letters from the West*（London, 1828), p.165; Hall, "Chase's Statutes of Ohio," *Western Monthly Magazine, 5*（1836), 631–632; Hall, *Notes on the Western States*（Philadelphia, 1838), pp.55, 54.

37)　［Nathan Hale］, *Notes made During an Excursion to the Highlands of New Hampshire and Lake Winnipiseogee*（Andover, Mass., 1833), p.54.

38)　Anonymous（作者不詳), "Rural Enjoyment," *American Monthly Magazine, 6*（1833),

397, 399.

39) 文学では，未開の自然を扱うのが次第に流行していくことについては，以下の文献を参照のこと。Huth, *Nature*, 30ページ以降；Frank Luther Mott, *A History of American Magazines, 1741–1850* (New York, 1930), 119ページ以降；Ralph Thompson, *American Literary Annuals and Gift Books* (New York, 1936); Ola Elizabeth Winslow, "Books for the Lady Reader," in *Romanticism in America*, ed., George Boas (New York, 1961), 89ページ以降。

40) [Charles Fenno] Hoffman, *A Winter in the West* (2 vols. New York, 1835), *2*, 225, 316, 317. Homer F. Barnes, *Charles Fenno Hoffman* (New York, 1930), はホフマンの伝記的事実に関する最もすぐれた原典である。

41) *American Monthly Magazine, 8* (1836), 469–478.

42) [Joel T.] Headley, *The Adirondack: or Life in the Woods* (New York, 1849), pp.45–46, 63, 167, 217, 288.

43) [Charles] Lanman, *Letters from a Landscape Painter* (Boston, 1845), p.264; Lanman, *A Summer in the Wilderness: Embracing a Canoe Voyage up the Mississippi and Around Lake Superior* (New York, 1847), pp.105, 126, 171.

44) フィルソンがブーン，および，他のケンタッキーの開拓者たちから口頭で情報を入手した後，「自伝」を書いたことは明らかとなっている。John Walton, *John Filson of Kentucke* (Lexington, Ky., 1956), 50ページ以降。Reuben T. Durrett, *John Filson, the First Historian of Kentucky*, Filson Club Publications, 1 (Cincinnati, 1884).

45) *The Discovery, Settlement and present State of Kentucky by John Wilson*, ed., William H. Masterson (New York, 1962), pp.49, 50, 54–56, 81.

46) Lucy L. Hazard, *The Frontier in American Literature* (New York, 1927), p.113, は「キャンプファイア」の時に口にされた見解を評価することの難しさを指摘している点で正しい。

47) *The Personal Narrative of James O. Pattie*, ed., Timothy Flint (Cincinnati, 1831), p.14. フリントはパティーの記述を編集する際に，自分の意見を不意に挿入することはしなかったが，ただ句読点を入れたり不明瞭な部分を明快にするといったことはした，と読者に請け合った。

48) [Osbourne] Russell, *Journal of a Trapper*, ed., Aubrey L. Haines (Portland, Ore., 1955), p.46. この版はイェール大学のウィリアム・ロバートソン・コウ文庫の中にある最初の原稿を基にして出版されたものである。ヘインズ（Haines）はラッセルの略伝を，*The Mountain Men and the Fur Trade of the Far West*, ed., LeRoy R. Hafen (2 vols. Glendale, Cal., 1965), *2*, 305–316, で書いている。

49) Jacob Rhett Motte, *Journey into Wilderness: An Army Surgeon's Account of Life in Camp and Field during the Creek and Seminole Wars*, 1836–1838, ed., James F.

Sunderland (Gainesville, Fla., 1953), p.192; [John C.] Fremont, *Narrative of the Exploring Expedition to the Rocky Mountains in the Year 1842* (New York, 1846), pp.40, 42, 50.

50) *The Adventures of Captain Bonneville USA in the Rocky Mountains and the Far West, digested from his Journal by Washington Irving*, ed., Edgeley W. Todd (Norman, Okla., 1961), p.371. この例に関して，アーヴィングはボンヌヴィルの旅行記の手書き原稿から直接引用していた。

51) Gregg, *Commerce of the Prairies or the Journal of a Santa Fe Trader* (2 vols. New York, 1845), *2*, 156, 158. しかし，原生自然での冒険が時に恐ろしいものとなったことを示したものについては，この本の第2章，34ページのグレッグが先住民に対して抱いた印象を参照のこと。

52) Lewis O. Saum, *The Fur Trader and the Indian* (Seattle, 1965), 91ページ以降，280ページ以降，および，同著者による "The Fur Trader and the Noble Savage," *American Quarterly, 15* (1963), 554–571. Fred A. Crane, "The Noble Savage in America, 1815–1860" (unpublished Ph.D. dissertation, Yale University, 1952), は「高貴な野蛮人」への熱狂は主に東部の知識人たちに限ったことであった，と認めている。

53) Edwin Bryant, *What I Saw in California…in the Years 1846, 1847* (New York, 1848), pp.155–156, 228, 48, 247. これと同様の相矛盾する感情は，Samuel Parker, *Journal of an Exploring Tour beyond the Rocky Mountains…in the Years 1835, 1836, and 1837* (Ithaca, N. Y., 1838), にも姿を見せている。47～48ページと，87ページ，および，1842年出版の第3版における146ページとを比較のこと。

訳注

[1] 粟田賢三・古在由重編『岩波哲学小辞典』（岩波書店，1979年）には以下のように定義されている――「神を世界の創造者として認めるが（汎神論に反対），世界を支配する人格的存在とは考えず（有神論に反対），世界は創造された後では自然法則に従って運動し神の干渉を必要としないと考え，啓示や奇蹟などを拒む理性的な宗教観」(247～248ページより)。

[2] 17～18世紀のヨーロッパを支配した反封建的な思想。伝来の専制主義や権威主義，既成宗教を批判した（『岩波哲学小辞典』66ページより）。

[3] Oxford English Dictionary によれば，"divel" は "devil" の古い形で，"arse" は「臀部，尻」を意味する廃語である。したがって，この名前は直訳すると「悪魔の尻」ということになる。

[4] 1635？～1715年。イギリスの聖職者。『宗教的地球論』で有名になった。

[5] 1627～1705年。イギリスの博物学者。

[6] 1729～1797年。アイルランド生まれのイギリスのホイッグ党政治家，雄弁家，著

述家。

[7] 1724～1804年。ドイツの哲学者。

[8] 1724～1804年。“the picturesque” の美学を擁護した。

[9] 1494～1576年。ドイツの工匠歌人。物語，歌，詩，戯曲などを約6000編書いたという。

[10] 1533～1592年。フランスの思想家，モラリスト。

[11] ジョセフ（1722～1800年）とトマス（1728～1790年）の二人。兄のジョセフは批評家，詩人，教育者であった。弟のトマスは詩作のかたわら『スペンサーの‘妖精の女王’に関する意見』や『英詩史』を著した。1785～1790年まで桂冠詩人であった。

[12] 第3代シャフツベリー伯アンソニー・アシュレー・クーパー。1671～1711年。イギリスの倫理学者。

[13] アレグザンダー・ポープ。1688～1744年。イギリスの詩人，批評家。『人間論』『批評論』等で有名。

[14] 1659？～1731年。イギリスの小説家，ジャーナリスト。

[15] 1712～1778年。スイス生まれのフランスの思想家，哲学者，作曲家，社会改革家。

[16] 1768～1848年。フランスの小説家，政治家。ロマン派の先駆者。

[17] 1788～1824年。イギリスのロマン派詩人。

[18] 1734～1820年。アメリカのフロンティア開拓者。ケンタッキーを開拓した。

[19] 1674～1744年。北アメリカ植民地の大農園主，著述家，役人。ヴァージニア植民地に5000エーカー以上の大農園を六つ所有していたという（『世界の歴史21　アメリカとフランスの革命』45～46ページより）。

[20] 『ランダムハウス英和大辞典』によれば，博物学とは，「植物学，鉱物学，動物学，気象，天文など，自然界の事物・現象を研究する科学の分野――特に初期のもの」とある。

[21] 1638～1675年に活躍。旅行家，作家。ニューイングランドに生息する植物種を体系的に記述した本を出した。

[22] ニューハンプシャー州北部の山。アメリカ北東部の最高峰。標高1917メートル。ホワイト山脈の支脈プレジデンシャル山地にある。山腹は標高約1000メートルまで森に覆われるが，それより上は険しい山肌が露出するという。

[23] イギリス生まれのアメリカの冒険家。

[24] 1685年頃～1773年。イギリス生まれの植物学者。1705年にヴァージニアにやって来て以来，ヴァージニアの植物の収集に励んだ。

[25] 1699～1777年。「アメリカ植物学の父」と呼ばれる。

[26] 1679年頃～1749年。イギリス生まれの博物学者，旅行家。

[27] ツツジ属 Rhododendron の木の総称。ツツジ，シャクナゲ，サツキなど。

[28]　紀元前605～562年。新バビロニアの王。紀元前587～586年にエルサレムに進攻。多くのイスラエル人を捕囚とした（『じてん・英米のキャラクター』525ページより）。

[29]　1752～1832年。アメリカの詩人。「独立革命の詩人」と呼ばれ，独立戦争に参加した経験を歌った愛国的な詩を書く一方で，ロマン派詩人の作品を思わせる田園詩も書いた。

[30]　1745～1813年。医師として働く傍ら，社会改革にも熱心だった。

[31]　1744～1798年。会衆派聖職者，歴史家。

[32]　1768～1842年。ユニテリアン聖職者，著述家，編集者。

[33]　アメリカ・オハイオ州東部，ウェストヴァージニア州との州境にある。

[34]　1793～1868年。法律家，編集者，歴史家。フロンティアを取り上げた小説等を書いた。

[35]　1761～1830年。随筆家。

[36]　1806～1884年。*A Winter in the West* を書いた。

[37]　1813～1897年。著述家。伝記や歴史，旅行に関する本などを30冊以上も書いた。

[38]　1819～1895年。

[39]　1804～1850年。わな猟師，著述家。

[40]　1814～1865年。わな猟師，オレゴン，および，カリフォルニアの開拓者，著述家。

[41]　フロリダ州南部の大湿地帯。エヴァーグレーズ国立公園がある。

[42]　ワイオミング州から流れるノースプラット川とコロラド州から流れるサウスプラット川とがネブラスカ州中部で合流したのがプラット川。オマハでミズーリ川に合流する。

[43]　1796～1878年。フランス・パリ生まれの軍人。生涯の大部分をフロンティア（西部の辺境地帯）と関わりをもって過ごした。

[44]　ミズーリ州インディペンデンスから，現在のニューメキシコ州サンタフェに至る全長約1255キロメートルの陸路で，主に交易に利用された。1821年に開かれ，1880年頃まで主要な街道として利用された。

第4章
アメリカの原生自然

アメリカの風景には，ヨーロッパの風景に価値を与えているさまざまな情況の多くが欠けているけれど，それでもそこには特色，しかもヨーロッパが知らない輝かしい特色がある……アメリカの風景の最も際立った，そして，おそらく最も印象的な特徴はその未開性だろう。

——トマス・コール（1836年）

ロマン主義が新生アメリカ国家において，原生自然は称賛しうるという世論の風潮を形成しつつあった一方，独立という事実が〔原生自然への〕熱狂のもう一つの主要な源泉となりつつあった。アメリカが第一になすべき仕事は新しく勝ち取ったばかりの自由を正当化することだとの考えは広く受け入れられていた。これには繁栄する経済を築くとか，それこそ安定した政府をつくる，といったこと以上のものを必然的に伴っていた。独自の文化の創造こそが真の独立国家の証しであると考えられた。アメリカ人は，殊に「アメリカ的」ではあるけれども，気後れしがちだった植民者を誇りと自信に満ち溢れた国民に変えるほど十分に価値あるものを探し求めた。すると，たちどころに問題がもち上がった。この国の短い歴史，乏しい伝統，少ない文学的・芸術的業績はヨーロッパのそれと比較すると，比べものにならないように思われたのだ。しかし，アメリカ人は少なくとも一つの点でわが国はヨーロッパと違っていると感じていた。つまり，旧世界には原生自然に相当するものがなかったということである。

愛国主義者たちはこの違いに飛びつき，さらに未開の地の価値に関する理神論的・ロマン主義的な臆説をそれに付け加えて，原生自然は不利な欠点であるどころか，実際にはアメリカの長所なのである，と論じた。当然のことながら，誇りは未開の地を征服することから生まれ続けたが（第2章を参照のこと），19世紀中葉の数十年間までに，原生自然は文化的・道徳的な資源として，また，国民的な自尊心の基盤として認識されるようになっていた。

独立後すぐ，愛国主義者たちは自然のもつ重要性を検討し始めた。最初のうち彼らは並はずれた大きさや性質をもつ自然の風物そのものを好み，未開の地の景色は無視した。こうして，フィリップ・フレノー（Philip Freneau）は1780年代初めに自分の国を称賛する仕方を探求し〔た結果〕，ミシシッピ川のことを「この川の王者よ，それに比べればナイル川など小さな小川にすぎぬ，ドナウ川にいたってはただの溝だ」と述べるに至った。1) トマス・ジェファーソン（Thomas Jefferson）はヴァージニアのナチュラルブリッジ〔1〕やポトマック川がアレゲニー山脈の中を通り抜けて，現在のウェストヴァージニア州ハーパーズフェリー近くを流れる時，切り出す峡谷のような場所を最高に誇らしく思っていた。1784年に，彼は後者の〔峡谷のような場所の〕ことを次のように明言した――「この景色は大西洋横断の旅〔をしてみる〕だけの価値がある」と。2) 文化では，無理かもしれないが，アメリカの自然は世界の称賛を欲しいままにできるだろうというわけだ。

諸国と比べて有利にさせる数少ない基盤の一つが自然環境である，ということに気づいたアメリカ人はすぐさま，自国の自然をヨーロッパ人の中傷から擁護した。ジェファーソンの『ヴァージニアについての覚え書』（*Notes on Virginia*）のある部分は，新世界の自然の産物は劣悪で発育不全ですらある，というフランスの科学者たちの非難から新世界を弁護するものであった。わが国は自然に関する限り，いかなる国にも劣ってはいない，と彼は力説し，その証拠として最近発掘されたマンモスの骨をあげ，もしかするとその子孫がこの大陸の奥地を今でも闊歩しているかもしれない，と主張した。3) 博物学に関心をもっていた牧師サミュエル・ウィリアムズ（Samuel Williams）は，1794年に出版したヴァーモント州の歴史に関する著作で同様の議論をした。「アメリカに見出される自然はただ弱々しいだけのものであるどころか」，「そこの動物たちはヨーロッパのそれよりもすぐれた活力，および，大きさをその特徴としているようだ」と彼は結論付けている。4)

旧世界を旅行したアメリカ人も，自国を弁護するため同様の方法に訴えた。1784年の夏，アビゲイル・アダムズ〔2〕（Abigail Adams）はパリで国の外交官をしていた夫〔3〕のもとに向かった。その翌年，アダムズ夫妻はロンドンに移った。アダムズ夫人はその愛国心にもかかわらず，ヨーロッパの魅力と洗練さに畏敬の念を抱いた。彼女は自分のアメリカ信仰を再確認する方法をほとんどやけになって探し求めた。そして，自然がその可能性を提供し，彼女は1786年11月21日，マサチューセッツのある友人に宛てた手紙でそれについて検討した。「私は何も」，と彼女は述べた，「皆が同意するに違いないことに反対するつもりはありません。[ヨーロッパでは] 芸術や製造業，農業がわが国以上の成熟度・完成度に達しているということに異議を申し立てるつもりもありません」と。しかし，彼女はいくつかの点で，新世界の方がすぐれていると感じた。「ヨーロッパの鳥は美しい調べをわが国の鳥の半分ほども奏でることができない，ということをご存知ですか？　果実の甘さはわが国のそれの半分ほどもなく，花の芳香も同様に半分ほどもない。風習は半分ほどの清らかさもなく，人々には半分ほどの徳もないのです」。しかし，それでもなお，アビゲイル・アダムズは半分程度しか納得せず，手紙の相手にこう警告した，「このことをだれにも言わないで下さい，さもないと，私は理解力や審美眼に半分以上欠けた人と思われてしまいますから[5]」と。

愛国主義の基盤である自然にそのように自信がもてないということは，結局，他の国にも印象的な鳥や果実，花があるのだ，とアメリカ人が悟ったことから幾分かは生まれてきたものであった。フレノーの主張にもかかわらず，ドナウ川は溝ではなかったし，ヨーロッパの動物の大きさや力強さにも何ら不足する点はなかったのだ。さらに，ジェファーソンが激賞した眺めに匹敵するような印象的な景色が旧世界にも存在していたのだ。「自然」だけでは十分でない，ということは明らかだった。新世界の自然に特有の性質を見つけなければならなかった。その探求の果て，辿り着いたのが「原生自然」だった。19世紀初期，アメリカの愛国主義者たちは自然の未開性という面では，この国に並ぶ国は他にない，ということを理解し始めた。他の国には未開の峰やヒースの茂る土地が時折あるかもしれないが，未開の大陸に匹敵するものはなかった。さらに，多くの人々が薄々感じていたように，もし原生自然が神の言葉をきわめて明瞭に聞くことのできる媒体であるとすれば，何世紀にも及ぶ文明が神の作品の上に人為という層を広げてしまっているヨーロッパよりも，アメリカの方が道徳的にすぐれているということは明らかだった。これと同じ論理はアメリカ人に，原生自然が美的特質やインスピレーションを与える特質をもっているので，自分たちは芸術，および，文学の方面において優秀であるべく運命づけられているのだ，ということを納得させるという役割を果たした[6]。

アレグザンダー・ウィルソン[4]（Alexander Wilson）の1804年の詩「森に暮らす人々」（“The Foresters”）以後，アメリカの文学や修辞には，原生自然が偉大な文化を生み出すという，ある時は自信に満ちた，また，ある時は不安げな数多くの予言が含まれるようになった。[7)] スコットランド生まれの鳥類学者であるウィルソンは，「半マイルほどの荒涼たる荒野や小川だけでもブリテン島にいる1000人もの詩人の詩心を鼓舞することができるというならば」，アメリカの「限りなき森」は一層すぐれた詩を生み出させるはずだと指摘した。しかしながら，ウィルソンが嘆いたことには，新世界の「荒野の雄大さ」はまだ詩に詠われていなかった。[8)] 多くの人々が，これは時間の問題にすぎないと感じていた。結局のところ，ダニエル・ブライアン（Daniel Bryan）の熱弁によれば，「霊感の最も甘美なる喜びを……詠い」始めるためには，「アレガニーの最も野趣に富む崖」の上に立ちさえすればいいのだ。[9)]

デウィット・クリントン[5]（Dewitt Clinton）は，わが国はその文化的展望に関して楽観的でいられるだろうという点を認めた。「アメリカ芸術院」（American Academy of Art）主催の講演で他の国々の芸術的業績を振り返った後，彼は修辞的に問いかけた――「わが国以上に，想像力を働かせ高める――精神の創造力を活動させ，美，驚嘆，崇高さに関する正確な見方を与える――のに適した国が果たして世界にあるだろうか」。クリントンはロマン主義と愛国主義を混ぜ合わせながら，続けてこう主張した，「ここでは自然が壮大な規模で働いている」と。アメリカには，世界中どこを探してみてもこれに類するものがないような山や湖，川，滝，「限りなき森」があった。「未開の，ロマンティックで，しかも荘厳な景色は」，と彼は最後に述べた，「想像の中にこれとまさに一致する印象を生み出す――すなわち，精神の全能力を高め，心に湧き出る感情すべてを高尚にする――べくつくられたものなのだ」。同様の言明は数多く行なわれた。「巨大な山のそばに住んでいるからといって，必ずしも偉大な詩人になれるわけではない」などとあえて口にした人はだれであれ，祖国に不忠であるとどなられて沈黙させられた。[10)]

アメリカの未開の地の風景を重要視することの現れの一つとして，愛国主義的な自然愛好を反映した，一連の挿絵入り「風景」選集が製作された。1820年，『絵のように美しきアメリカの風景』（*Picturesque Views of the American Scene*）というタイトルで，「他の国々が誇るいかなる景色にもまさる……わが国の高き山々……瀑布の比類なき大きさ，西部の森の野性的な雄大さ」を見せるような本が企画された。[11)]〔この本は〕3号まで発刊されたが，その後の数十年間に自然へのロマン主義的関心が高まるにつれて，同様の試みが数多くなされるようになった。ナサニエル・P・ウィリス[〔6〕]（Nathaniel P. Willis）が『アメリカの風景』（*American Scenery*）で，「アメリカでは，自然が〔その力を〕より自由奔放に発揮している」と断言していたのがまさに典型例であった。ウィリスによれば，アメリカの原生自然は「他のすべての国の絵のような美しさとはまったく異なる……有り余るほど豊かで，大規模な崇高さ」を呈していたのだ。[12)] 数年後，『絵のように美しい家庭読本』（*The Home Book of the Picturesque*）が出版され，それには「景色と精神」（"Scenery and Mind"）という巻頭エッセイが掲載されていた。その執筆者であるエリアス・ライマン・マグーン（Elias Lyman Magoon）は，自然は啓示の源泉であるという臆説にかなり依存していた――終盤の段落では「そこから思考が最も自由奔放に飛翔するような……未開の場所や原生自然がまだ残っている」ことを神に感謝した。マグーンは，そのような場所こそ「この世で最も強い愛国心，最も激しい活力，最も価値ある文学を絶えず発展させてきた」のであると信じていた。[13)] この種の本を出版しようとする努力のもう一つの例として，『挿絵で見るアメリカ合衆国の風景』（*The Scenery of the United States Illustrated*）があげられる。例のごとく，冒頭には「世界のどこにも見られないほど野性的で，ロマンティックで，美しい」としてアメリカの風景を擁護するエッセイがあり，「その上，確かにわが国の森は」と筆者は歓喜して言った，「創造主の手から生まれたばかりだけれども，疑いなく，類まれなるものである」と。[14)]

響き渡った自信は，多くのアメリカ人が自国とヨーロッパの関係について抱いていた不安を覆い隠してしまった。[15)] 愛国主義者たちはその期待や公式の声明にもかかわらず，秘かに旧世界を趣味のよいもの，洗練されたもの，創造的なものなどのすべてのメッカとみなさざるをえなかった。彼らが直面していたのは文化的独立を望みながらもヨーロッパの栄光から目をそらすことができない，すなわち，教育とインスピレーションを求めてヨーロッパに行くことに抵抗することがまだできないでいる植民地人のジレンマであった。とりわけ，アメリカの相対的な未熟さと著しい対照をなしている旧世界の長い歴史や習慣，および，伝統の豊かな蓄積を無視することは困難であった。新世界が発見されたまさにその時，ヨーロッパは2000年にも及ぶ文化の発展に基づく，輝かしい芸術の復興を享受していた，ということをだれも否定できなかった。

ワシントン・アーヴィング（Washington Irving）はこの植民地のジレンマを典型的に表現した。彼は1815年に旧世界に向けて旅立った時にはすでに有名な作家であり，また，少なからぬアメリカ人の誇りの的であった。イギリスでアーヴィングは，自分が矛盾した感情の板挟みになっていると感じ，それを『スケッチブック』（*Sketch Book*, 1819–20）のある部分で述べた。「わが国」のよい点について，アーヴィングは「野生の肥沃さで満ちている谷や……果てしない平原……［そして］道なき森」を含む「自然の魅力」の数々をあげた。そして，次のように締め括った――「そう，アメリカ人が自然の風景の崇高さや美しさを求めて，自分の国の遥か彼方を見つめる必要は決してないのだ」と。しかし，アーヴィングの判断によれば，ヨーロッパには推奨すべきことが数多くあった――アメリカを輝かせていたまさにあの野生が不在であることによって決まる特質である。彼は，とりわけ，「長い年月に渡って蓄積されてきた宝」，風景が映し出す人間の過去の偉業の年代記に感銘を受けた。「とにかく，私は」，とアーヴィングは断言した，「かの有名な偉業の場面を歩き回りたかった――いわば，古代人の足取りで歩きたかった――朽ち果てた城のあたりをさまよいたかった――崩れかかっている塔に思いを馳せたかった――要するに，今のありふれた現実から逃れ，影のような過去の壮麗さの中で我を忘れたかったのだ」[16)]。彼を原生自然へと引きつけたロマン主義的気質はヨーロッパの歴史をも魅力的なものにしたのだ。

17年間〔もの永きに渡って〕ヨーロッパに滞在したので，アーヴィングの同国人たちは彼がアメリカに対して背信行為をしたという思いを抑えられなくなった。しかし，実のところアーヴィングの愛国心は根強く，彼の心の片隅には原生自然に対する衝動が残っていた。1832年，アメリカ合衆国へ戻る直前，彼は兄に宛てた手紙の中で「まだ原始の未開な状態のままの」アメリカ西部を見たい，「バッファローの群れが未開の草原を駆けまわっているのを見たい」と綴った。ニューヨークに上陸後，アーヴィングはカンザス・オクラホマ準州の先住民（インディアン）のもとへ派遣された担当官の一団に加わった。この時の原生自然との接触は，最近ヨーロッパから帰国したばかりの男にとって特別な意味をもっていた。彼は数週間，野営をしたことで，「雄大な原生自然の……未開の森での生活」ほど若者に有益なものはない，ということを確信した。彼はさらに付け加えた――「わが国の若者をヨーロッパに送り出すと，彼らはそこで贅沢好みの女々しい人間になってしまう。若いうちに草原地帯を旅行させた方が，わが国の政治制度ときわめて調和するあの男らしさ，実直さ，自立心を生み出す可能性が高いように思う」[17]。このような言明におけるアーヴィングの目的が，当時の批評家たちが断罪していたように，自ら永きに渡りヨーロッパに滞在していたという汚名から自らの身の潔白を証明することであるならば，未開さについて旧世界と新世界とを比較対照することは効果的であった。しかし，それにもかかわらず，アーヴィングは自ら行なった忠告を歯牙にもかけず，1842年に再び大西洋を渡り，さらに4年間も〔ヨーロッパに〕滞在した。彼のこの行動は，偽善というよりもむしろ両面価値性（アンビヴァランス），相反する感情によって説明することができるだろう。同時代人の多くと同様に，彼の忠誠心は分裂していた。旧世界の文明化された洗練さと新世界の未開さの両方が彼を引きつけていたのだ。

ワシントン・アーヴィングを魅了したヨーロッパの歴史的所産は，もちろんのこと，争う余地のないものであったが，その意味合いを逆転させることができるかもしれない，と思いついた作家たちがいた。1830年代までには，一部の愛国的な知識人たちがアメリカの歴史の欠如そのもの――その原生自然状態――をヨーロッパからの異議や自らの疑念に対する回答として利用していた。例えば，チャールズ・フェノ・ホフマン（Charles Fenno Hoffman）は1833年に西部へ旅行した際，立ち止まって告白した。自分は「朽ち果てている円柱」よりも「歳月を重ねたオークの木」の方を敬うと。これらの，新世界，および，旧世界を象徴するものは，より感情的な対照を暗示するものであった。

> 神の目がもっぱら行き渡っている，また，自然がその侵されることなき聖域で，長い年月に渡ってその果実と花とを神の祭壇に捧げてきた深い森に比べれば，ローマの略奪者たちが建てた神殿など何だというのか――封建的圧迫が強められた塔が何だというのか――，前者は血で汚れ，後者は独裁的な迷信，それが何だというのか！　創造せよという最初の命令が下されて以来，これら薄暗い木立で君臨してきた静寂に比べれば，たかだか数世紀前から野蛮な酒宴で賑わっているにすぎない家の屋根の反響音が何だというのか，虚飾の華麗さで満ちた賛歌を鳴り響かせる通路の反響音が何だというのか！[18]

原生自然を採用することで，ホフマンはアメリカに歴史〔的所産〕を与えた。

さらに，彼は略奪者や血，独裁政治，野蛮〔な残虐性〕を聖域や祭壇と比べることにより，アメリカの遺産の方が無垢で道徳的だという自らの確信について何の疑念も残さなかった。ヨーロッパの城や大聖堂を再現できないホフマンは原生自然を代用することにより，それら〔城や大聖堂（の重要性）〕を免除したのだ。

アーヴィングやホフマンの後，ロマン主義的嗜好をもった旅行者たちはアメリカの原生自然には他の国々を凌ぐ利点がある，という考えをしきりに表明した。ジョエル・T・ヘッドレー（Joel T. Headley）のように，アルプス山脈をその目で見た後，アディロンダック山脈の方がすばらしい，と進んで断言した人々もわずかながら存在した。彼らほどの知識はもっていない他の人々は依然として，「歴史上名高く，旅行者や山の風景を愛でる人たちすべてによって非常に称えられてきたアルプス山脈でさえも，……［タホ湖[7]］を取り巻く風景以上に野性的で起伏に富み，雄大でロマンティック，うっとりさせるほど絵画的で美しい景色を見せることはできない」ということに満足していた。アメリカ擁護は時として，熱烈なものになった――「イタリアの風景など何ということはない！」と，ある愛国者は叫んだ，「わが国こそ自然が原始の美しさを保ちながら君臨している国なのだ……わが国こそ自然がその豊かな魅力を存分に発揮しているのを眺めることができる……原始の美しさと力を保持している自然の強力な影響のもと，自らの精神が広がっていくのを感じることができる地なのだ！[19]」。原生自然は再び，愛国主義者たちの切り札となったのである。

19世紀初頭においては，アメリカ独自の様式を追求すること，および，それについて苦悩することの方に多大な努力が費やされたために，それを達成する方向への前進は実際にはほとんどなかった。しかし，アメリカの文学や芸術はかなりの卓越性と特異性を徐々に獲得していった。新世界〔独自〕のテーマが必要不可欠であり，原生自然はこの要件を満たすものであった。ロマン主義者たちが原生自然に価値を与えたのに対し，愛国主義者たちはその独自性を賛美した。創造的な人々はまもなく，詩や小説，絵画〔の題材〕に原生自然が使えることを発見した。

ウィリアム・カレン・ブライアント[8]（William Cullen Bryant）は原生自然に目を向けた最初のアメリカの主要作家の一人であった。彼はその早熟な[9]詩「死の瞑想」（“Thanatopsis,” 1811）の中で，「オレゴンになだらかに広がる，途切れることなく続く森」に言及した。それから4年後，文明生活に伴う「悲しみや罪，悩み」を十分経験してきた人は皆，「この未開の森に入り，自然がよく姿を見せる場所を眺めてみる」べきだと勧告した時，明らかに，彼はロマン主義的風潮を完全に受け入れていた。彼は未開地の道徳的・宗教的な意義をも理解していた。「森の賛歌」（“A Forest Hymn,” 1825）は，「木立は神の最初の神殿であった」という見解〔の提示〕で始まり，ブライアントは安寧と崇拝のために「木々生い茂る原野」に隠遁するつもりだ，と公言した。自分の国にそのような場所があることを誇りに思うブライアントは，バークシャー丘陵[10]にあるモニュメント山を賛美する詩の中で，「自然の表面で調和して混ざり合う美しさと野生を見たいのならば，われらがロッキー山脈に登れ！」と述べた。1833年の「大草原」（“The Prairies”）は，グレートプレーンズ[11]の隔絶性と広大さを称える唱歌という印象を与えた。ブライアントは「原生自然にたった一人で」いる時に感じた喜びを表現してこの詩を締め括った[20]。40年たっても彼の情熱は変わらなかった。1872年，彼は風景画集『美しきアメリカ』（*Picturesque America*）を編集し，その序文を書いたのだが，その機会を利用して「この世で最も野性的で最も美しい景色のいくつかがわが国にある」と断言した。アメリカの西部には未開の山が豊富にあるのに，どうしてわざわざスイスに行く必要があるのだろう，とブライアントはいぶかった[21]。

小説家たちも呼応した。1818年に出版されたジェームズ・カーク・ポールディング[12]（James Kirke Paulding）の『奥地の開拓者』（*The Backwoodsman*）では，主人公の「屈強な若者」は「西の荒地の中を」歩き回るべくハドソン渓谷を出発した。この話には，フロンティアには文学的可能性が潜んでいることをアメリカの作家たちに気づかせるという意図があった。ヨーロッパではなく，アメリカ西部に関心を向けることが新しいテーマに辿り着く方法だろうとポールディングは考えたのだ[22]。当初，ジェームズ・フェニモア・クーパー[13]（James Fenimore Cooper）はこの助言を無視した。彼の最初の小説『用心』（*Precaution*, 1820）は風俗習慣を描くイギリスの文学ジャンルを明らかに模倣したものであった。その翌年発表された『スパイ』（*The Spy*）はアメリカ独立革命を舞台背景として用い，人気を博した。しかし，クーパーを文学界の国民的英雄にしたのは『開拓者たち』（*The Pioneers*, 1823）であった。このアメリカ人作家による初のベストセラー小説やその後18年間に渡って発表され，非常に人気があった他の四つの「皮脚絆物語」（“Leatherstocking tales”）において[23]，彼は原生自然がもつ文学への可能性を発見した。クーパーが実際にもっていた知識に基づく，また，彼が想像によって生み出した未開の森，および，平原がこれらの小説の本筋を支配し，プロットを決定している。「皮脚絆物語」やクーパーの他，ロバート・モンゴメリー・バード[14]（Robert Montgomery Byrd），ティモシー・フリント[15]（Timothy Flint），ウィリアム・ギルモア・シムズ[16]（William Gilmore Simms）による初期の「奥地」小説（“backwoods” Novels）は，アメリカの環境がもっている独自性の刻印を帯びていたので，際立ってアメリカ的な小説であった。

原生自然に対する好意的評価がアメリカ人に生まれ始めた段階であったという観点からみれば，クーパーは文明が西進することには関心があったけれども，未開の地を征服され，かつ，破壊されるべき嫌な障害物として描かなかったということは重要であった。それどころか，クーパーは原生自然には道徳的な影響力，美の源泉，血湧き肉躍る冒険の場としての価値があるということを示そうと苦心したのである。またの名を「皮脚絆」（Leatherstocking）というナッティ・バンポー（Natty Bumppo）は未開の自然の崇高さと神聖さに関する標準的なロマン主義的慣習の代弁者となった。事実，ナッティ自身がその最もすぐれた証拠で，それというのも生涯森に身をさらしてきたことが生まれながらの善良さや道徳観念を彼に与えたからである。彼の気高さ，および，クーパーが描く野蛮人の多くがもつ気高さが彼らをして開拓者，および，開拓地の害悪の前に萎縮させたのである。『開拓者たち』で町を逃れ人里離れた森へと向かったナッティは，都市居住者は「神の手になるものがいかによく原生自然で見られることかを知る」ことはできない，と報告している。『大草原』（*The Prairie*, 1827）では彼の批判の矛先はヨーロッパにも向けられ，人の手で汚されていない新世界に比べれば，旧世界は本当のところ「すっかり擦り切れ，酷使され，冒瀆的な世界」と呼ぶべきだ，と熱心に主張している。ナッティもクーパーもともに「森の純潔」を信じていたのだ。[24)]

クーパーは原生自然の倫理的・美的価値に鈍感な人々を非難することによって，間接的に原生自然を高貴なものにした。彼の皮脚絆小説はフロンティア（西部の辺境地帯）を舞台としていたけれども，搾取を支持しなかった。『開拓者たち』のビリー・カービー（Billy Kirby）や『大草原』のイシュマエル・ブッシュの家族（the family of Ishmael Bush），『鹿狩人』（*The Deerslayer*, 1841）のハリー・ハリー（Hurry Harry）のように，森やそこの生き物に破壊的な傷を負わせる開拓者たちは，クーパーが入念に構成した社会階級において最下層の地位を占めていた。他方，皮脚絆と称される人々は原生自然を崇め，敬意をもってそれを扱ったという理由から，理想的な開拓者であった。クーパーは皮脚絆の口を借りて，搾取する者たちを非難した。「連中は斧で土を痛めつけてるんだ。俺が目にしてきた丘や猟場からは，神様の贈り物が良心の咎めも恥じる気持もなく，奪い取られているんだ」。この時，ナッティは人生の終焉にさしかかっていた。彼はミシシッピ川の彼方に引きこもっていたが，開拓の流れはすぐそこまで押し寄せていた。彼は死の床で自分の虚脱状態を手短に述べた――「二つの短い人生の間に，原生自然の美しさがどれだけ台なしにされたことか！」[25)]

クーパーはナッティの立場の強さを好意的に評価することができたが，その一方で，彼自身の態度はより複雑であった。原生自然に魅了されることとその消滅を悲しむ気持とは，彼の見解のほんの一部にすぎなかった。文明も〔進展を〕要求する権利をもっていたのであり，最終的にはそれらが優勢になるに違いない，ということを彼は知っていた。原生自然が除去されることは悲劇的だが，それは避けがたい悲劇だった。文明の方がよりよい善であった。確かに，文明社会であっても未成熟なフロンティアの段階では，皮脚絆やそれこそ多くの先住民よりもはるかに無価値な人間がいるかもしれないが，クーパーにとってこれは半文明であるにすぎなかった。時が経てば洗練された紳士淑女たちが進化して出現するだろう，『大草原』のミドルトン大尉（Captain Middleton）やイネス・デ・セルタヴァロス（Inez de Certavallos），『開拓者たち』のマーマデューク・テンプル判事（Judge Marmaduke Temple）やオリヴァー・エフィンガム（Oliver Effingham），そして，どうもクーパー自身もそこに含まれるようだが，こういった人々が進化して出現するだろうということを彼は知っていた。こうした人々は人間を獣の上位に引き上げるような法や美の観念をもつエリートであった。ナッティ・バンポーでさえ，その数々の美点にもかかわらず，そのような階級の人々と交際するほどの社会的地位には欠けていた。そうした人たちと付き合うことには，原生自然を失うだけの価値があるということをクーパーは明らかにした。[26)]彼は開拓者の理由づけを用いることも，原生自然を非難することもなく，開拓者の結論に達していたのだ。クーパーにとってそれは善対悪，光対闇の問題ではなく，二種類の善が闘い，よりすぐれたものが勝つという問題だったのだ。皮脚絆小説はクーパーの同国人たちに，原生自然の征服を誇りに思うと同時に恥ずかしく思う理由を与えたのである。

クーパーの『開拓者たち』が出版された1823年，ある一人の若者が当時フロンティアだった，オハイオでの肖像画家としての不安定な生活をあきらめ，その相当な才能を彼の言う，「自然の野性的で雄大な地勢――人間を知らない山中の森」を描くことにあてた。[27)] それから数十年もの間，トマス・コール（Thomas Cole）はアメリカの原生自然の賛美者として幅広い注目を集めた。彼の風景画のおかげで，美術はそれを通じて同国の人々が自国の風景の耀かしい美点を学ぶことができる媒体として，詩や小説に加わることとなった。しかし，クーパーと同様に，コールの原生自然への愛は時々，疑念で曇らされ，それとは正反対にある文明に引きつけられることによって相殺された。コールは熱烈なロマン主義者，汎神論者，ハドソン・リヴァー派[17]（the Hudson River School）を刺激した人，というだけではなかった。幸運なことに，彼は絵を描いただけでなく，執筆もしたのだが，彼の手紙や日記，評論はアメリカの原生自然の〔もっている〕利点と限界について自問自答している精神〔の苦悩〕を明らかにしてくれる。

コールは1818年，17歳の若者としてイギリスからアメリカ合衆国に移住し，家族とともにオハイオ渓谷北部に居を構えた。その地域の原生林に彼は美を見出し，それが彼を深く感動させ，自らの職業選択を決定した。自分の気持を絵にしたいという希望を胸に，コールは1825年にニューヨークへ行き，すぐにキャッツキル山脈[18]（the Catskill Mountains）に出合った。ためらいがちに画廊に出展された３枚の風景画は美術界を興奮の渦に巻き込み，コールには自分の芸術を続けさせる励ましとなった。その後４年間，彼はノートとスケッチブック片手に可能な限り最も未開の地域を歩き回った。原生自然は彼にとって美的意義だけのみならず，宗教的意義ももっていたのであり，彼は目にしたものをロマン主義者らしく手放しで楽しんだ。このキャッツキルで過ごした時期の結果が，「山の夜明け」（“Mountain Sunrise”）や「木の幹がある風景」（“Landscape with Tree Trunks”），「タイコンデローガ[19]近くの眺め」（“View Near Ticonderoga”）といった，険しい断崖絶壁や暗い峡谷，押し寄せる嵐雲で満ちた劇的な作品であった。[28)]

これらの作品と，「ニューハンプシャー州ウィニペソーキ湖北西湾[20]」（“North-West Bay, Lake Winnepesaukee, N. H.”）では，人間，および，人間がつくったものの形跡をまったく省くか，もしくは，人間の姿をアリのような大きさにすることによって，風景画の伝統との決別を果たした。キャンバスを支配したのは原生自然で，未開の自然の人気上昇〔に一役買い〕，アメリカの愛国主義〔の高揚〕に貢献した人としてコールを称賛するのにクーパーとブライアントも加わった。仲間のある芸術家によると，コールは「山や湖，森の並外れた壮大さと原生自然に特有のものは何であれ，アメリカの原生自然に具現化しようと努力した」のであった。[29]

コールは1820年代後半に「原生自然の懐の中にいると喜びが花のように咲き開く」と書き，山から都会に戻る時いつも「邪悪なものを予感していた」と断言したけれども，それでも時々荒地を恐れた。崇高さの喚起に満ちた戦慄と，真の恐怖との違いは紙一重だった。コールはキャッツキル山脈で一度，激しい雷雨を経験したことがあった。彼の日記によると，最初，彼は自然の猛威に身をゆだね，その状況を「ロマンティック」だと表現した。しかし，激しさが増すにつれ，恍惚は不安に変わった。嵐が去ると，コールは「近隣の小さな谷で，田舎家の煙突から青い煙がらせんを描きながら静かに立ち昇る」のを見てほっと胸をなでおろした。[30] 1828年の秋にホワイト山脈へと旅した時，この芸術家は原生自然を前にして葛藤しあう感情が自分の心の中にあるのを認めた。彼は日記の中で次のようにまとめている――「人間はこのような景色を探し求め，それを発見することに喜びを感じるのかもしれないが，自分でも何だかよくわからない恐怖に襲われ，急いでその場から立ち去ってしまう。自然の崇高な地勢は孤立した人間にとってはあまりに厳粛すぎて，それを見て幸せな気分になどなれないのだ」。[31] 後に書かれた未発表の詩「原生自然の魂」（“The Spirits of the Wilderness”）は原生自然だけでは，人を元気づけたり，活気づけたりすることはできないし，愛と友情もまた，必要だ，という主張を繰り返すものであった。[32] 孤独や野生への衝動と社会や文明の魅力とがコールとその芸術を異なる方向に引き裂こうとしていたのだ。

コールがキャッツキル山脈やホワイト山脈で感じたのと同じ，心を動揺させるような葛藤は，彼がヨーロッパと関わった時に，より大きな規模で再現した。1829年までに彼はヨーロッパ旅行の資金を出してくれる後援者を得ていたが，彼を称賛するアメリカ人やおそらくコール自身さえもが〔次のような〕疑念を抱いていた。旧世界にまともに接することで，彼は芸術の主題としてのアメリカの原生自然から離れていってしまうのではないか？　彼の友人であったブライアントがこの危険を認識していたのは確かで，彼は1829年に「まさにヨーロッパに発たんとする画家コールへ」宛てて手紙を書いた。その趣旨は，旅行中ずっとコールは「あの昔の，野性的な心象を鮮明に保つ」ように努めなければならない，というものであった。[33]

コールは３年間ヨーロッパに，それも主としてロンドン，パリ，フィレンツェに滞在した。ブライアントの危惧した通り，ヨーロッパの壮麗さが彼に何の影響も与えないわけがなかった。彼は同時代の画家たちについては，躊躇うことなく批判的な論評をしたけれども，巨匠となると非難の余地がなかった。ワシントン・アーヴィングと同様，コールは歴史と伝統がヨーロッパの風景に堆積させた厚い外皮にとりわけ，敏感であった。「アメリカの風景はしばしばとてもすばらしいけれども」，〔と指摘した後，〕彼は次のように断言した，「旧世界の景色にまとわりついている連想のようなものが欠けているように感じる。単なる自然だけでは必ずしも十分ではない。風景の効果を完全なものとするには人間への関心や人間が関わる出来事，人間の行為がわれわれには必要だ」と。しかし，コールはほとんど自暴自棄になって，この一連の考えに抵抗しようと努めた。1832年，彼はフィレンツェからの手紙で，これから母国に送る自分の絵を見た人は「私があの原生自然の崇高な景色……ヨーロッパのこの一帯では見られないような独特の雄大さをもつ景色……を忘れていなかったと認めてくれる」だろう，と書いた。[34] しかしながら，同時に彼は城や水道橋，朽ち果てた神殿も描いていたのである。

アメリカに戻ってからも，コールはこうした〔新旧両世界の事物に魅了されているという〕緊張状態〔での製作〕を追求し続けた。彼は1835年５月16日，「アメリカデザイン協会」(National Academy of Design）で講演した「アメリカ風景論」(“Essay on American Scenery”）において自説を確立した。ヨーロッパで見聞したことを引用しながら，コールは「文明化されたヨーロッパでは，景色の原始的特色は随分，昔から破壊されるか，変更を加えられるかを，してきた……取り除くことのできない岩山の頂上には塔が建てられ，最も未開の谷は鋤で耕されている」と報告した。風景は至るところで人間の痕跡やその「英雄的偉業」を物語っていた。「時間と才能が」，とコールは言った，旧世界の景色に「不滅の後光を下ろしていた」。これは「輝かしい」ものであったが，だからといって，アメリカ人は劣等感を感じる必要はない，とコールはすぐさま付け加えた。伝説で語られるような永きに渡る名高い過去に欠けてはいるものの，「アメリカの風景は……ヨーロッパが知らない特色，それも輝かしい特色をもっている。アメリカの風景の最も際立った，そして，おそらく最も印象的な特徴はその未開さである」。これは一つには，母国の風景から連想されるものは人間のそれではなく，「創造者たる神」であるということを意味した。原生自然が見せたのは神の「汚されていない作品であり，心は永遠なものについて沈思黙考し始める」のである。[35)]さらに，コールが数週間後に書いたところによると，アメリカでは，「さんざん描き古されたものではなくて，……原生林や汚されていない湖，滝のような自然はすべて……芸術にとって新しいものなのだ」。[36)]

コールは愛国主義者として原生自然を擁護したが，畏敬の念に打たれた植民地人としては別の意見をもっていた。耕作地や山上の城が母国にはないことを喜んでいたまさにその講演で，彼はヨーロッパに著しく類似した未来を誇り高く予言した――「オオカミが徘徊する場所には〔将来〕鋤がきらめくだろう。灰色の岩山の上に礼拝堂と塔がそびえ立つだろう――力強い偉業が新しい道なき原野で成し遂げられるだろう」と。同様の調子でコールは，未開のハドソン川河岸一帯が「あらゆる種類の美しさ，および，雄大さをもつ礼拝堂や塔，丸天井の建物」で覆われる時が来ると予想した。[37)]コールはライン川崇拝をやめた後，それをハドソン川に再創造したのである。

コールもクーパー同様，アメリカの原生自然を完全に肯定することはできなかった。ブライアントが予期していたように，ヨーロッパが「あの昔の，より野性的な心象」をすでに霞ませてしまっていたのである。より正確に言うと，ヨーロッパでの経験がコールに，未開と文明との結合を理想化させたのだ。ホールヨーク山[[21]]（Mt. Holyoke）から見たコネチカット川流域の眺めを描いた「三日月湖」（“The Oxbow”）という1836年の絵はその好例と言えよう。絵の左半分にコールは原生自然の象徴として，粉々に打ち砕かれた木の幹や暗く激しい雲で満ちた，ゴツゴツした崖を描いた。右半分には川の向こう側に沿って，田園の至福の光景が広がっている。短く刈り込まれた畑や整然とした木立が手入れの行き届いた家々を分け隔てており，その間も暖かな太陽が田園地帯を心地よい光の中に包んでいる。コールの左右で分割されているこの絵は，ヘンリー・デーヴィッド・ソロー（Henry David Thoreau）が自明のこととして受け入れた考え――人間にとって最高の環境とは，未開と文明とが混合した環境である――を暗示していた。コールは1835年に描いた「帝国の推移」（“The Course of Empire”）という5部構成のパネル画において，別のやり方で自分の考えを主張した。ここでは，原生自然がまず牧歌的社会に屈し，次に輝かしい文明に屈する模様を続けて見ることができる。しかし，4番目の絵で新たな野蛮人が大都市を略奪し，5番目の絵では，原生自然状態が徐々に戻りつつあり，そうして一つのサイクルが完成する。社会がその未開のルーツから離れる距離に比例して活力が弱まっていく，ということをコールは示唆していた。その意図は明白だった――コールは同国人たちに，原生自然という遺産を好意的に評価することの重要性を教えたかったのだ。

トマス・コールは1848年に若くして亡くなったが，その時までにアメリカの風景画がアメリカの原生自然を受け入れる態勢は十分に整っていた。1855年，コールと並んでハドソン・リヴァー派の草分けであったアッシャー・B・デュランド[22]（Ashur B. Durand）は，原生自然を題材とした芸術を率直に要求した。「画題を求めてヨーロッパに行くことはもう止めよう」，と彼は『クレヨン』（*Crayon*）に書いた，「わが母国の処女のような魅力があなたの最も深い愛情を得る権利をもっているというのに」。アメリカの「前人未踏の荒地は」，とデュランドは続けた，「文明の汚染からまだ免れているので，他の場所で長い間，探しても見つからないような原始性があるといううわさを保証してくれる」[38]。デュランド自身，コールを記念する「同好の士」（"Kindred Spirits"）をすでに描いて貢献していた。それには，未開の山中の峡谷がもつ美しさについて論じているコールとウィリアム・カレン・ブライアントが描かれていた。

コールの弟子であったフレデリック・E・チャーチ[23]（Frederic E. Church）はアメリカの原生自然を意気揚揚と描写した。チャーチが芸術家として成長する転機は1856年，メイン州北部のカターディン山周辺地域への8日間に及ぶ野営旅行であった。その直接の結果が，メイン州の湖とそれを取り巻く山々を描いた「日没」（"Sunset"）であった。前景には舗装されていない道と数匹のヒツジがおり，文明を想起させるものはそれだけである。それから4年後に，チャーチは「原生自然の黄昏」（"Twilight in the Wilderness"）という壮大な絵を描いたが，それは多くの点で，アメリカの自然という題材が芸術にインスピレーションを与えるのではないかという期待を実現したものであった。トウヒで覆われた崖から川を越え，遠景にあるカターディン山に似た山々へと目を転ずると，田園の痕跡はすべて消えてしまった。その景色は，処女大陸が喚起した終末論的な期待を暗示するような，輝く日没の光で満ちている[39]。

19世紀後半，次世代の風景画家たちはパレットと愛国的な誇りを携えてミシシッピ川を渡った。西部の果ての原生自然に，両者にとって対象とすべきものを彼らは見出した。アルバート・ビーヤシュタット[24]（Albert Bierstadt）は1858年にロッキー山脈を初めて訪れてから数年で，その地域の峰や大峡谷を巨大なキャンバスに描いていた。世間の称賛に応え，ビーヤシュタットはやがて昔の名高い名所――ヨセミテ，イエローストーン，グランドキャニオン――をすべて描いた。彼の誇張した，劇的な手法はかなりの批判を招いたものの，それは西部の風景を目にした時彼が感じた激しい興奮を伝えようという真摯な試みを表すものであった。

トマス・モラン（Thomas Moran）も原生自然画家としてビーヤシュタットと並び称される。彼もまた，自分の感情を表現しようとして，巨大なキャンバスと目も眩むような色彩を用いた。正真正銘の探検家でもあったモランは，1871年のフェルディナンド・V・ヘイデン（Ferdinand V. Hayden）率いるイエローストーン遠征（第7章を参照のこと）に参加し，彼の芸術は国立公園設置運動の一助となった。その後，モランは西部を隅から隅まで歩き回り，ワイオミング州のティートン山脈（その中のモラン山は彼の名前からとったものである[25]）やカリフォルニアのシエラネバダ山脈，コロラド州にあるホリークロス山[26]（the Mountain of the Holy Cross）を描いた。1874年に議会が上院ロビーに飾るためにと，グランドキャニオンを描いたモランの絵の一つに1万ドル支出することを決めた時，アメリカの原生自然は愛国心の対象として公式の承認を得たのであった。モランの西部旅行に何度か同行したのが風景写真家の草分けである，ウィリアム・H・ジャクソン（William H. Jackson）で，その芸術媒体はまもなく，原生自然が愛国主義の源泉であるとアメリカ人に気づかせる有力な新戦力となった。[40]

注

1） *Prose of Freneau*, ed., Marsh, p.228.

2） Jefferson, *Notes on the State of Virginia* (New York, 1964), p.17.

3） 同書，37ページ以降を参照のこと。

4） [Samuel] Williams, *The Natural and Civil History of Vermont* (2nd rev. ed., 2 vols. Burlington, Vt., 1809), *1*, 159. この国際間での科学的論争について，副次的に論じたものとしては，Ralph N. Miller, "American Nationalism as a Theory of Nature," *William and Mary Quarterly, 12* (1955), 74–95, がある。

5） Philip Rahv, ed., *Discovery of Europe: The Story of American Experience in the Old World* (Garden City, N. Y., 1960), p.52. これと同じ考えは，あるケンタッキー州民がイギリスに寄せた手紙の中でも明らかにされている。Gilbert Imlay, *A Topo-*

graphical Description of the Western Territory of North America (London, 1792), pp. 39–40.

6） この分析とこの後の分析に関して，私は次の文献に依拠した。Merle Curti, *The Roots of American Loyalty* (New York, 1946), pp. 30–64; *Errand into the Wilderness* (Cambridge, Mass., 1956), pp. 204–216 所収の Perry Miller, "Nature and the National Ego"; Sanford, *Quest for Paradise*, 特に，pp. 135–154; Sanford, "The Concept of the Sublime in the Works of Cole and Bryant," *American Literature, 28* (1957), 434–448. 自然の道徳的影響力，というアメリカ人の概念を理解するのに特に，重要なものとして，Neil Harris, *The Artist in American Society: The Formative Years, 1790–1860* (New York, 1966)，の第7章，および，第8章があげられる。

7） アメリカ人が感じていた，独自の国民性，および，国民文化を見つけなくてはならないという重圧，および，この過程における自然の役割については，以下の文献を参照のこと。Benjamin T. Spencer, *The Quest for Nationality: An American Literary Campaign* (Syracuse, N. Y., 1957), 25ページ以降；Hans Kohn, *American Nationalism* (New York, 1957), 41ページ以降；Wilson O. Clough, *The Necessary Earth: Nature and Solitude in American Literature* (Austin, Texas, 1964), pp. 58–74; John C. McCloskey, "The Campaign of Periodicals After the War of 1812 for a National American Literature," *Publications of the Modern Language Association of America, 50* (1935), 262–273.

8） [Alexander] Wilson, "The Foresters" (West Chester, Pa., 1838), p. 6. この詩を取り巻く状況を論じたものとしては，Robert Cantwell, *Alexander Wilson: Naturalist and Pioneer* (Philadelphia, 1961), pp. 127–131, がある。

9） [Daniel] Bryan, *The Mountain Muse* (Harrisonburg, Va., 1813), [p. 9].

10） [De Witt] Clinton in Thomas S. Cummings, *Historic Annals of the National Academy of Design* (Philadelphia, 1865), p. 12.「巨大な山のそばに住んでいるからといって，必ずしも偉大な詩人になれるわけではない」という言葉は，Henry Wadsworth Longfellow の *Kavanagh* in Jones, *O Strange New World*, p. 347 から引用した。Jones の同書，pp. 346–389には，アメリカ愛国主義の基礎として自然が利用されたことについての多くの洞察がみられる。

11） Frank Weitenkampf, "Early American Landscape Prints," *Art Quarterly, 8* (1945), 61, に引用されていたものである。

12） [Nathaniel P.] Willis, *American Scenery* (2 vols. London, 1840), *1*, v. William Bartlett はこの本のために，"Bartlett's Views" として一般に知られている版画を数多く制作した。

13） [Elias Lyman] Magoon, *The Home Book of the Picturesque* (New York, 1852), pp. 37–38.

14） Anonymous（作者不詳）, *The Scenery of the United States Illustrated* (New York,

1855), p.1.

15)　Cushing Stout, *The American Image of the Old World* (New York, 1963) の特に62〜85ページがこの緊張状態を詳細に検討している。

16)　*The Sketch Book*, Irving's Works, Geoffrey Crayon edition (27 vols. New York, 1880), *2*, 16–17. アーヴィングの伝記と彼とヨーロッパとの関係に関するさらなる分析は, William L. Hedges, *Washington Irving: An American Study, 1802–1832* (Baltimore, 1965), および, George S. Hellman, *Washington Irving Esquire: Ambassador at Large from the New World to the Old* (New York, 1925).

17)　Irving, *A Tour of the Prairies*, ed., John Francis McDermott (Norman, Okla., 1956), pp. xvii, 55. 初版は1835年に出版された。

18)　Hoffman, *Winter in the West*, pp.193–194. このような考え方が大衆文化にどのように広まっていったか, ということを示すものとして, Ruth Miller Elsen, *Guardians of Tradition: American Schoolbooks of the Nineteenth Century* (Lincoln, Neb., 1964), pp.35–40, を参照のこと。

19)　Headley, *Adirondack*, pp.iv, 146; Edwin Bryant, *What I Saw in California*, p.228; Lanman, *Summer in the Wilderness*, p.171.

20)　これらの引用は, *The Poetical Works of William Cullen Bryant*, ed., Parke Godwin (2 vols. New York, 1883), *1*, 19, 23, 102, 133, 228–232, からのものである。ヨーロッパの自然と比較した上での新世界の自然の特質に関する議論, という観点から論じたものとしては, Ralph N. Miller, "Nationalism in Bryant's 'The Prairies,'" *American Literature, 21* (1949), 227–232, がある。

21)　Bryant, ed., *Picturesque America* (2 vols. New York, 1872), *1*, iii. ブライアントと自然との関係については, Norman Foerster, *Nature in American Literature* (New York, 1923), pp.1–19, および, Donald A. Ringe, "Kindred Spirits: Bryant and Cole," *American Quarterly, 6* (1954), 233–244, で詳述されている。ブライアントの最新の伝記は, Albert F. McLean, Jr., *William Cullen Bryant* (New York, 1964) で, 特に, 39〜64ページを参照のこと。

22)　[James Kirke] Paulding, *The Backwoodsman* (Philadelphia, 1818), pp.3, 7.

23)　James D. Hart, *The Popular Book: A History of America's Literary Taste* (Berkeley, Cal., 1961), pp.80–82.

24)　[James Fenimore] Cooper, *The Pioneers, Mohawk edition* (New York, c. 1912), p.302; Cooper, *The Prairie,* Rinehart edition (New York, 1950), pp.246, 275. クーパーの高貴な野蛮という考え方については, Fred A. Crane, "The Noble Savage in America, 1815–60" (unpublished Ph.D. dissertation, Yale University, 1952), 第5章において論じられている。

25)　Cooper, *The Prairie*, pp.80, 290.

26)　フロンティア開拓者, および, 先住民（インディアン）に関するこの解釈の概略は，以下の文献において記述されている。Pearce, *Savages of America*, pp.200–212; Smith, *Virgin Land*, pp.59–70, 220–224; Moore, *Frontier Mind*, 159ページ以降；Donald A. Ringe, *James Fenimore Cooper* (New York, 1962). 比較的短いけれども，すぐれた論文としては，Roy Harvey Pearce, "The Leatherstocking Tales Re-examined," *South Atlantic Quarterly, 46* (1947), 524–536, と，Henry Nash Smith, によるクーパーの *The Prairie*, Rinehart edition (New York, 1950), の序文，pp.v-xx の二つがある。これらに比べると，Lillian Fischer, "Social Criticism in Cooper's Leatherstocking Tales: The Meaning of the Forest" (unpublished Ph.D. dissertation, Yale University, 1957)，はあまり役に立たない。

27）この引用は，James Thomas Flexner, *That Wilder Image: The Painting of America's Native School from Thomas Cole to Winslow Homer* (Boston, 1962), p.39, からのものである。Louis Legrand Noble, *The Life and Works of Thomas Cole*, ed., Elliott S. Vesell (Cambridge, Mass., 1964), p.62, におけるコールの言葉と比較のこと。1853年に初版が出版されたノーブルのこの本は，最もすぐれた伝記的論評である。

28）これらの絵を再現し，コールの作品について論じているものとして，Frederick A. Sweet, *The Hudson River School and the Early American Landscape Tradition* (New York, 1945), pp.55–69, がある。同じく関係する文献としては，以下にあげるものがある。Wolfgang Born, *American Landscape Painting* (New Haven, 1948), 24ページ以降；George Boas ed., *Romanticism in America* (New York, 1961), pp.24–62 所収の Walter L. Nathan, "Thomas Cole and the Romantic Landscape"; Oliver W. Larkin, *Art and Life in America* (rev. ed., New York, 1960), 200ページ以降。以下にあげる二つの論文は出版されている資料を補足するものである。Kenneth James LaBudde, "The Mind of Thomas Cole" (University of Minnesota, 1954), Barbara H. Deutsch, "Cole and Durand: Criticism and Patronage, A Study of American Taste in Landscape, 1825–1865" (Harvard University, 1957).

29）Noble, *Cole*, pp.56–57, に引用されていた，Daniel Huntington の言葉。*A Funeral Oration Occasioned by the Death of Thomas Cole* (New York, 1848) における，ウィリアム・カレン・ブライアントのこれと同様の賛辞と比較のこと。原生自然への愛を含む，この二人の人物の類似点については，Ringe, "Kindred Spirits," 233–244, を参照のこと。James A. Beard, "Cooper and His Artistic Contemporaries," *New York History, 35* (1954), 480–495, はコールとクーパーの友情と芸術面で相互に恩義があるということを論じている。

30）Noble, pp.40, 43–45.

31）Flexner, *That Wilder Image*, p.40, に引用されていた。Noble, p.67 と比較のこと。

32）Thomas Cole Collection, New York State Library, Albany, N. Y. Box 6, Folder 2.

33）*Works of Bryant, 1*, 219.

34)　Noble, p.219; Cole to J. L. Morton, Jan. 31, 1832 in Noble, pp.99–100 所収。

35)　Cole, "Essay on American Scenery," *American Monthly Magazine, 1* (1836), 4–5.

36)　Noble, p.148.

37)　Cole, "Essay on American Scenery," 9, 12.

38)　[Asher B.] Durand, "Letters on Landscape Painting: Letter II," *Crayon, 1* (1855), 34–35. デュランド自身については，Barbara H. Deutsch, "Cole and Durand: Criticism and Patronage, A Study of American Taste in Landscape, 1825–1865" (unpublished Ph.D. dissertation, Harvard University, 1957)，および，Frederick A. Sweet, "Asher B. Durand, Pioneer American Landscape Painter," *Art Quarterly, 8* (1945), 141–160, を参照のこと。

39)　David C. Huntington, *The Landscapes of Frederick Edwin Church* (New York, 1966), pp.71–83, は彼の原生自然芸術を論じ，問題になっている絵を再現している。

40)　Sweet, *Hudson River School*, pp.96–112; Flexner, *That Wilder Image*, pp.293–302; John C. Ewers, *Artists of the Old West* (New York, 1965), pp.174–194. モランについては，Thurman Wilkins, *Thomas Moran: Artist of the Mountains* (Norman, Okla., 1966), が最も信頼できる文献である。The William Henry Jackson Papers, State Historical Society of Colorado, Denver，および，彼の自伝 *Time Exposure* (New York, 1940), は原生自然写真の初期の歴史に光をあてているのに対して，David Brower ed., *Wilderness: America's Living Heritage* (San Francisco, 1961), pp.49–59所収の，Ansel Adams, "The Artist and the Ideals of Wilderness," は新しいジャンルの創造を手助けする仕事をした写真家による，カメラの果たす役割についての最近の解釈である。

訳注

[1]　ヴァージニア州中西部の石灰岩の橋を思わせる岩形。高さ66メートル，長さ27メートル。

[2]　1744～1818年。アメリカ第2代大統領ジョン・アダムズ夫人。女性の地位向上のために大胆な主張を行ない，アメリカの女性史では女権論の先駆者とみなされているという（『世界の歴史21　アメリカとフランスの革命』133ページより）。

[3]　ジョン・アダムズは当時，パリで独立戦争後の平和条約を締結する交渉に出席していた。

[4]　1766～1813年。スコットランド生まれの鳥類学者。アメリカに渡り，博物学者ウィリアム・バートラムの助言と援助を受けて鳥類学を学んだ。

[5]　1769～1828年。アメリカの政治家。1817～1821年，1825～1828年にニューヨーク州知事を務めた。

[6]　1780～1870年。ボストン生まれの編集者，ジャーナリスト。

[7]　カリフォルニア州東部とネバダ州西部にまたがるシエラネバダ山脈中の湖。面積

520平方キロメートル，標高1897メートル。

[8] 1794～1878年。アメリカの詩人。ワーズワースの影響を強く受け，さまざまな自然詩を書いた。

[9] 当時，若干17歳。

[10] マサチューセッツ州西部の丘陵。

[11] カナダ・アメリカのロッキー山脈東方の大草原地帯。

[12] 1778～1860年。海軍職員，著述家。

[13] 1789～1851年。アメリカの作家。フロンティア（西部の辺境地帯）を舞台とし，アメリカ先住民も登場する五つの作品から構成される「皮脚絆物語」（“Leather-stocking tales”）は最も有名な作品である（『アメリカ文学思潮史』85～88ページより）。

[14] 1806～1854年。フィラデルフィアで医師をしていたが，後に作家となった。

[15] 1780～1840年。宣教師，作家。

[16] チャールストンで弁護士を開業していたが，雑誌の編集者も務めた。作家としても活躍，南部でかなりの影響力をもっていた。

[17] 19世紀中期のアメリカ風景画家の流派。主にハドソン川流域をロマンティックに，あるいは，写実的に描いた。

[18] ニューヨーク州東部の低い山脈。保養地。

[19] ニューヨーク州北東部，シャンプラン湖に臨む村。独立戦争時，フランス軍の要塞があった。

[20] ウィニペソーキ湖はニューハンプシャー州中部にあり，夏の行楽地。

[21] マサチューセッツ州中西部の山。

[22] 1796～1886年。彫刻家，画家。National Academy of Design を創立。

[23] 1826～1900年。風景画家。

[24] 1830～1902年。ドイツ生まれのアメリカの風景画家。

[25] ワイオミング州北西部とアイダホ州南東部に渡る山脈。最高峰のグランド・ティートンは4196メートルある。

[26] コロラド州中部，サウォッチ山脈中の高峰。高さ4266メートル。

第5章
哲学者　ヘンリー・デーヴィッド・ソロー

この森や原生自然から，人を元気づける強壮剤や樹皮が生ずる。

——ヘンリー・デーヴィッド・ソロー（1851年）

1851年4月23日，痩せて猫背のヘンリー・デーヴィッド・ソロー（Henry David Thoreau）がコンコード文化講座で演壇に登った。「私は何よりも」，と彼は話し始めた，「自然のために，完全なる自由と野生のために一言，述べたい」。ソローは数多くの文明の擁護者たちに応えようと努めるあまり，これから自分が言うことは極端なものになるだろう，と断言した。「私を好きな場所で生活させてほしい」，と彼は宣言した，「こちら側には都会があり，あちら側には原生自然がある，そして，私は都会からますます離れ，原生自然へと退いていく」。その講演の終わり近くで，彼は自分のメッセージを次のような短い言葉に凝縮した。「原生自然にこそ世界の救いがある[1][1)]」。

アメリカ人はこのような言明を今まで聞いたことがなかった。これまでの原生自然に関する議論は，そのほとんどがロマン主義，あるいは，愛国主義の決まり文句を用いてなされていた。ソローは野生の意義をより理解しようとして，これらを放棄したのである。そうすることで，彼は他の人々がほんのわずかしか認めてこなかった問題に真正面から取り組むようになった。それと同時に，原生自然に関する思想の大部分がその後を流れるための水路を彼は切り開いたのである。

「超越主義」（Transcendentalism）として知られている人間，自然，神に対する態度の複合体は，原生自然に関するソローの考えを決定する主要な要因の一つであった。プラトン（Plato）やカント（Kant）のような観念論者の伝統にならい，アメリカの超越主義者たちは物質的現実よりも高度な現実の存在を仮定した。超越主義の核となっているのは上層の精神的真理の領域と下層の物質の領域との間に照応関係，あるいは，平行関係がある，という信念であった。このために，自然の風物は重要性を帯びたのだが，それというのも正しく見れば，それらは普遍的な精神的真理を反映していたからである。まさにこの信念ゆえに，ラルフ・ウォルドー・エマソン（Ralph Waldo Emerson）は1836年の声明において，「自然は精神の象徴である……世界は象徴的だ」と宣言したのである。[2] その6年後，ソローはこれとはまた別の解釈を提供した――「事実の価値を過小評価しないようにしよう。それはいつか真理となって花開くのだから」。自然は神から発せられるより高度な法則の流れを反映するものだった。それどころか，ソローが次のように問いかけた時に示唆したように，自然界は単に反映するだけにとどまらず，それ以上のことをするものかもしれなかった――「自然は一般にただ何かの象徴とだけみなされているが，正しく読み取れば自然はその何かではないだろうか？[3]」。

超越主義者たちは物質と本質とに分けられた世界における人間の位置について，明確な概念をもっていた。物質的存在であるということが人間を他の自然の風物と同様に，物質的世界へと定着させたのだが，魂が人間にこの状態を超越する可能性を与えた。（理性による理解とは別のものとしての）直観や想像力を用いることによって，人間は精神的真理を洞察することができるかもしれない。同じやり方で人間は自らと神的存在との照応関係を発見し，道徳的に進歩する能力を認識することができるだろう。超越主義者たちが強調したところによれば，あらゆる個人はこの能力をもっているのだが，それを洞察する過程は困難を極め，また，細心の注意を要するものなので，それはめったに実践されなかった。大多数の人々は無関心だったが，より高度の真理を追求する人々でさえ，期待外れなほどあっという間にそれらを直観的に見つけたにすぎなかった。それにもかかわらず，ソローはこう指摘した。「自然を真正面から見つめているだけの人に博物学者の資格はない……自然を見通し，かつ，自然の彼方を見なくてはならない」と。[4]

人間と自然についての一つの考え方として，超越主義はアメリカの原生自然の意味にとって，重要な含意をもっていた。その理論が頂点に達すると，自然界に神性が存在するとする昔の考えを力強く主張するようになった。超越主義者たちは理性の力に関する理神論者たちの仮定を拒絶する一方で，自然は宗教の正当な源泉であるという点で彼らと意見が一致していた。原野や森から道徳的「衝動」が流出していると信じていたウィリアム・ワーズワース（William Wordsworth）

のようなイギリスのロマン派詩人たちは一層，見解を同じくしている人たちであった。少なくとも理論上は，超越主義者たちは未開の地の超道徳性に関して昔の考えが入る余地をほとんど残さなかった。その代わりに，原生自然は都市とは対照的に，精神的真理が最も鈍っていない環境とみなされた。エマソンはこの点を明白にしようとして，次のように書いた――「原生自然では，私は街や村にいる時よりも高貴で，生まれながらにもっているものを見つけたような気分になる……森の中でわれわれは理性と信仰に立ち戻る[5)]」。

超越主義の人間観は原生自然の魅力を間接的に増〔加させることに寄与〕した。エマソンやソロー，および，彼らの仲間たちは，あらゆる心の中に，カルヴィニズム（Calvinism）が前提とする悪の残骸どころか，神性のきらめきを認めた。カルヴァン（Calvin）に強い影響力を受けたピューリタン（Puritans）は，原生自然という道徳的空白の中で放任されれば，人間性の生来の罪深さが荒れ狂ってしまうのではないかと恐れた。人間は獣になりさがってしまうか，あるいは，もっと悪いことに森の中へ入ってしまうかもしれない。それとは逆に，超越主義者たちは未開の地にそのような危険があるとはまったく思わなかったが，それというのも，彼らは人間は基本的に善良であると信じていたからである。彼らはピューリタンの前提を逆転させて，道徳的完成に到達し，神を知る機会は原生自然に入ることによって最大になると論じた。最初のニューイングランド住民たちが原生林と接触した時に経験した恐怖は，彼らのコンコードの子孫たちにおいては信頼――原生自然，および，人間への――に取って代わられたのである。

原生自然に対するソローの態度を形成した二つ目の要因は彼の文明観だった。19世紀半ばまでに，アメリカ人の生活はあわただしいテンポと物質主義的風潮を獲得していたので，ソローや彼の同時代人の多くは漠然とした動揺や不安を感じていた。進歩が〔望ましいとする〕信念を公認する力が強力になっていたのは確かであった。しかし，科学技術文明や進歩の追求が古きよき生活様式を破壊しつつある，という考えを完全に無視することはできなかった。自然性を奪われた生活様式が無垢や素朴さ，趣味のよさを今まさに圧倒しつつあるように思われた[6)]。「さまざまな物に鞍がつけられていて」，とエマソンは皮肉った，「人はその上に乗る[7)]」。ソローは，考察を記録するための普通の白色のノート（blank notebook）を買えないのを嘆いた。コンコードの商人たちが差し出したのは，何ドル何セントというような金額を記入するために罫線が引かれた帳簿だけであった。1837

年，ハーバード大学の卒業式で彼は，現代を汚染するウイルスとしての「商業精神」について演説をした。[8] ソローの原生自然哲学の考え方が進展していることは当時の社会に対するこのような不満感と並置してみると，非常に意義深いものとなる。

ソローが未開の地の価値に関する自分の考えを明確に述べ始めたきっかけは，自らを省みることであった。1841年，23歳の時に彼は友人に宛てた手紙に次のように書いた――「私はあたかも生肉を食べて生きているかのごとく，日ごとにますます野蛮になっている。そして，この野生が休息している時にだけ，私は文明化されているのだ」。それから数カ月後，彼は日記の中で「まったくの原野にこんなにも憧れるなんて，私の本性が特に野蛮であるかのように思われてくる」，と告白した。コンコードの田舎を散策している時，先住民（インディアン）の矢じりや野生のリンゴの木，オオヤマネコのような深い森に生息する動物たちを見つけて，彼は大喜びした。それらは，「すべてが庭や耕作された畑の農作物ばかりというわけではないということ，ミドルセックス郡には1000年前と変わることなく，まったく原始的な状態の土地が数平方ロッド[2]あり，……われわれの文明の砂漠の中に野生という小さなオアシスがあるということ」の証拠であった。ソローにとってこの未開の地の存在は最も重要であった。「私たちの生活には」，と彼は1849年に最初の著書の中で指摘した，「松の木が茂り，カケスが今もなお甲高い声で鳴いている［原生自然］の慰めが必要だ」。[9] コンコード近くで十分な野生を見つけられなかった時，ソローはメイン州やカナダまで足をのばした。「ハドソン湾に向かって広がるだれも住まない，そして，その大部分はまだ探検もされていないような原生自然の縁に」ただいるだけでソローは元気づけられた。「グレートスレーブ湖[3]」（Great Slave Lake）や「エスキモー」という名前それ自体が彼を元気づけ，励ました。ソローはコンコードを愛していると認めながらも，「はるか遠くの海や原生自然の中に，コンコードを100万個もつくれるような材料があるのを見つけた時――実際それを見つけられなければ，私は途方に暮れてしまうだろうが――」どんなにうれしいか，明らかにした。[10]

同時代の多くのロマン主義者たちと違い，ソローは原生自然への情熱を口にするだけでは満足しなかった。彼はその価値を理解したかったのだ。1851年のコンコード文化講座での講演は，「森と原生自然」は「人を元気づける強壮剤や樹皮」を与えてくれる，という主張を擁護する機会を提供した。ソローは自らの主張の根拠を，原生自然は活力やインスピレーション，力の源にあるという考えにおいた。事実，それは必要不可欠な「生命の原料」(raw material of life) であった。[11] どんな類のものであれ人間の偉大さは，この原始の生命力を利用するかどうかにかかっていた。ソローは文化にとっては，ひいては個人にとっても，原生自然と接触しなくなればなるほど，それは弱く活気のないものとなる，と信じていた。

あの4月の昼下がり，このことを文化講座で説明するのは困難なことであった。文学史に実例を探し求めて，ソローは「文学において私たちを魅了するのは野生だけである」と主張した。『ハムレット』や『イーリアス』[4] (*Iliad*)，聖書の魅力は「文明化されていない自由で野性的な思考」であった。これらの作品は「菌類や地衣類と同様に野性的とも言えるほど自然で原始的，神秘的で驚異的，この上なく美味で肥沃」であった。[12] 同時代の詩人や哲学者も同様に，野生の拠点と接触し続けることにより恩恵を被るだろう，とソローは付け加えた。知性を豊かにする無尽蔵の肥料として，それに並ぶものは他になかった。

ソローは聴衆がもつ古代史の知識にも訴えた。帝国の興亡は，野生にどれだけしっかりと根を下ろしているかどうかにかかっていた。ローマの建国者たちがオオカミの乳を飲んで育ったという話は，ソローにとって「無意味なつくり話」などではなく，根本的真実を例示する隠喩（メタファー）であった。「ローマ帝国の子たちはオオカミの乳を飲んで育たなかったがゆえに」と彼は推論した，「彼らはオオカミに育てられた北の森の子たちに征服され，取って代わられたのだ」と。「要するに」，と文化講座での講演の最後に彼は語った。「よきものはすべて，野性的であり，自由なのだ」[13] と。

ソローにとって原生自然は，人間がもっている野性のきらめきを生きながらえさせるのにきわめて重要な野生の状態（wild）の宝庫であった。彼は1856年の手紙に書いたように，原生自然を「主として，その知的価値ゆえに」重んじた。[14] 未開の地が自らの精神にもたらす「強壮剤」としての効果に彼は一度ならず言及した。[15]「さあ，ついに」，と彼は1857年に述べた，「私の神経は安定し，私の五感と知性はその務めを果たしている」。超越論者であるソローは，原生自然の中に「目に見えないけれども偉大で，穏やかで，不死で，限りなく励ましてくれる，ある仲間」を見つけ，それが「自分とともに歩いてくれている」と信じていた。

著述家としてのソローは森の価値をも知っていた。彼は，メインの森への旅行を好例として使い，「体力〔維持〕のためだけではなく，美〔しいものに接する〕のために，詩人は時々，木こりの小道や先住民の道を旅し，原生自然のはるか奥深くにある，どこか新しく，より清々しいミューズたちの泉で水を飲まなくてはならない」，と主張した。[16] きわめて重要な環境がその内部にあるのだった。原生自然は，それが思考に有益な効果をもたらすがゆえに，ソローにとって最高に重要なものであった。

ソローの著作の多くが自然界に関するものであったといっても，それは表面上のことにすぎなかった。「自然のすべては人間の精神の隠喩（メタファー）である」というエマソンの格言にならい，彼は比喩の道具として繰り返し自然を頼った。[17] 原生自然は人類がもっているものの，まだ知られていない特質や使われていない能力を象徴していた。彼が言わんとすることの主旨は，「私たちの脳や内臓の中にある……野性，私たちの内に存在する自然の原始的活力」を洞察することだった。『ウォールデン』（*Walden*, 1854）で彼は読者に「ルイス[5]（Lewis）やクラーク[6]（Clark），フロビッシャー[7]（Frobisher）のように，あなた自身の川や海を探る探検家……であれ。あなた自身におけるより高緯度の地帯を探査せよ」と説いた。ソローの見解では，本質的なフロンティア（西部の辺境地帯）は地理的な位置を一切もたず，「人間が一つの事実に**直面する**所であればどこにでも」見つかるものであった。[18] しかし，外界の物理的な原生自然に行くことは，内面への旅に非常に役立つものであった。未開の地はそれに不可欠な自由と孤独を与えてくれたからだ。さらに，それは本質的要素だけになるまでに不要なものを剝ぎ取られた生を提供した。このように何も手を加えられていないがゆえに，原生自然は「身を落ち着けて働き，自分の見解や偏見，伝統，錯覚の泥やぬかるみの中まで……パリやロンドン，ニューヨークやボストンの中にまで……足をぐさりと押し入れて，……ついには私たちが現実と呼ぶ，しかるべき場所にある堅い底部の岩盤に辿り着く」のに最適の環境であった。このことを心に留めてソローはウォールデン池に分け入った。「私が森に行ったのは」，と彼は断言した，「慎重に生きたいと思ったからである」。ウォールデンでのエピソードから10年経っても，ソローは時々，「人生を演ずるのによりよい機会をもてるどこかの原生自然に行く」ことの必要性を依然として感じていた。[19] 因みにソローの言う，人生を「演ずる」というのは，最大限真剣に生きることを意味していた。

原生自然の価値に関するソローの考えを斟酌すれば，彼がアメリカの風景を愛国主義者たちがするように擁護し始めるのも当然だった。彼の言葉の中には陳腐なものもあったが（例えば，「われわれの理解力は，わが国の平原のごとく，より包括的で幅広い」というような），彼は新しい視点からの意味を理解していた。ローマ建国当初の偉大さを，ロムルス[8]（Romulus）とレムス[9]（Remus）がオオカミの乳を飲んで育ったという事実と結び付けた後，ソローは「今日のアメリカは雌オオカミである」と論じた[20)]。野性を失い，文明化されたヨーロッパを離れた移民たちは，野性的な新世界の活力を分かち合い，未来をその手中に収めていた。例えば，イギリスは，「その国の野蛮人は絶滅してしまった」がために活力のない，不毛で瀕死の状態になってしまった。他方，アメリカには原生自然が豊富にあり，その結果，他に並ぶもののない文化的・道徳的な可能性があるのだった。「私は信じている」，とソローは書いた，「総じて言えば，楽園のアダム（Adam）であっても，アメリカの奥地で暮らす者ほどに好都合な状態には置かれてはいない」ということを。しかし，独特な用心深さでこう付け加えた，「原生自然にいる西のアダムがどんなものになるのか，それはまだわからない」と[21)]。

アメリカの原生自然を称賛することにかけてはソローに並ぶ者はいなかったが，かといって彼の熱狂が薄められないというわけでもなかった。彼の思想の中にさえ，あのかつての嫌悪と恐怖がいくらか残っていた。メインの森との遭遇はそれを強調した。ソローは1846年にコンコードを離れ，メイン州北部への最初の旅――計3回に及ぶ――に出発した。正真正銘の原始的なアメリカを見つけたいと思っていたので，彼の期待は大きかった。しかし，メインでの現実の原生自然との接触は，コンコードで考えていた原生自然が及ぼすものとははるかに違った影響を彼に及ぼした。ソローは原野への理解を深めて森から出てくるどころか，文明をより一層尊敬し，〔原生自然と文明とを〕バランス化させる必要性を実感したのである。

メインの原生自然はソローにショックを与えた。彼はそこを「予期していたよりもはるかに不気味で野性的な，深く入り組んだ原生自然」である，と報告した。カターディン山に登った時は，彼が知っていたコンコード周辺の景色とそれが対照的であることに衝撃を受けた。未開の地の風景は「荒涼として物寂しい」ものであり，彼は自然を前にしていつものように歓喜するどころか，「想像以上の孤独感」を感じた。彼はあたかも思考や超越の能力を奪われてしまったかのようであった。原生自然における人間の姿について，彼は次のように述べた――「広大で，強大で，無慈悲な自然は人間を不利な立場に置き，たった一人でいるところを捕え，人間からその天与の能力のいくらかをくすねる。自然は平原にいる時のように，人間に微笑みかけてはくれない」。カターディン山頂の剝き出しの岩にしがみつくソローには，原生自然は「異教崇拝と迷信的な儀式の場――私たち以上に岩や野生動物に近い種類の人間が住むような場所」であるように思われた。この山の上では，自然の風物の象徴的意義への超越主義的な信頼はゆらいだ。原生自然はキリスト教の神よりも異教の邪神により適した環境であるように思われた。「私を捕えたこの巨人は一体，何なのか？」，とソローはカターディン山上でほとんどヒステリックに問いかけた。「私たちは一体，だれなのか？　私たちはどこにいるのか？」，と。[22] アイデンティティ自体消え去ってしまっていた。別の精神状態の時には，「森やその孤独，および，暗闇を恐れるような人間をどう扱えばよいというのか？　どんな救いが彼にある，というのか？」などといぶかっていた人にとって，それは突然の悟りであった。[23]

メインでの経験はまた，人間の野蛮状態と文明化された状態とに関するソローの思考力を研ぎ澄まされたものにした。若い頃，彼は善をほとんどもっぱら前者の側にあるとみなしていた。大学生の時書いた小論，「野蛮と文明」（"Barbarism and Civilization"）は先住民の方が優秀である，と論じたものだが，それというのも，彼は自然の教育的・道徳的影響力と常に接触し続けていたからである。それから数年後，日記の中でソローは野蛮人を称賛したが，というのも，野蛮人は「自然において自由で抑制されず，その住人であって客ではなく，余裕をもって優雅にそれを身につけている」からであった。[24] しかし，彼がメインで見たものは，こうした原始主義的な前提の妥当性について問題を提起するものであった。先住民は「自然を……粗雑で不完全な扱い方」しかしない「邪悪でだらけた連中」であるように思われたのだ。野蛮人はどうみても，彼がかつて考えたような「自然の子」（child of nature）ではなかった。[25] 1852年７月１日の日記でソローは，バラは「野蛮人だけがうろついている中で，いたずらに咲いているばかりであった」と記したが，この考えに彼の批判が凝縮されていた。原生自然により高い価値があると認め，その最大の恩恵を経験したのは，むしろ哲学者や詩人であった（ソローは自分自身を最適の例とみなした）。しかし，文明人の大部分はこうしたことを無視した。戸外で彼らの目は物質的利益やくだらないスポーツに注がれた。

「スケッチしようと鉛筆を持参してやって来たり，歌いに来たりする人が一人いたとすれば，斧やライフルを持ってやって来るのが1000人いるという有様だ」，とソローは嘆いた。彼が得た教訓は「野蛮人にも高等な階級と下等なそれとがあり，文明化された国民もまた，同様だ」ということであった。[26)]

今や問題は明らかであった――「こうした野蛮人のあつかましさと文明人の知性とを結び付けること」は可能なのか？　換言すると，人間は「［文明の］不利益を一切こうむることなく，その利点だけをすべて確保する」ように生きることができるのだろうか？　この問いに対するソローの回答は，固有の善と文化的洗練の恩恵とを未開状態に結び付けることにあった。どちらか一方の状態が過剰であることは何としても避けねばならないことであった。原生自然状態に伴う生命力や勇壮さ，たくましさは，文明の特徴である優美さ，鋭い感受性，「知的・道徳的成長」と均衡状態にあるべきだった。「自然の治療法は」，と彼は続けた，「夜と昼，冬と夏，思考と経験との間にある均衡関係の中に見つかるはずだ」。[27)]

理想的な人間は野性さと洗練さの両方を利用することで，そのような中間の位置を占めていた。[28)]ソローは自分自身の生活を最適の例とした。『ウォールデン』で彼は，「より高き，すなわち，いわゆる精神的な生活に向かう本能……と原始的，かつ，粗野で野蛮な生活に向かうもう一つの本能」が自分自身の中に存在していることがわかった，と報告した。その両方に恵まれていたソローはウォールデン池のほとりにある自らの豆畑と同様，自分自身を「半分だけ耕された」状態にするよう努めた。「断固として私は」，と彼は説明した，「人間のあらゆる部分が耕されるのは，土が１エーカーでも耕されるのと同様に……嫌である」。もちろん，どちらもある程度は支配され，耕されるべきであるが，耕されたものには力を与える肥料として未開さや原生自然がいくらか混合されなくてはならない。その力が部分的に薄められている限りでは，素晴らしい作物が育ちうる。エマソンはコンコードの隣人が次のような考えを表明する際，助力を惜しまなかった――「歴史上の偉大な瞬間とは，野蛮人が野蛮人であることをただ止める時である……自然，および，世界におけるよいものすべてはあの過渡期，つまり，黒ずんだ液体が依然として自然からたっぷりと流れ出しているものの，その渋みやえぐみが倫理や人間性によって抜き取られているような時期にある」。ソローはこの隠喩（メタファー）をアメリカの愛国主義の問題にまで拡大した。文化の観点からすると，旧世界は消耗しきった農地であった。一方，新世界は未開の泥炭地であった。しかし，だからといって，乙に澄まして自己満足にひたっているわけにはいかなかった。アメリカには，文化大国になるための前提条件として「旧世界の砂をいくらか，その豊かではあるけれども，まだ同化されていない草地に運ぶ」必要があったのだ。[29] ここでもまた，答えは未開と洗練のバランス（均衡）をとることにあった。

原生自然に関してソロー自身はどうだったかと言えば，彼は「一種の境界線上の生活」を送っていると感じていた。彼は食料と自らの野蛮な本能を実践する機会を求めて時々，荒野に赴いたが，それと同時に彼は，そこに永遠にとどまることはできないことを知っていた。「文明人は……未加工の分解されない泥炭の塊に自らの繊維を巻きつける栽培植物のように，ついには，そこでやつれて死んでしまうに違いない」。最適の生活を送るためには原生自然と文明を交互に訪れるか，あるいは，もし必要ならば，終の住処として「部分的に開墾された地方」を選ぶかするべきである，とソローは信じていた。[30] 必要条件は文明と原生自然との範囲の両端と接触し続けることであった。

ソローは，野性さ（「私たちのもつ獣性」）こそ人間の最も貴重な特質であると考えていたが，それはあくまで人間の「より高等な性質」によって抑制され，利用されている場合に限ってのことだった。[31] 彼は均衡のとれた状態を理想化していたので，だれかが講義の後で次のように尋ねてくるのは彼にとっていつも，悩みの種であった――「あなたは私たちを野蛮な状態に戻したいのですか？　等などと」。[32] しかし，彼の世代の他の人々は，ソローの言う「均衡状態」がどういう意味なのかを理解していた。仲間の超越主義者チャールズ・レーン（Charles Lane）は『ダイアル』[10]（*Dial*）で，原生自然での生活と文明社会での生活との「融合」を擁護した。「二つの様式がそれぞれもつ利点を結合することは」，彼の考えでは，「明らかに多くの人々がめざすべきことである」。オレスティーズ・ブラウンソン（Orestes Brownson）の言う完全無欠な社会とは，「最高段階の文明におけるすべての秩序と社会の調和を備え，未開の状態での個人の自由すべて」を可能にするべく努力する社会のことであった。フランシス・パークマン[11]（Francis Parkman）が同様の考えを抱くきっかけとなったのは，クーパーの皮脚絆であった。このボストンの歴史家にとって，「この文明と野蛮との間に生まれた混血児という概念には，見事なまでに的を射た何ものか」があった。パークマンの考えでは，ナッティ・バンポーは「放浪本能と，先住民を踏みにじる束縛への憎悪」と，「正直さ，やさしさ，生来の哲学，そして，真の道徳認識」とを兼ね備えていた。1850

年には，クーパー自身がこの有名な主人公について，「文明社会」と「未開の生活」の中間の道を歩む傾向があると論じた。皮脚絆は，「どちらか一方を極端まで推し進めることなく，両方の状態のよりよい特質」を象徴していたのである。[33)]

半ば未開のものを哲学的に擁護したことにより，ソローはアメリカ人による田園の理想化に新しい基盤を提供した。かつて，ほとんどのアメリカ人は田園・農地状態を原生自然と高度な文明の両方からの解放として崇拝していた。彼らはいわば，環境のスペクトルの中心に両足を揃えて立っていたのである。[34)] それに対して，ソローは足を大きく広げることによって中心に辿り着いた。彼は両極を楽しみ，それぞれに足をおき続けることによって，両方の世界の最もよい部分を抽出することができる，と信じたのだ。田園は両極の間の平衡点だった。ソローによれば，野生と洗練さは宿命的な両極ではなく，アメリカ人の場合，〔両者を〕混合させた方がうまくいくといったくらい，同程度に有益な影響力をもつものであった。この概念を用いて，ソローは原生自然に不快な特質よりもむしろ魅力的な性質を与え始めていた思想に革命をもたらしたのである。

注

1） *Excursions, The Writings of Henry David Thoreau*, Riverside edition（11 vols. Boston, 1893）, 9 所収の "Walking," 251, 267, 275 より。この講演の一部始終については，Walter Harding, *The Days of Henry Thoreau*（New York, 1935）, p.286，および，Harding, "A Check List of Thoreau's Lectures," *Bulletin of the New York Public Library, 52*（1948）, 82, を参照のこと。ここで論じられている講演をソローが行なったのはこの時が最初であり，彼は亡くなる直前にその原稿を修正したので，引用した箇所はコンコード文化講座で講演した時のものとは文言が違っていたかもしれない。とは言え，両者が非常に似かよっていることを示す証拠については，ハーディングの315ページで引用されている講演原稿の断片を参照のこと。

2） *Nature, Addresses and Lectures, The Works of Ralph Waldo Emerson*, Standard Library edition（14 vols. Boston, 1883）, *1* 所収の "Nature," 31, 38 より。超越主義の二次的研究書の中で最もすぐれたものは，エマソンに関するものである。Sherman Paul, *Emerson's Angle of Vision: Man and Nature in the American Experience*（Cambridge, Mass., 1952）; Stephen E. Whicher, *Freedom and Fate: An Inner Life of Ralph Waldo Emerson*（Philadelphia, 1953）; Vivian C. Hopkins, *Spires of Form: A Study of Emerson's Esthetic Theory*（Cambridge, Mass., 1951）; Philip L. Nicoloff, *Emerson on Race and History*（New York, 1961）.

3） *Writings, 9* 所収の Thoreau, "The Natural History of Massachusetts," 160; Thoreau, *A Week on the Concord and Merrimack Rivers, Writings, 1*, 504.

4) *The Journal of Henry David Thoreau,* eds., Bradford Torrey and Francis H. Allen（14 vols. Boston, 1906）, *5*, 45.

5) *Works, 1* 所収の Emerson, "Nature," 15, 16.

6) Marx, *Machine in the Garden*; Marvin Meyers, *The Jacksonian Persuasion: Politics and Belief*（Stanford, Cal., 1957）, William R. Taylor, *Cavalier and Yankee: The Old South and American National Character*（New York, 1961）, といった文献の結論は，この当時アメリカ人が抱いた不安についてのこれと同様の評価をその土台としている。

7) Emerson, "Ode, Inscribed to W. H. Channing," *Poems*（4th ed., Boston, 1847）, p.119.

8) Reginald L. Cook, *Passage to Walden*（Boston, 1949）, pp.99–100.

9) Thoreau, *Familiar Letters, Writings, 6*, 36; Torrey and Allen, eds., *Journal, 1*, 296; 9, 44; Thoreau, *Week, Writings, I*, 223.

10) Thoreau, "A Yankee in Canada" in *Writings, 9*, 52; Thoreau, "Natural History" in *Writings, 9*, 129–130; Torrey and Allen, eds., *Journal, 2*, 46.

11) Thoreau, "Walking" in *Writings, 9*, 275, 277.

12) "Walking"（*Writings, 9*, 283），における同様の一節の基となっている，Torrey and Allen eds., *Journal, 2*, 97，の中の，こうした考えを比較的劇的に表現したものを今ここで引用している。

13) Thoreau, "Walking" in *Writings, 9*, 275, 287. トマス・コールの1836年の「帝国の推移」シリーズ（第4章を参照のこと）と，ジェームズ・フェニモア・クーパーの『クレーター』（*The Crater*）も，それぞれ美術，小説という媒体を用いて同じ考えを表現している。実際，クーパーは構想に関してコールを参考にしたという。Donald A. Ringe, "James Fenimore Cooper and Thomas Cole: An Analogous Technique," *American Literature, 30*（1958）, 26–36 より。

14) Sherman Paul, *The Shores of America: Thoreau's Inward Exploration*（Urbana, Ill., 1958）, p.415，所収の1856年10月20日付けの未発表の手紙から引用した。

15) Thoreau, *Walden, Writings, 2*, 489，はその一例である。

16) Torrey and Allen, eds., *Journal, 9*, 209; Thoreau, *The Maine Woods, Writings, 3*, 212.

17) Emerson, "Nature" in *Works, 1*, 38. この後の分析の指針として，私は以下の文献を用いた。Fussell, *Frontier*, pp.175–231; Foerster, *Nature*, pp.69–142; Clough, *Necessary Earth*, 78ページ以降；R. W. B. Lewis, *The American Adam: Innocence, Tragedy, and Tradition in the Nineteenth Century*（Chicago, 1955）, pp.20–27; F. O. Matthiesson, *American Renaissance: Art and Expression in the Age of Emerson and Whitman*（New York, 1941）, 153ページ以降；Lawrence Wilson, "The Transcendentalist View of the West," *Western Humanities Review, 14*（1960）, 183–191. ソ

ローの意見を概括的に扱ったもので，最もすぐれたものとしては，Paul, *Shores of America,* がある。

18）Torrey and Allen, eds., *Journal, 9,* 43; Thoreau, *Walden, Writings, 2,* 495; Thoreau, *Week, Writings, 1,* 401.

19）Thoreau, *Walden, Writings, 2,* 143, 154; Torrey and Allen, eds., *Journal, 7,* 519.

20）Thoreau, "Walking" in *Writings, 9,* 273, 275.

21）Torrey and Allen, eds., *Journal, 2,* 144, 152–53. 処女大陸ということがインスピレーションの源の一つとなっている，アメリカ文学におけるアダムのテーマについては，Lewis, *American Adam,* を参照のこと。

22）Thoreau, *Maine Woods, Writings, 3,* 82, 85–86, 94–95, 107. メイン滞在中のソローに関する二次的な論評は，以下の文献の中を参照のこと。Fannie Hardy Ekstrom, "Thoreau's 'Maine Woods,'" *Atlantic Monthly, 102*（1908）, 242–250; Ethel Seybold, *Thoreau: The Quest and the Classics*（New Haven, Conn., 1951）, p.65; John G. Blair and Augustus Trowbridge, "Thoreau on Katahdin," *American Quarterly, 12*（1960）, 508–517; Paul, *Shores of America,* 359ページ以降。

23）Torrey and Allen, eds., *Journal, 2,* 100.

24）F. B. Sanborn, *The Life of Henry David Thoreau*（Boston, 1917）, pp.180–183; Torrey and Allen, eds., *Journal, 1,* 253.

25）Thoreau, *Maine Woods, Writings, 3,* 105. Pearce, *Savages of America,* pp.148–150, はソローは原始主義者（primitivist）であった，と主張している。それに対して，John Aldrich Christie, *Thoreau as World Traveler,* American Geographical Society Special Publication, 37（New York, 1965）, pp.211–230 は，ソローは純粋な未開の状態の中に称賛すべきものをほとんど見出さなかった，という現在の立場を支持している。

26）Torrey and Allen, eds., *Journal, 4,* 166; Thoreau, *Maine Woods, Writings, 3,* 162; Torrey and Allen, eds., *Journal, 3,* 301.

27）Thoreau, *Walden, Writings, 2,* 23; Torrey and Allen, eds., *Journal, 3,* 301; Thoreau, "Walking" in *Writings, 9,* 258.

28）John W. Ward, *Andrew Jackson: Symbol for an Age*（New York, 1955）, pp.30–45, はこの点をジャクソンという，イギリス本国人と先住民（インディアン）との間で最も有利な中間点を占め，その結果，戦争でその両方を打ち負かすことができた，とみなされている男に言及しながら論じたものである。Charles L. Sanford も，理想的なアメリカ国民性について同様の分析を行なっている。*Quest for Paradise,* viii ページ，28ページ以降，135ページ以降を参照のこと。

29）Thoreau, *Walden, Writings, 2,* 246, 327; Thoreau, "Walking" in *Writings, 9,* 292; Emerson, "Power" in *Essays: Second Series, Works, 3,* 71; Torrey and Allen, eds., *Journal, 2,* 147.

30) Thoreau, "Walking" in *Writings, 9*, 296–297; Thoreau, *Maine Woods, Writings, 3*, 210–211.

31) Thoreau, *Walden, Writings, 2*, 341.

32) Walter Harding, "Thoreau on the Lecture Platform," *New England Quarterly, 34* (1951), 369, に引用されていた。

33) [Charles] Lane, "Life in the Woods," *Dial, 4* (1844), 422; *The Works of Orestes A. Brownson*, ed., Henry F. Brownson (20 vols. Detroit, 1882–1907) *15*, 60; [Francis] Parkman, "The Works of James Fenimore Cooper," *North American Review, 74* (1852), 151; *James Fenimore Cooper: Representative Selections*, ed., Robert Spiller (New York, 1936), pp.306–307.

34) 以下の文献は，アメリカ人が田園，あるいは，マルクスの言う「中間の風景」にひかれたことについて，考察している。Marx, *Machine in the Garden: Richard Hofstadter, The Age of Reform* (New York, 1960), pp.23–59; Smith, *Virgin Land*, 123ページ以降。

訳注

[1] 酒本雅之訳を参考にした。『ウォールデン』（ちくま学芸文庫，2000年）「人間蘇生の思想――『ウォールデン』を読む」（537ページ）より。

[2] 1平方ロッドは30.25平方ヤード。約25.3平方メートル。

[3] カナダのノースウェスト準州中南部にある湖。

[4] トロイア戦争を題材としたギリシャの叙事詩。ホメーロスの作とされている。

[5] メリウェザー・ルイス。1774～1809年。アメリカの探検家。"Lewis and Clark expedition" と呼ばれる1804～1806年のルイジアナ地方探検隊のリーダー。

[6] ウィリアム・クラーク。1770～1838年。アメリカの軍人，探検家。前出のルイス＝クラーク探検隊の一人。

[7] マーティン・フロビッシャー。1535？～1594年。イギリスの航海士，探検家。

[8] 紀元前753年にローマを建設しその最初の王になったといわれる。赤ん坊の時，親に捨てられ，オオカミの乳を飲み，ヒツジ飼いによって育てられたという。

[9] ロムルスの双子の兄弟。

[10] 超越論者たちの機関紙。1840年7月～1844年4月まで刊行された。

[11] 1823～1893年。アメリカの歴史家。

第6章
原生自然を保存せよ！[1]

祖国の同胞よ！　一部分でもいいから原始林を残し，保存し，慈しみなさい。原始林が伐採されてしまったら，簡単には元には戻らないだろう。それが心配なのだ。

——ホレス・グリーリー（1851年）

原生自然を好意的に評価するようになると，たちまちアメリカの風景から消えてしまうのではないかという寂しさが生まれてきた。後悔する前に何ができるか。それが問題だった。未開の地を征服することには合理性があるからだ。しかし，原生自然をロマン主義的・愛国主義的に守っていこうとする中で，原生自然を計画的に保存しようと考えるアメリカ人が少数ながら出てきた。この社会は変化へと向かう文明のエネルギーから上手くかわして，選ばれた地域を法的に守ることができるのではないか。もちろん，そうした試みはアメリカ人に支配的な目的とは完全に反していた。開拓者にとって，原生自然の保存（preservation）は馬鹿げたことであった。原生自然の保護には利点があると認める人々でさえ，文明側の主張に説得力があると認めないわけにはいかなかった。何よりも，このように相反する感情があるということは些細なことではない。保存には行動が必要となる。これまで，主として，哲学的なものだったジレンマが今や土地の配分というきわめて現実的な問題となって浮上してきたのだ。こうしたジレンマに直面することで，アメリカ人は原生自然への理解を深めるようになった。実際，19世紀半ば以降，保存という問題は，アメリカで原生自然の議論をする際に重要なものになった。

原生自然が失われることへの懸念は当然ではあるが，原生自然を保護せよという声が発せられる以前にあった。抗議の声があがったのは，未開の地を称賛してきた社会階級，すなわち，文学や芸術に理解ある東部の人々からだった。例えば，ジョン・ジェームズ・オーデュボン[2]（John James Audubon）である。彼は著書『アメリカの鳥類』（*Birds of America*, 1827-38）をきっかけに，自然美への関心を呼び覚ますリーダーとされた。1820年代に標本収集のために，オハイオ渓谷を旅したオーデュボンは多くの「森林破壊」を目にした。これは愛するものの終わりだと感じたものの，西部への開拓を非難することにはためらいを感じていた。彼は，「こうした変化がよいのか，悪いのか，あえて何も言わない」と書いたが，「ハンマーや機材の轟音」を聞き，「斧によって急速に消えていく森」を目にしたオーデュボンに迷いはなくなった。「貪欲な工場が嘆かわしい物語を語った。1世紀も経てば，この壮大な森はもはや存在しないだろう」というのが，彼の結論だった。[1)]

アメリカの原生自然をロマン主義的に解釈した作家たちは，オーデュボンの嘆きに共感した。クーパーは『大草原』（*The Prairie*）の中で同様の感情を表現し，トマス・コール[3]（Thomas Cole）とともに，文明はすべてを食いつぶしてしまうと告発した。1836年，コールは原生自然に無関心なのは，「貧しい功利主義」の時代になりさがっているからだ，と断言した。すでに風景には「斧による破壊」がみられるが，それは次第に明確なものになっていくだろう。コールは原生自然を擁護する者が好んで使うイメージを用いながら，「私たちはまだエデンにいる。私たちをエデンの園から締め出すのは，私たち自身の無知と愚かさだ」ということを忘れてはならないと述べた。[2)] その5年後に，コールは「森の嘆き」（"Lament of the Forest"）という詩の中で，この処女地の代弁者になろうとした。詩の中で，森は新世界の聖域を侵し，人間が「破壊者」として振舞うのを嘆いた。「私たちは滅亡へと近づいている。ごらん，見渡す限り，立ち昇る煙に空は闇に暮れ，あの丘もこの谷も，すべてがマモン神[4]（Mammon）の祭壇になった」。ほんの「数年という短い歳月で」，原生自然は滅び去るだろう。[3)] 同じように，ウィリアム・カレン・ブライアント[5]（William Cullen Bryant）も悲観的だった。彼は1846年に五大湖地域を旅した後に，「荒涼とした人寂しい森」でさえも「田舎家風の別荘や下宿屋で溢れてしまう」だろう，と悲しい未来を予測した。以前から，祖国の「より野性的なイメージ」を保つことに関心を抱いていた詩人として，警告しないではいられなかったのだ。[4)] さらに，ロマン主義的な旅人であり，エッセイストである，チャールズ・ランマン（Charles Lanman）は，「原生自然を魅力的にしているほぼすべてのものが文明の手で略奪されてしまった」と土地の運命を簡潔に語った[5)]。

ワシントン・アーヴィング（Washington Irving）も，アメリカの風景から原生自然が失われていくことを嘆いた。彼は1837年に，ベンジャミン・L・E・ボンヌヴィル大尉（Captain Benjamin L. E. Bonneville）の西部探検日誌の出版準備を手伝った。言うならば，「未開生活のロマン」を残したいと思ったからである。アーヴィングは自分の印象をボンヌヴィルの文章に織り込みながら，未開の地に残る一つの希望が地形にあることに気づいた。ロッキー山脈は「白人の欲望をそそるものがない」，人が住めない「地帯」をつくっていた。その周辺に文明が根づいても，ここは「開墾不能な原生自然」として，ずっと先住民（インディアン）やわな猟師，探検家の隠れ家だろう。アーヴィングは，そうした原始の資源があることの利点は材木やその他の原材料を文明が失う以上に重要だ，と考えていた[6)]。

ボストン出身のフランシス・パークマン・ジュニア（Francis Parkman, Jr.）の場合は，愛着をもつ原生自然が消滅するという悲しみが歴史プロセスに対する鋭い意識と結び付いた。パークマンは，物心ついた時から「森に夢中」だった[7)]。原生自然は想像力を掻き立てるものだった。おそらく，彼が慣れ親しんだ洗練され，教養に溢れた環境とは対照的だったからだろう。ハーバード大学の学生だった頃，彼は夏になると情熱的にニューイングランド北部やカナダに続けざまに野営旅行した。1841年のホワイト山脈の旅行記で，パークマンは「半ば未開の生活を味わい……人の手がまだ入っていない原生自然を見るためだけに，こんなに遠くまで来たのだ」と書いた[8)]。大学時代に，パークマンは一生の仕事として歴史学を志し，北アメリカ大陸をめぐるフランスとイギリスとの紛争を研究テーマにすることにした。彼は原生自然を主題にした，きわめてアメリカらしい本を書きたい，と思った。パークマンは「このテーマに魅せられ」，「昼も夜も原生自然のイメージに没頭した」と述べている。フレンチ—インディアン戦争[［6］]は最大の関心事だった，「アメリカの森林の歴史」を研究するための理由にすぎなかった[9)]。だが，パークマンは本格的にこのテーマに取り組む前に，1846年の夏，オレゴン街道[［7］]の横断という，過酷だが忘れがたい旅をした。旅の途中，体調を崩したものの，ブライアントが詩で，クーパーが小説で，コールが絵画で表現したように，この旅は歴史学で学術的に原生自然のロマン主義的な解釈を提示するものとなった。

歴史家としてのパークマンは，とりわけ，変化に敏感だった。原生自然を愛する彼は北アメリカにおける文明の影響を嘆いた。1844年，パークマンはハーバード大学の卒業式の式辞で，自分自身の感情を語った。彼は，「コロンブスが初めて見たアメリカは，この世で最も崇高なものであった。ここは自然の領土だった」と，発見前夜の新世界を賛美することから始まり，「もはや魔法は解かれてしまった。果てなき原生自然からの息吹が奏でる，厳格にして荘厳なる詩は消えてしまった。ひどく退屈で平凡な散文がアメリカに居座ってしまったのだ」と，最後を悲嘆で締め括った。10) 1851年，パークマンは処女作の序文に，「最期の運命を受け入れた時期の」アメリカの森林と先住民を描くのがこの本の目的だと書いた。1年後，彼はクーパーの小説の書評を書き，文明化の過程をまっすぐに批判した。パークマンによると，「文明」には「創造力と同じくらいの破壊力」があった。破壊の犠牲になったのは，先住民やバッファロー，フロンティア（西部の辺境地帯）の開拓者だ。開拓者は「よくも悪くも非凡な……人々なので，彼らがいなくなることを悔やまない人などほとんどいないだろう」11)。このように，パークマンは自らの主張をクーパーの小説の主人公のレザーストッキング（Leatherstocking）になぞらえて説明したのだった。

1849年，『ニッカーボッカー・マガジン』（*Knickerbocker Magazine*）での連載終了後，パークマンの『カリフォルニアとオレゴン街道』（*The California and Oregon Trail*）が出版された。軽く陽気な文体は原生自然と関わってきた著者の快活な精神を映し出していた。1840年代には，まさか西部の端までが野性的でなくなることはないと思っていたパークマンだが，その考えは時が経つにつれて変化した。この本の新版の出版に際して新たな序文を書くことになった彼はそこに自らの考え方の変化を述べることにした。1873年版の『オレゴン街道』（*The Oregon Trail*）の序文に，消えつつある原生自然について，長文の段落を一つ付け加えたのである。最初の本には書かなかったのだが，パイクス山［8］（Pike's Peak）近くを馬に乗って通った時に旅仲間と交わした会話を想起したのだ。二人の意見は，原生自然は消滅する運命にあるだろう，ということで一致した。まもなく畜牛がバッファローに取って代わり，農場はオオカミやクマ，先住民の分布域を変化させるだろう。開拓者たちはそうした展望を，祝福するかもしれないが，ボストンから来た若い二人には失望でしかなかった。パークマンは，1873年に，振り返ってみると，その時には変化の速さを事前予測したことを示すものではなかった，と記した。ロッキー山脈という「人跡未踏の山々」で人々が金を探し求めるようになると，農場だけでなく「都市……やホテルや賭博場」が侵入してきた。さらに，「一夫多妻をとる大勢のモルモン教徒」がやってきた[9]。あげくの果てに「不思議で神秘の山々の魔力」を打ち壊し，「魔法を解いてしまうような機関車の甲高い音」がやってきた。「山のわな猟師はもういない。だから，野性的で苛酷な生活の中にある恐ろしいような冒険話も，過去の思い出なのだ」と，パークマンは悲しげに結論付けた[12)]。

パークマンは1892年，亡くなる直前に再び，『オレゴン街道』の序文を改訂した。もはや疑いようもなく，「荒野だった西部は飼い慣らされ，野生の魅力は萎えてしまった[13)]」。このような心性が現存するアメリカの原生自然を少しでも保存しようとする表現を初めて生み出したのである。

アメリカ先住民の初期の研究家であり，画家でもあったジョージ・キャトリン[10]（George Catlin）は，原生自然が失われるのを悔やむのでなく，保存すべきである，と考えた最初の人物である。1829年，彼は夏に西部を旅し，その冬に東部のアトリエでスケッチや日記を書いた。1832年の春，キャトリンは，「自然の気品と美しさ」を絵筆とペンでとらえることができるフロンティアに，文明が侵入して消え去ってしまう前に，もう一度行きたいという思いにとらわれた[14)]。キャトリンはミズーリ川の源流をめざした。「イエローストーン号」に乗ってセントルイスを出発し，５月にサウスダコタ州のフォートピアに辿り着いた。近くでは，多くのスー族が野営をしていた。キャトリンは，彼らが大量のバッファローをウィスキーと交換するために殺しているのを目撃し，先住民もバッファローも絶滅が近いのではないか，という思いを強くした。彼は憂鬱になった。崖を登り，小さなアメリカ合衆国の地図を広げ，文明の拡大がもたらす影響について考えた。「自然がつくりあげたものは素朴で，野性的なものが多い。だが，それらは開墾する人々が振るう死の斧や陰鬱な手によって傷つき，倒れる運命にある」。しかしながら，キャトリンは原始的なものこそ「保存し，保護するに値する」のだ，と確信していた。「あの原始的な野生さや美しさから離れれば離れるほど，啓蒙された人の心はますますそうした景色を思い浮かべて喜びを感じるようになる」。だから，重要なのだ[15)]。

同じことを述べた人は他にもいた。だが，1832年のキャトリンの考えはそれをはるかに超えた。先住民，バッファローの生存基盤である原生自然は，政府が「雄大な公園」という形で保護すれば，文明に完全に屈してしまうことはないかもしれない，という考えに至ったのである。この考えをキャトリンは夢中になって続けた。「アメリカはかくも美しく，刺激的な標本を保存し，将来に渡り洗練された国民や世界の目の前に掲げるのだ！　自然美が野性［味］や新鮮味を完全に保った人間と野生生物がいる国民公園を！[16]」

同様に，アメリカの原生自然を価値づける認識が別のところでも保存を求める声を生み出していた。1840年代末頃，ヨーロッパを旅し，トマス・コールは人口過密な文明の中で保護されることのない原生自然の運命をドラマティックに考えるようになった。そして，「消えゆく原生自然と，その地勢を救い，永続させることの必要性」に少しでも関連するような本を書こうとした。旧世界ヨーロッパに触れたホレス・グリーリー[11]（Horace Greeley）は，1851年，アメリカ人に「一部分でも原始林を残し，保存し，慈しみなさい」と求めた。原生林が消えてしまったら，簡単には戻らないのだ，と警告したのである。ヨーロッパを見たグリーリーは，「これまでさほど高く評価したことのなかった」，祖国の「荘厳な……いまだ傷ついていない森林」への想いに立ち返ったのである[17]。

ヘンリー・デーヴィッド・ソロー[12]（Henry David Thoreau）は野生の重要性について，精緻な哲学を打ち立て，原生自然の保存を求めた初期の代表的人物である。他の人々と同様に，彼は原野が消滅してゆくことに不安を感じた。もちろん，原始的な場所はメイン州やアメリカ西部には見出すことができるかもしれない。だが，年を追うごとに，森林に入る製材業者や入植者が増えていた。メイン州はマサチューセッツ州のように，マサチューセッツ州はイギリスのようになりつつあった。ソローは1852年の日記の中で，「この冬」について記している。「彼らはこれまでになく大量の木を伐採している……徹底的なやり方だ。これは原生自然との戦争だ」。完全に文明化されていくアメリカの展望を目の当たりにして，ソローは，国は「ある程度の野生としての自然の見本，一定程度の原始性」を公的に保存しなくてはならない，と結論付けた。彼の考えは1858年の『アトランティック・マンスリー』（*Atlantic Monthly*）の論説記事で明確になる。そこには，５年前の２度目のメイン州への旅について書かれていた。ソローはこの記事の終わりの方で，文明化された人間に思想的な栄養をもたらす宝庫として原生自然を擁護した。彼はこう問いかけた。「取るに足らないスポーツや食料のためにではなく，インスピレーションと真のレクリエーションのために……クマやヒョウ，狩猟のための動物が生息し，『文明化されることで地上から消え去る』ことがないような……国立保護区――すなわち，私たちの森――をもつことが……なぜ，できないのか？」[18]。キャトリンと同様に，ソローは先住民や野生動物の絶滅を防ぎたいと願っていた。そして，原生自然を守ることは，文明を維持する上でもきわめて重要だ，という見解に辿り着いた。

1859年，ソローは再び，未開の地を保護するようにと主張した。それは，彼が暮らすマサチューセッツの郡区にも関連する主張だった。彼は，それぞれの郡区が「500，ないしは，1000エーカーの公園，より正確に言えば，原生林をもつべきだ」と主張した。一般市民はそうした土地を神聖な場所として所有すべきである。ソローがこの提案の根拠として示したのは，数十年に及ぶアメリカの愛国主義を頂点へと押し上げるものだった。「新世界を新しいままにしておこう，この国で生きる利点のすべてを保存しよう」。ソローは「謙虚さをもちつつ，敬意を払うために，あるいは，大地には私たちが利用する以上に大きな効用があるのだということを示すためだけに」，原野はある程度，そのままにしておくべきだと結論し，力説した[19]。

原生自然の保護を望んでいた人々であっても，国への忠誠心との間で揺れていた。オールバニー[13]の弁護士，サミュエル・H・ハモンド（Samuel H. Hammond）の著作には，保存したいという気持とアメリカ文明の物質的側面を誇りに思う気持との葛藤がみられる。1840年代から，ハモンドは，同じように「太古に続く森林，原生自然，それらがもつ野性的なものすべてを愛する」友人たちとともに，夏になるとアディロンダック山脈に野営旅行に出かけた。彼は，野生の中では文明生活の不安から解放されるのだと知った。「身体が弱り，憂鬱な気分になる時，私はほとんどの場合，森に行く。森を出る時はいつも体調も体力も回復し，消化機能も完璧で，明るく元気な気分になっていた」。彼は旅の中で「原生自然の荒々しく野性的なものの中を放浪しながら，しばらくの間，何もせずにのんびりと過ごす」機会を得た。ハモンドは，それが健康で幸福であるために不可欠だと述べる。すべての人間がもつ「野生への志向」に思うままにふけることができるからだ[20]。

原生自然に価値がないと考える功利主義的な信念が馬鹿げていることを示すために，ハモンドはたそがれ時にアディロンダックの湖で交わされる会話という寓話をつくった。ボートに乗っている物質主義者はこう尋ねた。

> 荒涼たる原生自然の中に……一体，どんな着想の源があるというのだね……こんな丘でトウモロコシは育つかね？　岩だらけの低地が牧草地になるものかね？……こんな太古から続く森が材木や薪束に取って代わるかね？　こんな岩を切り出して，モルタルづくりの家や工場，教会，公共の建物をつくることができるかね？　君の言う「古い原始的なもの」は実用的なものだろうか？　文明の進歩に役立ったり，ドルに換金することができるだろうか？

これに対して，ハモンドは美と非実用性という点から切り返した。「何だ！　君は俗物的で，進歩に貪欲で，こっけいな妄想を手に入れようと渇望するあまり，輝かんばかりの夢を台無しにしてしまっているのだね。まるで，あらゆるものがドルとセントという金銭的な尺度で評価されると言わんばかりにね」。だが，ハモンドは別の場面では，明確に拒絶していたはずの価値を喜んで受け入れていた。キャンプファイヤーを囲んでの議論で，彼と友人たちは森林が後退していくことを開拓者の視点から称賛した。「文明の行進が大陸を横断する……古き原生自然をバラのような花に変えながら」。結果，「進歩の影響」は，機関車や電信，写真のような奇跡を生みながら，「道徳的威信」にまでなったのだ[21]。

原生自然と同時に文明にも魅了されていたハモンドは共存共栄のための条件を望んでいたのだといえる。一定程度の未開地を保存することが彼のジレンマを解決する手法だった。ハモンドは自らの計画を説明する際に，「直径100マイルの円を区域とし，そこを憲法という保護の盾で守る」のだ，と語った。この土地は「永遠の森」で，「古木は神が創りだしたままに，いつまでも……そこにある」だろう。材木伐採や入植は禁止されるだろう[22]。原生自然は維持されるが，だからといって，文明に害を与えることはない。原生林の「円」は一定程度の未開の地が存在し続けることを保証し，同時に原生自然を進歩の道から遠ざけておくのに役立つが，文明は「より適した地域で」妨げられることなく，拡大する。「労働がより豊かに収穫物を蓄え，勤勉が労苦よりも多くの報酬を得るようなところへ，文明が行くのがいい。ここではどうみても成長が阻害されるだけだろう[23]」。このように，遠回しな言い方で，ハモンドは文明の価値を否定することなく，原生自然の保存を正当化したのである。

ハモンドとソローが原生自然と文明とで対立する利害関係を妥協させようとしたのに対して，ジョージ・パーキンス・マーシュ[14]（George Perkins Marsh）は森林の場合，未開の状態であることが有効であると主張した。彼が『人間と自然——人間の行為によって改変された自然地理学』（*Man and Nature:or, Physical Geography as Modified by Human Action,* 1864）で詳細に語った主張が強い影響力を与えていくことになる。多彩な経歴のマーシュは[24)]，人間がいかに自然を改変するためにその力を濫用してきたかを見てきた。至るところに，文明が自然の調和に与える破壊的影響が現れていた。旧約聖書「創世記」第１章第28節の開拓者的な解釈に代わるものを提示しようとしたマーシュは次のように断言した。「人々は長く忘れてしまっているが，大地は人々に使用権を与えているだけである。消費すること，まして好き勝手に浪費することなど論外である」と。これはマーシュにとって学術的な問題ではなく，ましてや倫理的な問題ではなく，人類を支えている大地の能力に関わるものであった。

マーシュはその主な例として乱伐の影響を記した。河川流域の森林を完全に伐採してしまうと，干ばつや洪水，浸食，好ましくない気象の変化が発生した。マーシュはそのような災害が地中海沿岸の諸帝国の国力と影響力を衰退させた原因であると確信していた。新世界は歴史に学ばなくてはならない。マーシュは，「これからは賢明になって，過去の誤ちから学ぼう」と訴えた。マーシュの考えでは，原生林にはスポンジのような性質があり，川の流れを最大限に調整している。原生自然を保存することには，「詩的な」正当性だけでなく，「経済的な」正当性があるのだ。アディロンダック山脈（Adirondacks）を思い浮かべながら，マーシュは広い範囲で，「アメリカの土壌を……可能な限り原始的な状態のまま」で保護するという考えを称賛した。そのように保存された土地は，「自然を愛する人々のレクリエーションのための公園」として，また，実用的な機能を兼ね備えた野生生物の「聖域」として役立つだろう[25)]。

マーシュの議論は主として，原生自然の保護と進歩や経済的繁栄を共存可能なものにするために，自然環境保存主義者にとっても重要なものになった[26)]。ロマン主義者でさえ，その主張には説得力があると認めていた。『人間と自然』が出版された１年後に，ウィリアム・カレン・ブライアントは次のように書いた。「だから，森林は国を干ばつから守り，川の流れを絶やすことなく流し，絶えず泉を満たしているのだ[27)]」と。

実際に保存を進めるためには，原生自然を救おうという感情だけでなく，政府にその責任がある，という考えが必要だった。1832年には早くも，アーカンソー州のホットスプリングス[15]の自然物が国の保護の対象になった。[28] しかしながら，その後の原生自然の歴史にとってより重要なのは，1864年に連邦政府がカリフォルニア州政府に対して，ヨセミテ渓谷（Yosemite Valley）を「一般市民の利用，保養，レクリエーションのための」公園として，認可したことだった。[29] 保護地域は約10平方マイルにすぎなかったし，観光客相手の飲食業が盛んになって，本来の野性的な特徴はすぐに影響を被った。しかし，アメリカ史の中に公有地の一部を景観的価値やレクリエーション的価値を理由に法的に保護するという，重要な前例がつくられたのである。

フレデリック・ロー・オルムステッド[16]（Frederick Law Olmsted）は時代をリードするアメリカの景観建築家であるが，そのような評価を得ていく過程で，ヨセミテ保護区の重要性を認識してきた。彼は1863年にカリフォルニアを訪れ，ヨセミテ渓谷に親しむようになった。そして，最初にその管理を委託された委員の一人に任命された。[30] 1865年，オルムステッドはカリフォルニア州議会に宛てた公園についての勧告書を作成した。その勧告書には，はじめに，「印象深い特徴をもつ自然景観」が「私有財産」になるのを防ぐのが保存という考え方だと記載されていた。次に，オルムステッドは景観美を哲学的に擁護しようとした。景観美は「人間の健康や活力」，そして，特に人間の「知性」によい影響を与える。もちろん，オルムステッドは「景観が人間に与える影響力は大部分，文明化の度合いや嗜好の洗練度に比例する」という，これまでの原生自然の支持者たちの意見に賛同していた。そうであっても，大部分の人々がヨセミテのような場所で黙想することで，何かしら恩恵を得ていた。オルムステッドは，「景観を楽しむことは，疲れることなく精神を用い，精神を鍛錬することだ。精神を落ち着かせ，活気づけることだ。さらに，精神が肉体に及ぼす影響力を通して，元気を回復させるという効果もある」と述べた。彼はさらに，荘厳な自然を見出せる場所が提供されなければ，精神的にひどく不調をきたすに違いない，と付け加えた。文明がもたらす緊張や気苦労を脱ぎ捨てる必要がある。オルムステッドはカリフォルニア州やヨセミテ保護区の委員には「保存する義務」がある，と結論した。[31]

早い時期にヨセミテを訪れた人のうち，少なくともそこが全国規模の保護区制度のモデルになるかもしれないという認識をもった人がいる。マサチューセッツ州スプリングフィールドで『リプブリカン』(*Republican*) の編集者をしていたサミュエル・ボウルズ[17] (Samuel Bowles) は，1865年8月にヨセミテ渓谷を旅した。そして，この公園が他の景勝地に対する関心を高めてくれるようにと願った。彼の心に浮かんだ有力な候補地は，ナイアガラの滝だった。ボウルズは他にも「ニューヨーク州にあるアディロンダック山脈の50平方マイルの土地と，同じくらいの面積のメイン州の湖や森」を「入植による破壊」から保護することが必要だ，と述べた。[32)] 未開の地を救うという考えが大きく育ち，ヨセミテ州立公園で前例があるのだから，ボウルズが思い描いたような原生自然の保存が実現するのはそう遠いことではなかった。

注

1） [John James] Audubon, *Delineations of American Scenery and Character*, ed., Francis Hobert Herrick (New York, 1926), pp.4, 9-10. 1818年から，1834年にかけて書かれたこれらの叙景的エッセイは，オーデュボンの『アメリカの鳥類』(*Birds of America*, Alice Ford, *John James Audubon* 〔Norman, Okla., 1964〕), 41ページ以降を補足するものであった。

2） Cole, "Essay on American Scenery," *American Monthly Magazine, 1* (1836), 3, 12. Noble, *Cole*, pp.160-161, 所収の，Cole to Luman Reed, March 26, 1836, も参照のこと。

3） Cole, "Lament of the Forest," *Knickerbocker Magazine, 17* (1841), 518-519.

4） Bryant, *Letters of a Traveller; or Notes of Things seen in Europe and America* (New York, 1850), 302.

5） Lanman, *Letters from the Allegheny Mountains* (New York, 1849), p.171.

6） Irving, *The Adventures of Captain Bonneville USA in the Rocky Mountains and the Far West, digested from his journal by Washington Irving*, ed., Edgeley W. Todd (Norman, Okla., 1961), p.372.

7） *Letters of Francis Parkman*, ed., Wilbur R. Jacobs (2 vols. Norman, Okla., 1960) *1*, 176, 所収の，Parkman to George E. Ellis, c. 1864, より。パークマンの生涯については，以下の文献を参照のこと。Mason Wade, *Francis Parkman: Heroic Historian* (New York, 1942) の特に pp.23-75, Howard Doughty, *Francis Parkman* (New York, 1962), Lewis, *American Adam*, pp.165-173, David Levin, *History as Romantic Art* (Palo Alto, Calif., 1959) 等々。

8） *The Journals of Francis Parkman*, ed., Mason Wade (2 vols. New York, 1947) *1*, 31.

9） Parkman, "Autobiography of Francis Parkman," *Proceedings of the Massachusetts*

Historical Society, 8 (1894), 351–352.

10) Wilbur R. Jacobs, "Francis Parkman's Oration 'Romance in America,'" *American Historical Review, 68* (1963), 696での引用より。

11) Parkman, *History of the Conspiracy of Pontiac and the War of the North American Tribes against the English Colonies after the Conquest of Canada* (Boston, 1851), p.viii; Parkman, "The Works of James Fenimore Cooper," *North American Review, 74* (1852), 151.

12) Parkman, *The Oregon Trail: Sketches of Prairie and Rocky-Mountain Life* (Boston, 1873), pp.vii-viii. Marx, *Machine in the Garden*（レオ・マルクス著／榊原胖夫・明石紀雄訳『楽園と機械文明――テクノロジーと田園の理想』研究社，1972年）はアメリカ文学の中で，鉄道が自然を破壊するというテーマが重要性だと気づかせてくれた文献である。だが，パークマンの場合，侵略されたのは牧歌的な楽園ではなく，原生自然だった。より正確に言うと，彼の心の中で原生自然はその伝統的な役割を転じて，一種の楽園になっていたのだ。

13) Parkman, *The Oregon Trail* (Boston, 1892), p.ix.

14) George Catlin, *North American Indians: Being Letters and Notes on their Manners, Customs, and Conditions, written during Eight Years' Travel amongst the Wildest Tribes of Indians in North America* (2 vols. Philadelphia, 1913) *1*, 2–3. この著作集はもともと，キャトリンの1830年代執筆の論文集として，1841年にロンドンで出版された。

　キャトリンの生涯については，以下の文献を参照のこと。Marion Annette Evans, *"Indian-Loving Catlin," Proceedings and Collections of the Wyoming Historical and Geological Society, 21* (1930), 68–82; Loyd Haberly, *Pursuit of the Horizon: A Life of George Catlin* (New York, 1948); Harold McCracken, *George Catlin and the Old Frontier* (New York, 1959). キャトリンの芸術を扱ったものとしては，Flexner, *That Wilder Image*, pp.77–102, がある。

15) Catlin, *North American Indians, 1*, 289, 292–293.

16) Ibid., *1*, 294–295.

17) Noble, *Cole*, p.299. これらがコールの実際の言葉なのか，それとも言い換えたものなのかをノーブルは明白にはしていない。問題の本は書かれることがなかった。Greeley, *Glances at Europe* (New York, 1851), p.39, も参照のこと。

18) Thoreau, *Maine Woods, Writings, 3*, 208; Torrey and Allen, eds., *Journal, 14*, 306; 3, 125, 212–213, 269; Thoreau, *Maine Woods, Writings, 3*, 212–213（ヘンリー・D・ソロー著／大出健訳『メインの森』冬樹社，1998年；ヘンリー・ソロー著／小野和人訳『メインの森――真の野生に向かう旅』金星堂，1992年；講談社学術文庫，1994年）。

19) Torrey and Allen, eds., *Journal, 12*, 387; 14, 305.

20）［Samuel H.］Hammond, *Wild Northern Scenes; or Sporting Adventures with the Rifle and Rod*（New York, 1857）, pp.x, 23, 90–91. ハモンドは原生自然に関する議論を，処処，キャンプ旅行の仲間との会話として記したが，ここでは単純化にするために，すべて彼の発言として扱った。

21）Ibid., pp.33–34, 158, 216, 309–311.

22）Ibid., p.83. ハモンドはその著 *Hunting Adventures in the Northern Wilds*（New York, 1856）, p.v, の中で，早くも，これに近い考えを表明していた。

23）Hammond, *Wild Northern Scenes*, pp.83–84.

24）David Lowenthal の *George Perkins Marsh: Versatile Vermonter*（New York, 1958），はすぐれた文献である。

25）Marsh, *Man and Nature; or, Physical Geography as Modified by Human Action*（New York, 1864）, pp.35, 228, 235. マーシュの思想をより深く分析したものに，Stewart L. Udall, *The Quiet Crisis*（New York, 1963）, pp.69–82と Arthur Ekirch, Jr., *Man and Nature in America*（New York, 1963）, pp.70–80, がある。

26）例えば，本書第７章，pp.118–119の他，以下を参照のこと。I. A. Lapham, et al., *Report of the Disastrous Effects of the Destruction of Forest Trees*（Madison, Wis., 1867）; "Forest Preservation," New York *Times*, May 30, 1872; "Spare the Trees," *Appleton's Journal, 1*（1876）, 470–473; Felix L. Oswald, "The Preservation of Forests," *North American Review, 128*（1879）, 35–46.

27）"The Utility of Trees," *Prose Writings of William Cullen Bryant*, ed., Parke Godwin（２ vols. New York, 1884）*2*, 405.

28）John Ise, "Our National Park Policy: A Critical History"（Baltimore, 1961）, p.13.

29）U.S., *Statutes at Large, 15*, p.325. 現在のヨセミテ国立公園は，シエラネバダ山脈の高山地域の約200万エーカーの原生自然だが，これは1890年になってからのことである（第８章を参照のこと）。1906年，カリフォルニア州はヨセミテ渓谷を連邦政府に返還し，ヨセミテ渓谷は国立公園の一部になった。

1864年の認可についての詳しい話は次の文献を参照のこと。Hans Huth, "Yosemite: The Story of an Idea," *Sierra Club Bulletin, 33*（1948）, 47–78, Ise, *National Park Policy*, pp.52–55. また，特に，以下を参照のこと。Holway R. Johns, *John Muir and the Sierra Club: The Battle for Yosemite*（San Francisco, 1965）, pp.25ff.

30）Frederick Law Olmsted Papers, Library of Congress, Washington, D.C., Box 32; Diane Kostial McGuire, "Frederick Law Olmsted in California: An Analysis of his Contributions to Landscape Architecture and City Planning"（未出版の修士論文，University of California, Berkeley, 1956）.

31）Olmsted Papers, Box 32. オルムステッドの報告は，"The Yosemite Valley and the Mariposa Big Tree Grove," *Landscape Architecture, 43*（1952）, 12–25, として公表されている。

32) [Samuel] Bowles, *Our New West* (Hartford, Conn., 1869), p.385.

訳注

［1］ この章は小原秀雄監修『環境思想の系譜１　環境思想の出現』東海大学出版会，1995年で訳出されている。

［2］ 1785～1851年。アメリカの博物学者，鳥類学者，画家。アメリカの野生動物を精密な描写で描いた。彼の業績を称えて自然保護を目的とした「全米オーデュボン協会」が1886年に設立された。

［3］ 1801～1848年。ハドソン・リヴァー派の風景画家。

［4］ 富と欲望の化身，物質欲の象徴。

［5］ 詩人，画家のデュランドと1930年に『アメリカの風景』を刊行。ここにはコールの絵をデュランドが版画化したものも収められている。

［6］ 1754～1760年。

［7］ ミズーリ州インディペンデンスから，オレゴンのコロンビア川に至る約3200キロメートルの開拓路で，特に，1842年から，1860年にかけて西部へ移住する開拓者が利用した。

［8］ コロラド州中部，ロッキー山脈中の山。高さ4301メートル。

［9］ モルモン教は1830年にジョセフ・スミスによって創立された宗教である。ニューヨーク州で誕生したが，一夫多妻制が原因で迫害を受け，オハイオ州，ミズーリ州，イリノイ州へと拠点を移した。1847年，弾圧を逃れてイリノイ州からロッキー山脈の大盆地グレートベースン，現在のユタ州に拠点を移した。なお，一夫多妻制は1890年に廃止された。

［10］ 1796～1872年。アメリカの画家で，1832年に原生自然を守るために国民公園の設置を主張した。

［11］ 1811～1872年。ジャーナリスト，編集者，政治指導者。1841年，New York *Tribune* を創刊。南北戦争時に北部世論を先導し，奴隷制反対を主張した。

［12］ 1817～1862年。『森の生活』の著作で知られている。

［13］ ニューヨーク州の州都。

［14］ 1801～1882年。外交官でもあった。

［15］ アーカンソー州中部の温泉が出る一帯。1921年に国立公園に指定された。

［16］ 1822～1903年。アメリカの景観建築家。1857年，ニューヨーク市のセントラルパークを設計。

［17］ 1826～1878年。1869年に『われわれの新しい西部』を出版。

第7章
保存された原生自然

［イエローストーン地域は］これにより保護され，居住や占有，売買の対象から外され，……国民の利益と楽しみを目的とした公共的な公園，もしくは，娯楽地として保存される。［内務長官は］上記の公園内にあるすべての森林，鉱床，珍しい自然，驚異的なものを……その本来の状態のまま……保存することを定める。

——アメリカ合衆国法令全書（1872年）

1872年3月1日，大規模な原生自然を公共的利益のために保存する世界初の事例が誕生した。ユリシーズ・S・グラント大統領[1]（Ulysses S. Grant）がワイオミング北西部の200万エーカー以上の土地をイエローストーン国立公園（Yellowstone National Park）に指定する法令に署名したのだった[1)]。それから13年後，ニューヨーク州は，アディロンダック山脈（Adirondacks）に71万5000エーカーに及ぶ「保存林」（Forest Preserve）を設置し，「永久に原生の森林地域にとどめおく」と定めた[2)]。これは，初期アメリカ原生自然保存史上，画期的な出来事であり，ここで，ジョージ・キャトリン（George Catlin）やヘンリー・デーヴィッド・ソロー（Henry David Thoreau），サミュエル・H・ハモンド（Samuel H. Hammond），ジョージ・パーキンス・マーシュ（George Perkins Marsh）の思想が結実したのである。だが，この場合でも，保存を実行に移すための合理性として，これまでに称賛されてきた原生自然の審美的，精神的，文化的な価値を考慮していなかった。イエローストーン[2]を最初に守ろうとした人々は原生自然に関心をもっていなかった。彼らは間欠泉や温泉，滝，それらに類する珍しいものが私的に取得され，利用されるのを防ぐために行動したのだった。ニューヨーク[3]で決め手となったのは，十分な水供給には森林地域が必要不可欠だという点だった。どちらの地域でも，原生自然はさしたる理由もなく保存されていた。後に少数ではあるが，最初の国立公園や州立公園の設立の最大の意義が，「原生自然」（wilderness）を保存することであったと理解するようになった。

19世紀はじめの60年間にイエローストーン地域を訪れた白人はわずかだった。だが，モンタナ準州の何人かの住民の関心を引きつけるような情報が，数人のわな猟師や探鉱者たちから伝えられていた。[3)][4] 先住民（インディアン）の襲撃の心配があったために最初の探検計画は断念されたが，1869年の夏には，デーヴィッド・E・フォルサム（David E. Folsom），チャールズ・W・クック（Charles W. Cook），ウィリアム・ピーターソン（William Peterson）が伝説の地を探検した。彼らは間欠泉が噴出する，目を見張るような光景だけでなく，イエローストーン川沿いにある滝や峡谷について報告し，それに刺激された何人かの知人が翌年の夏に大規模な探検をしようと計画した。[4)] 1870年の探検に参加したナサニエル・P・ラングフォード（Nathaniel P. Langford）とコーネリアス・ヘッジス（Cornelius Hedges）は後に，イエローストーン国立公園設立運動の先頭に立った。二人とも東部人で，1860年代初頭にモンタナに入り，そこで政治的に重要な地位にまでのぼりつめた。ラングフォードはモンタナ準州知事に指名されたが，上院議会とアンドリュー・ジョンソン大統領[5]（President Andrew Johnson）との間に意見の相違があり，実際にはその役職に就くことはなかった。[5)] ヘッジスは1853年にイェール大学を卒業し，ハーバード・ロースクールで学位を取得した。彼はモンタナでアメリカ合衆国地方検事を務め，州の歴史協会の会長をしていた。[6)]

1870年８月，ラングフォードとヘッジスはイエローストーン探検隊に加わった。探検隊は，ヘンリー・D・ウォッシュバーン（Henry D. Washburn）とグスタフ・C・ドアン（Gustavus C. Doane）をリーダーとする総勢19人である。[7)] １カ月以上もの間，一行は「珍しいもの」とか，「驚異的なもの」，間欠泉，温泉，峡谷などに驚嘆しながら原生自然の中を歩き回った。[8)] ９月19日，帰途につく前に，探検家たちはキャンプファイアーを囲んでイエローストーンの未来について話をした。彼らのほとんどは，観光客が間欠泉や滝を見たがるだろうから，周辺の土地の権利を取得するつもりだ，と述べた。だが，ヘッジスは反対した。ラングフォードによると，ヘッジスはイエローストーンを個人投機家で分割するのではなく，「壮大な国立公園にすべきだ」と提案した。[9)] ラングフォードはこのアイデアをひと晩，夜通し考えたという。彼は，議会がイエローストーンがもつ自然の魅力が比類ないものだと確信できるならば，保存は可能だろう，と思った。ヘッジスとラングフォードが思い描いていた「公園」は，それぞれの間欠泉の周囲と峡谷の縁に沿った数エーカーの土地から成るもので，国民が景色を眺める権利が保護され，風景それ自体も損なわれることがないというものだった。「原生自然」の保存は1870年の計画では，まだ姿を見せていなかった。[10)]

この旅の後の冬，ナサニエル・P・ラングフォードは公園設立計画を盛り上げようと，東部で何度か講演をした。[11)] また，峡谷や間欠泉の挿絵入りのイエローストーンに関する記事を２本，『スクリブナーズマンスリー』(*Scribner's Monthly*)に発表した。[12)] 人々は関心をもちつつも，ラングフォードの報告には信憑性に欠けるようなところがあると思った。「準州地質・地理調査局」(Geological and Geographical Survey of the Territories）の局長，フェルディナンド・ヴァンディヴァー・ヘイデン（Ferdinand Vandiveer Hayden）はラングフォードの講演を聴き，報告が本当かどうかを確認する立場にあった。ヘイデンは毎年１回，西部への科学調査探検を指揮していたが，1871年の旅程にはイエローストーンを加えることに決めた。彼は風景画家のトマス・モラン（Thomas Moran）と野外風景写真の先駆者であるウィリアム・ヘンリー・ジャクソン（William Henry Jackson）に，一緒に同行して視覚的な記録を集めてくれるよう求めた。[13)]

ヘイデンの探検は東部で反響を巻き起こした。ニューヨーク『タイムズ』(*Times*）は，イエローストーン地域に原生自然という特徴があることに，漠然とではあるが，気づいていたようだ。1871年９月18日号の論説は，「考えてみれば，なんとロマンティックなことだろうか」，「絶え間なく国民が活動し，信じられないほどの速さで人口が増加しているにもかかわらず，国土の広大な領域がまだ探検さえも行なわれていないのだ」と記した。しかし，一般的な反応は，『タイムズ』の中に続く記述にあるように，典型的には，「新しい驚異の土地」の魅力を間欠泉のような珍しい自然現象に限定的に考えたことだった。[14)]

モンタナを通る北太平洋鉄道の出資者であるジェイ・クック・アンド・カンパニー社（Jay Cooke and Company）も，イエローストーン公園構想に関心を示した。同年10月にクック社の代表がヘイデンに手紙を書き，「大間欠泉（Great Geyser Basin）を永遠に公共の公園として――驚異という点ではこれにはるかに及ばないヨセミテ渓谷と巨大な木々を保護した法律があるように」，これを守るための，法制定を求めるキャンペーンをしてはどうか，と提案した。鉄道会社は，イエローストーンがナイアガラの滝やサラトガスプリングス[〔6〕]のように国民の人気が高い休暇地となれば，そこへの唯一の輸送路に利益があがると期待していた。[15] 原生自然はそのような望みからみれば，どうでもよかった。

国立公園設立運動の父として運動してはどうかという提案は，功名心のあるヘイデンの関心を引いた。ヘイデンは，ナサニエル・P・ラングフォード（名前のイニシャルとその熱意から必然的に，彼は「国立公園」（“National Park”）というあだ名をもらっていた）やモンタナ準州選出の下院議員ウィリアム・H・クラゲット（William H. Clagett）とともに，保護を求めて圧力をかけ始めた。原生自然の保存ということは，公園設立提案者らの議会での要望には出てこなかった。ヘイデンが「美しき装飾」と呼ぶイエローストーン地域には，すぐに投機家や無断居住者が移住して危機をもたらす，と彼らは主張したのだった。公園の境界線についての問題が出てくると，議員たちは地域に最も精通した人物であるとヘイデンを訪ねて行った。3000平方マイル以上の土地を囲い込むという彼の理由は原生自然の保存とは関係なかった。そうではなく，すでに知られている「装飾」の周辺には，まだ発見されていない別の「装飾」があるに違いないという感触だった。[16]

1871年12月18日，議会は公園法案の審議を開始した。質疑応答では，「際立って珍しいもの」や「比類ない驚異的なもの」を私的所有権の主張から守る必要性に焦点があてられた。[17] 法案を支持する議員は，イエローストーン地方がきわめて標高が高く，寒冷なため耕作に適さない，したがって，そこを保存したからといって「国民の物質的利益には何も害も与えない」だろう，と主張した。[18] 原生自然として公園を積極的に評価するのではなく，文明には役立たないことを証明する戦略をとったのだ。票決の前に，議員たちに『スクリブナーズ』(*Scribner's*)に掲載されたラングフォードの論文とウィリアム・H・ジャクソンの写真のコピーが配布された。[19] こうした資料や議会での審議，法案そのものの条文も原生自然について言及されていなかったために，1872年３月１日に，グラント大統領が「公共的な公園，ないしは，娯楽地」新設の法案に署名した時点では，未開の地の保存が意図されていなかったのは明らかである。しかし，公園内の「すべての森林，鉱床，珍しい自然，驚異的なもの」を「その本来の状態のまま」に保つという条項があり，後の評論家がこの法の目的は未開の地の保存だと解釈することになる。[20]

イエローストーン国立公園の創設に対する国民の反応も，当初は原生自然を無視したものだった。それは「博物館」であり，「驚異の渓谷」として，「驚きの珍しい自然」とか,「自然の不思議や自然現象」が見られる地域として称賛された。『スクリブナーズ』は,原生自然の保存のための公園と考えるのではなく,「北部の企業が新しい公園のあちこちに宿泊所を建て,そこを観光道でつなぐ」ことを期待した。[21] さらに,モンタナの新聞は,公園がイエローストーン地域を荒野のまま,開発しないままにする傾向があり,残念だと書いた。[22] ヘイデンに賛同し,この法律が「わが国の議員から,科学への贈り物」だとする人はわずかだった。『アメリカン・ナチュラリスト』(*American Naturalist*)のライターは,バイソンを絶滅から救うための生息地を守ることに,この法律の価値があると感じた。別の人々は,公園内の森林がミズーリ川水系とスネーク川水系の分水嶺に位置しており,河川流量の調整に役立つと指摘した。[23]

時が経つにつれ,議会はイエローストーン国立公園が単に珍しい自然の集合体ではなく,実際には原生自然が保存されたところであると気づき始めた。とはいえ,根強い無関心と敵対心があった。例えば,カンザス州選出の上院議員ジョン・J・インガルス(John J. Ingalls)は1883年に,イエローストーンは不経済でよろしくないと批判した。彼は公園維持費予算に反対し,政府が「ショービジネス」に参入する必要はまったくないと糾弾した。「政府の最良の策はイエローストーン国立公園について言えば,そこを測量して他の国有地同様に売却することだ」とインガルスは主張したのである。ミズーリ州選出議員のジョージ・G・ヴェスト(George G. Vest)は,これに立ち上がって答弁した。この公園はいわば,「山の原生自然」で,アメリカの物質主義的傾向を抑制するために美的に重要なのだ,とロマン主義的な反論を行なったのである。ヴェストは国民の良心を刺激し,続いて,人口が1億5000万人を超えようという国には,「国民が深呼吸するための広大な場所」として,イエローストーンが必要なのだ,と主張した。[24] インガルスはこれに反論しなかった。4万ドルの公園維持予算案が上院を通過した。

1880年代半ばに,議会では,イエローストーンでのシナバー・アンド・クラークスフォーク鉄道会社(Cinnabar and Clark's Ford Railroad Company)の計画が焦点になった。公園用地内を横断するような鉄道用地を確保し,複数の投機筋の鉱山事業を後押しするというものである。鉄道会社の計画に賛成するイリノイ州選出の下院議員,ルイス・E・ペイソン(Lewis E. Payson)は1886年12月11日,間欠泉や温泉には何の害もないと指摘した。彼にとって，問題は，鉱山が「何百万ドル単位での……採掘量をあげ，世界市場に進出できるか」ということだった。鉄道会社のスポークスマンは，神聖なアメリカの価値を疑問視する人がいるとは，と，議会で驚きをあらわにした。「まったく」，と彼は厳しい口調でたたみかけた。「国民の権利や特権，莫大な富の蓄積，商業上の要求が……数頭のバッファローの保護にだけ熱心な少数のスポークスマン……に屈するなんて」[25)]。以前は，いつでも，原生自然はこのような主張に屈していたのだった。

ニューヨーク州選出のサミュエル・S・コックス（Samuel S. Cox）は，鉄道用地化要求に対し，「こうした考えは，貪欲で利己主義的な企業が国民の誇りと美を蹂躙するものだ」と断言した。コックスは，功利主義的な批判が依拠している尺度はイエローストーンの価値を評価するには不適切だと考えた。理想主義者やフレデリック・ロー・オルムステッド（Frederick Law Olmsted）にならって，彼は公園を維持することで，「自然がつくり出したものを観察することで，気高い気品溢れた人間性（human nature）が育まれるのであり，そのすべて」が守られると考えた。彼は，後世の人々は公園の「すばらしい景色」から恩恵を受ける権利があるのだと結論した。議会は拍手に包まれた。

ペイソン下院議員はのけぞらんばかりに立ち上がり，4マイルの距離にあるマンモスホットスプリングス[7]以外に，提案されている鉄道の「周囲40マイル以内に，他に珍しい自然物」はないと述べた。初期のほとんどの論者がそうだったように，ペイソンは公園の機能が珍しいものを保護することにあると理解していた。「私にはどうしてもその感情が理解できない」と彼は述べた。「何百万ドルにものぼる鉱山採鉱の利益を拡大するよりも，数頭のバッファローを保護しようとする感情が」とも。

しかし，ニュージャージー州選出の下院議員ウィリアム・マカドゥー[8]（William McAdoo）にとって，イエローストーンはもっと大きな機能を果たすものだった。彼はペイソンに対して，公園は原生自然を保存しており，たとえ温泉に害を及ぼさないにしても，鉄道は原生自然を破壊するだろう，と答えた。彼は，「広大な西部地域に，人間を気高く，全知の神を身近に感じられるような，胸躍る自然の景観や神秘」を探し求めようとする人々のために公園はつくられたのであり，それは，「他に理由がなくても，そのためだけに保存されなくてはならない」と続けた。マカドゥーは「原生自然保存の原則」を訴え続けた。「この地を輝かせているのは崇高な未開の地である。文明が至る所に広がり，壮大，かつ，原始の輝きをもったままの自然を人間はこのような処女地でしか見ることができない」。彼は最後に，他の議員に「冷徹なマモン神（富）や資本欲よりも……美や崇高なものをいとおしむ」ように願った。これは初期の原生自然の擁護者の言葉で問題を表現したものだった。[26)]

その後，鉄道会社の鉄道用地申請は107対65で否決された。原生自然の価値が文明との直接対決で選ばれたことは，過去には一度もなかった。

イエローストーン国立公園には「原生自然」という特質があるという認識は，1886年のルーシャス・Q・C・ラマー（Lucius Q. C. Lamar）内務長官の報告書にもみられる。彼はジョージ・キャトリンやフランシス・パークマン・ジュニア（Francis Parkman, Jr.）を彷彿させるような観点で，公園設立に関する議会の意図を解釈した。「森，間欠泉，山といった原生自然を保存し……当該地域での狩猟を可能な限り自然に近い状態にしておくのは，本物の“未開拓の西部”を，少しでも後世の人々に残しておくためである。そこは，せわしなく移り変わる光景……とは対照的に，世界がどんなに変化しても変わらず，自然を学ぶ者や行楽客に安らぎを与える場になるだろう」。実際には，ラマーの解釈は議会の意図とは違っていた。間欠泉と狩猟以外は1872年の決議の理由ではなかったからだ。しかし，それから約15年後のラマーからすると，イエローストーン公園は原生自然保存区であり，そのようなものとして保護されるのが確実だと思われたのだ。さらに，イエローストーン法が成立してから20年後の1892年には，テネシー州選出の上院議員ウィリアム・B・ベイト（William B. Bate）が，法の目的は「純然たる原始的な自然」を見たいと願うアメリカ人のために地域を守ることだと説明した。[27)]すべてのアメリカ人がこれに賛同したわけではなく，イエローストーンに無関心な人もいた。ベイトの見解は先駆的であった。

西部へと伸びる発展が，人の住まないニューヨーク州北部の山岳地域の深い森を，広大な島のように残していた。1880年代までには，アメリカ合衆国の他の原生自然地域以上に，アディロンダック地方について書かれたものが多くなった。チャールズ・フェノ・ホフマン（Charles Fenno Hoffman），ジョエル・T・ヘッドレー（Joel T. Headley），サミュエル・H・ハモンド（Samuel H. Hammond）らは（第3章，第4章，第6章を参照のこと），この地方での休暇の楽しさを最初に書き記した人々であった。東部の人口が増加し，都市部で暮らす人が増えると，アディロンダックは一層，注目を集めるようになった。この高地は，健康とリフレッシュを求める人々が，「多忙な世界での騒音や喧噪，心配事や面倒なこと」から解放される「魅惑の島」と言われていた。[28] 1869年のウィリアム・H・H・マーリー（William H. H. Marray）の『原生自然での冒険――アディロンダックのキャンプ生活』（*Adventures in the Wilderness: or, Camp-Life in the Adirondacks*）以上に，この地域を宣伝してくれたものはない。イェール大学を卒業し，高級店が立ち並ぶボストンのパークストリート会衆派教会の牧師を務めていたマーリーの『アディロンダック』（*Adirondack*）は，そこでの狩猟や釣りを記したもので，翌年の夏には何百人もの熱心なスポーツマン（釣り人・狩猟者・野外スポーツをする人等）をアディロンダックに誘っただけではなかった。彼は原生自然を求める理由を説明していた。マーリーは，自分のような聖職者に，「原生自然は，すっかり疲れ切った精神が求める十分な安らぎを与えてくれるのだ」と述べた。未開の地の自然の中に神の所産を見出すと，牧師は回復するのだった。「日焼けしてたくましい先住民のように，足取りも軽く，燃えるような目で，元気を取り戻した声は太く澄んだものになって，［しかも］そこでは説教をすることがない！」[29]。

アディロンダックの人気が高まると，原生自然という特質が消えゆくことに関心が向くようになった。[30] あるライターはこの地方の魅力を記した最後に，「数年もすれば鉄道はその鉄の網目で自由な森を縛りつけ，湖はその孤高さを失い，シカやムース[9]はより安全な場所へと逃げ去り，……斧と鋤を持った人間の革命は成し遂げられるだろう」と悲観した。[31] その後に，保存という考えが出てきた。直径百マイルの原生自然の「円」をつくろうと，サミュエル・H・ハモンドが請願したのは1857年だった（第6章を参照のこと）。その2年後に，「ノースウッズ・ウォールトン・クラブ」（Northwoods Walton Club）は「わが国北部の原生自然」を守る法律の制定を求めた。その結果，「広大で崇高な保存区」が誕生した。そこでは魚や狩猟のための動物が繁殖し，「金切り声を立てる機関車がファウヌス[10]や水の精を……驚かすこともないだろう」[32]。1864年，ニューヨーク『タイムズ』（*Times*）は，この土地が「略奪」される前に州の所有にせよという論説記事を載せ，この考えを支持した。『タイムズ』は，製材所や製鉄所は保護地区の外で操業できるので，「いつでも実利的であることと行楽との」バランスがとれた状態になると確信していた。[33]

『タイムズ』の論説が示しているのは，原生自然の保存に賛同する人々ですら，進歩と産業に反対する立場を避けたということである。アディロンダックの保護を確実にした論拠でさえも，文明擁護の性格をもっていた。それは，1872年に創設された，アディロンダックの公園（public park）設立の可能性を調査するための，「ニューヨーク州立公園委員会」（the New York State Park Commission）の最初の報告書に示されている[34)]。冒頭に「われわれは単にレクリエーションのための不経済で贅沢な公園の設立に賛成するのではない」とし，「そのような提案には批判するが，純粋に政治経済学的な観点から森林を保存することを推奨したい」と述べた。特に，原生自然はニューヨーク州の河川や運河に安定した水の供給をもたらすものだった。報告書は「原生自然に源をもつ河川から常に，かつ，安定した水供給がなければ」，「運河は干上がり，州西部の穀物や他の農産物の大部分は，ハドソン川流域の市場までの，安価な輸送手段を失うだろう」と続けた[35)]。原生自然の保存と商業の繁栄はこのように固く結び付いていた。

1873年，スポーツマンのための新しい雑誌『森と川』（*Forest and Stream*）は，分水界の議論がアディロンダックの原生自然保存問題の成功の鍵を握っていると断言した。さらに，州議会に保存を提案する際の最も効果的な方法は，「議員たちに，アディロンダックの保存を自分たちの利益に関わる問題として考えさせることにある」と付け加えた[36)]。スポーツマンやロマン主義者たちは功利主義的でない目的から原生自然を残そうという観点での議論だけでは不十分だと気づいていた。だから，彼らは進んで分水界という合理的根拠を全面的に支持したのである。

1880年代までに，エリー運河[11]とハドソン川の水位が下がっているということが証明され，広い範囲で懸念が生じた。1883年秋，ニューヨーク『トリビューン』（*Tribune*）紙が，北部の原生自然には，「われわれの物質的，商業的繁栄を維持してくれる崇高な川の源流があるのだから」保存しなくてはならないと主張し，熱烈なキャンペーン運動を開始した。他の新聞もこのキャンペーンに加わり，保存はこの時期の地域的な問題となった。以前は原生自然に無関心だったニューヨーク市民も，突如としてアディロンダックの森林伐採をしようとする製材会社や鉱業会社に，怒り始めた。森林地帯を保護しなければ，市の水供給は滞り，慢性的な水不足は州の水路を台無しにしてしまうだろうと予測されていた。時には大洪水が起きて，低地を水浸しにしてしまうかもしれない。商業に壊滅的な影響を与えるだろう。『トリビューン』紙が端的に述べたように，アディロンダックの原生林を伐採することは，「金の卵を産むガチョウを殺す[12]」のと同じであった。[37)]

モリス・K・ジェサップ（Morris K. Jesap）率いるニューヨーク商工会議所（the New York Chamber of Commerce）は保存を求める運動に加わり，ニューヨーク市の実業界がもっている政治力を発揮した。[38)] ジェサップは議会に，「森林破壊は州内の商業に深刻な害を与える」ために，森林を保護することが必要だと請願した。[39)] さらに，商業者は舟運による商品輸送手段としてエリー湖——ハドソン川ルートが，水不足のために使用できなくなると，鉄道の独占となり，運賃は思いのままに上がっていくことになると考えていた。このように，アディロンダックを守るために，原生自然を愛するよう求めることはなかった。実業界が必要な圧力をかけたこともあり，1885年５月15日，デーヴィッド・B・ヒル知事（David B. Hill）は，71万5000エーカーに及ぶ「保存林」を設立し，そこを永久に「未開の森林地として」守るという法案を承認した。[40)] この法律の狙いは原生自然の保存にあったが，その理由は商業上の目的によるものだった。

分水界の理論が効果的だったことに疑問の余地はない。だが，少なくとも，多くの人が同様に重要だと感じるようになっていた他の未開地の価値については，まったく考慮されなかった。アディロンダックを州の保存地区ではなく，国立公園にすべきだと思っていた批評家は，原生自然は「単に産業や商業に役立つという以上に，人間にとって非常に重要なもの」と考えていた。[41)] また，この保存地区の近くに住む人は周辺の地域について，「ここは原生自然の中で最も野性的で美しい場所で，その美しさは十分に保護に値するはずだ。しかし」，「わが州の立法議員がそんな感情を抱くことはほとんどありえない」と付言した。[42)] だが，ニューヨーク州の議員たちは次第に原生自然がもつ非功利主義的な価値に注目するようになった。1891年に，「ニューヨーク州森林委員会」（the New York Forest Commission）は，州は森林保存区を公園として再設定することを検討すべきだと提案した。確かに森林の分水界という理由が大きかった。だが，委員会は公園が「神経を張りつめた過労気味の人々が休息し，健康回復し，活力を得られる場所」を提供してくれるだろう，とも述べた。[43)] １年後，州議会は300万エーカーを超える土地を州立公園に設定した。この法律の条文は，設立のための意図が変化したこと，を示していた。アディロンダック州立公園は「あらゆる人々が健康と娯楽のために自由に利用できる開かれた場所であり，州内主要河川の源流の保存に必要不可欠な森林地帯であり，将来の木材供給源である」[44]。ついに，より実利的な論拠と同等に，原生自然の保存にレクリエーション上の合理性があることが法的に認められたのだ。

ニューヨーク市民の多くは公園法によるアディロンダックの保護に不満を抱いており，州法の中に原生自然保存の原則が書き加えられることを望んだ。1894年の州法会議は好機であった。依然として保存に向けた政治力の中心だったニューヨーク市の実業界は，アディロンダック問題に関する私的代表として，同市の弁護士デーヴィッド・マックルーア（David McClure）を会議に派遣した。マックルーアはアディロンダックの原生自然を永久に保存することを保証する州法第7条第7項を審議する委員会の長を務めた。9月8日，彼はこの条項を擁立すべく立ち上がった。彼はアディロンダックの重要性として，これまでに指摘されてきたあらゆる点，河川の交易物流を維持する，十分な飲料水を供給する，大都市での火災防止に十分な水量を保証するということを繰り返した。しかし，彼はまた，「壮大な原生自然をより高尚に使うこと」も検討した。事実，マックルーアは，保存の「第一の」理由は「州の人々のための一大保養地にするということにある。人工的な街での仕事や，日常生活での試練や苦難，不快感で疲れ果ててしまった時，［アディロンダックは］人々の隠れ家になる。そこで……人はあらゆるものの偉大な父である神との一体感を感じるだろう……この森は，すっかり疲れ果てて，安らぎや静けさを求める男にも女にも，計り知れない価値をもつ」と明言した[45]。

他の委員はマックルーアを支持し，第7条第7項は1894年の会議で全会一致で承認された。11月にニューヨーク州の有権者がこの条項を承認した時，原生自然の価値はコネチカット州ほどもある広大な地域を卓越したものにした。分水界の議論が保存主義の中心だったことに疑問の余地はなかったが，1890年代までに，アディロンダックの原生自然を正当化しようとする人々はイエローストーンを支持する人々と同様に，非功利主義的な議論をするようになった。原生自然保存の合理性は次第に，鑑賞という観念論に追いつくようになるのだった。

注

1）世界的に，保存の歴史の萌芽となるイエローストーンの重要性については，以下を参照のこと。Ise, *National Park Policy*, pp.658–669; C. Frank Brockman, *Recrea-*

tional Use of Wild Lands（New York, 1959), pp.259–311; Carl P. Russell, "Wilderness Preservation," *National Parks Magazine, 71*（1944), 3–6, 26–28; Lee Merriman Talbot, "Wilderness Overseas" in *Wildlands in Our Civilization*, ed., David Brower（San Francisco, 1964), pp.75–80; Charles E. Doell and Gerald B. Fitzgerald, *A Brief History of Parks and Recreation in the United States*（Chicago, 1954), pp.12–22.

2） *New York Laws*, 1885, Chap.238, p.482.

3） Merril J. Mattes, "Behind the Legend of Colter's Hell: The Early Exploration of Yellowstone National Park," *Mississippi Valley Historical Review, 36*（1949), 251–282; Hiram M. Chittenden, *The Yellowstone National Park*（Cincinnati, 1915), pp.1–73; Merrill D. Beal, *The Story of Man in Yellowstone*（Caldwell, Idaho, 1946).

4） C. W. Cook [すなわち，David E. Folsom], "The Valley of the Upper Yellowstone," *Western Monthly, 4*（1870), 60–67; David E. Folsom, "The Folsom-Cook Exploration of the Upper Yellowstone in the Year 1869," *Contributions to the Historical Society of Montana, 5*（1904), 349–369. 1869年から始まる探検の説明についての近年のすぐれた出版物として，Aubrey L. Haines, ed., *The Valley of the Upper Yellowstone...As Recorded by Charles W. Cook, David E. Folsom, and William Peterson*, American Exploration and Travel Series, 47（Norman, Okla., 1965), がある。二次的研究書には，W. Turrentine Jackson, "The Cook-Folsom Exploration of the Upper Yellowstone, 1869," *Pacific Northwest Quarterly, 32*（1941), 307–322, がある。

5） Olin D. Wheeler, "Nathaniel Pitt Langford," *Collections of the Minnesota Historical Society, 15*（1915), 631–668; Chittenden, *Yellowstone*, p.339.

6） Wyllys A. Hedges, "Cornelius Hedges," *Contributions to the Historical Society of Montana, 7*（1910), 181–196; Louis C. Cramton, *Early History of Yellowstone National Park and its Relation to National Park Policies*（Washington D.C., 1932), p.13.

7） W. Turrentine Jackson, "The Washburn-Doane Expedition into the Upper Yellowstone, 1870," *Pacific Historical Review, 10*（1941), 189–208.

8） 参加者たちの以下の記録は原生自然に関心がなかったことを実証している。Nathaniel P. Langford, "The Wonders of the Yellowstone," *Scribner's Monthly, 2*（1871), 1–17, 113–128; Langford, *The Discovery of Yellowstone Park, 1870: Diary of the Washburn Expedition to the Yellowstone and Firehole Rivers in the Year 1870*（St. Paul, Minn., 1905); Walter Trumbull, "The Washburn Yellowstone Expedition," Overland Monthly, *6*（1871), 431–437, 489–496; Gustavus C. Doane, *The Report of Lieutenant Gustavus C. Doane upon the so-called Yellowstone Expedition of 1870*, 41st Cong., 3rd Sess., Senate Ex. Doc. 51（March 3, 1871); "Journal of Judge Cornelius Hedges," *Contributions to the Historical Society of Montana, 5*（1904), 370–394.

9） Langford, *The Discovery of Yellowstone Park*, pp.117–118.

10)　イエローストーン国立公園の公園史を研究している，オーベリー・L・ハイネ（Aubrey L. Haines）は1964年3月24日付けの筆者への私信でこの分析を支持した。原生自然の保存は準州知事代理を務めた トマス・E・メーガー（Thomas E. Meagher）（1865年）とデーヴィッド・E・フォルサム（David E. Folsom）（1869年）の前述した公園設立提案の理由ではなかった。この点については，以下の文献を参照のこと。Francis X. Kuppens, “On the Origin of the Yellowstone National Park,” *Jesuit Bulletin, 41*（1962），6–7，14; Aubrey L. Haines, “History of Yellowstone National Park”（mimeographed Ranger Naturalist Training Manual, Yellowstone National Park, n.d.），pp.110–118; Cramton, *Early History*, p.11; W. Turrentine Jackson, “The Creation of Yellowstone National Park,” *Mississippi Valley Historical Review, 29*（1942），188–189.

11)　1871年1月20日付けワシントンD.C.『デイリー・モーニング・クロニカル』（*Daily Morning Chronicle*），1871年1月22日付けニューヨーク『タイムズ』。

12)　Langford, “The Wonders of the Yellowstone,” 1–17, 113–128.

13)　Richard A. Bartlett, *Great Surveys of the American West*（Norman, Okla., 1962），p.4 以降，Wallace Stegner, *Beyond the Hundredth Meridian: John Wesley Powell and the Second Opening of the West*（Boston, 1954），p.174 以 降，Wilkins, *Moran*, pp.57–71, William Henry Jackson Papers, State Historical Society of Colorado, Denver, Colorado; Clarence S. Jackson, *Picture Maker of the Old West: William H. Jackson*（New York, 1947），p.81以降，William Henry Jackson, *Time Exposure: The Autobiography of William Henry Jackson*（New York, 1940），p.196以降，をそれぞれ参照のこと。

14)　1871年10月23日付けニューヨーク『タイムズ』。

15)　Bartlett, *Great Surveys*, p.57, からの引用。北太平洋鉄道は最初の探検の時からイエローストーンに関心をもっていた。ジェイ・クックは，ラングフォードが1871年初めに行なった講演の資金援助をしており，おそらく公園法案の連邦議会の早期通過を確実にするのに必要な費用も支出したと思われる。この点については，以下を参照のこと。Ellis P. Oberholtzer, *Jay Cooke: Financier of the Civil War*（2 vols. Philadelphia, 1907），2，226–236, 316; Henrietta M. Larson, *Jay Cooke: Private Banker*（Cambridge, Mass., 1936），p.254以降。

16)　F. V. Hayden, “The Hot Springs and Geysers of the Yellowstone and Firehole Rivers,” *American Journal of Science and Art, 3*（1872），176. ヘイデンは，他の出版物では，イエローストーンの「原生自然」という特性にわずかでも気づいているようなことは記していない。この点については，以下を参照のこと。“The Wonders of the West II: More About the Yellowstone,” *Scribner's Monthly, 3*（1872），388–396; *Preliminary Report of the United States Geological Survey on Montana and Portions of Adjacent Territories; being a Fifth Annual Report of Progress*（Washington, D.C., 1872), *The Great West* (Bloomington, Ill., 1880), pp.1–88.

17) Hayden, *Preliminary Report*, p.163, 所収の下院議会の公有地委員会によるイエローストーン法案に関する報告より引用。

18) *Congressional Globe*, 42nd Cong., 2nd Sess., *I* (January 30, 1872), p.697.

19) Jackson, "The Creation of Yellowstone National Park,"187ページ以降を参照のこと。 Cramton, *Early History*, pp.24–28; Jackson, *Picture Maker of the Old West*, pp.145–158.

20) U.S., *Statutes at Large*, *17*, p.32.

21) *Ohio State Journal* の Jackson, "The Creation of Yellowstone National Park," 199の引用より；1872年2月28日付け New York *Herald*, より；Edwin J. Stanly, *Rambles in Wonderland* (New York, 1880) p.63；1872年2月29日付けニューヨーク『タイムズ』より；"The Yellowstone National Park," *Scribner's Monthly*, *4* (1872), 121.

22) Helena, Mont., *Rocky Mountain Gazette*, March 6, 1872.

23) Hayden, Preliminary Report, p.162; Theodore B. Comstock, "The Yellowstone National Park," *American Naturalist*, *8* (1874), 65–79, 155–166, ジョージ・バード・グリンネル (George Bird Grinnell) が1885年1月29日付けニューヨーク『タイムズ』紙で編集者に語った箇所, Arnold Hague, "The Yellowstone Park as a Forest Reservation," *Nation*, *46* (1888), 9–10.

24) *Congressional Record*, 47th Cong., 2nd Sess., *14* (March 1, 1883), p.3488. イエローストーン公園の行政史について論じたものとしては, Haines, "History of Yellowstone National Park," pp.119–137, "Yellowstone's Role in Conversation," *Yellowstone Interpreter*, *I* (1963), 3–9, Ise, *National Park Policy*, p.20以降, がある。

25) *Congressional Record*, 49th Cong., 2nd Sess., *18* (Dec. 11, 1886), p.94, (Dec. 14), p.150.

26) 同上 (Dec. 14), pp.152–154.

27) United States Department f the Interior, *Annual Report for 1886* (Washington, D.C., 1886), p.77; *Congressional Record*, 52nd Cong., 1st Sess., *23* (May 10, 1892), p.4124.

28) 1871年6月10日付けニューヨーク『タイムズ』, "The Wilds of Northern New York," *Putnam's*, *4* (1854), 269.

29) William H. H. Murray, *Adventures in the Wilderness; or, Camp-Life in the Adirondacks* (Boston, 1869), pp.22, 24. マーリーと, 彼の著書が与えた影響については, Alfred L. Donaldson, *A History of the Adirondacks* (2 vols. New York, 1921) *1*, 190–201, を参照のこと。

30) 概論については, William C. White, *Adirondack Country* (New York, 1954), pp.85–139, を参照のこと。

31) "The Wilds," Putnam's, 269–270. 同様の見解は, *The Forest Arcadia of Northern*

New York (Boston, 1864), pp. 193–197, にもみられる。

32)　Harold C. Anderson, "The Unknown Genesis of the Wilderness Idea," *Living Wilderness, 5* (1940), 15, からの引用。

33)　1864年8月9日付けニューヨーク『タイムズ』。Donaldson, *History of the Adirondacks, I*, 350; 2, 280–282, にこの論説が転載されていて，その意図と執筆者の問題が論じられている。White, *Adirondack Country*, p. 111, は別の解釈をしている。

34)　この委員会の仕事と，その後の数十年間のニューヨーク州の森林保存をめぐる政治史については，以下のような膨大な二次的文献がある。Charles Z. Lincoln, *The Constitutional History of New York* (5 vols. Rochester, N. Y., 1906), *3*, p. 391以降；Marvin W. Kranz, "Pioneering in Conservation: A History of the Conservation Movement in New York State, 1816–1903" (unpublished Ph.D. dissertation, Syracuse University, 1961), p. 57以降；James P. Gilligan, "The Development of Policy and Administration of Forest Service Primitive and Wilderness Areas in the Western United States" (unpublished Ph.D. dissertation, University of Michigan, 1953), pp. 25–35; Roger C. Thompson, "The Doctrine of Wilderness: A Study of the Policy and Politics of the Adirondack Preserve-Park" (unpublished Ph. D. dissertation, Syracuse University, State University College of Forestry, 1962) の諸所。トンプソンの発見のいくつかは次のような論文として発表されている。"Politics in the Wilderness: New York's Adirondack Forest Preserve," *Forest History, 6* (1963), 14–23.

35)　Commissioners of State Parks of the State of New York, *First Annual Report*, New York Senate Doc. 102 (May 15, 1873), pp. 3, 10. オールバニー市のヴァープランク・コルヴィン (Verplank Colvin) がこの報告書の主な責任者だった。この報告書の結論近くの箇所と州の測量士として記した後の報告書の中で，彼は分水界の議論をするとともに，美的，および，レクリエーション上の理由からアディロンダックの原生自然を保護するように訴えた。

36)　"The Adirondack Park," *Forest and Stream, 1* (1873), 73. 同様の意見は，"The State Park," *Forest and Stream, 1* (1873), 136–137, にも示された。Nathaniel B. Sylvester, *Historical Sketches of Northern New York and the Adirondack Wilderness* (Troy, N. Y., 1877), pp. 41–43, も参照のこと。

37)　1883年9月2日付けニューヨーク『トリビューン』。

38)　Kranz, "Pioneering in Conservation," p. 152以降；William Adams Brown, *Morris Ketchum Jesup: A Character Sketch* (New York, 1910), pp. 40, 60–64, 165.

39)　Brown, *Jesup*, p. 61, からの引用。

40)　*New York Laws*, 1885, Chap. 238, p. 482.

41)　William Hosea Ballou, "An Adirondack National Park," *American Naturalist, 19* (1885), 579.

42)　1889年7月12日付けニューヨーク『タイムズ』。

43) *Special Report of the New York Forest Commission on the Establishment of an Adirondack State Park*, New York Senate Doc. 19 (Jan. 28, 1891), p.29.

44) *New York Laws*, 1892, Chap. 709, p.1459.

45) *Revised Record of the Constitutional Convention of the State of New York*, ed., William H. Steele (5 vols. Albany, N. Y., 1900), *4*, 132–133.

訳注

[1] 1822～1885年。1869～1877年までアメリカ第18代大統領。共和党。南北戦争時の北軍の将軍。

[2] イエローストーンはアイダホ，モンタナ，ワイオミングの３州にまたがる，間欠泉で有名な国立公園。1978年に世界遺産に登録された。

[3] ヨセミテのケースを示す。

[4] モンタナ準州で1961年に金が発見されると，イエローストーン川に沿うルートでモンタナ州に探鉱者が入ってきた。

[5] 1808～1875年。1865～1869年までアメリカ第17代大統領。民主党。

[6] ニューヨーク州東部の都市。保養地で競馬場がある。

[7] ワイオミング州の北部，イエローストーン国立公園内にある，硫黄堆積物によって形成された黄色い階段状の丘。高さ91メートル。

[8] 1863～1941年。法律家，政治家。1913～1918年まで財務長官，1917～1919年までアメリカ鉄道管理局長官を務めた。アメリカ第28代大統領ウッドロー・ウィルソンの娘婿。

[9] カナダや北米のヘラジカの呼称。

[10] 上半身が人間，下半身がヤギで角の生えた森や牧畜の神。ギリシャ神話では，「パン」と呼ばれる。

[11] エリー湖とハドソン川を結ぶ運河で，当時，五大湖から大西洋に至る運輸の大動脈であった。

[12] 目先の利益のために，将来の利益を台無しにすること。

第8章
原生自然の伝導師　ジョン・ミューア

わが国の雄大な原生自然を探検することにかけては，またそこを訪れ，楽しむすべての人に，原生自然が与えてくれるはずの無限の恵みを語るということにかけては，言うまでもなく，私はだれにも引けをとらない。

——ジョン・ミューア（1895年）

イエローストーン国立公園とアディロンダック保存林の創設は，人の住まない土地についてのアメリカの伝統的な仮説の終わりを記すものだったが，どちらの場合も，原生自然の保存はほとんど偶発的なもので，国民的な運動の結果でないことは確かだった。未開の地は闘士を必要としていた。その一人が自称「詩人であり，徒歩旅行者であり，地質学者兼植物学者であり，そして，鳥類学者であり，自然史家等々！」のジョン・ミューア（John Muir）である。[1] ミューアは1870年代から原生自然を探検し，その価値を称賛する人生を歩み始めた。彼の見解の多くは，初期の理神論者やロマン主義者，特に，ヘンリー・デーヴィッド・ソロー（Henry David Thoreau）の考えの繰り返しにすぎなかったが，その表現は，広く注目を集める激しさと熱意があった。ミューアの本はちょっとしたベストセラーになり，国内の主な雑誌は，彼の評論を競って掲載しようとした。最高峰の大学から教授団に加わるよう懇願され，それを辞すと名誉教授の学位が授与された。[1] アメリカの原生自然の伝導師（publicizer）として，ミューアに匹敵する者はいなかった。1914年に亡くなった時，彼は「自然に熱狂したアメリカ合衆国の中で最も偉大な人，そして，野外の福音を伝える預言者の中で最も心奪われた人」という名声を得ていた。[2]

「スコットランドで過ごした子ども時代，野性的なものすべてが好きだった私は，その後もますます野性的な場所や野生生物が好きになった」と，ミューアは回想している[3]。しかし，そうなるには，いくつもの困難な障害を克服しなくてはならなかった。その一つが彼の父親である。カルヴィニズム的なキリスト教観をもっていたために，自然を信奉することなど許さなかったのである。ダニエル・ミューア（Daniel Muir）の信条は唯一，聖書こそが神の真理の源泉だということであり，幼い頃，ジョンは新約聖書すべてと旧約聖書のほとんどを暗記しなくてはならなかった。ミューア家の子どもたちは勤勉の倫理も教え込まれた。斧や鋤を持たずに自然に近づく者は怠け者か，罪人だけだった[4]。

1849年，ジョンが11歳の年に，家族はスコットランドを離れ，開拓の最前線にあったアメリカ・ウィスコンシン中心部にある自作農場[2]にやって来た。その地方には，先住民（インディアン）がまだ残っており，森林を征服することは経済的に必要なことだった。最年長のジョンは幾多の開拓の苦労に耐えた。骨の折れる苦難の日々は原生自然を嫌悪するに十分な理由になりうるものだったが，ミューアは典型的な開拓者ではなかった。後に「あの輝かしきウィスコンシンの原生自然[5]」と呼ぶ場所にいると，彼はいつも興奮していた。そして，ミューアは文明を称賛するどころか，その冷酷で抑圧的，功利主義的な傾向に不快感を示した。反対に，野性的な自然は人間を幸福に導く，解放的な力をもっているように思った。

ジョン・ミューアがウィスコンシンにある父の農場を去ったのは必然だった。発明家としての技能が南のマディソン[3]に行くために役立った。1860年の州農産物品評会で，ミューアが発明した機械装置が天才的作品だと称賛されたのだ。仕事の機会はすぐに見つかったが，それ以上にミューアが関心をもったのは，ウィスコンシン大学で触れたさまざまな「知の世界」（ideas）であった。この大学で，彼は父の自然や宗教に対する態度への嫌悪感を支持してくれる科学者や神学者を見つけた。エズラ・スローカム・カー教授（Ezra Slocum Carr）の地質学の授業で，ミューアは認識の秩序や範型という新しい見地で土地を見ることを学んだ。植物学研究の講義も同様で，自然科学は自然崇拝と衝突するどころか，むしろそれを補うものであるということを理解するのに役立った。ミューアはこうした学説を発展させるために，エイサ・グレイ[4]（Asa Gray）の著書を熱心に読んだ。ジャンヌ・C・カー夫人（Janne C. Carr）や，古典の教授ジェームズ・デーヴィッド・バトラー博士（James Davie Butler）の指導のもと，彼はワーズワース（Wordsworth）やエマソン（Emerson），ソロー，あまり有名ではないが超越主義者の牧師ウォルター・ロリンズ・ブルックス（Walter Rollins Brooks）の著作を見つけ出した。超越主義は宗教と自然界の研究とが対立するのではないか，というミューアの疑念をすっかり取り除いた。1866年の初め，彼はカー夫人に宛てて，意気揚揚と聖書と「自然」とは「美しく調和する二冊の本なのです」と書いた。実際，「私は聖書よりもむしろ“被造物”から神の力と善良さを読み取ることに，より強い喜びを得るのです」と彼は続けた[6)]。

ミューアがマディソンで過ごした2年半は学位を取得するには不十分だったが，「私は別の大学に移るだけだ。ウィスコンシン大学から原生自然という大学へ」と考えて，そこを去った。しかし，発明家の才能で財を成すことができる機械工場にではなく，森や山の中に本当の転職先があると確信したのは，大きな災難にあってからだった。転機となる出来事は1867年3月，ミューアがインディアナポリスの馬車工場で働いていた時に起こった。ある日の夕方遅くに，いつもならしっかり握っている鋭いやすりが滑り落ち，右目の角膜に突き刺さった。静かに窓のそばに立つと，右目を覆った手に房水が流れ落ちてきた。数時間のうちには，もう片方の目も交感神経性ショックで見えなくなってしまった。暗くなった部屋で病床についたミューアは，視力のない人生について考えた。1カ月後には視力を回復した彼は，少しの時間も無駄にせず原生自然へ行こうと誓った。彼は「神はわれわれに教訓を与えるため，時として，われわれを死の縁まで追いやるのだ」と結論した[7)]。

最初の計画で，ミューアは「南方の原生自然のどこでも」をめざして歩き回ろうと決め，インディアナ州からメキシコ湾に至る1000マイルをハイキングして旅を終えた。この旅の日誌には，彼の基本的な考えのほとんどが種子のように含まれていた。原野の自然は「神々しい美しさ」と「調和」に満ち溢れていた。とりわけ，「野生を愛する者」にとって，その「精神的な力」は風景から発せられるものだった。文明化された人間は，原生自然を求めさえすれば，「社会という沈殿物」を取り払い，「新しい人間」になれるだろう[8)]。ミューアの野生への欲求は限りないものだった。アマゾン川の水源を捜し求める計画を断念したのは，深刻なマラリアになったからだった。代わりに，彼は船でカリフォルニア北部の寒冷地に向かった。1868年3月にサンフランシスコに到着すると，ミューアは最初に通りかかった人に町から出る道を聞いたという。目的地はどこか尋ねられた彼は，「未開の地ならどこでも」とだけ答えたという[9)]。彼が辿ったルートはサンフランシスコ湾を渡り，サンホアキン渓谷に入り，最後にシエラ山脈に至るものだった。山々の中で終わった旅はミューアの熱情を満足させ，彼の原生自然の哲学を発展させ，最も力強い著作に息を吹き込むことになった。

ジョン・ミューアに，原生自然の価値を解釈するための不可欠の哲学が超越主義であった。エマソンと個人的な親交があったカー夫人がソローを称賛していたことに触発されて，ミューアはヨセミテ渓谷で過ごす初めての冬に，二人の著作を夢中になって読んだ。山岳地方の道が再び開通する頃，荷物の中には，ミューアの手でぎっしりと書き込まれてぼろぼろになったエマソンの評論集があった[10]。明らかに，ミューアの思想のほとんどは超越主義の中心テーマの一つの形——自然の風物は「地上における神の現れ」だった[11]。あるところで，彼は自然を「天国へ通じる窓，創造主を映し出す鏡」だと書いた。木の葉，岩，水域は「神の霊魂のきらめき」だった[12]。

野生の自然は，人工的な構築物とほとんど関係ないから，最もすぐれた「神の案内人」を遣わしてくれる。別の観点から，ミューアは神の栄光は神の御業すべてに書かれているが，原生自然には大文字で書かれているのだと述べた。このような心持ちで見れば，原生林は「聖堂」で，木々は「賛美歌を歌っている」のだ。シエラの原生自然のすべてにミューアは歓喜した。「そこにあるすべてが神々しく思える——なめらかで清らかな，燃えるような天の愛のように[13]」。

確かに，原生自然はより高い精神的な地平から近づく者にだけ輝いていたのだ。直観が重要だった。洞察の過程を説明するときに，ミューアはエマソンの『自然』[5]（*Nature*）から直接的にレトリックを引き出した——「あなたは精霊の光を浴びる。回りながら，あたかもキャンプファイアーにあたっているかのように。やがてあなたは1個の独立した存在であるという意識を失う——あなたは風景に溶け，自然の本質的な一部となる」。この状態になると，生命の内なる調和や存在の基本的な真理が明確な輪郭をもって立ち現れるのだ，と彼は信じていた。「森羅万象に至る最も明白な道は森の原生自然を通ることだ」とミューアは書いた[14]。

1871年5月，ミューアはカー夫人から，エマソンがまもなくヨセミテに到着すると聞いた。彼はひどく興奮して，原生自然を解釈することを教えてくれた人に会うのを心待ちにした。カー夫人からの手紙で，エマソンは超越主義を実践するすぐれた人物に山で会うことになった。聞いていた通りの人だったので，エマソンはすぐにミューアに魅了された。ミューアはエマソンに一緒に「わが聖なるヨセミテの遥か彼方，壮大なシエラ・クラウンのそそり立つ聖堂で，一月の間自然を崇拝する」よう勧めたが，この初老の賢人に付き添ってきた人々はそれに反対し，ホテルに宿をとった。ミューアはエマソンの「悲しいかな文明化されてしまった」友人らを嘆きながら，このことは「文化と輝ける超越主義に関する悲しい出来事」だと断言した。[15)]

このような失望を味わったにもかかわらず，ミューアは超越主義をすばらしい思想と考え，エマソンと文通を続けていた。しかし，二人の原生自然についての見解は根本的に違っていた。1872年2月5日，エマソンはミューアに「人跡未踏の氷河や火山との無条件の契約を早く終わらせ」て，永久に自分の客人としてマサチューセッツに来るよう強くすすめた。原生自然の孤独は，「愛人としてはすばらしいが，妻としては耐え難い」と彼は警告した。[16)] しかしながら，ミューアはそのような留保を付けていなかったので，エマソンの招きを丁重に断った。実は彼は未開の地に純粋な喜びを感じており，完全に文明がなくても人間はやっていけるかもしれない，神と密接に交わりながら山の中をさまよっていれば，文明がなくても悪くないかもしれないという印象をしばしば感じていた。ミューアの原生自然に対する情熱が条件付きになることはほとんどなかった。過剰な野生に尻ごみし，半ば開墾されたものを理想化したソローに比べ，[17)] ミューアは実に野性的だった。彼は1890年代のアラスカ旅行日記の中で，「一人旅は孤独ではないか，とよく尋ねられる。あらゆるものが野性的で美しく，活気に溢れ，神に満ちているような場所で孤独になるはずがないので，この質問には答え難い――馬鹿げた質問に思える」。別の所では嘲るように，「自然の中にいると知ると，たとえ最もやさしく野性的なところでも，母親を恐れる重病の子どもみたいに，ひどく病的なまでの恐怖を抱く人たちがいる」，と述べた。[18)] ミューアはソローの哲学を非常に称賛していたが，「果樹園やハックルベリーの茂みを森だと思っ」たり，コンコードから「ほんの散歩程度」しかないウォールデンのそばに小屋を構えた男のことを嘲笑せずにはいられなかった。[19)]

だが，ミューアの思想がソローと原始主義に依拠していることは彼の著作の至る所からみえてくる。1874年，文学者として仕事を始めた頃，彼は家畜化されたヒツジと山中の野生のヒツジとの間に大きな違いがあることに気づいた。彼の主張によれば，前者は臆病で汚く，「半ば生きているだけ」なのに対して，シエラのヒツジは大胆で優美で，生き生きと輝いていた。ミューアは翌年に，今度は隠喩（メタファー）として，野生のヒツジの毛と家畜のヒツジの毛との比較を選び，このテーマを繰り返した。家畜化されたヒツジの毛に匹敵する野生のヒツジの毛などないと感じていた人々に対して，ミューアはヤギの毛が商業用のヒツジの毛より質がよいという証拠を示した。「野生よ，してやったり！」，と彼は叫んだ。「野生のヒツジの毛の方が家畜化されたものよりもよいのだ！」。この指摘からミューアは結論へと跳躍する――「野生はすべて，家畜化されたものよりもすぐれている」。ソローが似たような議論の中で**彼の隠喩**として用いていた，野生のリンゴと栽培されたリンゴに言及した後，「ほんの少しの純然たる野生は，人間とヒツジの両方にとって，今，最も大きく必要とされているのだ」とミューアは言った。[20]

ミューアの思想は，「文明というがんじがらめの馬具」が人間の精神を抑えつけようとしていると観察した結果，展開したものだった。「文明人は魂を窒息させている」，「まるで，異教徒である中国人が纏足（てんそく）しているように」と，彼は1871年に記した。ミューアは，人間が原始的であった数世紀が都市生活では満たすことのできない冒険や自由，自然との触れ合いへの憧れを現代人に埋め込んでいるのだと信じていた。ミューアは，「原始的な野生に戻ろうとする傾向が不変」にあると自認しており，それを種としての傾向として普遍化したのだ――「森に行くことは家に帰ることだ。われわれは元来，森からやって来たのだろうから」。それゆえに，「皆んなが未開の自然を愛している。認識しているか否かを問わず，心配事や義務がどんなに覆い隠そうとしても，古代の母への愛が姿を現すのだ」[21]。この愛を否定すれば，さえぎられた熱望が緊張や絶望を生み出す。定期的に原生自然の中でそれを満たせば，精神的にも身体的にも生き返るのだ。

ミューアによると，未開の地にはインスピレーションを与え，気分を一新させるような神秘的な力があった。「山に登り，山のよき知らせを得よ」と，彼は助言した。「木々に陽光が流れ込むように，自然の安らぎがあなたの中に流れ込むだろう。風はさわやかさを，嵐はエネルギーを，あなたに吹き込むだろう。同時に，心配事は秋の枯葉のように舞い落ちていくだろう」。原生自然は「時計，暦，……ちりと喧騒に縛られ」，「自然が覆い隠され，その声が押し殺された」ところでの生活を癒す薬だった。ソローにならって，ミューアはまた，すぐれた詩や哲学は山や森との触れ合いから出てくる，と論じた。こうした理由から，彼はほとんどソローの盗用に近い形でこう結んだ――「神の野性さにこそ世界の希望がある――すぐれて真新しく，枯れることもなく，贖いのないものが」[22]。

ミューアはまた，原生自然は万物が乱されずに調和している環境だ，と評価した。彼は他の生物と関わっている人間の感覚を文明が歪めてしまったと感じていた。現代人は「ガラガラヘビにどんな価値があるのか？」と尋ねるが，その問いには，存在が正当化されるためには人間に利益をもたらさなくてはならない，ということが含意される。ミューアにとって，ヘビは「それ自体が価値をもつのであって，われわれはともに生命を分かち合っていることを残念に思う必要はない」のだ。別のところで，彼は「森羅万象は人間なくしては不完全であろう。だが，われわれの自惚れた目や知識が及ばぬ所に生息している最も小さな，ミクロな生物がいなくても不完全だろう」と述べた。原生自然の中では，この事実を簡単に理解することができ，人間は自らが「野生的な自然の一部で，あらゆるものと同類」だと感じるだろう。ここから，「他のあらゆる生物の権利」に対する尊重の念が生まれた[23]。ミューアはこうした考え――彼の最も独創的な――において，生態学者たち，特に，アルド・レオポルド（Aldo Leopold）の洞察に先行するものだった。

ジョン・ミューアは母国の人々に未開の優位性を教えることを生涯の使命とした。実際，彼は，文明に閉じ込められた「罪人」に，「神の山々の美の中で」洗礼を施そうとしているという点で，自分は洗礼者ヨハネに似ていると考えていた。彼は1874年に「自然の魅力に目を向けるように人々を誘い出す，ただそのためだけに，私は生きていきたいのだ」と書いた。その後の多くの著作には，一つのメッセージが込められていた――都市に埋もれたアメリカ人は，「神の原生自然の自由と栄光」に目を向けていれば享受しただろう喜びをだまし取られてしまったのだ，というメッセージである[24]。

ジョン・ミューアの壮年期は，保全への国民的関心が到来する時期であった。最初は，表面的には，問題は単純に思われた――天然資源の「搾取者」は，それを「保護」しようと決意した人々によって阻止されなくてはならない，ということである。当初，原材料，特に森林が急速に枯渇するだろうという懸念は多くの視点をまとめるに十分な広がりをもっていた。共通の敵が初期の保護主義者を団結させた。しかし，彼らはまもなく，自分たちのグループには，自分たちと搾取者との間にあるのと同じくらい大きな違いが存在していることに気づいた。仲間だと思っていた人が，実は敵だということを知ったのである。そうして，資源の賢明な利用（wise use），あるいは，計画的な開発が「保護」であると定義する人々と功利主義を拒否し，人間の手の加わっていない自然を擁護する「保存主義者」（preservationist）と呼ばれる人々との間に亀裂が走った。文明の必要性と原生自然の精神的・美的価値とを両立させる保全の論点は，かつて開拓者とロマン主義者の間で交わされた討論の延長線上にあるものだった。

最初，ジョン・ミューアと彼を支持する者たちは原生自然と文明の双方の主張を受け入れ，ともにアメリカの風景として両立させようとした。理論的には可能であった。しかし，特定の未開発地域について意思決定をするように迫られると，ためらいを捨てて独断的にならざるを得なかった。ミューアは動揺し，混乱したが，結局，保存主義者の解釈を選ぶことになった。一方，他の人々はギフォード・ピンショー[6]（Gifford Pinchot）や専門の森林管理者のもとで，「賢明な利用」派になった。その結果，生まれたのが今日まで続くアメリカの自然保護運動における対立なのだが，この選択には原生自然に対する深い含意があった。

ウィスコンシンのミューア家の農場には，ファウンテン湖に隣接した40エーカーの湿地があった。若い日のジョン・ミューアは，その湿地が風景に添えている「純粋な野生」に触れたくて，その場所を欲しがった。[25] 1860年代半ばに彼が家を出る頃に，その湿地は保護されなければ，すぐに踏みならされた家畜飼育場になってしまうだろうと彼は考えた。ミューアはそこを未開のままにしておこうと考え，土地を購入しようと義理の弟に繰り返し申し出たが，愚かな感傷主義だと断られた。しかし，アメリカの原生自然地域を部分的にでも保存しようという関心はますます大きくなった。

初めてカリフォルニアに滞在した数年間，ミューアはヒツジ（彼は「蹄のあるイナゴ」と呼んでいた[26]）が標高の高いシエラ（Sierra）の原生自然へと移動するのを残念に思った。彼は「ヒツジが前進すると」，「花や植物，草，土，豊穣さや詩情が消えてしまう」と述べた。[27] それと同時に，ミューアは土地の私的所有の弊害についてのヘンリー・ジョージ[7]（Henry George）の考えを知った。原生自然への情熱と公的土地所有の概念を手にしたミューアは，アメリカ合衆国がその保存のために行動することを支持する著作活動や講演活動を始めた。サクラメント『レコード・ユニオン』（*Record-Union*）紙に1876年2月5日に掲載された「神の最初の聖堂――森林をいかに保存すべきか？」（"God's First Temples: How Shall We Preserve Our Forests?"）は，答えは政府の管理にあると示唆した。5年後に，ミューアはイエローストーンをモデルにした国立公園をシエラ南部のキングズ川流域に設立するよう議会を説得しようとしたが，彼が起草を手伝った法案は上院議会の「公有地委員会」（Committee on Public Lands）で廃案になった。カリフォルニア北部のシャスタ山[8]にも，彼は注目した。1888年，彼はその「真新しく，損なわれることのない原生自然」を公的公園として保護すべきだ，と主張した。[28]

1889年6月，アメリカの主要な月刊文芸誌『センチュリー』（*Century*）の副編集者であった，ロバート・アンダーウッド・ジョンソン（Robert Underwood Johnson）は原稿を求め，サンフランシスコに到着した。彼は作家としてすでに有名だったミューアに連絡した。二人はヨセミテ渓谷上流の原生自然を旅行する計画を立てた。ある晩，ジョンソンは，キャンプファイアーを囲みながら，山にあると思っていた豊かな草原や野の花は一体，どうなってしまったのかと尋ねた。ミューアは，シエラの至る所での過放牧がそうしたものを壊してしまったのだ，と悲しげに答えた。それを聞いた連れの人が，「イエローストーン方式でこの渓谷の周囲にヨセミテ国立公園をつくらなければなりませんね」と述べた。[29]ミューアは心から賛成し，結果，ヨセミテと公園構想を宣伝する計画の一部として『センチュリー』に二本の評論を書くと約束した。[30]

ミューアの論説は手のこんだ挿絵付きで1890年の秋に掲載された。彼は，100万人以上の読者がいるだろうと信じていたが，おそらく『センチュリー』各号の実際の発行部数である20万部近くというのがより現実的な読者数だっただろう。[31]とはいえ，これまでになく大きな保存のための宣伝になった。二つの評論の大部分は叙述的なもので，ミューアはイエローストーン国立公園やアディロンダック保護区の初期の擁護者たちとは対照的に，明らかに原生自然を保護の対象にしていた。彼はヨセミテ渓谷周辺のシエラこそ「純然たる原生自然を愛する者……にとっての気高い証」なのだ，と述べた。ジョージ・パーキンス・マーシュ（George Perkins Marsh）の考え（第6章を参照のこと）に依拠しながら，ミューアは分水界を覆うシエラの土地や森林を保護する重要性を強調した。しかし，最後の一文は，「すばらしい野生が破壊されること」を防ぐことに疑いなく，彼の最大の関心があることを明らかにしていた。[32]

ミューアが評論の準備をしていた頃，ロバート・アンダーウッド・ジョンソンは下院公有地委員会でヨセミテ公園設立のためのロビー活動をしていた。彼は『センチュリー』で，「最も野性的な側にある自然の美しさ」の保存を訴える社説も書いた。[33] ジョンソンの最初の仕事の一つは，1500平方マイルの公園を設立するというミューアの提案がその約5分の1の広さの保護区をつくるというウィリアム・ヴァンディヴァー（William Vandever）下院議員の考えより好ましいことを議員らに納得させることだった。おそらく，ジョンソンはヨセミテが生み出すだろう観光業の利益に目をつけていた強大な南太平洋鉄道会社（Southern Pacific Railroad）から支援を受けたのだろう。[34] 1890年9月30日，ジョン・ミューアの起草文に沿った公園法がほとんど審議されることなく両院議会を通過した。その翌日に，ベンジャミン・ハリソン大統領[9]（Benjamin Harrison）が法律に署名し，意図的に原生自然の保護を目的にした最初の保護区がアメリカ合衆国に誕生した。「ヨセミテ法」は大きな勝利を記したが，ミューアは厳重な監視がなければ，法的に保護された原生自然であっても，功利主義的本能からは安全でないことを経験的に知っていた。そのため，彼は，「ヨセミテ，および，イエローストーン防衛協会」（a Yosemite and Yellowstone defense association）を設立するという1891年のジョンソン案を歓迎した。[35] 同じ時期，カリフォルニア大学バークレー校とスタンフォード大学の教授陣は，山岳会設立計画を議論していた。ミューアはすぐに連絡をとり，「野生のために何かすることができ，また，山を喜ばせることができる」組織づくりを先頭に立って計画した。[36] 1892年6月4日，サンフランシスコの弁護士ウォーレン・オルニー（Warren Olney）の事務所で，27人が「シエラ・クラブ」（Sierra Club）を結成した。この会の目的は，「太平洋岸の山岳地域を探検し，楽しみ，近づきやすいものにすること」だった。彼らはまた，「シエラネバダ山脈の森や他の地形を保存するために，国民と政府の支援を得る」ことを提案した。[37] ミューアは全員一致で会長に選ばれ（彼は死去するまでの22年間，会長を務めた），シエラ・クラブは原生自然とその保存に関心をもつ人々のメッカとして急速に成長した。

ヨセミテ国立公園とシエラ・クラブは1890年代初期のミューアの中心的な関心だったが，彼は連邦政府が森林保護に着手することにも関心をもっていた。1891年3月3日，土地法の全般的改正法案がほとんど注目されることなく，議会を通過した。その条項のもとでは，大統領は公有地指定を取り消すことで「保護林」（Forest Reserves）（後に，「国有林」〔National Forests〕と改名された）をつくる権限を与えられており，ベンジャミン・ハリソン大統領は直ちに，総面積1300万エーカーに及ぶ15の保護林を創設すると宣言した。[38]「森林保護法」（Forest Reserve Act）は保護地域の機能を明記していなかったので，ジョン・ミューアが，それが未開発の森林の保存を目的としたものだと信じるのも当然だった。彼には，この法律が国立公園設立を定めた法律と違わないように思われた。実際のところ，キングスキャニオン（Kings Canyon）を囲む公園を設立してほしい，というミューアからの新たな請願が保護法案の議会通過を進めようという内務長官ジョン・W・ノーブル（John W. Noble）の決意を後押しした。ミューアとロバート・アンダーウッド・ジョンソンから意見を聴取した後で，ノーブルはもし議員がキングスキャニオンを囲む公園を設立することを拒否したら，その地域を森林保護区として保護しようと決意した。それからまもなく，彼は副土地長官のエドワード・A・ボアーズ（Edward A. Bowers）と国有林の歴史において萌芽的な法律を起草した。[39]

新しい森林保護区は，名目上，保護されたにすぎなかった。実際には，搾取が規制されることすらなかった。「保全主義者」（conservationists）を当惑させたのは，保護区の目的が明確に定義されていなかったことだった。ミューアは未開発の状態のまま，森林を保護するだけで満足していた。しかし，ボアーズ，「連邦森林局」(the Federal Division of Forestry）のバーンハード・E・ファーナウ（Bernhard E. Fernow），イェール大学を卒業したばかりの青年，ギフォード・ピンショーは別の考えをもっていた。ピンショーは最終的に森林管理者の立場を代弁する主導的な人物になった。[40]彼は，森林が最大限に持続生産できる作物として管理されているヨーロッパで，大学教育を受けた。1890年終わり頃に帰国したピンショーはこの森林管理の原則をアメリカの森林地に適用することに関心を向けようとした。材木業者は結果を考えずに，森から最後の１ペニーまで絞り取ろうとするが，森林管理者は貴重な生産物を安定的，かつ，持続的に供給できるように森を科学的に管理するのだ，と彼は指摘した。[41]理論的に，これは魅力的な主張だった――国は森林を保有するとともに，利用することもできるからである。最初はジョン・ミューアですら賛成した。森林管理は無秩序な伐採活動を改善するようにみえたので，それが原生自然の保存と相容れない，ということが彼にはすぐにはわからなかった。しかも，ミューアは成長するこの国の物質的なニーズについて認識していた。1895年，彼はピンショー，ファーナウ，その他の人々と『センチュリー』が企画した森林管理に関する論文集に寄稿した。「道理的にみて，保存するだけで終わるのは不可能である」とミューアは述べた。「森林は保存されるだけでなく，利用されなければならないし，そうなるだろう。さらに……枯れることのない泉のように……木材という産物を確実に生み出すようにしなくてはならないし，同時に幅広い［美的・精神的］利用が損なわれないように維持しなくてはならないだろう[42]」と。

しかしながら，この仮説は長続きしないことがわかった。1896年，森林管理に対するミューアの反感を生み，アメリカの自然保護主義者たちを永久に分裂させることになる一連の出来事が始まった。その年の初め，ロバート・アンダーウッド・ジョンソン，ハーバード大学の植物学者チャールズ・スプレーグ・サージェント（Charles Sprague Sargent），「アメリカ森林協会」（American Forestry Association）が世論喚起のための活動をして，保護区管理に関する明確な政策を考案することが望ましいということをホーク・スミス内務長官（Hoke Smith）に納得させた。そして，今度は，スミスが「全米科学アカデミー」（the National Academy of Science）に，諮問委員会を設置するよう依頼した。委員には，委員長を務めるサージェントに加え，イェール大学のウィリアム・ブリュワー（William Brewer），ハーバード大学のアレクザンダー・アガシ[10]（Alexander Agassiz），エンジニアのH・L・アボット将軍（General H. L. Abbott），「アメリカ合衆国地質調査部」（the United States Geological Survey）のアーノルド・ヘイグ（Arnold Hague），そして，ギフォード・ピンショーがいた。1896年6月，議会から2万5000ドルの予算が認められて，「森林管理委員会」（Forestry Commission）はその夏，西部の森林地域を視察することができた。

7月にピンショーがモンタナの委員会に加わった時，「大変嬉しい」ことに，ジョン・ミューアが職権上の権能から視察を援助すると同意したことを知った。彼は「50代後半の長身で，痩せた，温和な，非常に魅力的な話し手」であるミューアのことを「すぐ好きになった」と書いている。大の釣り好きのピンショーは，「驚いたことに」，「彼は一人で探検する時でも，釣り針すら持って行かないという。彼は釣りが時間の無駄遣いだと言った」と付記した。ここでは二人の気性の違いが暗示されているが，最初はミューアとピンショーは親友になった。彼らは互いに多くの共通点を見つけた。それというのも，ピンショーは，彼が自認していたように，「森と森にあるすべてのものを愛していた」からだった。事実，彼が森林管理を職業として選んだのも野外に触れることがあるからだった。1896年の夏の間，彼は他の人々から離れ，ミューアと二人きりで森の中のキャンプファイアーを囲み，語らう時間を大切にしていた。[43)] しかし，彼らの共通の関心に限界があることも明らかだった。ピンショーは森を愛していたが，最終的には文明と森林管理に忠誠心があった。ミューアは原生自然と保存に忠誠心があった。

こうした違いは，1896年秋，森林管理委員会の最終報告書作成の準備段階で表面化した。委員の間で，作業の目的に関しての合意がつかなかったのである。ミューアとサージェントは，どの未開発森林地域が保存の必要があるかを決定するのが自分たちの職務だとした。彼らは1891年の森林保護法にならい，商業的利用という規定を省き，より多くの森林を保存するように政府を説得することを期待していた。他方で，ピンショーとヘイグは，委員会の全体的な目的は「実用的な森林管理を準備する」ことだと感じており，慎重に管理されたすべての保存区を開放して経済発展に資することを支持していた。[44)] 彼らは，保存主義者は貴重な天然資源をしまい込もうとしているのだ，と非難した。

サージェント-ミューア派は，1897年２月22日，束の間の勝利を収めた。任期満了を間近にしたグロバー・クリーブランド大統領[11]（Grover Cleveland）が，功利主義的な目的にまったく触れずに，2100万エーカー以上に及ぶ森林保存区を設置したのである。しかし，サージェントが委員の合意なしに行なった勧告は予期せぬ事態を引き起こした。すぐに製材業者，放牧業者，鉱山業者の利益を支持する森林管理派が猛烈に抗議した。１週間足らずで，クリーブランド大統領の命令撤回を求める法案が両院議会に提出された。ウィリアム・マッキンリー大統領[12]（William McKinley）が就任し，３月に新しい議会が誕生した頃は，保護区に関する全体的な考え方が危機に瀕していた。『アトランティック・マンスリー』（*Atlantic Monthly*）の編集者ウォルター・ハインズ・ペイジ[13]（Walter Hines Page）は，サージェントに，森を維持するために書いてくれる人を推薦してほしいと依頼した。「正当に書けるのはアメリカ合衆国でただ一人です」と彼は応えた。「その人の名はジョン・ミューアです！[45)]」。

1897年の春の終わり頃，ミューアがペイジの依頼で書いた評論は，まさに保護区に反対する人々を猛烈に攻撃するものだった。同時にそれは，「森林管理か，それとも，保存」かという両面価値（アンビヴァランス）の問題で，ミューアがいつも葛藤していたことを明らかにするものだった。彼はまず，アメリカの森は「未開であることを喜んでおり」，「神の木々を大きなだけの害ある雑草と」みなして，「終わりなき森林戦争」を仕掛けた開拓者を痛烈に非難することから始めた。しかし，ミューアは進歩を妨害しないように懸命だった。「野生の木は，果樹園やトウモロコシ畑に場所を譲らなくてはならない」ことを彼は認めた。同じような矛盾が彼の保護についての議論を特徴づけていた。ある箇所で，彼は森林を純粋に保存しようとするキャンペーンについて取り上げた。「まもなく……休息したり祈りを捧げたりする木立が一つとして残されてないということになるのは明らかだ」。だが，彼はまた，森林管理派の持続生産力の考え方を擁護しており，「賢明な管理」に対する見解では，ピンショーを公然と称賛した。ヨーロッパ諸国の経験をアメリカのモデルにして，「アメリカ合衆国の森林地帯を遊ばせておく［のではなく］……それらを損なうことなく可能な限り多くの木材を産出する」時に，最適条件が出現する，とミューアは論じた。ミューアは結論として，成長した木だけを選伐すれば，森は「決して尽きることのない富と美の源泉」であり続ける，と述べた。[46)]

こうした妥協的な試みにも弱点があった。最も賢明な伐採方法であっても，必然的に木を死滅させ，土地を裸地にしてしまうのは事実だった。原生自然としての存在と生産的な森林管理との両立は容易ではなかった。1897年の春に，ミューアはあえてこの難問から目をそらしてピンショーと手を組もうとしたが，それは主に，いかなる形であれ森林保存区に強力に反対していくには，保護原則を支持する人々を一時的にでも一つにまとめることが必要だったからである。しかし，ミューアの『アトランティック・マンスリー』の小論が印刷される８月以前でさえ，森林保護派の戦線に入った亀裂は広がっていた。1897年６月４日，議会は「森林管理法」(Forest Management Act) を可決したが，それは疑いなく，保護区を原生自然のままにはしないということだった。その法律は，森林管理派やほとんどの西部選出議員からの要求に応えて，保護区の主要な目的の一つは，「アメリカ合衆国国民の利用と必要性のために木材の持続的供給に備えること」であると明示した。[47)]法律は森林を鉱山業や放牧業にも開放した。ミューアはもはや保護区が未開のままであることを望めなかった。今となっては，ファーナウのような森林管理派の発言——「森林の主な有用性，主要な目的は，美や喜びとは何の関係もない。美学の対象になるのは付随的な場合で，もっぱら経済学の対象なのである」——を無視したり，誤って解釈したりすることはできなかった。[48] この観点での森林保護はミューアの観点とまったく違うものを意味していた。

ミューアの森林管理に対する信頼が決定的に打ち砕かれたのは，1897年の夏の終わり頃，シアトルでピンショーと会った時である。前年夏の森林管理委員会の視察の時以来に会ったのだが，この時にはもう仲間意識はなかった。賢明に，天然資源を利用すべきだという自らの哲学に従って行動していたピンショーは，シアトルの新聞各紙に森林保護区でのヒツジの放牧に賛成する見解を発表していた。ミューアにとっては「蹄のあるイナゴ」とのこうした妥協は耐え難かった。ホテルのロビーでピンショーと顔を合わせたミューアは彼に説明を求めた。ピンショーが確かにそう言ったと認めると，ミューアは即座にこう言い返した。「それでは……私はもうあなたとは一切，関わりたくない。去年の夏に一緒にカスケード山脈に行った時，あなたもヒツジは多くの害をもたらすと言ったではないか」。[49] この個人的な仲違いは，自然保護運動の団結力を壊しつつあった価値観の対立を象徴するものだった。

ミューアの新たな態度は，1898年の1月，『アトランティック・マンスリー』に寄せた二つ目の小論に表れている。新たな小論では，前年8月の論説とはきわめて対照的に，森林管理と賢明な利用にはまったく言及しなかった。その代わりに，原生自然を賛美した。ミューアは保護区を「処女林」と述べ，そこにある「幾千もの神の野生の恵み」について詳しく記した。ピンショー派があらゆる支援から手を引いたために，彼は原生自然の重要性とその保存の必要性を読者に理解してもらおうと努力した。[50]

ジョン・ミューアは1897年の決裂の夏以降，森林保護区創設を阻止することはなかったものの，森林管理派のもとでは原生自然を保存する見込みはほとんどないと気づいていた。そのため，彼はあらゆる機会を利用して国立公園の推進と擁護に努めた。こうした目的を抱いていた彼は，1903年にチャールズ・サージェントとの世界一周旅行を延期し，セオドア・ルーズベルト大統領（Theodore Roosevelt）と「キャンプファイアーを囲んで自由に語り合い，森林のために何かをする」機会を得た。大統領は，ヨセミテ地域にミューアを同行したいと個人的に要請した。4インチも雪が降り積もる中での野宿もあった旅から戻ってくると，大統領は「最高の日だ！」と感慨深く叫んだという。[51] このことは狩猟好きな大統領に対するミューアの警戒心を解くことになった。「ルーズベルトさん」と彼は一つ尋ねた。「いつになったら生き物を殺すなどという子どもっぽいことを止めるのですか？……もう止めてよい年齢ではないですか？」。大統領はこれに面食らったが，「ミューアさんのおっしゃることは正しいでしょうね」と答えた。[52] シエラ旅行の成果の一つは，カリフォルニア州は連邦政府にヨセミテ渓谷を隣接する国立公園に編入するために返還する，というミューアの提案をルーズベルトが受け入れたことだった。[53] 1906年に議会が動き，グランドキャニオンのために尽くしたミューアの多大な努力は2年後に，ルーズベルト大統領がこの地域を国の記念物（national monument）に指定したことで報われた。[54] ミューアは最後の力をヨセミテ国立公園内の未開のヘッチヘッチ渓谷（Hetch Hetchy Valley）へのダム計画反対運動に注いだ（第10章を参照のこと）。

1905年以降，原生自然を守る運動に加わることは，アメリカ合衆国の森林局長官として，また，保護区の管理責任者としてのギフォード・ピンショーの影響力に逆らうことを意味していた。本質的にすぐれた宣伝者であるピンショーと，同僚のW・J・マッギー（W. J. McGee）やフレデリック・H・ニューウェル（Frederick H. Newell）などは，まもなく賢明な利用という観点を「保全」（conservation）という言葉で表現することに成功した。[55] 原生自然の保存を唱える人々は挫折し，ピンショーを「非保全主義者」（de-conservationist）と呼ぶしかなかった。[56] 1908年，ホワイトハウスで開かれた劇的な「天然資源保全に関する州知事会議」（Governors' Conference on the Conservation of Natural Resources）は功利主義と賢明な資源開発を擁護した。この会議の主要なまとめ役であったピンショーは，ミューアやジョンソン，その他の保存主義者のほとんどを招待客リストから注意深く外した。[57] しかし，ピンショーであっても，20世紀初頭には国民的崇拝の域に達していた原生自然への一般市民の熱狂の波を抑えることはできなかった。ミューアが指摘したように，「疲れて，神経を震わせた，過度に文明化された何千もの人々が山に行くのは家に帰るということ，野生は必要不可欠なものであるということ，山の公園や保護区が木材や灌漑用河川の源泉としてだけでなく，生命の源泉として有用であることに気づきはじめたのだ」。[58] ミューアがこの状況にいくらか誇りがもてたのは，それが彼のライフワークの結果だったからだ。だが，空前の原生自然の人気やアメリカ国民がミューアを好意的に受け止めたのは，20世紀初頭の世相に根ざした深い理由があってのことだった。

注

1）“The Creation of Yosemite National Park,” *Sierra Club Bulletin, 39* (1944), 50に引用されていた，Muir to Robert Underwood Johnson, Sept. 13, 1889, による。

2）“About the Yosemite,” *American Review of Reviews, 45* (1912), 766-767.

3）Muir, *The Story of My Boyhood and Youth* (Boston, 1913), p.1.（ジョン・ミューア著／熊谷鉱司訳『自然保護の父ジョン・ミューア　緑の予言者』文溪堂，1995年）。

4）Linnie Marsh Wolfe, *Son of the Wilderness: The Life of John Muir* (New York, 1945), pp.3-57. 他の重要な伝記的な情報源として，William F. Bade, *The Life and Letters of John Muir* (2 vols. Boston, 1923); Norman Foerster, *Nature in American Literature* (New York, 1923), pp.238-263; Edith Jane Hadley, “John Muir's Views of Nature and their Consequences”（未出版の博士論文，University of Wisconsin, 1956); Daniel Barr Weber, “John Muir: The Function of Wilderness in an Industrial Society”（未出版の博士論文，University of Minnesota, 1964）があり，ミューアの思想のさまざまな側面を分析している。Jennie Elliot Doran や Cornelius Beach Bradley 編纂の，いくつかの死後著作集を除く，ほぼ完全な著書目録は，*Sierra Club Bulletin, 10* (1916), 41-59, に掲載されている。

5）Muir, *Boyhood and Youth*, p.63.

6）Bade, *Life and Letters, 1*, 147. 若かりし頃に，自然に対するミューアの態度に影響を与えた事柄を包括的に論じたものとして，Hadley, 78ページ以降にある。Weber がその論文の178ページ以降で行なっている説明は表面的である。

7）Muir, *Boyhood and Youth*, p.286; Wolfe, Muir, p.105.

8）Muir, *A Thousand-Mile Walk to the Gulf*, ed., William F. Bade (Boston, 1916), pp.11-12, 71, 211-212.（ジョン・ミューア著／熊谷鉱司訳『1000マイルウォーク緑へ――アメリカを南下する』立風書房，1994年）。

9）Muir, *The Yosemite* (New York, 1912), p.4.

10）ミューアが読んだ *The Prose Works of Ralph Waldo Emerson* の1870年版の初版本は，今では，イェール大学図書館の稀少本コレクションの中にある。私はマディソンにある，ウィスコンシン大学図書館でマイクロフィルム複写版を調べた。

11）Muir, *Our National Parks* (Boston, 1901), p.74; Muir, *The Mountains of California* (New York, 1894), p.56.（ジョン・ミューア著／小林勇次訳『山の博物誌』立風書房，1994年).

12）Muir, *My First Summer in the Sierra* (Boston, 1911), p.211.（ジョン・ミューア著／岡島成行訳『はじめてのシエラの夏』宝島社，1993年), *John of the Mountains: The Unpublished Journals of John Muir*, ed., Linnie Marsh Wolfe (Boston, 1938), p.138.

13）Wolfe, ed., *Journals*, p.47, 118; Muir, *The Yosemite*, p.255; Muir, *Travels in Alaska* (Boston, 1915), p.24; Muir, *First Summer*, p.90.

14) Bade, ed., *Thousand-Mile Walk*, p.212; Wolfe, ed., *Journals*, p.313.

15) *The Letters of Ralph Waldo Emerson*, ed., Ralph L. Rusk (6 vols. New York, 1939), *6*, 154-155 所収の Muir to Emerson, May 8, 1871; Muir, *National Parks*, pp.134-135.

16) Bade, *Life and Letters, 1*, 259-260.

17) 第5章を参照のこと。この点を詳述したものとして，Edwin Way Teale, "John Muir Was the Wildest," *Living Wilderness, 19* (1954-55), 1-6，および，*The Wilderness World of John Muir*, ed., Teale (Boston, 1954) の Teale, の序論を参照のこと。

18) Wolfe, ed., *Journals*, p.319; Muir, *Steep Trails*, ed., William F. Bade (New York, 1918), p.82.

19) Bade, *Life and Letters, 2*, 268; Muir, "The Wild Parks and Forest Reservations of the West," *Atlantic Monthly, 81* (1898), 16.

20) Muir, "The Wild Sheep of California," *Overland Monthly, 12* (1874), 359; Muir, "Wild Wool," *Overland Monthly, 14* (1875), 361, 366.

21) Wolfe, ed., *Journals*, pp.82, 90, 315, 317; Muir, *National Parks*, p.98.

22) Teale, ed., *Wilderness World*, p.311; Muir, *First Summer*, p.250; Wolfe, ed., *Journals*, pp.315-316, 317. ソローは「野生にこそ世界を保存するものがある」と言った（第5章を参照のこと）。

23) Muir, *National Parks*, pp.57-58; Bade, ed., *Thousand-Mile Walk*, p.139; Muir, *First Summer*, p.326; Bade, ed., *Thousand-Mile Walk*, p.98. この点を敷衍するものとして，Hadley, "John Muir," 137ページ以降を参照のこと。

24) Wolfe, ed., *Journals*, p.86; Bade, *Life and Letters, 2*, 29; Muir, *First Summer*, p.250.

25) "Proceedings of the Meeting of the Sierra Club held Nov. 23, 1895," *Sierra Club Bulletin, 1* (1896), 276; Bade, *Life and Letters, 1*, 158-160; 2, 393.

26) その一例は，Muir, *First Summer*, p.113, にみられる。

27) Wolfe, ed., *Journals*, p.351.

28) Wolfe, *Muir*, pp.227-228; Muir, *Picturesque California* (2 vols. San Francisco, 1888) *1*, 173-174.

29) Robert Underwood Johnson, *Remembered Yesterdays* (Boston, 1923), p.287. ジョンソンの提案を理解するためには，1864年に連邦政府がヨセミテ渓谷を州立公園としてカリフォルニア州に譲渡したことを想起する必要がある（第6章を参照のこと）。ジョンソンが考えていたのは渓谷をドーナツ状に取り巻くようなもっと大きな国立公園だった。

30) John Muir Papers, Bancroft Library, University of California, Berkeley, Box 1, John Muir Papers, American Academy of Arts and Letters, New York, N. Y.; Robert Underwood Johnson Papers, Bancroft Library, University of California, Berkeley, Box 7. ミューアとジョンソンとの間で交わされた手紙のいくつかは，"The Cre-

ation of Yosemite National Park," *Sierra Club Bulletin, 29* (1944), 49–60, に掲載されている。

31) Muir to John Bidwell, June 18, 1889, Bidwell Papers, Bancroft Library, University of California, Berkeley, Box 2; Frank Luther Mott, *A History of American Magazines, 1865–1885* (Cambridge, Mass., 1938), p.475所収。

32) Muir, "The Treasures of the Yosemite," *Century, 40* (1890), 483; Muir, "Features of the Proposed Yosemite National Park," *Century, 41* (1890), 666–667.

33) Johnson, "The Care of Yosemite Valley," *Century, 39* (1890), 478.

34) Holway R. Jones, *John Muir and the Sierra Club: The Battle for Yosemite* (San Francisco, 1965), pp.37–47; Ise, *National Park Policy*, 55ページ以降を参照のこと。南太平洋鉄道会社は，1890年9月25日に設立された。その6日後にヨセミテ保護区の設置を定めた法律で3倍の規模に拡大されたセコイア国立公園にも高い関心をもっていたようである。この点については，Oscar Berland, "Giant Forest's Reservation: The Legend and the Mystery," *Sierra Club Bulletin, 47* (1962), 68–82; Douglas Hillman Strong, "A History of Sequoia National Park" (unpublished Ph.D. dissertation, Syracuse University, 1964), 111ページ以降を参照のこと。

35) George Bird Grinnell to Johnson, Jan. 19, 1891, Johnson Papers, Berkeley, Box 4所収。グリンネルは協会をつくるというジョンソンの発案に関心を示していた。

36) Muir to J. Henry Senger, May 22, 1892, Muir Papers, Box 1. 詳細については Jones, *John Muir and the Sierra Club*, pp.3–23, および，Joseph N. Le Conte, "The Sierra Club," *Sierra Club Bulletin, 10* (1917), 135–145, を参照のこと。

37) *Articles of Association, Articles of Incorporation, By-Laws, and a List of Charter Members of the Sierra Club*, Publications of the Sierra Club, 1 (San Francisco, 1892), p.4.

38) 1890年代の森林保護の政治史については，以下を参照のこと。John Ise, *The United States Forest Policy* (New Haven, Conn., 1920), 109ページ以降；Jenks Cameron, *The Development of Governmental Forest Control in the United States*, Institute for Government Research Studies in Administration, 19 (Baltimore, 1928), 202ページ以降；Roy M. Robbins, *Our Landed Heritage:The Public Domain, 1776–1936* (Princeton, N. J., 1942), 303ページ以降；James P. Gilligan, "The Development of Policy and Administration of Forest Service Primitive and Wilderness Areas in the Western United States" (未出版の博士論文，University of Michigan, 1953), 37ページ以降。

基礎研究としては以下のものがある。Gilbert Chinard, "The Early History of Forestry in America," *Proceedings of the American Philosophical Society, 89* (1945), 444–488; Herbert A. Smith, "The Early Forestry Movement in the United States," *Agricultural History, 12* (1938), 326–346; Ralph M. Van Brocklin, "The Movement for the Conservation of Natural Resources in the United States Before 1901"（未出版の博士論文，University of Michigan, 1952), pp.4–82; Lawrence Rakestraw, "A History of Forest Conservation in the Pacific Northwest"（未出版の博士論文，University of Washington, 1955), pp.1–34.

39) Wolfe, *Muir*, p.252. 1890年代初期のキングスキャニオンに役立たせた議論を連想させるものに，彼の "A Rival of the Yosemite: The Canon of the South Fork of King's River, California," *Century, 43* (1891), 77–97, がある。

40) Harold T. Pinkett, "Gifford Pinchot and the Early Conservation Movement in the United States"（未出版の博士論文，American University, 1953）はピンショーの森林管理への関心を扱った最もすぐれた論文である。M. Nelson McGeary, *Gifford Pinchot: Forester–Politician*（Princeton, N. J., 1960）と Martin L. Fausold, *Gifford Pinchot: Bull Moose Progressive*（Syracuse, 1961), は最近書かれたピンショーの伝記である。Andrew D. *Rodgers, Bernhard Eduard Fernow: A Story of North American Forestry*（Princeton, N. J., 1951）も森林管理官たちの立場を理解しているという点で貴重なものである。

41) Pinchot, "Forester and Lumberman in the North Woods" (1894年頃), Gifford Pinchot Papers, Library of Congress, Box 62.

42) Muir, "A Plan to Save the Forests," *Century, 49* (1895), 631.

43) Pinchot, *Breaking New Ground* (New York, 1947), pp.2, 100, 103.

44) Ibid, p.94.

45) Wolfe, *Muir*, p.273, からの引用による。

46) "The American Forests," *Atlantic Monthly, 80* (1897), 146, 147, 155, 156. これとは別に，ミューアが森林管理を支持する態度を表現したものに，彼の "The National Parks and Forest Reservations," *Harper's Weekly, 41* (1897), 563–567がある。

47) U.S., *Statutes at Large, 30*, p.35.

48) Fernow, "Letter to the Editor," *The Forester, 2* (1896), 45.

49) Wolfe, *Muir*, pp.275–276, からの引用による。放牧をめぐる論争を敷衍したものに，Lawrence Rakestraw, "Sheep Grazing in the Cascade Range: John Minto vs. John Muir," *Pacific Historical Review, 27* (1958), 371–382, がある。自然保護運動における開発論者と保存論者との間の分裂をさらに論じたものとして，以下を参照のこと。Samuel P. Hays, *Conservation and the Gospel of Efficiency: The Progressive Conservation Movement, 1890–1920* (Cambridge, Mass., 1959), 122ページ以降，Gilligan, "Policy and Administration," 37ページ以降，Hadley, "Muir's Views of Nature," 607ページ以降。

50) Muir, "The Wild Parks and Forest Reservations of the West," *Atlantic Monthly, 81* (1898), 21, 24.

51) Wolfe, *Muir*, p.293, からの引用による。

52）　Johnson, *Remembered Yesterdays*, p.388.

53）　William E. Colby, "Yosemite and the Sierra Club," *Sierra Club Bulletin, 23* (1938), 11-19; Jones, *John Muir and the Sierra Club*, pp.55-80.

54）　ミューアは1898年にすでに,「峡谷の原生自然」に国立公園の地位を授けるよう要求していた。この点については, "Wild Parks," p.27, を参照のこと。彼は "Grand Canyon of the Colorado," *Century*, 65 (1902), 107-160, も書いた。政治史については, Ise, *National Park Policy*, の230ページ以降を参照のこと。

55）　*Breaking New Ground*, 322-326, によれば, ピンショーは「保全」(conservation) という語を編み出したのは自分だと主張したというが, その語がもっと早くから使われていたことを示す証拠については, Hays, *Conservation*, 5-6, を参照のこと。関連して, Whitney R. Cross, "W J McGee and the Idea of Conservation," *Historian, 15* (1953), 148-162, がある。

56）　Robert Underwood Johnson to Senator [Hoke] Smith, Dec. 1, 1913, Johnson Papers, Berkeley, Box 1所収。

57）　このことが保存主義者側にもたらした怒りを示したものに, Johnson, *Remembered Yesterdays*, pp.300-307, および, Johnson to "Dear Sir," June 5, 1911, という公開書簡, Johnson Papers, Berkeley, Box 1, 所収を参照のこと。

58）　Muir, "Wild Parks," 15.

訳注

［1］　ジョン・ミューアはハーバード大学, ウィスコンシン大学, イェール大学, カリフォルニア大学の四つの大学から名誉学位を授与された。

［2］　移民に渡された家屋付きの農場のこと。

［3］　ウィスコンシン州中南部の都市で, アメリカ合衆国第4代大統領の名前に因んでつけられた。

［4］　1810～1888年。アメリカの植物学者, 生物地理学者。ハーバード大学教授を務め, ダーウィニズムを擁護した。

［5］　酒本雅之訳『エマソン論文集』岩波書店, 1972年に所収。

［6］　1863～1946年。アメリカの政治指導者, 森林学者。1898年にウィリアム・マッキンリー大統領のもと, 営林局長に就任。1901年にはセオドア・ルーズベルト大統領のもと,「アメリカ農務省森林局」の初代局長に就任した。1982年に, ワシントン州で指定された「ギフォード・ピンショー国有林」は, 彼の名に因んだものである。

［7］　1839～1897年。アメリカの経済学者, 社会思想家。彼は自著, *Progress and Poverty*, の中で, 一握りの幸運な土地所有者が莫大な利益をかすめとるのを許す政治優先, 経済優先志向の政治や制度に反対した（ロデリック・F・ナッシュ著／松野弘訳『自然の権利』139ページを参照のこと）。

［8］ カスケード山脈南部にある火山。4317メートル。アメリカ先住民（インディアン）の聖なる山とされてきた場所。

［9］ 1833～1901年。1889～1893年までアメリカ第23代大統領で，祖父は第9代大統領のウィリアム・H・ハリソン。

［10］ 1835～1910年。スイス生まれのアメリカの海洋学の開拓者・海生動物学者，地質学・動物学で著名なルイ・アガシの息子。

［11］ 1885～1889年までアメリカ第22代大統領，1893～1897年まで第24代大統領。大統領特権を有効に用いて指導力を発揮した。

［12］ 1843～1901年。1897～1901年までアメリカ第25代大統領。帝国主義政策を推し進めたが，無政府主義者に銃撃され，死亡。

［13］ 1855～1918年。アメリカのジャーナリスト，編集者，外交官。

第9章
原生自然への熱狂

文明の光が破滅の力となり降りかかってきたら，いつでも……原生自然に行きなさい。……単調な仕事の繰り返し，市場の荒々しい怒声，嫉妬深い都市の危険は，過去のものとなる。……原生自然があなたの心をとらえるだろう。健康な赤い血を与え，虚弱な人を男に変えるだろう。そして，あなたはすぐに安らかな魂で，すべてを見るだろう。

——ジョージ・S・エヴァンズ（1904年）

1913年8月10日の朝，ボストン『ポスト』（*Post*）紙の主要記事に，「裸の男が，2カ月間一人で暮らすため，メインの森へ入っていった」という見出しが躍った。続く記事は，がっしりとした40代半ばのパートタイム・イラストレーターで，ジョー・ノールズ（Joseph Knowles）という名の男が，6日前，メイン州北東部にある湖のほとりで，冷たい霧雨の降る中，服を脱ぎ，最後のタバコを吸い，スポーツマン（釣り人・狩猟者・野外スポーツをする人等），記者集団と握手すると，原生自然の中に一歩一歩入っていったと記した。森の下草で慎重に隠された裸のノールズが文明に手を振って別れを告げる写真まであった。『ポスト』紙は，ジョー・ノールズが60日間，原始人になるために森へ入っていった，と解説した。彼は何の装備もなく，完全に孤立した状態で，「アダムが暮らしたように」その土地に頼って生活することを約束した。[1]

それから2カ月間，ノールズはボストン中の話題をさらった。彼はカバの樹皮に木炭で書いた定期的な速達便で，自分の実験についての情報を提供した。こうした報告は『ポスト』紙に掲載され，原始人に戻るという計画が成功していることを明らかにし，人々を驚かせ，喜ばせた。彼は2本の枝をこすって摩擦熱で火をおこした。細長い樹皮を編んで衣類をつくった。ノールズの最初の数回の食事はベリーだったが，まもなくマスやヤマウズラへとさらに鹿肉の食事へと多様になった。8月24日付け『ポスト』紙のトップの見出しは，ノールズがクマを穴に誘い込み，棍棒で殺し，その皮で上着をつくったと伝えた。この時すでに，東部中の新聞が，さらに遠くはカンザスシティーの新聞までがこの話題を書きたてていた。

1913年10月4日，ボサボサの髪だが，健康そうなノールズがついに，メインの森から原始的な生活様式の価値を称賛しながら現れると，彼は一般大衆の熱狂の波にさらわれた。ボストンへと凱旋帰還する途中に，オーガスタ，ルイストン，ポートランドに立ち寄り，8000人から1万の群集の前でスピーチをした。「メイン州狩猟委員会」(Maine Fish and Game Commission）が，禁猟期にクマを殺したノールズに容赦なく205ドルの罰金を科したにもかかわらず，喝采は続いた。しかし，ボストンの歓迎はメインの比ではなかった。ボストンという都市には，同世代に「現代の原始人」[2]のような英雄がいなかった。10月9日，ノールズの乗った列車を出迎えようと，北駅に多くの人々が押し寄せ，彼が姿を現すと声がかれるほどに叫んだ。何千人もの人々が通りに並び，その間をノールズを乗せた自動車がパレードした。クマの毛皮を着たノールズは2万人もの人々が待つボストン広場に着いた。彼のスピーチはがっかりするほど短かったが，群衆は彼が「トラのように俊敏で，優雅な動作」で演壇に飛び乗ったのを見て心を躍らせた。[3]

それから数日間，ノールズのニュースは，ワールドシリーズの興奮を凌ぐものだった。ハーバード大学の医師は，彼の体調はきわめて良好だと報告した。マサチューセッツ州知事との会談を含めて，数多くのパーティや会見が開かれた。体験記の出版化の権利を得ようと，出版業者がノールズのもとに押し寄せた。その体験記，『原生自然の中にたった一人で』(*Alone in the Wilderness*）は30万部を売り上げ，ノールズは大々的な宣伝をしながらボードビルを巡業して回った。『ポスト』紙はノールズの描いた野生動物の絵の複製画を全ページカラーで出版し，これらの絵は額に入れて，「まさに書斎に飾る」のが相応しい，と述べた。[4]『ポスト』紙のライバル社がノールズはペテン師で，実際には秘密の隠れ家で過ごしていた，というしっかりとした証拠を示した時でさえ，[5]声高な否定な声しか返ってこなかった。1913年に，かなり多くのアメリカ人が明らかに「自然人」(Nature Man）がいると信じたがっていたのだ。実際，ジョー・ノールズへの熱狂ぶりは人々の原生自然に対する関心の唯一の，かなり奇妙な現れだった。[6]しかもそれは，20世紀初頭までには，原生自然に対する高い評価がロマン派の学者や愛国的な知識人といった比較的小さな集団から，全国的な流行となるまでに広がったことを示す証拠であった。

1890年代までにアメリカ人の生活と思想は大きく変化し，これまでのような原生自然の収用に対して，広く反発が生まれていた。文明は大陸を広く征服した。アメリカ人の関心は労働力節約のための農業の機械化と産業の急成長，人口増加と相俟って，田舎から都市に向いた。1890年の国勢調査はほとんどのアメリカ人がわかっていたことに，統計的な裏付けを与えただけだった。フロンティア（西部の辺境地帯）は消滅寸前であり，原生自然はもはや支配力をもたないのだ。都市の街路や快適な家という視点からは，未開の地はフロンティア開拓者の開拓地の視点とはきわめて異なる感覚をもたらした。もう森林や先住民（インディアン）と接戦の死闘をかわす必要はなかった。一般市民は征服者というよりも，行楽客という視点で原生自然に近づくことができた。特に，多くの開拓者を怖気づかせた孤独と苦難という性質は都会に住む子孫には非常に魅力的なものになった。

変化の兆しは，原生自然がもつ不快な意味合いの多くが，新しい都市的環境に移ってきたことにあった。19世紀の終わりには，かつて未開の森林に向けられた敵意は都市のものとなった。1898年にロバート・A・ウッズ（Robert A. Woods）はボストンのスラム街の状況を露にした作品に，『都会の原生自然』（*The City Wilderness*）と表題をつけた。数年後，アプトン・シンクレア（Upton Sinclair）の『ジャングル』（*The Jungle*）は，シカゴの屠場の恐怖を描写するのに同じ隠喩（メタファー）を使用した。文明が少なすぎるのではなく，多すぎることがこの国の苦難の根源であるように思われた。当時の怪物――「ウォール街」「トラスト」「見えざる政府」――は，産業化した東部の都市の現象だった。いわゆる未開の人々に関するアメリカ世論の見解もまた，2世紀半の時の流れを巻き戻そうとしていた。ますます多くの人々がヘレン・ハント・ジャクソン（Helen Hunt Jackson）と一緒になって先住民に同情し，問題の根源は野蛮さにあるのではなく，病気やウイスキー，文明の側の策略にあると見極めた[7)]。

アメリカ人の生活が物質的に変化すると，それに密接に関連する性向や雰囲気にも思想的な変化が生じた[8)]。南北戦争以前にあった全般的にみられた楽観主義や願望は，19世紀末に，部分的には，より冷静な価値判断や疑念，不確実性に道を譲った。多くの人々は，自分たちの社会の欠点は穏やかな進歩に抱いていた従来の確信が根拠のないものだったことを示す証拠なのだ，と考えた。悲観的になる理由は至る所でみられた。氾濫する移民，多くの人々にはアメリカの血統を薄め，アメリカの伝統を弱くするように思われた。商業的価値と都市的生活は，人格，品性，道徳性を損なうように感じられた。大規模，かつ，高度に組織化された経済や政治の体質は，個人の機能性に表面的にも障害になった。世紀末の変わり目に，アメリカ文明は混乱，堕落，そして，脆弱な過剰をもたらしたようにみえた。確かに，アメリカ思想には誇りと希望が反流していたが，すべての西洋世界ではないにしても，アメリカ合衆国がすでにその最高の瞬間に達し，凋落の兆しにあるという確信は消えなかった。

文明化に伴う不満感は曖昧なために実に不快であり，それは結果として，世紀末のアメリカ人が広く野生を求める機運になった。原生自然の熱狂にはいくつかの様相があった。第一に，原生自然を多くの比類なきすぐれた国家の特徴を与えたと信じられてきた，アメリカのフロンティアや開拓者の歴史と結び付けて考える傾向が大きくなった。原生自然は力強さ，たくましさ——ダーウィン主義の用語で適応度と定義された野生という性質——としても重要性をもった。最終的には，より多くのアメリカ人が未開の地に美学的・倫理的な地位を与え，そこが黙想や礼拝の機会をもたらすのだと強調した。

19世紀後半のアメリカ人は，国民性を形作ってきた力の多くが消えつつあることを悟り，大きな衝撃を受けた。これらの力の中で重要だったのが，開拓の最前線と開拓地での生活様式だった。長くアメリカ文化の英雄であった開拓者は，アメリカ人の生活の速度や複雑性が自由な個人を今にも飲み込もうとしている時に，一層の輝きをみせた。アメリカ人の生活は，人々が具体的な障害に直面した時に，大抵の神話がそうであるように，自力でそれを克服してきた開拓者という存在を崇めようとしたのだった。1890年代以前は，一般的に，フロンティア開拓者は善であり，その一番の敵である原生自然は悪——国民的ドラマの悪者——だと考えられていた。しかし，フロンティアの時代が終わったと認識されるにつれて，原始的な状態がもっていた役割が再評価されるようになった。多くのアメリカ人が，原生自然は開拓に不可欠であると理解するようになった。未開の地がなかったならば，フロンティアや開拓者という概念は無意味である。明らかに，悪者はしばしば英雄と同じくらい非常に重要な役割を担っている。そして，原生自然に近づくというすぐれた性質が悪者を生み出したのだと考えられた。おそらく，悪者は思ったほどの悪者ではないのだ。19世紀の終わり頃になると，開拓者に対する尊敬は彼らを取り巻く環境を含むまでに拡大した。つまり，開拓は文明の進歩の先頭にたってきたというだけでなく，アメリカ人を原始状態と接触させてきたことが重要であると考えられるようになったのだ。

フレデリック・ジャクソン・ターナー（Frederic Jackson Turner）の歴史評論の中で，原生自然の中で生活することと，アメリカ人の望ましい特質を発展させることとの関係について，1893年以降，印象的な意見が述べられていく。名目上のテーマはもちろん，「フロンティア」であったが，[1]彼は「国家の野性さはもっとも基本的な要素であり，国家の性質を形成するのに重要な影響を与える」ことを明らかにした。彼は，「フロンティアとは……原生自然と拡大する開拓地の周縁部との相互作用によって決められる」と述べた。[9]その結果，自分の評論集の中心テーマを要約することになった時，ターナーが目を向けたのは「アメリカの原生自然の変わりゆく影響力」であった。この考えは，「原生自然が入植者を支配する」方法について話した，ターナーの最初の主要な演説の中にあった。確かに，開拓者は徐々に「原生自然を変えるが，それによってもたらされるのは古きヨーロッパではなく，実はアメリカ的な新しい産物である」[10]。その後のターナーの努力の大半は原始的な環境に触れたアメリカの理想や慣習の効果を評価することに費やされた。

もっとも広く話題にされたターナーの論文は，1896年９月の『アトランティック・マンスリー』（*Atlantic Monthly*）に掲載されたものである。そこでは，フロンティアがアメリカをヨーロッパとは異なるものにしただけでなく，よりすぐれたものにしたと論じられた。「原生自然の体験から，さらに，機会の自由から，アメリカ人は社会改革のための原理――自分自身の原理を捜し求める個人の自由――をつくり上げたのだ」とターナーは書いた。つまり，民主主義は森林の所産だと彼は信じていたのだ。原生自然の中で暮らすこと，「原始の状態に戻ること」は広く人々に自制を奨励する個人主義，自立，自信を育んだ。ターナーは，時にフロンティアの民主主義には弱点があると認めたが，彼の不偏不党の試みは，人民による統治がヨーロッパ大陸の専制政治よりはるかにすぐれているという確信を何ら覆すことはなかった。事実，野性的であったために新世界は白紙の状態であり，理想家たちがよりよい生活という夢をもち込むことができたのだ。意気揚揚として，ターナーは，「原生自然というまさにその事実がきれいな白紙のページとして人々の興味を引いた。そこには，社会のよりよい型を求めて奮闘する人間の物語の，新しい章が記されるのだ」と結論付けた。[11] このように，民主主義とユートピア的理想主義とが結び付いて，未開の地は新しい価値を得た。ターナーは未開の地の役割を文明が征服しなければならない敵から，人々と慣習によい影響をもたらす存在につくり変えたのだ。原生自然に対する彼の最大の貢献はアメリカ人の精神にある，原生自然を神聖なる「アメリカの美徳」と結び付けたことだった。

1913年に，ターナーは1890年代がアメリカ史の転換点だと述べた。それはフロンティアがなくなった最初の10年であった。「ほぼ原生自然の征服がなしとげられた」，「そして，……年々，アメリカで民主主義の影響力を強めるのに役立ってきた自由な土地の大量の供給が尽きてしまった」のだ。必然的に，アメリカの理想は，「当初の頃とは本質的に異なる状況のもとで，理想を維持するための十分な勢いを獲得した」だろうか，と彼は疑問を抱いた。[12]

ターナーは出版物の中で明確にこの疑問に答えることはなかったが，[13] 彼の口調は悲観主義をほのめかしており，原生自然の消滅を懐古的に悔やむような一般感情をもたらした。アメリカの主要な雑誌の論評は「都市への漂流」と開拓者的性質を失った結果を懸念していた。「草分け」を称える著者たちは，フロンティア以後のアメリカ人がいかに彼らの偉業を理解できるのかと疑問に思った。[14] 1902年に，フランク・ノリス（Frank Norris）は小説を書く時間を割いて，「ついに，フロンティアは消え去った」（“The Frontier Gone At Last”）を『ワールズ・ワーク』（*World's Work*）に寄稿した。「突然，もはやフロンティアが存在しないことにわれわれは気づいた」という出だしで始まるこの評論は続いて，その事実の重要性に思いをめぐらせた。ノリスは「もはや征服すべき原生自然はない」から，アメリカ人の『過剰』なエネルギーは，「自らの国を世界征服の試みに駆り立てるかもしれない」と感じていた。[15]

フロンティアの終焉は現代文明の中に原生自然の影響を維持する方法を多くのアメリカ人に模索させることになる。ボーイスカウト活動は一つの答えである。ボーア戦争[2]のイギリスの英雄，サー・ロバート・S・S・バーデン＝パウエル（Sir

Robert S. S. Baden Powell）は1907年にボーイスカウトを公式に創設したが，彼の努力はアメリカが待ち望んでいたことだった（訳注：「サー」とは，イギリスの勲位の一つでナイト〔騎士〕ないし，準男爵〔バロネット〕という男性の勲位の尊称である）。1902年に，有名な自然作家アーネスト・トンプソン・シートン[3]（Ernest Tompson Seton）は，『婦人家庭雑誌』（*Ladies Home Journal*）に載せた連載の中で，「ウッドクラフト・インディアンズ」（Woodcraft Indians）という少年団についての構想を明らかにした。2年後のシートンとバーデン＝パウエルとの出会いは，イギリス人のボーイスカウト活動への関心をかきたてる上で重要だった。バーデン＝パウエルはまた，ダニエル・C・ベアード（Daniel C. Beard）が1905年に始めた「ダニエル・ブーンの息子たち」（the Sons of Daniel Boon）や「ボーイ・パイオニアズ」（Boy Pioneers）という団体の事例も手に入れた。しかし，「ボーイスカウト」の概念がアメリカに伝わると，シートンとベアードはこうした先駆者を取り込みながら，ともにアメリカに忠誠を誓うことになる[16)]。

1910年，シートンは，アメリカ人が新たに原生自然と調和する重要性を明らかにすることがアメリカのボーイスカウトの今後の方法と目標だ，と述べた。ボーイスカウトの最初の『ハンドブック』（*Handbook*）は，1世紀前にはすべてのアメリカの少年は自然の近くで生活していた，という出だしで始まる。だが，その後，アメリカは工業化と「大都市の成長」に特徴づけられる「不幸な変化」を経験した。シートンによると，その結果が「堕落」であり，人々は「忙しすぎる世界でのつらく単調な仕事で疲れ，体調を崩した」のである。この状況を改善するために，『ハンドブック』は，アメリカの少年が再び，「野外生活」を強調する国家をめざすようにと提案する。つまり，長く幸福な人生は，一般的には「土に最も近いところで生活する……人々，つまり，原始時代の簡素な生活を営む人々」にあることを認識させるのだ[17)]。そのために，シートンは，少年たちが少なくとも毎年1カ月は文明から離れて過ごし，フロンティアの技術や価値に触れることを望み，森に関する知識やキャンプ生活法を紹介してきた。

ボーイスカウトのめざましい成功（すぐに，アメリカで最大の若者団体となった）は20世紀初頭のアメリカ思想の重要な時事である。30年間で『ハンドブック』はアメリカで推定700万部，聖書に次ぐ2番目の売り上げになった[18)]。ボーイスカウト活動は人々の目を引きつけた。多くの人々が偉大さの源と感じていた，フロンティアという根から引き離されつつあるような，文明の憂慮すべき現象に解決策を与えたからである。それは,「われわれが文明化した人間だからといって,原生自然の植民地化の日々が終わったことにはならない」という,ジョー・ノールズの自慢話を実行に移すものだった。[19]

消えゆくフロンティアへのもう一つの反応はアメリカの原生自然を部分的に保存しようという関心が高まったことだった。未開の地はまだ西部に存在していたが,「保存」という考えは先見の明のあるわずかな人々にしか受け入れられていなかった。「イエローストーン国立公園」(1872年)と「アディロンダック保存林」(1885年)は,原生自然を保護するために設立されたのではなかった。だが,1890年以降,フロンティアの環境が消えたことがより明白になった。その結果,生まれた懐古的感覚が一つには,ワイオミングとニューヨーク北部にある最初の国立,および,州立保護区の原生自然の価値を遅ればせながら認識させることになった(第7章を参照のこと)。1890年代は,ジョン・ミューア(John Muir)が保存主義のための自然保護運動の一端を担おうとする,数多くのアメリカ人を見出した時期だった。この世代のアメリカ人は,もう一人の重要な原生自然保護の広報推進者である,セオドア・ルーズベルト(Theodore Roosevelt)の考えにも反応した。

1894年2月10日,ルーズベルトはフレデリック・ジャクソン・ターナーに手紙を書き,1893年のアメリカのフロンティアの重要性について述べた演説の原稿に対して礼を述べた。ルーズベルトは,「あなたはいくつかのすぐれた考えを示し,これまでかなり漠然と流れていた多くの思想に明確な形を与えた」と述べた。[20] 実際は,ルーズベルト自身,1889年の『西部の勝利』(*The Winning of the West*)の中で,ターナーの考えの多くを,そして,彼の隠喩(メタファー)さえも先取りしていた。ルーズベルトは,「原生自然での厳しい生活状況のもとで」,新世界に移住した人々はヨーロッパの記憶のすべてを失い,「服装,習慣,生活様式」という点で新しい人間になった,と書いている。[21] 彼はまた,1980年代までに「フロンティアは終焉を迎えた。フロンティアは消滅した」ことにも十分に気づいていた。[22] このことはルーズベルトをひどく不安にさせた。国の力強さや偉大さに対して影響があるだろうと予期させるものだったからだ。

アメリカ史研究と個人的体験が結び付いたことで,ルーズベルトは,原生自然の中で暮らすことが「個人と同じように,国家にも,他の性質では埋め合わせることができない勇ましい活力を」をもたらすのだと確信した。逆に言えば,現代のアメリカ人は，実に「偉大な戦いやすぐれた美徳を失った，過剰に文明化した人間」になる危機性がある，と彼は感じていたのだ。ルーズベルトは1899年，「軟弱さ」や「怠惰な安楽さ」へと向かう傾向に抵抗するために，国民に「たゆまず奮闘努力する生活」を送るように呼び掛けた。これは原生自然に触れ続けるという含みがあった。開拓は愚鈍な平凡さを防ぐために重要だったのである。「われわれの文明が成熟し，より複雑になっていくにつれて，フロンティアという根源的な美徳を廃れさせることなく発展させることが必要なのだ」とルーズベルトは説明した。[23)]

これはルーズベルトが個人的に実践してきたことだった。ハーバード大学を卒業するとすぐに，彼は1880年代のかなりの時間をダコタ準州の農場で過ごし，開拓者の生活に歓喜した。さらに，彼はシカ皮製のスーツを着て，誇らしげにポーズをつけた自分の写真を撮っていた。[24)]後に公務が忙しくなってからも，彼は未開の地で狩りをし，キャンプ旅行する時間をつくっていた。かつて，ルーズベルトは狩猟物語集の序文で，自身の心境を明確に表現しようとした。彼は，序文の初めに，「原生自然の隠れた精神について語りうるような，その神秘，哀愁，魅力を明らかにしうるような言葉はない。野外での厳しい生活，ライフルを手に馬に乗る長い時間，そして，危険な狩猟に挑むスリルの中に，喜びがあるのだ」と書いた。さらに，彼は，「人が踏み込んでいない，永遠の時を重ねてゆっくり流れる歳月の中でのみ変化する，沈黙の場所……地上の広大な野生の地」に強い美学的な魅力を感じるのだ，と告白した。[25)]

当然，ルーズベルトは，自国が先頭に立って原生自然保存区をつくったことを嬉しく思い，「勇ましさを信じるすべての人，自然を愛するすべての人，原生自然と野性的な生活の荘厳さと美しさを評価するすべての人」に，原生自然保存区への大きな支援を訴えた。1903年に，大統領としてイエローストーン国立公園とヨセミテ国立公園を旅し，「古き原生自然の風景と生活の断片が，われわれの子どもたちに，そのまた子どもたちに資するために，損なわれることなく保たれるであろう」ことを嬉しく思いながら，そこを後にした。ルーズベルトは，アメリカはこうした開拓者の環境を残しておくことが必要である，と考えていた。「文明化することで生まれる不健康や軟弱，減退に直面した国家はどこも，たくましさや強固な意思，辛苦や危険に対して動じないようにする事柄を無視するわけにはいかない」からである。[26)]原生自然保存区は永遠のフロンティアを提供し，アメリカ人と原生自然状態とのつながりを保つことで，この目的に資することになるだろう。1910年のヘッチヘッチ論争（第10章を参照のこと）後に最高潮に達する保存運動の急速な成長は，多くのアメリカ人が大統領とともに国家の不安を感じ取り，原生自然の保護という信念を分かち合ったことを示している。

「親しげで豊かな野蛮人，それはだれ？　文明を待っているのか？　それとも，文明を通り過ぎて，支配しているのか？」。ウォールト・ホイットマン[4]（Walt Whitman）は1881年に完成させた詩の中で，このように問いかけた。彼の問いは現代人の幸福や活力に疑問を感じていた，より多くの同世代の人々にとって無駄なものではなかった。アメリカが退廃しているという証拠が原始主義に拍車をかけた。原生自然と野生は文明化された自然や人間にまさる利点がある，と思われた。ホイットマン自身も，南北戦争を体験して健康を損ない，意気消沈していた1876年に，野生を求めてジャージー州のティンバークリークに引きこもった。「原始的なうねり」に身を任せた彼は，「すべてが極度に文明化された生活」から息を抜き，「われらすべてのありのままの生活の原点――つまり，あの偉大で静かなる野生すべてを受け入れる母の懐へと」戻る機会を見出した[27]。次第に，ホイットマンは体調と想像力を取り戻した。ティンバークリークでのエピソードは，文学の中で絶えず抑圧されないものや野生を賛美していることと相俟って，ホイットマンの本質的な疑問を修辞学的につくり上げたのだ。

ホイットマンはアメリカの野生を賛美する先駆者だった。1920年代までに，野生の賛美は一気に原生自然の人気を高めることになった。原生自然の流行がもつこうした側面は，フロンティアとその開拓者の魅力だけでなく，民族主義やダーウィニズム，さらに，数千年前の原生自然の情景に気高い野生を理想化する伝統とより深く関係していた（第３章を参照のこと）。自己批判の傾向の時代の中で，古代文明は自分たちほど文明化されていないものがよりすぐれていると考えるようになった。野蛮な遊牧民が絶滅寸前の疲弊したローマ帝国を一掃した光景は西洋思想に力強い勇ましさと原生自然が密接に結び付いているという感銘を与えた。原始主義的なテーマを抱いていた初期のアメリカの実験者たち，とりわけ，ヘンリー・デーヴィッド・ソロー（Henry David Thoreau），メルビル（Melville），ホイットマンは，直接的に野生への関心を高めた文学的背景だった[28]。だが，むしろ，アメリカの男たちが過剰な文明化に苦しんでいるという一般的な感情が野生への関心を高めたのだった。

セオドア・ルーズベルトも，再び，先頭に立って野生の価値を称賛した。彼は永遠に基礎的な洞穴生活へ戻る，と主張するのではなく，近代のアメリカ人が原生自然を体験し，一時，野生の生活を過ごす機会が完全に失われてしまわないことを望んでいた。1888年に，ルーズベルトはその考えを実行に移すために，「ブーン＆クロケット・クラブ」（Boon and Crockett Club）を設立した。正式な目的は大型動物の狩猟の奨励にあったが，実際に関心の対象になっていたのは，狩猟家の資質という点だった。メンバーになるためには，狩猟記念品の獣の頭（トロフィー）を三つ集める必要があった。創設の中心人物は，ルーズベルト（八つ持っていた）に加え，エリヒュー・ルート（Elihu Roots），マディソン・グラント（Madison Grant），ヘンリー・キャボット・ロッジ（Henry Cabot Lodge）だった。[29] もちろん，大半のアメリカ人は狩猟をしたが，この裕福な狩猟グループは自分たちのスポーツを新たに「原始主義的哲学」（primitivistic philosophy）と結び付けた。ルーズベルトと共著者のジョージ・バード・グリンネル（George Bird Grinnell）が1893年のブーン＆クロケット・クラブの定期刊行物の中で示したように，「原生自然の中での大型動物の狩猟は，勇ましく力のある人々のためのスポーツである」。さらに，原始の環境の中でうまく狩猟をするには，狩猟家は「健康な身体，強靱な精神が必要で，活力，不屈の精神，勇ましさ，自信，自立する能力を維持しなければならない」。そうした特質「がなければ，どんな民族であっても，一生の仕事をきちんとやりとげることができない。そして，……まさにこうした特質を発展させ，育むことがこのクラブの目的である」というのが，この主張の結論だった。[30]

スポーツマン（釣り人・狩猟者・野外スポーツをする人等）それぞれの証言がこの見解を確証あるものにした。カリフォルニア州下院議員で保全主義者でもある，ウィリアム・ケント（William Kent）（第10章を参照のこと）は，「穴居人の時代以降，われわれ民族は……退化してしまった」と悔やんだ。その状況を正すために，彼は狩猟という野性的な嗜好を楽しんだ。獲物を仕留めたら「あなたは野蛮人になり，そのことが嬉しくなるだろう。野蛮人であることは素晴らしい……野蛮人であるなら，少なくとも人間であるからだ」。最後にケントは，同時代の人々に，「原生自然に向かい，持続する自然の忍耐力を学べ」と訴えかけた。[31] 従来はまったくの功利主義的活動であった狩猟に新しい理論的解釈が与えられたのだ。

アメリカ人の間で，レクリエーション目的ということで，原始的な環境に関心が高まったことは，ブーン＆クロケット・クラブやウィリアム・ケントのイデオロギーが難しいものではなかったことを示唆していた。原生自然でのキャンプや登山は，幅広い「野外活動」の重要な要素となった[32]。こうした娯楽は都市の人々には特別に魅力的だった。彼らは，そうした娯楽の中で，人工物や軟禁状態から一時的に解放されることを知った。ある愛好家は1904年「文明の光が破滅の光となって降りかかるときはいつでも……原生自然に行きなさい」と述べた。そこでは，「原始的なもの，本質的なものに立ち戻り」，「嫉妬深い都会の危険」から逃れることができるとし，彼は続けた。束の間，「山の無骨さ，オークの木の頑強さ，容赦ない風の荒々しさ」を取り込むのだ。その結果，「あなたは健康な赤い血を与えられ，病弱な状況から勇ましい人間へと変化する」のである[33]。ジョー・ノールズの栄光を称えるパーティで，ノールズに寄せられた賛辞はこれと同じテーマを取り上げていた。「洗練されたものがあまりにも多すぎる。それは退廃に通じる。われわれの友人，ノールズは何もないところで生活する術を教えてくれた。それは物が溢れたところで生活するよりもすばらしい。私たちはすべて自然に注目すべきなのだ[34]」と。

同じような意見をもつアメリカ人が19世紀終わりに，数多くの野外クラブの中心になった。東部の「アパラチアマウンテン・クラブ」(the Appalachian Mountain Club)（1876年）と西部の「シエラ・クラブ」(Sierra Club)（1892年）は原生自然の愛好者を組織化し，原生自然の保存運動の強硬派となった。オレゴン州の「ポートランド・マザマス」(the Mazamas of Portland) は1894年にフード山の頂上に，155人の勇敢な登山家たちが集まって創設された。その３年後に，「アメリカ・キャンプファイヤー・クラブ」(the Campfire Club of America) が設立された[35]。こうしたグループやその他グループの会員にとって，原生自然への旅がもつ価値の一部は，野性的に振る舞い，戒めを受け，闘い，そして，成功すれば，自然そのものの力に打ち勝つ機会を与えてくれる，というマゾヒズム的なものだった。1903年，スチュワート・エドワード・ホワイト (Stewart Edward White) は，「森の中で人間は自らを自然の力と競わせる」と，述べた。原生自然と向き合うことは，「強靱さを測り，本質的な勇気や力量，勇ましさを試し，人間の最も高い潜在能力，すなわち，忍耐と自己責任能力を確信するための試練である[36]」。こうした挑戦をすることで，アメリカ人は自分たちが昔のアメリカ人とは違うかもしれないという不安を和らげた。

ジョー・ノールズがなしとげた偉業が広まると，原始との戦いに打ち勝ったことが国家の誇りと自信を高める効果を生み出した。ノールズ自身，これが意味することに気づいており，装備なしで原生自然での２カ月を過ごすのは，「現代人の持久力を誇示すること，つまり，文明の習性というハンディキャップをかかえていても，人は昔の祖先と肉体的に等しく，力を……完全に失っていないのだと立証する」ためだ，と述べた[37]。この試みが成功したと報じられると，多くの人々がノールズの最大の功績は人間の本領に再び，光をあてたこと，つまり，たとえ機械がなくてもなお，人間はダーウィン（Darwin）の生命の樹の頂上に位置するに相応しいことを示したことだと感じた。ある雑誌の論説にあるように，ノールズがメインで成し遂げたことは，「ウールワースビルの建設よりも，われわれ人間の本当の誇りを十分に満足させた」のだ[38]。

レクリエーションとして，野生の魅力が高まると，広告主は原始への欲求を広告の中に入れ込んだ。例えば，1911年，バンゴール・アローストーク鉄道会社（the Bangor and Arostook Railroad Company）は，行楽客がメインに車で乗り入れるのを心配し，『メインの森で』（*In the Maine Woods*）という年次刊行物で問題にし始めた。代表的な一節がある。「私たちのほとんどが原始的なものをもっている」で始まり，だから，「仕事の束縛から離れて，……森へと誘うような，太古の母なる自然の誘惑を魔法のように感じるのだ」で終わる。メインは確かに，「未だ原始的魅力に富んだ」地域として脳裏に浮かぶ目的地である[39]。フレデリック・ロー・オルムステッド（Frederick Law Olmsted）やチャールズ・エリオット（Charles Eliot）のような景観建築家はそこまで遠くに旅行できない人のために，大都市近郊に，市立公園の他に「野生の森林」区を保存することを提案した[40]。1981年に，エリオットはそこで人は，「都市生活の……不快な苦しみ」やその結果から生ずる疲労感や憂鬱感から開放される，と強く主張した[41]。オルムステッドは現在，自然景観に関心が高まっているのは，多くのアメリカ人が，「自分たちが日に日に人工的になっている」ことに気づいた結果だと感じていた。「文明の自己保存能力」が，「深刻な疲労」「神経のいらつき」「憂鬱な気質」に対抗する手段として，公園や保護区を導入するのだ，と彼は考えた[42]。

20世紀初頭の多くのアメリカ人はレクリエーションを好むだけでなく，読み物も野性的なものや未開的なものを好むようになった。「自然史（誌）」（Natural history）は主要な文学のジャンルになった。コマドリからハイイログマまでの幅広い評論や本に飽き飽きした人々を満足させた多くの作家の中でも，ジョン・バローズ（John Burroughs）は特に，有名である。[43] 20世紀初頭にベストセラーになったフィクション作品の一つは，ジャック・ロンドン（Jack London）の『野生の呼び声』（*The Call of the Wild*）だった。1903年に出版されたこの本はカリフォルニア州の飼い主の農園から盗まれ，ソリを引くためにクロンダイクに売られた大型犬バックの物語である。原始的な状況におかれたバックは，次第に飼い慣らされた習性を捨て去り，「すぐれた原始の獣」となった。小説の最後では，バックはすっかりオオカミへと先祖返りした。ロンドンはそうしたバックを「青白い月明かりや極北の微光の中，群を率いて疾走し，仲間たちよりもひときわ高く飛び上がり，あたかも世界がまだ若かった頃の歌を歌うかのように太い喉で吠えた」と書いた。ロンドンの描写は，それがとても生き生きとし，力強く，概してよりすぐれた世界の歌だということに，疑問の余地を残していない。また，バックの原始への先祖返りに，読者が自分たちの生活への教訓を引き出すのは難しくなかった。意味深いことに，オオカミが飼い犬になるロンドンの『白い牙』（*White Fang*, 1906）は『野生の呼び声』ほど人気が出なかった。

エドガー・ライス・バローズ[5]（Edgar Rice Burroughs）の，ジャングルで猿に育てられたイギリス人の子どもの物語の中で，文学的表現として当時最も成功を収めたのが野蛮人である。バローズは1912年からこのテーマに実験的に取り組み，２年後にはアメリカで最も広く読まれた１冊になった『類猿人ターザン』（*Tazan of the Apes*）[6]を出版した。ターザンはバックのように，原生自然に触れてスーパーマンになったのだ。[44]

原生自然が流行した三つ目の主な要素はかつて認識されていたような男らしさではなく，美しさや精神的な真理の源泉として，未開の地に価値を認めるものだった。当然ながら，この観点は過去数世紀に渡って生じた思想的な革命の影響を受けており，よく知られたロマン主義のレトリックを繰り返している（第３章を参照のこと）。しかし，19世紀後半のアメリカのいくつかの状況が新たな緊迫感とかつてない人々の訴えをそのレトリックに結び付けた。原生自然は文明，都市，機械とは正反対で，そうしたものに欠けている美徳と結び付いたのだ。とりわけ，多くのアメリカ人は原生自然の中に，功利主義と進歩の波に屈服しかけているような純潔さ，純粋さ，清潔さ，道徳性を見出した。一方で，新しい科学主義によって，他方で，社会紛争によって宗教の力が失墜していた時期[45]，原生自然はその信頼を回復させるものとして，特に重要になったのである。ジョー・ノールズの場合は，自分の体験がいく分，宗教的な価値があると知っていた。「私の神は原生自然の中に存在する。自然という偉大な，開かれた書物が私の信仰対象である。私の教会は森という教会である」[46]と。

野生的な風景は，こうした心境にあったアメリカ人を魅了した。ジェームズ・W・ブュエル（James W. Buel）の1893年の非凡なる作品，『アメリカのワンダーランド――ペンとカメラによるわが国の風景の脅威の写真と描写の歴史』（*America's Wonderlands: Pictorial and Descriptive History of Our Country's Scenic Marvels as Delineated by Pen and Camera*）のような精巧な選集が市場で売れ，人々は休暇にはホワイト山脈やアディロンダック山脈，後にはロッキー山脈，シエラ山脈に押し寄せた[47]。こうした人々はまた，原生自然の保存に好意的だった。未開の地を守ることは人生の素晴らしさを守ることのようにも思えたのだ。フレデリック・ロー・オルムステッドは，「過剰な物質主義……信仰の消滅や精神の堕落」に対抗して，「自然の風景の美しさについて熟考」することを支持した際に，こうした考えを明らかにした[48]。アメリカ合衆国の上院議会で，ミズーリ州選出のジョージ・G・ヴェスト（George G. Vest）も同じように分析している。イエローストーン国立公園に賛同する演説で，彼は次のように述べた。「この時代，そして，アメリカ人の大きな災いは物質主義に傾いていることである。国民があらゆる美的趣向，あらゆる自然への愛着をすべて犠牲にして，ただ金を得ることにしか気が回らない世界に……いる限りは，金，金，金，金という叫び声がいたるところに響く」[49]。1890年，オルムステッドは，原生自然の保存が危うくなった時は，いつでも「国宝的な芸術が脅かされる危機」として対応すべきだ，と述べた[50]。

ジョン・ミューアとロバート・アンダーウッド・ジョンソン（Robert Underwood Johnson）がその後の数十年間に喚起しようと努力したのは，明らかにこうした感情だった。ミューアは仕切りに「このように狂った，神を忘れた進歩の日々」を嘆き[51]，超越主義に彩られた彼のレトリックは，原生自然を称賛するスタイルを生み出した。マリオン・ランダル（Marion Randall）などシエラ・クラブのメンバーは会長のミューアにならって，「少しの間，万物の中心に近づいて暮らした。[そして] 神のそばに引き寄せられた」という感覚を抱きながら，山の旅から戻ってきた。彼女はすぐに「再び，丘へと向かう」準備をしていると述べた。「そこでは，あなたを手助けするだけでなく，力強さ，インスピレーション，そして，今までに経験のない輝ける時が訪れる」。1894年，『シエラ・クラブ会報』（*Sierra Club Bulletin*）は，だれもが原生自然からの「恩恵」に浴したが，「魂の高揚，意識を働かせたり，われわれの中にある美的なものを動かしたりすることに，至上の喜びを感じることはなかった」という批判の文章を載せた。ミューアもまた，未開の地に功利主義的な尺度のみをもち込む人々を，「目先のマモン神（富の邪神）を利己的に探し求める人」と名付けた。[52)]

自分は国の「基準」[53)]を支持していると公言し，「上流階級の伝統」[54)]を支えている一人であるロバート・アンダーウッド・ジョンソンは，多くの原生自然の愛好家にみられる社会類型を象徴していた。読書好きでこざっぱりしたジョンソンは原始的なものに実際に触れることは少しも望まず，彼自身が認めているように，野外生活には不向きだった。彼の関心はむしろ，純粋で美しく，繊細で，彼が考えるような冷酷な開発に対して，闘いを挑むような原生自然という概念にあった。実際，彼は議会における保存のための多くの努力を「精神的なロビー活動」と呼んだ。[55)]ジョンソンは，自分の努力がアメリカ人の進歩に貢献し，「アメリカ人が国家の美的な進歩を遅らせている二つの足かせ――実利主義と商業主義――を捨て，信条としての美を愛する方向に自由に前進する」ことができるよう望んだ。[56)]原生自然の価値を評価することは正しい方向へ歩む第一歩であり，特に，この認識が20世紀初期までにロマン主義の作家グループ以外にも大きく広がったという点がジョンソンにとっては重要だった。ジョン・ミューアとジョンソンが，『センチュリー』（*Century*），『ハーパーズ』（*Harper's*），『アトランティック・マンスリー』といった著名な雑誌で，原生自然というテーマで収めた成功は，国民が原生自然を受け入れる証拠だった。だからこそ，部分的にせよ，保存運動は発展したのである。つまり，野生的な風景を愛する者が保存運動の重要な勢力になったのだ。[57)]1908年には，功利主義的な考えを志向していた「天然自源保全に関する米州知事会議」（Governor's Conference on the Conservation of Natural Resources）でさえ，ロマン主義の立場をとっていた。「アメリカ市民協会」（the American Civic Association）の会長，J・ホレス・マックファーランド（J. Horace McFarland）は，「神の避難所はまさに自然の懐の中にあり，そこにわれわれは他の場所ではできないような精神と体力の回復を求め，市場の喧騒と緊張から解き放たれるのだ」

と話した。「アメリカ風景・歴史保存協会」(the American Scenic and Historical Preservation Society) の代表，ジョージ・F・クンズ (George F. Kuns) は，「同時代の多くの人々が原生自然の美的，宗教的性質を切望したのは，「無意味な感傷主義」によるものではなく，幸福と「国民のより一層の発展」がそれらに依拠しているという認識なのだと付け加えた。[58] このような考えが広く受け入れられたために，ジョンソン，ミューア，その他の保存主義者たちはヨセミテ国立公園にある原野のヘッチヘッチ渓谷のダム建設に対して，1913年に国民的な抗議を巻き起こすことができたのだ (第10章を参照のこと)。

ジョン・ミューアとヘンリー・デーヴィッド・ソローについて，同時代の人々の評判を比較すると，原生自然への熱狂の出現が劇的だったことがわかる。二人とも原生自然を重要な関心事としたが，彼らの人生が成功を収め，影響力をもつ人物になりえたかという点には，大きな違いがあった。1853年に，ソローの処女作『コンコード川とメリマック川の1週間』(*A Week on the Concord and Merrimack Rivers*) は初版印刷部数1000部で，そのうち売れ残った700冊の保管場所を探さなければならなかった。[59] 40年以上経って，ミューアは自分の初めての長編作である『カリフォルニアの山々』(*The Mountains of California*)[7] の注文に本屋が追いつかないのだ，と嬉しそうにジョンソンに手紙を書いている。[60] 二人の話は象徴的である。生涯に渡り，ソローの支持者は一握りの個人的な友人たちだった。書物は売れ残り，講演の出席者もまばらだった。一般の人々にとって，ウォールデン池のエピソードは，せいぜいが不可解なものだった。[61] 反対に，ミューアの思想の大部分は原生自然についての超越主義者の立場を繰り返しただけだったのに，大きな成功を収め，全国で称賛された。それぞれの哲学の内容というよりは，時代の文脈が彼らの人気を左右したのだった。ジョー・ノールズと同様に，遅ればせながら，ソローの思想が名声を得る時代に生きたことはミューアにとって幸運だった。

ミューアをさらにソローを有名にしたアメリカにおける原生自然への熱狂はもちろん，圧倒的なものではなかったし，19世紀末の不安や失望に対するただ一つの表現として原始主義の人気が高まったわけでもなかった。複雑な時代の中では，新しい思想の一つにすぎなかったのである。原生自然を支持した人々の心中にさえ，アメリカ文明がなしとげた偉業への誇りやさらなる天然資源開発に価値ありという確信は消えていなかった。しかし，1920年代までには，言わば，境界線が引かれたことになるのだ。初期のアメリカの態度と明らかに対照的に，文明の影響に対する大きな懸念が原生自然への好意的な見解を促したのだ。

注

1） Boston *Post*, Aug. 17, 1913.

2） Ibid., Oct. 10, 1913.

3） Boston *Evening Transcript*, Oct. 9, 1913.

4） Boston *Post*, Sept. 28, Oct. 5, 12, 19, 1913.

5） Boston *American*, Dec. 2, 1913.

6） メインでの冒険の後，ノールズはカリフォルニアで，ニューヨークでは「原始的な」女性を連れて，再び，冒険しようとしたが，成功しなかった。また，アメリカ人が自然の近くで暮らせるような，原生自然の村を実現する計画も成功しなかった。ノールズは最後にワシントンの海岸の，孤立した丸太小屋に引きこもり，1942年10月21日に亡くなった。Fred Lockley, "Interesting People: A modern Cave Man," *American Magazine, 91*（1921), 48, Boston *Post*, July 16, 1933 ; Stewart H. Holbrook, "The Original Nature Man," *American Mercury, 39*（1936), 417–425 ; Holbrook's *Little Annie Oakley and Rugged People*（New York, 1948), pp.8–18に再録，Richard O. Boyer, "Where Are They Now? The Nature Man," *New Yorker*, 14（June 18, 1938), 21–25.

7） H[elen] H. Jackson, *A Century of Dishonor: A Sketch of the United States Government's Dealings with Some of the Indian Tribes*（New York, 1881). 続く10年間に，先住民（インディアン）に対する白人の犯罪が書物や一般紙で大きく扱われた。他方で，「全米先住民協会」（the National Indian Association）や「先住民擁護協会」（the Indian Defense Association）のような組織が，感傷に終始するのではなく，行動するために設立された。ピアース（Pearce）の『アメリカの野蛮人』（*Savages of America*）はこの時期について簡単に記しただけだが，William T. Hagan, *American Indians*（Chicago, 1961), p.123, 以降は有益な議論である。

8） John Higham, "The Reorientation of American Culture in the 1890's," *The Origins of Modern Consciousness*, John Weiss ed.,（Detroit, 1965）は，この現象について鋭い意見を述べている。さらに，私は，Higham の *Strangers in the Land: Patterns of American Nativism*, 1860–1925（New York, 1963), pp.35 以降，158以降；Leo Mark, *The Machine in the Garden*；Morton and Lucia White, *The Intellectual Versus the City*（Cambrige, Mass., 1962), p.83 以降；Mark Sullivan, *Our Times, 1900–1925*（6 vols. New York, 1935）*I*, 137–150；Richard Hofstadter, *The Age of Reform*（New York, 1960), pp.7–59；George E. Mowry, *The Era of Theodore*

Roosevelt and the Birth of Modern America, 1900–1912 (New York, 1962), pp.85–105；Henry Steele Commager, *The American Mind: An Interpretation of American Thought and Character Since the 1880's* (New Haven, 1950), pp.41–54, 297; Samuel P. Hays, *The Response to Industrialism, 1885–1915* (Chicago, 1957), pp.1–47; and David Noble, "The Paradox of Progressive Thought," *American Quarterly, 5* (1953), 201–212, を参考にした。

Henry F. May の *The End of American Innocence: A Study of the First Years of Our Own Time*, 1912–1917 (New York, 1959) は，楽観主義という信念が，そして，進歩という信念が，少し遅れて崩壊した時代を書いている。

9) Turner, *The Significance of Sections in American History* (New York, 1932), p.183.

10) Turner, *The Frontier in American History* (New York, 1920), pp.1, 4.

11) Ibid., pp.2, 213, 311.

12) Ibid., pp.244–245, 260–261.

13) だが，第一次世界大戦中にハーバード大学でターナーの学生だったマール・カーティ（Merle Curti）が対談の中で，今や都市・産業文明がフロンティア（西部の辺境地帯）の状況に取って代わっていたアメリカの性質の将来を危惧していたことを思い起こす。Interview with Merle Curti, Jan. 9, 1963, による。

14) G. S. Dickerson, "The Drift to the Cities," *Atlantic Monthly, 112* (1913), 349–353; George Bird Grinnell, Trails of the Pathfinders (New York, 1911), pp.11–12.

15) Norris, "The Frontier Gone At Last," *World's Work, 3* (1902), 1728, 1729.

16) William Hillcourt, *Baden-Powell: The Two Lives of a Hero* (New York, 1964), p.247以降；Howard Fast, *Lord Baden-Powell of the Boy Scouts* (New York, 1941), p.171以降；Seton, *Trail of an Aritist-Naturalist: The Autobiography of Ernest Thompson Seton* (New York, 1940), pp.374–385; Beard, *Hardly a Man is Now Alive: The Autobiography of Dan Beard* (New York, 1939), pp.351–361；Harold P. Levy, *Building a Popular Movement: A Case Study of the Public Relations of the Boy Scouts of America* (New York, 1944), をそれぞれ参照のこと。

17) Seton, *Boy Scouts of America: A Handbook of Woodcraft, Scouting, and Lifecraft* (New York, 1910), pp.xi, xii, 1, 2.

18) Fast, *Baden-Powell*, p.192; Boy Scouts of America, *Handbook for Boys* (New York, 1938), p.6. 運動の歴史については，William D. Murray, *The History of the Boy Scouts of America* (New York, 1937), を参照のこと。

19) Joseph Knowles, *Alone in the Wilderness* (Boston, 1913), p.286. 予想できるように，ノールズは熱烈にボーイスカウト活動を支持した。*Alone*, pp.239–253.

20) *Letters of Theodore Roosevelt*, ed., Elting Morison (8 vols. Cambridge, Mass., 1951–54) 1, 363.

21) Roosevelt, *The Winning of the West, The Works of Theodore Roosevelt*, Memorial edition (23 vols. New York, 1924–26) 10, 101–102. ルーズベルトがターナーから受けた示唆がどの程度だったかは，Wilbur R. Jacobs, *Federick Jackson Turner's Legacy* (San Marino, Cal., 1965), p.153, を参照のこと。この引用文（1889）では，概念と表現がターナーの『フロンティア』(*Frontier*) 4ページにある "transformation" の一文（1893）にきわめて酷似しており，偶然の一致とは考えられない。

22) Roosevelt, *The Wilderness Hunter, Works*, 2, 13.

23) Ibid., xxxi, Roosevelt, "The Strenuous Life" in *Works, 15*, 267, 271, 281; Roosevelt, "The Pioneer Spirit and American Problems" in *Works, 18*, 23.

24) Herman Hagedorn, *Roosevelt in the Bad Lands* (Boston, 1921). 写真は，口絵と236ページに掲載されている。

25) Roosevelt, *African Game Trails, Works, 5*, xxvii.

26) Roosevelt, "Wilderness Reserves: The Yellowstone Park" in *Works, 3*, 267, 288, 311–312.

27) Whitman, "Song of Myself" in *Leaves of Grass* (Garden City, N.Y., 1917), p.88,（ウォルト・ホイットマン著／岩城久哲訳『ぼく自身の歌』大学書林，1984年）; Whitman, *Specimen Days* (Philadelphia, 1882–83), pp.83–84,（ウォールト・ホヰツトマン著／高村光太郎訳『自選日記』叢文閣，1921年）. 2番目の注釈は，Fussell, *Frontier*, pp.397–441, に出ている。

28) ソローについては第5章を，メルビルについては，Fussell, p.232, 以降を参照のこと。加えて，James Baird, *Ishmael* (Baltimore, 1956), Charles Roberts Anderson, *Melville in the South Seas* (New York, 1939), を参照のこと。

29) Paul Russell Cutright, *Theodore Roosevelt: The Naturalist* (New York, 1956), pp.68–79; James B. Trefethen, *Crusade for Wildlife: Highlights in Conservation Progress* (New York, 1961), p.24 以降；George Bird Grinnell, ed., *Brief History of the Boone and Crockett Club* (New York, 1910), を参照のこと。

30) Grinnell, "The Boone and Crockett Club" in *American Big Game Hunting: The Book of the Boone and Crockett Club*, ed., Roosevelt and Grinnell (Edinburgh, 1893), pp.14–15.

31) William Kent, "Out Doors," Kent Family Papers, Historical Manuscripts Room, Yale University Library, New Haven, Conn., Box 100.

32) Foster Rhea Dulles, *America Learns to Play: A History of Popular Recreation* (New York, 1940), p.202 以降を参照のこと。

33) George S. Evans, "The Wilderness," *Overland Monthly*, 43 (1904), 33.

34) James B. Connolly as quoted in the Boston *Post*, Oct. 12, 1913.

35) 第8章，および，Allen H. Bent, "The Mountaineering Clubs of America," *Appalachia*, 14 (1916), 5–18, を参照のこと。「アパラチアマウンテン・クラブ」につい

ては，とりわけ，ボストンにあるクラブ本部の記録が最も有益である。ドイツのワンダーフォーゲルがカール・フィッシャー（Karl Fischer）とハーマン・ホフマン（Hermann Hoffmann）の指導のもと，まさにアメリカでの原生自然への熱狂と同時期に，文明が空虚であることを抗議して，ヨーロッパの森林地と山地へ行くようになったことは興味深い。Gerhard Mansur, *Prophets of Yesterday: Studies in European Culture, 1890–1914* (New York, 1961), pp.356–368, および，Walter Z. Laqueur, *Young Germany: A History of the German Youth Movement* (London, 1962), pp.3–38, を参照のこと。

36） White, *The Forest* (New York, 1903), p.5.

37） Boston *Post*, Aug. 17. 1913.

38） Anonymous, "Naked Man," *Hearst's Magazine, 24* (1913), 954.

39） Bangor and Aroostook Railroad Company, *In the Maine Woods* (Bangor, 1911), p.7.

40） Charles Eliot to Charles Francis Adams, Oct. 6；1892, Charles Eliot Manuscript Letters, 1892–97；Eliot Papers, Library of the Graduate School of Design, Harvard University.

41） Eliot, "The Need of Parks," *Souvenir of the Banquet of the Advance Club*, Publications of the Advance Club, 6 (Providence, R. I., 1891), p.63.

42） Olmsted, *A Consideration of the Justifying Value of a Public Park* (Boston, 1881), p.19. オルムステッドの初期のヨセミテ渓谷の保護のための議論については，第6章を参照のこと。John William Ward's, "The Politics of Design," *Massachusetts Review, 6* (1965), 660–688, は オルムステッドと初期のアメリカの景観設計者の動機について分析している。

43） Hans Huth, *Nature and the American: Three Centuries of Changing Attitudes* (Berkeley, Cal., 1957), p.87 以降；Philip Marshall Hicks, *The Development of the Natural History Essay in American Literature* (Philadelphia, 1924), pp.100–158；Norman Foerster, *Nature in American Literature* (New York, 1923), pp.264–305；Francis C. Halsey, "The Rise of the Nature Writers," *American Monthly Review of Reviews*, 26 (1902), 567–571；Anonymous, "Back to Nature," *Outlook, 74* (1903), 305–307, をそれぞれ参照のこと。

44） London, *The Call of the Wild* (New York, 1903), pp.99, 231. ロンドンと バローズの人気については，Alice Payne Hackett, *60 Years of Best Sellers, 1895–1955* (New York, 1956) と Frank Luther Mott, *Golden Multitudes: The Story of Best Sellers in the United States* (New York, 1947), で議論されている。

45） Authur Schlesinger, "A Critical Period in American Religion, 1875–1900," *Proceedings of the Massachusetts Historical Society, 64* (1932), 523–547.

46） Knowles, *Alone*, pp.224–225.

47） Huth, *Nature*, pp.54–86, 105–147. The White Mountain Collection, Baker Library,

Dartmouth College, Hanover, N. H. と the Federick W. Kilborne White Mountain Collection, Appalachian Mountain Club, Boston は，原生自然での休暇での人々の熱中振りをさまざまな形で明らかにしている。

48） Olmsted, *Consideration*, pp. 19–20.

49） *Congressional Record*, 47th Cong., 2nd Sess., 14（March 1, 1883）, p.3488.

50） Olmsted, "Governmental Preservation of Natural Scenery," *Sierra Club Bulletin, 29*（1944）, 62.

51） Muir to George Plimpton, Dec. 9, 1913, Johnson Papers, Berkeley, Box 7.

52） Randall, "Some Aspects of a Sierra Club Outing," *Sierra Club Bulletin, 5*（1905）, 227–228 ; P. B. Van Trump, "Mt. Tahoma," *Sierra Club Bulletin, 1*（1894）, 115 ; Muir to Robert Underwood Johnson, March, 14, 1894 ; Johnson Papers, Berkeley, Box 7.

53） U.S. Congress, Senate, Committee on the Public Lands, Hearings, *Hetch Hetchy Reservoir Site*, 63rd Cong., 1st Sess.（Sept. 24, 1913）, p.46.

54） George Santayana, *The Genteel Trandition in American Philosophy*（Berkeley, Cal., 1911）, John Tomsich, "The Genteel Tradition in America, 1850–1910"（未出版の博士論文，University of Wisconsin, 1963）, Richard Cary, *The Genteel Circle: Bayard Taylor and his New York Friends*, Cornell Studies in American History, Literature, and Folklore, 5（Ithaca, N.Y., 1952）, pp.1–21.

55） Johnson, *Remembered Yesterdays*, p.239 以降。ニューヨーク州立図書館にある，The Robert Underwood Johnson Papers, は彼の芸術，文化，創造力，洗練さへの幅広い関心を証言している。

56） Johnson, "John Muir as I know Him,"（typescript c. 1915）John Muir Papers, American Academy of Arts and Letters, New York.

57） Hays, *Conservation*, p.141 以降，Charles D. Smith, "The Movement for Eastern National Forests, 1890–1911"（unpublished Ph.D. dissertation, Harvard University, 1956）, esp. pp.1–17 and 357 以降，をそれぞれ参照のこと。

58） *Proceedings of a Conference of Governors in the White House…May 13–15*, 1908, ed., Newton C. Blanchard et al., U.S. House of Representatives Doc. 1425, 60th Cong., 2nd Sess., pp.140, 156, 419.

59） Torrey and Allen, eds., *Journal, 5*, 459.

60） Muir to Johnson, Jan. 10, 1895, Johnson Papers, Berkeley, Box 7.

61） ソローが生前に人気がなかったことについては，Carl Bode, *The Anatomy of American Popular Culture*（Berkley, 1959）, p. x., と，Walter Harding, "Thoreau on the Lecture Platform," *New England Quarterly, 24*（1951）, 365–367, を参照のこと。

訳注

［1］ アメリカをヨーロッパと違うものにしたのは「フロンティア」（西部の辺境地帯）

である，というターナーの主張は「フロンティア理論」(「辺境地帯」理論）とも呼ばれている。

［2］　イギリスとオランダ系のボーア人との間で，南アフリカの植民地をめぐって発生した戦争。

［3］　1860～1946年，博物学者で動物物語の作家。有名な『シートン動物記』の挿絵も彼が描いたものである。

［4］　1819～1892年。詩人，ジャーナリスト。「自由詩の父」と呼ばれる。社会や政治に関心もち，アメリカ文学を超えて影響力をもった。

［5］　1875～1950年。小説家。火星を舞台にしたシリーズやターザンシリーズで有名。

［6］　邦訳に高橋豊訳『類猿人ターザン』早川書房，1971年，がある。

［7］　邦訳に小林勇次訳『山の博物誌』立風書房，1994年，がある。

第10章 ヘッチヘッチ渓谷[1]

サンフランシスコ市が提案したヘッチヘッチ渓谷の利用について，私は……現在の谷間の湿地帯を湖として利用することによる……損害は貯水池として利用することで得る利益に比べると，取るに足らないものだと……確信している。

——ギフォード・ピンショー（1913年）

神殿を破壊する者，荒廃的な商業主義に心酔する者は，どうやら自然を完全に軽視して，山の神ではなく，全能の富（ドル）に目を向けているのだ。

——ジョン・ミューア（1912年）

乾いた砂の半島にあるサンフランシスコ市は慢性的な水不足に直面していた。約150マイル離れたシエラでは，氷河とツオルムネ川の浸食活動がヘッチヘッチ渓谷（Hetch Hetchy Valley）の壮大な高い壁をつくり出していた。1882年という早い時期に，市の技術者たちは谷の狭く低い方の先端をダムで堰き止めて，貯水池をつくる可能性について示した。彼らはまた，貯水池の水を利用して，水力発電ができると考えていた。しかし，1890年にヨセミテ国立公園を設定する法律がヘッチヘッチ渓谷とその周囲を原生自然保存地区に指定した。それに臆することなく，サンフランシスコ市長のジェームズ・D・フェラン（James D. Phelan）は，20世紀に入ってすぐに，渓谷を貯水池用地とするよう申請を出した。内務長官のイーサン・A・ヒッチコック（Ethan A. Hitchcock）は国立公園の神聖さを冒瀆すると拒否したが，これは一時的な敗北にすぎなかった。1906年４月18日，地震と火事がサンフランシスコ市に被害をもたらしたのだ。人々は十分な水供給が必要だという考えに緊急性があると共感した。市は直ちにヘッチヘッチ渓谷について再申請を出し，1908年５月11日，ジェームズ・R・ガーフィールド長官（James R. Garfield）はこの新しい申請を認可した。彼は「水と利用可能な貯水池……を最大に利用するのは，家庭用水である」と記していた。[1)]

ジョン・ミューア（John Muir），ロバート・アンダーウッド・ジョンソン（Robert Underwood Johnson），そして，この二人の影響を受けて原生自然保存運動に加わった人々は反対した。ガーフィールド長官の認可に彼らは刺激され，全国的な抗議運動を始めた。一方で，原生自然への熱狂が全盛を迎え，他方で未開発の天然資源は利用するのが望ましいという伝統的な仮説が根強かったために，ヘッチヘッチ渓谷をめぐる争いは激化する運命にあった。議会とウッドロー・ウィルソン大統領[2]（President Woodrow Wilson）が1913年に最終的な決定を下すまで，この渓谷は有名な論争の原因（cause célèbre）となったのである。原生自然保存の原理が試されたのだ。アメリカ史上初めて，特定地域をめぐって原生自然と文明の主張が対立し，全国の聴衆を前に徹底的な公聴会が行なわれた。

保存主義者が最初にサンフランシスコ市のヘッチヘッチ計画について知った時に，ホワイトハウスにいたのはセオドア・ルーズベルト（Theodore Roosevelt）だった。貯水池か，原生自然かという選択は彼をやっかいな立場に置いた。彼ほど熱心に未開の地の価値を信じているアメリカ人はめったにいなかった（第9章を参照のこと）。しかし，ルーズベルトは水や材木，同様に国民の福祉に役立つものの重要性について理解しており，大統領としてそれらを提供する責任を感じていた。この背反する感情がルーズベルトの初期の政策声明に矛盾をもたらした。1901年の最初の年頭教書で，彼は「森林の基本的概念は利用することで，森林を維持することである。森林保護はそれ自体に目的があるのではない。森林はわが国の資源，および，資源に依存する産業を拡大し，維持する手段なのである」と述べた。しかし，その教書の後半で，彼は，保護林は部分的には「森の野生動物のために保護」されるべきことが期待される，と述べた。[2)]同様の曖昧さは2年後に森林地の目的を述べた演説の中でも現れていた。「本来の目的は，――それ自体すばらしいことであるが――森林が美しいから保存するのではなく，また――これもそれ自体すばらしいが――森林が原生自然の野生動物の隠れ場であるから保護するのでもない。森林政策の第一の目的は……，繁栄のためであり，わが国の伝統的な家政政策の一部なのである[3)]」と。

ルーズベルトは揺れ動きながらも，自然保護運動の二翼が共同戦線をとることを期待した。それは手に負えないものだった。ミューアはすでに，自分の立場がギフォード・ピンショー（Gifford Pinchot）と相容れないことに気づいていたからだ。しかし，1905年以降，ピンショーは森林局長官となり，「保全」(conservation)という功利主義的な考え方の主たるスポークスマンだった。さらに，彼はルーズベルトと親しい友人関係にあった。ジョンソンによると，大統領は「森林問題についてはすべてギフォード・ピンショーに従うことにする」とまで宣言したという。[4)] そして，ピンショーはヘッチヘッチ渓谷を貯水池にすることに賛成していた。しかし，ルーズベルトはミューアとヨセミテでキャンプをして，保存主義者の立場が政治的に力をつけてきたことを認識していた。1907年９月初旬，ルーズベルトはミューアから問題を重要な局面に至らせる手紙を受け取った。1903年のシエラの原生自然の旅を大統領に想起させてから，ミューアはその地域が「あらゆる商業主義と人為的な工作物から守られる」ように望んでいると述べた。ミューアは，市には十分な水供給が必要であると認めながらも，水は「私たちの未開の山の公園」の外で確保できるだろう，と主張した。ミューアは手紙の最後に，もし計画がもたらす結果を評価するならば，90パーセント以上のアメリカ人がサンフランシスコ市の計画に反対するのは確実だろう，と書いた。[5)]

ミューアの手紙を前にしたルーズベルトが最初にとった対応は技術者から別の貯水池用地の助言を求めることだった。[6)] しかし，報告されたのは，ヘッチヘッチ渓谷がサンフランシスコ市の問題を解決する，唯一の現実的な策であるということだった。不本意ではあったが，ルーズベルトは決断した。大統領は国立公園を守るために可能な限り手を尽くすとミューアに確約する一方で，もしも保存区が「アメリカ合衆国の永続的な物質的発展を助けるのではなく，妨げるようであれば……結果は悪いものになるだろう」と，ミューアに念を押した。文明を拡大するための物質的要求と対決する中で，大多数の人々が原生自然に味方するのは疑わしいという表現で，最後にルーズベルトは締め括った。[7)] ピンショーはサンフランシスコ市に味方する決断を支持した。彼は1907年10月に大統領に手紙を書き，「ヨセミテ公園を守ろうとするジョンソン氏とミューア氏の気持は十分に共感できるが，最もよい利用方法は人口集中地域に水を提供することだと信じております」と述べた。[8)] それでもなお，ルーズベルトは原生自然に対して下した決断に後味が悪かった。そして，ヘッチヘッチ渓谷は「まったく意見がまとまらない問題の一つだ」とジョンソンに打ち明けた。[9)]

疑問をもちながらもルーズベルトは選択した。1908年春にガーフィールドは渓谷の開発を認可した。ミューアは落胆したが，負けてはいなかった。国民の反対を巻き起こしたら，国民はヘッチヘッチ渓谷を野生のままにしておこうと思わない，というルーズベルトの判断が間違いであることを連邦政府に証明できると考えた。だが，ミューアは「世論がまだ目覚めていない」ことを十分に承知していた。[10)]保存主義者の最初の仕事は原生自然への熱狂を利用して，無知を怒りに変えることであった。貯水池に反対するための議論が必要だった。原生自然を支持する人々は反対の論拠に，「マモン神」を批判する古きロマン主義的立場をとった。ヘッチヘッチ渓谷を倫理的・美学的な特質のシンボルとし，他方で，サンフランシスコ市の計画はそうした特質にアメリカ人が無関心であることを示す，悲しむべき典型例だとした。原生自然を守るためのこの文言は，熱狂的なまでに金儲けの機会を追及してきた文化を省察する国民感情にうまく作用した。原生自然を弁護する一方で，アメリカ文明の商業主義や強欲な卑しさを批判したのであった。

ジョン・ミューアは『アウトルック』（*Outlook*）誌に書いた論文で，美学的な見地から渓谷について議論し始めた。その美しさを説明した後で，渓谷を原生自然として維持することが重要だ，と述べた。「なぜならば，人は皆パンだけでなく，美を，遊び，祈る場所を必要とするからだ。そこでは，自然が身体と魂を癒し，元気づけ，力強いものにするだろう[11)]」。他の人々も，全国的な出版物の中で，同じようなテーマを取り上げた。ロバート・アンダーウッド・ジョンソンは，今や編集責任者を務める『センチュリー』（*Century*）誌に，「偽りの『実用的』段階」を乗り越えて進歩しない人だけが，サンフランシスコ市を支持しているという批判を書いた。彼は，このような国民が「アメリカの文明化を妨げる勢力の一つであり，『よいということは食べるのによいということだ』という物質主義的な主張をして，われわれを引き戻すのだ」と付言した。[12)]文化と洗練のスポークスマンを自称するジョンソンは，実体のないものを守ろうとし始めた。1908年12月，ヘッチヘッチ渓谷問題に対する初めての全米議会公聴会に提出された文書で，彼は「美を愛するすべての人々の代弁者として，……自然は鑑賞するために創られたという事実から，自然のよりよい利用法の一つを見出した人間は，どこかおかしいと考える物質主義的思想に」異議を申し立てた。[13)]

「アメリカ市民協会」（the American Civic Association）会長のJ・ホレス・マックファーランド（J. Horace McFarland）は，あらゆる機会を通して，人間の環境に美の要素を維持することが望ましく，実際にそれが必要なのだ，と説いた。彼は自然保護運動の中に美学を位置づけるべきだと考えており，1909年，この運動が功利主義的な目的に収斂していることに不快感を示した。同年，彼はピンショーに，「自然保護運動は今や弱体化している。なぜならば，風景の保存と手を結ぶことに失敗したからだ」と述べた。[14] マックファーランドにとって，ヘッチヘッチ渓谷は試金石だった。彼はヘッチヘッチ渓谷を守るために広く話をし，さまざまな新聞・雑誌にも書いた。国立公園までもが功利主義の目的に捧げられたとしても，手付かずの自然の美すべてが破壊されるということではない。ヘッチヘッチ問題について内務長官を前に話をした際に，マックファーランドは，「より多くのアメリカ人が都市に住むようになり，未開発の土地がレクリエーションのためにより大きな価値をもつようになる」と強く主張した。原生自然の保存が「物質的な利益」と対立した時，金銭的なものに固執する人々は「それは感傷主義だ。美主義だ。快楽愛好だ。それは無用で，実用的でない」と叫んできた。大抵の場合は，反対者が勝ち，原生自然が犠牲となった。それに対して，マックファーランドは，「長官，それは感傷主義ではなく，生活なのです」と異議を唱えた。[15] 彼は別のところで自分の考えを詳しく述べた。「国有林の主な役割は，材木を提供することである。国立公園の主な役割は，材木を利用しなければならない人々の生活を，健康に効率よく保つことである……国立公園を維持する真の理念は，最大量の材木，最大量の牧草，最大量の水力をつくり出すことと同じではない」。[16]『アウトルック』の編集者，ライマン・アボット（Lyman Abbott）もまた，「すべての木や滝をドルやセントに変える」のは間違いだと感じていた。彼が編集する雑誌の読者の多くは，都市化，産業化，商業的価値の強調によって道徳，洗練，理想主義が失われると考え，それを心配するような人々だった。原生自然の保護は彼らの関心を引いた。それは明確な立場を生み出すものだったからだ。彼らは不明瞭な勢力に反対するだけでなく，何か（原生自然）の味方になることができた。搾取的な文明から未開の地を守ることは，要するに，功利主義的要求の圧力に抵抗して，実体のないものを維持するために広く闘うことだった。そう感じ取ったアボットは，『アウトルック』をヘッチヘッチ運動の重要な機関誌の一つにした。彼は1909年の論説で自分の立場を次のように説明した。「もしもこの国が，いかなる時も功利主義的な慣習を顧みず，感傷的な夢や美学的な幻想を追い求めている危機にあるなら，市民に浴槽の使い方を教えるためにツオルムネ川をダムでせき止めるよう助言すべきだ。しかし，危機はまったく別のところにある。国民の慣習は自然美を浪費し，商業からもたらされる富（ドル）を蓄えることだった」[17]。

1909年初頭，下院と上院のヘッチヘッチ渓谷に関する公聴会で，アメリカ人の嗜好や価値が保存主義者たちの陳述で批判された。ヘッチヘッチ渓谷でキャンプ経験のある，一人の男が，鋭い質問をした。「決して終わることはないのか。この国で神聖なまま保たれるものは何もないのか。富だけなのか。われわれは悪銭のみを渇望して魂と精神を束縛されるのか。われわれにはより荘厳な場所が部分的にでも残されるのだろうか」。他の人々も彼と同様に，サンフランシスコ市が考慮すべきは金を蓄えることよりも「もっと高尚な動機」である，と主張した。ある文書の終わりには，「商業主義だというわが国の評判を挽回することを！」と書かれていた[18]。

上院公聴会には，「アメリカ風景・歴史保存協会」（the American Scenic and Historic Preservation Society）のヘンリー・E・グレゴリー（Henry E. Gregory）が出席し，時代を支配しているかのような「商業と功利主義の動機」に対抗する必要性について話した。ヘッチヘッチ渓谷のような原生自然は，「人間の教育者として，そして，マモン神にとらわれた精神を回復し，解放する者として」，金融用語でいうところの，算定数値を超えた価値をもつのだと彼は指摘した[19]。国家の美的感覚が成長せず，損なわれているという非難に，非常に多くのアメリカ人が居心地の悪い思いをしていたので，この議論は有効な一撃になった。

保存主義者のもう一つの戦法は，未開の地がもつ精神的な重要性と金に執着して宗教を省みないアメリカ人の傾向とを強調することだった。ヘッチヘッチ渓谷を守ろうとする人にとって，そこは聖域であり，神殿であるように思えた。少なくとも，ジョン・ミューアは原生自然の神聖さを強く信奉していたので，自分は貯水池反対という聖戦をしているのだと確信していた。ヘッチヘッチ渓谷を「破壊する」といった保存主義者たちの多くの駄洒落はほとんど冗談ではなかった。ジョン・ミューアと彼の仲間たちは，自分たちが「ツオルムネ川の福音」を説いているのだと信じていた。サンフランシスコ市は，「邪悪な力をもつ魔王」や「悪魔とその仲間」だった。ミューアは次のように書いた。「われわれはこの戦いに負けるかもしれないが，真実と正義は最後には勝たなければならないのだ。われわれは自分自身と神に何としても忠実でなければならない」[20]と。善と悪の戦いに関わっているという信念が保存主義者を駆り立て，敵対勢力に激しい非難を浴びせた。有名な1912年の本の中で，ミューアは敵対者を，「全能の富（ドル）」を追い求め，「山の神」を蔑すむ「神殿の破壊者」と呼んだ。力強く明確で，広く引用された批判は，次のようなものだった。「ヘッチヘッチ渓谷にダムをつくろう！　大聖堂や教会に貯水ダムをつくろう。未だかつて，これほどまでに人々に心から崇拝された神聖な神殿はなかったのだから」[21]と。

これらの議論を用いて，さらには，ヨセミテ国立公園の一部である渓谷が「一般市民の行楽地」であり，いかなるものであっても特定の利益のために譲渡すべきではないという特に効果的な（原生自然とは無関係な）議論を用いて[22]，保存主義者はサンフランシスコ市計画に反対する大きな抗議を巻き起こした。「シエラ・クラブ」（Sierra Club）と「アパラチアマウンテン・クラブ」（Appalachian Mountain Club）のメンバーは，率先して先頭に立ち，一般市民に配布する小冊子を作製した。例えば，1909年の『皆んなで声をあげて，ヨセミテ公園の破壊を止めよう！』（*Let All the People Speak and Prevent the Destruction of the Yosemite Park*）は，この問題の経過，ダム反対の論説や声明を再録したもの，他の水源に関する議論，そして，渓谷の写真を載せた。保存主義者はまた，アメリカ中の数多くの新聞や雑誌の編集長の共感を得た。セオドア・ルーズベルトでさえ初期の貯水池支持を引っ込め，1908年12月８日の８度目の年度教書で，イエローストーンとヨセミテは，「国民の素晴らしい行楽地として，保存されるべきである。この二つの地では，あらゆる野生動物が保護され，風景が損なわれることなく，完全に保たれるべきだ」と宣言した[23]。

抗議の効果が1909年の公聴会後の議会決定に表れた。「公有地委員会」は僅差の票でダムの認可を承認したが，強硬な少数派の報告書には，そのような決定は一般市民の渓谷に対するレクリエーションの権利を否定するという理由で反対だ，と書かれていた。その報告書は一般市民の反対総数を示し，「科学者，自然史研究家，登山家，旅行者，その他の人々が個人的な手紙や電報で，また，新聞や雑誌記事の中で，非常に広範囲に渡って熱心で精力的に抗議を表明している」と論じた[24]。このようにして世論が示されたために，下院は第６回議会でサンフランシスコ市の申請を保留し，却下した。

サンフランシスコ市は，一般国民がヘッチヘッチ渓谷の貯水池計画に賛成しないことに当惑し，激怒した。大都市に水を供給することは，原生自然を保存することよりもずっと重要な，正当な理由ではないのか。サンフランシスコ『クロニクル』（*Chronicle*）は保存主義者を「強欲で感傷的な審美主義者」と呼び[25]，市の技術者であるマースデン・マンソン（Marsden Manson）は，1910年，反対派は「大部分が短髪の女と長髪の男」だ，と書いた[26]。サンフランシスコ市は，原生自然の美は称賛すべきものだが，この問題では，人間の健康，快適さ，さらに，人間の生命こそが選択すべき対象になる，と主張した。このような表現を前にするとアパラチアマウンテン・クラブとシエラ・クラブのメンバーでさえ，一部は，未開地を守ることより文明を優先せざるをえないと感じた。シエラ・クラブの中では，創設者の一人であるウォーレン・オルニー（Warren Olney）がサンフランシスコ市を支持する分派を率いた[27]。1910年にシエラ・クラブは住民投票（referendum）を行ない，589対161で保存主義者が勝った。しかし，ヘッチヘッチ渓谷の保護を推し進めるために，保存主義者は別組織である，「国立公園保存協会・カリフォルニア支部」（the California Branch of the Society for the Preservation of National Parks）として活動することを余儀なくされた。アパラチア・グループの原生自然の信奉者はこの協会の東部支部を組織した[28]。

ダムの支持者はヘッチヘッチ渓谷の湖は渓谷の美しさを損ねるのではなく，むしろ増大させるのだとあらゆる機会に述べた。著名な技術者がサンフランシスコ市を支持し，「ヨーロッパの山の湖にある行楽地のように，一般市民のレクリエーション地域として開放するために，道路や歩道をつくらなければならない」と述べた[29]。保存主義者は，いつも「驚嘆すべき風景」や「美しい場所」としての山の必要性や[30]公共の行楽地を保持することを反対理由としていたために，サンフランシスコ市の主張を退けることは困難であった。そういう理由ではなく，ヘッチヘッチ渓谷がもつ原生自然の特質に――どんな人工の建造物であってもなくなってしまう――，もっと特段の注意が払われていれば，人口湖に風景的な魅力があるというサンフランシスコ市の指摘に対して，もっと簡単に答えを出すことができただろう。しかし，そうはならなかった。この戦術上の失敗で，保存主義者は大きく支持を失うことになった。

ヘッチヘッチ論争は，ウッドロー・ウィルソン政権が誕生した1913年３月４日に最終局面へと突入した。サンフランシスコ市の期待は高まった。新しい内務長官のフランクリン・K・レーン（Franklin K. Lane）はこの市の出身であり，元は市の代理人を務めた弁護士で，貯水池の支持者だったからだ。しかし，レーンは，国立公園にかかわる問題は議会が最終決定を下すべきであるという先の長官たちの方針を支持していた。下院議員のジョン・E・レーカー（John E. Raker）はサンフランシスコ市を支持し，直ちに第63回議会にダム認可を承認する法案を提出した。保存主義者は1418の新聞に抗議文を送り，議会に先立って自分たちの見解を知らせるよう手はずを整えた。[31] ロバート・アンダーウッド・ジョンソンは，『アメリカの人々への公開書簡』（*Open Letter to the American People*）を配布した。その中で，彼はヘッチヘッチ渓谷を「神の住まう真の神殿」と述べ，「金融業者がまた神殿の中に入った」と警告した。[32] 舞台は最終局面に移った。

6月25日，公有地下院委員会は，ギフォード・ピンショーを筆頭証人にして，ヘッチヘッチ問題の公聴会を開いた。ピンショーは「この渓谷を自然の状態にしておくことがサンフランシスコ市のために使用することよりも，利点があるかどうかだ」と問題を単純化した。原生自然を保存するという考えは，「もし他の利害関係がなければ，」心に訴えかけるものがある。だが，この問題では，サンフランシスコ市の要求は「反対できない」ように思われる。ピンショーはその理由を説明し，「全般的に，保護政策の基本原理は利用にある。つまり，すべての土地と資源を所有し，多くの人々に役立つような利用をすることである」。元サンフランシスコ市長のジェームズ・D・フェランは委員会で，判決の基準は「人里離れた孤独」や「単なる山の風景的価値」を好む少数の人々にあるのではなく，「サンフランシスコ湾の海岸に集まった幼い子どもたち，男たちや女たち」の要求にあるべきだと述べた。

下院公聴会は急遽，召集されたために，アパラチアマウンテン・クラブのエドモンド・D・ホイットマン（Edmund D. Whitman）が保存主義者のただ一人の証人になった。彼は一般市民の行楽地であり，景勝地であるヨセミテ国立公園の価値を実質的に貯水池が損ねてしまうことを示そうとした。しかし，ホイットマンはヘッチヘッチ渓谷の原生自然が危ぶまれるということを話題にしなかった。その結果，サンフランシスコ市がダムを苔やつる植物や樹木で覆い，貯水池周辺にはピクニックの場所や小道をつくるだろうというフェランの答弁がホイットマンの反論に答えたと思われた。ホイットマンは，ロバート・アンダーウッド・ジョンソンの手紙から，「ほんの少しの理想主義」を与えてくれる手付かずの自然がなければ，生活は「飼い葉桶の種族」のものへと堕落するだろうという箇所を引用し，より効果的に証言を締め括った。[33]

6月の公聴会に基づいて，委員会は満場一致で貯水池計画を承認する報告書を提出した。[34] 1913年8月29日に法案が下院の議場に届くと，直ちに法案可決に向けた強力な支持が展開された。カリフォルニア州選出の下院議員レーカーはこの問題を古い功利主義的基準にあてはめて，「渓谷の古い役立たずの岩」は30万ドルにも満たない「現金価値」しかないが，貯水池は100万ドルの価値をもつと主張した。しかし，大半のダム支持者はさほど肯定的ではなかった。彼らはまず，原生自然に対する愛着を語り，破壊するのは不本意だと前置きをしてから，ダムを支持するのだった。例えば，インディアナ州選出のフィンリー・E・グレイ（Finly H. Gray）はこう説明した。「議長，私は大いに自然の美を称賛し，神の創造物への冒瀆を遺憾には思いますが，このように二つの意見が衝突する時には，自然の保護は人間の幸福，健康，生命の保護に譲歩すべきなのです」[35]と。

下院議員のグレイは原生自然と文明の要求を二者択一にしたが，カリフォルニア州選出の下院議員のウィリアム・ケント（William Kent）には，大変難しい選択であった。裕福とは無縁だった彼は，最初はシカゴで，1906年以降は子ども時代を過ごしたサンフランシスコ市北部のマリン・カウンティーで，政治の改革者としてのキャリアを選んだ。ケントの未開地への愛着には，セオドア・ルーズベルトと似たような特徴があった。彼は未完の自叙伝の断章で，「私の人生の大部分は野外にあった……私は大草原，山脈，砂漠を馬で駆け抜けた」と述べている。[36] 同時代人の軟弱さを非難するほど腕のいい狩猟家であったケントは野生の価値の復活を願っていた。当然ながら，彼は原生自然を保存することは賢明だと信じていたし，1903年には，マリン・カウンティーのタマルパ山肩にある数百エーカーのセコイア原生林を購入した。1907年12月，ケントは内務長官にその土地を「遺跡保存法」（Antiquities Act）の条項にある国の天然記念物として，連邦政府に寄贈したいと申し出た。彼の目的は，「私が見た中で，最も魅力的な原生自然の一部」を原始的な状態のままにしておくことだった。[37] ケントは，その土地がジョン・ミューアを称えて命名されるように希望し，1908年1月8日，ルーズベルト大統領は「ミューア森林国立記念物」[3]（Muir Woods National Monument）に指定する声明を公布した。

保存主義者はこのような経緯から，ウィリアム・ケントが最高の闘士だと信じていた。シエラ・クラブは彼を名誉会員にした。同時に，物質主義の時代に美学的・精神的な価値を支持する彼を称えて，全国から次々と手紙が寄せられた。[38]

ジョン・ミューアはケントの贈り物に深く感動して個人的に手紙を書き，ミューア森林を「長い歳月をかけてカリフォルニアでつくり出された最も素晴らしい森林公園」と呼んだ。数週間後にミューアは再び，ケントに手紙を書き，「世界のあらゆる森の中でも私たちが見ることができる最高の，木々を愛する者からの記念物」に対して，礼を述べた。セコイアを守ることは，「聖人にも罪人にも必要なことで，神への信頼と激励である」とミューアは考えた。「これほど素晴らしい神聖なものが金に狂ったシカゴから生まれた」ということにミューアは驚き，ケントに「永遠なるセコイアのごとき人生」を祈念して筆をおいた。ケントはすぐに返事を書き，ミューアをマリン・カウンティーでの講演に招待し，「自然の保存という普遍的な目的」に協力したいと申し出た。[39)]

1911年，ウィリアム・ケントは，カリフォルニア州選出下院議員として最初の任期に就くためにワシントンに到着した。その数週間後に，友人ジョン・ミューアからヘッチヘッチ渓谷に関する手紙を受け取った。ミューア森林を寄贈したケントが原生自然の保存という目的を支持するだろうと確信していた，ミューアはケントにヘッチヘッチ問題を見守り，「よい仕事をたくさんする」ようにと励ました。[40)]しかし，ケントにとって問題はそれほど単純ではなかった。彼はヘッチヘッチ渓谷が原生自然として貴重であり，国立公園の一部であることを認識していたが，強大な太平洋ガス電力会社がカリフォルニアでの水力発電源の管理強化の一歩として，渓谷を手に入れたがっていることも知っていた。ヘッチヘッチ渓谷の水をサンフランシスコ市が自治体管理するならば，この計画を食い止め，公的所有という理想が意味ある勝利を収め，民主主義の原理が守られるだろう。何よりもケントは政治家として，友人ギフォード・ピンショーと同じく，「真の保全とは，天然資源を適切に使用することであり，しまい込むことではない」と確信していた。[41)]ヘッチヘッチ渓谷の原生自然という特質を犠牲にするのは残念だが，この場合は，より大きな利益のためにいたしかたない，とケントは結論した。ロバート・アンダーウッド・ジョンソンに宛てた手紙の中で，ケントは渓谷をサンフランシスコ市に与えることが最も保護の目的に適うのだという信念を述べて，間接的にミューアへの返答とした。[42)]

1913年の公有地下院委員会の主要メンバーだった，ウィリアム・ケントは，多大な影響力を行使する立場にあった。彼はサンフランシスコ市の貯水池建設を認可するための法案起草を手伝い，自宅を活動本部として市の支持者たちに開放した。ケントはミューア森林の寄贈者として広く知られていたため，彼の意見には特別の重みがあった。確かに彼は，原生自然の保存という主張を軽々しく退けたりはしないだろう。ケントはこの利点を十分に利用した。ヘッチヘッチ法案が下院の議場に届いた時，彼は簡潔に，「私は自分自身が自然を愛する人間であると主張します。これは確かなことだと思います」と述べた。同じことが，ウッドロー・ウィルソン大統領に宛てた手紙でもみられる。手紙の中で，ケントはサンフランシスコ市の主張を支持すると述べ，自然を守るため自分は個人的に，「この法案に反対するだれよりも……ずっと多くの時間と努力を費やした」と書き添えた。[43]

ミューアの崇拝者であると一般的に認知されていた人物として，ケントの役割はヘッチヘッチ渓谷に関する意見の相違を公的に説明することだった。1913年の夏，同じ議会議員たちに宛てた一連の手紙で，彼は役割を果たした。ミネソタ州選出の下院議員シドニー・アンダーソン（Sydney Anderson）に対して，彼はこう手紙を書いた。「私の友人である，ミューアのことを真面目に受け取らないでほしいのです。彼は社会常識をまったく欠いた人だからです。彼とともにいるのは私と，神と，神がつくり出した岩で，それがすべてです。私は彼をよく知っていますが，この問題に関する限り，彼は間違っています」と。同様に，ケントはピンショーにヘッチヘッチ反対運動は，「誤った情報を伝える自然愛好家」を利用した，水力を私的なものにしようという関心が生み出したものだという電報を運動のスポークスマンとして打った。10月にケントは，カリフォルニアの集会で，ミューアは原生自然の中で非常に多くの時間を費やしたので，平均的な人間がもつ社会性を獲得しなかったのだ，と述べた。[44]

ケントが原生自然の価値についての考えを変えたのが1908年から1913年にかけてである，というのは正しくない。事実，彼はヘッチヘッチ渓谷の開発を支持していたまさにその時期に，タマルパ山の州立公園を支持する声明を出すようにギフォード・ピンショーに要請している。ケントはピンショーに「特に，サンフランシスコ市郊外に原生自然があることの利点」を示そうとした。[45] また，ヘッチヘッチ渓谷の問題の後で，ケントは引き続き，国立公園局設置法案の立案を助けた。セコイア保護連盟の設立に参加し，ミューア森林国立記念物にさらに土地を寄贈した。ケントにとって問題だったのは，ヘッチヘッチ渓谷の件で決定を下す必要があり，そこに彼の両面価値的（アンビヴァラント）な感情を説明する余地がなかったことだった。渓谷は原生自然であると同時に公有の貯水池になりえない。そのために，結局は，ケントとミューアは古い友情を犠牲にし，原生自然の保存に対して，異なった優先順位を与えることになったのだ。

1913年9月になっても，下院ではヘッチヘッチ問題の審議が続き，ウィリアム・ケントや他のサンフランシスコ市支持者の意見は強硬な反対にあった。ミネソタ州選出のハルヴァー・スティーナソン（Halvor Steenerson）は，人工湖が渓谷に美しさを付与するという主張は馬鹿げている，と断言したのだ。「あなたがたは同じように，野に咲く百合にペンキを塗って，よりよいものにするのだろうか」と突き，市が提供するのは，「耳障りな音」と「汚く濁った池」をつくる発電所だけだ，と述べた。最後に，スティーナソンは農耕の伝統という点から都会に住むアメリカ人の傾向を嘆き，いつの日か詩人が「金よりも価値あるものを生み出す」ために，ヘッチヘッチ渓谷の「原始的な美観」を使うようにと，ロマン主義的な態度で希望を述べた。アイオワ州選出のホレス・M・タウナー（Horace M. Towner）はこれに賛同し，同僚議員とともに「皿洗いが唯一の水利用方法ではないし，材木が木の，牧草が草原の唯一の利用方法ではない」ことを認識すべきだと訴えた。しかし，テキサス州選出のマーティン・ダイズ（Martin Dies）は下院の投票直前に立ち上がり，最後の意見を述べた。彼は天然資源を文明に役立てるべきだと感じていた。「彼らにこの国の保存区を開放して欲しいのだ」と，ダイズは述べた。「私は保存区と公園には賛成しない」。ダイズの結論に，拍手と「投票！」の叫び声があがった。[46]

9月3日，下院はヘッチヘッチ法案を183対43，無投票203で可決した。西部の州の議員はだれも法案に反対票を投じなかった。法案支持の票の大半は，南部と中西部の民主党員によるものだった。事実，法案は政府の施策で，近年の選挙でカリフォルニアがウィルソンに投じた票に関係しているという噂があった。[47]

サンフランシスコ市の申請に関しては上院での審議投票が残っており，保存主義者たちは死にもの狂いでその準備にあたった。彼らは，「影響力をもつ人々からの手紙を上院に多数送る」ことを計画した。[48] さらに，「国立公園保存協会」（the Society for the Preservation of National Parks）や新しく組織された「ヨセミテ国立公園保存全国委員会」（National Committee for the Preservation of the Yosemite National Park）は複数のパンフレットを発行し，アメリカ国民に大統領や連邦議会議員に手紙を書き，電報を送って，ダム反対の議論を喚起するよう提案した。[49] パンフレットは数千冊が配布され，一般市民は求めに応じた。法案の下院通過から上院が審議を開始する12月初めまでに，ヘッチヘッチ渓谷における原生自然の特質を破壊することは，全国的に重要な問題となっていた。ニューヨーク『タイムズ』（*Times*）のようなオピニオンリーダーをはじめ，国内の数百の新聞がこの問題に関する社説を載せたが，そのほとんどは保存側に立っていた。[50)]『アウトルック』，『ネイション』（*Nation*），『インディペンデント』（*Independent*），『コリアーズ』（*Collier's*）のような主要雑誌は，貯水池反対の記事を掲載した。渓谷を守るための大規模な集会がニューヨーク市の自然史博物館[［4］]（Museum of the Natural History）で開かれた。主要な上院議員の事務所には，郵便物が殺到した。ユタ州選出のリード・スムート（Reed Smoot）は11月後半には，法案反対の手紙5000通を受け取ったようだと推定した。他の上院議員たちにも同じように手紙が押し寄せた。[51)]抗議の声は女性団体野外スポーツクラブ，科学団体，大学の教授団，個人からのものだった。以前には，アメリカの原生自然がこれほど一般的になったことはなかった。

保存主義者側のダム反対の議論は論争の初期の段階で主張された路線に沿ったものだった。原生自然の漠然とした価値と功利主義の無感覚さに争点が示された。ブルックリン［ニューヨーク］の『スタンダード・ユニオン』（*Standard Union*）の社説から広まったのは，ヘッチヘッチ渓谷を野生のままに保つことが中傷する者の嘲笑に，「アメリカでさえ，お金で買えないものがいくつか存在する」ことを示す好機だという主張だった。[52)]景観建築分野をリードした父親の地位を受け継いだフレデリック・ロー・オルムステッド・ジュニア（Frederick Law Olmsted, Jr.）もまた，渓谷の保護を表明した。彼は自然の「美的価値」と「使用価値」とを区別し，19世紀は「増大する文明の重圧から逃れて気晴らしするために，野性的で人為が及んでいない風景を鑑賞しに出かけることが格段に増えたことを……示す」時代だったと述べた。そのため，ヘッチヘッチ渓谷のような原生自然は現代社会において大変重要である，とオルムステッドは主張した。「明確な功利主義的利点と対立するあらゆる点で，風景美が壁際に押しやられないのであれば」，原生自然は保存され，神聖なまま維持されなければならないのだ。[53)]

ロバート・アンダーウッド・ジョンソンは1913年の夏から秋にかけて，ヘッチヘッチ渓谷のために熱心に活動した。「これは一方にある強欲な商業主義と，他方にある人類のより高尚な目的との戦いである」と信じていたからだ。彼は，野生のヘッチヘッチ渓谷と人工貯水池の違いは，「同じように素晴らしい二つの風景の間で似たり寄ったりのものを区別すること」ではなく，むしろ「崇拝と冒瀆」を区別することなのだ，と主張した。ジョンソンには，サンフランシスコ市との妥協はありえなかった。彼は論争の真最中に，フランクリン・D・ルーズベルト（Franklin D. Roosevelt）に，「この問題ではわれわれが正しいことを確信しているので」，どこででもだれとでも議論する用意があると手紙を書いた[54)]。ジョンソンと仲間たちは，サンフランシスコ市に十分な水供給をしないと考えているのではないと絶えず強調した。もちろん，文明は十分に享受されなければならないが，今回は他の水源の利用が可能であり，ヘッチヘッチ渓谷を野生のまま維持していくことは他の水源開発により多くの費用をかけるだけの価値があるのだ。

原生自然を支持する人々は上院の審議と投票に期待していた。多くのアメリカ人がヨセミテ国立公園の改変となる企てに憤慨していることを彼らは見事に証明したのだ。1913年11月半ばに，ミューアは精力的に活動するジョンソンを励ました。「私たちは勝つに違いない。敵はひどくおびえている。立ち上がって，打ち倒そうじゃないか！[55)]」と。しかし，12月１日に上院議会が法案の検討を開始すると，全国的な活動はしなかったものの，ワシントンでのサンフランシスコ市議たちの地道なロビー活動が功を奏したことが明らかになった。多くの下院議員がそうであったように，大半の上院議員はまず，自分たちが手付かずの自然の価値を称賛していると述べ，その上でダムを支持するのだった。コネチカット州選出のフランク・B・ブランデジー（Frank B. Brandegee）は，「他の人々と同じくらい，私は美しく，かつ，自然のままの地形をもつ風景を保存するのは重要だと理解している」と述べた。しかし，結局のところ，文明が勝つのだ。「単に美しく，ロマン主義的で，絵のような場所を……美学的な目的で保存すること」は，「大多数の人々が生活に必須のものを緊急に必要としていること」に優先させることはできないからだ。アリゾナ州選出のマーカス・A・スミス（Marcus A. Smith）はブランデジーの言葉をそのまま繰り返し，自然美を愛する気持が「何よりも，ヨセミテ国立公園の……破壊に抗議を寄せた数千人の人々への共感になる」と述べた。しかし，スミスもまた，貯水池に賛成だった。なぜならば，「われわれは皆んな，木々の間をそよぐ風の音を愛しているが……腹をすかせた赤ん坊の泣き声はそれを忘れさせるだろう……私たちが赤ん坊の要求を満たそうとするからだ」。原生自然に反対して，ダムを支持するという上院議員はだれもいなかった。大半は，野生の公園が生み出す美徳よりもサンフランシスコ市にもたらされる利益の方が大きいと考えるか，それとも，ネブラスカ州選出のジョージ・D・ノリス（George D. Norris）のように，この問題を公共の水力発電開発という点からだけ考える，かのいずれかだった。[56)]

サンフランシスコ市に反対する上院議員は，他の貯水池用地に代替可能性があることや一般市民に原生自然の標本を提供するために，地域の神聖さを尊ぶ必要があることを強調した。ノースダコタ州選出のアスル・J・グロンナ（Asle J. Gronna）は，「すべての土地を商業化する」ことや，「神が創りたもうた被造物を破壊する」ことは間違っていると考えた。[57)] 意見の応酬はヒートアップし，上院の明かりはいく晩も夜遅くまで灯っていた。

投票日は12月6日に決定した。当日の朝，上院議員が議場に入ると，机の上にはサンフランシスコ『イグザミナー』（*Examiner*）の「特別ワシントン版」の冊子がおかれていた。景色のよい自動車道と幸せな家族のためにボート設備がある人工池の見事なスケッチは，渓谷がどのようになるかを描いたものだった。さらに，『イグザミナー』はさまざまな観点からダム認可を正当化する専門家の話を載せていた。[58)] 保存主義者たちのキャンペーンビラはこれに比較すると，ずっと印象が薄かった。

12月6日，深夜0時まであと3分という時に，上院で投票が行なわれた。43票が認可に賛成，25票が反対，そして，29票は無投票，または，欠席であった。南部民主党の18票が決定的となり，下院の時のように，ウィルソン政権がサンフランシスコ市の背後にいるのだ，とほのめかされた。共和党の「賛成票」はわずか9票だった。[59)]

大統領の拒否権が保存主義者の最後の望みとなった。上院可決後に，ウィルソン大統領はヨセミテ公園の保護を求める膨大な手紙を受け取った。ロバート・アンダーウッド・ジョンソンは，「まさに神はこのような緊急事態のために，勇気を創りたもうたのです。拒否権の道徳的効果は計り知れないものになるでしょう」と特徴的な手紙を書いた。[60)] さらに，彼は自ら出向いて大統領と面会した。だが，彼が事務所を出ると，ウィリアム・ケントが入室を待っていたのである！[61)] 1913年12月19日，ウィルソンはヘッチヘッチ渓谷の認可を承認した。彼は署名の際に，「法案は非常に多くの，公共心ある人々の反対を受けたため……当然ながら，私は念入りに吟味してきました。失礼ながら，私は彼らの怒りや反対には十分な根拠がないと考えたのです」と語った。[62)]

保存主義者側は渓谷をめぐる戦いに敗れたが，原生自然の存在をめぐる大きな争いの中で，多くの指示を得た。ジョン・ミューアは深く落胆したが，「国全体の意識が眠りから覚めた」という事実にいくらか慰められた。[63)] 原生自然の保存という点でバラバラだった感情がヘッチヘッチ論争で全国的な運動となったのだ。さらに，原生自然を支持する人々は世論を喚起することによって，自分たちの政治的な手腕側と，どのようにその手腕を振るえばよいかとを知った。ヘッチヘッチ渓谷は，『メインの森』（*Maine*）のように，簡単には忘れることができないシンボルになった。実際，ヘッチヘッチで敗北したすぐ後に，原生自然保存の運命は突然に好転したのだ。1915年初頭，大成功を遂げたビジネスマンで，原生自然を愛してやまないスティーヴン・T・マザー[5]（Stephen T. Mather）が国立公園局長となったのだ。ホレス・M・オルブライト（Horace M. Albright），ロバート・スターリング・ヤード（Robert Sterling Yard），J・ホレス・マックファーランド，そして，シエラ・クラブとともに，マザーは公園のための運動を起こし，それが1916年の国立公園局法の制定につながった。この法の通過についての広報は，ヘッチヘッチの闘いが掻き立てた国民の原生自然保存への関心をより一層高めた。[64)]

上院議会でヘッチヘッチの審議が終盤にさしかかった頃，ミズーリ州選出のジェームズ・A・リード（James A. Reed）が立ち上がり，論争全体に対する不信感を明らかにした。一部の原生自然の未来をめぐって，なぜ，「上院が深遠な論争に突入し，国民がヒステリー状態に陥っている」のか，彼には疑問だった。彼はヨセミテから離れるにつれて，ダム反対の激しさが強いということを正確に観察し，「ニューイングランドくらい遠く東へ行くと，熱狂的な反対になる」と述べた。リード上院議員の考えでは，これは明らかに「から騒ぎ」であった。[65)] 彼は，ヘッチヘッチの戦いと同時期に起こったジョー・ノールズ（Joseph Knowles），ボーイスカウト，『類猿人ターザン』（*Tazan of the Apes*）（第9章を参照のこと）に対する熱狂についても，同じことを言っていたかもしれない。しかし，重要なのは，リード自身も述べたように，同時代の非常に多くの人々が原生自然には感覚を刺激するほどの価値があるとみなしたことだった。

実際，渓谷をめぐる論争で最も重要だったのは，ともかく論争が起こったのだということだった。100年前，あるいは，50年前でさえ，原生自然の川をダムで塞ぐという企ては，さざ波ほどにも一般市民の反対を受けなかっただろう。未開発の土地を利用するという伝統的なアメリカを前提にすると，娯楽的・美学的な価値やインスピレーションを与える価値のために，国立公園の中に未開発の土地を残すことなどない。強調点はまったく別のところ――「進歩」と「繁栄」の名のもとに，未開発の土地を文明化すること――にあった。古い世代の人々は，文明が原生自然を切り開くことが神のご意志に適う有益なことだ，と考えた。しかし，20世紀には，一握りの保存主義者がまさにこの過程に対して，広範な反対を生み出した。かつては国民の称賛の対象であったものが国民の悲劇になったのだ。

ミューア，ジョンソン，そして，彼らの仲間たちは，アメリカ人が眠りから覚めようとしていたからこそ反対を引き起こすことができた。未開の地を評価し，保存しようという望みは19世紀末の10年間に，少数の知識人から大多数の人々へと広がった。サンフランシスコ市のヘッチヘッチ計画に対する反対の広がりや勢いは原生自然への熱狂が浸透しつつある明確な証拠だった。同様に明らかになったのは，原生自然に反対だからということで，ダムに賛成した人はほとんどいないという事実である。サンフランシスコ市を支持した人々でさえ，この問題を「善」（文明）と「悪」（原生自然）ではなく，二つの善の間にある問題であると表現した。物質的要求を優先しながらも，彼らは手付かずの自然を愛する，と述べた。従来は，ほとんどのアメリカ人は未開の地の征服を合理化せざるをえないと感じることはなかった。3世紀の間，彼らはためらいなく文明を選んできた。だが，1913年までには，もはや自信がもてなくなっていたのである。

注

1） *Decisions of the Department of the Interior...June 1, 1907–June 30, 1908*, ed., George J. Hesselman（Washington, D.C., 1908）, p.411. 最もすぐれたヘッチヘッチ論争に関する政治史は，Jones, *John Muir and the Sierra Club*, pp.83–169; Elmo R. Richardson, “The Struggle for the Valley: California's Hetch Hetchy Controversy, 1905–1913,” *California Historical Society Quarterly, 38*（1959）, 249–258, と Ise, *National Park Policy*, pp.85–96, である。 Richardson の *The Politics of Conservation: Crusades and Controversies, 1897–1913*, University of California Publications in History, 70（Berkeley, 1962）, は論争の事情について論じている。未出版の研究と

して，Suzette Dornberger, "The Struggle for Hetch Hetchy, 1900–1913"（未出版の修士論文, University of California, Berkeley, 1935）と Florence Riley Monroy, "Water and Power in San Francisco Since 1900: A Study in Municipal Government"（unpublished M.A. thesis, University of California, Berkeley, 1944），がある。工学的な側面に関しても，多くの記述がある。主なものに，Ray W. Taylor, *Hetch Hetchy: The Story of San Francisco's Struggle to Provides a Water Supply for Future Needs*（San Francisco, 1926）と M. M. O'Shaughnessy, *Hetch Hetchy: Its Origin and History*（San Francisco, 1934), がある。

2）Roosevelt, "First Annual Message" in *Works*, 17, 118–119, 120.

3）Roosevelt, "The Forest Problem" in *Works*, 18, 127.

4）Johnson, *Remembered Yesterdays*, p.307.

5）Muir to Roosevelt, Sept. 9, 1907, "Water Supply for San Francisco," Record Group 95 [United States Forest Service], National Archives, Washington, D.C. 所収。

6）Roosevelt to James R. Garfield, Aug. 6, 1907, および，Garfield to Roosevelt, Aug. 8, 同上。

7）Roosevelt to Muir, Sept. 16, 1907, Morison, ed., *Letters of Theodore Roosevelt, 5*, 793 所収。

8）Pinchot to Roosevelt, Oct. 11, 1907, "Water Supply," National Archives 所収。

9）Roosevelt to Johnson, Dec. 17, 1908, Johnson Papers, Berkeley, Box 6 所収。

10）Muir, "The Tuolumne Yosemite in Danger," *Outlook, 87*（1907), 489.

11）同上，488. この記事の大部分はミューアの初期のエッセイ，"Hetch Hetchy Valley: The Lower Tuolumne Yosemite," *Overland Monthly, 11*（1873), 42–50, からのものである。

12）Robert Underwood Johnson, "A High Price to Pay for Water," *Century, 86*（1908), 633.

13）U.S. Congress, House, Committee on the Public Lands, Hearings, *San Francisco and the Hetch Hetchy Reservoir*, 60th Cong., 1st Sess.（Dec. 16, 1908), pp.37–38.

14）McFarland to Johnson, Feb. 4, 1909, Johnson Papers, Berkeley, Box 5 所収。McFarland to Pinchot, Nov. 26, 1909, Pinchot Papers, Box 1809所収。

15）*Proceedings Before the Secretary of the Interior in re Use of Hetch Hetchy Reservoir by the City of San Francisco*（Washington, D.C., 1910), pp.18–19.

16）McFarland, "Are National Parks Worthwhile?" *Sierra Club Bulletin, 8*（1912), 237.

17）Abbott, "The Hetch-Hethcy Valley Again," *Outlook, 91*（1909), 330–331; Abbott, "Saving the Yosemite Park," *Outlook, 91*（1909), 235–236.

18）U.S. Congrss, House, Committee on the Public Lands, Hearings, *San Francisco and the Hetch Hetchy Reservoir*, 60th Cong., 2nd Sess.（Jan. 9, 12, 20, 21, 1909), pp.179, 323.

19) U.S. Congress, Senate, Committee on the Public Lands, Hearings, *Hetch Hetchy Reservoir Site*, 60th Cong., 2nd Sess.（Feb. 10, 12, 1909）, p.14.

20) Muir to Johnson, Feb. 7, 1909, Muir Papers, New York 所収。Muir to Johnson, March 23, 1913, ibid; Muir to "Kelloggs Three," Dec. 27, 1913, Muir Papers, Berkeley, Box 1 所収。Muir to William E. Colby, Dec. 31, 1908, 同上所収。

21) John Muir, *The Yosemite*（New York, 1912）, pp.261–262. ミューアは1908年という早い時期に同じような言い方をした。"The Hetch-Hetchy Valley," *Sierra Club Bulletin, 6*（1908）, 220. 宗教的基盤を擁護する別のものとして，Cora C. Foy, "Save the Hetch-Hetchy," *Out West, 1*（1910）, 11, を参照のこと。

22) 例えば，Portland Oregonian, Dec. 30, 1908; French Strother, "San Francisco Against the Nation for the Yosemite," *World's Work, 17*（1909）, 11441–11445; Edward T. Parsons, "Proposed Destruction of Hetch Hetchy," *Out West, 31*（1909）607–627; "Hetch-Hetchy," *Independent, 73*（1912）, 1203–1204; I. R. Branson, *Yosemite Against Corporation Greed*（Aurora, Neb., c. 1909）.

23) Roosevelt, *Works, 17*, 618.

24) U.S. Congress, House, Committee on the Public Lands, *Granting Use of Hetch Hetchy to City of San Francisco*, 60th Cong., 2nd Sess., House Rpt. 2085（Feb. 8, 1909）, pp.11–12. 大統領，内務長官，さまざま議員宛ての数百の手紙は，"Water Supply," National Achives, の年代別ファイルに保管されている。

25) As quoted in House, Committee on the Public Lands, *Granting Hetch Hetchy*, p.16.

26) Marsden Manson to G. W. Woodruff, April 6, 1910, Marsden Manson Correspondence and Papers, Bancroft Library, University of California, Berkeley 所収。

27) Olney, "Water Supply for the Cities about the Bay of San Francisco," *Out West, 31*（1909）, 599–605.

28) Jones, *John Muir and the Sierra Club*, pp.83–117; Johnson Papers, Berkeley, Box 13.

29) John R. Freeman, *On the Proposed Use of a Portion of the Hetch Hetchy*（San Francisco, 1912）, p.6 以降。

30) House, Hearings（1909）, pp.129 以降，172 以降は数多くの例を提供している。

31) Johnson Papers, Berkeley, Boxes 7, 12. The Society for the Preservation of National Parks-Eastern Branch の *The Truth about the Hetch Hetchy and the Application to Congress by San Francisco to Flood this valley in the Yosemite National Park*（Boston, 1913）, は保存主義者が回った地域を示している。

32) Robert Underwood Johnson, *The Hetch Hetchy Scheme: Why It Should Not Be Rushed Through the Extra Session: An Open Letter to the American People*（New York, 1913）.

33)　U.S. Congress, House, Committee on the Public Lands, Hearings, *Hetch Hetchy Dam Site*, 63rd Cong., 1st Sess.（June 25–28, July 7, 1913）, pp.25–26, 166, 170, 237.

34)　U.S. Congress, House, Committee on the Public Lands, *Hetch Hetchy Grant to San Francisco*, 63rd Cong., 1st Sess., House Rpt. 41（Aug. 5, 1913）.

35)　*Congressional Record*, 63rd Cong., 1st Sess., 50（Aug. 29, 1913）, p.3904;（Aug. 30）, p.3991.

36)　Kent Family Papers, Historical Manuscripts Room, Yale University Library, New Haven, Conn., Box 95. ケントの人生については，Elizabeth T. Kent, *William Kent, Independent: A Biography*（私家版, 1951）と Gilson Gardner, "Life of William Kent"（未出版のタイプ原稿，c. 1933）in the Kent Family Papers, Box 152, を参照のこと。最初の専門的な伝記は，Robert Woodbury, "William Kent: Progressive Gadfly, 1864–1928"（未出版の博士論文，Yale University, 1967）, である。

37)　Kent to James A. Garfield, Dec. 23, 1907, Kent Family Papers, Box 6 所収。当該土地の獲得と処分に関するケントの説明は，Kent, "The Story of Muir Woods"（日付不詳のタイプ原稿）, Kent Family Papers, Box 111, を参照のこと。〔監訳者注：原書で記載されている，James A. Garfield は，同名で，James R. Garfiled の父で，アメリカ第20代大統領 James Abram Garfield（1831-1881）がいるが，1907年当時は，すでに，この父親は逝去しているので，この James A. Garfield は，James R. Garfield の誤記と思われる。これは原著の誤記によるものと推測される。〕

38)　ケントはミューア森林に関する切抜きや通信文を丁寧に保存していた。Kent Family Papers, Boxes 6 and 162.

39)　Muir to Kent, Jan. 14 and Feb. 6, 1908, Kent to Muir, Feb. 10, 1908, Kent Family Papers, Box 6 所収。

40)　Muir to Kent, March 31, 1911, Kent Family Papers, Box 26所収。

41)　Gardner, "Life of William Kent," pp.347–348の引用。ケントの証言については，U.S. Congress, Senate, Committee on the Public Lands, Hearings, *Hetch Hethcy Reservoir Site*, 63rd Cong., 1st Sess.（Sept. 24, 1913）, p.70, とヘッチヘッチ法案可決に関する公文書，*San Francisco Bulletin*, Dec. 20, 1913, を参照のこと。公共用水管理のためのケントの努力は仲間の運動家である，Judson King による以下の記述がある。Judson King Papers, Library of Congress, Washington, D.C., Box 77. また，King's The Conservation Fight from Theodore Roosevelt to the Tennessee Valley Authority（Washington, D.C., 1959）, 特に，p.40以降を参照のこと。注 56）と比較されたい。

42)　Kent to Robert Underwood Johnson, April 6, 1911（carbon）, Kent Family Papers, Box 17所収。

43)　*Congressional Record*, 63rd Cong., 1st Sess., 50（Aug. 30, 1913）, p.3963. Kent to Woodrow Wilson, Oct. 1, 1913, Woodrow Wilson Papers, Library of Congress, Washington, D.C., File VI, Box 199, Folder 169所収。

44) Kent to Sydney Anderson, July 2, 1913, Kent Family Papers, Box 26所収。Kent to Gifford Pinchot, Oct. 8, 1913, Gifford Pinchot Papers, Box 1823所収。San Rafael *Independent*, Oct. 21, 1913, in Kent Family Papers, Box 171.

45) Kent to Gifford Pinchot, March 5, 1913, Gifford Pinchot Papers, Box 164所収。

46) *Congressional Record*, 63rd Cong., 1st Sess., 50 (Aug. 30, 1913), pp.3972–3974, 同上 (Extension of Remarks made on Aug. 29, 1913), p.461, 同上 (Aug. 30, 1913), p.4003.

47) Richardson, "The Struggle for the Valley," 255; New York *Times*, Dec. 4, 1913.

48) Robert Underwood Johnson to Bernhard E. Fernow, Oct. 17, 1913, Johnson Papers, Berkeley, Box 1 所収。

49) National Committee for the Preservation of the Yosemite National Park, *Bulletin No.1: The Hetch Hetchy 'Grab': Who Oppose It and Why* (New York, 1913), および, *Bulletin No.2* (New York, 1913); Society for the Preservation of National Parks, *Circular Number Seven* (San Francisco, 1913).

50) 委員会の *Bulletins* は，何百もの新聞を列挙し，引用している。

51) *Congressional Record*, 63rd Cong., 1st Sess., 50 (Nov. 25, 1913), p.6012. 抗議の広がりをさらに証拠づけるものは，the United States Forest Service, が保管している，論争に関する膨大なファイル "Water Supply," National Archives, の中に見ることができる。

52) Society for the Preservation of National Parks, *The Truth About the Hetch-Hetchy*, p.1, からの引用による。

53) Frederick Law Olmsted, Jr., "Hetch Hetchy: The San Francisco Water-Supply Controversy," Boston *Evening Transcript*, Nov. 19, 1913.

54) Johnson to William R. Nelson, Oct. 27, 1913 (carbon); Johnson to William E. Borah, Nov. 6, 1913 (carbon); Johnson to Franklin D. Roosevelt, Nov. 11, 1913 (carbon), Johnson Papers, Berkeley, Box 1 所収。

55) Muir to Johnson, Nov. 10, 1913, Muir Papers, New York 所収。

56) *Congressional Record*, 63rd Cong., 2nd Sess., 51 (Dec. 4, 1913), p.198, 同上 (Dec. 5, 1913), p.273, 同上 (Dec. 6, 1913), p.339 以降, *Fighting Liberal* (New York, 1945), p.163以降で，ノリスは過去を振り返って，ヘッチヘッチ論争の印象やそこで彼が果たした役割について回顧的に述べている。サンフランシスコの水供給の管理とその結果生じる水力電気エネルギーがすぐれた国家政策への一歩になることをノリスが望んでいたという証拠は，Richard Lowitt, "A Neglected Aspect of the Progressive Movement: George W. Norris and Public Control of Hydro-electric Power, 1913–1919," *Historian, 27* (1965), 350–365, を参照のこと。

57) *Congressional Record*, 63rd Cong., 2nd Sess., 51 (Dec. 4, 1913), p.199.

58)　San Francisco *Examiner*, Dec. 2, 1913.

59)　論争の最終段階と決定の裏にあった政治的要因については，Jones, pp.153-169に詳細な説明がある。

60)　Wilson Papers, File VI, Box 199; Johnson to Wilson, Dec. 9, 1913, Wilson Papers, File VI, Box 199, Folder 169.

61)　Gardner, "Life of Kent," pp.351-352.

62)　*Congressional Record*, 63rd Cong., 2nd Sess., 51 (Dec. 19, 1913), P. 1189.

63)　Muir to Robert Underwood Johnson, Jan. 1, 1914, Johnson Papers, Berkeley, Box 7所収。

64)　Donald C. Swain, "The Passage of the National Park Service Act of 1916," *Wisconsin Magazine of History, 50* (1966), 4-17, Robert Shankland, *Steve Mather of the National Parks* (New York, 1951). 一般市民の関心の広がりを示すものの一つに，主要雑誌に掲載された数多くの国立公園に関する記事がある。1916年9月から1917年10月までに，95誌に300以上の記事が載った。続く2年間の数字もまた，印象的なものである。*Annual Report of the Director of the National Park Service* (1917) (1918) (1919), pp.1017-1030, 1051-1063, and 1247-1261.

65)　*Congressional Record*, 63rd Cong., 2nd Sess., 51 (Dec. 6, 1913), p.362.

訳注

[1]　この章の内容の概略は，上岡克己『アメリカの国立公園』築地書館，2002年，50～71ページにも示されている。

[2]　1856～1924年。第28代アメリカ大統領。政治学者でプリンストン大学学長，アメリカ政治学会会長，ニュージャージー州知事などを経て大統領を連続2期務めた。「新しい自由」(ニュー・フリーダム) を掲げて反トラスト法を強化，労働者保護立法制定，関税引下げなど革新主義的(プログレッシブ)な改革を行なった。第一次世界大戦で中立を保ったウィルソン大統領はパリ講和会議の基礎になった「十四カ条」を1918年に提示した。講和条約締結により，ウィルソンの「十四カ条」の中で提案された国際連盟が設置された。

[3]　ゴールデンゲート国立レクリエーション地域に隣接した地域。この指定の経緯については上岡，前掲書，2002年，7～8ページを参照のこと。

[4]　1869年に設立。セントラルパークの西にあり，世界でも最大規模を誇る。ここには博物館の設立に貢献したセオドア・ルーズベルトの像がある。

[5]　1867～1930年。国立公園局初代局長。グランドキャニオン・サウスリムには，私財を投じて国立公園に貢献したマザーの名に因んだ展望台がある。マザーやその後継者であるオルブライトについては，上岡，前掲書，2002年，81～96ページを参照のこと。

第11章
預言者　アルド・レオポルド

原生自然の文化的価値を理解する能力とは，結局のところ，思想的な謙虚さがあるかどうかだ……なぜ，手付かずの原生自然が人間の活動を定義し，意味を与えるのかを理解するのは学徒だけである。

——アルド・レオポルド（1949年）

1854年に，ヘンリー・デーヴィッド・ソロー（Henry David Thoreau）は，人間が頻繁に自然界に引き起こす変化について論じた。若者は大抵，森に出かけて狩人や漁師になる。しかし，「よりよい人生の種をもっているのなら，詩人であれ，博物学者であれ，自分に適した目標を見出して，最終的には銃と釣りざおをおき去るのだ」[1]。アルド・レオポルド（Aldo Leopold）は，自分に適した目標を生態学に見出したことを除けば，このパターンにぴったりあてはまった。彼は生態学を用いて，原生自然を重視する哲学を打ち立てた。それはソローの哲学の重要性と影響力にも匹敵するものだった。ヘッチヘッチ論争から10年も経たないうちに，レオポルドは国有林制度の中で，原生自然保存政策を推進する運動を成功させた。数年後には，「有機体」（organisms）とその「環境」（environment）との相互関係に気づくようになり，野生の地を守ることは感情的にだけでなく，科学的にも必要だと認識するようになった。科学者の論理をロマン主義の倫理的・美学的な感受性と統合することは，原生自然を守るための効果的な武器になった。「生態学的良心」（ecological conscience）や「土地倫理」（land ethic）というレオポルドの概念はまだ理想でしかなかったが，保存主義者はその概念が原生自然に新たな意味づけをするとともに，人間と土地の新しい関係を指し示すものだと認識した。

レオポルドはミシシッピ川の木立や低地で野外に触れ始めた。大の狩猟家だった両親はアイオワ州バーリントンに住み，息子が幼い頃から家の周辺の鳥を区別することに関心をもたせた。アルド・レオポルドは，ニュージャージー州のローレンスビル大学進学予備校とイェール大学で学生時代を過ごし，鳥類学の勉強を続けた。1908年度に大学を卒業すると，彼は野外に愛着し，ギフォード・ピンショー（Gifford Pinchot）のように森林管理の仕事をしようと決心した。その後の教育を受けるために学校を変わる必要はなかった。ピンショー一族の慈善活動のおかげで1900年に開校したイェール森林学院は，国内でも第一級の大学院研究の中心になっており，「アメリカ合衆国森林局」（United States Forest Service）の人材のほとんどを輩出していた。レオポルドは1909年に学位を授与され，森林局第３区のある南西部で「森林管理官助手」の仕事を得た。2) この時，アリゾナとニューメキシコはまだ準州だった。アルド・レオポルドはこの地域で成長した。

野生動物保護に関心があったレオポルドは，原生自然を理解し，評価するようになった。第３区での仕事の中で，彼は，大動物，魚，水鳥の個体数が急速に減少している問題に気づいた。スポーツマン（釣り人・狩猟者・野外スポーツをする人等）でもある，レオポルドはこの状況を懸念していたが，1913年に自らの命にかかわる重篤な膠原病［1］を発症し，１年以上何もできない状態になった。職場に復帰してから，彼はニューメキシコ州アルバカーキ周辺地域のスポーツマンを組織し，「狩猟鳥獣保護協会」（Game Protective Association）を設立した。3) あるグループが発行した会の新聞に，1915年，レオポルドは次のように書いた。「この小新聞の意図と目的は，野生動物を守って楽しむことを奨励することである……だれもがよき人間である一般市民の義務として無害な野生動物の生命を保護することを学び，人間一人ひとりの責任に則って野生動物を乱用することに反対するために，人々に知恵と理解の種をまこう」4)。こうした考えも，後のレオポルドの哲学の根源になった。

第３区森林管理官のアーサー・C・リングランド（Arthur C. Ringland）はレオポルドの助手としての野生動物保護への熱意と能力を認め，狩猟，釣り，レクリエーションを担当させた。レオポルドは期待に応えて精力的に動き，狩猟規則（game laws）を強化して，仲間の森林管理官と流域や生息地の資源を保全するために捕食者を駆除した。彼は第３区の狩猟鳥獣手引書を書き，森林局を離れて「ニューメキシコ州立狩猟野鳥獣部」（New Mexico State Game Department）の部長となることを漠然と思い描いていた。5) しかし，レオポルドは仕事を変えなかったし，1916年には，「森林局ワシントン事務所」（Service's Washington office）の広報担当という魅力的な立場も辞退していた。彼は病にかかり，残されている「未来が20日なのか，20年なのか」わからない状態だったから，南西部の野生動物保護のために，確かな仕事をしたいと願ったのだ。[6] 同年，「狩猟鳥獣管理」（game management）についての最初の論文が出版物に掲載された。[7] レオポルドの努力は，すぐに国民の関心を引きつけた。彼は「恒久的野生動物保護基金」(Permanent Wild Life Protection Fund）から認定メダルを授与された。セオドア・ルーズベルト（Theodore Roosevelt）は，レオポルドの仕事は全国民の手本であると称賛した。実際，彼はそのような人物であった。[8]

1918年初頭にはアリゾナ州とニューメキシコ州の狩猟鳥獣保護運動が盛り上がっていたが，森林局の上級官吏はレオポルドの熱意を理解していなかった。レオポルドは不本意だったが1月3日に辞職し，「アルバカーキ商業会議所」（Albuquerque Chamber of Commerce）会頭の職を引き受けることになった。しかし，「組織として国有林の狩猟鳥獣保護をしていくことができるようになったらすぐに」森林局に戻るつもりでいた。[9] 彼は長く待つことはなかった。国有林の非物質主義的価値についての新しい考えが森林官の伝統的な功利主義的目標に異議を唱え始めたのだ。さらに，1916年に設立されて以降，精力的なスティーヴン・T・マザー（Stephan T. Mather）に率いられてきた「国立公園局」(National Park Service）は，新たに自動車を利用するようになったアメリカ人旅行者のレクリエーションのメッカとしての公園に関心を寄せていた。[10] 新規参入者が一般市民の非難をものともせず，土地を私有してしまわないように，森林局は風景と野外レクリエーションは国有林の重要な「生産物」だ，とこれまでにない宣伝をして対抗した。こうすることで，森林局は原生自然に関心をもつもっと多くのアメリカ人の支持を得ようとした。[11] 1917年に森林局は，景観建築家のフランク・A・ウォー（Frank A. Waugh）に，行政管理下にある土地がもつレクリエーションの潜在的可能性についての研究を委託した。ウォーは森林の「魅惑的な野性さ」と「崇高な美しさ」は「直接に人間的な価値」をもつと結論し，森林の利用方法を決める際には，経済的基準と同様に観光，キャンプ，ハイキングを考慮するように提言した。[12]

ワシントンの好意的な態度に，レオポルドは1919年夏に森林局に戻った。彼は狩猟鳥獣保護にずっと関心をもっていたが，狩猟や釣りをしたり，アピールしたりすることは，その活動の場所である原生自然を保護するという，より大きな命題の一部だと認識するようになった。レオポルドはワード・シェパード（Ward Shepard），フレデリック・ウィン（Frederic Winn）や南西部の人々と，国有林の一部を野生のまま保護することについて話し合い[13]，森林局第２区の職員と相談するためにデンバーに行った。12月６日，第２区で「レクリエーション技師」として働いていた若い景観建築家のアーサー・H・カーハート（Auther H. Carhart）はレオポルドに前年の夏のコロラド州トラッパーズ湖（Trappers Lake）巡検の時の経緯を語った。カーハートは，湖の周囲に休暇用の別荘を配置する設計図を書くように命じられた。しかし，検討の結果，彼は湖の最良の利用法は原生自然でのレクリエーションだ，と結論した。同じ夏に，彼はミネソタ州とオンタリオ州にまたがるクエティコ・スペリオル（Quetico-Superior）地域を巡検し，未開発のままカヌーの地にする潜在的可能性に気づいた。巡検の後で，カーハートは国有林の中でも最も野性的な景観をもつ地域では，原生自然の価値が管理されなくてはならない，と主張した[14]。功利主義の伝統をもつアメリカ合衆国森林局に勤める若い職員にしては大胆な提案だったが，カーハートはレオポルドが強力に支持してくれると思った。会話が進んでいくうちに，風景的・美学的な価値のために，あらゆる開発に反対するという提案は完全に支持された[15]。

デンバーで同志を見つけて勇気づけられたレオポルドは原生自然保存計画を推進する決意をして，アルバカーキに戻った。しかし，保存の原理を最初に国有林に適用したのは，カーハートと第２区森林管理官のカール・J・スタール（Carl J. Stahl）だった。1920年初頭，トラッパーズ湖は道路のない未開発地域として保護の指定を受けた[16]。しかしながら，原生自然の保存に関するレオポルドの構想は一つの湖や渓谷よりもはるかに広い地域に渡るものだった。彼は1912年，「原生自然保護という論点に明確な形」を与えるために，『森林ジャーナル』（*Journal of Forestry*）に論文を寄稿した。レオポルドは原生自然を「自然のままに保たれ，合法的に狩猟や釣りが行なわれ，２週間のパック旅行ができるほど十分な広さをもち，道路，人工的な小道，コテージやその他の人間の工作物がないままに保たれている広大な土地」と定義した。おそらく大多数の人々はレクリエーション用の土地に機動力を用いて通行したがるだろうと認めながらも，彼は原生自然という場所で原始的な旅や生活をしたいと望む少数の人々にも考慮すべきだ……，と主張した。野生の地はそのような人々の幸福の源泉であるが，そのような地に接する機会は急速に消えつつある。論文の最後で，レオポルドはニューメキシコ州ヒーラ国有林（Gila National Forest）の未開発部分は恒久的な原生自然保護区にすべきだ，と提案した。[17)]

『森林ジャーナル』の論文は行動を促した。1922年の初め，第３区森林監督官フランク・C・W・プーラー（Frank C. W. Pooler）はレオポルドに，ヒーラ国有林を個人的に視察するよう指示した。その森林管理官であるフレデリック・ウィンはレオポルドとともに原生自然保護政策をつくった。[18)] 地方のスポーツマン組織はその政策の支持に力を入れた。1924年６月３日，プーラーは57万4000エーカーの土地を主として原生自然でのレクリエーションに提供するために指定した。[19)]

レオポルドが従来，森林局で行なってきた原生自然を保存するための運動は曖昧な合理性に基づくものだった。しかしながら，1924年夏に，ウィスコンシン州マディソン森林局の「森林生産試験所」（Forest Products Laboratory）副所長の職に就くために第３区を離れてからは，レオポルドは南西部を野生のまま保護することの意義を考える機会を多く得た。このことが原生自然の意義を考える人生の始まりになった。レオポルドは，いくらかの野生の土地を保護することに危機をもたらしているのは，アメリカ人の生活の質――すなわち，物質的必要性の域を超えた国家の繁栄である，と感じていた。彼は文明の偉業を否定する気はないが，度を超えている，と主張した。「原生自然が少なくなることは善であったが，原生自然の根絶はひどい悪になるだろう」[20)]。ソローに続いて，レオポルドは文明と野生との間に望ましいバランスをとることに解決策を見出した（第５章を参照のこと）。わかりやすい隠喩（メタファー）を捜し求めた末に，レオポルドは次のように述べた。「私が明らかにしたいのは，次のようなことである。都市の中に地域の子どもたちが野球のできる空き地が六つあったとする。最初の空き地，二つ目，三つ目，四つ目，そして五つ目の空き地に家を建てることは『発展』だろう。しかし，最後の空き地に家を建ててしまったら，われわれは家が何のためにあるのかを忘れてしまう。六つ目の家は，発展を意味するどころか，むしろ『愚かな行ない』である」と。彼は「（原生自然の）が十分にあることに慣れてしまっていて，野生の土地の消滅が何を意味するのか気づいていない」ことを理解させるのが難しいことに気づいていた。アメリカの進歩を測るのは，「原生自然を征服し，経済的利益に変えること」であった。言い換えると，「木の切り株が進歩の象徴だった」[21]。文明の進歩は，残された原生自然を価値づけ，保存することだと再定義するような新しい基準が必要だった。

問題は，最後に残された原生自然を開発してしまうと，利益よりもはるかに多くの犠牲が伴うことをアメリカ人に理解させることだった。フレデリック・ジャクソン・ターナー（Frederick Jackson Turner）の見解に基づきながら，レオポルドは，「アメリカとアメリカ人に最も特徴的な性質の多くは原生自然の特徴とそれに伴う生活にある」と論じ始めた。彼は，この点について，次のように明らかにしている。「もしアメリカ文化というものが存在するならば（私は存在すると思う），その顕著な特徴は組織力と結び付いたある種の活気溢れる個人主義であり，実用的な目標へと進む知的な好奇心，堅苦しい社会の型にはまらないこと，怠け者に寛容でないこと，つまり，成功を収めた開拓者特有の性質すべて，である。これらは，どちらかと言えば，アメリカの精神に固有な要素であり，文明に倣うのではなく，むしろ新しい貢献をする特質なのである」と。最終的に，レオポルドは，ターナーが暗示するにとどまっていた結論を導き出した。「環境の保存を考えずに，［アメリカ人の］慣習の保存を案じるのは，少し的外れではないか。環境がアメリカの慣習をつくり出したのであり，環境を守ることが慣習を保つための効果的な手段の一つだからである」[22]。だからこそ，原生自然保存区は楽しみのためだけにあるのではない。次世代のアメリカ人が開拓者の特質を獲得し，自分たちの文化を形成してきた状況を直に知る機会を維持するためにあるのだ[23]。レオポルドは次のような説を述べた。すなわち，「若々しくあるためには，野生の地がなければいけないことを私は嬉しく思うのだ。地図に空白の場所がないならば，40の自由がいったい何になるというのか」[24]と。

原生自然を当たり前のことと思っている，1920年代のアメリカ人の傾向について述べた後に，レオポルドは「なくなった時に，ようやくそれが貴重であるということを『発見する』のだ」と指摘した[25]。しかし，彼が述べたように，戦後の世論は，国家の病に対する万能薬として原生自然が重要だと考えるようになった。野外でのレクリエーションの美徳を称賛するレオポルドの声に多くの声が重なった。コロラド山のガイドで，国立公園の宣伝者であった，エノス・ミルズ（Enos Mills）は，「公園や野外生活がなければ，文明の中のよい面がすべて消えてしまうだろう」と主張した。彼は，「国立公園という原生自然の王国」が「過去を再建する」手段になると考え，「若々しい国家を維持する」のに役立つだろうと付け加えた。[26] 有名な自然作家で美学者である，ジョン・C・ヴァン＝ダイク[2]（John C. Van Dyke）は，近年の戦争がアメリカ西部をそのままに残したと指摘し，「人間の歴史の中で，今ほど自然に帰ることが必要とされる時期があっただろうか。われわれが捨て去った母なる大地なくして，一体，どのようにして国家は再建され，失われた信頼と希望が取り戻され，人類が再び，生きることができるのだろうか」と疑問を投げかけた。[27] 1922年のエマソン・ハフ（Emerson Hough）の『サタデー・イヴニング・ポスト』（*Saturday Evening Post*）の訴えを200万人以上のアメリカ人が目にした。彼は未来の市民に「古きアメリカはかつてどうだったか，どれほど美しく，どれほどすばらしかったか」を見せるために，「アメリカ原生自然の典型的な一部」としてアリゾナ州のカイバブ高原（Kaibab Plateau）を保存することを訴えた。[28]

地域計画のパイオニアである，ベントン・マッケイ（Benton MacKaye）はレオポルドの論文を引用し，野外レクリエーションの空間，つまり，大都市の侵略と機械化された環境の蔓延を食い止めるために「原始的な地域」を提供するという考えを明らかにした。例として，マッケイは1912年にメイン州から，ジョージア州までの山脈の尾根に沿ったアパラチア・トレイル[3]を守る運動に成功し，多くのアメリカ人が自宅近くの野生の地でハイキングができるようにした。[29]

1924年4月14日，カルヴァン・クーリッジ大統領[4]（Calvin Coolidge）は「野外レクリエーション国民会議」（National Conference on Outdoor Recreation）を召集し，野外との触れ合いを取り戻そうとする熱意を組織化した。クーリッジは，「アメリカ人の身体的な活力，道徳的な強さ，純粋で実直な精神は野外生活の機会を適切に生み出すことで，さらに，限りなく深化するだろう……そのような生活から，自由というアメリカの精神が多く生み出されるのだ」と述べた。[30] 100以上の団体が5月の会議に代表者を派遣した。その会議録の基調は，原生自然でのグループキャンプ・プログラムの様子を撮影した写真に特徴づけられる。写真の下には，「アメリカの伝統」という見出しが付けられた。[31] 大統領の息子で，会議組織リーダーのセオドア・ルーズベルト大佐は多くの演説の中の一つで，開拓者の美徳が「わが国の偉大さを基礎づけるのだ」と述べた。[32] しかし，だれも原生自然の必要性を明確に語らなかったので，アルド・レオポルドはきわめて嘆かわしい失点だと思った。[33] 1926年，第2回国民会議にレオポルドが現れ，「原生自然は基礎的なレクリエーション資源である」と指摘した。キャンプ，ハイキング，釣りや同様の活動は「原生自然に風味や変化を与える塩やスパイスにすぎない」のである。レオポルドは，もしアメリカがレクリエーションの欲求を満たすのに十分な未開の地を保存しようとするのならば，綿密に計画を立て，直ちに着手しなければならないと述べ，最後に国家による保護政策を請願した。[34)]

1920年代初頭から，レオポルドは連邦政府，特に，森林局に，原生自然保存の重要性を理解させるようと努めてきた。森林局は「熱狂的な」意見に対して無関心で，あからさまな敵意を示す者もいたが，[35)]世論の高まりがレオポルドに味方した。1926年後半，森林局長官のウィリアム・B・グリーリー（William B. Greeley）はヒーラ原生自然保存区を指定し，さらに，他の森林区が同様の指定を受けるよう促した。[36)]1年後，グリーリーはレオポルドの言葉を繰り返し，「われわれはどれだけ完璧に原生自然を征服したいのだろうか」と問いかけた。グリーリーの答えは，征服はもう十分だというものだった。原生自然はアメリカの歴史に大変恵み深い影響を与えるものだから，完全に犠牲にすることはできない。彼は次のような新しい視点を求めた。すなわち，「フロンティア（西部の辺境地帯）が長い間，文明を阻むことはなくなった。問題はむしろ，文明を保存するために，どれだけのフロンティア地帯が保存されるべきかだ」[37)]。1928年に，野外レクリエーション国民会議が連邦政府の土地のレクリエーション資源に関する研究のスポンサーになり，原生自然の運動は力を得た。報告書は，北アメリカ大陸に残された原生自然の目録の後に，2ページに渡ってレオポルドの言葉を引用した。[38)]1929年，森林局のレクリエーション専門官で，レオポルドの影響を受けたL・F・クナイップ（L. F. Kneipp）は国有林保存のための局内指針をつくるために，「L-20」規則を発布した。[39)]

1920年代の終わりに，フランク・A・ウォーは原生自然運動の急速な広がりについて検討し，大部分が一人の人物の努力の成果であると説明した。ウォーは，「私が耳にした最初の大きな抗議は，レオポルドのものだった……レオポルドによるトランペットの合図が森中に響き，あちこちでこだました。数千人の森林管理官と数百人の自然愛好家はそれを同じように抗議であると感じていた」と述べた。[40)]

晩年に，アルド・レオポルドは，原生自然の保存への関心がどのようにして他の生物に対する人間の責任という哲学に広がり，深まったのかについて述べた。

彼は大学生の時にアイオワ州に戻り，お気に入りだったカモの沼地が干拓されて穀物が植えられていたのを見たことを思い出した。経済的な利点は容易に理解できたが，レオポルドは人間の意思で土地を切り開くことはいずれにせよ，間違っているという気持を抑えられなかった。後に，レオポルドは南西部の捕食動物撲滅運動に加わり，実際に運動を進めたが，またもや，「この行為の倫理性について漠然とした不安」を感じた。森林生産試験所では，功利主義にどっぷりと浸っていることを直感的に感じ，たじろいだ。しかし，ウィスコンシン大学の学部で，狩猟鳥獣管理の専門家としての職を得た1930年代初頭，こうした感情がようやく焦点を結び，明瞭になった。その直接の原因はメキシコ北部シエラ・マードレ（Sierra Madre）の原生自然での狩猟休暇にあった。レオポルドは，「土地は有機体であると初めて明確に気づいたのがここだった。私はずっと病んだ土地しか見てこなかったのだ。ここは完全に原生的で，健全な生物相を保っていた」と回想している[41)]。

レオポルドの思想が成熟化していくために，メキシコの原生自然に身をおいたことと同じく重要だったのは，彼が思想の中に生態学的な見識を導入したことだった。生態学は環境を共有するすべての生物が相互依存していることを彼に教えた。生態学は，人間が自然世界を乱用した結果として彼が集めていた断片的な証拠に意味を与えた。生態学の知識はまた，倫理に基づく新しいアプローチの必要性も示した。そのアプローチは，人間の環境は人間が属する共同体（コミュニティ）であり，人間が所有する商品ではないことを人々に理解させるものだった。レオポルドが「生態学的良心」と呼ぶものは，あらゆる生命体を真に尊重する。その結果，保護のための合理性は厳密に経済的なものから，倫理的・美学的なものへと広がることになる。

レオポルドの考えは非常に広い知識に基づいていた。古代西洋文化は自然界への尊敬と宗教的な崇拝を源にしていた（第1章を参照のこと）。紀元前8世紀という早い時期に，ジャイナ教というインド哲学は，人間がいかなる生物も殺したり傷つけないように提唱した。ジャイナ教徒は主として，現世からの完全な解脱を支持したが，初期の仏教徒とヒンズー教徒は生きるものすべてに哀れみの念をもち，それらに対して，倫理的行為に関する規則を守った。同様に，中国とチベットは人間以外の生命を尊ぶ哲学を生み出し，そのために手の込んだ特別食の調理法を広めた。逆に西洋では，神の姿に似せてつくられたために，人は他の生物よりもすぐれているという観念をもつユダヤ＝キリスト教がこうした考えを妨げた。環境に対する支配を人間に与えた戒律（「創世記」第1章第28節）は尊ぶことではなく，傲慢さを助長させた。スコラ哲学の理論は，人間が神に仕えるために創られたように，世界は人間の利に適うように創られたと考えた。さらに，初期キリスト教の終末思想は自然を守る努力が意味がないように思わせた。[42)]

しかしながら，ギリシャ以来の西洋思想の中には，「存在の大いなる連鎖」（great chain of being）の概念があった。[43)] その概念は，神が無数の生物を創り出し，最も低次のものから高次のものまで等級や連鎖にしたがって配列したというものだった。人間は最も単純な生物と神との中間にあった。存在の連鎖という概念はどの位置に定められた種も，種自体のためにではなく，全体を完全なものにし，神の意志を実現するために存在するということを意味する。つまり，すべての生物には等しく生存する資格があるのだ。自然が人間に従属するという考えはつくり事で馬鹿げたことであり，もちろん，19世紀以前にこのような結論を引き出した者はほとんどいなかった。

アルド・レオポルドは，「19世紀の二つの大いなる文化的進歩は，ダーウィン主義の理論と地質学の発展だった」と確信していた。[44)] 両方とも，キリスト教思想が人間と他の生物との間に注意深く築き上げた壁を取り壊すのに役立った。長い年月をかけて共通の起源から進化するという概念は，人間が生物共同体（コミュニティ）（the community of living things）の主人ではなく，その共同体（コミュニティ）の一員にすぎないことを劇的に示した。この原理の上に，レオポルドは哲学を打ち立てたのだった。

レオポルドや生態学者が現れる以前には，アメリカ人の自然に対する尊敬の念は科学的というより感情的で，精神的なものを源にしていた。19世紀ロマン派と超越主義者は自然界の一体性を感じとり，それを神の存在や意思に結び付けた。環境を人間の物質的要求に供するより，もっと高尚な利用に目を向けるよう求めながら，彼らはすべての生命は神聖であるという信条を明らかにした。例えば，ソローは，同時代の人々が「生ける自然とわれわれとの関係をよきものにするために，どれだけのことができるか」について無知だと言い，「そこにどんな好意や洗練された礼儀が存在するのか」と物思いにふけった。[45)] ジョン・ミューア（John Muir）もまた，他の生物に対する人間の無関心さに抗議した。彼は1867年に，「人間はなぜ，自分を一つの大いなる被造物の中のごく小さな部分以上に評価するのだろうか」と問いかけている。数年後，彼は「どんな動物も自らのために創造されたのであり，他の動物のために創造されたという証拠にはまったく思いあたらない」と述べた。ミューアは，だからこそ「世界は主に人間が利用するために創られた」という見解は「大変な自惚れ」だと考えた。[46)] ジョージ・パーキンス・マーシュ（George Perkins Marsh）は，人間が自然の調和を破壊したと批判し，同時代人の中でただ一人，人間と土地との関係を基礎科学的に分析するという実践的な立場をとった。原生自然は，開拓された土地が大抵は失ってしまったバランスによって特徴づけられるということはマーシュには明らかだった。

アルド・レオポルドに最も直接的に思想的影響を与えたのは，リバティー・ハイド・ベイリー[5]（Liberty Hyde Baily）とアルベルト・シュヴァイツァー[6]（Albert Schweitzer）だった。コーネル大学の教員という立場で，ベイリーは20世紀の最初の年に，自然との触れ合いがもたらす有益な効果を認識するよう求めた。彼は1915年，自然界は神の創造物だから神聖であると示す『聖なる大地』（*The Holy Earth*）を出版した。これを基礎にして，ベイリーは人間が大地を乱用することは経済的に不健全であるだけでなく，道徳的に間違っている，と推論した。「宇宙論的利己主義」（cosmic selfishness）を乗り越えて「大地の正義」（earth righteousness）という意識を発展させる必要があり，その意識は商業の王国から，道徳の王国へと人間の支配を転換させるだろう，と書いた。[47)]

シュヴァイツァーはアルザス出身のドイツ人で，人間と生物界の関係という問題に哲学と神学の観点からアプローチした。これらの分野の幅広い教育を受けた後，1905年に彼は突如として内科医になり，赤道付近のアフリカ先住民のために働く決意をした。10年後，アフリカ大陸の内陸へと向かい川を遡っている時に，あらゆる倫理体系の基盤は「生命に対する畏敬の念」（reverence for life）にあるに違いないという考えが浮かんだ。昔の哲学者たちの見解は，非常に狭かったと，シュヴァイツァーは指摘した。「従来のあらゆる倫理が犯した大きな過ちは人間同士の関係のみを扱うのが倫理である，と信じてきたことである」と。シュヴァイツァーによると，「人間の生命と同様に，同じ仲間である植物や動物の生命が，つまり，生命それ自体が神聖であると考えた時に，人間は倫理的なのである」。[48)] 大いなる連鎖につながるあらゆる生物は，ただ生きているということだけで等しく尊敬され，畏敬の念を受けるのだ。

「生態学」（the science of ecology）という科学は，レオポルドの人生を通して成熟した。連続的に起こった一連の飛躍的な進歩は，土地と土地を共有する生命がそれぞれの相互作用を通して機能する複雑な有機体をつくり上げていることを明らかにした[49]。レオポルドの目には，これは「20世紀のすぐれた発見」であったし，その重要度はダーウィン主義に匹敵するものに映った[50]。生態学は自然は相互依存的な諸要素から構成される複雑な網の目で，それぞれの要素は全体が十分に機能するために必要不可欠な無数の歯車であり，車輪であることを彼に理解させた。人間は身の回りで起こっている，生命の持続という大きなドラマの端役でしかない。レオポルドが述べるように，われわれは，「進化という長い旅（odyssey）の中では，他の生物の旅仲間にすぎないのだ」と。だが，一つ重要な違いがあった。技術は人間に「自然に対する優位性」，つまり，環境に大きな変化をもたらす能力を与えたのだ。この力は常に賢明に用いられたわけではなかった。土地はやせ衰え，水は汚染され，そして，レオポルドが「『文明』の無礼な行為」と呼ぶことが極端にすぎた場合には，種全体が絶滅した。生物学者として，レオポルドは若い頃に捕食動物撲滅運動に貢献したことを後悔した。肉食獣の駆除は他の種の個体数に対する適切な抑制をなくしてしまうだけでなく，有害な種という考え自体が完全に誤っていた。レオポルドは，ウィスコンシン大学の講義で，「動物が『有用』である，『醜い』，あるいは，『残酷』であると言うと，われわれはその動物を土地の一部とみることができなくなる。だれも車のキャブレターを『貪欲』と呼ぶような間違いはしない。モーターの機能の一部とみなすからだ」と述べた[51]。

このように土地のメカニズムについて考えを広げていくことは，大半の人には困難であった。自然界の見方を変えない限り，人間が文明化してきた大地は調和を失って病み続けるだろう，とレオポルドは悟っていた。何よりもまず，必要なのは人間の本当の地位が「生命共同体（コミュニティ）」（biotic community）に依存する一員であることを教えてくれる，「生態学的良心」である。それは，人々に「全体論的な視点から土地をみること……集団の繁栄よりもむしろ共同体（コミュニティ）の繁栄という見地から，短期的のみならず，長期的な見地から考えること」を教える[52]。レオポルドはこのような理解から，環境を人間の奴隷とみなすことが道徳的に間違っているという感覚が生まれるよう望んだ。彼はシュヴァイツァーのように，倫理学をより広い領域に拡大しようと考えていた。

この課題にアプローチする際に，レオポルドは生存競争に課された制限と彼が定義している倫理の歴史を辿った。最初，倫理観念は人間とその家族の関係にのみ関連するものだったが，やがては人間社会の構成員を含むところまで拡大した。戦争による奴隷や捕虜はその埒外だったが，理論的にいえば，倫理はあらゆる人間を包含する。レオポルドは倫理がさらに——自然界にまで拡大されるのだと主張した。彼は，「土地倫理（land ethic）とは，共同体（コミュニティ）の枠を土壌，水，植物，動物，つまり，これらを総称した『土地』にまで拡大した場合の倫理である」と説明した。[53] 土地倫理は，経済的に都合のよいことからだけでなく，「倫理的・美学的な点から」，人間と環境との関係についての個々の問題を研究するよう要請する。土地倫理によると，「有機的な全体性，安定性，美観の保存に役立つならば，その決定は正しいが，そうでなければ間違っている」のである。[54]

レオポルドは，自分の考えを要約し，生態学的良心が自然に対する倫理的態度を拡大しうると指摘した。要するに，「**ホモ・サピエンス**（人間）の役割を，土地という共同体（コミュニティ）の征服者から，単なる共同体（コミュニティ）の一員，一構成員へと変えるのである。これは仲間の構成員に対する尊敬の表れであると同時に，自分の所属している共同体（コミュニティ）への尊敬の表れでもある」[55]と。

レオポルドは，この概念が定着するには，感情的な変化と同様に思想的な変化が必要であると知っていた。彼は1938年に，「レクリエーションを発展させることは，美しい地域に道路を建設することではなく，未だ醜い人間の精神に感受性をつくりあげる作業なのだ」と述べた。レオポルドには，土地倫理が「土地への愛，尊敬，称賛なくして」存在するとは思えなかった。[56]「人間と土地との調和」の実現までにかかるだろう時間について，彼は幻想を抱かなかった。[57] レオポルドは，「人間と人間との礼儀正しい行為や手順を定めるのに19世紀かかり，それもまだ道半ばである。人間の土地への行為に対して，礼儀正しい規範を発展させていくには，やはり同じような時間がかかるかもしれない」と指摘している。[58] それにもかかわらず，彼は新しい秩序の預言者として，一歩踏み出したのだ。

アルド・レオポルドの「土地倫理」の中で，原生自然は生態学的に完全なものの範型として重要だった。文明は徹底的に環境を変えてしまったために，未開の地は「正常なものの基礎資料，つまり，健全な土地が有機体としてどのように維持されているかを描くもの」として重要だと考えた。レオポルドは1934年に，野生の地は「土地がかつてどうあったか，現在どうあるのか，将来どうあるべきなのか」を明らかにするのだ，と述べた。そこでは，人間に邪魔されることなく進化が起こった。このことは暴力の影響を評価する基準を提供してくれるのだ。[59)]

1920年代から，30年代にかけて，ビクター・E・シェルフォード[7]（Victor E. Shelford），G・A・ピアソン（G. A. Pearsons），バーリントン・ムーア（Barrington Moore），W・W・アッシュ（W. W. Ashe），F・B・サムナー（F. B. Sumner），チャールズ・C・アダムズ（Charles C. Adams）のような生態学の専門家が原生自然の保存を求める論文を公表した。[60)] 1915年に設立された「アメリカ生態学会」（The Ecological Society of America）は，学会に「自然状態保存委員会」（Committee on the Preservation of Natural Conditions）をつくり，保存運動の一勢力となった。[61)] その後，アルド・レオポルドは学会の会長になり，レクリエーションだけでなく，科学を含めて，原生自然のシステムについて議論を広げていった。彼は，「それぞれの生物分野で，使用された土地と未使用の土地とを比較研究するために，原生自然が必要になる」と述べた。1914年，彼はさらに進んで，「すべての原生自然地域は……土地の科学にとって大きな価値がある……レクリエーションだけが唯一の，あるいは，最も主要な，用途ではない」と述べた。[62)]

晩年の思想の中で，レオポルドはまた，現代人と自然界との実際の関係を示すのが原生自然であると認識した。彼は1914年に，「基本的な人間と大地との関係を文明が機械装置と媒介業者で攪乱させたので，その関係がはっきりわからなくなってきた。われわれは，産業がわれわれを支えていると考え，何が産業を支えているのかを忘れている」と述べた。[63)] 原生自然との触れ合いは，人間が環境に依存していることを明確にし，人間の繁栄と生存さえもが，全体の繁栄と生存とは別物という幻想を取り除いた。さらに，原生自然が存在することで，土地に対する倫理的な関係を発展させた。レオポルドは過去に軽率だった人々の「国民的な悔恨の行為」として未開の地を保存するのだと考えた。生物に溢れた，安定した，健全な土地が残された保存区は「望ましいこと」であった。この意味で，原生自然の保存運動は，「ホモ・アメリカナス（homo americanus）の生物的傲慢さを否定する行為」だった。「それは新しい態度——自然の中での人間の地位について知的に謙遜になること——の中心の一つだ」。そのために，レオポルドは，「原生自然を最も高く評価するのは，ダニエル・ブーン（Daniel Boone）の時代でも，現代でもない。むしろ未来なのだ」と確信した。[64)]

最終的に，原生自然はレオポルドにとって根本的に重要な源泉，すなわち，人間と文明の出発点として重要なものになった。「政治的，経済的に地域のことをぺちゃくちゃ語る，心の狭い現代人」は，この真理に気づく謙虚さに欠けていた。「あらゆる歴史はただ一つの観点から始まり続いているのであり，人間は何度もその観点に戻って別の永続的な価値の尺度を求めるのだ。このことを十分に認識するのは学徒だけである」とレオポルドは説明した。この最初の観点が，「手付かずの原生自然」（raw wilderness）だった[65]。原生自然を手にし，原生自然を美学的にだけでなく，生態学的に理解することが重要なのであり，それが土地や文化の健全さの鍵であると彼は考えた。レオポルドはこうした点を大変説得的，かつ，雄弁に強調したので，たちまち保存主義者の福音になり，原生自然の存続を正当化する論拠になった。

注

1）Thoreau, *Walden, Writing, 2*, 331.

2）Henry S. Graves, et al., *The First Half Century of the Yale School of Forestry* (n.p., 1950), p.6 以降；Overton Price to Leopold, June 18, 1909, Aldo Leopold Official Personnel Folder, Federal Records Center, St. Louis, Mo.

3）Aldo Leopold, "History of Game Protection in New Mexico"（未出版のタイプ原稿 c.1922）；Aldo Leopold Papers, University of Wisconsin, Madison, Box 8 .

4）Aldo Leopold, "Our Aim," *Pine Cone* (Christmas 1915), 1, in the Leopold Papers, Box 5.

5）Interview with Arthur C. Ringland, Washington, D.C., Dec. 20, 1963; Arthur C. Ringland to D. D. Bronson, Dec. 18, 1915, Official Folder.

6）Leopold to Arthur C. Ringland, Feb. 14, 1916, Official Folder.

7）レオポルドの完全な著作目録は，ウィスコンシン大学狩猟鳥獣管理学科から出版された，*the Wildlife Research News Letter, 35* (May 3, 1948)，に掲載された。

8）Paul G. Redington to Henry S. Graves, July 30, 1917, Official Folder; Trefethen, *Crusade for Wildlife*, p.247以降。

9）Leopold to John B. Burnham, Jan. 14, 1919 (carbon), Leopold Papers, Box 3.

10）Paul Herman Buck, "The Evolution of the National Park System in the United States"（未出版の修士論文, Ohio State University, 1922), Shankland, *Steve Mather*, Swain, "The Passage of the National Park Service Act."

11）Donald F. Cate, "Recreation and the U.S. Forest Service: A Study of the Organizational Response to Changing Demands"（未出版の博士論文，Stanford University, 1963), pp.26–85; 99–103；Gilligan, "Forest Service Primitive and Wilderness Area," p.62以降, 81; Donald C. Swain, *Federal Conservation Policy*, University of California Publication in History, 76 (Berkeley,1963), pp.28, 123以降；Donald Nicholas Baldwin, "An Historical Study of the Western Origin, Application and Development of the Wilderness Concept, 1919–1933"（未出版の博士論文，University of Denver, 1965), pp.16–41, 62–86.

12) Frank A. Waugh, *Recreation Uses on the National Forests* (Washington D. C., 1918), pp.3, 10–11, 27–28.

13) Interview with Raymond E. Marsh and Arthur C. Ringland, Washington, D.C., Dec. 20, 1963; Harvey Broome, "Our Basis of Understanding," *Living Wilderness, 19* (1954–55), 47–49. Paul H. Robert, の，*Them Were the Days* (San Antonio,1965), は南西部のこの時代の国有林の歩みを歴史的に回想している。

14) 森林局の原生自然政策でカーハートが果たした大きな役割を明確に立証した詳細な二次的文献として，Baldwin, "Historical Study of the...Wilderness Concept," pp.42–53, 134–159, がある。カーハートは以下の書物の中で，自らこうした見解を論じている。*Timber in Your Life* (Philadelphia,1955), pp.140–143; *The National Forests* (New York, 1959), p.119以降, "Recreation in the Forests," *American Forestry 26* (1920), 268–272; "The Superior Forest," *Parks and Recreation, 6*(1923), 502–504; *Preliminary Prospectus: An Outline Plan for the Recreation Development of the Superior National Forest* (n.p., c.1921). Carhart to the auther, April 24 1964, はこれらの出所を補足している。

15) Arthur H. Carhart, "Memorandum for Mr. Leopold, District 3"（1919年12月10日付けのタイプ文書），Arthur Carhart Papers, Conservation Library Center, Denver Public Library, Denver.

16) Arthur H. Carhart, "L. Uses, White River : Memorundum, Feb. 1, 1920" and "L Recreation, White River : Memorundum, April 7, 1920"（タイプ文書）, Carhart Papers, C. J. Stahl, "Where Forestry and Recreation Meet," *Journal of Forestry, 19* (1921), 526–529.

17) Leopold, "The Wilderness and its Place in Forest Recreation Policy," *Journal of Forestry, 19* (1921), 718–721.

18) Aldo Leopold, "General Inspection Report of the Gila National Forest"（タイプ文書, c. July 1922), および, "Report on Proposed Wilderness Area" (Oct. 2, 1922), United States Forest Service Records, Region Ⅲ Headquarters, Albuquerque, N. M. これらの報告書はウィスコンシン州マディソンの地区森林管理官である，フレッド・H・ケネディ（Fred H. Kennedy）の好意で調査されたものである。

19) Aldo Leopold, "Origin and Ideals of Wilderness Area," *Living Wilderness, 5*, (1940), 7, Baldwin, "Historical Study of the...Wilderness Concept," pp.228–248; Gilligan, "Forest Service Primitive and Wilderness Areas," pp.82–85; Wildland Research Center, University of California, Berkeley, *Wilderness and Recreation—A Report on Resources, Values and Problems*, Outdoor Recreation Resources Review Commis-

sion Study Report, 3 (Washington, D.C., 1962), pp.279 ff.

20) *National Conference on Outdoor Recreation Proceedings 1926*, 69th Cong., 1st Sess., Senate Doc. 117 (April 14 1926), p.63.

21) Leopold, "A Plea for Wilderness Hunting Grounds" (タイプ文書, c.1924), Leopold Papers, Box 8, Leopold, "The Last Stand of the Wilderness," *American Forests and Forest Life, 31* (1925), 602; Leopold, "Wilderness as a Form of Land Use," *Journal of Land and Public Utility Economics, 1* (1925), 398; Leopold, "The Wilderness Fallacy" (タイプ文書, c.1925), Leopold Papers, Box 8.

22) Leopold, "Wilderness as a Form of Land Use," 401.

23) Aldo Leopold, "Conserving the Covered Wagon," *Sunset, 54* (1925), 21, 56. 後のレオポルドの主張については, Leopold, *A Sand Almanac and Sketches Here and There* (News York, 1949), p.188, 以降を参照のこと。(アルド・レオポルド著／新島義昭訳『野性のうたが聞こえる』森林書房, 1986年。アルド・レオポルド著／新島義昭訳『野生のうたが聞こえる』講談社学術文庫, 1997年)。

24) Leopold, "The Green Lagoons," *American Forests, 51* (1945), 414.

25) Leopold, "The Last Stand of the Wilderness," 599–600.

26) Enos Mills, *Your National Parks* (Boston, 1917), pp.x–xi, 379. ミルズに対するミューアの影響と1915年のロッキー山脈国立公園設立におけるミルズの役割が, the Enos Mills Collection, Western History Division, Denver Public Library, Denver, の大きなテーマである。

27) Van Dyke, *The Grand Canyon of the Colorado: Recurrent Studies in Impressions and Appearance* (New York, 1920), p.vi.

28) Hough, "The President's Forest," *Saturday Evening Post, 196* (1922), 63.

29) MacKaye, *The New Exploration: A Philosophy of Regional Planning* (New York, 1928), p.225; MacKaye, "An Appalachian Trail, A Project in Regional Planning," *Journal of the American Institute of Architects, 9* (1921), 325–330.

30) *National Conference n Outdoor Recreation 1924*, 68th Cong., 1th Sess., Senate Doc. 151 (June 6, 1924), p.2.

31) National Conference on Outdoor Recreation, *Organization and Program, 1924–1925* (Washington. D.C., 1925), frontispiece.

32) NCOR, *Proceedings* (1924), p.14.

33) Leopold, "The Last Stand of the Wilderness," 604.

34) NCOR, *Proceedings* (1926), pp.61–65.

35) Interview with Mrs. Aldo Leopold, Madison, Wis., July 18, 1961; interview with Donald C. Coleman, Chief of Research Publication and Information, U.S. Department of Agriculture, Forest Products Laboratory, Madison, Wis., July 14, 1961; Fred Winn to Aldo Leopold, May 2, 1924, Leopold Papers, Box 3.

36) Gilligan, "Forest Service Primitive and Wildernes Areas," pp.101ff.

37) Greeley, "What Shall We Do With Our Mountains?" *Sunset, 59* (1927), 14–15, 81–85.

38) National Conference on Outdoor Recreation, *Recreation Resources of Federal Lands* (Washington, D.C., 1928), pp.85–103.

39) Gilligan, "Forest Service Primitive and Wilderness Areas," pp.126ff; Cate "Recreation and the U.S. Forest Service," p.86–99; Baldwin, "Historical Study of the…Wilderness Concept," pp.249–293.

40) Waugh, "Wilderness to Keep," *Review of Review, 81* (1930), 146.

41) Aldo Leopold, "Foreward" (1947年7月31日付けのタイプ文書), Leopold Papers, Box 8. このエッセイは，Sand County Almanacのために書かれたが，出版された本には掲載されていない。レオポルドの思想の深化についてのさらなる情報は，interview with Mrs. Aldo Leopold, Madison, Wis., July 18, 1961, から得た。

42) Albert Schweitzer, "Indian Thought and Its Development", trans. Mrs. Charles E. B. Russell (New York, 1936), passim, The Animal World of Albert Schweitzer, trans.
And ed., Charles R. Joy (Boston, 1951), pp.143–192; A. L. Basham, The Wonder that India (New York, 1954), p.276 以降を参照のこと。別の議論については，脚注の 29, 31–33, と第1章の関連文献を参照のこと。

43) Arthur O. Lovejoy, "The Chain of Being: A Study in the History of an Idea" (Cambridge, Mass., 1936), especially pp.183–207. (アーサー・O・ラヴジョイ著／内藤健二訳『存在の大いなる連鎖』晶文社，1975年)。

44) Leopold, "Wilderness" (日付けなしのタイプ文書), Leopold Papers, Box 8; Paul B. Sears, *Charles Darwin: The Naturalist as a Cultural Force* (New York, 1950), p.85, には，この点について興味深い注釈がつけられている。

45) Thoreau, "Paradise (To Be) Regained" in *Writings, 5*, 43. Katherine Whitford の "Thoreau and the Woodlots of Concord," *New England Quarterly, 23* (1950), 291–306 は，ソローの後期の研究の多くが生態学者の研究を先取りしていたこと，彼が事実上，生態学者であったことを論じている。

46) Bade, ed., *Thousand-Mile Walk*, pp.138–139; Muir, "Wild Wool", *Overland Monthly, 14* (1875), 364.

47) Liberty Hyde Bailey, The Holy Earth (New York, 1915), pp.14, 31. さらなる議論は，Phillip Dorf, Liberty Hyde Bailey: An Information Biography (New York, 1956), pp.107–115, を参照のこと。レオポルドはベイリーの著作を，*Game Management* (New York, 1933), pp.21, 422, の中で引用した。レオポルドの概念を先取りした別のものに，Henry Frederick Flethcher の *Ethics of Conservation* (Rockvill, Conn., 1910), がある。

48) Albert Schweitzer, *Out of My Life and Thought: An Autobiography*, trans. C. T.

Campion (New York), pp.156–159. レオポルドが知識を得た初期の主張は，“Civilization and Ethics: The Philosophy of Civilization Part Ⅱ,” trans. John Naish (London, 1923), にみられる。

49) Richard Brewer, “A Brief History of Ecology: Part Ⅰ—Pre-nineteenth Century to 1919,” を参照のこと。Occasional Papers of the C. C. Adams Center for Ecological Studies, 1 (Kalamazoo, Mich., 1960).

50) *Round River: From the Journals of Aldo Leopold*, ed., Luna B. Leopold (New York, 1953), p.147.

51) Leopold, *Sand County Almanac*, p.109; Leopold, “Conservation Economics,” *Journal of Forestry, 32* (1934), 537; Leopold, untitled, undated fragment, Leopold Papers, Box 9; Leopold, “Thinking Like a mountain” (1944年4月1日付けタイプ文書), Leopold Papers, Box 4; Leopold, “Wherefore Wildife Ecology?” (日付け不詳の講義ノート), Leopold Papers, Box 8.

52) Leopold, “The Ecological Conscience,” *Bulletin of Garden Club of America, 46* (1947), 49.

53) Leopold, *Sand County Almanac*, p.204. これらの概念が最初に主張されたのは，“The Conservation Ethic,” *Journal of Forestry, 31* (1933), 634–643, である。

54) Leopold, *Sand County Almanac*, pp.224–225. “Ecology and Economics in Land Use” (日付不詳のタイプ文書), Leopold Papers, Box 8, も参照のこと。

55) Leopold, *Sand County Almanac*, p.204.

56) Leopold, “Conservation Esthetic,” *Bird-Lore, 40* (1938), 109; Leopold, *Sand County Almanac*, p.223.

57) レオポルドはこのフレーズを1938年11月23日付けのタイプ文書で使用した。“Economics, Philosophy and Land,” Leopold Papers, Box 8, も，彼の後期の著作に頻繁に出てくる。

58) Leopold, “The Ecological Conscience,” 53.

59) Leopold, “Wilderness as a Land Laboratory,” *Living Wilderness, 6* (1941), 3; Leopold, “The Arboretum and the University,” *Parks and Recreation, 78* (1934), 60; Leopold, “A Biotic View of Land,” *Journal of Forestry, 37* (1939), 730.

60) Victor E. Shelford, “Preserves of Natural Conditions,” *Transactions of the Illinois State Academy of Science, 13* (1929), 37–58; G. A. Pearsons, “The Preservation of Natural Areas in the National Forests,” *Ecology, 3* (1922), 284–287; Bennington Moore, “Importance of National Conditions in the National Parks,” *Hunting and Conservation: The Book of the Boone and Crockett Club*, eds., George Bird Grinnell and Charles Shelden (New Haven, 1925), pp.340–355; W.W. Ashe, “Reserved Area of Principal Forest Type as a Guide in Developing an American Silviculture,” *Journal of Forestry, 20* (1922), 276–283; F.B. Sumner, “The Responsibility of the Biolo-

gist in the Matter of Preserving National Conditions," *Science, 54* (1921), 39–43; Charles C. Adams, "The Importance of Preserving Wilderness Conditions," *New York State Museum Bullentin, 279* (1929), 37–44.

61) Ecological Society of America, *Preservation of National Conditions* (Springfield, Ⅲ, 1921), *Naturalist's Guide to the Americas*, ed., Victore E. Shelford (Baltimore, 1926).

62) Leopold, *Sand County Almanac*, p.196; Leopold, "Wilderness as a Land Laboratory," 3.

63) Leopold, "WildLife in American Culture," *Journal of Wildlife Management, 7* (1943), 1.

64) Leopold, "The Last Stand," *Outdoor America, 7* (1942), 9; Leopold, "Why the Wilderness Society," *Living Wilderness, 1* (1935), 6; Leopold, "Wilderness Values," *Living Wilderness, 7* (1942), 25.

65) Leopold, *Sand County Almanac*, pp.200–201.

訳注

[1] 細胞を結び付ける結合組織である膠原繊維に病変がみられ，関節や筋肉の痛み，倦怠感や脱力感など，さまざまな症状を引き起こす。死に至る場合もある。有効な治療法はまだない。

[2] 1856～1932年。とりわけ，砂漠の美的価値を評価した。

[3] 森林，原野，山地の小道のこと。

[4] 1872～1933年。副大統領の後で第30代大統領になった。アメリカが著しい経済成長を遂げた1920年代に在任。

[5] 1858～1954年。園芸学者，植物学者，アメリカ歴史科学会創設者。

[6] 1875～1965年。フランスの神学者，哲学者，音楽研究者。30歳から医学を志す。ノーベル平和賞受賞者。

[7] 1877～1968年。動物学者，動物生態学者。

第12章
永続のための決断

地球全体のあらゆる生態的地位（niche）を征服しようとする暴君的な文明の野心をはねつける希望はわずか一つだ。その希望は，原生自然の自由を求めて闘う勇気ある人々の組織だ。

——ロバート・マーシャル（1930年）

1913年12月のヘッチヘッチ（Hetch Hetchy）渓谷問題の敗北，そして，翌年のジョン・ミューア（John Muir）の死の後，原生自然の保存を求める運動は強く再結集した。アルド・レオポルド（Aldo Leopold），ロバート・マーシャル（Robert Marshall），シガード・オルソン（Sigurd Olson），ハワード・ザーナイザー（Howard Zahniser），デーヴィッド・ブラウアー（David Brower）といった新しい指導者たちは新しい組織，すなわち，あの有名な「原生自然協会」（The Wilderness Society）とともに，原生自然を救済するための十字軍を形成したのであった。彼らは，現代文明に野生の地を存続させるための論拠を慎重に再公式化し，さらに政治的なプロセスに影響を与える技術をより確実にもつという点で，恩恵を受けた。しかし，アメリカ社会全般に彼らが見出した敏感な感情がなければ，彼らの努力は無駄に終わっていただろう。開拓者としての国民の過去が遠ざかるにつれて，一般大衆の原生自然への評価は着実に高まっていた。そして，原生自然への熱狂とヘッチヘッチ渓谷の開発問題への抗議運動がもっていた展望は野生の地を守ることに成功した，一連の弁護の中で実現した。最も重要な運動は，「恐竜（ダイナソー）国立記念物」（Dinosaur National Monument）におけるエコーパークダム（Echo Park Dam）の建設を阻止し，事実上，ヘッチヘッチ問題に関する評決を無効にしたことだった。エコーパークの勝利はまた，原生自然の保存に関する全国的政策を求める運動に乗り出すのに必要な勢いを保存主義者たち（preservationists）にもたらした。1964年9月3日の「原生自然法」（Wilderness Act）によってこの政策が確立したが，最高の山場となったグランドキャニオンダムの争いが証明したように，これによって原生自然の価値と文明の価値との間の紛争が終わったわけではなかった。しかし，「原生自然制度」(Wilderness System) が確立したことによって，アメリカ的な風景の望ましい構成要素として，野生の地がこれまでになかったほどの全国的認識を得たことは事実である。

「少年時代，私は，ルイス (Lewis Marshall) とクラーク (Clark) が行なった無傷の原生自然への栄光ある探検を想像して，ニューヨーク市の中心部で何時間も過ごした」とロバート・マーシャルは回想した。しかし，「時折，私の空想はひどい憂鬱とともに終わり，生まれるのが1世紀遅かったために，本物の興奮を得られないのだと思うことがあった」と付け加えた。[1] もちろん，彼はある程度，正しかった。ルイスとクラークが知っていた原生自然は，彼が誕生した1901年のはるか以前に消滅してしまっていた。しかし，マーシャルは自らの熱情を過小評価していた。彼は38歳で亡くなったが，多くの興奮を経験しただけでなく，ルイスとクラークが対面したものに相当するほどの挑戦に直面した。それは拡大するアメリカ文明の中において原生自然を維持するという挑戦であった。

マーシャル自身が洗練された都会の状況から原生自然への熱意が生まれるという傾向の一例である。彼の家族はニューヨーク市に住んでいた。父ルイス・マーシャルは憲法の専門家として事務所を開いており，名声と富をもつその頃の人々の一人であった。マーシャル一家はまた，ニューヨーク北部のアディロンダック (Adirondack) 地域の中心部にある下サラナク湖 (Lower Saranac Lake) に快適な「野営地」を所有しており，マーシャルは「ノールウッド」で21歳になるまで夏を過ごした。[2] 行楽客の視点からすれば，周辺の原生自然は喜びであり，困難や恐怖をもたらすものではなかった。山岳探検の機会があれば，彼は兄ジョージ (George) や案内人とともに，周辺の全部で46ある高さ4000フィート以上の山頂すべてに登った。[3] その半数ほどで満足しなかったのはマーシャルらしい。

原生自然の保存運動もまた，マーシャルの青年時代に顕著に現れてきた。彼の父はニューヨークのアディロンダック州立公園を守るために，しばしば，その弁護士としての能力を使った。マーシャルが14歳だった1915年に，ニューヨークは「憲法会議」(Constitutional Convention) を開催した。州立公園の原生自然の神聖さを保証する条項を存続させようと戦って勝利した父の姿を何年たっても彼は覚えていた。[4] その後，マーシャルはハーバード大学で林学の修士号を取得すると，父から原生自然のための「伝道の仕事」を続けるように促された。[5] 彼を説得する必要はほとんどなかった。早くも高校２年生の時からマーシャルはこう宣言していた。「私は森と孤独を愛している。……自分の一生の大半を息苦しい事務所や混雑した都市で過ごすことなどまっぴらだ」[6]。彼はその後の思索の多くを，原生自然の魅力を説明することと，原生自然の価値に関する現代人向けの哲学へと自分自身の感情を一般化することに集中させた。原生自然の基本的な重要性は，文明が満たすことのできない人間のニーズを満足させる能力にある，とマーシャルは結論付けた。1925年に彼はこう書いた。「近年の過度の文明化の中にあっては，手付かずの森にこうした真の喜びを見出すことは単なる感傷主義ではない」と。最も単純なレベルでみても，原生自然との接触は健康をもたらす。肉体への登山道の要求は，「普通の環境の中ではなじみのない，健康，体力，気力」を生み出すとマーシャルは説明した。さらに，野生地域は自給自足を要求する。すなわち，「文明の甘やかし」から離れて，自分自身に頼らなければならない。そして，これは「個人であること」を切望する国にとっては非常に価値あることだった。[7]

マーシャルにとって，原生自然の最大の価値は精神的なものであった。心理学[1]という新しい学問がこの主張の正しさの立証の助けになった。精神を科学的に理解しようとすることはヨーロッパで始まったばかりであったので，ジョン・ミューアが都市生活が人間に与える否定的な影響について書いた頃にはアメリカではほとんど知られていなかった。しかし，マーシャルの時代には，ジークムント・フロイト（Sigmund Freud），ウィリアム・ジェームズ（William James），そして，彼らの同僚たちが抑圧的な文明は現代人の緊張や不幸の多くをもたらしているという見解を補強していた。[8]「心理学の最も深遠な発見の一つは，抑圧された欲望が引き起こす恐ろしい害悪を証明したことである」とマーシャルは信じた。そして，文明化した社会は抑圧を招く主要な力であるから，原生自然が重要となるということになった。挑戦や冒険への，そして，とりわけ，「原生自然のもつ自由さ」への「心理学的衝動」をもつ人々がいるというのがマーシャルの論点であったが，その最良の実例は彼自身だった。こうした諸個人は文明化された生活の「恐ろしいほどの平凡さ」と「味気なさ」を嘆いた。定期的に社会との縁を切り，地図上の空白の空間に分け入っていくことによって彼らは正気を保っていた。原生自然の存在がなかったならば，こうした「不満を抱いている人々」は「スリル」を求めて犯罪や戦争に向かってしまうかもしれないとマーシャルは警告した。[9]

「原始的なものへの逃避」のもう一つの「心理学的な必要性」は平穏さに対する人間のニーズに関連するものであった。マーシャルによると，複雑で機械化された生活はほとんど耐えがたいほどの重圧を生み出す。原生自然は聖域を提供し，その孤独と沈黙は緊張を解き，「沈思」を促す。[10] ここでもまた，基本的な考え方は古いものであるが，心理学と精神的健康に関するより深い理解によって，一層大きな意味が与えられた。

最後に，マーシャルは「原生自然の美的重要性」(esthetic importance) を強調した。彼は野生の景色は偉大な芸術作品に匹敵すると感じていた。アメリカにはどれだけの原生自然地域が必要なのかと問われた時，「われわれはブラームスの交響曲をいくつ必要とするのか」と彼は答えた。[11] 実際いくつかの点で自然美はさまざまなつくり物よりもすぐれていた。原生自然を前にすれば，あらゆる感覚が動き出すとマーシャルは書き留めた。観察者は，文字通り，「その経験に包み込まれ，そして，「美的な宇宙」(esthetic universe) の真ん中で生きることになる」。どんな芸術作品もこれほど主張しないし，野生の風景の大きさそのものや畏敬には匹敵しない。要するに，「原生自然は純粋な美的喜びを得るためのおそらく最良の機会を備えている」のであった。[12]

ロバート・マーシャルは，アメリカの原生自然の意味について研究した最も独創的な人々の一群には含まれなかったが，原生自然の保存のための戦いにおいて，彼の熱意と影響力にまさる者はほとんどいなかった。彼はジョンズ・ホプキンズ大学で植物病理学の博士号を取得した学者だったが，彼が得意としたのは考えを行動に移すことであった。彼は公共的な領域を管理する政府機関がその要となることを知っていた。1931年に13カ月の間北極圏内で地図にない領土を探索し，厳しい状況のもとでの樹木の成長に関するデータを集めた後で，[13] マーシャルは熱意に燃えて戻ってきた。内容の充実した『アメリカ森林管理のための全国計画』(*National Plan for American Forestry*, 1933) のレクリエーション部門の執筆に応じ，そして，国有林としての原生自然の実情について述べる機会を得た。同年，彼は「アメリカ合衆国先住民（インディアン）担当局森林部門」(Forestry Division of the United States Office of Indian Affairs) の責任者を引き受けた。この有利な立場を利用して，彼は原生自然のために，政府の職員への手紙や電話による連絡や私的訪問を繰り返し，急速に自然保護運動の中心的人物としてワシントンで認知されるようになった。

内務長官のハロルド・L・アイクス（Harold L. Ickes）に宛てた1934年２月27日付けの長い覚書はマーシャルの活動を示すものであるが，その中で彼は自らの管轄区域内の未開発地域から道路を遠ざけてほしいと嘆願した。「秒刻みのスケジュール，物質的確実性（physical certainty），人がつくった浅はかな事物（モノ）が溢れる世界において，……時間を超越し，神秘的で原始的なものの貴重な価値」を保存することはきわめて重要だと主張した。1934年には，原生自然の保護よりも緊急の問題に国民が直面していることを認める用意は彼にもあった。「だが，数多くのアメリカ市民の人生で最も素晴らしい瞬間は，汚れのない自然を楽しむという機会の中で生まれる」と彼は指摘した。すべての連邦政府の土地管理部門による自然保護活動推進のための調整で，アイクスが国の計画の提案者として主導的な役割を果たすことをマーシャルは望んでいた[14]。その後の論文で彼は，「一人よがりの頭の固い人々」を離れ，「ちょうど，国立公園が今日開発から除外されているのと同じような形で」アメリカ議会の行動によって特別保護地域を選べるようにするために，「原生自然計画会議」（Wilderness Planning Board）を設立することを助言した。このような考えをもっていたために，特に森林学の専門家の間でマーシャルは過激論者とみなされたが，彼の考えが来るべき全国的政策の前触れであったことはその後，明らかになった[15]。

ニューディール政策の真っ最中において，マーシャルの当該部局からの文書は未開の地に対する公共事業計画がもたらす脅威の可能性についてを指摘していた。その立場をとるのは困難であった。「道路に好意的な議論は直接的であり，かつ，具体的であるが，道路反対論は微妙で表現しにくいものだ。そのことが原生自然地域を絶滅の危機にさらしている最大のものである」とマーシャルは述べた[16]。たとえ反対論が十分に述べられたとしても，野生の方を選ぶのはほんの少数だろうとさえ彼は認めた。一般大衆は原生自然の保護による経済的損失に腹を立てるか，あるいは，もしレクリエーションを最優先に考えたとしても，踏み分け道（trails）や野営場よりも道路やホテルを求めた。この障害に対処するために，マーシャルは「相対的価値」（comparative values）と少数派の権利という概念に向かった。民主主義社会は原生自然を切望する人々の好みを尊重すべきだと彼は信じた。多数派の人々はすでに道路とホテルを手にしていたが，未開の地は反対に急速に消えつつあった。確かに，多くの人々は未開の地の消失を歓迎した。しかし，マーシャルは，「多くの者の喜びの増加によって，彼らの得たものとは釣り合いが取れないほど小数の人々の喜びが減少してしまうという肝心の点がある」と議論した。この点を説明するためにマーシャルは懐疑論者たちに対して，美術館，図書館，大学を享受するのはほんの少数の人々であることを思い起こさせた。しかし，だれもこれらの施設をより多くの人々が使用するからという理由で，ボーリング場，サーカス小屋，あるいは，ホットドッグの売店に変えようとは提案しないであろう。質は量と同様に求めるものだ。この原理が土地の配分にも等しく適用されるべきだとマーシャルは感じていた。[17]

このことは，残っているすべての原生自然は侵すべかざるものだ，ということを意味するのではない。マーシャルはただ，未開の地についての決定を下す前に精密な調査が行なわれるべきだと主張したのだ。自然保護は「本物の諸価値の間」の紛争を内包しているということを彼は認識していた。灌漑計画，製材事業，ハイウェイ計画はそれ自体が間違っているわけではない。しかし，その一つひとつにおいて，その文明拡大の計画によって増大化する利益が本当に原生自然の損失を補塡することができるのかどうか，については問われるべきだ。その問いかけの答えが決して単純ではないことにマーシャルは気づいていた。それでも，彼は，公正，かつ，先見の明のあるアメリカ人が計画を慎重に行ない，「20世紀と原始の世界」の両方を可能にすることを望んだ。[18]

マーシャルは徐々に前進していった。「先住民担当局」(Office of Indian Affairs) においてマーシャルの直属の上司であったジョン・コリアー (John Collier) は，部下の森林管理部長の熱意に引き込まれていった。1937年10月25日にコリアーは，マーシャルが図面を描いた先住民居留地の中に16の原生自然地域を指定する指示を出すことを許可した。[19] しかし，マーシャルは連邦政府が管理する原生自然の多くが国有林に含まれていることを知り，苦労して，森林局長官のフェルディナンド・A・シルコックス (Ferdinand A. Silcox) の前に，天然資源一覧表，提案，および，勧告を提出することに尽力した。1937年5月にシルコックスはマーシャルをレクリエーション，および，土地部門の責任者として，「アメリカ合衆国森林局」(United States Forest Service) に迎えた。アルド・レオポルドがかつて就いていた地位に就いた彼は，国有林における原生自然保護地区の数を増やす計画を前面に推し進めた。[20] 1939年9月19日，マーシャルが――彼を疲労困憊させた徒歩旅行がおそらくその原因の一つと考えられるが，――心不全で亡くなる2カ月前に新しい森林局「U」規制（“U” regulations）が制定された。それによって，およそ1400万エーカーの土地における道路，定住地，経済開発が制限されることになった。[21]

マーシャルは政府関係者間に存在する最も効果的な自然保護の武器であったと同時に，[22] 運動へのさまざまな示唆と金銭的な支援の中心であった。彼の周辺には原生自然運動に関心をもつ市民グループが集まった。早くも1930年にマーシャルは原生自然協会の結成を予告した。その時，彼は，すべてを征服してしまう文明に抵抗する唯一の希望は原生自然の自由を求めて戦う意志のある勇気ある人々の組織である，と述べた。[23] 4年後，彼はテネシー州ノックスビルを訪れ，地域計画者でありアパラチア・トレイル（第11章訳注［3］を参照のこと）概念の発案者である，ベントン・マッケイ（Benton MacKaye）と会い，そして，テネシー川流域開発公社（Tennessee Valley Authority）に雇われた。ノックスビルの弁護士ハーヴェイ・ブルーム（Harvey Broome）とともに，マッケイはマーシャルに1930年の計画を思い起こさせ，アパラチア山脈のスカイライン自動車道計画反対という目的のための行動を提案した。マーシャルは熱意をもって応じたが，この組織は一地域だけに限定されるべきではない，と主張した。[24]

1934年後半にマーシャルはノックスビルに戻った。この時，TVA［2］と関わりのある森林管理官のバーナード・フランク（Bernard Frank）が創設時からの中心メンバーに加わった。彼らは明確な計画を提示し，原生自然に深く関心をもっていると言われていた人々に，「アメリカの原生自然の保存団体の結成協力への招待状」を郵送した。これは「ますます機械化されていく生活からの音や景色を遮断した野生の地を維持することを求めるこの国に存在するとわれわれが信じる増大しつつある感情を統合しよう」とする設立者の願いを表明するものであった。そして，それは，そのような原生自然は「贅沢品やおもちゃではなく，人間の重要な必需品である」という確信をも表明していた。[25]

1935年1月21日，組織委員会は……「原生自然への侵入を退け，原生自然のもつ多形な情緒的・思想的・科学的な価値への評価を推進するために，われわれは『原生自然協会』という名の組織を結成する」と述べた印刷物を出版した。[26] マーシャルは匿名で1000ドルの寄付をし，財政面から協会創設の援助をした。この

1000ドルは彼の多くの贈与のうちの最初のものであり，最後のものは彼の遺産で，40万ドル近くに達した[27)]。アルド・レオポルドは会長の地位を引き受けるよう求められたが，顧問の資格にとどまることを望み，自らは辞退した。そして，古くからの保存主義者で，「国立公園局」(National Park Service) でスティーヴン・T・マザー (Stephen T. Mather) の元同僚だった，ロバート・スターリング・ヤード (Robert Starling Yard) を推薦した[28)]。ヤードはかつて「原生自然の福音」と呼んだ信奉者たちでつくる中核部に最初は会員を限定するという政策をとった。しかし，それにもかかわらず，会員は着実に増えた[29)]。その論争にはフロリダのエヴァーグレーズ (Everglades) からワシントンのオリンピック半島に至る国中の未開地域が含まれていた。原生自然協会はワシントン本部から一連の論争に参加した。原生自然協会の定期刊行物『生きている原生自然』(*Living Wilderness*) は脅威にさらされた地域を公表し，「石炭，木材，その他の天然資源が人間の物質的ニーズに関連しているのと同じように，原生自然は人間の究極的な思想や文化に対して，基本的な関係をもつ天然資源である」という理由から，一般大衆の抵抗を喚起しようと試みた[30)]。成功と失敗に直面した時，ヤード会長は自らの哲学をこう説明した。「原生自然の考え方を適用し，特定の地域の訴訟を支持すると，大なり小なり熱情が生まれ，それは数百，数千の人々が原生自然について話し始めるきっかけとなるだろう。しかし，その地域が失われたり，幹線道路が勝ったりすると，大声で叫んでいた20人のうち19人がいなくなる。……しかし，その熱情は数人の永続的な関与者を残すことになる[31)]」。

最も重要な「訴訟」の一つは，ミネソタ州のクエティコ・スペリオル (Quetico–Superior) を含むものだった。湖が網状に広がり，スペリオル湖の北と西の川を結ぶその地域は，早くも1919年にアーサー・カーハート (Arthur Carhart) によって原生自然の保存地区に推薦されていた。7年後，森林局はスペリオル国有林の一部諸地域を道路や私的開発を禁止する区域に指定した。しかし，水力発電，木材生産，幹線道路といった事業がその国有林の原始的性質を脅かし続けた。1927年以降に，「クエティコ・スペリオル・カウンシル」(the Quetico–Superior Council) として組織されたその地域の保存主義者たちはそれに抵抗した。その原生自然から数時間カヌーを漕いだところに住んでいた，アーネスト・C・オーバーホルツァー (Ernest C. Oberholtzer) とシガード・F・オルソンは精力的に活動し，その戦いの中でロバート・マーシャルに協力した。すぐれた作家であったオルソンはカヌーの国の哲学者となった。「過度の快適さと気楽さには報いがある。それはものうさと無気力という報いであり，また，非現実感を伴う不満感である」ということを現代人は発見したために，精神と肉体の健康の両方を回復させるクエティコのような場所を捜し求めたのだ，とオルソンは1938年に書いている。オルソンによると，原生自然地域はまた，「われわれの祖先が知っていた大陸の姿……の生きた映像であり」，そして，現代アメリカ人に「われわれがやってきた道」を示すという価値をもつものであった。[32)]

オルソンと同僚たちはクエティコ・スペリオルで飛行艇が使用されることに特に，関心を払った。1940年代には，もっぱら飛行機便が使用される立派な行楽地が辺鄙な湖の上に現れた。「アメリカ・アイザック・ウォルトン連盟」(Izaak Walton League of America）に率いられ，保存主義者たちは効果的な抗議を行ない，ハリー・S・トルーマン大統領（Harry S. Truman）を説得して，1949年12月17日に行政命令を出させた。それは，その地域上空高度4000フィート以下での航空機の使用を禁じるものだった。それ以来，原生自然を守ろうとする人々は保護地域の境界を広げ，その地域の使用を管理する規制を厳しくすることに関心を集中させた。1950年代には，シガード・オルソンによるクエティコについての著作『歌う原生自然』（*The Singing Wilderness*）と『リスニング・ポイント』（*Listening Point*）がかなりの人気を博し，世論を喚起させる一助となった。こうした状況の中で，農務省長官のオーヴィル・L・フリーマン（Orville L. Freeman）は1965年1月12日に，国有林局の役人たちに指令を出し，原生自然的な性質に対して前例がないほどの保護を与えた。[33)]

ヘッチヘッチ論争の半世紀後，アメリカ合衆国国立公園制度におけるもう一つの地域の将来に関する全国的な議論が行なわれ，原生自然保存の論拠と保存主義者の政治技的な量は再び，試されることになった。この時，エコーパークのグリーン川にダム申請がなされ，それによってコロラド・ユタ州境線上にある320平方マイルの恐竜（ダイナソー）国立記念物の原生自然的価値が脅威にさらされることとなった。1915年，ウッドロー・ウィルソン（Woodrow Wilson）は頁岩（けつがん）や砂岩の岩層に埋まった恐竜の骨格の堆積物を守るという目的で，ユタ州の80エーカーを重要記念物に指定した。フランクリン・D・ルーズベルト（Franklin D. Roosevelt）が1938年に特別保留地を20万エーカーに拡大したことで，古生物学者だけでなく，原生自然愛好者も恩恵を受けた。本来の保存地区に付け加えられたのは，グリーン川とヤムパ（Yampa）川における深く孤立したおよそ100マイルの峡谷と周囲の平地だった。しかし，ヘッチヘッチ渓谷と同様に，グリーン川の狭い地溝が灌漑業者と水力発電の技術者の関心を引きつけた。1940年代に，連邦開拓局はエコーパークダムを含む10カ所のダム建設，10億ドルのコロラド川貯水事業を計画し始めた（当初の計画は，スプリット山の記念物にも第二のダムを要求するものだった）。記念物の峡谷がその結果としてできる貯水池によって水没するかもしれないと知るや否や，原生自然と国立公園の支持者たちは抗議を始めた。開拓論者たちは水を望む南西部の支持者を得て，自らの提案を守り通そうとした。この論争は急速に広がり，1950年代の環境保全政策を支配するものとなった。ヘッチヘッチ問題以降，これほど多くのアメリカ人がこれほど徹底的に原生自然の保存のための英知について議論したことはなかった。

この問題の両陣営の人々の多くがこれを試金石的事例とみなしたために，エコーパーク論争はさらに重要度を増した。20世紀半ばまでには，急速に増加した人口の物質的ニーズによってアメリカの原生自然が継続して存在する見込みは薄くなっていた。恐竜（ダイナソー）国立記念物問題に関する討論が始まった時，他の多くの保護地も同様の開発圧力に直面していた。オリンピック国立公園は第二次世界大戦中の伐採を辛うじて免れたが，その生い茂るアメリカトガサワラ（Douglas Fir）は依然として，伐採者たちの関心を引いていた。グレーシャー国立公園とグランドキャニオン国立公園の両方において，ダム建設は間近に差し迫っていた。ロサンゼルスはキングスキャニオンを市の水源にしようと計画していた。この地域は国立公園の中でも最も野生の状態を保っており，「シエラ・クラブ」（Sierra Club）がジョン・ミューアに敬意を表して命名しようとしてできなかった地域であった。東部では，パンサー山脈とヒグリー山脈を流れるムース川のダム計画により，アディロンダック州立公園の原生自然状態は危機にさらされていた[34)]。そのために，エコーパーク論争は決着の場という性格を帯びることになった。戦いの最初の段階において，ある参加者が次のように要点を明らかにした。「究極的，かつ，可避的な地点に至るまでこの論争を広げよう。そして，これを最後に……われわれがアメリカの諸州において……原生自然をもてるかどうか，を決めようではないか[35)]」。

1950年４月３日，内務長官のオスカー・L・チャップマン（Oscar L. Chapman）

は，恐竜（ダイナソー）国立記念物問題に関する双方の立場の意見を確認するため公聴会を開いた。ほとんどの陳述が両面価値的（アンビヴァレント）であることが決定の困難さを物語っていた。少数のダム支持者たちは「原生自然の征服」という開拓者の伝統的な正当化論理を用いたが，大半は原生自然を完全に非難してしまうことには躊躇した。例えば，ユタ州上院議員のアーサー・V・ワトキンズ（Arthur V. Watkins）はこう主張した。「私は［誰にも負けないほど］美や飾らない風景や自然の大いなる驚異を保護することに関心をもっている。……しかし，私はこう指摘したい。……美しい農園や家，産業，そして，高い水準の文明もまた等しく望ましいものであり，心に訴えるものなのだ」[36]と。証言を行なった原生自然支持者たちもまた，価値観の対立にとらわれた。「われわれは水の重要性は完全に認める」とアイザック・ウォルトン連盟の代表者は宣言した。そして，「まともな人間ならだれも主要な資源を適切に，そして，論理的に開発することに反対はできない」と付け加えた。しかし，この場合，保存主義者たちは，川の有益な開発が原生自然を保持することによって生まれる利益に不利に働くことを証明することを望んだ。未開の地のもつ稀でかけがえのない性質を考えれば，そのバランスは原生自然に好都合に，有利に働くべきだ。美的価値と物質的価値に共通の尺度を見つけるという永遠の困難さは彼らの仕事を複雑にした。「全米オーデュボン協会」（National Audubon Society）のメンバーがチャップマンの公聴会で述べたように，「これまで原生自然の価値にドルの値札を付けることができた者はだれもいない」のであった。[37]

1950年6月下旬に，チャップマン長官は，「開拓局」（Bureau of Reclamation）と国立公園局に，「最大の公共善」（the greatest public good）のために，エコーパークダムを許可するという覚書を送った。[38] 原生自然の友人たちは，唯一の望みは自分たちの主張を議会と公衆の前にもち出すことにある，と理解した。コロラド川貯水計画はまだ立法上の認可を必要としており，論争を呼んでいるダムは抹消できるのだ。「西部のレクリエーション価値と原生自然価値を守る人々すべてによる……本格的な講演のための舞台はおそらく整えられた」とある保存主義者は述べた。[39] 確かに十分な数の役者はいた！　ジョン・ミューアがヘッチヘッチ反対運動を率いた時，七つの全国的な環境保護団体と二つの州レベルの環境保護団体にしか訴えることはできなかった。50年後，その数は78と232にまで飛躍的に増加した。[40] 恐竜（ダイナソー）国立記念物問題のために多くの大きな団体はいくつかのロビー機関，すなわち，「天然資源緊急委員会」(Emergency Committee on Natural Resources，後の「天然資源市民委員会」)，「環境保全信託協会」(Trustees for Conservation)，「環境保全主義者協議会」(Council of Conservationists) の中で努力をともにした。[41)]

シエラ・クラブの理事長デーヴィッド・ブラウアーと，原生自然協会で同様の地位にあったハワード・C・ザーナイザーは，この大きく組織された環境保護のための感情を活用する方策をとった。二度のアメリカ議会公聴会中に，エコーパークダム反対者は，これまでにないほどの活力と技量を結集し，原生自然を守った。写真入りの鮮やかなパンフレットは，「国立公園制度における素晴らしい景色をもつ野生の峡谷をあなたはダムで塞ぎますか」，「恐竜(ダイナソー)国立記念物問題に対するあなたの関心はどういったものですか」と一般大衆に問いかけた。[42)] プロが制作したカラー映画は国中で数百回上映された。小説家で歴史家のウォーレス・ステグナー (Wallace Stegner) はエッセイと写真を載せた1冊の本を編集し，恐竜(ダイナソ)国立記念物問題を野生のままに保つ重要性を示した。[43)] 環境保護問題を扱う定期刊行物は，この記念物に関する多くの論文を掲載した。[44)] 国民的世論の立場からより重要であったのは，ニューヨーク『タイムズ』(*Times*) のような有力紙だけでなく，『ライフ』(*Life*)，『コリアーズ』(*Collier's*)，『ニューズウィーク』(*Newsweek*)，『リーダーズダイジェスト』(*Reader's Digest*) の中でもこの論争が詳細に扱われたことだった。[45)]

この種の活動には明らかにかなりの額の金銭的な援助が必要だった。そして，この点において，保存主義者たちは大きな成功を収めた。1940年代にアディロンダックスを守ろうとしていた時，ハワード・ザーナイザーは裕福なセントルイスの富裕な化学工場主で，シエラ・クラブ会員である，エドワード・C・マリンクロット・ジュニア (Edward C. Mallinckrodt, Jr.) と知り合いになった。環境保護運動に注目する人々の目が恐竜(ダイナソー)国立記念物問題の擁護に移ってきた頃，ザーナイザーはその後援者になるように彼を説得した。[46)]

宣伝と金はエコーパークの戦いにはなくてはならなかったが，宣伝のための説得力ある主張もまた，不可欠であった。保存運動の報道担当者はこの問題に関係して原生自然の意味と価値について，1世紀の間につくられてきた成果を提供した。いくつかの議論は文明人の原生自然保護区へのニーズを基本とするものであり，それはソロー，ミューア，マーシャルを先駆者とするものだった。1950年には，大統領の孫であり，「アメリカ計画市民協会」(American Planning and Civic

Association）の会長である，将軍ユリシーズ・S・グラント3世（General Ulysses S. Grant III）は恐竜国立記念物問題を擁護した。それは，「われわれの工業文明においては，平均的な人間が……自然とのつながりを再確認し，……目が回るような機械や見込み計算から気を転じることがこれまで以上に必要となる」からであった。「数エーカーフィート[3]の水と，数キロワット時」のために峡谷を犠牲にすることになれば，それは悲劇であると彼は付け加えた。ジョージ・W・ケリー（George W. Kelley）は，「コロラド森林学・園芸学協会」（Colorado Forestry and Horticultural Association）を代表して，1950年の公聴会で，「開拓者本来の原生自然は，パンとバターを手に入れた後のわれわれの生を意義あるものにする事物」の一つとしての価値があることに同意した。「原生自然地域は，私たちにとって精神的に必要なもの，すなわち，現代生活の重圧への防御手段となった」と指摘して，ケリーは，定期的に「魂を回復し，人生の新しい展望を得るために」原生自然地域がアメリカ人には必要である，と主張した。[47)]「原生自然協会」会長のオラウス・ミュリー（Olaus Murie）もまた，「われわれの幸福，精神的な生活のために，そして，物質主義的で複雑な文明の混乱状態にうまく対処するために」野生のままの恐竜国立記念物問題は絶対に必要であると表明した。そして，『これが恐竜国立記念物問題だ――エコーパーク地域と魔法の川』（*This Is Dinosaur: Echo Park Country and Its Magic Rivers*）の中で，ウォーレス・ステグナーは，ソローに倣って，珍しい鳥や動物の保護区としてだけでなく，「20世紀の重圧，臭い，騒音」に苦しめられた「われわれの種」にとっても原生自然は重要である，と示唆した。[48)]

アルド・レオポルドは1948年4月21日にウィスコンシン野営場の近くで低木地帯の山火事と戦っている時に心臓発作で亡くなった。しかし，彼が原生自然に与えた生態学的な重要性はエコーパークダムへの抵抗の中で顕著に現れた。フリーランスの歴史家バーナード・デヴォート（Bernard DeVoto）は，『サタデー・イヴニング・ポスト』（*Saturday Evening Post*）に掲載され，大きな影響力を与えた論文の中で，原生自然の生態学的な重要性を初めて論争に持ち込んだ。彼は，恐竜国立記念物問題は，「野生のまま保存されている原生自然として，……自然のバランス，生命の網の目，諸種の相互作用，生態系の膨大な問題の研究のために重要である」と述べ，そして，「やがて，それ以外の場所でこうした問題の研究はできなくなるだろう」と断言した。[49)]ベントン・マッケイは，『サイエンティフィック・マンスリー』(*Scientific Monthly*) で同じテーマについて論じているが，特に未開の地は「正常な生態学的プロセスの展示」を提供しているのだというレオポルドの概念に言及した。恐竜国立記念物問題やその他の原生自然は，「人間以前の生活様式の経験を蓄積した貯蔵庫」を形成しているとマッケイは続けた。[50)]

「土地の倫理」は，ダム反対者が実行に移したレオポルドのもう一つの概念であった。チャールズ・C・ブラッドリー (Charles C. Bradley) は1952年にモンタナで演説し，アメリカの舗装された土地の面積は原生自然の大きさと等しいと推測した。彼にとって，このことは，アメリカ人が「人間と大地の関係」の感覚を失う危機にあるという事実を劇的に示すことであった。ブラッドリーはその根拠としてレオポルドを引用し，人間が「生命共同体」(biotic community) を尊重する行為として，そのままの状態で恐竜記念物を保存するよう嘆願した。ハワード・ザーナイザーもまた，「偉大な生命共同体に依存する一成員として，われわれ自身を知るという謙虚さをわれわれは深く必要としている」と考えた。そのような知識は「原生自然体験による精神的な恩恵の一つである」と彼は指摘した。「原生自然を知ることは心からの謙遜を知ること，自分の小ささを認めること，相互依存，恩義や責任に気づくこと，である」からであった。[51)] 1954年，上下両院が「灌漑開拓小委員会」(Subcommittees on Irrigation and Reclamation) のコロラド川貯水計画についての公聴会を開いた。エコーパークダムが議論の中心であった。保存主義者たちは，ニューヨーク『タイムズ』が社説で認めたように，もし恐竜国立記念物問題の事例において開発の圧力が圧倒するようなことがあれば，国立公園制度すべての神聖さが揺らぎ，アメリカの原生自然の終わりは早まるであろうと考えた。[52)] ダム建設に賛成する開拓支持者の議論の誤りを立法府に警告するために使われた一つの戦術はヘッチヘッチ問題の記憶を呼び戻すことだった。写真の証拠的価値をよく知っていたデーヴィッド・ブラウアーはヘッチヘッチ貯水池の写真をとり，それらと昔の野生の谷の写真，および，注釈テキストとを組み合わせて，印象的な印刷物にした。ダムになる前のヘッチヘッチの青々と茂った草，樹木，壮大な崖は切り株だらけで，泥に縁どられた人工池の岸とははっきりとした対照をなしていた。[53)] 恐竜峡谷の川下りをしてきたブラウアーとニューハンプシャー州ハノーバーの医師で作家であった，デーヴィッド・ブラッドリー (David Bradley) は証言の一部として写真を使った。ブラウアーは上院小委員会に対して，「ヘッチヘッチ渓谷に誤って造られたダムの悲劇から学んだ教訓に留意するならば，恐竜国立記念物問題における一層悲惨な過ちを阻止することができるだろう」と述べた。ジョン・ミューアとロバート・アンダーウッド・ジョンソン（Robert Underwood Johnson）の伝統を引き継いで，ブラッドリーは，「以前，われわれの神殿には両替商がいた。われわれは過去に彼らを追い出した。そして，このすばらしい委員会の助けを借りて再び，そうするだろう」と下院議員に伝えた。[54]

これらを含むさまざまな努力にもかかわらず，両小委員会はエコーパークダムを含むコロラド川貯水計画に対して，好意的な報告をした。委員会の行動は理解できるものだった。なぜならば，両小委員会の多数派は西部の下院議員たちであり，彼らの選挙区の有権者たちは一般にダムに好意的であったからだ。原生自然は決定的な敗北へと向かっているようではあったが，保存主義者たちは熱心に活動を続けた。そして，宣伝用のチラシや記事，論説，公開質問状で一般大衆に訴えかけ，抗議の嵐を巻き起こすことに成功した。下院の郵便物は，恐竜国立記念物を野生に保つことに賛成の者とダム建設賛成の者との比率が80対１であることを示した。その結果，議会はこの計画の延期を検討した。下院議長ジョセフ・マーティン（Joseph Martin）は，「エコーパークダム計画についての論争のために，ダムを許可する今年の機会は失われてしまった」と述べた。[55]

1955年の第84回議会におけるエコーパーク論争再開の準備に向けて，「環境保全主義者協議会」（Council of Conservationists）はニューヨークに集まって戦略を立てた。一連の決議の中で，保全主義者たちは，原生自然指定地域に手を加えることには反対であったが，南西部における水の要求には同情しており，コロラド川貯水計画は支持しているということを強調した。[56] そのような立場は歩み寄りを生じさせたが，３月に上院公聴会が開かれると，意見の交換は熱を帯びることになった。ダム支持派は西部に利害をもつ人々であった。すなわち，下院議員，州知事，市民クラブ，商業会議所，公益事業関連会社（utility companies），水利用者協会，開拓局，ナバホ族先住民であった。反対派は何人かの東部の下院議員，多くの教育機関，環境保全や自然保護団体，そして，手紙，電報，論説の中でますます増していく世論の声であった。

公聴会が進むにつれて，保存主義者たちは二種類の戦術を使用した。一つは，物質主義的なアメリカにおける原生自然の美的価値や精神的価値の重要性というおなじみの考えであった。「国立公園協会」（National Parks Association）の映画監督チャールズ・エガート（Charles Eggert）は，「不安になったり，困惑したり，落胆した」時，野生の土地は「われわれが……自分自身を再発見する場所」である，と証言した。シガード・オルソンもまた，上院小委員会の前に登場した。長く思慮深い主張の中で，彼は原生自然を征服しようとする開拓者の衝動を20世紀にまで広げようとする考えに疑いを投げかけた。彼は，フロンティア（西部の辺境地帯）開拓者は「当然なすべき仕事をしてきたのだ」と指摘したが，「すべての川をダムで塞ぎ，すべての木を切り倒し，極限に至るまであらゆる資源を利用してしまうという無分別を推し進めていくことによって，慈しみ，そして，守る価値のあるアメリカ的生活をつくり出したものそのものを破壊してしまうことにはならないだろうか」と危ぶんだ。結論として，オルソンは上院議員たちに，エコーパークダムが建設されれば，原生自然を評価しようとする哲学全体が，そして，一般的に言えば，実体のないものを評価しようとするアメリカ史の中で徐々に，展開してきた哲学全体が危機にさらされてしまうと警告した。[57)]

原生自然支持者たちはさらに，開拓者や技術者たちに対して，彼らの道具を用いて，つまり，エコーパークダムの効率に関するデータを用いて挑もうと努めた。デーヴィッド・ブラウアーの証言は，エコーパーク貯水池から蒸発で失われる水の見積もりに関する開発局の計算は誤りであることを裏づける数字を提示した。開拓局の基礎的数字を用いて，湖からは実際に公表されている以上に水の損失があり，そのために格段に多くの費用がかかること，そして，この点において，原生自然地域外の別のダム用地がより望ましいことを示した。怒りに満ちた反対尋問に直面しても，ブラウアーは彼の見解を守り通すことに成功し，コロラド川貯水計画全体の経済性に関する問題を十分に提起した。[58)]

コロラド川貯水計画に権限を与える法案が1955年４月に上院議員席に届いた時，オレゴン州のリチャード・L・ニューバーガー（Richard L. Neuberger）は，エコーパークダムを削除した修正案を提出した。原生自然協会の会員であるニューバーガーは，原生自然は，「最初に白人が野営した時に，われわれの国がどのような状態であったかをアメリカ人が目にすることができる最後の場所」としてきわめて貴重である，と主張した。さらに，今の世代にとっても，「われわれが創り出した文明の緊張や不安」からの避難所として原生自然は必要である，と彼は続けた。イリノイ州のポール・H・ダグラス（Paul H. Douglas）は立ち上がり，この同僚を支持した。「その通りです，大統領！」（Certainly, Mr. President！），

「われわれは人間の精神のために」,「いくらかの野生の土地を維持すべきです」と彼は主張した。エコーパークダムができれば，この国は「われわれが愛し，そこから創造的刺激を得るような野性的で刺激的なアメリカとはまったく異なる自己満足した生ぬるい場所」へと変わってしまうだろうとダグラスは述べた。ダムや貯水池は恐竜国立記念物を美しくするという主張がなされた後には，ミネソタ州のヒューバート・H・ハンフリー（Hubert H. Humphrey）はこう指摘した。「かつては美しかったヘッチヘッチ渓谷があった場所は……今はオーショーネシーダム（O'Shaughnessy Dam）の荒涼としたさえない貯水池となっている」[59]。

ユタ州上院議員アーサー・V・ワトキンズは，議席を得た時，「議論を基本に戻す」ように要求した。それから30分間，彼は灌漑，水力発電，費用の見地からエコーパークダムの利点を繰り返し述べた。ニューバーガー修正案の投票直前に，ダグラス上院議員は再び，立ち上がり，「野生の峡谷では，人はいくらか謙遜になる。そして，自然という偉大な作品に比べて自分がいかに小さな存在であるかを知るだろう」と野生の峡谷のために嘆願した。ニューバーガーはもし自らの修正案が無効になってしまうようなことがあれば，それは「レクリエーションにとって，風景や野生の美の価値にとって，そして，国内の他の同じような地域にとって後退の一歩」になるだろう，と付け加えた[60]。

3名を除く西部選出の上院議員すべてが束となってニューバーガー修正案に反対する投票をしたために，修正案は通過しなかった。そして，コロラド川貯水計画は，エコーパークダムが含まれた状態で上院の承認を得た。しかし，主導的な保存主義者の議論と世論の圧力は力をもち始めた。1955年7月8日，「内陸，および，島嶼問題下院委員会」（Committee on Interior and Insular Affairs）の報告は議論を呼んでいるダムを省いた形でのコロラド川貯水計画を承認した[61]。ユタ州下院議員ウィリアム・A・ドーソン（William A. Dawson）はこう説明した。「私はダムを外したくなかった。しかし，環境保護団体からの反対はこのダムを外さない限り，コロラド川貯水計画を正式に認可する法律は通過しないだろうとわれわれに納得させるほどのものだった」。彼はさらに，こう付け加えた。ダム支持者たちは保存主義者たちの「財源や郵便リストに対抗できるほどの金も組織ももっていなかった」[62]と。

依然として，多くの原生自然支持者たちは勝利が確定したとは感じていなかった。その不安を確認するかのように，コロラド川流域諸州出身の下院議員たちと知事たちは11月1日にデンバーに集まり，エコーパークダムをコロラド川貯水計画に戻す方策を話し合った。その会合を知った「環境保全主義者協議会」は1ページ全体に渡る公開質問状をその前日のデンバー『ポスト』（*Post*）に急遽，掲載した。ダムが完全に削除されなければ原生自然派の圧力団体はあらゆる合法的な手段を用いて計画全体を妨害することはこれによって明らかになった。しかしながら，保存主義者は「反開拓派ではないし，西部における水の使用に関する原則と闘っているわけではない」と公開質問状には付け加えられていた。[63] こうして，自分たちの事業がつぶされてしまうというやっかいな位置におかれたために，デンバーの戦略家たちはエコーパークダムを戻すことはしないと約束した。ハワード・ザーナイザーのワシントン事務所が中心となって，第84回議会の第2会期が再召集される前に妥協案の最終的な詳細が完成し，その結果，コロラド川貯水計画法案には，議会の意図は「この法律に許可されて建設されるダムや貯水池は国立公園や記念物の中に決してあってはならない」とすることだという新たな文章が加えられた。[64]

1956年4月11日，新しい法案は法律となり，アメリカの原生自然保存運動はそれまでで最も素晴らしい時を迎えた。野生の地の存続を正当化する議論が説得力を高めていったことに加えて，この運動に寄付をするアメリカ人の数が増加したことがこの勝利の根本的な原因となった。しかし，また，等しく重要なことは原生自然の保存の政治的比重が増したことであった。これは一つには，広範囲に及んだ一般大衆の支持のためで，それは票を意識する議員が無視することができないほどのものであったことである。それはまた，政治的な面において対抗者としての保存主義者の技量が向上した結果でもあった。野生のままのヘッチヘッチ渓谷が失われた最大の理由は，サンフランシスコ市がワシントンできわめて効果的にロビー活動を行なったからであった。恐竜（ダイナソー）国立記念物の原生自然が損なわれずに残ったのは，ザーナイザー，ブラウアー，そして，彼らの同僚たちが議会に十分な圧力を加え，他の利益団体の議論を打破することができたためであった。

恐竜（ダイナソー）国立記念物をうまく守ることができたことで，保存主義者たちは自信を深め，アメリカ文明における原生自然のより積極的な肯定を求めて戦うようになった。十分な法律の保証を受けることになる原生自然保存地区に関する全国的な制度策定の可能性に注目が集まった。早くも1921年に，ベントン・マッケイは山の尾根に沿った原生自然地帯に関する全国規模の制度をつくるように主張していた。そして，ロバート・マーシャルは1930年代を通じて，野生の土地を永久に保護する連邦政府土地管理政策を夢見ていた。[65] さらに，この原生自然制度という概念は当時のフランクリン・D・ルーズベルトの内務長官，ハロルド・L・アイクスの支持を得ていた。農務省（Department of Agriculture）や森林局ではなく，彼の省が全国の原生自然の唯一の管理人になるべきだと議会に納得させようとして，アイクスは計画的な原生自然の保存に尽くしていくことを彼は宣言した。この点を強調するために，彼は1939年にカリフォルニア州シエラのキングスキャニオン地域にまだつくられたばかりの国立公園を「キングスキャニオン国立原生自然公園」（Kings Canyon National Wilderness Park）と名付けるよう提案した。立法府の議員はこの考えを承認しなかった。しかし，アイクスの運動は1939年の「U」規制に反対するよう森林局を促すという重要な役割を果たした。翌年，原生自然制度の法案が議会に提出されたが，第二次世界大戦への関心がますます高まっていく中で，その法案は静かに消えていった。[66]

「原生自然協会」会長のハワード・ザーナイザーは1940年代末期に，原生自然を保存する法律を求める運動を再開した。1949年のシエラ・クラブの「第1回原生自然隔年会議」（Biennial Wilderness Conference）で，ザーナイザーはこの考えに関する議論を先導した。同年，国会図書館の立法府参考部門は，ザーナイザーの影響を受けた数人の議員の提案により，アメリカの原生自然の状況に関する詳細な研究を公表した。[67] 少なくともザーナイザーは，それを行動の前触れとしようと意図していた。1951年にザーナイザーは，シエラ・クラブの「第2回原生自然隔年会議」における演説の中で，国家的な原生自然保存制度を正式に提案した。彼は，どのような方法で，「国立公園局」，「アメリカ合衆国森林局」，その他の連邦政府機関に対して，その管轄下にある原生自然をその法的責任をもって保護させることができるのか，について話をした。議会の行為，あるいは，大統領の声明によってのみ，そうした地域の性格を変えることができるとされたのである。[68]

4年後に，「アメリカの人々のための公園と開放地に関する全国市民政策会議」において，そして，シエラ・クラブの「第4回原生自然隔年会議」において，ザーナイザーは自らの意見を繰り返し述べた。この隔年会議では，原生自然保護のための連邦法制定に賛成することを決議した。[69]

この際，エコーパークの勝利によって，法の制定による原生自然保存は決して夢ではないという期待が生まれた。1956年にエコーパークダムに勝利した直後に，意気盛んなハワード・ザーナイザーは国家的な原生自然保存制度の計画に関する4ページの素案原稿を一気に書き上げた。彼はそれをロバート・マーシャルの弟，ジョージに渡した。そして，それはさらにますます広がりつつある友人たちや環境保護運動の同僚たちのグループの中で次々と回覧された。最後に，ザーナイザーと他の保存主義者たちは上院議員ヒューバート・ハンフリーと下院議員ジョン・P・セイラー（John P. Saylor）に対して，第84回議会の第二会期に法案を提出するよう説得した。ザーナイザーがその多くを書いた法案は，「現在と未来の世代のアメリカ人のために，原生自然という永続的な貯蔵所の恩恵を確保する」ことが議会の意図であると記した。[70] 続いて，法案は国有林，国立公園と国立記念物，国立野生生物保護放牧地域（National Wildlife Refuges and Ranges），先住民保護地の160以上の地域を項目別に示し，それらは全国原生自然保全制度を構成することになった。原生自然に関する情報を集め，制度の維持と可能な限りの拡大を奨励するために，連邦行政官と市民の環境保護グループの人々による「全米原生自然保全協議会」（National Wilderness Preservation Council）を設置することになるとした。この提案のもともとの文章は膨大で大胆なものだった。ザーナイザーは，エコーパークダム判決のもたらした勢いを利用しようと決意していた。彼はそれによって，それほど野心的ではない提案を出してさえいれば避けることができたであろう反対が生じるという危険は覚悟していた。[71]

「原生自然制度」という概念はアメリカ自然保存運動史における一つの革新であった。第一に，それは攻勢に向かう決意を表明するものであった。それ以前の原生自然支持者たちはさまざまな形態の開発から原生自然を守るということに主として関わっていた。しかし，エコーパーク以後の雰囲気は自信に満ち，大胆で積極的な行為を奨励するものとなった。第二にこの制度はある特定の野生地域ではなく，原生自然一般を支援していくことを意味した。その結果，議論は地方的な経済状況ではなく，抽象的な意味での原生自然の理論的価値に焦点をあてることになった。最後に，全国原生自然保全制度によって，これまでにないほどの保護が野生の土地に与えられることになった。それ以前の国有林保護政策は，森林局の職員がいつでも変えることのできる行政上の決定でしかなかった。国立公園や記念物をつくった法律でさえ，道路や宿泊施設を建設する余地を意図的に残していた。しかしながら，原生自然法案はこの制度内で原生自然の状態を変えることはいかなることでも違法とするということを意図するものであった。

議会はアメリカ環境保護史における他のどの方策よりも多くの時間と労力を原生自然法案に費やした。1957年６月から，1964年５月までの間に，その法案に関して九つの別個の公聴会が開かれ，6000ページ以上の証言が集められた。法案自体は66回修正され，書き直され，再提出された。判決までの異例な遅れの理由の一つは，原生自然の永久保存に対する強い反対があったことだった。そうした反対論は木材を使用する産業，石油や牧草や鉱業に利害をもつ人々，ほとんどの林学の専門家，いくつかの政府の部局，野外地域への機械によるアクセスを計画する一般大衆のレクリエーション推進者たちから出されたものだった。彼らの反対の根底には，原生自然保全制度はあまりに厳格で柔軟性に欠けるという感情があった。彼らは公有地の機能は多様に使われるべきだという構想に固執し，法案は少数の野営者のために数百万エーカーを閉じこめてしまうものだ，と主張した。[72] この制度を批判している人々は原生自然保護という原則に反対したのではなかった。彼らは，原生自然はその地位をもっていると述べた，「産業森林協会」副総裁のＷ・Ｄ・ハーゲンシュタイン（W. D. Hagenstein）の意見に大方，賛成していた。「唯一の問題は，どこをどのくらいかである。社会にとって最もよい土地の利用法を決定するための適切な研究がなされる前に，数百万エーカーの土地を手当たり次第に原生自然に捧げてしまうことは，多種の，あるいは，単一の使用概念（multiple-or single-use concepts）のどちらのもとでも正当化されない」と彼は主張した。[73] このような言葉に反映されている両面価値性（アンビヴァランス）は，原生自然に対するアメリカ人の態度の歴史をみれば理解しうるもの。つまり，原生自然の評価は比較的新しいものであるために文明の主張を否定し，特に原生自然制度をきっぱりと認めてしまうことは困難なのである。

法案の擁護において保存主義者たちは，ハーゲンシュタインのような人々に対して，法案は生産的目的から土地を「手当たり次第に」取り除いてしまうものではなく，すでに原生自然地域として管理されている地域に法律の裁可を与えるだけであると納得させることを急いだ。保存主義者たちは，この制度が含む土地のほとんどは，約5000万エーカー，すなわち，大雑把に言って，国土の２パーセントにすぎないのだ，と指摘した。さらに，デーヴィッド・ブラウアーの言葉を用いて，「われわれが現在もっている原生自然は，人々が未来にもつ原生自然の……すべてなのだ」と付け加えた。[74] １世紀という時間は状況を大きく変化させた。「もし今が1957年ではなく1857年であれば，私はきっぱりと反対と言っただろう」と一人の法制化支持者は書いた。しかし，文明の完全な支配力を前提としているならば，彼は残った未開発の土地を救うために活動せざるをえなかった。[75] 保存主義者たちは，自分たちは未来の世代の人々が原生自然を体験する権利を守ろうと努めているのだと繰り返し説明した。[76] 実際にレクリエーションのために野生の地に入った者はわずかな少数者にすぎないのではないかという主張に応えて，多くの人々にとっては原生自然が存在していることを知っていることが計り知れないほど重要なのだ，と彼らは強く主張した。[77] 多種多様の利用という概念の立場に基づいた反対意見に関して，原生自然擁護派は，この考え方をすべての土地にあてはめねばならないという前提は誤っている，と述べた。真の多種多様な利用は公有地全体に対して意味をなすのであり，一部は経済的な利用のために，他の部分は原生自然用のレクリエーションのために提供されるということなのだ，と主張した。[78]

アメリカ議会の公聴会での証言と報道機関のこの法案に対する取り扱いの中から，原生自然に関するアメリカ人の議論の歴史が知られるようになった。ソロー（Thoreau），ミューア，マーシャル，そして，特に，レオポルドの名前と思想は繰り返し登場した。ニューメキシコ州上院議員のクリントン・P・アンダーソン（Clinton P. Anderson）は重要な内陸，および，島嶼問題最終委員会の委員長であったが，自分が原生自然制度を支持するのは，約50年前に森林局の仕事で南部にいた時にレオポルドと出会ったのが直接の原因だ，と述べた。[79] ニューヨーク『タイムズ』に載った主な法案賛成の陳述の中で，内務長官のスチュワート・L・ユードル（Stewart L. Udall）は生態学と土地倫理を論じ，そして，レオポルドを「現代の原生自然保存運動の先導者」と呼んだ。[80] 1961年の上院公聴会で，ブラウアーは，「偏見のない心でレオポルドを読む人間ならだれでも，明瞭な良心があれば，原生自然法案に反対したり，不利な証言をするようなことは今後，二度とできないだろう」とさえ主張した。[81] 他の人々にとっては，ソローやミューアの哲学が原生自然制度を正当化する根拠となった。とりわけ，人間の幸福や力は文明化された生活と原始的なものとの周期的な接触とを融合させることに基づくという考えは人々をとらえた。[82] 最後に，ある人々は「原生自然やフロンティアがわれわれの歴史の中で果たした中心的役割のために」，そして，アメリカ人特有の国民的性格を明確に維持するという重要性のために，原生自然の保存を支持した。[83]

連続開催された原生自然法案に対する公聴会の，自然の保存に賛成する感情がきわだって大きいことを明確にした。専門家たちは擁護に努力を惜しまなかった。ハワード・ザーナイザーはさまざまな西部の州で実施されたものを含む，すべてのアメリカ議会公聴会に出席した。彼の最後の出席は1964年４月28日であったが，それは彼の死の１週間前のことであった。立法府の議員たちの見地からすれば，より印象的であったのは草の根の支持の広がりだった。バックパックを背負ったり，カヌーに乗ったりして，旅行する以外には原生自然にかかわったことがなかった数千の市民が時間を割いて彼らの意見を直接，あるいは，手紙で伝えた。例えば，1958年11月中にオレゴン，カリフォルニア，ユタ，ニューメキシコで行なわれた上院公聴会では，法案を支持する手紙が1003通であったのに対し，反対はわずか129通であった。[84] 1962年と1963年の原生自然法案の変更によって，「全米原生自然保全協議会」がなくなり，（900万エーカーをわずかに超える）44地域以外のすべての国有林地域が制度から一時的に除外され，この制度へのあらゆる追加は議会の特別な採決に依存するとされた時，そのわずかな反対さえもほぼ消えてしまった。その上，鉱山探索や鉱山開発は1984年１月１日までは指定された原生自然の中で許されることになった。その日付のあとでさえ，前もって有効であるとされた要求は展開することができた。そして，大統領は国民の利益になるとみなせば，原生自然の中にダム，発電所，道路を正式に許可する権利を保持していた。この両賭けは，原生自然と文明の相対的な長所に対するアメリカ人の両面価値的（アンビヴァラント）な特質の典型的な一例である。

このように修正された形で，原生自然法案は1963年４月10日に73票対12票で上院を通過した。1964年７月30日の下院の投票は373票対１票だった。1964年８月には両院協議会委員会は下院の要求に合うようによりリベラルな上院の見解を調整した。そして，９月３日にリンドン・B・ジョンソン大統領（Lyndon B. Johnson）の署名によって，「国家原生自然保全制度法」（National Wilderness Preservation System Act）が成立した。[85]

保存主義者たちは，原生自然法と彼らのもともとの構想との違いに落胆した。ハワード・ザーナイザーのような熱烈な支持者は最初の原生自然制度の中に，原生自然として管理された連邦政府の土地全部と公有地の中のいわゆる事実上の原生自然が含まれることを望んでいた。彼らは法に認可された900万エーカーではなく，これらを合計した約6000万エーカーの土地が含まれることを望んでいたのである。しかし，指定された10年間の再審理期間中に，法が定めた条件の中でこれらの土地の多くを原生自然制度に追加するよう促す余地はあった。現実主義者たちは，土地の付加は自動的になされないことは理解していた。原生自然に関するアメリカ人の曖昧な気持を反映し，この法は意図的に，やっかいな政府の部局での審理システム，地方公開公聴会，議会委員会再審理，そして，最後に，それぞれの土地の追加に対する別々の議会制定法をつくり出したのであった。特に，多くの連邦行政官（とりわけ，国立公園局）は原生自然法など必要ないと考える傾向にあったために，原生自然のための市民による根気のいる努力が必要不可欠となった。しかしながら，アメリカ合衆国がその土地の一部を永久に野生の状態に保つという意図を正式に表明したという事実によって，保存主義者たちは大いに勇気づけられたのだった。[86)]

1964年の「原生自然法」の成立によって，野生の土地の意味や価値に関する議論が終わってしまうことはもちろんなかった。法律成立の祝賀がまだ続いていた頃，コロラド川にさらなるダムを建設しようという提案がなされたために，原生自然擁護者のまったく新しい運動が始まった。今回はグランドキャニオン自体が含まれており，そのために多くの観察者たちはこの論争を一つの山場とみなした。

グランドキャニオンにダムをつくるという考え方は1960年代には新しいものではなかった。とりわけ，二つの場所が技術者たちの関心を長い間，引きつけてきた。それはブリッジキャニオンとマーブルキャニオンで，どちらもグランドキャニオン内にあった。グランドキャニオンの川下にあるボールダーキャニオンがフーバーダムの用地として選ばれた過程の中で，ブリッジキャニオンとマーブルキャニオンは両方とも1920年代に十分に調査されていた。実際，ブリッジキャニオンダムの建設を正式に認可する法案は結局，下院で即座に却下されたが，1950年には，上院を通過していた。カイバブ高原下の40マイルのトンネルを用いてマーブルキャニオン貯水池からカナブ川の水力発電施設へ水を運ぶという長期に渡る綿密な計画もあった。そうなれば，コロラド川の水の90パーセントがグランドキャニオンを通る通常のコースから外れることになっていただろう。こういった計画を真剣に考案することができたのは，グランドキャニオン国立公園を設立した1919年２月26日の法律に意図的に残された抜け道があったからだった。「前述の公園の主な使用目的と両立する限りにおいて，政府の開拓計画の発展・維持のために必要となる公園内の地域の利用を許可する権限を内務長官は与えられている」とこの法律は宣言していた。[87] この記述にみられる明らかな無定見さは解釈を大きく変えて，グランドキャニオンダムを合法とする道を開いた。

開拓局による10億ドルの太平洋岸南西部利水計画（Pacific Southwest Water Plan）をユードル内務長官が公表した1963年に，この論争は勢いを増し始めた。[88] この計画の及ぶ範囲は前例がないほど大規模なものとなった。ますます深刻となる南西部の水不足を解消するために，カリフォルニア北部を含む水の豊富な太平洋北西部から一連のトンネル，導管，運河を用いて不毛な低地であるコロラド川流域へ水の流れを導くことを開拓支持者たちは提案した。増量した流れは新しいダムや分水設備といった一連の施設の助けを借りて利用されるはずであった。例えば，中央アリゾナ計画は低地のコロラドに水が溜まったハヴァス湖から，急激な発展を遂げたフェニックス＝ツクソン地域へ水を移すことを提案した。この大規模な事業に出資するために，そして，中央アリゾナに水を送り込むための水力発電エネルギーを生み出すために，グランドキャニオン内のブリッジキャニオンとマーブルキャニオンにダムをつくることになっていたはずであった。開拓局が提案したように，マーブルキャニオンダムにより，川の53マイルがせき止められ，一方，ブリッジキャニオンダムの水の蓄えは93マイルの長さになるとされた。グランドキャニオン国立記念物のうちの43マイルが，そして，国立公園の13マイルが影響を受けることになっていた。その結果，沈殿作用が峡谷内部の原生自然の状態をさらに侵食するとされた。

開拓局は保存主義者の反対運動を予期していた。そして，その運動は期待に反するようなものではなかった。1963年１月21日にグレンキャニオンダム（Glen Canyon Dam）の水門が閉じられる頃までには，原生自然擁護者たちの精力的な抵抗の準備はできていた。コロラド川に沿ってグランドキャニオンのすぐ上流のグレンキャニオンはほとんど知られていない地域だったが，そこでは信じがたいほどの美しさと野性さが100リバーマイル[4]以上も続いていた。グレンキャニオンは国立公園でも記念物でもなかった。1956年にコロラド川貯水計画の一部としてダムが許可された時に保存主義者たちが抵抗を示さなかったのはそのためだった。その計画における彼らの主な関心事は，当然の成り行きとして恐竜（ダイナソー）国立記念物の〈中にある〉エコーパークダムであった。しかし，恐竜（ダイナソー）国立記念物を救ったことを喜んだ後，保存主義者たちはグレンキャニオンもまた，原生自然として守る価値があるという事実に突然，気づいたのだった。シエラ・クラブは数多くの写真入り展示フォーマットシリーズの本である『だれも知らなかった場所——コロラド川のグレンキャニオン』（*The Place No One Knew: Glen Canyon on the Colorado,* 1963）とともに出遅れた抗議運動を先導した。エリオット・ポーター（Eliot Porter）の写真とデーヴィッド・ブラウアーの論説は深く道徳的意識に訴えた。つまり，アメリカ人が十分に気にかけなかったというだけの理由で，新世界の驚異の一つが不必要な貯水池によって水浸しにされつつあるという意識である。恐竜（ダイナソー）国立記念物は，寝ずの番と不屈の意志によって救われ，グレンキャニオンは無関心によって失われつつあることは明らかだった。コロラド川貯水計画の契約に明らかに違反して，グレンキャニオンダムの後ろにできたパウエル湖が水をせき止め，最終的にレインボーブリッジ国立記念物を水没させることが明らかになった時，人々の手はますます強く握りしめられた。

1965年と1966年には太平洋岸南西部水利計画に関するアメリカ議会公聴会[89]，そして，ジョンソン大統領とユードル内務長官による公式の後押しのために，グランドキャニオンダムは原生自然保存運動家の怒りにもかかわらず，許可されるだろうと大半の観察者たちは予期した。許可はほぼ確実であったために，峡谷の建設用地はすでに準備されていた。しかし，1966年６月９日に形勢が一変した。その日のニューヨーク『タイムズ』とワシントン『ポスト』には，１ページに渡るダムに関する広告が掲載された。それはシエラ・クラブが１万5000ドルの費用をかけて載せたものであり，専門家の広告会社の助けをかりて，デーヴィッド・ブラウアーが考案したものだった。その広告の見出しには，「利潤のため……水浸しにされてしまうことからグランドキャニオンを救えるのは今やあなただけ！」と宣言されていた。広告の本文にはダム計画とその問題点が記された。「覚えておいてほしい。ワシントンやアリゾナの政治の複雑さや委員会や手続きの細かさにもかかわらず，ここにただ一つの単純で途方もない問題が存在する。つまり，それは今回，彼らが水浸しにしたいのはグランドキャニオンなのだということだ。**グランドキャニオンなのだ！**」[90]。この広告の第２弾は６月９日付けの『タイムズ』のいくつかの配達区域に登場したものであったが，これはユードル長官への公開質問状であった。

シエラ・クラブの広告には驚くほどの効果があった。アメリカ自然保護史上，最大の一般大衆感情のほとばしりの結果，ブリッジキャニオンダムとマーブルキャニオンダム建設を嘆く手紙がワシントンの主要な事務所に殺到した。カリフォルニア州上院議員のトマス・カチェル（Thomas Kuchel）はこれを，「上院在職中にみた中で最大の投書キャンペーンの一つ」と呼んだ[91]。何十万というアメリカ人がグランドキャニオンに驚嘆し，その原生自然としての将来を懸念しているようにみえた。グレンキャニオンとは違って，グランドキャニオンはだれもが知っている場所だった。少なくともその評判は聞いていた。デーヴィッド・ブラウアーはグランドキャニオンを守る中で，アメリカ原生自然保存運動は切り札を切っていることに気づいた。「もしグランドキャニオンを救えないなら，一体全体，何を救えるというのだ！」と彼は言った[92]。

1966年6月9日，広告は予期せぬ理由で最大の成功を収めた。6月10日午後4時，「国内徴税局」（Internal Revenue Service）の特別の使者がシエラ・クラブに，クラブが受け取った寄付に税控除措置がとられるかどうかは今後は確約できないという警告文を渡した。すなわち，国内徴税局の見解では，クラブは法律制定に影響を及ぼす「相当程度」の運動，つまり，法律が非課税の対象となる組織に許可しない事柄に従事しているということだった。もし国内徴税局の警告とその後の非課税措置の公式的な取り消しがシエラ・クラブの口を封じ，グランドキャニオンダム建設者の主張を助けようと意図されたものだったとすれば，それは巨大な逆効果を生んだ。

少なくとも一般大衆の目には，グランドキャニオンのための利他的な努力を行なっているシエラ・クラブが連邦政府に罰せられているように映った。抗議は直ちに爆発的に増加した。論争の的となった広告は二つとも新聞の内側に掲載されたものであったが，国内徴税局のシエラ・クラブ批判は国中の新聞の一面記事となった。原生自然としてのグランドキャニオンへの脅威について知らなかったり，気にかけなかったりした人々が今や市民的自由という名のもとに，グランドキャニオンのために立ち上がった。政府は市民の抗議を威嚇できるのか。コネのある裕福なロビイストだけが容認されるのか。税の問題によってグランドキャニオンダム問題は自然保護を超えたものになり，原生自然に関してだけならば決して書くことのなかった数千の人々に抗議の手紙を書かせることになった。一般大衆の関心を表す指標の一つは，シエラ・クラブの会員が1966年6月の3万9000人から，1968年10月には6万7000人に，そして，1971年までには，13万5000人に増えたことである。

ダムのないグランドキャニオンを守ろうとする人々は彼らに有利に流れる世論

の動向の中で，自分たちの主張を推し進めた。1966年７月25日に，シエラ・クラブの別の広告が全国の主要な新聞に掲載された。夏の終わりには多くの新聞や雑誌がさらに三つ目の広告を載せた。この見出しは，「観光客が天井に近づけるようにシスティナ礼拝堂[5]をも水浸しにすべきか？」であった。保存主義者の議論の要点は簡単であった。つまり，システィナ礼拝堂のようにグランドキャニオンは世界の宝の一つだということだ。これは原始のままの状態で保たれるべきである。「原生自然はほとんど消滅してしまった」ということを広告は明らかにした。テクノロジーの論理で武装した人々は「人間を創った諸力」を消し去ることに熱中しているようにみえる。われわれはすでに限界に到達している。そして，「アメリカの大地には束縛されない自由なものが残っている」こと，を確認することが1960年代の原生自然保存運動家たちの定められた運命となった。グランドキャニオンを野生の状態に保つことは，「われわれが次世代の人々を愛した」証拠となるだろう。議論の核心は，進歩思想の優先性や定義に関する問題であった。グランドキャニオンにダムができるようなことになれば，人間は今よりずっとみじめなものになるだろうということが暗に示された。

グランドキャニオンダムと人工湖はほとんどの崖縁からは見ることさえできないという開拓局の反論に対して，原生自然保存支持者たちは，かつて自由に流れ，峡谷を切り取っていた川が今も流れ続けているということを〈知る〉ことは，心理的，感情的な理由から重要だと返答した。さらに，グランドキャニオンを抜けて，ボートでコロラド川を下るという世界最高の原生自然冒険の一つを行なう可能性をダムは取り除いてしまうだろう。グランドキャニオンダムは他の場所の水源開発の資金をやり繰りするという目的のためだけにあるのだという非難はこうした指摘を支えるものとなった。アメリカはグランドキャニオンを「現金支払機」に変えなければならないほど貧しいのか，と保存主義者たちは考えた。計算尺と計算機を用いて，ダム反対者たちは議会と一般大衆に，石炭火力発電所や原子力発電所はダムよりも少ない費用で必要な電力を供給できるということを納得させようとした。ダムは実際には蒸発や浸出によってコロラド川の乏しい水の在庫を無駄にしてしまうだろうという証拠をあげて，別の方面からも攻撃がなされた。このようにして，ダムは太平洋岸南西部水利計画の目的そのものに反して作用するものだということが示された。しかし，大半のアメリカ人にとっては，自動車のバンパーのステッカーが宣言する「グランドキャニオンを救え！」

という単純な嘆願で議論は十分であった。[93)]

1966年夏の熱狂的な状況の結果，内務省と開拓局は1967年１月開催の第90回議会へ改定案を提出した。彼らはマーブルキャニオンを完全に断念した。しかし，(「ワラパイ」[6] (Hualapai) と名前を変えた) ブリッジキャニオンダムは残ることになり，そして，国立公園制度の一部への不法侵入となることを避けるために，グランドキャニオン国立記念物は廃止されることになった。保存主義者たちはこの妥協案に好印象をもたなかった。心臓に当たった弾丸が一つであろうと二つであろうと同様に致命的なものである，と彼らは主張した。そして，名前や地図上で管轄地域を変えても，ダムがグランドキャニオンに置かれるという事実は変わらなかった。妥協は問題外であった。恐竜(ダイナソー)国立記念物を救った妥協案の一部としてグレンキャニオンにダムがつくられるのを目にしていたために，保存主義者たちは懐疑的になり，慎重になっていた。その上，原生自然保護のもつ力に対する自覚はますます高まりつつあった。原生自然制度は現実のものとなっていた。おそらくグランドキャニオンの一部をむざむざ放棄する必要はまったくなかったのだろう。力の政策，つまり，開発業者たちが何年も使用してきた類の力を背景にした行動によって，逆にグランドキャニオンはそっくりそのまま救われうるものとなった。

こうしたものの見方は1967年３月に開かれた，内陸，および，島嶼問題下院委員会の公聴会に反映された。証言のある段階で，内務長官の弟である，アリゾナ州下院議員モリス・K・ユードル（Morris K. Udall）はデーヴィッド・ブラウアーに向けて，シエラ・クラブの非妥協的な態度について疑問を呈した。ユードルはクラブの態度は途方もないものだと思った。彼はブラウアーにこう提案した。仮にわれわれが，「ブリッジキャニオンダムを低く，低く，低く，多分100フィートの高さにするとしても，やりすぎだと言うのか。 ここであなた方が妥協する点は何もないのか」と。これに応じてブラウアーは，「最初に神がそこにおかなかったものは何もそこにおかないということだ」と指摘した。後に彼はこう説明した。われわれに選択の余地はない。取り替えることができないこれらのもののために主張する集団は存在しなければならない」。もしわれわれが止めてしまったら，それは組織であることを止めてしまうことであり，環境保護団体は敗北を認めたも同じことになる。下院議員のユードルは不意を討たれ，明らかに心を動かされ，「あなたたちの強く真剣な気持がわかった。私はそれを尊重する」と答えた。[94]

1967年に保存主義者たちの大義をさらに高めたのは，フランソワ・レイデット（François Leydet）の『時代と川の流れ——グランドキャニオン』（*Time and the River Flowing: Grand Canyon*）であった。この著作は3年前にシエラ・クラブの展示フォーマットシリーズ（Exhibit Format Series）で出版されたものであったが，その時までには人々のかなりの注目の的となっていた。レイデットの文章はグランドキャニオンを通り抜ける川の旅について記述したもので，そこに添えられたカラー写真はもしダムがつくられれば，何が失われるかを感覚的に伝えた。アルド・レオポルドや他の原生自然擁護者たちの選集は大地を前にした時の驚嘆や謙遜を現代文明に存続させ，持続させようとするならば，人は野生のグランドキャニオンのような場所を必要とするのだということを強調した。ハワード・ザーナイザーからの引用はこのメッセージを要約している。「われわれの文化の実質は原生自然から生まれた。そして，生きている原生自然とともに……われわれは力強く生き生きとした文化，健康で幸福な人々による恒久的な文明をもつことになるだろう。人々は……大地と接触することで，常に自分自身を回復させているのだ」と彼は書いた。ここには，ヘンリー・デーヴィッド・ソローなら共感すると思われる考え方があった。そして，ザーナイザーの超絶主義者への高い関心を考えれば，おそらく彼にインスピレーションを与えたのはソローだと言えよう。「われわれは進歩と戦っているのではなく，進歩しているのである」という言葉でザーナイザーの主張は締め括られた。[95]

1967年2月1日，内務長官のスチュワート・ユードルは，ジョンソン政権がグランドキャニオンダムに関する方針を変えたと発表した。当面の間，「中央アリゾナ計画」（Central Arizona Project）は石炭蒸気発電所から資金と汲み上げエネルギーを受ける計画にするとユードルは示唆した。その年の後半にユードルは家族をグランドキャニオンの川下りに連れて行った。その体験に圧倒されたユードルは，自分が峡谷とダムについて「机上」の判断をするという過ちを犯していたと結論付け，それを表明した。今では，彼は「立証責任はダム建設者にある」と考えるようになった。[96]

戦いの最終段階に備え，シエラ・クラブは2本の音声入りカラー映画を頻繁に上映することを計画した。『グランドキャニオン』という映画は，まだ救うことができるものを劇的に表現し，他方で「グレンキャニオン」は失われたものを表した。自然保護クラブと個人の連携を表す「グランドキャニオン対策隊」（Grand Canyon Task Force）という団体は，全国的なキャンペーンのリーダーシップを任された。さらに，１ページ分の全面広告（1967年３月13日）もまた，登場した。ワシントンの郵便箱は再び満杯となり，圧力は効き始めた。1967年６月，内陸，および，島嶼問題上院委員会は，論争上のダムをどちらも排除した中央アリゾナ計画を正式に認可する投票を行なった。1967年８月８日，上院は委員会の勧告を受け入れ，ダムなしの中央アリゾナ計画を可決した。しかしながら，下院では，コロラド州下院議員のウェイン・アスピノール（Wayne Aspinall）が原生自然制度についての議論の時に就いていた内陸，および，島嶼問題委員会の議長の地位を保持していた。アスピノールはグランドキャニオンダムを支持し，保存主義者たちの希望に対する手ごわい障害物となった。しかし，1968年初期までには，ブリッジキャニオンダムの賛成者までもが国民の風潮の変化を感じていた。下院議員のモリス・ユードルは，１月にダム計画を断念したと発表した。彼は悲しげに宣言した。「私は皆さんに率直に申し上げなければならない。いわゆる『グランドキャニオンダム』をもたらすような法案は何であろうとも，今日では議会を通過することはできないのです」[97]。

政治的な帰結がそれに続いた。1968年７月31日には，13億ドルの中央アリゾナ計画に関する上下両院会議はフーバーダムとグレンダムの間にあるコロラド川でのダム建設を特別に禁止する法案に同意した。別の規定は，「連邦権限法」（Federal Power Act）のもとで，どの州も市も，あるいは，先住民のような集団も，グランドキャニオンにダムを建設する資格を得ることができないようにした。1968年９月30日には，ジョンソン大統領はダムのない中央アリゾナ計画法案に署名し，それを法制化した[98]。

一人の匿名の下院議員は，グランドキャニオンダム論争を非難して，「地獄にもかつての保全主義者たちが掻き立てたような憤怒は存在しない」と述べ[99]，原生自然の大義には逆らえないと続けた。もちろん，その議員は自らの主張に年代順の修飾語を付け加えるべきだった。ヘッチヘッチ論争の時代以来，原生自然の価値の保存は繰り返し訴えられてきたが，1950年，および，1960年代になって初めてその憤怒の量と質が政治過程に影響を与えるほど十分に強力になったのである。グランドキャニオンに関して言うならば，その結果は前例のないものだった。政府の後援，内務長官の個人的熱意，コロラド川流域の七つの州出身の上院議員と下院議員ほぼ全員一致の支持，さらに，水とエネルギー利用者の圧力団体の断固とした後援，こういったものに最初から後押しされていたダム，言い換えれば，認可がほぼ確実であったダムが中止されたのだった。

しかし，他のあらゆる政治的行為と同様，グランドキャニオンを救う判断は最終的なものではなかった。議会は与えることも取り上げることもできた。コロラド川の水が下流へ流れる限り，ダムや発電所を求める提案は生き続けることになった。1970年代のエネルギー危機や急成長した西部が水不足に陥りつつあるという認識はますます増大し，コロラド川のダム計画の復活の要求が数度に渡って出された[100]。アリゾナ州，ロサンゼルス市，（ブリッジキャニオンダム用地の一部を所有している）ワラパイ先住民（インディアン—Hualapai Indians）は建設許可を求めて連邦政府に圧力をかけ続けた。しかしながら，議会は断固たる態度を示し，1975年1月3日に，先住民の土地を除いて，279マイルのグランドキャニオンに隣接する土地すべてを含むところまでグランドキャニオン国立公園を拡大した[101]。国際的なレベルでみるならば，グランドキャニオンは1981年に国連の「世界遺産リスト」に加わったアメリカの一地域となった。このリストは1972年に作成されたものであり，全人類にとって重要な特定の自然と歴史の特質を特別に保護するために認定するものである[102]。しかし，法律やリストはただ価値の存在を表明するだけである。グランドキャニオンのような原生自然地域の確実な保護手段はダム抗議を呼び起こした姿勢の中だけにある。そして，こういった姿勢は原生自然に関する未完の思想的な革命にかかっているのである。

グランドキャニオンのコロラド川にある自由な流れという性質が見出しを飾った一方で，議会はより静かな方法で川の保護の制度化に向かって前進した。1968年10月2日，グランドキャニオンダム建設が最終的に敗北したわずか2日後に，大統領は，「国定原生・景観河川制度法」(National Wild and Scenic Rivers System) を設立することになる法案に署名した。国家原生自然保全制度をモデルにしてつくられたこの制度によって，議会が指定した自由な流れの川すべてに法律による保護が与えられることになった。1968年に，国定原生・景勝河川制度法はただちに8カ所を制度内に取り込んだ。その2年後にはメイン州がアラガッシュを付け加えた。1970年代の終わりまでに19の川がその保護下におかれ，その合計は1600マイル以上になった。それに加え，付加の可能性がある50以上の川や川の一部が検討された。国定原生・景勝河川制度法では，新しい原生自然保存運動の根底にあるバランス（均衡）という考え方がはっきりと認められていた。その法律は，「アメリカ合衆国の川の適切な箇所にダムや他の建造物を設立しようとする国の既定の政策は，他の特定の川の……自由な流れの状態を保存する政策によって補完される必要がある」と述べていた。[103] この政策があまりに小規模で遅すぎたことを懸念する人々もあった。1980年までに，野生の川はアメリカで最も稀少な資源の一つであり，ある意見では，コンドルやハイイログマに匹敵するほど絶滅に瀕した種となっていた。多くの原生自然地域とは異なり，すべての野生の川は潜在的な水力発電の源として実利的価値をもっていた。エネルギー，水，あるいは，人口の増加といった国の優先事項の出現が政治の振り子を川の開発の方向へと戻してしまう可能性があった。

しかし，差し当って，アメリカ文化は原生自然とコロラド川のところで一撃を食らわされた文明との間のバランスの中で休止状態にあるようにみえる。その一部は「仕事をし」，他の部分は野生のままに流れている。フーバーダムとグレンキャニオンダムは文明とその物質的要求を象徴する。恐竜（ダイナソー）国立記念物とグランドキャニオン国立公園の中で自由に流れる川はそれとは正反対の価値を表現している。コロラド川をジョン・ウェスリー・パウエル（John Wesley Powell）が1869年に見つけた時の状態に，つまり，妨げられることなく海まで流れる2000マイルの川として保存しようとする徹底論者には，バランスを求めるアメリカの政治制度は敵対するものであった。しかし，今までのところ国民もまた，ワイオミングからメキシコに至るまでダムや貯水池が連結し合ったミシシッピ川のような光景には背を向けてきた。アメリカ文化が原生自然と文明の間で感じるような，真の両面価値（アンビヴァランス）はコロラド川の資源の利用法に関する現在のパターンの中にかなり正確に表現されている。

注

1）　Marshall, “Impressions from the Wilderness,” *Nature Magazine, 44* (1951), 481. マーシャルはこの論文を1930年頃に書いた。

2）　Marshall to Paul Brandreth, April, 23, 1935, Robert Marshall Papers, Wilderness Society, Washington, D.C. マーシャルについての伝記的論評の中の最良のものは，Roderick Nash, “The Strenuous Life of Bob Marshall,” *Forest History, 10* (1966), 18–25, そして，彼の弟のジョージが書いた次の二つの論文である。“Adirondacks to Alaska: A Biographical Sketch of Robert Marshall,” *Ad-i-ron-dac, 15* (1951), 44–

45, 59, and "Robert Marshall as a Writer," *Living Wilderness, 16* (1951), 14–20. マーシャルの著作目録は最後20ページから23ページにまとめられており，*Living Wilderness, 19* (1954), 34–35, に補足されている。

3) Robert Marshall, *High Peaks of the Adirondacks* (Albany, 1922); Russell M. L. Carson, *Peaks and People of the Adirondacks* (Garden City, N.Y., 1928), pp.231–234.

4) Marshall to Russell M. L. Carson, Jan. 14, 1937, Marshall Papers. アディロンダック論争の経緯については，第7章を参照のこと。マーシャルの傑出した父親についての新しい伝記は以下である。Morton Rosenstock, *Louis Marshall: Defender of Jewish Rights* (Detroit, 1965).

5) Louis Marshall to Robert Marshall, March 19, 1927 in *Louis Marshall: Champion of Liberty, Selected Papers and Addresses*, ed., Charles Reznikoff (2 vols, Philadelphia, 1957) 2, 1047.

6) George Marshall, "Robert Marshall as a Writer," 19, に引用されている。

7) Marshall, "Recreational Limitations to Silviculture in the Adirondacks," *Journal of Forestry, 23* (1925), 173; Marshall, "The Problem of the Wilderness," *Scientific Monthly, 30* (1930), 142–143.

8) フロイトの作品のほとんどに潜在するこの考えは以下で，説得力をもって展開されている。*Civilization and its Discontents,* trans. Joan Riviere (New York, 1930). (S・フロイト著／高橋義孝他訳『文化・芸術論』〔フロイト著作集〕人文書院，1969年)。

9) Marshall, "The Problem of the Wilderness," 143–144; Marshall, "The Forest for Recreation," *A National Plan for American Forestry*, 73rd Cong., 1st Sess., Senate Doc. 12, 2 vols. (March 13, 1933) *I*, 469–470.

10) Marshall, *A National Plan*, 466, 469.

11) 以下の文献の引用を参照のこと。Elizabeth C. Flint, "Robert Marshall, the Man and His Aims," *Sunday* [Montana] *Missourian*, Nov. 19, 1939, in Pinchot Papers, Box 1961.

12) Marshall, "The Problem of the Wilderness," 144–145.

13) マーシャルのアラスカの日記，地図，写真は以下に収められている。*Arctic Wilderness*, ed., George Marshall (Berkeley, 1956).

14) Robert Marshall to Harold Ickes, Feb. 27, 1934, Record Group 79 [National Park Service], National Archives, Washington, D.C.

15) Marshall to Ickes, "Suggested Program for Preservation of Wilderness Areas: The Reason for Wilderness Areas" (April, 1934), ibid.

16) Marshall to Ickes, "Immediate Problems of Wilderness Preservation" (April 25, 1935), Marshall Papers.

17) Marshall, "The Problem of the Wilderness," 146, 147; *Nature Magazine, 29* (1937), 235–240; Marshall, "The Wilderness as a Minority Right," [United States Forest] *Service Bulletin, 12* (1928), 5–6.
18) Marshall, "The Universe of the Wilderness is Vanishing," 240; Marshall, "A Plan for the Old Wilderness," *New York Times Magazine*, April 25, 1937.
19) John Collier, *From Every Zenith: A Memoir and Some Essays on Life and Thought* (Denver, 1963), pp.270–275; Marshall, "Wilderness Now on Indian Lands," *Living Wilderness, 3* (1937), 3–4.
20) 彼の努力を示すものとしては，以下を参照のこと。"Subject Classified Files, Division of Recereation and Land Use, U Recreation," Record Group 95 [United States Forest Service], National Archives, Box 1655.
21) Gilligan, "Forest Service Primitive and Wilderness Areas," pp.174–204, が最も信頼のおける議論である。原生自然を歩き回るマーシャルの力量は伝説的なものだ。彼の弟によると，彼は1937年10月までに，1日に30マイルを歩いたことが200回以上，40マイルを歩いたのが51回，70マイル弱のものが数回あった。George Marshall, "Robert Marshall as a Writer," 17.
22) Robert Sterling Yard to Bernard Frank, Sept. 13, 1937 (carbon), Marshall Papers.
23) Marshall, "The Problem of the Wilderness," 148.
24) Harvey Broome, "Origins of the Wilderness Society," *Living Wilderness, 5* (1940), 10–11; Broome to Robert Sterling Yard, Sept. 7, 1939, Marshall Papers; interview with Harold C. Anderson, Dec. 20, 1963, Washington, D.C.
25) この「招待状」は，以下の手紙に添付されている。Robert Marshall to John C. Merriam, Oct. 26, 1934, John C. Merriam Papers, Library of Congress, Box 118.
26) Harold C. Anderson, et al., *The Wilderness Society* (Washington, D.C., 1935), p.4.
27) Marshall to Robert Stering Yard, June 8, 1935, そして，Yard to Marshall, Nov. 23, 1938, Marshall Papers; "Last Will and Testament," (July 12, 1938), Marshall Papers. 特に，「未来の世代のために，野外活動ができるようなアメリカの原生自然の状態を維持する重要性と必要性に関するアメリカ合衆国の市民の知識を増すために」，彼は財産を残した。
28) Robert Marshall to Aldo Leopold, March 14, 1935, Wildlife Management Department Files, University of Wisconsin Archives, Madison, Wis., Box 4.
29) Yard to Frank, Sept. 13, 1937.
30) "The Wilderness Society Platform," *Living Wilderness, 1* (1935), 2. この集団の活動は以下の記録が示している。The Wilderness Society Records, Wilderness Society, Washington, D.C.
31) Yard to Frank, Sept. 13, 1937.

32) Olson, "Why Wilderness?" *American Forests, 44* (1938), 395, 396; Olson, "The Preservation of Wilderness," *Living Wilderness, 13* (1948), 4.

33) Herman H. Chapman, *A Historic Record of the Development of the Quetico-Superior Wilderness and of the Chippewa National Forest, Minnesota* (n.p., 1961); Russell P. Andrews, *Wilderness Sanctuary*, Inter-University Case Program: Cases in Public Administration and Policy Formation, 13 (rev. ed., University, Ala., 1954); Baldwin, "Historical Study of the…Wilderness Concept," pp.133-150, 186-227; Robert C. Lucas, "The Quetico-Superior Area: Recreational Use in Relation to Capacity"(unpublished Ph.D. dissertation, University of Minnesota, 1962), pp.70-111; Sigurd Olson, "Voyageur's Country: The Story of the Quetico-Superior," *Wilson Bulletin, 65* (1953), 56-59; Olson to the author, Sept. 14, 1961; Izaak Walton League of America, *The Boundary Waters Canoe Area* (Glenview, Ill., 1965); New York *Times*, Jan. 13, 1965; interview with George S. James, Regional Forester (in charge Superior National Forest), Hanover, N. H., May 11, 1966.

34) Irving M. Clark, "Our Olympic Heritage and Its Defense," *Living Wilderness, 12* (1947), 1-10; "Olympic National Park," *National Parks Magazine, 74* (1943), 30; Ise, *National Park Policy*, pp.470ff.; "News Items of Special Interest," *Living Wilderness, 13* (1948-49), 25-28; Sierra Club Archives, Sierra Club, San Francisco; E. T. Scoyen, "Kilowatts in the wilderness," *Sierra Club Bulletin, 37* (1952), 75-84; Thompson, "Doctrine of wilderness," pp.248ff.

35) William Voigt, Jr., "Proceedings before the United States Department of the Interior: Hearing on Dinosaur National Monument, Echo Park and Split Mountain Dams" (April 3, 1950), p.415, Department of the Interior Library, Washington, D.C.
原生自然の保存が恐竜（ダイナソー）国立記念物問題に関する論争における唯一の論点ではなかったことは記されるべきである。経済的な理由から，「コロラド川貯水事業計画」全体を批判する動きはあった。この議論はまた，工学，灌漑，あるいは，水力発電への配慮からもなされたし，しばしば，こうした観点からのみダムが反対されることもあった。諸論点の相互作用を大きく扱ったもの，特に，連邦政府の行政政策の形成に言及したものに関しては，下記を参照のこと。Owen Stratton and Phillip Sirotkin, *The Echo Park Controversy*, Inter-University Case Program; Cases in Public Administration and Policy formation, 46 (University, Ala., 1959). それほど有用ではないが，下記のものがある。James J. Brady II, "An Analysis of the Echo Park Dam Controversy" (unpublished M. A. thesis, University of Michigan, 1956).

36) Ray P. Greenwodd, "Proceedings," p.555; Watkins, "Proceedings," p.62.

37) Joseph W. Penfold in a state ment read by Will B. Holton, "Prodeedings," p.406; Kenneth D. Morrison, "Proceedings," p.299.

38) *Annual Report of the Secretary of the Interior* (1950), p.305; Stratton and Sirot-

kin, *Echo Park Controversy*, 46–47, はチャップマンの決定には政治的な意味合いが含まれていたかもしれない，と示唆している。西部出身の，民主党連邦議会の一部の議員はダムでの敗北は彼らの政治的な破局となることを確信していた。彼らはトルーマン大統領に働きかけ，トルーマンはその後チャップマンにダムを是認するよう指示した，とされている。

39）John N. Spencer to Richard M. Leonard, Nov. 30, 1950（carbon）, Olaus Murie Papers, Conservation Library Center, Denver Public Library, Denver.

40）E. Arnold Hanson and C. W. Mattison, *The Nation's Interest in Conservation 1905 and 1955*（Washington, D.C., 1955）, p. 1.

41）David R. Brower to the author, Feb. 18 1962; Stratton and Sirotkin, *Echo Park Controversy*, pp. 21–22.

42）最初のものは1951年にワシントンで，二つ目のものは，1951年にサンフランシスコで出版された。この論争における保存主義者たちの戦略を明らかにする資料を広範囲に集めているのは以下である。Wilderness Society Records, Wilderness Society, Washington, D.C.，および，The Sierra Club Archives.

43）Stegner, ed., *This Is Dinosaur: Echo Park Country and Its Magic Rivers*（New York, 1955）. 原生自然の情熱的な支持者であった，アルフレッド・A・クノップフ（Alfred A. Knopf），がこの本を出版し，論文を寄稿した。

44）Arthur H. Carhart, "The Menaced dinosaur Monument," *National Parks Magazine, 108*（1952）, 19–30; Devereaux Butcher, "In Defense of Dinosaur," *Audubon Magazine, 53*（1951）, 142–149; Margaret Muir, "A Matter of Choice," *Living Wilderness, 15*（1950）, 11–14; Hervey Broome, "Dinosaur National Monument," *Nature Magazine, 44*（1951）, 34–36, 52; "Trouble in Dinosaur," *Sierra Club Bulletin, 39*（1954）, 1–12; "Rugged Beauty of Dinosaur," *American Forests, 57*（1951）, 16–17. これらは見本例にすぎない。

45）例えば，"Sounds of Anguish from Echo Pard," *Life*, 36（1954）, 45–46; "Are You For or Against Echo Park Dam?" *Collier's, 135*（1955）, 76–83; John B. Oakes, "Partisan Feeling Running High on Colorado River Project," New York *Times*, June 14, 1955.

46）Interview with Howard Zahniser, Sept. 10, 1963, Washington, D.C.

47）"Proceedings," pp. 319, 322, 323, 377–378.

48）Murie, "Wild Country as a National Asset: Beauty and the Dollar Sign," *Living Wilderness, 18*（1953）, 27; Stegner, ed., *This Is Dinosaur*, pp. 15, 17.

49）DeVoto, "Shall We Let Them Ruin Our National Parks?," *Saturday Evening Post, 223*（1950）, 44. A condensation appeared under the same title in the *Reader's Digest, 57*（1950）, 18–24.

50）MacKaye, "Dam Site vs. Norm Site," *Scientific Monthly, 81*（1950）, 244.

51) Bradley, "Wilderness and Man," *Sierra Club Bulletin, 37* (1952), 59-67; Zahniser, "The Need for Wilderness Areas," *National Parks Magazine, 29* (1955), 166.

52) "No Dam at Dinosaur," New York *Times*, Dec. 22, 1953.

53) この写真は以下に再掲載された。*Living Wilderness, 18* (1953-54), 36. また，エコーパーク闘争に向けて準備された以下のような文献にも再掲載された。*What Is Your Stake in Dinosaur?* (San Francisco, 1954), そして, Robert K. Cutter, "Hetch Hetchy-Once is Too Often," *Sierra Club Bulletin, 39* (1954), 11ff.

54) U.S. Congress, Senate, Committee on Interior and Insular Affairs, Subcommittee on Irrigation and Reclamation, Hearings, *Colorado River Storage Project*, 83rd Cong., 2nd Sess. (June 28-July 3, 1954), p.503; U.S. Congress, House, Committee on Interior and Insular Affairs, Subcommittee on Irrigation and Reclamation, Hearings, *Colorado River Storage Project*, 83rd Cong., 2nd Sess. (Jan. 18-23, 25, 28, 1954), p.851.

55) Stratton and Sirotkin, *Echo Park Controversy*, p.21; United Press dispatch as quoted in *Living Wilderness, 19* (1954), 26-27.

56) *Congressional Record*, 84th Cong., 1st Sess., *101* (April 19, 1955), pp.4651-4652; Sigurd Olson to the author, Nov. 11, 1961.

57) U.S. Congress, Senate, Committee on Interior and Insular Affairs, Subcommittee on Irrigation and Reclamation, Hearings, *Colorado River Storage Project*, 84th Cong., 1st Sess. (Feb. 28, March 1-5, 1955), pp.696, 679-684.

58) Ibid., 634ff. U.S. Congress, House, Committee on Interior and Insular Affairs, Subcommittee on Irrigation and Reclamation, Hearings, *Colorado River Storage Project*, 84th Cong., 1st Sess. (Part 1: March 9, 10, April 18, 20, 22, 1955; Part 2: March 11, 14, 16-19, 28, 1955), pp.751ff. David R. Brower to the author, Feb. 18, 1962.

59) *Congressional Record*, 84th Cong., 1st Sess., *101* (April 19, 1955), pp.4657, 4641, 4689. 恐竜(ダイナソー)国立記念物運動のために行われた，これらの，そして，他の連邦議会議員たちの演説のほとんどを書いた，とハワード・ザーナイザーは主張した。Interview with Zahniser, Sept. 10, 1963.

60) *Congressional Record*, 84th Cong., 1st Sess., *101* (April 20, 1955), pp.4800, 4804, 4805.

61) U.S. Congress, House, Committee on Interior and Insular Affairs, Subcommittee on Irrigation and Reclamation, Hearings, *Colorado River Storage Project*, 84th Cong., 1st Sess., House Rpt. 1887 (July 8, 1955).

62) *Congressional Record*, 84th Cong., 1st Sess., *101* (June 28, 1955), p.9386.

63) この手紙はすべて以下に再掲載された。*Living Wilderness, 20* (1955-56), 24.

64) U.S. Congress, House, Committee on Interior and Insular Affairs, *Supplemental*

Report on HR 3383, 84th Cong., 2nd Sess., House Rpt. 1087, pt. 2 (Feb. 14, 1956), p.3. この論争の最終合意に関する詳細は，以下に十分に記述されている。"Echo Park Controversy Resolved," *Living Wilderness, 20* (1955–56), 23–43; David Perlman, "Our Winning Fight for Dinosaur," *Sierra Club Bulletin, 41* (1956), 5–8; and Stratton and Sirotkin, *Echo Park Controversy*.

65) *Living Wilderness, 2* (1946), 5 を参照のこと。

66) 原生自然の保存に関する初期の法的な試みに関する権威ある研究は以下のものである。Douglas Scott, "The Origins and Development of the Wilderness Bill, 1930–1956." これは森林学科の修士号として，ミシガン大学の天然資源学部に提出するために準備されたものである。また，意図的ではないけれども，「森林局」と原生自然の保存を進めた「国立公園局」との間の官僚的な緊張に関する有益な文献は以下である。Cate, "Recreation and the United States Forest Service," そして，Gilligan, "Forest Service Primitive and Wilderness Areas."

67) C. Frank Keyser, *The Preservation of Wilderness Areas: An Analysis of Opinion on the Problem*, Committee on Merchant Marine and Fisheries, Subcommittee on Fisheries and Wildlife Conservation, Committee Print 19 (Aug. 24, 1949).

68) Zahniser, "How Much Wilderness Can We Afford to Lose?" in *Wildlands in Our Civilization*, ed., David Brower (San Francisco, 1964), pp.50–51.

69) Zahniser, "The Need For Wilderness Areas," *National Parks Magazine, 29* (1955) 161ff.; "Recommendations: Fourth Biennial Wilderness Conference," *Sierra Club Bulletin, 42* (1957), 6.

70) 引用の文献はS.1176のそれである。これは1957年2月11日に上院に提出された改訂版であり，これは右記の本の中に記載されていた。*Living Wilderness, 21* (1956–57), 26–36.

71) Interview with Howard Zahniser, Sept. 10, 1963. また，以下は，とりわけ，有用である。Scott, "Origins and Development of the Wilderness Bill," and Jack M. Hessin, "The Legislative History of the Wilderness Act" (unpublished Master's thesis, San Diego State College, 1967). Albert Dixon, "The Conservation of Wilderness: A Study in Politics" (unpublished Ph.D. dissertation, University of California, Berkeley, 1968) and Joel Gottlieb, "The Preservation of Wilderness Values: The Politics and Administration of Conservation Policy" (unpublished Ph.D. dissertation, University of California, Riverside, 1972). 両者ともこの問題に政治学的な観点からアプローチしている。

72) 例えば，Richard W. Smith, "Why I Am Opposed to the Wilderness Preservation Bill," *Living Wilderness, 21* (1956–57), 44–50; "Minority Views on S. 174," U.S. Congress, Senate Committee on Interior and Insular Affairs, *Establishing a National Wilderness Preservation System*, 87th Cong., 1st Sess., Senate Rpt. 635 (July 27,

1961), pp.36–43. そして,「アメリカ全国畜産業者協会」のラッドフォード・ホール(Radford Hall)の証言, U.S. Congress, Senate, Committee on Interior and Insular Affairs, Hearings, *National Wilderness Preservation Act*, 85th Cong., 1st Sess. (June 19, 20, 1957), pp.397–401.

73) Hagenstein, "Wilderness Bill Favors a Few," *Pulp and Paper, 34* (1960), 100. ハーゲンステインは1963年の上院公聴会で同じような証言を行なった。U.S. Congress, Senate, Committee on Interior and Insular Affairs, Hearings, *National Wilderness Preservation Act* (Feb. 28, March 1, 1963), p.104.

74) U.S. Congress, Senate, Committee on Interior and Insular Affairs, Hearings, *National Wilderness Preservation Act*, 85th Cong., 2nd Sess. (Nov. 7, 10, 13, 14, 1958), p.573.

75) Roy Hoff, "Should Our Wilderness Areas Be Preserved?" *Archery* (1957). これは以下に引用されている。*Living Wilderness, 21* (1956–57), 60. また,次も参照のこと。"The Wilderness bill," *Christian Science Monitor*, July 3, 1956.

76) David Brower in Senate, Hearings (1958), p.581; Howad Zahniser in Senate, Hearings (1957), p.153.

77) Howard Zahniser and Sigurd Olson in Senate, Hearings (1957), pp.154, 322; David A. Collins in U.S. Congress, House, Committee on Interior and Insular Affairs, Subcommittee on Public Lands, Hearings, *Wilderness Preservation System*, 88th Cong., 2nd Sess. (Jan. 9, 1964), p.56.

78) Hubert Humphrey in U.S. Congress, Senate, Committee on Interior and Insular Affairs, Hearings, *The Wilderness Act*, 87th Cong., 1st Sess., *107* (Sept. 6, 1961), p.18355).

79) Anderson, "The Wilderness of Aldo Leopold," *Living Wilderness, 19* (1954–55), 44–46; *Congressional Record*, 87th Cong., 1st Sess., *107* (Jan. 5, 1961), pp.191–193.

80) Udall, "To Save the Wonder of the Wilderness," New York *Times Magazine*, May 27, 1962.

81) Brower in Senate, Hearings (1961), p.347.

82) Sigurd Olson in Senate, Hearings (1957), pp.319–320; John P. Saylor, "Saving America's Wilderness," *Living Wilderness, 21* (1956–57), 2, 4, 12.

83) Kenneth B. Keating in the *Congressional Record*, 87th Cong., 1st Sess., *107* (Sept. 6, 1961), p.18396.

84) Senate, Hearings (1958), p.1060. また,この法案への賛否を表明した以下の報告者のリストをも参照のこと。U.S. Congress, House, Committee on Interior and Insular Affairs, Subcommittee on Public Lands, Hearings, *Wilderness Preservation System*, 87th Cong., 2nd Sess. (May 7–11, 1962), pp.1749–1762.

85) Public Law 88–577 in U.S., *Statutes at Large*, 78, pp.890–896. この法律は以下で印

刷され，分析されている。*Living Wilderness, 28*（1964）．また，以下でさらなる議論が行なわれている。Michael McCloskey, "The Wilderness Act of 1964: Its Background and Meaning," *Oregon Law Review, 45*（1966）, 288–321; Hession, "The Legislative History of the Wilderness Act"; Delbert V. Mercure, Jr. and William M. Ross, "The Wilderness Act: A Product of Congressional Compromise" in *Congress and the Environment*, eds., Richard A. Cooley and Geoffrey Wandesforde-Smith（seattle, 1970）, pp.47–64; James L. Sundquist, *Politics and Policy: The Eisenhower, Kennedy, and Johnson Years*（Washington, D.C., 1968）, pp.337ff.

86）Steward M. Brandborg（ザーナイザーの後任となる「原生自然協会」の専務理事）to the author, May 2, 1966, および，May 24, 1966. Brandborg, "New Challenges for Wilderness Conservationists"（mimeographed Address, 1968）; Brandborg, "The Job Ahead Under the Wilderness Act"（March, 1967）, Wilderness Society print; Michael McCloskey（シエラ・クラブの常務理事兼事務局長）, "How to Make a Wilderness Study" and "Organizing Support for a Wilderness Proposal"（mimeographed papers distributed by the Sierra Club, March 20 and 31, 1967）. また，原生自然支持者たちがいかに原生自然法に対応したかを示すものとして以下もある。Wilderness Society, "Wilderness Conservation Leader's Background Information Kit"（1967）. そして，「シエラ・クラブ」,「原生自然協会」,「南カリフォルニア環境連合」の後援のもとで，1971年10月29日，30日，31日に開かれた「南カリフォルニア原生自然研究集会」のような会議である。また，以下も参照のこと。*Action for Wilderness*, ed., Elizabeth Gillette（New York, 1972）. これは，シエラ・クラブの「第12回隔年原生自然会議」のペーパーを含むものである。また，次も参照のこと。Michael McCloskey, "Is the Wilderness Act Working?" *Trends, 9*（1972）, 19–23, さらに，McCloskey, "Wilderness Movement at the Crossroads," *Pacific Historical Rreview, 41*（1972）, 346–361.

87）Public Law 277 in U.S., *Statutes at Large,* 40, pp.1175–1178. グランドキャニオンを含むコロラド川地域のすぐれた歴史書は以下である。*The Grand Colorado: The Story of a River and Its Canyons*, ed., T. H. Watkins（Palo Alto, Calif., 1969）. Ise, *National Park Policy*, pp.230–238, はグランドキャニオン国立公園，および，記念物の歴史を扱っている。

88）U.S. Department of the Interior, Bureau of Reclamation, *Pacific Southwest Water Plan*（August, 1963）.

89）U.S. Congress, House, Committee on Interior and Insular Affairs, Subcommittee on Irrigation and Reclamation, Hearings, *Lower Colorado River Basin Project*, 89th Cong., 1st Sess.（Aug. 23–27, 30, 31, Sept. 1 ,1965）and U.S. Congress, House, Committee on Interior and Insular Affairs, Subcommittee on Irrigation and Reclamation, Hearings, *Lower Colorado River Basin Project*, 89th Cong., 2nd Sess.（May 9

-13, 18, 1966). 上記は，グランドキャニオンの諸ダムに対する賛否両論の価値ある集成である。

90) New York *Times*, June 9, 1966, p.35.

91) 以下の引用を使用。*Congressional Quarterly Fact Sheet*, Nov. 1, 1968, p.3024.

92) Interview with David Brower, Nov. 6, 1969. グランドキャニオンダム論争へのシエラ・クラブの関与に関する資料は下記にて入手可能である。The Sierra Club Archives, San Francisco, California.

93) シエラ・クラブのダム反対論の要約に関しては，下記を参照のこと。*The Sierra Club Bulletin, 51* (1966). この雑誌の5月号はグランドキャニオンに関する特別号で，7～8月号には以下の論文がある。"Why Grand Canyon Should Not Be Dammed." また，以下の日付のないシエラ・クラブのパンフレットを参照のこと。*Dams in Grand Canyon — A Necessary Evil?*

94) U.S. Congress, House, Committee on Interior and Insular Affairs, Subcommittee on Irrigation and Reclamation, Hearings, *Colorado River Basin Project*, 90th Cong., 1st Sess. (March 13, 14, 16, 17, 1967), pp.458-459. また，アメリカ合衆国における保存主義者たちの心情に関する資料としては，重要なものは以下である。U.S. Congress, Senate, Committee on Interior and Insular Affairs, Subcommittee on Water and Power Resources, Hearings, *Central Arizona Project*, 90th Cong., 1st Sess. (May 2-5, 1967).

95) Howard Zahniser in François Leydet, *Time and the River Flowing: Grand Canyon* (San Francisco, 1964), p.139.

96) Stewart Udall in *Grand Canyon of the Living Colorado*, ed., Roderick Nash (New York, 1970), p.87. (この論文はもともと *Venture* という雑誌の1968年2月号に掲載された).

97) 上記から引用。

98) 中央アリゾナ計画の立法に関する歴史は以下の主題である。*Congressional Quarterly Fact Shee*t (Nov. 1, 1969), pp.3019-3031. この計画への批判的議論に関しては以下を参照のこと。Richard L. Berkman and W. Kip Viscusi, *Damming the West* (New York, 1973), pp.105-130. A more objective account may be found in Norris Hundley, Jr., *Water and the West* (Berkeley, 1975), *passim*. Valuable insights into the emotions, pro and con, that the Grand Ganyon dams generated are available in John McPhee's account of a trip with David Brower and Floyd Dominy through the Ganyon: *Encounters with the Archdruid* (New York, 1971).

99) *Grand Canyon of the Living Colorado*, ed., Nash, p.105, に引用されている。

100) John Boslough, "Rationing a River," *Science 81, 2* (1981), 26-37; Russell Martin, "The Mighty Colorado," *Rocky Mountain, 3* (1981), 35-40; Steve Comus, "The Colorado River Could Provide L.A. with 5 Billion Watts of Power," Los Angeles *Her-*

ald-Examiner, Dec. 4, 1973. 卓越した本１冊分の議論は以下にある。Philip S. Fradkin, *A River No More* (New York, 1981). 特に，第１章を参照のこと。

101) Public Law 93-620 in U.S., *Statutes at Large, 88*, 2089-2093. 国立公園に追加された土地に関しては，以下を参照のこと。*National Parks and Conservation Magazine, 48* (1974), 5-10.

102) 以下を参照のこと。Roderick Nash, "The Exporting and Importing of Nature," *Perspectives in American History, 12* (1979), 558-559; Russell E. Train, "An Idea Whose Time Has Come: The World Heritage Trust," in Hugh Elliot, ed., *Second World Conference on National Parks* (Morges, Switzerland, 1974), pp.378-379. また，本書第16章の446ページも参照のこと。

103) Public Law 90-542 in U.S., *Statues at Large*, 82, pp.906-918. この法律は好都合にも以下において再掲載され，議論されている。Jack G. Utter and John D. Schultz, *A Hand book on the Wild and Scenic Rivers Act* (Missoula, Mt., 1976). また，以下も参照のこと。River Conservation Fund, *Flowing Free* (Washington, D.C., 1977). そして，"Preserving Our Wild and Scenic Rivers," *National Geographic, 152* (1977), pp.2-59. この法律の意味に関する有用な政治的分析は以下にある。Dennis G. Asmussen and Thomas P. Bouchard, "Wild and Scenic Rivers: Private Rights and Public Goods" in *Congress and the Environment*, ed., Cooley and Wandesforde-Smith, pp.163-174. ホワイトウォーター川の稀少性に関しては，以下を参照のこと。Robert O. Collins and Roderick Nash, *The Big Drops: Ten Legendary Rapids* (San Francisco, 1978).

訳注

[1] 19世紀後半，哲学から一つの学問として心理学が成立。ドイツでは1879年にW・M・ヴントがライプツィヒ大学に心理学実験室を開いた。1890年代にはフロイトが，人間の精神構造を扱う精神分析を発展させ，後に心理分析に大きな影響を及ぼす。

[2] Tennessee Valley Authority。テネシー川流域開発公社。アメリカ大統領F・D・ルーズベルトによる世界恐慌対策（ニューディール政策）の一つとしてテネシー川流域の総合開発を目的として作られた政府の機関。

[3] エーカーフィートは１エーカーの土地を１フィートの高さに満たす水の量。

[4] リバーマイルは，主にアメリカ合衆国で用いられる河口から上流に向かって河に沿って測った距離の尺度。河そのものの長さではない。

[5] イタリア・バチカン宮殿にある礼拝堂。最盛期のルネサンスを代表する芸術家たちの絵画を擁することで有名。次代のローマ教皇を選ぶ会議（コンクラーヴェ）の議場としても使用されている。

[6] アメリカ先住民（インディアン）のワラパイ族のこと。

第13章
原生自然の哲学をめざして

私は街路になるよりは森になりたい。

——ポール・サイモンとアーサー・ガーファンクル（1970年）

もし『サタデー・イヴニング・ポスト』（*Saturday Evening Post*）の特別論説を指標とするならば，1965年11月6日にも原生自然への嫌悪は生きており，そして，それはかなりの程度のものであった。「なぜ，原生自然を破壊してはならないのか」とロバート・ワーニック（Robert Wernick）は問いかけた。彼の見解では，あらゆる善は自然の中で，そして，人間の心の中で原生自然の力を撃退し，追い詰めて，逃がさないことに依拠する。原生自然愛好者に関しては，「彼らは，古いしわくちゃの服，髭を剃っていない顎，老練な言葉を好む。彼らはつばを吐き，汗をかき，先住民族との友情を誇りにする」と述べた。しかし，このフロンティア（西部の辺境地帯）の森林の木々からつくられたベニヤ板の下にあるのは，「退廃的な人物，貴族，俗物」であるとワーニックは考えた。もしもこのような人々が原生自然を望むなら，「旅行用ロケットで，火星やケンタウルス座アルファ星に連れて行けばいい」と締め括った。[1)]

ロバート・ワーニックのような原生自然思想の批判者やより現実的な標的を攻撃する開拓支持者たちに応えるために，20世紀に野生の生物を擁護しようとする人々は原生自然の哲学の公式化に奮闘した。これはつまり，原生自然擁護の底流にある基本原理を見つけ，明確化することであった。それは簡単な仕事ではなかった。過去のアメリカにおける原生自然擁護の特徴は，特定の場所や種や体験の感情的な擁護，時には熱狂的な擁護という形をとってきたということであった。つまり，「グランドキャニオンを救え！」や「アザラシの赤ちゃんを殺すな！」といった熱心な忠告が議論として通っていた。だれも，少なくとも運動の中では，決して「なぜ？」と問いかけてはならないことになっていた。原生自然を評価することは信仰であった。検討されないままの前提は個人にとっては大きな意味をもっていたかもしれないが，現実問題としては原生自然の将来をほぼ決定づけてしまう政治的・経済的な戦いの場においては，あまり助けにはならなかった。暗黙のうちにそのことを認識した保存主義者たちは彼らの中心的な関心とは無関係な議論に頼った。つまり，ダム反対者は野生の川や峡谷の価値について説明する代わりに，しばしば費用対便益比率について議論し，キロワット時，エーカーフィート，基本的利益率について議論した。数多くの特定の市民的自由の擁護の底流には人間の自由という哲学がある。同じような形で原生自然を擁護する一般的な概念が必要とされていた。原生自然の擁護者は，幾度となくその原動力となるものの考案を繰り返してきた。しかし，フロンティアの終結100周年である1990年が近づきつつある頃になると，彼らはより一般的で，体系的な用語を用いて考え始めた。

こうした見方に対しては，これまで回答しなければならなかったことからしても，原生自然に反対する現代的な論拠はより精密に吟味し，検討をしていかなければならない。ロバート・ワーニックの社説は，勤勉な祖先が地上に広げた恵み深い潮流としての文明に対する信条を表現するものである。しかし，潮流と同様，文明は後退するかもしれない。人間は敵対する力，すなわち，野生を常に管理するように努めなければならない。息抜きすることは人間の主な偉業を取り消す危険を冒すことである。第２章（33頁）で述べたように，ワーニック的な考えは，原生自然は人間に敵対しているとしてしかみることができなかった開拓者の伝統の中に大きく存在したものだ。その上，人間はその戦いには決して勝てない。つまり，原生自然は開拓地のすぐ向こうに常に存在し，支配者としての人間に絶えず復讐しようとしている暗い存在である，とワーニックは感じているのである。ピューリタンのように，ワーニックもまた，人間の中にある原生自然を恐れている。文明はこの力を手なづけようとするが，それは依然潜んでおり，ワーニックによると，時折，「戦争や圧制や犯罪」の中で束縛から解き放たれるのだ。

文明は純粋な善であると信じているために，ワーニックの忠告は率直である。人間は，「できる限り自分自身の利益に関心をもち，タカやサイがわれわれの感情に注意を払わないように，われわれもそれらの感情に注意を払うべきではない」ということなのである。もしこのような政策によって野生動物が絶滅してしまったとしても，ワーニックにはその結末を受け入れる準備はできていた。原生自然へのレクリエーションに対する彼の感情も同じであった。「荒れ果てた風景」や「蚊で覆われた光景」を好むわずかな少数者たちがいることは彼は認めていた。ワーニックによればこれは本来，何も間違ったことではない。原生自然を大喜びでムチ打って進むことをむやみに欲しがる人々に対して，「必然的なものに対しては，上品にお辞儀する」ように彼は忠告する[2]。昔のイングランドの王たちは，王立禁猟区を農園や工場にとられた。今日の原生自然は文明に取って代わるだろうし，そうあるべきだ，と彼は結論付けるのである。

現代の反原生自然派の多くは，20世紀半ばにおいてさえもなおも文明は原生自然と敵対するとしたワーニックの前提を共有している。この視点からすると，原生自然保存主義者たちは貴重な天然資源を閉じ込めているだけでなく，手を尽くして現代人を退化した不快な原始状態におとしめてしまおうとしているということになる。太平洋沿岸の木材会社の最有力者である，ウィリアム・H・ハント（William H. Hunt）は1971年に，彼らは「わが国の環境を，病に苦しみ，しばしば空腹状態にある原生自然の段階へ戻そう」とする「復活した古代の自然崇拝カルトの森林呪術医（woodsy witchdoctors）たちだ」と罵った[3]。同じ考えは，土地開発業者チャールズ・フレイザー（Charles Fraser）が原生自然支持者を「ドルイド」（druids）と描写したことにもみられる。ドルイドは古代ケルト人の魔法使いで，オークの木に住むと考えられた精霊に人間の命を捧げた者たちである。「現代のドルイドは，樹木を崇拝し，人間を樹木の犠牲にする」とフレイザーは言った。ジョン・マクフィー（John McPhee）は，このテーマを取り上げ，「地球の友」（Friends of the Earth）の会長デーヴィッド・ブラウアー（David Brower）を「ドルイドの長」と呼んだ[4]。この描写が適切であるようにみえることも時にはあった。というのも，生態学者のギャレット・ハーディン（Garrett Hardin）がもし選択を強いられれば，相対的な数を考慮して，一人の幼児よりも１本のアカスギの存続を支持するだろう，と述べるようなこともあったからである[5]。この時，ハーディンはかなり真剣であり，彼がはっきりと公表した意見は反原生自然的な偏見を高めた。

大抵の場合，反原生自然派は自然を管理するためのしばしば厳しい物理的な努力をそのライフワークに関係している人々であった。例えば，「開拓局」（Bureau of Reclamation）の主任で，1960年代にグランドキャニオンダムの支持者であった，フロイド・E・ドミニー（Floyd E. Dominy）は，ネブラスカ中央部とワイオミング北東部で成長したが，その地では水の管理が人間の生存の鍵であった。「自然はかなりどう猛な動物である」とドミニーは断言した。[6] 結果として，ダムは優先順位を測る彼の尺度の中で最上位を占めた。野生の川は人間の環境修正能力に対する侮辱であった。港湾労働者であり，哲学者であった，エリック・ホッファー（Eric Hoffer）も同様の見解をもっていた。季節農場労働者や砂鉱採掘場鉱夫として，彼は野生の自然は「冷淡で不親切」だと考えていた。彼が地面の上で休もうとすると飼い慣らされていない自然が彼を突き刺した。実際，未修正の自然とのいかなる係わりも，人間に「ひっかき傷や刺し傷をつくり，服を引きちぎり，汚す」。ホッファーは，「生活を耐えられるものにするため」に人はマットレスを使うことをいかにして学び，「自分自身と自然との間に防護層」を挟んだかを記した。より規模を大きくすれば，文明はちょうど，そうした「防護層」（protective layer）だとホッファーは考えた。彼は原生自然よりも文明に対して「同族としての感覚」を感じるとうち明けた。ワーニックのように，ホッファーは科学技術をもった人間が原生自然を完全に征服してしまうことを望んだ。彼の楽園のシナリオでは，人間は，「完全にジャングルを除去し，砂漠や沼を耕作地に変え，不毛の山を台地にし，川を管理し，疫病をすべて撲滅し，天気を支配し，土地全体を人間に適した居住地にする」ことになっていた。この理想郷の中に原生自然のための場所はまったく存在しない。ホッファーの意見では，「地球」（globe）は人間のものであるべきであり，自然のものではないのである。[7]

同じテーゼ（thesis）に関するきわめて洗練された記述はルネ・デュボス（René Dubos）の最近の書物の中にみられる。デュボスは有名な微生物学者であり，世界に抗生物質の原理を教えた人物である。そして，自然（この場合は，微生物）と人間の有益な協力は，彼の思想の顕著な特徴である。土地利用に関して，デュボスは野生のままの自然が基準であるとは考えない。「天然の水路は，人類とそれ以外の種のどちらにとっても，必ずしも最も望ましいものではない」と彼は1976年に書いた。人間によって形づくられ，管理された庭のような地球こそ人間の潜在能力を論理的に発揮させるものだと彼は考える。この種の環境の例として，デュボスは自らの故郷，北フランスを引き合いに出した。人間が2000年間住んだことによって，新石器時代の移住者が遭遇した原始林よりも格段に美しく，豊かで，生態学的なバランスがとれた風景がその地には存在している。彼はヨーロッパを，「半人工的な風景」（semiartificial landscape）だと考えるのだが，それは原始の自然が規則正しく配列された農地，牧草地，そして，森林地域へと変換された結果であった。[8] 同じ論法は，マーティン・クリーガー（Martin Krieger）の1973年の論文である「プラスチックの木のどこが悪い？」にもみられる。「人工の……原生自然は作られてきた。そして，それらが……満足のいくものではないとする根拠などどこにもない」と彼は述べた。『原生自然とアメリカ人の精神』（*Wilderness and the American Mind*）の旧版を引用し，クリーガーはたとえ原生自然が精神状態であるとしても，「代理の環境」があったり，われわれがそれについて考えるあり方を操作してはならないのかと議論する。デュボスと同様，クリーガーの主張の含意は，自然が常に一番よく知っているとは限らないということである。[9]

1980年にデュボスは『地球への求愛』（*The Wooing of Earth*）という意味ありげな表題の１冊の本に彼の考えを集結させた。その最初の章は，「われわれが最も称賛するいくつかの風景は環境の退化が生み出したものである」という思想で始まっている。デュボスは続けて，「生態学的に健康で，美学的に満足がいき，経済的な価値を生み，文明の継続的成長にとって望ましい新しい環境」をつくり出すことによって，地球に求愛する人間の能力を称えている。デュボスは『原生自然とアメリカ人の精神』の初版を引用し，野生の土地にも一定の価値があることは認めている。彼は国立公園を農地に変えはしないだろう。しかし，なぜ，原生自然の環境の中にいたいと思う人がいるのかを理解するのはかなり難しいと彼は告白する。その原生自然の環境は，「われわれの生物学的な自然とは根本的に相いれないものであるために，われわれは文明という装備をもって初めて，その中で機能し，生き残ることができる」のである。[10] 人は狩猟採集を止めた時，永遠に原生自然との生物学的関係を絶ったのだとデュボスは考える。後に残った野生のものに対する愛は純粋に知的なもの，すなわち，精神的な態度であり，きわめて稀少なものである。「自分自身を人間の居住地からできるだけ遠くに引き離そうと試みる……ジョン・ミューア（John Muir）一人に対し，田園地帯とは，人間化された自然を意味すると考える自然愛好家が数百万人はいる」と彼は『内なる神』（*A God Within*）という本の中に書いている。世界のどこでも大半の人々は，「人間の介入によって修正された風景」を好むのだ，と彼は主張する。そのために，「1985年ぐらいまでには，……人間の生活と共存する地球上のほとんどすべては，……人間化されるであろう」と，デュボスは後悔の念をまったく示さず言う。彼の主な関心は，地球に対する操作が聡明に，そして，厳かに行なわれることなのだ。[11)]

ルネ・デュボスが田園的なヨーロッパの生まれであることは，原生自然に対する彼の態度を説明するのに役立つ。微生物学者，造園技師として，自然のプロセス（過程）に彼自身の秩序感覚を課すことを好むということも，同じように説明できる。[12)] しかし，反原生自然的な見解はまったく別の状況からも生じた。デュボスは『内なる神』において，ロサンゼルスの弁護士で，自称「シエラ・クラブ（Sierra Club）の元会員」であるエリック・ジャルバー（Eric Julber）の意見に同意し，それを引用している。ジャルバーはかつては原生自然の「純粋主義者」(purist）でもあり，50ポンドのバックパックを背負って200マイルのジョン・ミューア・トレイル（John Muir Trail）をハイキングし，「残りの人類よりも自分は格段にすぐれていると感じていた」人物であった。しかし，ジャルバーはスイスを訪れ，そして，「それが私の純粋主義的倫理の終わりとなった」と記した。彼は，スイスのアルプスが機械の乗り物によって容易にアクセスでき，非常に多くの人々に利用され，そして，それでも美しく満足のいくものであることを発見した。ジャルバーはロープウェーに乗った。1万フィートのところで，チーズフォンデュ，白ワイン，パイの昼食をとった。そして，ピーナッツバター・サンドイッチとともにシエラの孤立した山頂にいた時とまったく同じようにすばらしいものであると考えていることに気づいた。アメリカに戻り，ジャルバーは，自国の「国家原生自然保全制度」（National Wilderness Preservation System）が，99パーセントの人々を排除してしまっているということに当惑した。「年配の者，若すぎる者，気の小さい者，経験のない者，虚弱な者，忙しい者，身体障害者，単なる怠け者については，……どうなるのだろうか」と彼は問いかけた。彼らの税金は制定された原生自然地域を獲得し，維持することに使われているが，アクセス問題のために原生自然利用者は若くて裕福で暇のある少数のエリートになりがちであるとジャルバーは考えた。ロバート・ワーニックのエリート主義の批判ほど辛らつではないにしても，ジャルバーの批判は反原生自然派の中心テーマとなった。[13)]

「純粋主義」的立場に代わるものとして，エリック・ジャルバーは，「『アクセス』哲学」（Access Philosophy）というものを提案した。例えば，「ロサンゼルスから容易に車で行ける距離内に」ロープウェーをいくつかつくることを提案した。それは一般大衆を数分でシエラの原生自然の中心に運ぶことになるとされた。ヨセミテ渓谷を見下ろす山頂であるハーフドームにレストランやホテルをつくることをジャルバーは心に描いた。そうすれば，「一般の人々が山の頂上で豪華な夜を過ごし，シエラネバタの上に太陽が昇るのを見ることができるだろう」。グランドキャニオンへのアクセスも困難だとジャルバーは感じていた。そこで彼はそれぞれの淵からケーブルカーを下らせるよう提案した。そうすれば観光客は「そのはかり知れない深さを感じる」ことができるだろうと考えた。

しかしながら，彼のアクセス哲学はアメリカ文明のために，原生自然の価値を否定するものであると解釈されるべきではない，とジャルバーは明確に述べた。反対に，「もし私が提案したやり方でアメリカ人が原生自然地域にアクセスすることが許されるのなら，即座に熱狂的な自然愛好者世代をつくり出すだろう」ということが彼の「固い信条」なのだと宣言した。ジャルバーの哲学のかかえる問題は，ある特定の場所の原生自然的特質は大半の定義によると，ケーブルカーやホテルが現れると消えてしまうということだった。「景色」や「自然の美しさ」を「原生自然」と同じものとみなしたことから混乱は生まれた。ジャルバーが好んだ自然は野生のままの自然ではなかったのだ。

人間の「最良の利益」（best interest）という言葉は，アメリカの原生自然の価値に関する現代の議論の中でよく目にするものだ。ロバート・ワーニックは野生のままの自然に対する支配拡大についての賛成論を述べる時に，「最良の利益」という言葉を用いたし，ルネ・デュボスは恵み深い「田園主義」（pastoralism）への賛歌の中でこの概念を心に抱いていた。現代の原生自然に対する擁護は人間にとっても文明にとっても，原生自然を除去することは最良の利益ではないという前提とともに始まっている。環境計画家である，ベントン・マッケイ（Benton MacKaye）は人間性という立場からこの主題に接近した。「まず最初に，理解すべきものは原生自然ではなく，人間だ」とマッケイは宣言した。彼は「群生性」（gregarious）と「単生性」（solitary）という二つの傾向に分類することによって，自らの個人的解釈を始めた。これらのカテゴリーは，二つの集団の人々ではなく，「人間の二つの精神状態」を指すものだとマッケイは認識していた。個人は仲間のいる社会を切望する時もあるし，孤独を求める時もある。[14]

これらの衝動の間に存在すると思われる関係は，1946年の『生きている原生自然』（*Living Wilderness*）の中で詩的に述べられた。「群れを形成している人間は孤独な魂をもつ／原生自然の道はいつかは群集へと戻る」[15]。マッケイはこの理由をいくつか述べようと努めた。人は原始的環境から農村の環境へ，そして，最終的に都市の環境へと進化したと彼は考えた。アメリカではこのプロセスは3世紀の中に凝縮された。その結果，特に，アメリカ人の人間性の中には，同時に「開拓者であり，農民であり，都会人」でありたいという欲求が植えつけられた。効果的な環境計画は人間の内面的性質のこの三つの側面を満たすことを許容するものでなければならない，とマッケイは結論付けた[16]。ソロー（Thoreau）を連想させる仕方で，マッケイ自身は次のように主張した。「私はブロードウェイの呼び物と同じように，新しく刈られた牧草地の香りを楽しむ。この二つとともに，遠く離れた北部の湿気のある沼地のカエルのコーラスをも楽しむ」と。原生自然保存区は，「バランス（均衡）がとれ，文明化された国土の統合された部分であるが，それは耕作地と都市の街区が文明化された国土の統合された部分であるのとまったく同じこと」なのだとマッケイは辛抱強く説明した。原生自然の熱心な愛好者は，「会社の事務員から，洞穴暮らしへ，あるいは，タイムズスクエアからプリマスの岩へ」戻ろうとはしない。彼らの関心は，「枯渇した人間のバッテリーを直接，母なる地球から再充電する」ための機会をもち続けることにあるのだ。定期的に原生自然に依存することは，「邪悪な世界から逃れるために静かな秘密の聖所へ引きこもることではない。よりよい世界をつくろうと骨を折っている最中に一息入れることなのだ」とマッケイは主張した[17]。

北部地方の探検家で，クエティコ・スペリオル・カヌー地域の擁護者である，シガード・オルソン（Sigurd Olson）はマッケイの議論に加わり，原生自然と文明の両方の人間にとっての必要性を検討した。オルソンは多くの本を書いたが，この主題に関する彼の考えの大半は，『リスニング・ポイント』（*Listening Point*, 1958）の中の「ホイッスル」というタイトルの章に詰め込まれている。その中で，彼は原生自然の中で一人キャンプをしている時に，遠い機関車の音を聞いて彼が考えたことを表現した。最初は侵入してきた音に非常にかき乱されたということを彼は思い起こした。しかし，その音が過ぎた後，彼は汽笛は文明の象徴だと考えた。「あの長く心細く物悲しい音と，それを生み出した文化がなければ，多くのものを私は手に入れることができなかっただろう」。多くのものとは，音楽，本，車など，オルソンが使用し，楽しんだものすべてを含んでいた。さらに，彼の原生自然への感謝を究極的に説明するのは，文明の中での彼の生活であった。都市や車や汽笛を鳴らす機関車に囲まれて暮らす経験がなければ，安定させ，かつ，元気づけてくれるものとしての原生自然の最も深い意義を決して理解しなかっただろうということにオルソンは気づいた。オルソンがアサバスカ[1]（Athabasca）の原生自然で遭遇したクリー族（先住民のインディアン）（Cree Indians）は文明的な物の見方を欠いており，自分たちの野生の環境の意味や価値に気づかないでいた。「原生自然と私の個人的な係わりのみで，私は孤独の価値の利点を評価することを学んだ」とオルソンは結論付けた。[18)]

南西部の人気作家，J・フランク・ドービー（J. Frank Dobie）は，「人間に起こりうる最大の幸福は，……文明化されること，過去の壮観さを知ること，美を愛すこと，価値と調和の観念をもつこと，そして，動物的な精神と欲望を保持すること，原生自然で暮らすこと，である」と書いた時に，オルソンのメッセージを正確に叙述していた。[19)]このことはもちろん，まさに1世紀前にソローとエマソン（Emerson）が理想的なものとして扱った一種の融合であった（第5章を参照のこと）。その現代的な表現は残存しているアメリカの原生自然を正当化する重要な要素となった。例えば，チャールズ・A・リンドバーグ（Charles A. Lindbergh）は，「原生自然の知恵」（wisdom of wilderness）について書き，ワーニックが嫌っていた原生自然の状態へ「戻るという苦痛を経験せずに」人はそれに触れることができるかどうかを考えた。リンドバーグは自分について述べ，飛行士としての経歴の中でいかに世界の素晴らしい野生の土地を見ることができたかを記した。「私は科学と原生自然の特質を一つにまとめることをとても好んだ」。彼は人間の未来はこれと同じ組み合わせによって決まると付け加えた。[20)]

ソロー，そして，特にオルソンと出会い，ジョン・P・ミルトン（John P. Milton）は原生自然と文明の間を行きつ戻りつする生き方が両面価値性（アンビヴァランス）への解決策だと感じた。ミルトンはアラスカのブルックス山脈を横切り，北極海まで行った1967年の徒歩旅行に関する彼の考えを洗練させた。彼は最初重さ90ポンドであったバックパックを背負い，6週間の間，ずっと踏み分け道を歩いた。そして，その経験は常にわくわくするようなものではなかった。「完全に文明化した生活でも，絶えず原生自然の中にいる生活でも，一定期間を超えると生活に不足しているものがあらわれる」とミルトンは率直に認めた。鍵となるのは，バランス，つまり，均衡なのである。「私に最もよいものは，両方の世界を対比し，交互に暮らす生活である」とミルトンは結論付けた。そして，それらの言葉の起源を正確に理解していく中で，「文明」の概念と「原生自然」の概念は真の意味をもつためにはお互いを必要とするのだと彼は付け加えた。[21]

同じバランスという観念は詩人ゲイリー・スナイダー（Gary Snyder）の哲学の中に顕著に表れる。スナイダーは自らの原生自然擁護は文明の拒絶ではない，と繰り返し説明した。重要なことは，野生のものと文明化されたものとの連続した範囲の中で，人間の最大の関心事（定義しにくい，よき生活）を識別することであった。自然とテクノロジー，精神と科学，先住民（インディアン）の慣習と白人の慣習，原生自然と文明を融合することによって，人々に適した状態が生じるとスナイダーは考えた。スナイダーは自らの理想を，「1年のある期間は工場を管理し，残りの期間は移動するヘラジカとともに歩くコンピュータ技術者である」とドラマ風に述べた。[22] このソロー式の両面価値性の帰結の一つは人間のニーズ，および，現実的な環境収容力に尺度を合わせた科学技術というスナイダーの理想になりうる。こういった考え方は原生自然と文明の間に緊張があることを否定はしないけれども，原生自然を文明の活力のための重要な要素とみなすものであった。人間には，孤独と社会が，自由と秩序が，美とパンが，必要であることを彼らは理解していた。あるいは，キャサリン・リー・ベイツ（Katherine Lee Bates）が『アメリカ，この美しきもの』（*America the Beauty*）の中で書いたように，作物の実った平原の上には深紅色の山の荘厳さが必要なのである。

保存主義者たちは，原生自然という大義を政治の舞台にもち出す時，文明の価値を退けないように注意した。1964年の原生自然法に賛成する主張を行なった後で，ハワード・ザーナイザー（Howard Zahniser）は即座にこう付け加えた。原生自然の法的な保護は，「われわれの文明を非難するものではない。決して非難するものではない」，むしろ文明を健康で幸福な状態に「永続させようとしているという点において，文明を称賛することなのだ」と。ザーナイザーによると，原生自然支持者たちは永久的に洞穴住居へ戻るようなことは勧めはしない。つまり，「われわれは，公有地で生草を食べた牛の肉を好む。開拓局のおかげで灌漑された土地にできた野菜をおいしく食べる。……われわれの森のパルプでつくられた本で精神を養い，活力を取り戻す」のである。[23] バックパックを背負う高僧である，コリン・フレッチャー（Colin Fletcher）は，原生自然レクリエーションは一時的に原始的なものへ戻ることから恩恵を受けるというあり方を提供するという点に同意した。「私が決してしたくないことは，シャンパンと歩道とボーイング707型機をけなすことだ。特に，シャンパンをけなすことだ。これらのものはわれわれを他の動物と区別する。しかし，それらはわれわれの視界を制限しうるものでもある」[24]。フレッチャーとザーナイザーにとって，適切な解決策は，環境と生活様式のバランスにある。シエラ・クラブのリーフレットの副題に述べられていたように，「健全な開発と無傷の公園――両方を手に入れる道」なのである。デーヴィッド・ブラウアーは，原生自然制度に関する証言を収集するための上院委員会に対して，「真の複合的利用とは，文明と原生自然の両方を包括するものになるだろう」と繰り返し述べた[25]。最高裁判所判事ウィリアム・O・ダグラス（William O. Douglas）はオリンピック半島[2]に言及し，「道路と一定の範囲の原生自然の両方をもつことは可能である」という考えに同意した[26]。長い間，国家原生自然保全制度を擁護してきた国会議員ジョン・P・セイラー（John P. Saylor）は，原生自然を維持することと破壊することの両方から生まれた国民の誇りの中に，この両面価値（アンビヴァランス）思想の起源があることを最も明確に認識していた。彼は，「われわれは偉大な国民である。なぜならば，見事な天然資源をうまく開発し，利用したからだ。しかしまた，われわれアメリカ人が今の姿となったその大きな理由は，われわれの生活への原生自然の影響があったからでもある」と述べた[27]。

原生自然擁護者はこのように認識し，この両面価値（アンビヴァランス）性を彼らの哲学の中に吸収した。その戦略は，原生自然は特徴ある重要な財産の一つとして，アメリカ文明全体の中で一定の場所を占めていることを含むものだった。野生の土地はもはやアメリカ合衆国において文明を脅かすものではなくなっていた。原生自然と文明を敵対関係の中に閉じ込めて考えるのは馬鹿げているといった見方から，1980年代に，ロバート・ワーニックへの返答が出された。ワーニックのトカゲ，ワシ，そして，ジャングルに蔓（はびこ）るつる性植物といったものは，現代の人類にとっては，現実的にはそれほど重要な問題ではなかった。このことを劇的に表現する方法の一つは，48州の中で原生自然は全地域の約2パーセント（定義の問題はこの数字を常に仮のものにしたのだが）であることを指摘することだった。フロンティアは遠い昔に消滅していた。特に東部では，ますます成長しつつある文明の中の島々としてのみ原生自然は存在していた。このような現実が心にあったために，原生自然の代弁者たちは，文明が主張するとされる要求に基づいた議論に説き伏せられることはなかった。新世界の原生自然は3世紀の間，これらの議論に応じてきた。文明との妥協はすでになされていた。アラスカを除くこの国の98パーセントは，技術を手にした人間によって変えられてしまった。原生自然支持のパルチザンたちは残った野生の土地すべてを救おうと考え，1980年代に入り込んだ。原生自然と文明の相対的な比率を考慮すれば，原生自然地域に対する新たな開発のためのいかなる理由ももはや存在しえないと彼らは感じていた。1975年のエドワード・アビー（Edward Abbey）の小説，『モンキーレンチを持つギャング』（*The Monkey Wrench Gang*）を活気づけたのはまさにこの信念であった。この小説では，環境ゲリラ兵の一団が南西部の産業開発テクノロジーに対して妨害行為を行なった。

単一の「価値の稀少性理論」（scarcity theory of value）がアメリカ文明に比べてますます縮小しているアメリカの原生自然という事実と結び付き，現代の原生自然哲学の基礎となっている。アメリカの原生自然についての意見は文明についての意見にかなりの程度左右されていたが，ここにも変化が起こった。国が西に向かって拡大しつつある時には，アメリカ文化の美徳への信頼は高まった。そのような楽観的な雰囲気の中では，原生自然への称賛は時折，気まぐれに表明されただけだった。しかしながら，19世紀の終わりまでには，文明の恩恵についての疑いが巻き起こり，それは未開のものを求める広範囲な一般大衆の熱狂をもたらすほどになった（第9章を参照のこと）。

その後，20世紀の開発政策が文明に対する不満の傾向やそれに比例して高まる原生自然の魅力を変えることはほとんどなかった。いつ果てるともしれない二つの世界的な戦争と厳しい経済不況に巻き込まれたことが，アメリカは西洋世界とともに衰え，おそらく堕落しているというブルックス（Brooks）とヘンリー・アダムズ（Henry Adams），オズワルド・シュペングラー（Oswald Spengler），アーノルド・トインビー（Arnold Toynbee）の考えに現実味を与えた[28]。組織化されすぎた社会によって，人は自律性を奪われてしまうようにみえた[29]。科学とテクノロジーは制御がきかなくなってしまったようにみえた。特に，最初の原爆とそれに続く核実験の不気味な光はそうした見方を強めた。ジークムント・フロイト（Sigmund Freud）に導かれた心理学者たちは，人間は文明化されていない状況の中では，抑圧が少なく，その結果，より幸せであるという原始主義的な考え方を復活させた。

小説家たちもまた，攻撃に加わった。F・スコット・フィッツジェラルド（F.

Scott Fitzgerald）に，「新世界の新緑の胸」について書く気にさせたのは，ジェイ・ギャツビー（Jay Gatsby）のニューヨーク，ロングアイランド社会のけばけばしいうつろさであった。それは，すなわち，3世紀前にオランダ人船員を「驚嘆を感じる［人間の］能力に釣り合う何か」と引き合わせた原生自然である[30)]。ウィリアム・フォークナー（William Faulkner）にとって，深南部において文明化のプロセスが示した不屈の強欲さは，アメリカ文化の価値に対する信頼を崩していくものであった。フォークナーの見解では，「青々とした川沿いの低地は，樹木のない土地へと堕落し，歪められ，ねじ曲げられて正確な正方形の綿畑となる。そして，その綿は自らを砲弾に変え，互いを撃ち合う旧世界の人々にもたらされる」のであった。この哀れな光景を見て，彼は，原生自然の征服は正当化されるものではないと信じざるをえなかった。

フォークナーは最初に牡鹿を殺した時に，アイク・マキャスリン（Ike McCaslin）が考えたことを叙述する中で，自らの考えを象徴的に表現した。「私はおまえを殺した。私の振る舞いは，おまえが命を手放したことを恥じさせるようなものであってはならない。永遠にこれから先の私の行ないは，おまえの死とならなければならない」と。フォークナーのみるところでは，重要なことは，アメリカ文明はアメリカの原生自然の死に恥をかかせてきたということだ。かつてはとても希望に満ちた地であった新世界は「金メッキされた膿胞」となってしまっていた。アメリカ人は自分たちのすばらしい機会に値するような人々ではないことが証明された。彼らは捕食者に成り代わり，仲間の犠牲の上に生活し，そして，フォークナーに「［原生自然を］破壊した人々はその復讐を受けることになるだろう」という気味の悪い充足感を与えた[31)]。フォークナーによると，このことは，アメリカ原生自然と文明の相互作用における最終的な悲劇であった。開拓者は開拓が自滅行為であることを理解していなかった。彼は原生自然とともに，自分自身を破壊してしまう前に，自らの成功を適度なものにしておくことができなかった。ある点までは有益であるが，行き過ぎれば文明は障害となるということはすでに明らかであった。

1960年代には，すでに確立したアメリカ的な価値や制度に対するこの国の歴史の中でも最も激しく広範囲に及ぶ異議申し立てが起こり，原生自然はその恩恵を受けた。新しい風潮が若い人々から生まれた。そして，1960年代半ばにはアメリカの全人口の半分は25歳以下だった。これらのアメリカ人は不況や戦争の傷跡をとどめた親の世代ほどの熱意をもって成功や安全をあがめることはなかった。さらに，アメリカ合衆国の歴史の中で伝統的に原生自然を生贄としてきた神々，すなわち，テクノロジー，権力，利益，成長をも称賛しなかった。彼らの見解では，国民総生産は国の進歩の最高基準ではなかった。中央集権，都市化，産業化は人類の救済者ではなく，むしろ壊滅者とみられた。チャールズ・リンドバーグは1970年代初めに，「文明が人類の進歩に有害なものになることもありうるのではないか」と問いかけた。戦争，暴動，暗殺によって傷つけられた，この10年の終わりまでには，こうした幻滅は広く行き渡っていた。さらに，その頃までには，古きアメリカ人もこの社会的・思想的な反乱に加わり，「若者文化」や「ジェネレーション・ギャップ」という用語は不適切なものになっていた。「対抗文化」(Counterculture) と呼ぶのがより適切であるように思えた。曖昧で包括的ではあったが，その名称は，少なくとも批判的なエネルギーが伝統的なアメリカ的価値の中核に対して注がれていたという事実を示していた[32]。

こうした一般的な方向性の中で，対抗文化は必然的に原生自然の中に価値を見出すことになった。結局，原生自然は，多くの人々が不信感を抱き，憤慨するようになっていた文明に真っ向から対峙するものだった。実際，1960年代の多くのアメリカ人は進歩，成長，競争への固執は平和，自由，共同体（コミュニティ）といった対抗文化的価値を脅かすものだと考え始めた。そして，原生自然を，そして，挿話的に先住民を，その同じものの犠牲者だとみなすようになった。その結果，原生自然を守ることはいわゆる体制に反対する一つのあり方となった。チャールズ・ライク (Charles Reich) がアメリカの優先事項に革命を求めた1971年出版の本のタイトルに，「アメリカの緑化」(greening of America) というフレーズを使用したのは偶然ではなかった。緑の世界は野生の世界であり，本質的な真実を含んでいた。ポール・サイモン (Paul Simon) とアーサー・ガーファンクル (Arthur Garfunkel) は，「街路になるよりは森になりたい」と歌った。確かに対抗文化の一つの目的は「街路」(street) を変えることであったのだが，多くの人々には「森」(forest) であることの方がその目的への相応しい手段であると思われた。

1970年までには，アメリカの一般大衆向けの演説においては「野生の」という形容詞は是認の意を表す言葉となった。対抗文化はそれを自由，本物，自発性と同一視し，俗語では「開けっぴろげにすること」(letting it all hung out) だとされた。ゲイリー・スナイダーは同国人たちに，野生の土地や思想を楽しむことを勧めた。ロバート・ワーニックのような人々のことを念頭に置いて，スナイダーはこう述べた。「本人の最も深いところにある，自然な内的自己の原生自然地域への恐れ」がありすぎる。「その回答はくつろぐことである。昆虫，ヘビ，あなた自身の不愉快な夢に囲まれている中でくつろぐことだ」[33]。ワーニックは自然や人間性の中に存在する野性さを嫌った。なぜならば，それは制御できないからだ。対抗文化はそれと同じ理由で野性さを称賛した。『地球家族』(*Earth House Hold*, 1969) における意味深い余談の中で，スナイダーは長髪という対抗文化の象徴と原生自然とを関連付けた。体制は，人間の利益のために秩序だった環境を好むのとまさに同じ理由から，調髪し，髭をそり，きちんと整えられた髪を好むのだと彼は感じた。散髪した髪は田園風景のようだった。野性的な状態のままで櫛を入れない自由な髪は自然であることを支持するものであった。「長髪は自然の力を受け入れ，経験すること」を意味するとスナイダーは結論付けた[34]。人類が数世紀の間試みてきたもう一つの行程は自然を征服し，包囲することであった。スナイダーと対抗文化をめざす同志たちは今こそ，変化の時だと感じた。特に，彼らは「新しく，環境(エコロジー)に敏感で，調和を指向し，野生の気質をもった科学的，精神的な文化」を，そして，「自然との近接性に基盤を置いた新しい生き方」を，望んだ[35]。チャールズ・ライクとセオドア・ローザック (Theodore Roszak) は，こうすることで科学，理性，テクノロジーへの過剰な依存を拒否し，魔術，直感，神秘，畏敬の重要性を復活させることができると考え，スナイダーとともに活動した[36]。このネオ・ロマン主義[3]は未知で制御されていないものの典型として，原生自然に新しい重要性を与えた。このような文明の新傾向の中で問題となっているのは，文明の存続そのものであると彼らは感じていた。再び，スナイダーの言葉によると，「……外側にある原生自然……から，そして，もう一つの原生自然，つまり，内側にある原生自然から自らを疎外している文化は，非常に破壊的な行為，最終的には，おそらく自滅的な行為をする運命にあるだろう」ということであった[37]。

対抗文化の全盛期にはアメリカ文明への批判は強力になり，原生自然は大きな利益を受けた。「社会には真の価値は残されていない」とヨセミテ公園の数人のキャンパーたちは記者に言った。「ここは美しく本物です。だから，われわれはここに来たのです」[38]。逆に言えば，こうした考えをもつ人々の多くにとって現代の都会の生活様式は耐えがたいものであった。なぜ，原生自然の中をバックパックを背負って歩くのかと問われ，若いカリフォルニアの男は彼のアパートを取り囲んでいる都市を指し示し,「それは私はこんな所からは逃げたかったからです」と答えた。コリン・フレッチャーも同意した。「私は人間の世界を自分の中から追い出すために原生自然に行く」のだとフレッチャーは宣言した。俳優のスティーヴ・マックィーン(Steve McQueen)は,「地球上のどの都市よりも人跡未踏の地の真ん中で目覚めたい」と言った。[39] 重要な点は,原生自然の旅行は当時の内輪言葉を使えば,その成員のある者たちを「疎外する」文化からの逃走であった。野生の土地は社会よりも自己に依存することを要求した。ユタ州立大学のある3年生の学生にとって,原生自然は「自分自身の独自性と向かい合える」機会であった。[40] 原生自然の条件のもとでは,決断は簡潔で,必要不可欠で,個人的なもので,満足行くものである。「4カ月間樹木とともに原生自然にいて,私は自分の知力について学んだ」と一人の若者は述べた。シエラ・クラブの有名なペーパーバック『解き放たれて』(*On the Loose*, 1967)の主要作家テリー・ラッセル(Terry Russell)にとって,「都市生活は恐ろしい生活で,空虚でちっぽけで孤独である。原生自然を学びなさい,そうすれば,あなたは何も恐れなくなる」[41]。1970年代初めに大流行した歌手のジョン・デンバー(John Denver)はラッセルの言わんとしたことを理解していた。彼の世代の人々を動かさずにはおかない夢の一つをはっきりと表現しつつ,デンバーは「ロッキー・マウンテン・ハイ」(Rocky Mountain High, 1972)の中で,27歳の時都会の生活を捨て,コロラドの高地で,キャンプファイヤーを囲む友人たちともに,簡素,誠実,平穏を見出したと表現した。1973年と1974年に,デンバーが最新の自然回帰哲学によって,世界の売れっ子作曲家となったのは意味深い。1960年代の政治運動は明らかに,内的な個人の幸福の探求にとって代わられ,そして,原生自然はその必須の要素であると多くの人々には思われた。ギルバート・スタッカー(Gilbert Stucker)が説明したように,原生自然は「永遠に始まりの場所であり,そこで若者は……実質と象徴の両方をみつける」のである。[42]

対抗文化の反乱と並行して生まれた新しいスタイルの環境運動は現代アメリカ思想における原生自然への熱狂さを説明するのに役立つだろう。1960年代1970年代には「環境」(environment)と「生態学」(ecology)は日常語となった。これらは,ちょうど,「信仰」(faith)がピューリタンを,「能率」(efficiency)が進歩党員(Progressives)を,「安全」(security)が世界大恐慌を経験した世代を説明するように，それらの言葉はその時代を表す言葉となっている。

以前では，「環境保全」（conservation）と呼ばれていたものが，ますます「環境主義」（environmentalism）として知られるようになったものの拡大の背後には不安があった。それは，セオドア・ルーズベルト（Theodore Roosevelt）やギフォード・ピンショー（Gifford Pinchot）の世代に警鐘を鳴らしていた資源が底をついたり，国際政治における競争の優位性を失ったりするという古い不安ではなかった。それはまた，世界の醜悪な眺望から生じたものでもない。例えば，幹線道路の美化，あるいは，生活の質や環境の質という考えの多くに含まれていた「表面的な」環境保護運動は，1960年代が終わると急速に勢いを失った。生態学的認識に基づく新しく激しい衝動は生活の質への危惧を超越し，生命そのものへの不安へと向かった。突然アメリカ人は人間は傷つきやすいということに気づいた。より正確に言うならば，人間をより大きな生命共同体（コミュニティ）の一部として見始めた。人間の存続は生態系の存続と全環境の健康全性に依存している。要するに，人間は自然の一部であるということが再発見されたのだ。生態学的見地はさらに，文明化した人間は地上の生命を維持している繊細なバランスに対して重い負担をかけてきたという認識をもたらした。もちろん，このことはアメリカ環境史において新しい考えではなかった。1960年代と1970年代において新しかったのは，一般大衆の関心の高さと強烈さであり，そして，経済用語よりもむしろ倫理用語でこの問題を定義する傾向であった。[43]

原生自然の現実，しかし，特に，原生自然思想が新しい生態学的指向性をもった環境主義では，重要な役割を果たした。それは人間の生態学的起源やすべての生命体との同族関係や人間は生命共同体（コミュニティ）の中での継続的なメンバーであり，それらに依存していることを明白に思い起こさせるものであった。環境に属しているのではなく，支配しているのだという幻想を与えるテクノロジーから逃れるために，原生自然が必要なのだとハワード・ザーナイザーは考えた。原生自然の中では，「われわれは自分自身が他の生物たちとともに太陽から生命を与えられており，相互依存的な「生命共同体」（the biotic community）に依存したメンバーであると感じるのである」とザーナイザーは指摘した。[44] 1970年のある観察者によると，原生自然は「われわれの種の過去への巡礼者」にとってのメッカであった。こうした「再教育の聖地」において，われわれは生活を食べ物と避難場所という必要不可欠なものへと還元することができる。この環境依存の見地から，人間を

「自然体系の上部，あるいは，外部にいる半神半人としてではなく，自然体系の一部として」みる見方が生まれた。[45)]

生物と自然のプロセスは連続的が相互関連的な網の目のようなものであるということの考え，そして，人間はそれに完全に依存しているのだという考え方は新しい環境主義を特徴付けるものであった。原生自然はそのメッセージを強調した。デーヴィッド・ブラウアーによると，野生の世界は人間の環境に対するニーズを満たす。「そうした環境の中で，文明とは，自分をつくった事物（モノ）の深い進化の流れの上にかぶさった1枚のベニヤ板でしかないことに，人間は気づかされる」のであり，それは「われわれの始まりとわれわれの行く末を考え，受け入れ，敬意を払い，愛し，思い出すことを学ぶ舞台」なのであった。[46)] 南西部のスリックロックの原生自然の解説者エドワード・アビーにとって，野生の土地は，文明化した人々に，「向こうには違った世界がある。われわれの世界よりもずっと古く，立派で，深い。ちっぽけな人間の世界を取り囲み，維持する世界がある」と気づかせる力をもっているものであった。[47)]

同時代の原生自然擁護者にとって生態学的視点はある種，本能的なものであった。ウィリアム・O・ダグラスは野生の土地との接触によってすべての生物を「人間も属する鎖の輪」としてみるようになった，と書いた。[48)] ダグラス・バーデン（Douglas Burden）の考えでは，原生自然体験は「われわれが偉大な連続体の一部であるという認識」を生じさせるものである。「なぜならば，さまざまな生命の組み合わせの中には根本的な統一があるからだ」。[49)] そして，叙事詩的なハイキングを描写して，1970年代のベストセラー作家になったコリン・フレッチャーは，原生自然との接触後，「あなたの身体の組織の深いところでは，……あなたは生命の網の目の一部であり，生命の網の目は生物以前である岩，空気，水の一部であることを知る。あなたは宇宙の全体性，つまり，偉大な統一を知るのだ」と書いた。そして，こうした知識を得た結果，あなたは「世界は人間のために創られたとする無知から来る前提をも」捨て去るのだ，と彼は述べた。[50)]

生態学と原生自然の両方から頻繁に引き出された教訓は人間の謙虚さの必要性であった。巨大な規模で自然を修正する力を手に入れたために，人間は今では，責任ある環境的な市民権の必要条件となる自制を発展させなければならなかった。[51)] このことは人間同士の関係から，人間と環境を含む関係へと順々に倫理を拡大することによって行なわれた。つまり，アルド・レオポルド（Aldo Leopold）

が1930年代と1940年代に主張した「土地倫理」(land ethic) のようなものである。長い時間をかけて確立された人間以外の存在の権利に対する人間の無分別さを考えれば，これは短期間にできることではなかったし，簡単なことでもなかった。しかし，原生自然はその手助けになりうるものである。[52] ハワード・ザーナイザーが述べたように，原生自然が人間にとって最も必要であるのは，「共同体（コミュニティ）に尊敬の意を表し，環境に敬意を示す中で，人間の尊大さを捨て去り，謙虚になろうとする」ことの助けとなるからである。[53] バーバラ・ワード (Barbara Ward) と，一時的に田園的なものへの偏向をきっぱりと否定したルネ・デュボスは，人類は「もし人間的秩序が生き残ることになるとすれば，人間が最も必要とする地球的な謙虚さのようなものの偉大な教師として原生自然を見出すであろう」と主張した。[54] 人類学者のローレン・エイズリー (Loren Eiseley) は，文明化した人間は野生のままの世界との出会いによって，生命や生命という観念に対するきわめて必要とされる敬意を発達させることができると感じた。[55]

自制の意味と重要性への評価は，多くの人々が感じる環境的責任の探求において原生自然がもたらすことができるかもしれないもう一つの貢献である。原生自然を保存することは，制限を設けることを意味する。つまり，開発のためにここまでは行くが，それ以上は行かないということに事実上，なるということだ。われわれは原生自然がもっているかもしれない物質的資源を使うことなくやっていくことに同意する。デーヴィッド・ブラウアーは1960年代後半に，グランドキャニオンダムの建設を止めることで経済が犠牲になるということならば，アメリカ合衆国は今よりずっと貧しくあることを選ぶべきだと好んで言った。アメリカ人にとって，特にこの種の自己抑制は簡単なことではない。成長と発展を進歩と繁栄に伝統的に結び付けてきたことが主な障害であった。1960年代に，環境主義者はより大きいことがよりよいとは限らないと主張して対抗文化に合流した。より少ないことがより多いということにもなりうる。原生自然の保存は人間と地球の関係における革命的な新しいあり方の重要なシンボルとなった。それは制限や自制の必要性を認識した。それは人間以外の生命体の諸権利を認めた。原生自然はつまるところ，地球は人間のものではないことを示す最良の証拠であるようにみえた。それは人々に自分自身を地球の一部としてみるよう促した。このようにして，原生自然はビル・デヴァール (Bill Devall) が「浅薄な」(shallow) 功利主義と呼んだものから，生態系すべてに対する「深遠な」非人間中心主義的な関心へと向かう最近のアメリカ自然保護運動の方向転換の先頭に立った。[56)]

対抗文化と環境運動のもたらした有利な状況の中で，原生自然の価値に関するいくつかの付加的な思想は今日，特別な注目を受けるものとなっている。率直に言って，まったく新しいものはほとんどない。原生自然擁護者はとりわけ，アルド・レオポルド，ジョン・ミューア，ヘンリー・デーヴィッド・ソローの考え方に頻繁に戻った。20世紀の終わりが近づいた頃に新しかったのは，原生自然の将来は説得力のある哲学を広めることによって決まるのだという認識だった。こうした認識はかつてはなかったものだ。

現代の原生自然擁護において繰り返し現れる議論の一つは，正常な生態学的プロセスを育む場所，そして，遺伝学的な原料の多様性を育む場所としての原生自然の重要性に焦点をあてるものである。野生の土地は文明によってもたらされた変化を測るための基準として科学が用いることができる未修正の自然モデルである，と生物学者たちは言う。アルド・レオポルドの思想的な足跡を辿りながら，現代の生態学者たちは，医学研究者が正常で健康な人々を必要とするように，原生自然を必要とすると主張する。この考えの一つの帰結は，「国連人間・生物圏計画」(The United Nations Man and the Biosphere Program) であった (本書の445ページを参照のこと)。この計画の1970年代における目標は，世界の主要な生態系の代表的な見本を保存することであった。特に人口の多い温帯地方では，保護は原生自然保存地区の指定がなされるか否かにかかっていた。

野生環境は生物学的に多様なものであり，その多様性が安定性に寄与していることを生態学は自明の理としていた。原生自然はすべての生き物に，つまり，人間が役に立たないと考えたさまざまなものにさえ生息地をもたらした。マイケル・フローム (Michael Frome) が書いてきたように，原生自然は，「もし原生自然がなければ滅びてしまうと思われる無数の種の最後のホームグラウンド」であった。[57)] 確かに，種の保存理論には功利主義への傾きがあるが，現実的には最も影響力があるものであった。『沈みゆく箱船』(*The Sinking Ark*) の中で，ノーマン・マイヤーズ (Norman Myers) は，医学と農業が「無駄な」種と言われたものから受けた多くの恩恵を記述した。その無駄な種は原生自然の中で，人間の保護を受けず，そして，しばしば，人間にそれまで知られることなく生き残っていたものであった。[58)]

しかし，同時代の大半の生物学者たちと同様に，マイヤーズはもっと問題とすべきことは人類の現在の物質的利害よりも生物の多様性の保存の方である，と考えた。そこには，進化のプロセス全体が含まれているようにみえた。その議論は自明の説明から始まった。つまり，地球上の生物の起源や形成には，家畜の飼育や農業の始まりとともに人間が自然に課し始めた支配された秩序との間よりも，原生自然との間に計り知れないほどの関係があったのだという議論である。デーヴィッド・ブラウアーは数十人の聴衆に向かって，「DNA がもっている必要不可欠な創造能力はすべて，原生自然の中で形作られたものであり，文明の中ではないことを覚えておいてほしい」と言った。原生自然は進化のるつぼだった。地質学上の時間の最後のほんの小さな部分において，人間を支配したものを支配するという不確かな海へ漕ぎ出したにすぎない。ブラウアーは，「原生自然を終わらせることは，人間を含む全生命体を生み出した状態を終わらせることだ」と説明した。そして，彼はさらに，こう付け加えた。原生自然を救うということは，「生命の力，つまり，地球上の生命の始まりにまで中断することなく遡る生きた鎖，……すなわち，驚くような複雑性をもち，われわれがこの惑星にとどまることを可能にしたり，とどまるためには絶対に必要な力」を救うことなのである[59]。もしかしたらルネ・デュボスが信じたように，人間は自然よりもすぐれた世界をつくりうるかもしれない。しかし，彼の同時代人の多くはこのことについて十分に確信をもてなかったので，原生自然がつくったこの生物学的ルーツを断つことはできなかった。物理学者 A・J・ラッシュ（A. J. Rush）は彼らを弁護して，こう書いた。「人間が原生自然を消し去る時，この惑星上に人間を配置した進化の力を退けているのだ。きわめて恐ろしい意味において，人間は独力で生きることになる[60]」と。

こうした考えから生まれる恐怖は現代世界における種の絶滅率にしばしば集中した。現在この惑星をヒトと共有しているおよそ1000万種のうちの５分の１もが１世紀以内に消えていくだろうと生物学者たちは推定した。これはテクノロジー文明の興隆以前よりも絶滅率は数千倍増しているということだ。良きにつけ，悪しきにつけ，自然淘汰はもはや進化を後押しする推進力ではなくなっていた。人間とその責任は，すさまじく大きかった。「自然保護協会」（Nature Conservancy）は，「生態学の図書館」を空にすることだと表現した。ブラウアーは「創造主の偉大な百科事典」からページを引きちぎることだと表現し，そして，マイヤーズは「沈みゆく箱舟」（sinking ark）と言った[61]。しかし，アルド・レオポルドがウィスコンシン大学の野生生物生態学科の学生たちに環境の修繕を成功させるための第一の法則はあらゆる部分を貯蔵することだと特徴的な言い方で教えた時，この概念に最も意味ある形を与えたと言えるかもしれない。[62)]

この見地から，原生自然はさまざまな生命体が完全に損なわれずに残っている環境として重要であると考えられた。実際，エドワード・O・ウィルソン（Edward O. Wilson）は品種改良されたトウモロコシの畑や家畜の飼育場のように，人間が修正した環境とは対照的な生物学的複雑性をもつ地域として，原生自然を定義した。ウィルソンは，南アメリカの野生の熱帯雨林にある山の一つは200〈種〉のアリを支えていると報告した。そのような場所を農業のために切り開いてしまうことは10億年をかけてつくられてきた生物学的奇跡を引き裂いてしまうことだ，と主張した。[63)] もちろん，種の絶滅を含むいくらかの自然の修正は正当な人間のニーズとして擁護できるかもしれない。しかし，世界人口が50億[［4］]に近づくにつれ，ウィルソンのような生物学者は文明化のプロセスは行き過ぎではないかと思うようになった。ここでも，それはバランスと割合の問題であり，原生自然の稀少価値の問題であった。ナンシー・ニューホール（Nancy Newhall）の言葉によれば，原生自然は「人間がどう尋ねればいいかもまだわからない質問に対する答え」をもっているのであった。[64)] つまるところ，原生自然は選択を未定のままにしておいてくれるのだと考えられた。間違いを犯す人間の潜在性に対して築かれた生け垣のようだと思われたのである。

原生自然を守るもう一つの方策は，歴史に対する原生自然の重要性を強調することであった。野生の場所は文書として，すなわち，人間の過去に関する情報源として高く評価されうる。「図書館」として，原生自然には生態学的重要性を超えたものがある。潜在的な歴史的知識を保存し，かつてこの惑星を占めた人々の大半が彼ら自身と彼らの世界についてどう感じていたかを直接知るための機会を与えてくれる。もちろん，原生自然の稀少価値が役割を果たす。温帯地方では，その大半が文明によって修正されてしまったので，そこでは原生自然地域は稀少本のようだった。これらを失うことは文化的な記憶喪失になるという危険を冒すことだ。

歴史的文書として，原生自然はどの国民にも意味をもつが，アメリカ人たちは野生との特に親密な関係を主張した。フレデリック・ジャクソン・ターナー（Frederick Jackson Turner）とセオドア・ルーズベルトに続いて原生自然について考えた哲学者たちはアメリカ文化には原生自然との密接で長期にわたる関係の痕跡がある，と主張してきた。1935年にトマス・ウルフ（Thomas Wolfe）は，アメリカのルーツに「遡れば，そこには貧困と困難，孤独と寂しさ，死，そして，原生自然の中に入っていくという言葉では表現できないような勇敢さがある」と書いた。さらに，野生は国の「母」である。なぜならば，「まだ話もしない……不慣れで孤独な人々が最初に自分自身を知ったのは，原生自然の中だった」と彼は続けた。ウルフにとって，アメリカの真の歴史は，「孤独の歴史，原生自然の歴史，そして，永遠なる地球の歴史」であった。[65] ガートルード・スタイン（Gertrude Stein）は別の言い方でこう述べた。「アメリカ合衆国では人がいる場所よりもいない場所のほうが多い。このことがアメリカを現在の姿にしているのだ」。[66] ウルフとスタインはもし国民性といったものが存在するのならば，原生自然はアメリカの性質を説明すると考えた人々であった。原生自然は明確にアメリカ的であるものについて学び，そして，おそらくそれを維持するための最良の場所でもあったのだろう。ジェラルド・パイエル（Gerard Piel）が言ったように，「原生自然は夢を思い出すためにそこにある」のであった。[67]

アメリカ思想とアメリカ文化が原生自然から受けている恩義は，早くも1890年代にターナーの「フロンティア・テーゼ」（frontier thesis）に記されている。それは，フロンティア時代から遠ざかるにつれて，新しく，より雄弁な形で明確化されてきた。最良のものの一つは，小説家で歴史家であった，ウォーレス・ステグナー（Wallace Stegner）によって1960年につくられたものだ。彼は「野外レクリエーション資源検討委員会」（Outdoor Recreation Resources Review Commission）に対する陳述を，彼の原生自然賛成論はレクリエーションとは関係がないという意見を述べることから始めた。ステグナーが議論したかったことはアメリカ史とアメリカ史における原生自然の役割である。彼は原生自然は不可欠な形成上の影響力であると理解していた。なぜならば，「アメリカ人が新しく異なったものであるとすれば，それは野生の土地で自らを回復した文明人であるということ」だからだ。ステグナーの見解では，原生自然との接触を失うことは，アメリカ人という特徴を失う危険を覚悟することであった。「もしもわれわれが残った原生自然を破壊すれば，何かがアメリカ国民としてのわれわれから失われるだろう」と彼は続けた。その「何か」は，新世界での新しい出発に付随する約束であり，ステグナーにとっては「アメリカの夢」の本質であった。ステグナーを心配させ，彼に1960年の手紙を書かせたのは，「アメリカ人を他の人々とは異なるものとしたもの，そして，産業都市の喧騒の中で忘れてしまうまでは，アメリカ人を他の人々よりも幸福にしていたもの」を失ってしまうという予測であった。彼は残ったアメリカ原生自然を，「原生自然の銀行のようなもの」として保つことを勧告するよう委員会を促した。フロンティア開拓のような集合的な経験はその中でこそ保護されうる。美術館，道端の開拓村，フロンティア・ランドは原生自然を直接知る機会に代わるお粗末な代用品にすぎないことをステグナーは知っていた。[68)]

哲学者で弁護士のマーク・サゴフ（Mark Sagoff）はステグナーの議論をさらに一歩深めた。1974年に，彼はアメリカ人の国民性の中心的な象徴としてのその重要性に基づいて，原生自然を保存するための非功利主義的な理論的根拠を提出した。サゴフによると，自然を保存する義務は，「われわれの文化的伝統，国民的価値，歴史，そして，それゆえ，われわれ自身」に対する義務である。法的・政治的「権利」は危機に瀕していると彼は断言した。あるゆる市民は選挙権をもっているのとまったく同じように，「国の文化に参加する権利」をもっている。「自分たちの歴史に対する，自分たちの文化の印やシンボルに対するこの市民の権利」によって，原生自然の保存はアメリカ国民にとって，陪審審査と公共教育のような制度の維持と同じほど必要なものとなる。原生自然を取り去れば，アメリカ人となる機会を取り去ることになる。[69)]

原生自然の歴史的価値に関する同様の考え方は，原生自然と人間の自由との特別な関係を強調した。ステグナーは野生の土地を「希望の地形の一部」と述べ，この関係を表現した。[70)] ピューリタンは野生のままの新世界の中に心ゆくまで参拝できる聖なる地を見出した時に，このことを理解していた。ロジャー・ウィリアムズ（Roger Williams）もまた，ピューリタンの寡頭政治と意見を異にした時，ナラガンセット湾（Naragansett Bay）の，そして，後にはロード島の原生自然へ向かった。1840年代には，モルモン教徒たちもまた，原生自然の中に自由を見つけた。1960年代におけるいくつかの対抗文化コミュニティ（countercultural communities）も同様であった。

生態学者たちが生物学的多様性への原生自然の貢献を認識した一方で，社会科学者と人文学研究者は思想的多様性を維持するための原生自然の重要性を強調した。原生自然はその定義上，制御も組織化もされないものであり，文明とは正反対のものである。そのために，原生自然は肯定的な意味において，逸脱，異常さ，特異性が豊かな地である。レイモンド・ダスマン（Raymond Dasmann）は，原生自然地域を「自由の貯水池」（reservoirs of freedom）と呼び，これなしには「最後の野生のもの，つまり，自由な人間の精神のために残された場所は存在しなくなるだろう」と述べた。[71] ジョセフ・ウッド・クラッチ（Joseph Wood Krutch）はこれに同意し，「原生自然と原生自然という思想は人間精神の永遠なる故郷の一つである」と書いた。[72] もちろん，ソローはこうした方向の考え方の重要な先駆者であったし，アルド・レオポルドもまた，然りであった。彼の格言，つまり，「地図上に空白のスペースがない時に，自由が40あったとしてもそれが何の役に立つのか」という言葉（第11章を参照のこと）は同時代の「原生自然の哲学」（wilderness philosophy）において，一般的な引用句となった。

ジョージ・オーウェル（George Orwell）の『1984年』（*Nineteen Eighty-four*, 1949）やオルダス・ハクスリー（Aldous Huxley）の『すばらしき新世界』（*Brave New World*, 1932）に記述された未来の全体主義的社会のようなものへの恐怖は，自由で組織されない環境としての原生自然への多くの弁護の中に含まれている。シガード・オルソンは，特に，「われわれは，自らの一部である精神的価値を失うという危険の中にあることを理解している」と記した。[73] オーウェルの小説に登場してくる，未来の警察国家の支配者たちが原生自然を根絶したのは，原生自然は思想や行動の自由を支えるものだということを彼らが知っていたからだということにオルソンは気づいていた。この原生自然の保存の重要性は単なるレクリエーションを超越していた。反政府ゲリラの集団が未だに山地へ向かうという事実はこのことの証明となる。山地がなければ，抵抗の可能性，そして，抵抗という考えさえもかなりの意味を失う。最高裁判所判事のウィリアム・O・ダグラスは，原生自然が失われると，人間はより簡単に「自動人形」（automaton）になるだろうと感じていた。したがって，「道路の引かれていない地域は，自由の証である」。エドワード・アビーはグランドキャニオンやハイシエラのような場所を野生のままに保つための「政治的理由」を提供した。彼は，そういった場所を独裁的な政府や政治的圧力からの避難場所として，そして，……「中央集権的な支配への抵抗の基盤」としてみた。[74] ウォーレス・ステグナーはこの考え方を簡潔に述べた。「残った原生自然がなくなってしまえば，われわれは束の間の熟考や休憩のための変化さえもないままに，テクノロジーのシロアリ生活へ，つまり，完全に人間に支配された環境である「すばらしい新世界」へと一目散に突進していくことになるのだ。[75] ゲイリー・スナイダーは同様の恐れを心に抱き，「破壊されるための原生自然はもうあまり残っておらず，心の中の自然は切り倒され，焼き払われつつある」と述べた。[76]

「創造性」（creativity）という概念は，現代文明における原生自然の価値に関する最近のまた別の研究にとっての出発点となった。ある段階では，偉大な自然が偉大な芸術や文学にインスピレーションを与えたという19世紀の文化的ナショナリストのテーゼの繰り返しがみられた。[77] 現代の例として，原生自然擁護者たちはジョン・デンバーの音楽，エドワード・アビーのエッセイ，アンセル・アダムズ（Ansel Adams）とエリオット・ポーター（Eliot Porter）の写真，1975年にピューリッツァー賞を獲得したゲイリー・スナイダーの詩をあげた。しかし，思想家たちの中には，より深いレベルで原生自然と創作過程の間にはつながりがあるのではないかと思う人々もあった。再度，ソローに戻れば，彼は原生自然を「生命の原料」（raw material of life）と呼び，探求を始めた（本書の113ページを参照のこと）。アルド・レオポルドは，「手付かずの原生自然」（raw wilderness）という「単一のスタート地点から何度も続けられている遠足」で構成されるものとして人間の思想史全体を理解した（本書の237ページを参照のこと）。エドワード・アビーはこの考えを，『砂漠の隠者』（*Desert Solitaire*, 1968）で発展させ，野生の土地では，われわれは「存在の根底，すなわち，基本的で根本的なものと……即座に，そして，直接的に遭遇するのだ」と述べた。[78]

もし芸術的・思想的な創造性の源泉がこの基礎的な現実に新しく分け入ること，そして，それを解釈することに依存しているのならば，原生自然は新しい考えに必要不可欠なものであると議論されることになる。エマソンが宇宙との本来の関係と呼んだものを原生自然はもたらしうるものである。それに代替されるものは合成物から生じた合成物である。あるいは，ラッセル兄弟が1967年に述べたように，「最初の芸術家のあとは……模倣者のみ」ということである。このことは発見が見知らぬもの，修正されていないもの，野生のものを要求することを暗示している。[79]「草分け的な」（pathfinding），「先駆的な」（trailblazing），「開拓者的な」（pioneering）といった学問における記述がもともと，原生自然の文脈の中のものであったことは偶然ではない。原生自然がなくても創造力は消えずに残るかもしれないが，少なくとも違う方向へと向かうであろう。

原生自然の体験が精神の健康に役立ちうるということは保存主義者たちに別の議論の方向性を与えた。ジークムント・フロイトは彼の仕事の基礎を文明の抑圧的な影響においた。ミネソタのガイド，シガード・オルソンは，原生自然のカヌー旅行が彼自身と客に与えた影響を説明することで，フロイト理論に実質を与えた。原生自然の中で生活した数百万年という時間は人間の精神に痕跡を残し，相対的に短い文明はそれを消すことができなかったのだと彼は理解するようになった。心理学的に，人間は「未だ，森や草原や水と調和している」。原始的状態から遠く離れたところに来てしまったが，それを忘れてしまうほど遠くではない。こうした種としての経験という背景の帰結として，実際，人間は野生の世界との関係を恋しく思う。自分自身の能力に頼って生き残るという身体的な挑戦を奪われているために，人は欲求不満や不幸せや漠然とした抑圧を感じる。その改善策として，「病人が医者に行くように，1カ月に一度，あるいは，1年に一度」原生自然を求める人々もいる。野生の土地では，彼らは大昔の慣習に戻り，展望を取り戻す。オルソンはこれを簡潔さ，平穏さ，そして，「都市では，頻繁に失われてしまう長期的視点」と定義した。原生自然へと足をのばすことで，人工のものを自然のものに一時的に交換することができる。これは，「われわれが住むハイスピードの機械的な世界において精神的な支え」を見つける一つのあり方である。文明化された人々は，「常に最後のフロンティアへ引き寄せられるだろう。そこでは，人間という種がもつ基本的な満足感と喜びをいくらか取り戻すことができる」とオルソンは結論付けた[80)]。彼は原生自然での旅行の中で，ものうげで，ほとんど絶望的な都市の人々が健康で幸福になるのを幾度となく見たことについて記述した。そのような体験は単なる休暇というより，健康な心に不可欠な心理学的な休日であるとオルソンは感じるようになった。

心理学専門家と精神科医は，オルソンの感じたことを支持する臨床の証拠を提供し始めた。二つの異なった，だが，必ずしも矛盾しない理論が登場した。一つは，文明によってあまりにも複雑につくられすぎた生活を簡素化し，スピードを落としてくれる原生自然体験のもつ力を強調するものだった。野生の土地では，人々は騒音，ストレス，そして，特に過剰な他の人間の存在からの息抜きをすることができる。孤独はすぐれた医者だと言われていた。神経科医のウィリアム・C・ギブソン（William C. Gibson）はシエラ・クラブの会議において，「アメリカの樹林草原（parkland）はわれわれがもつ最も偉大な精神の健全性のための保護者である」と述べた。[81] 純粋に経済的な基準を用いて言えば，一つの原生自然地域によって社会は数カ所の精神病院の費用を節約できるだろうと何人かの精神科医は述べた。実際，「原生自然療法」（wilderness therapy）というフレーズは1970年代の精神医療文献の中でますます目立つようになってきていた。[82]

一部の心理学者たちにとってはストレスは敵であったが，他の心理学者たちには，適度に，そして，原生自然の状態の中でストレスを用いることは回復への鍵であると思われた。文明の複雑性は一部の人々を圧倒し，彼らを無力で不安にさせると考えられた。しかし，原生自然への挑戦は，たとえそれがバックパックを背負って踏み分け道を辿るというシンプルなものであっても，自給自足を要求し，自信を生みうるものであった。精神の健全性にとって最も重要な要素は個人に対してほどよい挑戦を考案することだ，ということに多くの人々は気づいていた。アウトワードバウンドの原生自然コースは学生たちに，自分たちができると思っているより少しだけ多くを要求する一連の活動を呼び物にした。いくつかのアウトワードバウンドのプログラムには「単独行動」が含まれていた。3日間，最小限の装備と食べ物を携えて，学生たちは原生自然に，そして，自分自身に対峙した。アウトワードバウンドの会長ハンク・タフト（Hank Taft）は，「単独行動」を生き残りの訓練というよりも，むしろ「自己の考察と黙想の体験」と考えた。[83] 学生たちは自分たちの問題によりよく対処できるようになって，文明に戻ってきた。ある人々にとって，少なくとも原生自然の状態の中で危険を冒したり，挑戦に応じたりすることは健康で幸福であるための主要な要素であった。原生自然の冒険についての代表的な雑誌に報告したように，ソル・R・ローゼンタール博士（Dr. Sol R. Rosenthal）は，リスクの影響について経験主義的な研究を行ない，そして，「リスクの実習」は予防薬として価値ある道具である，と結論付けた。[84]

より哲学的なレベルでは，原生自然の価値は人間と基本的な挑戦との間に通常介在する文明という防護物を取り払ってしまうという原生自然の能力から生じると考えられている。文明の究極のアイロニーの一つは文明化される前の世界では，ただ単に生き延びようとするだけで必然的に遭遇した恐れ，困難，苦痛を含む挑戦を除去したことに関連している。人類が文明化された生活を求めることを選んでからの数千年間，われわれは原生自然状態がもたらす不安から逃れることを夢見て，それをめざして働いてきた。しかし，スーパーマーケットやエアコンのある約束の土地に着いた時，何かとても価値あるものを失ったことに気づいた。野生の土地の中で管理されていないものに囲まれることで，現代人は再び，かつての非人工的な挑戦に対峙することができる。ある人々は複雑な心理学的理由のために，こういった挑戦を必要とする。アルド・レオポルドはニューメキシコの山の頂上で雷に打たれそうになった後で，こう述べた。「恐怖からの解放が達成された生活など気の毒な生活に違いない」。彼の見解からすれば，「過度な安全性は結局のところ，危険しかもたらさないように思われる」のであった。[85] J・R・L・アンダーソン（J. R. L. Anderson）は，1977年に『ユリシーズ・ファクター』（*The Ulysses Factor*）の中で，この点を探った。そして，恐怖と恐れは金銭上の成功や社会的地位が登場するはるか以前において，進化を活性化する力であったと論じた。『砂漠の隠者』でエドワード・アビーもまた，自らの生活において「危険の味」を必要とし，それを見つけるために最も困難で最も野生の土地に行った人々の代弁をした。

原生自然療法の最も野心的な実験の一つは1972年に行なわれた。この時，オレゴン州立病院のディーン・ブルックス博士（Dr. Dean Brooks）は51人の慢性疾患の患者のための２週間の原生自然旅行を計画した。「最も軽症の患者は選ばなかった」とブルックスは最初に言及した。統合失調症患者，性犯罪者，麻薬中毒者がおり，中には10年以上も入院していた人々もあった。エベレスト山の登山家，リュート・ジャースタッド（Lute Jerstad）はそのグループのために，徒歩旅行，川下り，ロッククライミングを組み合わせたものを計画した。その意図はブルックスの言葉を借りれば，「あらゆる社会制度に必然的に忍び込む非人間化と脱個性化によって自信や自尊心を奪われた」人々に対して，身体的達成感と誇りを手に入れる機会を提供することであった。原生自然的な状況の中で，患者たちが自らの「舞台裏」にある性格を解放し，単純に自分自身であることに心地よさを感じることを病院は望んだ。結果は予想を凌ぐものだった。ある女性は40ポンドの荷物を背負って４日間のハイキングを完了した後，「なぜ，泣いているのか？」と問われた。彼女は，「私がこれまで治療を受けた中で，最もよかったことだからです」と答えた。別の患者は，切り立った崖を苦労してロープを使って降りた後，地面に触れて叫んだ。「これができるなら，私自身の問題も解決できる」。これらの達成の瞬間を病院で追体験するために，全参加者の映像記録が制作された。しかし，絶望的とされた集団の半分以上の人々にはもう病院は必要なかった。そして，残った患者の多くはきわだって回復したようにみえた。[86]

原生自然を教会，つまり，神を見つけ，崇拝する場所とみなす考え方は原生自然の称賛に通じる思想的な革命を始める助けとなった。その論理は，自然が道徳の法則や宗教的真実を具現化するとするならば，野生のままの自然は神との最も直接的なつながりを提供するだろうというものだった。ソローとエマソンがこの原理をヨーロッパのロマン主義作家やアジアの神秘論者から吸収し，ミューアがアメリカ西部にもたらした。彼のシエラネバタへの旅行は礼拝の行為となった。

最近の数十年の間に，原生自然と宗教という主題に関するアメリカ思想の道筋は神と原生自然を直接，結び付けることから逸れてきている。ジョン・ミューアが未だに樹木を「聖歌を歌うもの」と特徴づけていた1913年から，早くもジョージ・サンタヤナ（George Santayana）は，「原始の孤独は，……超越的な論理などは教えないし，……この世にある思慮深い道徳性の兆しを示しもしない」と述べた[87)]。ロバート・フロスト（Robert Frost），ウォーレス・スティーヴンズ（Wallace Stevens），ロビンソン・ジェファーズ（Robinson Jeffers）は，野生の土地は不可解で冷酷で無関心であることに同意したその後の作家に含まれる[88)]。このような見地からすれば，神と原生自然の関係づけは，原生自然と悪を結び付ける初期の傾向と同様に神話であり，「神人同形論的な誤謬」（authropomorphic fallacy）であった。現代の哲学者たちは原生自然は道徳的でも無道徳的でもなく，道徳と無関係にあると信じる傾向にあった。もちろん，畏敬の念を抱かせたり，意味をもたらしたりするという意味では，原生自然は未だに神聖であるかもしれない[89)]。新しいのは，こういった感情が，人間が恐れたり，そうあってほしいと期待したりする姿にではなく，原生自然の存在そのものに，以前よりもはるかに大きく基づいているということである。原生自然は神聖になりうるが，それはそれ自身が神聖なのであって，すべてを包含するような何らかの神格の兆しや象徴としてではない。

こういうわけで，エドワード・アビーは原生自然を「楽園」と呼ぶが，すぐに「聖人たちの陳腐な天国，……変化もなく，完璧な楽園の庭」を意味しているのではないと説明する。アビーの楽園は「真の地球」であり，特に，「質素で，散在し，簡素で，完全に無価値で，愛ではなく，黙想をもたらすもの」と特徴付けた砂漠であった。アビーは砂漠の中に神の兆しを見つけたとは一度も報告しなかった。彼が見つけたのは，「岩と熱，砂丘と流砂，サボテン，トゲのある低木，サソリ，ガラガラヘビがいる……危険で恐ろしい場所」だった。彼は自然愛好家や神を求める人々に，ここには近づかないように繰り返し警告した。「砂漠は何も言わない」と彼は明確に言った。しかし，この「恐ろしい土地」を断固として訪れたいと思う人々に対しては，彼は簡素なアドバイスをした。「自分に責任をもって入りなさい。水を持って行きなさい。真昼の太陽は避けなさい。ハゲタカは無視するよう努めなさい[90]」と。

それでは，なぜ，砂漠や原生自然に行くのか。アビーは1977年に，北アリゾナのハイキングの話という形でそれに答えた。彼は峡谷の壁を岩石丘[5]までよじ登り，これまでだれも訪れたことがないだろうと思われる地点に辿り着いた。「しかし，だれかが来ていた。頂上近くで私は矢印を見つけた。石でつくられた3フィートの長さのもので，北の方向を指し示していた」。その方向を見ると，双眼鏡を用いても，「多くの峡谷，多くのメサと高原，多くの山，雲でまだらになり，太陽の光できらきら光る多くの砂漠の砂と砂漠の岩の集まり」しか見えなかった。矢が示した方向へ歩いていくと険しい崖になったので，アビーは矢のところに戻った。「そこには何もなかった。まったく何も。荒涼とした地しかなかった。沈黙の世界しかなかった」と彼は結論付けた。その時，彼は強く心を打たれ，「だからだ」と言った[91]。何もないものを指し示すことで，メサの上の矢印は実際は偉大な価値をもつものを指し示していたのだ。それは，空っぽであること，別のものであること（otherness）と関連するものであり，そして，文明，および，文明に関するあらゆる神話——それは原生自然に関する神話も含むのだが——が，原生自然とはいかに正反対のものであるかに関連するものであった。アビーがほのめかしたように，もしこれが宗教的価値であったとすれば，誠実ではあるが，単純なジョン・ミューア式の汎神論とは大きく異なっていた。

最後に，保存主義者たちの中には，非人間中心主義的理由に基づいて原生自然を弁護しようと試みてきた人々もあった。原生自然は，人類がそれを尊重するかどうかとは関係なく，それ自体のために存在する権利をもつ，と彼らは論じた。こうした考え方の一つのルーツは，アルフレッド・ノース・ホワイトヘッド（Alfred North Whitehead）のいわゆる「プロセス哲学」（process philosophy）である。世界のすべての事物は他の要素に対して有用であるかどうかにかかわらず，諸事物の全体的配列の中では意味をもつとホワイトヘッドは示唆した[92]。この原生自然擁護に向けてのアプローチにはいくつか問題がある。まず第一に，前にも説明したように，原生自然は完全に人間の概念であり，文明化された人間の発明である。野生動物，未踏の森林，静穏な川といった原生自然をつくり上げる事物（モノ）が人間の利益とは関係なく，存在する権利をもつと考えることはできるかもしれない。しかし，人間の心の中にだけ存在する概念に対して，同じ論理を使うのは難しい。

他の哲学者たちもそれに関連する異議を唱えた[93)]。原生自然は限定的な利害をもち，五感によって知覚されるような存在ではないが，傷つけたり，恩恵をもたらしたりすることはできるものだ，と哲学者たちは強く主張した。結果的に，原生自然は，われわれが一般にその用語を理解するような意味での権利をもつことはできない。原生自然への損傷は原生自然を尊重する人々への損傷として最も適切に理解される。そうした人々の権利が現実には問題になっている。例えば，ウィリアム・O・ダグラスが1965年に「原生自然の権利法案」(wilderness bill of rights)を推し進めた時，彼は現実には原生自然を体験する人々の権利について考えていた。同様に，1972年のカリフォルニア州ミネラルキング渓谷のスキー場開発に関する訴訟において，最高裁判所判事ダグラスは，この渓谷，そして，どの原生自然にも，裁判所での原告適格があるという判断を記した。しかし，ダグラスは，「今にも傷つけられそうな無生物の対象と親密な関係」にある人々は「……正当な代弁者である」と言う以外に，この前提から先に進む方策を考えることはまったくできなかった。原告適格があるのは谷なのか，人々なのかは曖昧で，明確ではなかった[94)]。そして，自然界の事物（モノ）は自らを代表する術をもたないし，人間の代弁者が常に必要であるために，自然の権利と人間の権利の境界線は実際は捉えにくいもののようにみえた。

原生自然に権利を与えることは，魅力的な考えであり，原生自然の保存への支持者を新しく補充するのに実際役立った。しかし，原生自然の未来が形作られる政治と法律の格闘場では，その考えは原生自然の哲学に最小限の貢献でしかしない。原生自然の最も効果的な弁護は文明人のニーズと利害の中にはっきりと根をおろしているものであるように思われる。重要な前提は，原生自然と文明はもはや敵対関係にあるのではない，ということである。現代文明は原生自然を必要とするのであり，そして，もし原生自然が存在していくとすれば，自制的な文明による保護は確かに必要となる，と主張されているのである。

注

1）Robert Wernick, "Speaking Out: Let's Spoil the Wilderness," *Saturday Evening Post*, 238 (November 6, 1965), 12, 16.

2）Ibid. 原生自然へのもう一つの代表的な酷評は以下である。Allan May, *Voice in the Wilderness* (Chicago, 1978).

3）Brock Evans, "Representatives' Reports," *Sierra Club Bulletin, 57* (1972), 20, に引用されている。

4）John McPhee, *Encounters with the Archdruid* (New York, 1971), p.95.（ジョン・マクフィー著／竹内和世訳『森からの使者』東京書籍，1993年）。

5）サンフランシスコで1969年3月15日に開催された「シエラ・クラブ」の「第10回隔年会議」における議論。同様の重要性をもつ刊行された声明は以下である。Garret Hardin, "Destroying Wildlife in the People's Name," *Defenders, 56* (1981), 22, 24.

6）McPhee, *Encounters*, p.156.

7）Eric Hoffer, *The Temper of Our time* (New York, 1967), pp.79, 94.

8）Dubos, "Symbiosis Between the Earth and Humankind," *Science, 193* (1976, 461; Dubos, *A God Within* (New York, 1972), pp.135, 138.（ルネ・デュボス著／長野敬・新村朋美訳『内なる神——人間・風土・文化』蒼樹書房，1974年）。また，以下も参照のこと。Dubos, *The Resilience of Ecosystems* (Boulder, Co., 1978), p.1.

9）Krieger, "What's Wrong with Plastic Trees?," *Science*, 179 (1973), p.453.

10）Dubos, *The Wooing of Earth* (New York, 1980), pp.1, 159, 132.（ルネ・デュボス著／長野敬訳『地球への求愛』思索社，1990年）。

11）Dubos, *A god Within*, pp.140, 141, 149, 174, 45. 同様の考え方は以下にも表明されている。Dubos, "Humanizing the Earth," *Science, 179* (1973), 769–772.

12）Dobos, *A God Within*, p.168.

13）エリック・ジャルバーは自らの哲学を以下の中で表明した。Eric Julber, "Let's Open Up Our Wilderness Areas," *Reader's digest, 100* (1972), 125–128, そして，"The wilderness: Just How Wild Should It Be?" *Trends, 9* (1972), 15–18. ウィリアム・タッカーは以下の中で，ジャルバーやデュボスを支援している。William Tucker, "Is Nature Too Good for Us?" *Harper's* (March, 1982), 27–35. タッカーはこの中で，原生自然地域は，「人々を追い出すために設立された指定地」であり，原生自然の側に立つスタンスは必然的に反人間的になるのであり，そして，自然の過程への建設的な介入は，「自然にその道を進ませる」よりもよいことだ，と彼は議論した。

14）MacKaye, "The Gregarious and the Solitary," *Living Wilderness, 4* (1939), 7.

15）匿名の著者による。"Nothing More?," *Living Wilderness, 11* (1946), 24.

16）MacKaye, "A Wilderness Philosophy," *Living Wilderness, 11* (1946), 2.

17）以下に引用されたマッケイの主張。Murie, *Living Wilderness, 18* (1953), 24;

MacKaye, "A Wilderness Philosophy," 4.

18) Olson, *Lisening Point* (New York, 1958), pp.150–153. オルソンの哲学のさらなる言明は以下にある。*Open Horizons* (New York, 1969), および, *Reflections From the North Country* (New York, 1976).

19) 以下に引用されたDobieの主張。Joseph Wood Krutch, *Grand Canyon: Today and All Its Yesterdays* (New York, 1958), p.270.

20) Charles A. Lindbergh, "The Wisdom of Wildness," *Life, 63* (1967), 8, 10.

21) Milton, "Arctic Walk," *Natural History, 78* (1969), 51. 本1冊分のミルトンの叙述である以下をも参照のこと。*Nameless Valleys, Shining Mountains* (New York, 1970), および, *Earth and the Great Weather: The Brooks Range*, ed., Kenneth Brower (New York, 1971). これは同じ旅行に関するものである。

22) Gary Snyder, *Turtle Island* (New York, 1974), p.100. (ゲーリー・スナイダー著／ナナオ・サカキ訳『亀の島』山口書店, 1991年)。以下も参照のこと。Snyder, *The Real Work: Interviews and Talks, 1964–1979* (New York, 1980).

23) Zahniser, "The Second Wilderness Conference," *Living Wilderness, 16* (1951), 31.

24) Fletcher, *The Complete Walker* (New York, 1970), p. 9. (コリン・フレッチャー著／芦沢一洋訳『遊歩大全——ハイキング,バックパッキングの歓びとテクニック上, 下』森林書房, 1978年)。

25) Sierra Club, *Upper Colorado Controversy* (San Francisco, 1955); Brower in U.S. Cong., Senate, Committee on Interior and Insular Affairs, Hearings, *National Wilderness Preservation Act*, 85th Cong., 2nd. Sess. (Nov. 7, 10, 13, 14, 1958), p.586.

26) 以下に引用されたダグラスの主張。Grant Conway, "Hiking the Wild Olympic Shoreline," *National Parks Magazine*, 33 (1959), 8.

27) *Congressional Record*, 84th Cong., 2nd Sess., 102 (July 12, 1956), p.12589.

28) H. Stuart Hughesの*Oswald Spengler* (New York, 1962) は, 1920年代に英語版が入手可能になったシュペングラーの『西洋の没落』(*The Decline of the West*) を論じている。アダム兄弟や他のアメリカ人のペシミズムに関しては, 下記の文献が扱っている。Frederic C. Jaher, *Doubters and Dissenters: Cataclysmic Thought in America*, 1885–1918 (New York, 1964). トインビーの主要な著作は以下である。*A Study of History* (12 vols., London, 1934–61), そして, *The World and the West* (New York, 1953). (アーノルド・J・トインビー著／長谷川松治訳『歴史の研究』社会思想社, 1963年, アーノルド・J・トインビー著／吉田健一訳『世界と西欧』社会思想社, 1959年)。

29) この社会現象の考察の中で最もよく知られているものは以下である。David Riesman, *The Lonely Crowd: A Study of the Changing American Character* (Garden City, N. Y., 1953), (デイヴィッド・リースマン著／加藤秀俊訳『孤独な群衆』みすず書房, 1964年); William H. Whyte, *The Organization Man* (New York, 1956), (W・

H・ホワイト著／岡部慶三・藤永保訳『組織のなかの人間』東京創元新社，1963年）；Vance Packard, *The Naked Society* (New York, 1964). この現象が行き着くと思われる状態をフィクションという形式で示したのが以下である。George Orwell, *Nineteen Eighty-four* (New York, 1949),（ジョージ・オーウェル著／新庄哲夫訳『1984年』早川書房，1972年），そして，Aldous Huxley, *Brave New World* (New York, 1932),（オルダス・ハックスリー著／松村達雄訳『すばらしい新世界』講談社，1974年）。

30）関連する解釈として下記がある。Fitzgerald, *The Great Gatsby* (New York, 1925), pp.217–218.（F・スコット・フィツジェラルド著／野崎孝訳『グレート・ギャツビー』新潮社，1989年）。Edwin S. Fussell, "Fitzgerald's Brave New World," *English Literary History, 19* (1952), 291–306.

31）Faulkner, *Go Down Moses* (New York, 1942), pp.193, 351, 353–354, 364,（ウィリアム・フォークナー著／大橋健三郎訳『行け，モーセ』冨山房，1973年）；Faulkner, *Big Woods* (New York, 1955), [p.7]. フォークナーは個人的にこの主題について，以下の文献を通じて語っていた。Frederick L. Gwynn and Joseph L. Blotner, *Faulkner in the University* (Charlottesville, Va., 1959), pp.271–272, 277, 280. 最も有用な二次的な論評の一つは以下である。William Van O'Connor, "The Wilderness Theme in Faulkner's 'The Bear,'" *Accent, 13* (1953), 12–20; Otis B. Wheeler, "Faulkner's Wilderness," *American Literature, 31* (1959), 127–136; R. W.B. Lewis, "The Hero in the New World: William Faulkner's 'The Bear,', および，Francis Lee Utley, "Pride and Humanity: The Cultural Roots of Ike McCaslin" in *Bear, Man and God: Seven Approaches to William Faulkner's 'The Bear,'* ed., Francis Lee Utley, Lynn Z. Bloom, and Arthur F. Kenney (New York, 1964), pp.233–260, 306–323; Ursula Brumm, "Wilderness and Civilization: A Note on William Faulkner" in *William Faulkner: Three Decades of Criticism*, ed., Frederick J. Hoffman and Olga W. Vickery (East Lansing, Mich., 1960), pp.125–134; John W. Hunt, *William Faulkner: Art in Theological Tension* (Syracuse, N.Y., 1965), pp.137–168.

32）以下に引用されたリンドバーグの言葉。Dubos, *Wooing of Earth*, p.141.「対抗文化」に関する標準的な文献は以下である。Theodore Roszak, *The Making of a Counter Culture: Reflections of the Technocratic Society and Its Youthful Opposition* (New York, 1969),（セオドア・ローザック著／稲見芳勝・風間禎三郎訳『対抗文化（カウンター・カルチャー）の思想――若者は何を創りだすか』ダイヤモンド社，1972年）；Herbert Marcuse, *Counterrevolution and Revolt* (Boston, 1972); Charles A. Reich, *The Greening of America* (New York, 1971),（チャールズ・A・ライク著／邦高忠二訳『緑色革命』早川書房，1983年）；William L. O'Neill, *Coming Apart: An Informal History of America in the 1960's* (Chicago, 1971), pp.233–271; Roderick Nash, "Bob Dylan" in Nash, *From These Beginnings: A Biographical Approach* to *American History* (New York, 1973), pp.513–538. (R・F・ナッシュ著／足立康訳『人物アメリカ史（上・下）』新潮社，1989年）。

33) Snyder, *Turtle Island*, p.96.

34) Snyder, *Earth House Hold* (New York, 1969), p.133.

35) Snyder, *Turtle Island*, p.99.

36) Roszak, *Counter Culture*, pp.249–253, 258. 対抗文化の展望への魔術や神秘の重要性をさらに示しているものとして下記がある。Charles Reich and Douglas Carroll III, "After the Gold Rush," *National Parks and Conservation Magazine, 45* (1971), 5.

37) Snyder, *Turtle Island*, p.106.

38) Gilbert F. Stucker, "Youth Rebellion and the Environment," *National Parks and Conservation Magazine, 45* (1971), 8.

39) Susan Sands, "Backpacking: 'I Go to the Wilderness to Kick the Man-World Out of Me,'" New York *Times*, May 9, 1971, p.7; Terry and Renny Russell, *On the Loose* (San Francisco, 1967), p.20, に引用されたマックィーンの言葉。

40) Richard F. Carter, "Common Carrier: Give Man Wilderness," *Salt Lake Tribune*, Oct. 17, 1971.

41) Sands, "Backpacking," p.7; Russell, *On the Loose*, p.111.

42) Stucker, "Youth Rebellion," p.9.

43) 1970年代までのアメリカの環境保護史を回顧したものとして下記がある。Roderick Nash, *The American Environment: Readings in Conservation History* (Reading, Ma., 1976), (R・F・ナッシュ著／松野弘監訳：藤川賢・栗栖聡・川島耕司訳『アメリカの環境主義――環境思想の歴史的アンソロジー』同友館，2004年）。

44) Zahniser, "Out Wilderness Need," *Living Wilderness, 20* (1955), [1].

45) F. Bodsworth, "Wilderness Canada: Out Threatened Heritage" in *Wilderness Canada*, ed., Borden Spears (Toronto, 1970), p.28.

46) 以下に記されたブラウアーの言葉。*Gentle Wilderness: The Sierra Nevada*, ed., David Brower (San Francisco, 1967), p.12; Eliot Porter, *Summer Island* (San Francisco, 1966), p.12.

47) Abbey, *Desert Solitaire: A Season in the Wilderness* (New York, 1968), pp.41–42. （エドワード・アビー著／越智道雄訳『砂の楽園』東京書籍，1993年）。

48) Douglas, *My Wilderness: East to Katahdin* (New York, 1961), p.299.

49) Burden, *Look to the Wilderness* (Boston, 1956), p.249.

50) Fletcher, *Complete Walker*, p.322, 7.

51) こうした考え方のさらなる展開に関して，以下を参照のこと。Roderick Nash, "Can We Afford Wilderness?" in *Environment–Man–Survival*, eds., L. H. Wullstein, I. B. McNulty, and L. Kilikoff (Salt Lake City, 1971), pp.97–111.

52)　第11章，特に，195～197ページを参照のこと。

53)　Zahniser, "Out Wildernss Need," p.[I].

54)　Ward and Dubos, *Only One Earth: The Care and Maintenance of a Small Planet* (New York, 1972), p.114.（バーバラ・ウォード，ルネ・デュボス著／人間環境ワーキング・グループ，環境科学研究所共訳『かけがえのない地球——人類が生き残るための戦い』日本総合出版機構，1972年）。

55)　Eiseley, *The Unexpected Universe* (New York, 1969), pp.86ff. 同様に要点をついているのは，Eiseley, *The Invisible Pyramid* (New York, 1970), である。

56)　Devall, "Streams of Environmentalism," *Natural Resources Journal, 20* (1980), 299–322. 私は以下からも恩恵を受けた。Devall, "Why Wilderness in a Nuclear Age?"（未刊行の草稿，1982年）。これは，同時代の思想家たちによって知覚された野生の土地のいくつかの価値について議論したものである。

57)　Frome, *Battle for the Wilderness* (New York, 1974), p.63.

58)　Myers, *The Sinking Ark: A New Look at the Problem of Disappearing Species* (Oxford, 1979), 第５章。（ノーマン・マイアーズ著／林雄次郎訳『沈みゆく箱舟——種の絶滅についての新しい考察』岩波書店，1981年）。多様性を擁護する主張は下記にもみられる。Raymond F. Dasmann, *A Different Kind of Country* (New York, 1968). および，Paul and Anne Ehrlich, *Extinction: The Cause and Consequence of the Disappearance of Species* (New York, 1981). ヒュー・H・イルティス（Hue H. Iltis）によるトウモロコシの野生の祖先に関する劇的な発見は下記に報告されている。Noel D. Vietmeyer, "A Wild Relative May Give Corn Perennial Genes," *Smithsonian*, 10 (1979), 68–76.

59)　Brower, "Individual Freedom in Public wilderness," *Not Man Apart*, 6 (1976), 2. 以下におけるブラウアーの言葉。Robert Wenkam, *Kauai and the Park Country of Hawaii* (San Francisco, 1967), p.25.

60)　以下に引用されたラッシュの言葉。*Voices for the Wilderness*, ed., William Schwartz (New York, 1969), p.xvi.

61)　The Nature conservancy, *The Preservation of Natural diversity: A Survey and Recommendations* (Washington, D.C., 1975), p.25; Brower, "Individual Freedom," 2; Myers, *Sinking Ark*.

62)　Aldo Leopold, "Lecture Notes," Leopld Papers, Box 8. シエラ・クラブの会報が編集した以下の著書においても，レオポルドは同じ考えを述べている。つまり，「あらゆる歯車と車輪を残しておくことは，思想的な修復に関して最初に講ずるべき策である」。Leopold, *A Sand County Almanac* (New York, 1970), p.191.（アルド・レオポルド著／新島義昭訳『野生のうたが聞こえる』講談社，1997年）。

63)　Interview with Edward O. Wilson, Brookline, Ma., Jan. 31, 1981. ウィルソンの研究の刊行物は下記である。Edward O. Wilson, *The Insect Societies* (Cambridge, Ma.,

1971)，および，*Socio-biology: The New Synthesis* (Cambridge, Ma., 1975)，(エドワード・O・ウィルソン著／坂上昭一他訳『社会生物学』新思索社，1999年)。

64) *Earth and the Great Weather: The Brooks Range*, ed., Kenneth Brower, p.15, に引用されている．

65) Wolfe, *Of Time and the River* (New York, 1935). これは以下に引用されたものである。Roderick Nash, "American Space" in Smithsoian Exposition Books, *The American Land* (New York, 1979), p.48.

66) Gertrude Stein, *The Geographical History of America* (New York, 1936), pp.17-18.

67) 以下のパイエル (Piel) の言葉。*Wilderness: America's Living Heritage*, ed., David Brower (San Francisco, 1961), p.30.

68) Stegner, *The Sound of Mountain Water* (Garden City, N.Y., 1969), pp.146, 148.

69) Sagoff, "On Preserving the Natural Environment," *Yale Law Journal, 84* (1974), 264-267.

70) Stegner, *Mountain Water*, p.153.

71) Dasmann, *The Destruction of California* (New York, 1966), pp.197, 199.

72) Krutch, *Grand Canyon*, p.275.

73) Olson in *Wilderness: America's Living Heritage*, ed., David Brower, pp.138-139. 下記におけるオルソンの言及と比較してほしい。"The Spiritual Aspect of Wilderness" in *The High Sierra*, ed., Ezra Bowers (New York. 1972), p.156.

74) Douglas, *My Wilderness: The Pacific West*, p.101. 裁判官であり，野生の国とリベラルな大義を生涯を通じて擁護しようとした，ダグラスが自由の防波堤として原生自然を弁護したことは特に，重い意味をもつ。彼の以下の著書は広範に読まれ引用された。Douglas, *A Wilderness Bill of Rights* (Boston, 1965); Abbey, *Desert Solitaire*, p.149.

75) Stegner, *Mountain Water*, p.147.

76) Snyder, *The Back Country* (London, 1967), dustjacket.

77) 本書第4章はこの関係を扱っている。アメリカの芸術がいかにアメリカの野生環境に依存していたかについての最近の探求は以下にみられる。J. Gray Sweeney, *Themes in American Painting* (Grand Rapids, Mi.. 1977); Barbara Novak, *Nature and Culture: American Landscape and Painting, 1825-1875* (New York, 1980), (バーバラ・ノヴァック著／黒沢眞里子訳『自然と文化——アメリカの風景と絵画，1825-1875』玉川大学出版部，2000年)，および，John Wilmerding, ed., *American Light: The Luminist Movement. 1850-1875* (New York, 1980).

78) Abbey, *Desert Solitaire*, p.6.

79) Russell and Russell, *On the Loose*, p.71. ジョン・G・ミッチェル (John G. Mitchell) は，野生のもつ不確かさを求める人間の思想的，情緒的欲求という重要な問題を以下において提起した。"Why We Need Our Monsters," *National Wildlife, 16* (1978), 12-15. もう一つの啓発的な分析は以下である。J. R. L. Anderson, *The Ulysses Factor: The Exploring Instinct in Man* (New York, 1977). 大洋の単独航海者であるアンダーソンは人間の進化においては，常に野生の場所が種の生存と進歩に必要な創造的性質を引き出してきた，と主張した。

80) Olson "Why Wilderness?," *American Forests, 44* (1938), 396, および，"We Need Wildemess," *National Parks Magazine, 84* (1946), 19, 20-21, 28. オルソンの哲学の最近の表明は以下にある。"The Meaning of Wilderness for Modern Man," *Carleton Miscellany, 3* (1962), 99-113; "The Spiritual Need" in *Wilderness in a Changing World*, ed., Bruce M. Kilgore (San Francisco, 1966), pp.212-219; Olson, *Listening Point.* オルソンの理念の最近の要約は彼自身の以下の著作を参照のこと。*Reflections From the North Country* (New York, 1970).

81) William C. Gibson, "Wilderness-A Psychiatric Necessity" in Kilgore, ed., *Wilderness in a Changing World*, p.228. また，以下も参照のこと。Donald McKinley, "A Psychiatrist Examines Wilderness's Worth" in *Crisis in Wilderness, Proceedings of the Fifth Biennial Conference on Northwest Wilderness*, ed., J. Michael McCloskey (Portland, Or., 1965), pp.13-17 and J Berkeley Gordon "Psychiatric Values of the Wilderness," *Welfare Reporter, 6* (1952), 3-4, 15, 16.

82) この成長しつつある分野に関する文献目録は以下にみられる。*Wilderness Psychology Newsletter*, n.v. (Feb., 1979). 中心的な諸論文は以下である。A. Bernstein, "Wilderness as a Therapeutic Behavior Setting," *Therapeutic Recreation Journal, 6* (1972), 160-161, 185; Andrew L. Turner "The Therapeutic Value of Nature," *Journal of Operational Psychiatry, 12* (1976), 64-74. そして，未刊行の，Eric S. Gebelein, "The Curative Potential of the Wilderness Experience," delivered at the Wilderness Psychology Symposium of the American Psychological Association, Aug., 1977, などがある。

83) Phil Patton, "Outward Bound-Again," *Mainliner* (Sept., 1981), 65に引用されているタフトの言葉。アウトワードバウンドのプログラムについてのより多くの情報に関しては，以下を参照のこと。Krisn Klstler et al., "Outward Bound: Providing a Therapeutic Experience for Troubled Adolescents," *Hospital and Community Psychiatry, 28* (1977), 807, 812, および，Joseph Nold and Mary Wilpers, "Wilderness Training as an Alternative to Incarceration" in *A Nation Without Prisons*, ed., Calvert R. Dodge (Lexington, Ma., 1975).

84) William Barry Furlong, "Doctor Danger," *Outside, 5* (1980-81), 40-42, 92-96.

85) Leopold, *A Sand County Almanac* (New York, 1949), pp.126, 133.

86) Margaret C. McDonald, "Adventure Camping at Oregon State Hospital" in *Camping Therapy: Its Uses in Psychiatry and Rehabilitation*, ed., Thomas Power

Lowry (Springfield, Ill., 1974), pp.17, 19, 22, 30. このオレゴンの経験は以下においても議論されている。McDonald, "Hospital Patients and Staff Share a Wilderness Trip in Oregon," *Psychiatric News, 7* (Sept. 20, Oct. 4, and Oct. 18, 1972), n.pag. and in "Roughing It Back Toward Sanity," *Life, 72* (1972), 60–69.

87) Santayana, *Winds of Doctrine* (New York, 1913), pp.213–214.

88) インスピレーションを求めて原生自然へと向かったこれらの，あるいは，他の思想家についての分析に関しては，以下を参照のこと。Wilson O. Clough, *The Necessary Earth: Nature and Solitude in American Literature* (Austin, 1964), pp.143ff.（ウィルソン・クラーウ著／鶴谷寿訳『フロンティア――アメリカ文学における自然と孤独』篠崎書林，1974年)。フロストに関する示唆に富んだ分析は以下にある。James P. Dougherty, "Robert Frost's 'Directive' to the Wilderness," *American Quarterly, 18* (1966), 208–219.

89) 私はここにおいて，以下から恩恵を受けた。Linda H. Graber's, *Wilderness as Sacred Space*, "Monograph Series of the Association of American Geographers, No. 8" (Washington, D.C., 1976). グレイバーは原生自然を「全面的に異なるもの」(Wholly Other) と表現し，人間と人間の思想とは正反対であるにもかかわらずではなく，正反対であるがゆえに神聖であるとした。原生自然の「神聖な力」は，教会や伝統的な信仰とはまったく無関係である，とグレイバーは結論付けた。

90) Abbey, *Desert Solitaire*, pp.190, 270 and *The Journey Home* (New York, 1977), p.87.（エドワード・アビー著／野田研一訳『荒野，わが故郷』宝島社，1995年)。

91) Abbey, *Journey Home*, pp.21–22. アビーの著作に関する鋭い分析は以下を参照のこと。Peter Wild's *Pioneer Conservationists of Western America* (Missoula, Mt., 1979), Chapter 16, また，Garth McCann, *Edward Abbey* (Boise, Id., 1977), を参照のこと。

92) 関連するホワイトヘッドの著作は以下である。*The Concept of Nature* (Cambridge, Eng., 1920) and *Process and Reality* (Cambridge, Eng., 1929). 人間の利益から独立した自然の諸権利についての最近の声明は以下である。John Rodman, "The Liberation of Nature?," *Inquiry, 20* (1977), 83–145, および，Kenneth H. Simonsen, "The Value of Wildness," *Environmental Ethics, 3* (1981), 259–263. 同様に洞察力に富むものは以下である。Thomas H. Birch, "Man the Beneficiary: A Planetary Perspective on the Logic of Wilderness Preservation" in *International Dimensions of the Environmental Crisis*, ed., Richard Barret (Boulder, Co., 1982).

93) 例えば，Joel Feinberg, "The Rights of Animals and Unborn Generations" in *Philosophy and Environmental Crisis*, ed., William Blackstone (Athens, Ga., 1974), pp.43–67 and Scott Lehmann, "Do Wildernesses Have Rights?," *Environmental Ethics, 3* (1981), 129–146. この問題は以下でより深く探求されている。Roderick Nash, "Do Rocks Have Rights?," *Center Magazine, 10* (1977), 2–12.

94) Christopher D. Stone, *Should Trees Have Standing?: Toward Legal Rights for*

Natural Objects (Los Altos, Ca., 1974), p.76, に引用されている。

訳注

［1］ 北アメリカ北部。カナダ・アルバータ州とサスカチュワン州にまたがり，アサバスカ湖，アサバスカ山があり，ジャスパー国立公園に指定されている。「アサバスカ」とは，クリー語で「種々の植物がある場所」というような意味。

［2］ アメリカ合衆国北西部，ワシントン州西部の大きな半島。広大な温帯雨林を抱えるオリンピック山脈があり，半島内には国立公園や州立公園が多く存在する。

［3］ Neo-romanticism。新ロマン主義。科学や大都市や新都市に対抗し，自然や歴史的景観などを肯定する傾向をもつ。

［4］ 国連推定では19世紀末およそ16億人だった世界人口は20世紀半ばの1950年におよそ25億人となり，2014年現在で72億4400万人。2050年までに96億人と予測されている。

［5］ 頂上が平らな切り立った崖。

第14章
アラスカ

純粋な野生を愛する者にとって，アラスカは世界で最も美しい地域の一つである。
——ジョン・ミューア（1879年）

神に誓って，あなたがどこへ行ったのかを人に告げてはならない。どこへどうやって行けばよいのかというようなことを書いている旅行案内書にそれを載せてはならない。……北極の入り口においては，南にある48州において原生自然とわれわれが呼んでいるものとは原生自然の思想は根本的に異なっているはずだ。
——マイケル・ロジャーズ（Michael Rogers）への匿名のアラスカ案内（1979年）

1980年12月２日に，アメリカのジミー・カーター大統領（President Jimmy Carter）は，「アラスカ国家利益土地保護法」（Alaska National Interest Lands Conservation Act）に署名することで，一つの法としては世界史における最も偉大な原生自然保全法を完成させた。カーターは１億400万エーカーの州有地，言い換えれば州面積の28パーセント，すなわち，カリフォルニアより広範な地域を保護した。このすべての中から，「国家原生自然保全制度」（National Wilderness Preservation System）は5600万エーカーを受け入れたが，それはこの制度のそれまでの規模の３倍以上のものだった。「国立公園局」（National Park Service）の管理地域は２倍になった。今日でも有名な，あるいは，悪名高い1971年の「アラスカ先住民土地請求権解決法」（Alaska Native Claim Settlement Act；ANCSA）17条 d（２）項は，政府にアラスカ「国益」地を指定させ，10年以上に渡る議論を開始させる機会をつくり出した。この法律のかなりの部分は原生自然に関するものではなく，むしろ先住民の権利，アラスカが州である意味，そして，生活様式の存続に関するものであった。しかし，アラスカの膨大な原生自然の未来が公的な議論の中心から離れることは決してなかった。アラスカはアメリカに残された最後のフロンティアだと言われた。人々の中には，初期のアメリカのフロンティアの通例であったように，これが定住と開発を意味することを望む者もあった。他の人々は，アメリカ人が直接，そして，人間として，さらに，原生自然の理想として，自らの過去を訪ねることができるような永久不変のフロンティアとしての「アラスカ」という理念を好んだ。「書斎で空想にふける」旅行者，つまり，アラスカの原生自然の導入者たちは決して見ることを予期すらしない土地を守ろう，と最も声高に発言した。彼らは，アラスカはこの国が物事を初めて正しく行なう最後のチャンスだ，と述べた。他方で，ほとんどのアラスカ人たちは原生自然の保存に関連する法規や規制をうさんくさいものだとみていた。彼らは野生の地の近くに住むことを好んではいた。しかし，彼らは連邦政府に管理された原生自然制度という考えは確かに好まなかった。彼らのd（2）条項が意味するものへの抵抗は10年近くの激しく，そして，さまざまなものをさらけ出すことになる論争の舞台をつくり出した。

ロサンゼルス『タイムズ』（*Times*）のロバート・ジョーンズ（Robert Jones）は，アラスカはあまりにも広く，孤立しており，そして，気候が厳しいので，旅行業によって台無しにされることはないという主張に反発して，1977年にこう書いた。「それはイエローストーンが設立された時に言われたこととまったく同じであると考えざるをえない」[1]と。この見解が出された後，19世紀末のアメリカ西部とその100年後のアメリカ北部との比較がなされるようになった。そのどちらにおいても，北アメリカの当該部分はほとんど原生自然であった。実際，白人の目はその土地の多くを見てはいなかった。1869年にジョン・ウェズリー・パウエル（John Wesley Powel）はほとんど未踏の渓谷を通ってコロラド川を1000マイル下った。60年後にロバート・マーシャル（Robert Marshall）はアラスカのブルックス山脈で同じことをした。1889年にモンタナが州になった時，文明は小さな斑点として，あるいは，鉄道やわずかな道路に沿った細い糸として存在していたにすぎなかった。基盤となっていたのは野生であり，壊れやすいのは原生自然ではなく，文明の方であった。アラスカが1959年に州になった時，同じことが言えた。定義は異なるが，州の95パーセント以上は原生自然と呼ばれていた。テキサスの２倍の規模の面積に住む白人人口の総計は15万人以下であった。

この状況は西部と北部のどちらにおいても，まさに1620年代のマサチューセッツと1820年代のミシガンでそうであったように，原生自然に関する開拓者的な見方をつくり上げた。稀少価値であるがゆえに，文明が好まれたのである。原生自然は脅威を与えるものであり，脅威にさらされるものではなかった。1960年代末のアラスカ州知事のウォルター・J・ヒッケル（Walter J. Hickel）は，この関係とこれが生み出す優先順位について明瞭に意識していた。つまり，「寒さはあなたを殺しうる。ツンドラはあなたを殺しうる。美しい空であったとしても，あなたを殺しうる……。ここはまったく厳しいところなのだ。この地域はあなたを殺しうる……。だから，あなたが眺めたいと思う光，あなたが眺めうる最もすばらしい光は，だれかの丸太小屋のコールマン[1]のランタンの中で最初にちらちらと光る光なのだ」。ろうそくがコールマンのランタンに代わる頃，1世紀前のコロラドやアイダホで多くの人々は同じことを感じた。原生自然の保存など，開拓者たちにとってはほとんどまったく意味がなかった。彼らは自らを保護することにはるかに多くの関心を払いがちであった。他のアメリカ人たちの態度の変化は彼らには不思議に思えた。ヒッケルはアンカレッジのバーで1970年にある話を小耳にはさんだ。「2年前だったら憎たらしい凍てつく北部ってことさ。今では，まったく突然だぜ，忌々しいお上品なツンドラってことなのさ」[2)]。

しかし，アメリカ合衆国のこの北部フロンティアは，そして，現代のアメリカ人のフロンティアに対する思考様式は七つの重要な点でユニークなものである。

(1)　環　境

17世紀の入植者たちからすれば，メリーランドは大きく，野生で，荒々しい地であった。ケンタッキーも，後のカンザスもまた，そうであった。しかし，アラスカはアメリカ人の以前の経験には例のないほど極端に無愛想な環境的性質を示している。アラスカ大学の生物学者である，ロバート・ウィーデン（Robert Weeden）は，アラスカの半分には樹木がなく，樹木が生育するところでも，南東部の狭く細長い地域を別にすれば，その生長は非常にゆっくりしたものだ，と指摘している。生長期間はわずか45日から90日である。ブルックス山脈でロバート・マーシャルは樹齢は100年以上だが，膝の高さほどしかないトウヒを見つけた。アラスカでは森林限界は緯度を示す役割を果たしがちであり，例えば，カリフォルニアのシエラネバダの場合のように標高を示すのではない。樹木のないツンドラ地帯では低木や草は年間の生長のすべてを約3週間で行なう。人間を含むアラスカの生物の85パーセントは永久凍土層と呼ばれる凍てついた地面と戦わなければならない。夏に短い間融ける土壌の数インチ下には半マイルほどの氷があることもある。伝統的な建築形態は不可能である。そして，アラスカの3億7600万エーカーの総面積のうち，わずか2000万エーカーのみが農業と牧畜に適すると考えられている。[3)]

アラスカは猟師や釣り人の楽園だという評判があるが，魚や獣が1エーカーあたりに生まれる数は例えば，オレゴンに比べるとはるかに少ない。実際，この評判は狩猟鳥獣類の豊富さではなく，スポーツマン（釣り人・狩猟者・野外スポーツをする人等）が比較的少ないことから生まれているのだ。ある年老いた鉱山試掘者がウィーデンに語ったように，「これは飢えた地なのだ」[4)]と。

こうした生物学的な現実に加え，アラスカには恐るべき気候と季節がある。北緯60度以上では，真冬には太陽はまったく顔を出さない。そして，すべての内陸部では通常ある時期にはマイナス40度の気温が何カ月も続く。アラスカが人間によって管理され，改造されることがあまりないことは疑いない。そして，この意味において，アメリカ合衆国の他の地域に比べて，野生なのである。アメリカ人たちは南西部の砂漠を灌漑し，そうすることで，フェニックスやサンディエゴなどの都市を繁栄させた。そのどちらも1980年においてアラスカすべてよりも大きな人口をかかえている。極北の地はこの種の開発を拒んでいるのだ。

この帰結の一つは，「ブームの中で」アラスカに来た人々の中ではきわめて一般的であるが，最後のフロンティアを征服しようという，つまり，頑強な地を，その真偽はともかく，より頑強で卓越した開拓者のもとに屈服させようとする決意である。最も頑強で飢えた地の中心を貫くアラスカ縦貫パイプライン（Trans-Alaska Pipeline）の1977年の完成はこの見方を強めるものだった。他の帰結の一つは，アラスカは危機に瀕しているとみなす人々への，特に，「よそ者」へのいらだちである。「アラスカの生態系が傷つきやすいものだなどと言う者は全部知ったかぶりの馬鹿者か，忌々しいうそつきのどちらかだ」と「アラスカ独立党」（Alaskan Independence Party）のジョー・ヴォグラー（Joe Vogler）は叫ぶ。彼の見方によれば，アラスカの原生自然の生態系に法的保護などまったく必要ない。「われわれの気候が生態系を保護している。われわれの地理的特質がそれを保護しているのだ」と彼は続ける。そして，次にくるのが頑強な土地の頑強な人間という考え方である。つまり，「それはすべて戦いなのだ。全面的にだ！……

われわれの国には弱い邪魔者を取り除くという流儀がある」[5)]と。

アラスカの環境の驚くべき荒々しさへのもう一つの反応は，主にアラスカ人たち以外からのものである。ジョン・ミューア（John Muir）は1879年に，アラスカの原生自然を「純粋」なものと特徴づける伝統を創始し，その後の旅行者たちは，「絶対的な」とか，「究極的な」といった形容詞を用いるようになった。「名伏しがたい」，「人跡未踏の」，そして，「未知の」形状という言葉は叙述的な散文の中に繰り返し現れ，称賛を受けた。レクリエーションを求める人々や環境主義者の記述から現れるアラスカのイメージは原生自然のメッカというものである。つまり，南部の48州に存在する，あるいは，おそらく今までに存在したものよりも質的により野生の地というイメージである。

(2)　技　術

産業における革命が花開いたことによって，アメリカのフロンティア（西部の辺境地帯）である西部と北部との間にはもう一つの差異が生まれた。西部に入植者が入った頃の技術的能力は控え目なものであった。西部では馬の力と人間の力によって原生自然の状態を摘み取っていったが，それはゆっくりしたものであった。しかし，1959年に州となり，アラスカ開発のドアが開かれた時までには，科学と技術が時間を縮める準備はできていた。西部で10年かかったことでも，北部では数カ月でできた。アラスカ縦貫パイプラインは，19世紀半ばの技術的能力を完全に超えたもののよい一例である。同じことがユーコン川のランパート渓谷に計画された巨大水力発電ダムにもいえる。昔の西部はこうした状況を夢見ることさえなかったが，現代の技術力をもってすれば，アラスカでは夢が現実となりうるのである。

航空機に関連した技術ほどアラスカで重要なものはない。開拓地へと飛ぶ飛行機はアラスカの幌馬車である。馬はヘリコプターに取って代わった。空の旅はこの49番目の州の距離を実質的に縮めた。原生自然を横切るのに必要な時間と労力という点について言えば，1972年のアラスカでは，１世紀前の創設期のイエローストーン国立公園よりもわずかであると議論できるのだ。最も近い道路から200マイル離れたお好みのマス釣りの湖に30機の水上飛行機が集まっているのはこの点の例証である。アラスカは拡張し続けるアメリカ合衆国が遭遇した最も荒々しい地かもしれないが，技術を手にしたことで，この原生自然はますます壊れやすくなった。西部の歴史におけるある期間は，技術不足のために土地を改造しようとする人間の欲求を制限することができた。しかし，アラスカに最後のアメリカのフロンティアの順番が回ってきた時には，技術の進歩はそうした制限をほとんど取り除いてしまっていたのだ。

（3） 先住民（Natives）

3世紀が経過する中で，先住民（インディアン）たちは土地，政治的権利，生活の文化，そして，しばしば命さえも失った。アメリカ合衆国となった土地からの先住民の強制的排除は世界史における特定の民族による別の民族の追放の中で，量的に最大のものの一つとなった。[6）]しかし，アラスカでは，先住民の利益のそのような組織的な消去はまったく起こらなかった。北方のフロンティアの先住民である，エスキモーやインディアンは一度も戦わず，それゆえに一度も征服されなかったし，彼らの土地への権利を放棄させる条約に署名させられることも一度もなかった。1867年にアメリカ合衆国がアラスカにおけるロシアの権益を買い取ってから1世紀の間，先住民たちはただ単に無視されていたのである。したがって，1960年代の石油の発掘によってアラスカにおける土地財産所有権の明示化が緊急に必要になって初めて，先住民たちは彼らの権利のために声を上げ，連邦政府はその非常に多くが手付かずのままであった先住民の土地の権利資格に対処するための準備を急いで行なった。1960年代がマイノリティの利益に対する広範で，リベラルな勢力による支援の時代であったという事実はこの方向への圧力を高めた。急速に拡大する黒人公民権運動という状況の中で，西部のフロンティアから先住民と先住民の権利を一掃した「よい先住民は死んだ先住民だけ」という公式に従うことは不可能であった。

この状況に対する政府の対応が1971年12月18日の「アラスカ先住民土地請求権解決法」であった。アメリカ史には前例がないほどの寛大さをもって，この法は先住民たちに連邦の土地から4400万エーカーを選ぶことを許容し，彼らに10億ドルを与え，そして，先住民の生活様式を続け，それを促進するために先住民運営の一連の団体を地域や村に設立した。アンドリュー・ジャクソン（Andrew Jackson）のアメリカやユリシーズ・S・グラント（Ulysses S. Grant）のアメリカでは考えられないようなことだが，時代や考え方は変わっていたのだ。ジョン・マクフィー（John McPhee）は「アラスカ先住民土地請求権解決法」を，「200年に渡る国民的罪」(national guilt) の償いのための「偉大で最後の，そして，報いのための支払い」を行なおうとする試みであると呼んだ。[7)]

原生自然の問題に関しては，先住民の諸権利を連邦政府が認めたことによって，この国の他の地域で得られたものとは著しく異なる状況がアラスカでは生まれた。先住民の見地からすれば，原生自然という概念すべては歴史を無視した白人の奇妙な神話であった。[8)] ベーリング海沿岸のエスキモーであるトニー・ヴァスカ (Tony Vaska) はこの問題を簡潔な言葉で表し，こう指摘した。白人たちは，「そこにはまったく何もないと考える」と。「彼らは，われわれがすでにそこにいることをただ漠然と知っているにすぎない。われわれは狩猟や漁労やわな猟のためにこの土地を利用してきた。1万5000年間そうしてきたのだ。……彼らは先住民やわれわれの生活様式を何もないフロンティアの一部だと考えるのだ……」。[9)]「名もない」渓谷や「知られざる」大地は居住され故郷とされた領域であった。人類学者のウィリアム・ブラウン (William Brown) が認めたように，アラスカにおける原生自然という概念全体が「侮辱的なほどに自民族中心的な」ものである。[10)] 先住民たちが「原生自然」という言葉を一貫して避け，「土地」という言葉を好んだのも無理はない。彼らはまた，「アラスカ先住民土地請求権解決法」のd (2) 条項によってつくられた連邦保護地は狩猟採集を行なって，その土地で生活したいと望む先住民たちに開かれているべきだ，と主張した (つまり，いわゆる生存的な生活様式〔subsistence lifestyle〕の保護である)。公園や保護地の土地を保護することを好むのは，「美しさ，レクリエーション，そして，野生生物といった通常のあらゆる価値のため」であるが，「そうした土地が支えている価値やシステムに人々をも付け加えたい」とトニー・ヴァスカは説明した。[11)] エスキモーの権利のための指導者で，アラスカ議会の前に座り込んだウィリー・ヘンズリー (Willie Hensley) もそれに同意した。もし白人が「原生自然」と呼ぶものが生存のための目的に使用されうるのならば保存に関する何の問題も彼にはなかった。例えば，道路網を伴う鉱山や限られた量の猟獣を求めて先住民と競い合うようになる白人の狩猟者の隊列よりは公園の方がよい。しかし，ヘンズリーは一部の保存主義者たちの見解には重大な疑問を抱いていた。「環境主義者たち，つまり，『ダートマス野外活動クラブ』(Dartmouth Outing Club) の気取った馬鹿者たちはここまでやってきて，植物相や動物相について語るが，人々については決して言及しない。つまり，われわれについてということだ！　彼らはわれわれがここを侵害しているとでも言いたげに振舞っている」[12]。

1980年の「アラスカ国家利益土地保護法」がヴァスカやヘンズリーのような感情を尊重し，原生自然に指定された地域においてすら生存のための活動（subsistence activities）を許可したのは，先住民の権利を尊重する1970年代の世論という状況に左右されたものであったことはまず，確実である。これが実行された時，19世紀の西部における前例とのもう一つの断絶が生じた。ヨセミテやイエローストーンの国立公園においては，あるいは，「森林局」（Forest Service）の管轄下にある原生自然地域では，先住民たちは連邦政府が彼らに割り当てた保護地で生活しているのだが，アラスカでは保護地という概念がようやく消滅し，先住民の経済的使用が原生自然の保存の中に組み込まれたのである。

（4） 原生自然

アメリカ西部の開拓は，原生自然運動が思想的，政治的に成熟する１世紀前に起こった。他方で，アラスカにおける土地利用政策に関する討論は，保存を求める熱意の波がアメリカ史において最大になったまさにその時に起こったものだった。原生自然への評価は最高潮に達していた。第13章で詳述したような高度に展開した哲学がアラスカの原生自然のための戦いに弾薬を補給した。その中心的な概念のいくつかは半世紀前にすら定型化されていなかった。しかし，より重要なことは，少なくとも政治的には，原生自然の価値を支持する一般の人々の熱意の度合いであった。容易にアラスカは祝福されるべき大義となった。つまり，たとえ単なる象徴であったとしても，国のその他の地域における原生自然のほぼ完全な消滅を埋め合わせる機会となったのだ。少なくとも，原生自然支持者の見地からすれば，物事を正しく行なうアメリカ人としての最後の好機がここにあった。そして，彼らはこの好機に飛びついたのだが，その数はヘッチヘッチ渓谷（Hetch Hetchy Valley）の擁護のために比較的孤独な戦いをした，ジョン・ミューアを驚かせるようなものであった。1950年代のグレンキャニオンとは対照的に，アラスカは明らかにだれも知らない場所ではなかった。このテーマの人気を感じ取った作家，出版者，そして，映画関係者が溢れるほどの作品をつくり出した。職業的な原生自然保存主義者たちはこの一般の人々の関心をいかに利用すればよいかを知っていた。国内で最強の自然保護団体が集まった「アラスカ連合」（Alaska Coalition）という組織がアラスカの原生自然を守るためにワシントン D.C. において設立された。今まで組織された中で最大の原生自然ロビー活動が国会議員たちに影響を与え，公聴会や上下両院の議場における戦いを導いた。原生自然がこれほどの友人を得たことはそれまで一度もなかった。

原生自然でのレクリエーションも，アラスカの未来が不確定であった頃に盛んになってきていた。交通機関と野外活動の装備と情報における革命（本書の383～384ページを参照のこと）によって，アメリカ人が原生自然に行くことはかつてないほど容易になっていた。アラスカの手ごわい気候でさえ，楽しみを求めて来る人々にとってはもはや克服できぬ障害ではなくなっていた。原生自然は1世紀前にはなかった常連客を1970年代には抱えていた。意義深いことは，アラスカ生まれでないアラスカ人たちもまた，原生自然を好んだということである。野生の土地の近くに住む機会であるということは，多くの人々が北へと移住した主要な理由であった。アラスカ人たちは原生自然に指定された地域で許容されるもの（例えば，小屋）に関して「よそ者たち」とは意見が異なっているかもしれないが，彼らの多くは適切に定められたものであれば，何らかの保存政策を支持しようとした。本質的には，彼らは，アラスカがアメリカの他の地域のようになってほしいとは思わなかった。ほとんどそれと反対の感情がそれ以前のアメリカのフロンティアの開拓者たちを突き動かしていた。

ジョン・ミューアはその原生自然のためにアラスカに関心をもったおそらく最初のアメリカ人であった。第8章で説明したように，彼は1868年に西部へ行き，彼が少年時代を過ごしたウィスコンシンの故郷よりも野生的な環境をカリフォルニアのシエラネバダに発見した。しかし，1879年までには，彼は新しいフロンティアへと新しく歩み始める準備ができていた。アラスカへ行くという考えは，シェルドン・ジャクソン博士（Dr. Sheldon Jackson）のヨセミテ訪問から生まれたものであるかもしれない。少なくとも彼の訪問によって促されたことは確かだ。長老派の宣教師ジャクソンは2年前にアラスカに移り住んでいたにすぎなかったが，彼はすでにアメリカが最も新しく獲得した領地に対する熱意に溢れていた。[13] ミューアとジャクソンは1879年6月7日にヨセミテで開かれた会議で出会った。7月には，その男たちは蒸気船カリフォルニア号に乗って北に向かっていた。ジャクソンは彼のスィトゥカの居住基地へと帰るところであったが，ミューアの旅行日程はその特質からして漠然としたものであった。彼は第一に，その地方を見たかったのである。スィトゥキン川を遡る旅の後で，彼とS・ホール・ヤング(S. Hall Young) は，先住民のカヌーで北への旅を続けた。彼らの旅の圧巻は，グレーシャー湾 (Glacier Bay) と呼ばれることになった氷が詰まったフィヨルドのほとんど知られていない入り口への旅であった。[14]

シエラネバダにおける氷河作用に関する専門家となっていたミューアの科学的好奇心は，直接塩水へと流れ出る巨大な氷河の存在に大いに刺激された。しかし，彼のアラスカに関する著述の主要なテーマは，原生自然が神聖性を象徴するあり方であった。あらゆる手を使ってかき集められるべき，「啓示された栄光の収穫」について書き，繰り返しアラスカの原生自然を「寺院」(a temple) と呼んだ。グレーシャー湾とミューア氷河に後に旅した時，このような周囲の状態の中にいれば「たとえ目に見えなくとも，神聖なものの影響は吹雪の中の雪片のようにわれわれに厚く降り注ぐのだ」と述べた。ラルフ・ウォルドー・エマソン (Ralph Waldo Emerson) がもし生きていれば，彼の弟子が「超越主義」(Transcendentalism) をアラスカにまで拡張したことを誇りに思っただろう。[15]

数度に渡ってジョン・ミューアは「純粋な」(pure) という形容詞をアラスカで遭遇した原生自然を叙述する際に用いた。この考えはその後の旅行者の報告の中心テーマとなった。他の地域にも原生自然はあるかもしれないが，アラスカは真の原生自然だということだ。確かに，それまでのミューアの経験には北部で見つけたものに匹敵するものはなかった。1868年にシエラネバダに戻った頃には，放牧や森林伐採はすでに広範に行なわれていたし，ヨセミテは急速に旅行者のメッカとなりつつあった。しかし，ミューアにはアラスカの森林は「人跡未踏」のように見えたし，その山々は「それまで一度も見られたことすらないもののように思えた」のであった。実際，アラスカすべてにおいて「今もなお，創造の日の朝」のようであった。おそらくこう考えていたために，ミューアは，そして，多くのその後の訪問者たちは遭遇することになった白人のわずかな形跡をも嘆くことになった。ミューアはランゲルを「無法な木の小屋が建ち並ぶ……私がかつて見た中で最も無愛想な場所だ」と記した。鉱夫であるその地の住人たちは無礼に，敵意をもって，そして，「彼らが生活している偉大な野生の国」を忘れ，彼に立ち向かった。[16] アラスカの原生自然を擁護するアラスカ外部の人々の側がアラスカ人たちに不信感を抱くという傾向の始まりがここにあった。

ジョン・ミューアには，アメリカの文学における原生自然の叙述者の中の最も華やかな一人としての地位があるが，アラスカの景観は彼の文学的エネルギーを十全に呼び起こすものであった。あらゆるものが「栄誉的であり」（glorious），「荘厳で」（sublime），「壮大であり」（grand），あるいは，「強烈」（glowing）であった。彼は，「鮮やかな衣装をまとってとどろく雪のような滝，……青いフィヨルドの水で洗われる麓，緑のシダに覆われた小さな谷……そして，何よりも氷河」について論じた。このような原生自然の中でミューアは，「まさに詩人たちの楽園，神聖なるものの居場所」の近くにいると感じた。[17)]

アラスカに対するアメリカ人たちの態度に関してみる時，ミューアの言葉が1867年の購入からわずか12年後に発せられたということに留意することは重要である。この時点におけるアラスカに関するアメリカ人の支配的なイメージは極端に悪かった。国務長官のウィリアム・シウォード（William Seward）は役立たずの巨大な氷の塊である不毛の地をアメリカにもたらすことになった「愚行」のために，その時もなお，嘲笑されていた。獲得を擁護する者たちでさえ，潜在的資源であるとか，戦略的利益であるとか，といったことに曖昧に言及しえただけだった。1870年代には，だれもアラスカの原生自然を価値あるものとは考えなかったし，その景色を評価しなかった。ミューアは氷山というイメージを削ぎ取ろうとした最初の人物であった。

この状況は，1880年代末と1890年代に変化し始めた。初めは新聞や『センチュリー』（*Century*）といった定期刊行物に現れたミューアの出版物，シェルドン・ジャクソン（Sheldon Jackson）やエリザ・ラハマー・シドモア（Eliza Ruhamah Scidmore）の著作によって，旅行者たちは「内航路」（Inside Passage）と呼ばれたところを航海し始めた。[18)] 1890年には，5000人がサンフランシスコからの30日間の周遊旅行を行なった。グレーシャー湾はその山場であった。数百人の旅行者たちが豪華な船を降りて，動きつつあった氷の川の上で2，3時間を過ごした。それは「私の人生における最大の出来事であった」と，ある旅行者向けの雑誌には書かれた。[19)] ミューアがこうした観光船の乗客たちを面白がり，そして，彼らに幾分嫌気がさしたのももっともであった。彼は1888年に妻にこう書いた。「沈黙の中で一人，荷物ケースなどを持たずに行くことで，はじめて原生自然の真ん中へ真に入っていける。それ以外の旅行は騒がしくホテルに泊まり，荷物ケースを持ち込んでおしゃべりをすることにすぎない」。[20)] しかし，この時は船がアラスカへ行く唯一の手段あった。そして，ミューアのような原生自然旅行の才能をもっている者はわずかであった。皮肉なことに，ミューアの旅の方がアラスカの自然旅行の近年の傾向とはるかに多くの共通点をもつものであったが，彼の著作は観光船旅行の広告となり，それを大いに促進したのであった。

最も壮大なアラスカへの観光船旅行は1899年6月に行なわれたものである。この時，エドワード・H・ハリマン（Edward H. Harriman）という鉄道王が250フィートのジョージ・W・エルダー号（George W. Elder）を借り上げ，一流の才能をもつこの国の科学者，文学者，芸術家といった人々をグレーシャー湾への旅に招き，行動をともにした。ミューアは，自然作家としての同僚であったジョン・バローズ（John Burroughs）とともにそこにいた。その一行にはまた，名声の高い科学者である，グローブ・カール・ギルバート（Grove Karl Gilbert）やウィリアム・ヒーリー・ドール（William Healey Dall）やC・ハート・メリアム（C. Hart Merriam）がいた。エドワード・カーチス（Edward Curtis）の写真やR・S・ギフォード（R. S. Gifford）の絵画はこの旅の視覚的な記録となった。文字にされた記録は最終的に12巻となって出版された。[21] ここには，不毛の地というアラスカのイメージを論破する証拠が豊富にあった。観光船という豪勢な条件のもとでなされたものではあったが，ハリマンのアラスカ遠征はアメリカ人の原生自然に対する19世紀的情熱の頂点を記したものであった。

ハリマンの遠征に加わったメンバーのコメントの中で最も興味深いものの一つはヘンリー・ガネット（Henry Gannett）のものである。1870年代のワイオミングの測量に尽力した地理学者で，後にアメリカ合衆国地理測量所の所長となった，ガネットはアラスカのもつ景色の観光業のための潜在的可能性を即座に理解した。この領土の山々，フィヨルド，氷河に匹敵するものは西半球にはない，ということを彼は知っていた。権威ある『ナショナル・ジオグラフィック・マガジン』（*National Geographic Magazine*）は1901年にガネットの論考を載せた。「アラスカの海岸は地球の名所となり，アメリカ合衆国からだけでなく，はるか海外からも巡礼者たちがここを見るために絶えることのない列をつくり，大群となって押し寄せるだろう」と彼は述べた。ガネットはこの状況の経済性を理解していた。アラスカの「雄大さを旅行者の落とす金という直接的収益によって測れば」，その経済的価値は「莫大なものとなるだろう」ということだった。さらに，その上，景色は「取り尽くされることは決してないから，金や魚や木材よりも価値がある」とガネットは続けた。これはその後，繰り返されることになるアラスカの自然保護を支持する議論の最も初期の表明の一つであった。

ガネットの論考はよく引用されるアラスカへの旅行者のための，「忠言と注意の言葉」で終わった。

> もしあなたが老齢であれば，あらゆる手段を使ってでも行きなさい。しかしもし若ければ，より年をとるまで遠ざかっていなさい。アラスカの景色は世界の他のこの種のいかなるものよりも壮大であるので，一度見てしまうと他のすべての景色が退屈で面白みがないものになってしまう。最も素晴らしいものを最初に見ることによってこうした楽しみを感じる能力を鈍らせてしまうのはよいことではない。

ガネットの考えをより深く検討すると，アラスカの景色に関して彼を最も興奮させたのはこの地域の新しさであったことがわかる。ある地点でジョージ・W・エルダー号は氷河を見つけたが，その氷河は未踏のフィヨルドの中への航海を可能にするほど後退していた。自らが発見者であると考えるとガネットは身震いをした。そして，彼は詩を引用した。「われわれは突き進む最初の者／沈黙の海の中へと」。この考えもまた，しばしば，アラスカの原生自然へのその後の訪問者たちの反応を通じて繰り返されることになった。[22)]

ハリマンの遠征の後，グレーシャー湾への旅は何年もの間，行なわれなかった。それは，1899年９月10日にアラスカ南西部を巨大な地震が襲ったためである。何マイルもの氷が氷河から断ち切られ，湾をふさぎ，そのために船で近づくことができなくなった。その後の半世紀の間，グレーシャー湾を訪れる人はほとんどなかった。そして，1925年の「グレーシャー湾国立記念物」(Glacier Bay National Monument) の創設に注目する者も，科学者たち以外にほとんどなかった。この地域は主にそうした科学者たちのために保存されたのである。こうした中で，アラスカ内陸部が注目されはじめた。接近不可能であり，神秘的であり，そして，比較的温暖な沿岸地域よりも厳しい地域であったので，内陸部はアメリカ合衆国の他地域からは急速に奪い取られつつあった，原生自然の保存地域としての価値をもちうるものだった。おそらく，結局のところ，フロンティアは1890年に死に絶えたわけではなかったのだろうと一部のアメリカ人たちは考えはじめた。また，開拓，そして，休暇中の人々による一時的な開拓は続きうるであろうと。

こうした考えを結晶化させ，前例のないほどの注目をアラスカの土地とフロンティア生活様式に集中させることになった出来事は，1898年のゴールドラッシュであった。デーヴィッド・ウォートン（David Wharton）の論文が明らかにしているように，1890年代末の一連の鉱山への殺到は，カナダのユーコン・テリトリーをも一部含むものであったが，一般には「アラスカのゴールドラッシュ」として知られている。[23] ウォートンはまた，この熱狂的な金の探索は新世界に関するヨーロッパ人の知識と同じほどに古い神話の最終章を表すものであった，と指摘している。しかし，アラスカへの殺到の時期は特別なものであった。19世紀半ばに49年組がカリフォルニアの金鉱地帯に突進していった時，アメリカ合衆国はまだ野生の西部とともにある開発途上の国だった。鉱夫たちは無骨で，絵のようなものでもロマンティックなものでもなかったし，成熟しようとしている社会にとっては少々困惑するようなものであった。[24] しかし，（1890年の国勢調査によれば）フロンティアが公式に消滅したことで，カウボーイや漁師や鉱夫たちに伝説的な役割を与えるような神話形成に時は熟していた。20世紀初頭のアメリカ人たちには，「98年組」をロマンティックに記し，北部の金への彼らの突進を鮮やかな色彩で描く準備はできていた。事実，アラスカの「状況」はコロラド川やカリフォルニアにおける前例ほど怪しいものではなかった。第9章で説明しようとしたように，彼らを英雄とみなす国民の準備は思想的な側面でできていた。

それに関する見方として，アラスカのゴールドラッシュに参加した人々の多くは金よりもむしろ原生自然の中での興奮を求めたのだというものがある。彼らはフロンティアの人間ではなく，フロンティアの経験を求めた都市住民であった。実際，多くは旅行者だった。金は，南の48州の都市的状況から離れ，しばらくの間野生の地を訪れるための言い訳となった。その後，多くは大抵の場合，文無しになって帰ってきて，サンフランシスコか，セントルイスで静かな文明生活を送った。1896年にマッキンリー山を発見し，その名をつけた採掘者はより詳しくみていくと，シアトルに住んでいたプリンストン大学の卒業生であった。彼の自己流の「夏の遠出」は実質的に原生自然での休暇に等しいものであった。[25]

ゴールドラッシュ期のアラスカの原生自然の魅力はその未開さにあった。男はそこで男になることができ，強い者だけが生き残ることができた。ジャック・ロンドン（Jack London）はこのテーマを理解し，『野生の呼び声』（*The Call of the Wild*, 1903）によってこれを途方もないほど流通させた。この本は彼が1898年にユーコン川で過ごした冬について書いたものである。ロバート・サーヴィス（Robert Service）は1904年に北部に来て，その後，多くのアメリカ人たちが北部について抱くイメージをつくり上げることに成功した。『ユーコンの魅力』（*The Spell of the Yukon*, 1907）の中でサーヴィスはその土地そのものを主役にした[26)]。それは，「目が眩むような大きな山々」や「死のような深い渓谷」とともにある「私が知る中で最も強情な地」であり，「うち捨てられた地」，「神が忘れた地」であった。金は人を北へと引きつけるかもしれないが，「名もなく」，そして，「人の住まない」地は，人々の生活と想像力を引きつける最大の力をもっているとサーヴィスは信じていた。重要なことは，ロンドンもサーヴィスもアラスカをこの世紀のその後に叙述した人々のように，美しく，精神的で，あるいは，壊れやすいものとしては描こうとはしなかったことである。ウォルター・ヒッケルのように，彼らはその地の頑強さに価値を見出したのである。

チャールズ・シェルドン（Charles Sheldon）はアラスカの原生自然に対して，違った見方をしていた。イェール大学を卒業した彼は，メキシコの銀山で財を築き，35歳で引退し，大型の猟獣の狩猟と研究と保護への関心を追求した。1906年に彼はアラスカ山脈の前山に入り，その翌年にはマッキンリー山の麓にある文明から何百マイルも離れた小屋で越冬した。シェルドンにとって，アラスカの原生自然はジャック・ロンドンやロバート・サーヴィスにとってそうであったような死の挑戦を受けるような苛烈な舞台ではなかった。彼はそれをフロンティアとしてみたが，しかし，特に，大型猟獣の生息環境に関して言えば，保護を必要とするような壊れやすいフロンティアであった。ジョン・ミューアでさえ，アラスカの美しさを認めることから，その壊れやすさを理解するというところまでは，進展しなかった。しかし，シェルドンはミューアより25年ほど後に北へとやって来たのだった。その時までには，マッキンリー山の北のカンティシュナ（Kantishna）地方の鉱山労働者たちが猟獣を大幅に減らしつつあったし，その地域のすぐ東でのアラスカ鉄道の建設は，その原生自然を大幅に減らそうとしていた。1908年の1月12日に彼の旅行日誌は，マッキンリー地方に国立公園的地位を与えることについて記していた。その後，シェルドンは「アメリカ・キャンプファイヤー・クラブ」（Camp Fire Club of America）のベルモアー・ブラウン（Belmore Brown）と，「アメリカ狩猟鳥獣保護協会」（American Game Protective Association）のジョン・バーナム（John Burnham）とともに公園設立のために尽力した。そして，ついに，1917年2月26日にウッドロー・ウィルソン（Woodrow Wilson）はマッキンリー山国立公園を創設する法案に署名した。チャールズ・シェルドンには署名式で使われたペンが授けられた。こうした認識は適切なものであった。なぜならば，シェルドンはアラスカは文明による変容を免れるほど大きくもなく，頑強でもないということを最初に理解した者であったからだ。[27)]

チャールズ・シェルドンに続いて，1920年代と1930年代にアラスカを訪れた第一波のアメリカ人の旅行者たちには，彼がもっていたような原生自然での生活のための趣向や才能がなかった。彼らが好んだのは眺めのよい部屋と道路の近くに野生動物が豊富にいることだった。このリゾート志向の客たちに仕えるために，マッキンリー山近くのアラスカ鉄道の路線沿いに1923年にカリー・ホテルが開業した。景色のよい展望地である「リーガルヴィスタ」（Regalvista）があり，それに加えてゴルフ，テニス，そして，水泳用プールがあった。[28)] こうしたことが原生自然とはあまり関係ないものであったとしても（第15章を参照のこと），この時代のヨセミテやグランドキャニオンへの訪問者たちも同様の趣向をもっていたことを想起してみて初めて公正な見方となる。ミューアやシェルドンのような先駆者たちを別にすれば，その時代にはレクリエーション的な関心はただ存在しなかっただけであった。しかし，時間や趣向は変化し，そのために徐々にではあるが，アラスカの保護された野生の土地の使命と意味も変化した。

1929年7月22日にノエル・ウェイン（Noel Wein）は，ワイズマン（Wiseman）にある泥状の細長い地に7人乗りの飛行機ハミルトン号を着陸させた。こうして，アラスカの新しい観光業が始まった。革新的なものの一つは，原生自然に近づくのに飛行機を使うことに関するものであった。観光船と鉄道にはそれ以後，競争者ができることになったわけだが，飛行機は十分に豊かな旅行者たちをすばやく，そして，容易に，地上で最も野生の地の一つに運ぶことができるものだった。他の重要な事実はウェインの旅客に関するものであった。つまり，富裕で，28歳で，ニューヨーク市生まれで，ハーバードで教育を受けた（第12章を参照のこと）ロバート・マーシャルが旅客の一人であったのである。その前の冬に，南の48州における原生自然へのレクリエーションの機会がなくなりつつあることに嫌気がさしていたマーシャルは，世界地図を取り出して，手付かずの空間を探した。アラスカの地図をみると，中央部のブルックス山脈の中に巨大な空間があった。マーシャルの言葉を使えば，ワイズマンは「20世紀の端から200マイル向こうに」あるものであり，その北には，白人が知る限りにおいてであるが，未知の国があった。[29] コユクック（Koyukuk）川の支流のある地点で3頭のハイイログマに出合った時，自分が「最も銃に近いところから11マイル，ちゃんとした担架があるところから106マイル，そして，最も近い病院から300マイル」のところにいるのだ，とマーシャルは考えた。彼はこのように考えることを好んだ。[30]「地の果ての向こうを旅することの中にはまた，人が発見していない異なった世界で生活することの中には，そして，世界中に広まった文明の束縛から解き放たれることの中には，何か神々しいものがある」とマーシャルは1934年に書いた。[31] ブルックス山脈への4度の旅の中で，マーシャルは白人は未だかつて訪れてはいないとされている地域で200日以上を過ごした。彼が地図上に記した名前は公式のものとなった。興味深いことだが，彼は20世紀のアメリカで彼の少年時代の英雄であるルイス（Lewis）とクラーク（Clark）と張り合う機会を見つけたのであった。

アラスカを経験した後，ボブ・マーシャル（Bob Marshall）は彼の並はずれたエネルギーを探検から政治に向け，彼が称賛するものを保護するための努力を続けた。「アメリカ合衆国森林局」（United States Forest Service）の「U」規制は大部分は彼によってつくられたものであったが，その規則はこの国の一部地域に適用されるだけのものであった。そして，そうした地域はアラスカの野生にはまったくかなわない，とマーシャルは理解していた。アメリカの西部の一部を「超原生自然」（super wilderness）状態にしておこうとする彼の考え（本書の387ページを参照のこと）さえも，未知の地を保護することと同等のものにはならないだろう。しかし，北部には，「探検の可能性」とマーシャルが呼ぶものを延長させる機会がまだ残っていた。[32] 彼は，アラスカの原生自然の保存は河川の流域を含む地域全体，山脈のすべて，手付かずの生態系を含む可能性があることを認識した最初のアメリカ人だった。アラスカでは，「文明という海の中の島々」（islands in the sea of civilization）として原生自然があるのではなく，その割合は逆であったのであり，マーシャルはその割合が続くことを望んだのだ。永遠に。

1938年に，つまり，彼が38歳という年齢で早逝する1年前に，マーシャルは，アラスカのレクリエーション用の資源を研究する議会の委員会への提言の中で，彼の考えを固めていった。アラスカを単に原生自然へのレクリエーションだけでなく，「開拓状態」（pioneer condition）や「フロンティアの情緒的価値」（the emotional values of the frontier）を提供する資源としてみなしてはどうだろうか，と彼は主張した。これには，ユーコン川以北のアラスカすべてにおいて，道路，工場，農業を禁止することが含まれていた。そこには，後に州となる地域の約半分が含まれていた。原生自然の保存をこれほど壮大な条件で考えたアメリカ人は一人もいなかったが，マーシャルはまったく真剣であった。ロバート・ウィーデン（本書の370～371ページを参照のこと）の思想に先んずるような形で，マーシャルは彼の提案が大きな経済的犠牲を要求するものではない，と連邦政府に説明した。アラスカ北部は農業と道路には不向きであり，そして，石油発見前であったので，マーシャルはそれに工業を付け加えることができた。その最大の利用法は，原生自然としての利用であろうと彼は言った。先住民に関しては，マーシャルはワイズマンで過ごした数カ月から彼らを知り，彼らのことを称賛していたのだが，彼らには白人の文明がない方が，「もしアメリカ合衆国の経験を判断基準にするならば，はるかに幸福であろう」と述べた。そして，マーシャルはこう結んだ。「アラスカは，アメリカ合衆国に属するあらゆるレクリエーション用地域の中でもユニークなものであるが，それはアラスカはまだ大部分が原生自然だからである。アメリカの資源のバランスのとれた利用法という名のもとに，アラスカ北部の大部分を原生自然にしておこう[33)]」と。こうして，原生自然保護だけでなく，恒久的なアメリカのフロンティアを求める最初の，そして，不可避的に論争を巻き起こすことになる呼びかけが生まれたのである。

その後の20年では，「アメリカ合衆国技術者団体」（The United Sates Corps of Engineering）とアラスカ生まれではない一部の人々はアラスカ北部の未来に対してかなり異なった展望を抱くようになった。彼らの計画の中核となったのは荒々しいユーコン川とランパート渓谷にダムをつくる可能性であった。その渓谷は，ボブ・マーシャルの聖地ワイズマンの南100マイルのところにあった。ランパートダム（Rampart Dam）はアラスカが州となった1959年頃に技術者団体によって提案されたものであったので，多くのアラスカ人たちはこれを連邦政府からの誕生プレゼントだと受け取った。10億ドル以上をかけて，ユーコン干潟（Yukon Flats）はエリー湖よりも大きい世界最大の人工湖とされることになっていた[34)]。その目的は，水力発電とそれによってアラスカ北部に産業を誘致することであった。広大な地域が工業と林業へと開かれることになっていた。しかしながら，アラスカ人たちにとって同様に重要であったのは，ランパート計画は植民地主義[〔2〕]という長い夜に終止符が打たれたことの一つの証であった，ということであった。

アーネスト・グリューニング（Ernest Gruening）は14年間管区知事（territorial governor）であったが，この点に関して特に敏感であった。彼は，何年もの間の無視と無関心の後でアラスカが国の他地域に追いつく方策の一つとしてランパートダムをみていた。さらに，グリューニングによれば，「ダム予定地は不毛の地」であった。[35] グリューニングの助手だった，ジョージ・サンドボーグ（George Sundborg）の考え方は一歩進んでいて，1960年代半ばにこう記した。「世界のすべてを探してみなさい。水浸しになってもこの地ほど失うものが少ない地域に相当するものを探すのは困難であろう」。ニュージャージーよりも広大な貯水地域全体に「10カ所の水洗トイレもない」のであった。[36]

サンドボーグはトイレについて間違った見方をしていると，原生自然保存主義者たちは感じた。1965年にポール・ブルックス（Paul Brooks）はこう述べた。「ユーコン平原にはまったく配管がなされていない。これは野生の地域なのであり，その価値は原生自然としての価値なのだ」[37]と。ランパートダムに反対する声明の中で最も顕著なものとして出てきたのは，野生生物の生息地であった。ユーコン平原の広大な沼地は北アメリカにおける水鳥の主要な繁殖地であり，サケの産卵地であり，ヘラジカやミンクやオオカミの生息地であった。1200人の先住民もまた，そこに住んでいた。サンドボーグはこれらへの配慮を一蹴した。カモは水を好むから貯水池は有害なものにはならないであろう，と彼は野生生物の生態についてのいい加減な理解を基にして，主張した。グリューニングは，ランパートダムに反対する人々は，「ホモサピエンス（人類）の経済的ニーズ」を無視していると感じて，こう述べた。「生き残っていくためには，地球上の天然資源を利用しようとする気力が必要なのだ」[38]。『アンカレッジ・デイリー・タイムズ』（*The Anchorage Daily Times*）は，1962年７月31日に，広く存在するアラスカ人たちの態度を表明し，こう述べた。「アラスカは，99パーセント原生自然だ。経済的開発によってこのような広大な地域が消え去るなどという脅威は，数世代後のものであるはずだ」。

もちろん，アメリカ人たちはこうしたことすべてを以前から聞いていた。この国の過去にあったあらゆるフロンティアでは，人間の経済的利益は二者択一的に原生自然に対峙させられた。そして，一般的にいって，原生自然はぞんざいに扱われていた。アラスカ人たちが好んで指摘するように，オハイオには原生自然の保存地域がまったくない。しかし，ランパート論争は1960年代に起きたのであり，このころ変わりつつあった地理的，そして，思想的な条件は，アメリカ人にとっての原生自然と文明の両方の意味を変化させていた。1956年のエコーパークダムの勝利は1964年の原生自然法と同様にその前触れであった。そして，ランパート論争がその決定的な段階に到達したのは，第12章でみたように，ちょうど，グランドキャニオンへのダム反対論者たちが優勢になりつつあった時であった。それでも，ランパートダムを配慮対象から外すという内務省の1967年の決定は多くのアラスカ人たちの立場からすれば，不公正であり，差別的であった。ただこうしたアラスカ人たちが部分的に理解したのは，原生自然への称賛の声が成熟してきた時に，フロンティア型の開発を進めたのが不幸であったということであった。

1968年のノース・スロープの石油発見の前夜，ランパート論争は最高潮に達し，1970年代の論争に影響力を与えることになる二つの原則が確立された。第一のものは，多くの外部の人々はアラスカの原生自然を貯水池に適した不毛の地ではなく，稀少なものであり，それゆえに，価値がある環境的条件の貯蔵地としてみている，ということであった。第二は，ランパートの勝利は，原生自然運動はアラスカの未来に，決定的とは言わないまでも重大な影響力をもつ可能性がある，ということであった。アーネスト・グリューニングが恐れたように，たとえこれが植民地主義であったとしても，新しい主要な目的は保存なのであり，搾取ではなかった。

しかしながら，原生自然に関して外部の人々とアラスカ人たちは正反対の立場にあるということを示すのにランパート問題を用いるのは間違いである。その時代のアラスカ人たちは，結局のところ，1960年代と1970年代のアメリカ人であった。それゆえに，彼らは原生自然の価値を忘れることも，ほとんど野生である彼らの州のうらやましいほどのユニークさを忘れることもなかった。「チャリオット計画」(Project Chariot) をざっとみてもこれはわかる[39]。1958年に原子力エネルギー委員会は核爆弾の平和利用のために，原爆を連続して使用し，ブルックス山脈の西の端のポイント・ホープ近くに水深の大きな港をつくることを提案した。アラスカ人の人々の一部はランパートダムに対してそうしたように，チャリオット計画に対しても拍手喝采したが，多くのアラスカの人たちは熱心ではなかった。少なくとも5000年の間継続的にその地域を占有してきた先住民たちは伝統的な狩猟，漁労，採集のための土地への影響に対する，そして，その結果としての彼らの文化全体への爆発の影響に対する懸念を表明した。大実業家であり，知事であった，ウィリアム・A・イーガン（William A. Egan）を含む非常に多くの先住民ではないアラスカの人たちは，野生生物，原生自然，そして，先住民の生活様式への破壊的影響のためにこの計画に反対した。チャリオット計画の経済的恩恵が疑わしかっただけでなく，20世紀の経済的目標地点としては，北極圏に100マイルも入り込んだところは不適切であった。この計画に対して最終的に勝利した反対運動の中で，アラスカは異なったものでありうるのであり，テキサスやカリフォルニアと競う必要はないという認識が生まれた。「ロサンゼルスのイメージに合わせてアラスカを変えることをわれわれは本当に求めているのだろうか？」とアラスカの人たちの中の一人であるジニー・ヒル・ウッド（Ginny Hill Wood）は1965年に述べた。その含意するところは，代替的な経済的秩序，つまり，恒久的な原生自然の豊かさへの接近に基礎をおく秩序の方が北方においてはよりよく機能しうるということである。ウッドが認識したように，彼女の州の最も価値ある資源は「世界の他の地域のような人間や工業で溢れたものではない空間，壮観で美しい空間」そのものであるかもしれなかった[40)]。アラスカの人たちの間にこうした考えが生まれたことで，彼らは外部の保存主義者たちの立場に近くなり，1980年の「アラスカ国家利益土地保護法」が具現化した妥協の基礎が生まれた。

原生自然を保護するために，1971年に制定された「アラスカ先住民土地請求権解決法」は，レクリエーションのためのアラスカの原生自然人気がますます高まっていたのと同時期のものであり，また，その人気に強く影響されたものであった。1970年代までには，はじめは何百人という人々が，その後は何千人という人々が，チャールズ・シェルドンやボブ・マーシャルの誘いに進んで応じようとしていた。観光船，列車，バス，ホテルが大量の旅行者の到来をさばき続けたのであるが，外部の人々だけでなく，アラスカ人たちもまた，野生のアラスカにより近くで接したいと思うようになった。1948年のアラスカ軍事道路の一般の人々への開放はこの傾向を助長した。休暇をとってアラスカに自動車で行くことが初めて可能になった。新しいスタイルの旅行の促進において同様に重要であったのは，原生自然志向のレクリエーション産業の出現であった。

セリア・ハンター（Celia Hunter）とジニー・ウッド（Ginny Wood）は，1952年にこの分野を切り開いた草分け的な人々であった。彼らはこの年にマッキンリー山国立公園のすぐ北にキャンプ・デナリ（Camp Denali）を開設したが，それは一般の旅行者の「冒険的外辺」と彼らが呼ぶもののためであった。[41] 鉄道や国立公園局のリゾート型ホテルから100マイル離れたところにある彼らのテント式の小屋は，快適さや便利さよりも原生自然や野生生物を優先しようとする人々を引きつけた。1950年代にはそうしたことはギャンブルであったが，キャンプ・デナリやアドミラルティ島のタヤー湖ロッジのような辺鄙な地にある旅行者用施設の人気は高まっていった。1960年にはジニー・ウッドはさらに一歩進んで，ツンドラ・トレック（Tundra Treck）という狩猟禁止の12日間のバックパック旅行をはじめたが，これはアラスカ旅行の歴史におけるこの種のもので最初の商業的冒険旅行の試みであった。これを宣伝するに際して，彼女はアメリカ人のアラスカ原生自然の理解において支配的なテーマとなりつつあったものに頼った。「『最初の48州』において原生自然が急速に消えつつある中で，アラスカは……手付かずの自然の研究と評価のための最後の大きな汚されていない屋外実験室を提供している」と彼女は書いた。彼女の徒歩旅行に加われば，「壊されていない大平原や，自由に流れる川や探検家たちのような経験」を味わうことになるということであった。[42]

1950年代に始まり，その後の20年間に増え続けた大量の宣伝によって，野生としてのアラスカの価値への注目が高まった。1951年から，1953年にかけて，国立公園局は自ら「われわれの最後のフロンティア」と名付けたものでのレクリエーションの機会を調査した。ローウェル・サムナー（Lowell Sumner）は，『シエラ・クラブ会報』（*Sierra Club Bulletin*）の諸論文を付けた公式の報告書を発表し，アラスカの主要な産業である狩猟，漁労，そして，旅行は原生自然を保存することに依存していると議論した。すぐれた写真はサムナーの論点を補強した。[43] サリー・キャリガー（Sally Carrighar）の『氷に閉ざされた夏』（*Icebound Summer,* 1951）は，「繊細な愛らしさと暴力の地」における季節の移り変わりを情緒的に描写し，多くの読者を引きつけた。[44] ロイス・クライスラー（Lois Chrisler）の『北極の野生』（*Arctic Wild,* 1958）という同様の著作もブルックス山脈における彼女の何カ月かに及ぶ日々とオオカミの子どもを育て上げたことを語った（ロイス・クライスラー著／前田三恵子訳『トリガー　わが野性の家族——北極に狼とくらした一年半』，講談社，1964年）。1956年には，オラウス・ミュリー（Olaus Murie）とマーガレット・ミュリー（Margaret Murie）の二人は，最高裁判所判事のウィリアム・O・ダグラス（William O. Douglas）とともに，ブルックス山脈の東部地域への大々的に公表された，最初の旅行を行なった。[45] この地方への彼らの熱意は，900万エーカーの北極国立野生生物地域（Arctic National Wildlife Range）の4年後の設立の一助となった。ロバート・マーシャルの『アラスカの原生自然』（*Alaska Wilderness*）もまた1956年に現れた。

フランク・ダフレスン（Frank Dufresne）の『私の道は北へ』（*My Way Was North*, 1960）やブートン・ハーンドン（Booton Herndon）の『偉大なる地』（*The Great Land*, 1971）といった著作が相次いで出版され，アラスカはより知られるようになった。ジョン・ミルトン（John Milton）は，1967年のブルックス山脈横断のバックパック旅行を『名もなき渓谷，輝く山々』（*Nameless Valleys, Shining Mountains*, 1970）に記し，この探検を行なったもう一人の人物であるケニス・ブラウアー（Kenneth Brower）は，壮大な写真入りの『大地と偉大な天候』（*Earth and the Great Weather*, 1973）に寄稿した。「シエラ・クラブ」（Sierra Club）はアラスカを1969年の原生自然会議の中心的議題とし，その後，『原生自然——最先端の知』（*Wilderness: The Edge of Knowledge*, 1970）の題目のもとに諸論文を出版した。『一人の原生自然——アラスカのオデッセイ』（*One Man's Wilderness: An Alaskan Odyssey*）においてサム・キース（Sam Keith）は，アラスカン・ドリームの精髄を叙述した。つまり，丸太小屋を建てて，最も近い居住区域から40マイル離れて1人で住むというものである。全国的なベストセラーとなったジョン・マクフィーの『内陸部へ』（*Coming Into the Country*, 1977）は，アラスカのイーグル付近の「灌木」における新しい開拓者たち（neopioneers）についての記述によって何十万という読者たちの好奇心を引きつけた。狩猟好きの人々には『アラスカ——最後のフロンティアでの生活についての雑誌』（*Alaska: The Magazine of Life on the Last Frontier*）があった。これは1969年にその体裁を改め，アラスカの原生自然への関心の急速な高まりの恩恵を受けた。ジム・レピン（Jim Repine）の同様の出版物である『アラスカ・アウトドア・マガジン』（*Alaska Outdoors Magazine*）は1970年代末にその流行に飛び乗った。タイム・ライフの書籍であるアメリカの原生自然シリーズからは，ディル・ブラウン（Dale Brown）の『野生のアラスカ』（*Wild Alaska*）が1972年に出版された。また，ポール・C・ジョンソン（Paul C. Johnson）の『アラスカ』（*Alaska*, 1974），ポール・M・ルイス（Paul M. Lewis）の『美しいアラスカ』（*Beautiful Alaska*, 1977），ボイド・ノートン（Boyd Norton）の『アラスカ，原生自然のフロンティア』（*Alaska, Wilderness Frontier*,

1978）といった無数の写真入りの本が出された。『ナショナル・ジオグラフィック』（*National Geographic's*）の1975年6月号は，「アラスカの最後の大原生自然」というもう使い古されたタイトルのもとでアラスカを特集した。「アラスカ地理協会」（The Alaska Geographic Society）は1977年に，原生自然の状態として指定された土地に関して，『アラスカの地理』（*Alaska Geographic*）という見事な写真入りの本を出版した。もしまだ何か記述され，写真に撮られるべきものが残っていれば，旅行産業が特別増刊を行なって，その隙間を埋めた。[46)]

それに加えて，映像が一般の人々のアラスカ人気を高めた。シエラ・クラブの「アラスカ――バランスのとれた土地」（"Alaska：Land in the Balance," 1976）は，原生自然と野生生物についての並はずれた長さの映像を収め，これ以上の開発を控えるよう嘆願した。国立公園局はまたもや，「最後の大原生自然」としてアラスカを描写する映像を配信した。「これはジャック・ロンドンの地であり，この中で人々は野生の叫び声を聞いてきた」と映像台本は読み上げた。1970年代末にジョン・デンバー（John Denver）は「アラスカ――アメリカの子ども」（"Alaska: America's Child"）というクマや野生のヒツジや急流に満ちた重要な映画を撮った。彼の中心的な考えはこの映画の題名に暗示されていた。つまり，アラスカはこの国の過去を思い出させる命あるものであり，かつ，若いアメリカの野生性を保とうとする希望の両方であるということであった。「アメリカの子ども」（1977年）というこの映画で使われた自らの歌の中で，デンバーはアラスカの原生自然に対する古典的なイメージを拾い上げた。「アメリカの子どもは野生の叫び声を発する／夢の霞を通して歌ったことがあるか／その時を描くことができるか／一人の男がみつけねばならなかった時を／未開拓の土地の中で自分の道を」。

こうした言葉や写真は，アラスカの原生自然に対する莫大な数の「書斎」の顧客をつくり出した。しかし，それらはそれまでなかったほどの数の観光客をも鼓舞し，北へと向かわせもした。訪問者統計は十分な証拠を提供している。1962年にマッキンリー山国立公園は57名の未開地志向の訪問者を記録した。1971年の統計は5500人であった。[47)] 1977年には驚くべきことに3万2000人がロッジや道路沿いのキャンプ場から離れて，一晩かそれ以上を過ごした。「遅すぎて見られなくなる前にアラスカを見に来たのです」と一人の訪問者はシガード・オルソン（Sigurd Olson）に語った。その男がリュックサックからロバート・サーヴィスの古びた詩集を取り出した時，オルソンは男が言おうとしたことを理解した。[48)]

こうした中で，マッキンリー山の山頂は登山者で埋まるようになり，登山者たちが天候のよい時期に登山道で一人きりになることはめったになくなった。ある集団はハンググライダーを持って登り，飛んで降りることさえした[49]。これは，この大陸の最高峰への登山が容易になったということではなく，ますます多くの人々が経験のために肉体的代償を喜んで払うようになったということであった。かつて決してなかったほど原生自然は人を呼ぶようになった。

この州の別の一角にある，グレーシャー湾国立記念物の寒く湿った未開の地は1972年にわずか5名の訪問者を引きつけただけであった。しかし，その7年後には，総計2913名になり，国立公園局はカヤックや徒歩旅行者を分散させるか，あるいは，制限する方策を考えるようになった[50]。1976年までは，グレーシャー湾の北端で太平洋に注ぐアルセック川（The Alsek River）にゴム製のボートが走ることはなかった。そのわずか4年後には，12の川旅行の装備会社がこの川の商業的な旅行を行う許可証をめぐって競合した。エドワード・アビー（Edward Abbey）のような著名な作家によるこの旅についての記事は，訪問を刺激した[51]。ブルックス山脈の西部を流れる辺鄙なノアタック川でも同じ状況が生まれた。この川に関する『ナショナル・ジオグラフィック』の1977年の写真入り特集記事と川の地図が出た1年後には，それまでの歴史になかったほど多くの人々がボートを楽しんだ[52]。アラスカにおける原生自然の経験をアメリカ合衆国の他の地域で得られるものとは「根本的に異なる」ものであり続けるようにするには，土地管理者たちは突然の人気によって生まれたかつてないほどの問題を解決しなければならなかった[53]。

1970年代には，アラスカの原生自然に関する議論の多くは，1980年のアラスカ国家利益土地保護法と呼ばれるようになったものを中心としてなされた。この画期的な立法に関する政治史については短い説明が必要である[54]。石油を開発しようとする人々，先住民，そして，アラスカ州からの圧力に応えて，議会は1971年の「アラスカ先住民土地請求権解決法」に基づき，この連邦政府の行動の最終期限をちょうど，8年後（つまり，1978年12月18日）と定めた。この「アラスカ先住民土地請求権解決法」にアラスカの包括的土地利用計画を付け加えるという考えは元々，連邦議会議員のモリス・ユードル（Morris Udall）のものであったようだ。このアリゾナの下院議員はアラスカの未来を総合的に考えるように，原生自然協会やその他の環境ロビー団体からそれまでに依頼されていた。彼が「アラスカ先住民土地請求権解決法」を導入した時には，こうした努力のための時は熟していた。アメリカの大陸部における原生自然地域を国家原生自然保全制度に含めるための研究が当時，行なわれていた。そして，1970年には，「公有地法再検討委員会」（Public Land Law Review Commission）の報告書が全国的見地から重要なアラスカの土地すべてを認定するよう推奨した。しかし，アラスカの将来の計画への最も効果的な圧力はアラスカの土地の潜在的所有者である先住民，および，非先住民からくるものであった。1958年の州制法の時には，アラスカの99パーセントは連邦政府の土地であり，その後の10年間においてもそれはほとんど変わらなかったということを心に留めておく必要はある。実際，1960年代末には，スチュワート・ユードル（Stewart Udall），つまり，モリスの兄弟で，内務長官であった人物は連邦の保有物のこれ以上の処分を凍結した。こうして，あらゆる関連集団の権利要求は，「国家利益」の土地が定められ，保護されるまでは未定とするということをアラスカ先住民土地請求権解決法は明確にした。

この過程はゆっくりとした，骨の折れる，論争の多いものであった。新しく内務長官となったロジャーズ・C・B・モートン（Rogers C. B. Morton）は，1972年に恒久的に連邦政府領とする土地を特定する作業を始めたが，1973年12月に彼が推薦した比較的わずかな面積（8300万エーカー）は，保存主義者たちを失望させるようなものであった。ウォーターゲート疑惑の発生とリチャード・M・ニクソン大統領（President Richard M. Nixon）が辞任に追い込まれたことによってさらなる遅れが生じた。1977年にジミー・カーターが大統領になった時，アラスカ先住民土地請求権解決法が定めた最終期限まで２年弱しか残されていなかった。

この過程を早めるために，モリス・ユードルは1977年１月４日の第95回議会にH. R. 39法案を提出した。この法案は１億1500万エーカーの保護を求めるもので，下院に73名の協力者を獲得した。しかし，アラスカ人たちはこの方策を強く批判した。知事であったジェイ・ハモンド（Jay Hammond）は，保護地は2500万エーカーに縮小すべきであるし，新しく連邦と州の共同運営とすべきだ，と要求した。カーター政権の出した9200万エーカーという提案に関する全国的な公聴会と検討を行なった後，ユードルは1978年５月17日に彼の法案を下院の議場へと持ち込んだ。「この会議で行われる通常の立法とは必ずしも共通しないような仕方で，H. R. 39法案は歴史的次元の機会を提供している。この下院に奉職する間に，われわれの中のだれ一人として，これほど重要で，これほど遠大で，これほど記憶されることになる環境保護の手段に投票することはないであろう。……これはまさに土地と野生生物に関する世紀の立法となるであろう」と彼は述べた。[55)]

1978年５月19日に下院は賛成票246という僅差でこの法案を可決した。しかし，上院においては，危機感を感じたアラスカのマイク・グラヴェル（Mike Gravel）の議事妨害によって審議は中断した。11月までには，第95回議会は終わってしまったために，12月18日の最終期限には間に合わないことが明白になった。その場合には，国家，および，個人の土地の請求権はアラスカのいかなる地域においても登録しうることになるだろう。公園や原生自然地域を設立しようとする仕事は絶望的なほど込みいったものになるだろう。しかし，11月16日に，内務長官のセシル・アンドラス（Cecil Andrus）は１億14万エーカーの土地の鉱物採取権と州への割り当てを取り消した。12月１日にカーター大統領は1906年の「遺跡保存法」（Antiquities Act）によって彼に与えられている権限を用いて，5600万エーカーに国立記念物の地位を与えた。カーターはまた，アンドラスに命じて新しく4000万エーカーの保護区を創設させ，さらに，農務長官のボブ・バーグランド（Bob Bergland）に1100万エーカーのアラスカ国有林から鉱物採取権を取り消させた。これらの指示は立ち往生していた法案のもとで考慮されていたほとんどすべての重要な土地を含むものであった。このカーターの行為に匹敵するのは，セオドア・ルーズベルト（Theodore Roosevelt）が西部に何百万エーカーの国有林を設立したことだけであった。『生きている原生自然』（*Living Wilderness*）はこれを，「アメリカ史におけるあらゆる大統領の行為の中でも，最も強力で最も思い切った環境保護のための行為だ」と記した。[56)]しかし，最も過激な反保全主義者を除けば，だれもがカーターの行動は緊急的なもので，議会が法案を採択するまでの間存続するよう意図された一時しのぎであると認識していた。大統領は自らの個人的感情に疑問をもつことはなかった。「私の大統領府の，私のおそらく全生涯を通じての環境的な優先事項は注意深く考慮されたものである。それはつまり，アラスカの野生と貴重な土地の適切な保護である」と彼は述べた。適切なとは，バランスがとれたという意味だとカーターは指摘した。「私たちは一つの国民としての想像力と意志をもっているが，それはわれわれの最後の大自然のフロンティアを開発することと，同時にわれわれの子どもや孫のために，そのきわめて貴重な美しさを保存することとの両方に対するものである」と彼は1978年12月１日に記した。[57)]こうした両面価値性（アンビヴァランス）を引き継ぎ，カーターは原生自然に対するアメリカ人の歴史的，そして，現代的な思想の中に正直に身をおいた。それは，責任回避を求める政治的本能というよりは，むしろアラスカの未来に原生自然と文明の両方を残したい，という純粋な欲求からであった。

1979年１月に第96回議会が開催されると，モリス・ユードルはオハイオのジョン・F・セイバーリング（John F. Seiberling）の強い支援を得て，再度，アラスカの土地法案を立法府の入り組んだ行程へと送り出した。この時までには，両陣営とも強力なロビー活動を展開するようになっていた。石油，木材，鉱山に利害をもつ人々はいくつかの商工会議所とともに，アラスカ唯一の国会議員であるドン・ヤング（Don Young）に十分な軍資金を確実に供給していた。二人の元アラスカ知事を長とする，「コモンウェルス・ノース」（Commonwealth North）という超党派的な組織は，主要なアメリカのいくつかの雑誌に８ページの挿入記事を入れた。その表紙には，石油の樽と天然ガスの炎と石炭の塊がアラスカの地図の上に重ねて乗せられており，そして見出しにはこう記されていた。「この49番目の州は潜在的にエネルギー分野における世界的力をもつ」。しかし，別の描画はこれは両面価値性（アンビヴァランス）をもつものだが，石油掘削装置がある場所をカリブーが通っているところを描いていた。その次にある文章は，「土地や野生生物を傷つけることなく，北極のエネルギー資源を取り出すことはできる」と説明していた。[58] この出版物のメッセージを間違って受け取る者はだれもいなかった。つまり，それはアラスカのエネルギーの潜在力を原生自然保存区の中に閉じこめてはならないということだ。この文書は，「ケンタッキー［あるいは，それに関連する州］の皆さん，あなた方はアラスカを必要とする」という見出しで始まった。そして，この広告の中身においてすぐに明確になるのだが，この必要とは，原生自然としてのものではなかった。

これに反対する人々は，アメリカ史における最も大きく最も強力な市民の自然保護運動組織となったものを構築することに成功した。アラスカ連合はこの国の五つの主導的な原生自然保護団体，つまり，「原生自然協会」（Wilderness Society），「シエラ・クラブ」，「全米オーデュボン協会」（National Audubon Society），「地球の友」（Friends of the Earth），そして，「国立公園，および，自然保護協会」（National Parks and Conservation Association）の努力の結合体として出発した。シエラ・クラブのチャールズ・M・クリューセン（Charles M. Clusen）の指導のもとで，この組織は全国，州，あるいは，地方単位の1500の諸協会と合計

1000万人の人々を包含するまでになった。明らかにこの連合は，これまで分断されていた地域的，制度的，哲学的差異を超えたものであったが，環境運動を弱体化させた。環境運動はエコーパークダムへの抵抗の中で半世紀前に生まれ，1964年の「原生自然法」(Wilderness Act) を求める闘争の中で発展してきたが，アラスカの原生自然がそれを最も必要としていた時に成熟期に達した。アラスカ連合がつくり出した一般大衆からの圧力，後に首都において活用されたこの圧力に抵抗するのは困難だった。この努力によって議会は，アラスカの土地論争は全国的な重要性をもち，あらゆる州の人々が個人的にアラスカをよく知っているか否かにかかわらず，その未来を深く懸念しているということを確信した。これはアメリカ政治の規範からの意義深い出発であり，1980年法はアラスカの議員団全体の一貫した根強い反対を覆し，成立した。この決定は結局のところ，全国的な意志を反映するものであった。[59)]

モリス・ユードルは1979年５月の演説において，アラスカの土地法案を彼の同僚たちに推奨して雄弁に語った。「アメリカ人はバッファローの群を二度と見ることはないだろう。そして，われわれが今賢明でなければ，われわれの孫たちがカリブーの群を見ることはできなくなるだろう。これはわれわれの議員としての職務の試金石である。これはわれわれが行なう最も重要な投票となるであろう」と彼は宣言した。[60)] ５月24日に原生自然に配慮した法案を268対157で採択することで，下院はこれに応えた。しかし，1978年の時とちょうど同じように，上院，特に，エネルギー委員会はそれに抵抗した。最終的に，1980年８月19日に，保護手段を大きく減らしたものが64票の賛成を得て承認された。下院の指導者たちははじめは上院に妥協することを拒否し，さらに，新しいアラスカ法案を立法過程に乗せ始める，と言明した。しかしながら，1980年11月４日の共和党の大勝利によってロナルド・レーガン (Ronald Regan) がホワイトハウスの主に，そして，ジェームズ・ワット (James Watt) が内務長官となり，アメリカの天然資源政策に対する規制を比較的弱める哲学が採用されることになった。テレビ放映された10月の討論会において，連邦政府は「ここ１年か，そこらで何百エーカーという公共の土地から多様な利用法を取り上げてきた」という論拠によって，レーガンはカーターを攻撃した。産油地域が探査と開発から除外されたことにレーガンは腹を立て，特別な批判を「閉鎖する」地にアラスカを指定した。[61)] アラスカの土地の保護を支持する政治的環境が急速に変化しつつあると認識して，下院の指導者たちは，いかなる変更を加えることなく，上院の法案を不本意ながらも11月12日に承認した。モリス・ユードルが記したように，それでも最終法案は「下院が求めたものの85から90パーセントを達成する」ものであった。アラスカ知事のジェイ・ハモンドも同様にこの法案は完全ではないが，彼の州が求めたものの大半を満たすものだと感じていた。[62] ここでもまた，アメリカの政治制度が内包している妥協能力によって，アメリカの原生自然に関する両面価値的（アンビヴァラント）な諸観念を取り込むことになった。

1980年12月２日にジミー・カーターによって署名されたことで，「アラスカ国家利益土地保護法」は３億7500万エーカーの将来の利用パターンを定めることになった。[63] この法律は大統領による1978年の国立記念物の暫定的設立を取り消し，アラスカ州が州の立法対象に選択した１億500万エーカーのほとんどを最終的に承認した。この法はまた，「アラスカ先住民土地請求権解決法」のもとでアラスカの先住民たちに与えられた4400万エーカーへの権利を彼らに保証した。アラスカの残りの土地は連邦政府の所有物となった。保存主義者の視点からすれば，1980年の法の偉大な業績は，１億400万エーカー，つまり，州の28パーセントとなるカリフォルニアより大きな地域を恒久的な保護のために留保したことであった。この中の半分弱である5670万エーカーを議会は国家原生自然保全制度のもとにおいた。26のものが「国定原生・景観河川制度法」（National Wild and Scenic Rivers System）に付け加えられた。アメリカ合衆国の国立公園と野生生物保護下における土地総量は２倍になった。これは実際，世界史において，原生自然，および，関連する諸価値のために一時期になされたものでは最大の発展的な行為であった。

「1980年法」への保存主義者たちの主要な不満は生態学的に重要な諸地域が除外されたことと，保護地域において両立できない諸活動に関するものであった。この法に関する10年に及ぶ議論の中で，原生自然支持者たちは南の48州でなされたように，かつては野生であった環境のほんの一部や一断片を保護するのではなく，「完全な生態系」を保護する他にはない機会をアラスカは与えているのだ，としばしば指摘した。例えば，カリフォルニアでは，シエラネバダの川の源流の諸部分は原生自然に指定されているが，下流にはダム，農業，町，大都市がある。それに類する大きさのアラスカのいくつかの流域はほとんど完全に未開発の状態にあり，保存主義者たちは例えば，トゥールムン草原（Toulumne Meadows）

からはサンフランシスコ湾ほどの大きさの地域が保護されることを望んだ。しかし，1980年にアラスカの地図に引かれた線は一般により低い平地を除外したし，時には，カリブーのような移住性の動物の重要な生息域を排除した。ユーコン平原やコッパー川（Copper River）のデルタ地帯のような生態学的に重要な地域のいくつかは保存主義的な視点からすれば，ひどく分断されてしまった。国家利益の土地における生存のための狩猟や漁労や採集のための，法的，あるいは，事実上の原生自然の使用についての関心もあった。この地域の第一の受益者は先住の人々であったが，先住民ではない（白人の）アラスカ奥地居住者もまた，保護された土地で生活することを許された。ほとんどの保存主義者たちはこの国の他の地域における原生自然政策からのこの記念すべき旅立ちを喜んだが，現代のハンターや採集者たちの高性能のライフルの使用はかなりの懸念をもってみられた。保存主義者の関心への一つの譲歩は野生生物の数を記録するための手順が確立されたことであり，必要な時には，生存のための消費を制限することになったことであった。[64] アラスカの特殊な状況に関して，もう一つ認められたことは保護地域の多くにおいて，更新可能な5年貸与の小屋がこの法律の一部で許可されたことである。小屋はアラスカ式の未開地生活の象徴であった。それと同じ地域での，トナカイの放牧と定常的な商業的，あるいは，スポーツ的狩猟のための条項は論争の中心的な関心事であった。そして，最終的な法制化によって，国立公園の大半を除くあらゆる保護地でそれは許可されることになった。「国立保護地」（national preserves）という新しい土地管理カテゴリーによって，保護されなければ国立公園の一部となった場所でのスポーツ用の狩猟が可能になった。[65] もう一つの妥協は採鉱，特に石油とガスの探索を含むものであった。1980年の法律は鉱物や石油産出の可能性があるとして知られている，国益地において試掘することを許容した。保存主義者たちは特に，国立北極野生生物保護区（Arctic National Wildlife Refuge）の1400万エーカーの開放とプルデー湾（Prudhoe Bay）で産出中の油田に隣接する第4海軍（国立）石油留保地（Naval〔National〕Petroleum Reserve No. 4）2200万エーカーにおける規制の欠如を遺憾とした。しかし，アラスカにおけるエネルギー開発と採掘に配慮する決定は過去の妥協を単に拡大したものにすぎなかった。その妥協とは，保存主義者との間で行なわれたもので，アラスカでは，アメリカの他の地域のように，保存されるべき一定の原生自然のみが価値ある資源を一切含まない地域であったように思われる，[66] 1964年の原生自然法へとつながったものであった。

1977年と1979年における議会での二つの公聴会を含むこのd（2）条項論争によって，アラスカの原生自然に対するアメリカ人の態度に関する何千ページもの書類がつくられた。一般的に言って，ほとんど驚くべきものはなかった。アラスカにおけるかなり大規模な原生自然の保護に反対する人々は「保護」と「開発」という選択肢を閉ざすことにその抗議を集中させた。「閉じ込める」が彼らの議論の鍵となる考え方であった。「ほとんど調査もされていない，ましてや完全な資源分析もされていない……1億4600万エーカーの土地を未来のために閉じ込めてしまうのは賢明ではない，と私は信じる」と「ワシントン州建築貿易評議会」（the Washington State Construction Trades Council）のロバート・ディルガー（Robert Dilger）は述べた[67]。議会の公聴会の記録には同じテーマの変種が何度も何度も現れた。原生自然そのものに進んで反対するものはほとんどだれもいなかった。反対理由は常に，一つのよいもの（環境保護）がよりよいもの（石油，鉱物，木材，そしてある意味の進歩）の邪魔をしているというものであった。下院におけるほとんどすべての公聴会で，アラスカ唯一の議員であるドン・ヤングは議会の同僚たちの矛盾へと注意を喚起した。彼らは自分自身の州であったならH. R. 39法案式の立法を支持しようとはしないだろう，と彼は述べた。このことはヤングには差別的なことのように思われた。彼は，「なぜ，原生自然のアラスカでなければならないのか。なぜ，アリゾナではそうならないのか。地元の人々は賛成しないだろう。それはなぜだ」と述べた。ヤングの意見では，「アラスカを閉じ込めることに投票することは，議員が環境面での成績を獲得するのに政治的には容易なやり方だ。しかし，それはアラスカや国中の人々の犠牲の上になされるものだ。……アメリカではアラスカがもつ多くのものが不足することになる」ということであった[68]。

アラスカの元知事であったウォルター・J・ヒッケルもこうした見方をした。「原生自然地域の対象にすることで自らの土地から人々を閉め出すようなことはしてはならない」と彼は抗弁した。「土地を閉じ込める時，人は人間の心を閉じ込めるのだ。つまり，人間の精神を閉じ込めるのだ」。アラスカでは，原生自然の保存は不必要であるとヒッケルは感じていた。この土地の広大さと厳しさは文明を追いつめる。「神はこの国を創られた時，自ら区分けをされたのだ」とヒッケルは説明した[69]。非アラスカ人たち，つまり，この北部の植民地を何十年もの間無視してきた部外者たちがアラスカの土地利用に影響を与える，という事実はすでにあったとされた傷をさらに広げることであった。「アラスカは自分たちのものだと考えている南部48州の馬鹿者たちを私は嫌悪する」とアラスカ分離運動のジョー・ヴォグラーは叫んだ。「この土地は使うためにここに置かれたのではないという者はだれであっても私の敵の社会主義者たちだ。木は切るべきではないという者があればだれであっても，私は斧をそいつの上に振り下ろすつもりだ」[70]と。

アラスカの公有地への入植者や不法居住者たちは特に，d（2）条項プロセス全部に懐疑的であった。ジョン・マクフィーの言葉を使えば，「開拓の衝動が制限を飛び越えることのできるアメリカ合衆国で最後の場所」を，国は組織的に消し去ろうとしているように彼らにはみえた。マクフィーが語りかけたユーコン川沿いの新開拓者たちは最も近くの道路から何十，何百マイルも離れた彼らの簡素な小屋は危害を加えるようなものではない，と考えていた。「われわれはアスファルト舗装をした私道や臭いを放つ汚水溜をもつ５万ドルの家を建てようとしているのではない」と一人は説明した。社会的多様性と個人的自由の促進のために，自然に戻りたいと思うわずかな人々には，アラスカでそうする機会を与えてはどうか。さもなければ，別の入植者は，『アラスカは他のすべての州とまったく同じようにやっていく』と指摘した。これらの主張は，そして，入植者たちが自ら直面した苦難はマクフィーのような確信をもった保存主義者さえをも納得させるものであった。「もし私が［法律を］書くならば，最も近い１万人以上の町から100マイル離れていれば，いかなるアメリカ合衆国連邦政府の土地であろうとも，だれでも自由に小屋を建てることができるとするだろう」[71]。この立場はもちろん，最も近い１万人以上の町から少なくとも100マイル離れたところに恒久的な人間の居住地を見つけることを望まないかもしれない原生自然旅行者の望みを度外視するものであった。この20世紀において開拓者になりたいと思う一握りの人々をこの国の最後の広大な原生自然を犠牲にしてまでも認めるべきか否か，というところに議論は煮詰まっていった。最終的にマクフィーの見方が優勢となった。1980年の法律はほとんどの国益地において，辺境地帯の小屋や生存のための生活様式を認めた。

アラスカ先住民もまた，連邦の土地法によってわずか何十年ではなく，何千年もの間生存のための目的に使用してきた土地の使用を禁じられるのではないかと危惧した。アラスカの小さな町や村で開催された公聴会において，エスキモーやインディアンなどの先住民が時にたどたどしい英語で，その土地での生活を続けたいとする要望を語るのを議員たちは注意深く聞いた。[72] クスコクウィム川（Kuskokwim River）の三角州に住むチャック・ハント（Chuck Hunt）は，「この土地はわれわれのスーパーマーケットだ」と説明した。もしその土地を狩猟や採集に使うことが制限されることになれば，「生活の資を欠き……アイデンティティを失う。次第にゆっくり悪くなっていって，火酒に頼る」[73]。ほとんどの先住民たちは土地を「原生自然」として指定することにまったく反対というわけではなかったようにみえた。しかし，多くの人々にとって，彼らの居住地に適用されたこの白人の概念を理解するのは難しかった。彼らが関心を払ったのは，この新しい保護区がどのように運営されるかであった。最終的には先住民たちも彼らが求めたもののほとんどを手にした。

「閉じ込める」式議論の興味深い変種は専門的な狩猟案内人たちから出された。例えば，クレア・エングル（Clare Engle）は，d（2）条項決定によって30年間続いてきた仕事から追い出されることを恐れた。結局，彼は生存のための狩猟に従事していたわけではなかったので，H. R. 39法案は，彼の予測によれば，「州内の3分の2の狩猟区」を閉鎖することになりそうであった。この反対理由を別にすれば，エングルには原生自然の指定は何の問題もなかった。彼は，鉱山や木材生産（彼が言うには，特に，その生産物を日本へ売るようなこと）を環境主義者と同じくらい嫌った。そして，洗練されたアメリカ人やヨーロッパ人の猟師たちのための宿屋の主人として，エングルは新しい道路に憤った。それは「ビールの缶を落とし，ヘラジカへと突進していくような……あらゆるカウボーイやその兄弟たちを連れてくる」ということなのであった。それに加えて，もし国益地がスポーツ向けの狩猟者の使用を制限すれば暴力騒ぎ発生するとエングルは予言した。「もし連邦政府の役人がここに来るのなら，防弾チョッキを着け，聖職者を連れてきた方がよい」と彼は宣言した。[74]

原生自然の保存に最も反対したアラスカ人は，ロバート・アットウッド（Robert Atwood）ということになっている。アンカレッジ『タイムズ』（*Times*）の編集者であり，発行者であった彼の影響力はかなりのものであった。アットウッドの生涯の夢は，アメリカ文明，つまり，南部の48州式の生活様式をアラスカに再生することであった。彼は，オハイオやマサチューセッツに莫大な量の原生自然があるのが不適切なように，アラスカにも不適切であると感じていた。「アラスカの究極的な運命は国を自給自足にする一助となることである」とアットウッドは信じていた。あらゆる石油や鉱物の貯蔵地は開発されるべきであった。「他の資源がないところだけで原生自然を保存すべきだ。……土地を閉じ込めることは未来の世代のために不公正なことである」と，アットウッドは主張した[75]。多くのd（2）条項への反対者のように，アットウッドの懸念は問題となっている地域の規模や分類プロセスの速度のために，注意深い天然資源調査が不可能になることであった。「環境主義者だけが飛行機で到達できるだけの公園に［資源を］閉じ込めようと」急ぐのは，なぜなのだろうかと彼は思った[76]。これは原生自然に反対する人々がかなり敏感に反応した主題であった。両者とも大金持であったチャールズ・シェルドンやロバート・マーシャルの時代から，アラスカの原生自然への訪問者たちは一般に金持か，（ジョン・マクフィーや，環境保護団体，および，連邦の部局の代表者のように）経費によって旅行をする人々であった。「アラスカ石油ガス協会」（Alaska Oil and Gas Association）の報道担当者であった，ドナルド・シマスコ（Donald Simasko）によれば，平均的なアラスカ休暇旅行の費用は一人あたり3000ドルであった。飛行機を借り切って，道路のない原生自然へ行けば，その数字はより大きくなった。その上，アラスカで見られるような形で原生自然を維持していけば，多数のアメリカ人による使用の機会を消し去るであろう，とシマスコは続けた。「バックパック旅行ができる時間と能力をもつ幸運な境遇にあるとても健康で若い人々にこの地域を残しておこうとしているのだろうか」[77]。アラスカの上院議員マイク・グラヴェルはそれに同意して，「比較的年をとっていて，あまり機敏でなく，あまり豊かではない人々にとって」，アラスカの国家利益地の大半は，永遠に「地図上の線以上の何ものでもない」であろうと述べた[78]。原生自然の保存主義者たちは常にこの種の反対に直面してきた。しかし，アラスカの奥地の旅につきまとう危険性はエリート主義をより現実的なものとしていた。

こうした主張への保存主義者たちの対応は今ではよく知られたテーマのいくつかに集中した。d（2）条項の討論の過程で繰り返し言われたことであるが，アラスカはアメリカの最後のフロンティアであった。人々は国の過去や国民の性格とをつなぐ現存する地域としてアラスカを保存しようと切望していた。原生自然への熱狂（第9章を参照のこと）は，1890年における第一のフロンティアの終焉以降，拡張していたものであるが，最後のフロンティアを助けるためにやってきた。アラスカは歴史から学ぶ機会を，そして，1世紀前にはその欠如が著しかった人間と自然とのバランスをつくり上げる機会を提供していた。シエラ・クラブの広報担当者のエドガー・ウェイバーン（Edger Wayburn）はアラスカを「最後の偉大な初めての機会」と呼び，「われわれはアラスカにおいて，われわれの過去の失敗から学ぶ無比の機会を手にしている」と続けた[79)]。保存主義者たちの中には，アメリカ合衆国は罪の重荷を背負っており，それはアラスカを保護することによってのみ償うことができるという意味の主張をする者たちもあった。1977年のシカゴの公聴会では，ある生物の教師はアラスカの原生自然を保存することは「ある程度，われわれの過去の愚行を償う」ことだと述べた[80)]。シアトルの公聴会に移った時には，ある証人は，アメリカ人は「進歩の名のもとに資源を浪費し，環境を汚染してきた」，アラスカは「土地を搾取しない……われわれの最後の機会である」と説明した[81)]。

H. R. 39法案のいくつかの提案を支持した他の人々は，前例のないほどの規模と質をもった原生自然を保存する機会をアラスカが与えていることに興奮した。「完全な生態系」（complete ecosystems）という言い方は，何百という証人の証言の中に現れた。生物学的資源（第13章を参照のこと）としての原生自然の重要性を示しつつ，国立公園局のジョン・カウフマン（John Kauffmann）の言葉である「生態系全体，山脈全体，流域全体」を守り，保存することを彼らは主張した。カウフマンの見解では，現代の人間は，「地球と密接に調和を保って生きるには……どうすればよいかを学びうる」場所をひどく必要としているのであり，アラスカはそうした場所なのであった[82)]。遺伝学的資源と生物学的多様性を求める必要性に言及し，ある証人はデンバーで，完全な生態系，あるいは，生態系の集合体の保存は……絶対に必要である」と証言した。そして，彼は，「アメリカ合衆国がそれをできる機会は一つしかない」と付け加えた[83)]。

ロバート・アットウッドがアラスカの未来に関する多彩な意見の一端にあるとすれば，ジョン・カウフマンはその正反対のもののために発言した。カウフマンは，国民が1850年代にヘンリー・デーヴィッド・ソロー（Henry David Thoreau）の忠告に従わず，メインとニューハンプシャーの多くを恒久的な原生自然にしなかったことを苦々しく思っていた。彼の努力は，アラスカで同じ過ちを犯さないことへと向けられた。カウフマンが真に擁護したのは，「あまりに野性的なので，渓谷や山に名前も付いていないような地域に冒険に出る機会」であった。カウフマンはマーシャルのように富裕で独立していたが，エリート主義という叱責に煩うことはなかった。「それを見るためにいかなる費用がかかろうとも，あらゆるものを節約して――，このような原生自然を訪れたいと人々が思うようになる時代は来る」と彼は予言した。アラスカは特別である。なぜならば，50年も経てば，「野生で，探検されていない場所は他にはどこにもなくなるかもしれないからだ」とカウフマンは続けた[84]。ある時は，カウフマンは哲学的になり，1980年の上院における討論の最後の数分間の議事録の一節において，「アラスカはわれわれの究極の原生自然であり，新世界がかつてそうであったものの最後の遺物である。もしその地の新鮮さと美しさをなくしてしまったならば，北アメリカにとって本質的なものが永遠に死滅することになるだろう」と宣言した[85]。

アラスカ人たちには古いスタイルのフロンティアの人々と同様にこうした配慮がまったく欠けていると知覚した時，ジョン・カウフマンは激しい怒りを覚えた。実際，彼は州の紋章を考案し直したが，それはそこには，土地に対するアラスカ人の態度に四つの基礎があるとしたからである。つまり，それは，「掘り尽くし」，「切り倒し」，「魚を取り尽くし」，そして，「撃ち倒す」ということであった。その上，他の多くの保存主義者たちとともに，アラスカ人は利用したいと望んでいる土地の多くを所有すらしていないのだと指摘した。それは国の財産であり，連邦の土地であり，アメリカの市民たちは「お節介」なのではなく，法的な所有者なのであった。数字を巧みに使って，カウフマンは現実には，アラスカ人たちはほとんど不満をもっていないのだということを証明しようとした。連邦政府の提案によれば，州は非先住民一人につき250エーカー分を受け取り，先住民一人につき600エーカーを受け取ることになった。これは他の49州の住民一人にアラスカの約1エーカーを残すということであった[86]。カウフマンの意見では，これは決して多すぎる量ではなかった。

何人かの原生自然派の広報担当者たちは，カウフマンのように野生のアラスカをしばしば旅したが，H. R. 39法案に賛成して証言した人々の大多数は保存したいと望む場所を一度も見たことも，見ようと思ったこともないことを認めた。アラスカの原生自然は主に象徴として彼らに訴えた。エドワード・アビーは，「人は，アスファルトや送電線や直角の地表の境界を生涯に一度も離れたことがなくても，原生自然を愛し，擁護することはできる。……私はアラスカには一生行くことはないかもしれない……しかし，それがそこにあることに私は感謝する。われわれは希望を必要とするように，逃避の可能性をも必要とする」ということを理解していた。[87] 下院議員のジョン・セイバーリングは，多くの人々がアラスカ法案に賛成して活動する重要な理由は，「この世界のどこかには，ヨーロッパ人が最初にこの海岸に足を踏み入れた時の北アメリカ大陸全体のようなものに相当する手付かずの地域があるという知識だけからだ」と考えた。[88]「アメリカ原生自然連盟」(American Wilderness Alliance) のサリー・アン・レイニー (Sally Ann Ranney) は別の見方を提案した。つまり，「われわれの多くはミケランジェロの名画を決して見に行かない。……しかし，だからといって，……われわれはそれを焼き払うことを擁護したりはしない。……そして，同じことがアラスカに適用できると私は思う」と述べた。[89] セイバーリングは，アラスカの原生自然は「人類の遺産の一部」であり，個人の利害を超越した何かであるということに同意した。世界の自然の宝に関連して，アラスカに関するアメリカの決定は他の国の未開発の地域のための前例として，良きにつけ，悪しきにつけ，厳密に精査され，利用されるであろうということもまた，彼は知っていた。[90]

保存主義者たちのもう一つの共通する戦術は，「開発は最大の閉じ込めだ」と書かれたポスターを使って反対者の主張に反駁することだった。彼らの意見では，原生自然は資源を保存することなのであり，結局はなおも，そこにあるのであり，国民がそれらを必要とした時にはなおも，利用可能だということであった。モリス・ユードルはアラスカのための希望を理解可能なものにする比喩を求めて奮闘しつつ，「200年のうちにわれわれは深刻な困難に見舞われるかもしれない。そうなれば……イエローストーン公園の真ん中で採掘しなければならなくなるだろう。……しかし，それをするのは最後にしようと私は言っているのだ」と述べた。[91] 彼が言おうとしたのは，アメリカ合衆国はその最後の原生自然を利用しなければならないほど絶望的な状態ではない，ということであった。1970年代までには，一部のアメリカ人たちは意欲的にさらに一歩前に踏み込み，原生自然は鉱物や石油や木材とまったく同じように価値あるものだ，と主張した。彼らの見方からすれば，原生自然が価値ある資源の利用を阻害することはなかった。原生自然そのものが価値ある資源なのであった。「私はH. R. 39法案を支持するが，それは私の生きている時代になって初めて，未開発の土地がモリブデンと同じぐらい稀少なものに，そして，モリブデンよりも貴重なものになったということをその条項は認めているからだ」と一人の証人は断言した。[92] アリゾナ出身の証人はこう述べた。銅は彼の州の主要な資源である。アラスカでは，世界的視野からすれば最も重要な資源は原生自然であると彼は述べ，そして，「アリゾナは世界に多くの銅を供給している……アラスカが供給できるのは……広大な手付かずの原生自然だ」と締め括った。[93] 少数の人々の心の中では，この種の比較でさえ，野生のアラスカの価値全体を表すものではなかった。1980年6月に上院へのロビー活動にともに参加するようワシントンD.C.に招いたジョン・デンバーの招待状にあるように，「原生自然は資源（resource）であるだけでなく，源泉（source）でもある」のであった。[94]

1970年代のアラスカ土地論争を原生自然を侮蔑する北部のフロンティアの人間と，州内のほとんどを国立公園にしようとする外部の保存主義者たちとの間の戦いとしてみるのは，歴史をそのようなものとして描きたいという誘惑はあるが，あまりに単純すぎる。1974年に，そして，再度，1978年に知事に選ばれたジェイ・ハモンドの生涯はこの複雑さの一部を表している。1946年，24歳のハモンドは奥地で生計を立てるためにアラスカに来た。彼はわな猟を行ない，定住し，商業的漁労を行ない，ある時期には，捕食動物管理の一環として飛行機からオオカミを撃った。ハモンドは50インチの胸と，それに匹敵する肩と，あご全体に生えた髭と，太く低いクマのような声をもっていた。「ハモンドはアラスカだ。彼は……忌々しいアラスカの山のようにみえる」とある同僚は断言した。しかし，ハモンドは個人的な意見のステレオタイプ化に抵抗した。彼は原生自然の保存に反対はしなかった。そして，彼が知事になったという事実をみれば，アラスカでこうした見方をするのは彼だけではないということになる。「環境（environment）は猥褻な4文字の言葉ではない。これは11文字からなる言葉だ。それは『開発』（development）とちょうど同じ文字数の言葉だ」とハモンドは説明した。[95] 原生自然に関して言えば，ハモンドはこれはアラスカの魅力にはなくてはならないものだということを理解していた。1977年にフェアバンクスで公聴会を開いた下院委員会に対して，ハモンドは，「なぜ，アラスカ人たちはここへ来て，なぜ，居ついたのかを自問自答してほしい。われわれの州の偉大な美しさと原生自然がその第一の理由である」と述べた。[96] その後の会見で，ハモンドはアラスカ人たちにはアラスカの環境を任せられないと考える部外者に対する不満を表明した。「他所に住む人々の側には，アラスカをアラスカ人たちから守らなければならないとする大きな思い違いがある」と彼は断言し，そして，「ほとんどアラスカ人たちは，そうした価値そのもののためにここにいるのであるが，多くの部外者たちはわれわれはそうした価値に鈍感だなどと考えている」と付け加えた。北極圏に南カリフォルニアを再現したいと考えている，ロバート・アットウッドのような新興の移住者たちは気のふれた少数派だと彼は感じていた。ほとんどのアラスカ人たちは，「開発と原生自然の両方をもつことができるし，もつべきだ」ということに同意するとハモンドは考えていた。[97)]

ハモンド知事は確かに，「アラスカ国家利益土地保護法」に反対したが，彼の抵抗は原生自然に対する無関心から派生したものではなかった。ハモンドは連邦政府による土地管理を好まなかった。それに代わるものとして，彼は連邦政府，州政府，先住民，私的営業者たちがアラスカの未来をともに協力的に計画するような取り決めを求めた。彼は国益地の管理において州が国と同等のパートナーとなることを望んだ。

アラスカの人たちの原生自然に対する態度をメディアや部外者の保存主義者たちは誤解しているという点で，アラスカの人たちの多くは彼らの知事に同意した。1978年に，原生自然志向型の旅行の初期の唱導者である，ジニー・ウッドは過剰な単純化を正そうと試みた。「新興の移住者……分離主義者[3]……そして，アラスカすべてが国立公園となるのを見たがるような非常にわずかな自然マニアを除けば，その中間にある大多数の人々は，――柵のどちら側から叫ぶにしても――どのような種類のアラスカに住み続けたいかという点で基本的に大きく離れているわけではない」。多数派の人々は，「われわれのユニークな質の生活」を維持したいのであり，破壊したくはないのであって，それは原生自然を保存することに依拠しているのだということを彼らは理解しているとウッドは考えていた。アラスカに23年間住み，州議会の議員であったマイク・ミラー（Mike Miller）にとって，「原生自然は……アラスカを他の49州のいずれからも引き離すようなダイナミックな差異を……与えている」のであった。彼の見解では，「もしこのダイナミックな差異を消し去るようなこと，あるいは，弱めるようなことがあれば，これはきわめて悲劇的なこと」であった。[98)]ジュノー[4]（Juneau）での公聴会の時，ミラーは，自分は少数派であろうと述べて，証言を始めた。しかし，記録をみれば，多くのアラスカ人たちはH. R. 39法案の特定部分を好むと好まざるとにかかわらず，同じような気持でみていたことがわかる。

法案にある土地の回収への頑強な反対者であったドン・ヤングでさえ，「無制限の開発を行なう勢力と土地を救いたい人々との間の戦いとしてこの問題を描こうとするほとんどすべての者（特に，メディア）の傾向」を嘆いた。「私は，私の州の環境面での実績を，さらに，連合を，組んでいるいかなる州の実績よりも上位に置くであろう」と彼は付け加えた。ヤングの見解では，「本当の問題，つまり，そのほとんどの部分が無視されている問題は，アラスカ式の生活様式の保存である」ということであった。かつて，わな猟師であったヤングには，そのためには野生の土地で生活する権利が必要となることはわかっていた。彼が国家利益地に反対したのは，それが原生自然を保護するからではなく，彼の見解では，アラスカ人たちが長い間大切にし，維持したいと欲していた原生自然をアラスカ人たちに経済的に利用させないようにするからであった。[99]

アンカレッジに11年間住んでいたスー・E・リリエブラード（Sue E. Liljeblad）は，ほとんどのアラスカ人たちは，彼女もそうであったように，アメリカ合衆国の他の環境や生活様式から逃れるために北部にやってきたのであって，そうしたものを再現するためではないと感じていた。現代のアラスカ人たちを過去の開拓者たちから区別するのはこのことだということを彼女は理解していた。リリエブラードにとって，最後のフロンティアというイメージは，アラスカ人たちが原生自然に関して実際はいかに感じているかを理解する際の大きな障害であった。アラスカ人たちは「無茶苦茶に」この土地をレイプし，略奪し，荒廃させようとしているのではないということを州外の人々は理解しなければならない。人々はアラスカを『カリフォルニア化』しようとしているのではない」と彼女は述べた。野生の地域ではどのような活動が適切であるかという点の理解において，人々は他のアメリカ人たちとは異なっている。丸太小屋や定住地域でさえ，アラスカ式の原生自然の定義と相容れないものだというわけではないと彼女は感じていた。飛行機や，小規模な鉱山業や，スポーツのための，あるいは，生存のための狩猟，そして，先住の人々の存在もまた相容れないものではなかった。アラスカの原生自然は非常に野性的で，非常に広がっているので，他の地域ならば，原生自然を荒廃させてしまうような影響をも飲み込み，薄めてしまうのだと彼女は続けた。州外の人々はこのことを理解できないために，間違ってｄ（２）条項論争を原生自然に対する愛と憎しみとの間の戦いだとみていた。アラスカ人たちの大半は，裏庭にヘラジカがいるのを好むとリリエブラードは締め括った。このことがアラスカを特別なものにしている。結果的に，アラスカの人たちは莫大な量の土地を恒久的な原生自然と指定することを受け入れた。彼らの関心はこうした原生自然の土地の中で何が許可されるかであった。[100] 結局のところ,「アラスカ国家利益土地保護法」はアラスカ式の考え方に合わせて,原生自然管理に関してより制限的ではない哲学を採用した。

アラスカの原生自然に関する最近の議論を二分法へと向かわせないようにする一つの道は,州の経済的利益,つまり,開発は原生自然を恒久的に保存することで最もよく達成できるということを理解することである。ロバート・マーシャルはこのことを1938年にほのめかしたし,1950年代にローウェル・サムナーもそうした。そして,旅行業の成長に伴ってこのことはより明白になっていった。1962年にはアラスカ大学の経済学者であるジョージ・ロジャーズ(George Rogers)は旅行者の聖地として,そして,収穫可能な魚や動物に必要な生息地として,いかに原生自然はアラスカのために稼ぐことができるのかについて説明した。南部の48州の多くではそうだったとしても,土地を所有して開発することには北部のほとんどの部分においては大きな経済的優位性はないと彼は説明した。アラスカを野生の状態にしておくことは,ロジャーズにとっては経済的意味のあることだった。そして,彼はアラスカにおいては「開発」という言葉の意味の中に原生自然を含めることを推奨した。[101] リチャード・クーリー(Richard Cooley)は1966年に同じことを心に描き,文明の進歩のためには原生自然は道を譲るべきだという「古い神話」を捨て去ることを推奨した。原生自然が文明の恒久的な一部であり,経済的に重要な一部であってもいいのではないかとクーリーは問いかけたのだ。[102]

近年では,ジェイ・ハモンドの政府に助言したアラスカ大学の生物学者ロバート・ウィーデンがこの議論を続けた。アラスカというより温暖な気候の地には開発は向かないという事実を受け入れるように彼は訴えた。北部は新しい土地利用のための哲学を必要としていた。ここでは,原生自然は「手を触れないでください」という注意書きのある博物館の展示品なのではなく,働く原生自然,つまり,「人間的環境に不可欠な一部」なのであった。もし広大な原生自然をアラスカの未来の一部としようとするのならば,州人口は低水準(彼は50万人を推奨した)で安定すべきであろうし,科学技術は制限されるべきであろうということをウィーデンは理解していた。しかし,「対抗文化」の思想にみられるように,もし小さいことが美しいことであるのならば,その結果としてもたらされるものは人間の幸福であり,土地の健康であり,「科学技術の能力と自然の果実との間のバランスがとれた相互作用の中で人々が生きている場所がある」という理解だということであった。[103] けれども，ウィーデンが教壇に立ったところから遠くないフェアバンクスで育ったマーガレット・ミュリーは，ウィーデンの論点をより簡明に述べた。「長い目でみれば，アラスカすべてが行うべきことは，アラスカであることである。それがアラスカの経済なのだ」[104] と。

1978年にd（2）条項論争が大きな展開を遂げる中で，ウィーデンは，『アラスカ――守るべき約束』（*Alaska: Promises To Keep*）を出版した。彼はここでも，立ち入り禁止的な保存と破壊的利用という極端なものの中間にある道を見つけ，従うようにアラスカに要求した。アラスカが守るべき約束だとウィーデンが感じたものはより大きなものはよりよいものだという哲学に対する実現性のある代替物に関するものであった。そうした約束を守るのにまず必要なあり方は，アラスカに現在ある原生自然の量と質を維持し，その上に文化と経済をつくり上げることであった。これはつまり，原生自然をレクリエーションと資源の両方に対して注意深く使用するということであり，土地が課す生物学的な制限に特に注意を払うということである。アラスカにおける文明と原生自然の恒久的な共存に向けてのウィーデンの夢は決意と最も古いアメリカ的な両面価値性（アンビヴァランス）の最終的表現，の両方を含むものであった。

アラスカの区画割りは1980年に確定したのであるが，州の12パーセントは先住民の手の中にあった。アラスカ州の土地は27パーセントであった。「国家利益土地」(national interest lands)，つまり，公園，保留地域，保護区は27パーセントを構成し，連邦政府は単なる公共的な領域としてのアラスカの別の33パーセントに対する権限を有した。1980年における私的保有はわずか１パーセントであった。しかし，州の土地が個人に売られるにつれて，この数は増大すると予測された。重要なことは，差別と植民地主義に関して繰り返された叫びを考慮しながら，アラスカは20年に渡る論争の中から，典型的な西部の州とほとんど同じ土地所有の型を伴って出現したことである。例えば，アリゾナは先住民と連邦政府のカテゴリーに入る土地をはるかに多くもっている。アラスカが異なるのは原生自然の量である。国家原生自然保全制度に加えられた5670万エーカーに加えて，「アラスカ国家利益土地保護法」は連邦の土地のさらに7000万エーカーを保存に向けて，見直すように命じた。おそらく州の約33パーセントは結局，原生自然に指定されるであろう。アラスカの他の３分の１は，予測可能な未来においては開発の欠如のために野生のままにされるであろう。

これによって，保存主義者たちが求めた恒久的なアメリカ的フロンティアの創造に近づく。不可避的なことだが，これは，馬の座は飛行機に置き換わり，斧はチェーンソーに換えられた現代的なフロンティアであろう。他にはないような野生のアラスカの質を保存することには，今なお未成熟で，かつ，暫定的な原生自然の管理という仕事の中でも最良の努力が要求されるであろう。アラスカの原生自然をその友人たちから守るということは新興の移住者や開発業者から保護することよりも手強い仕事である，ということが判明することになるかもしれない。新しくつくられた「北極門国立公園」(Gates of the Arctic National Park) の管理者である，レイ・ベイン (Ray Bane) はそこに含まれる難しさを理解していた。「目標は，今から100年後の訪問者が同じ発見の感情を経験することができるようにこの土地を管理することである。……それはボブ・マーシャルが40年以上前に感じたものだ」[105]。そして，ジニー・ウッドが気づいていたように，この立法上の勝利は，アラスカにおける原生自然のための闘いの終焉というよりは開始だということでもあった。「皮肉なことだが，d（2）条項をもつ法案が成立したあとには，……土地を保護するよう指示されたあらゆる機関からその土地を保護するために，私は戦っているだろう。私にはそれがわかる」とウッドはフェアバンクスにおける下院公聴会において語った[106]。

注

1）Jones, "Alaska: Hidden Land to Most Americans," Los Angeles *Times*, Sept 5. 1977, pt. I, p.3.

2）Jack Hope, "The Question of Alaska" in Smithsonian Exposition Books, *The American Land* (New York, 1979), p.252; Hickel, *Who Owns America?* (Englewood Cliffs, N.J., 1971), p.124に引用されている。

3）Weeden, *Alaska: Promises to Keep* (Boston, 1978), Chapter 3; 同様に有用なものは以下である。Orlando Miller, *The Frontier in Alaska and the Matanuska Colony* (New Haven, Conn., 1975).

4）Weeden, *Alaska*, p.45.

5）Hope, "The Question of Alaska," p.253, に引用されている。

6）Wilbur R. Jacobs, *Dispossessing the American Indian* (New York. 1972), および "The Indian and the Frontier in American History—A Need for Revision," *Western Historical Quarterly, 4* (1973), 43–56, はこの点に関して有益である。

7) McPhee, *Coming Into the Country* (New York, 1977), p.145.（ジョン・マクフィー著／越智道雄訳『アラスカ原野行』平河出版社，1988年）。
8) 序文で示されている通りである。（訳注：アメリカ先住民〔インディアン〕の族長である，スタンディング・ベア族長は大平原の彼の伝統的居住地（homeland）に関してこの論点を示した。）
9) Hope, "The Question of Alaska," p.259, に引用されている。
10) Interview with William Brown, National Park Service, Anchorage, Alaska, Aug. 26, 1980. 以下も参照のこと。Arctic Environmental Information and Data Center, *Nuiqsut Heritage: A Cultural Plan* (Anchorage, 1979) and North Slope Borough Contract Staff, *Native Livelihood and Dependence: A Study of Land Use Values Through Time* (Anchorage, 1979), pp.3–46.
11) Hope, "The Question of Alaska," p.259, に引用されている。
12) Susan Hackley Johnson, "Profiles of the North: Willie Hensley," *Alaska Journal, 9* (1979), 29, に引用されている。以下も参照のこと。Hensley's comments in McPhee, *Coming Into the Country*, pp.82–88.
13) ジャクソンの最も知られた作品は以下である。Jackson, *Alaska and Missions on the North Pacific Coast,* (New York, 1880). 有益な二次的な研究は以下である。Ted C. Hinckley, "Sheldon Jackson Presbyterian Lobbyist for the Great Land," *Journal of the Presbyterian Historical Society, 40* (1962), 3–23.
14) 最も確実な歴史は以下である。Dave Bohn, *Glacier Bay: The Land and the Silence* (San Francisco, 1967).
15) Muir, *Travels in Alaska* (Boston, 1915), pp.vii, 153; Linnie Marsh Wolfe, ed., *John of the Mountains: The Unpublished Journals of John Muir* (Boston, 1938), p.315. 以下も参照のこと。Jed Dannenbaum, "John Muir and Alaska," *Alaska Journal, 2* (1972), 14–20, を参照のこと。
16) Muir, *Travels*, pp.13, 67, 207–208.
17) Ibid., pp.13, 222, 14.
18) 以下は標準的な旅行案内書となった。Scidmore, *Alaska, Its Southern Coast and Sitkan Archipelago* (Boston, 1885). 船旅産業の発展を議論したものは以下である。Ted C. Hinckley, "The Inside Passage: A Popular Golden Age Tour," *Pacific Northwest Quarterly, 56* (1965), 67–74.
19) Septima M. Collis, *A Woman's Trip to Alaska* (New York, 1890), p.150.
20) Dannenbaum, "John Muir and Alaska," p.19, に引用されている。
21) *Harriman Alaska Expedition* (12 vols., New York, 1902–14). 第1巻にはこの旅の参加者のリストと旅の詳細が記されている。解釈に関しては，以下を参照のこと。Morgan B. Sherwood, *Exploration of Alaska, 1865–1900* (New Haven, Conn., 1965), pp.182ff.

22) Gannett, "The General Geography of Alaska," *The National Geographic Magazine, 12* (1901), pp.182, 196.

23) Wharton, *The Alaska Gold Rush* (Bloomington, Ind., 1972), 特に，第１章。In Sherwood, *Exploration of Alaska,* の第10章は背景となる事実関係をも記している。

24) 19世紀のフロンティア（西部の辺境地帯）の人々に対する態度に関する古典的研究は以下の通りである。Henry Nash Smith, *Virgin Land: The American West as Symbol and Myth* (Cambridge, Mass., 1950)の特に，5章から 9章を参照のこと。(ヘンリー・N・スミス著／永原誠訳『ヴァージンランド――象徴と神話の西部』研究社，1971年)。同様に洞察力に富むものは以下である。Arthur K. Moore, *The Frontier Mind: A Cultural Analysis of the Kentucky Frontiersman* (Lexington. Ky., 1957).

25) William A. Dickey, "Discoveries in Alaska," *New York Sun.* Jan. 24, 1897. これは以下の文献を通じて，再公開された。Bradford Washburn, *Mount McKinley and the Alaska Range in Literature* (Boston, 1951), pp.81–88. ディッキーに関する情報は，マッキンリー国立公園の国立公園局図書館で収集した。ディッキーに関するより完全な議論は以下にみられる。Roderick Nash, "Tourism, Parks and the Wilderness ldea in the History of Alaska," *Alaska in Perspective, 4* (1981), 11.

26) Service, *The Spell of the Yukon* (New York, 1958), pp.11, 15–18.

27) シェルドンの以下の２冊はアラスカの景色と野生生物への関心を高めた。Sheldon, *The Wilderness of the Upper Yukon* (New York, 1911); *The Wilderness of Denali* (New York, 1930).「デナリ」というのはマッキンリー山の地元での呼び名である。国立公園の設立についての物語は以下に含まれている。James B. Trefethen, *Crusade for Wildlife* (New York, 1961), pp.179ff.; John Ise, *Our National Park Policy: A Critical History* (Baltimore, 1961), pp.226ff. 以下も関連する問題を扱っている。Morgan Sherwood, *Big Game in Alaska* (New Haven, Conn. 1981). シェルドンと国立公園に関する補足的な文献は以下にある。The Charles Sheldon Papers, University of Alaska Archives, Fairbanks, Alaska.

28) この公園の初期の歴史の詳細は以下を参照のこと。Grant H. Pearson, *A History of Mount McKinley National Park* (Washington, D.C., 1953); Chalon A. Harris, *Highlights in the History of Mount McKinley National Park* (n.p., 1974); Alaska Travel Publications, *Exploring Alaska's Mount McKinley National Park* (Anchorage, 1967), pp.62ff. 代表的な旅行者のコメントに関しては，以下を参照のこと。William N. Beach, *In the Shadow of Mount McKinley* (New York, 1931). 鉄道，旅行業，国立公園に関する有益な議論は以下である。William H. Wilson, "The Alaska Railroad and Tourism, 1924–1941," *Alaska Journal, 7* (1972), 18–24.

29) Marshall, *Arctic Village* (New York, 1933), p.9. 社会学者や人類学者に喝采されたのであるが，マーシャルのワイズマンでの年間の滞在の記述はアラスカ先住民や彼らの問題をアメリカ人が理解する手助けとなった。

30）Marshall, *Alaska Wilderness*, ed., George Marshall（1956; reprint ed., Berkeley, 1970）, p.50. See George Marshall, "Bob Marshall and the Alaska Arctic Wilderness," *Living Wilderness, 34*（1970）, 29–32, を参照のこと。

31）*Alaska Wilderness*, p.xxxii, に引用されている。

32）Ibid., p.xxxii.

33）Marshall, "Comments on the Report of Alaska's Recreational Resources Committee," *Alaska–Its Resources and Development,* U.S. Congress, House Doc. 485. 75th Cong., 3rd Sess., Appendix B, p.213. マーシャルの言葉がいかにアラスカ人たちを怒らせたかに関する議論については，以下を参照のこと。Miller, *The Frontier in Alaska*, p.164.

34）ランパートダムに関する事実関係や政治的背景は以下において描写されている。Janet R. Klein, "Some Environmental Issues in Alaska's Past and Present," *Alaska in Perspective, 4*（1981）, p.11–13. 代表的な反対論に関しては，以下を参照のこと。Ginny Hill Wood, "The Ramparts We Watch," *Sierra Club Bulletin. 50*（1965）, 13–15，および，Terry T. Brady, "The Rampart Dam Project: Power and a Land Ethic," *Sierra Club Bulletin, 48*（1963）, 8–9, 12.

35）Gruening, *The State of Alaska*（New York. 1968）, p.538.

36）Paul Brooks, *The Pursuit of Wildness*（Boston, 1971）, pp.90, 83, に引用されている，Sundborg, の発言。

37）Ibid., p.83.

38）Gruening, *State of Alaska*, p.539.

39）「チャリオット計画」の経緯は以下に記されている。Brooks, *Pursuit of Wildness.* pp.59–74 and in Klein, "Environmental Issues," pp.14–15. 連邦政府が1965年と1969年，さらに，1971年にアリューシャン列島のアムチトカ島の上で核爆弾を爆発させたことは関連する出来事である。この爆発に反対する抗議運動はアラスカでもその他の地域でも活発に行なわれた。アムチトカは無人島であったが，野生生物や原生自然の価値は反対者たちによって引き合いに出された。1973年に，「原子力エネルギー委員会」(Atomic Energy Commission）はこれ以後実験をしない，と発表した。

40）Wood, "Ramparts We Watch," p.15.

41）Celia Hunter, "From My Corner," *Living Wilderness*（1977）, 61–63; Susan Hackley Johnson, "Celia Hunter: Portrait of an Activist," *Alaska Journal, 4*（1979）, 30–35; interview with Celia Hunter and Ginny Wood, Fairbanks, Alaska, Sept. 3, 1980.

42）個人的に印刷された1960年のパンフレットで，アラスカ州フェアバンクのジニー・ウッドが所有している。

43）William J. Stanton, Alaska Recreation Survey（2 vols. Washington. D.C., 1953）; George L. Collins and Lowell Sumner, "Northeast Arctic: The Last Great Wilderness," *Sierra Club Bulletin, 38* (1953). 13–26; Sumner, "Your Stake in Alaska's Wildlife and Wilderness," *Sierra Club Bulletin, 41* (1956), 54–71.

44) Carrighar, *Icebound Summer* (New York, 1951), p.221. この種の本への持続的な関心を示すものであるが，ペーパーバック版が1971年に出版された。

45) Olaus J. Murie, *Journeys to the Far North* (Palo Alto, Ca., 1973); William O. Douglas, *My Wilderness: The Pacific West* (New York, 1960), Chapter 1. Another Murie, Adolph, contributed *A Naturalist in Alaska* (Old Greenwich. Conn., 1961).

46) 例えば，"Advertising Supplement," *Travel, 147* (1977)，および，Alaska Travel Specialists, *The 1980 Alaska Adventure Catalog* (n.p., 1980).

47) 統計記録はアンカレッジの国立公園局本部において入手可能であり，マッキンリー山国立公園本部にも補完的なデータが存在する。Peter Womble, "Survey of Backcountry Users in Mount McKinley National Park, Alaska : A Report for Management" (December 1979), mimeographed copy in the library, National Park Service, Mount McKinley National Park. Interviews with William Nancarrow, William Truesdell, and Gary Brown, of the National Park Service, Mount McKinley National Park, Aug. 29, 30, 1980.

48) Sigurd F. Olson, "Alaska: Land of Scenic Grandeur," *Living Wilderness, 35* (Winter, 1971–72), 10.

49) Dennis Cowals, "The Expedition that Fell from the Sky," *Mariah, 1* (Winter, 1976), pp.41ff.

50) Interview with Bonnie Kaden, Alaska Discovery, Gustavus, Ak., Sept. 6, 1980; interview with Don Chase, National Park Service, Glacier Bay National Monument, Sept. 6, 1980. 統計は以下で入手可能である。The libraries of the National Park Service headquarters, Anchorage and Glacier Bay National Monument.

51) Richard Bangs, "Tetshenshini Trial," *Mountain Gazette* (Winter, 1976–77), 12–19; Edward Abbey, "Down the Tatshenshini: Notes from a Cold River," *Mariah/Outside. 4* (Dec. 1979-Jan. 1980), 18–24, 66, 68; Jack H. Evans, "Alaskan Run," *Westways, 70* (1978), 24–27, 67.

52) John Kauffmann, "Our Wild and Scenic River: The Noatak," *National Geographic, 152* (1977), 52–59. 以下もまた，アタック川を扱っている。Sepp Weber, *Wild Rivers of Alaska* (Anchorage, 1976), pp.20–27. Interview with Ray Bane, Chief Ranger, National Park Service, Bettles. Ak., Aug. 23, 1980. 旅行者たちを北へと引きつけた案内書の他の例としては，以下のものがある。Helen Nienhueser and Nancy Simmerman, *55 Ways to the Wilderness in Southcentral Alaska* (Seattle, 1972) and Margaret Piggot, *Discover Southeast Alaska with Pack and Paddle* (Seattle, 1974).

53) 本章の冒頭の言葉を参照のこと。これは以下から引用した。Michael Rogers "Alaska: Dividing Our Last Wilderness," *Outside, 3* (1979), 40 and 41. 本書の第15

章では，増え続ける利用に直面して，管理者たちが原生自然を野生の状態に保つという問題にいかに取り組んだかを詳述している。

54) 「アラスカ国家利益土地保護法」の形成と法制化に関する最も有益な記述は以下の文献である。Eugenia Horstman Connally, "D-2: Saving Our Last Frontier," *National Parks, 55* (1981), 5-8; Julius Discha, "How the Alaska Act Was Won," *Living Wilderness, 44* (1981), 4-9; "Congress Clears Alaska Lands Legislation," *CQ Almanac, 36* (1980), 575-584; Joint Federal-State Land Use Planning Commission for Alaska, *"The D-2 Book": Lands of National Interest in Alaska* (n.p., 1977); Final Report of the Joint Federal-State Land Use Planning Commission, *Some Guidelines for Deciding Alaska's Future* (Anchorage, 1979); Robert Cahn, "Alaska: A Matter of 80,000,000 Acres," *Audubon, 76* (1974), 3-13, 66-81; and Cahn's "The Race to Save Wild Alaska," *Living Wilderness, 41* (1977), 13-43. 以下の文献は，アラスカの大地の歴史と政治を理解する上で，重要な追加的な情報を含んでいる。Eugenia Horstman Connally, *Wilderness Parklands in Alaska* (Washington. D.C., 1978) and "Wilderness Proposals," *Alaska Geographic, 4* (1977), 81-113. Mary Clay Berry, *The Alaska Pipeline: The Politics of Oil and Native Land Claims* (Bloomington, Ind., 1975); John Hanrahan and Peter Gruenstein, *Lost Frontier: The Marketing of Alaska* (New York. 1977); Richard Cooley, *Alaska: A Challenge in Conservation* (Madison, Wi., 1966); Robert D, Arnold, *Alaska Native Land Claims* (Anchorage, Ak., 1976); Weeden, *Alaska.* 土地利用論争を秩序立てて論じた未刊行の卓越した歴史書は以下である。Jonathan M. Nielson's "Focus on Interior History: Alaska's Past in Regional Perspective" (prepared for the Alaska Historical Commission, 1980, 531 pp.).

55) *Congressional Record*, 95th Cong., 2nd Sess., *124* (May 1978), p.H4089.

56) *Living Wilderness, 44* (1981), 36.

57) White House Press Office, "Alaskan Lands Status Report" (July 12, 1980), p.3 に引用されている。

58) *Why Not Alaska?* (Anchorage, ca. 1979). というタイトルで Commonwealth North から比較的長い報告書の要約が挿入されている。

59) アラスカ連合の機構と機能についての情報に関しては，以下を参照のこと。Stephen T. Young, "The Success of the Alaska Coalition," *National Parks, 55* (1981), 10-13.

60) Discha, "How the Alaska Act Was Won," p.8, に引用されている。

61) Rebecca Wodder, "The Alaska Challenge Ahead," *Living Wilderness, 44* (1981), 13, に引用されている。

62) Connally, "D-2: Saving Out Last Frontier," p.7, に引用されている。

63) Public Law 96-487 in U.S., *Statutes at Large*, 94, 2371ff.

64) John T. Shively, "Subsistence Hunting in Alaskan Parks," *National Parks, 55* (1981), 18-21. ハイテクを用いた生存のための狩猟への批判に関しては，以下を参照のこと。George Reiger, "Subsistence Hunting: Fact or Fiction?" *Field and Stream, 84* (1979), 20.

65) この政策への批判に関しては，以下を参照のこと。Devereux Butcher, "Is Sport Shooting a Responsibility of the National Park Service?" *National Parks, 55* (1981), 13-15.

66) アメリカの文脈においては，「価値のない」土地だけが原生自然，または，国立公園としていつも保護されるという考え方に関しては，以下を参照のこと。Alfred Runte. *National Parks: The American Experience* (Lincoln, Neb., 1979), Chapter 3.

67) U.S. Congress, House, Committee on Interior and Insular Affairs, Hearings *Inclusion of Alaska Lands in National Park, Forest, Wildlife Refuge, and Wild and Scenic Rivers Systems*, 95th Cong., 1st Sess. (June 18, 1977), p.23.

68) Don Dedera, "Will a Law Lock Up Alaska," *Exxon USA, 17* (1978), 22, に引用されている。

69) Hope, "The Question of Alaska," p.252, に引用されている。

70) Ibid., p.253.

71) McPhee, *Coming Into the Country*, pp.235-236, 415-416.

72) See U.S. Congress, House, Committee on Interior and Insular Affairs. Hearings, *Inclusion of Alaska Lands in National Park, Forest, Wildlife Refuge, and Wild and Scenic Rivers Systems*, 95th Cong., 1st Sess., (Aug. 8-11, 13, 14. 17-19, 1977).

73) Hope, "The Question of Alaska," p.260, に引用されている。1970年代の先住民の意見に関する卓越した資料はアラスカのフェアバンクスで出版されている先住民の新聞『ツンドラ・タイムス』(*The Tundra Times*) である。1978年1月11日号は以下の特別付録が付いていた。"Subsistence: Tradition and a Way of Life." 生存論争についての洞察力のある分析は以下である。John G. Mitchell, "Where Have All the Tuttu Cone?" *Audubon, 79* (1970), 3-15.

74) Hope, "The Question of Alaska," p.258, に引用されている。

75) McPhee, *Coming Into the Country*, pp.81-82, に引用されている。Hanrahan と Gruenstein は一章を *Lost Frontier*, pp.42-65, においてアットウッドに捧げている。

76) Hope, "The Question of Alaska," p.255, に引用されている。

77) U.S. Congress. House, Committee on Interior and Insular Affairs, Hearings, *Inclusion of Alaska Lands in National Park, Forest, Wildlife Refuge, and Wild and Scenic Rivers Systems,* 95th Cong., 1st Sess., (June 4, 1977), pp.45-46.

78) *Congressional Record*, 96th Cong., 2nd Sess., *126* (Aug. 19, 1980), p.S11186.

79) Wayburn, "Alaska, The Last Great First Chance," *Sierra Club Bulletin, 62* (1977), 42.

80) U.S. Congress, House, Committee on Interior and Insular Affairs, Hearings, *Inclusion of Alaska Lands in National Park, Forest, Wildlife Refuge, and Wild and Scenic Rivers Systems*, 95th Cong., 1st Sess.,（May 7, 1977）, p.88.
81) Ibid.,（June 18, 1977）, p.185.
82) McPhee, *Coming Into the Country*, p.84.
83) House, Hearings（June 4, 1977）, p.140.
84) McPhee, *Coming Into the Country*, pp.85, 27.
85) *Congressional Record*. 96th Cong., 2nd Sess., *126*（Aug. 19, 1980）, p.S11202.
86) McPhee, *Coming Into the Country*, p.83.
87) Abbey, *Desert Solitaire*, pp.148–149.
88) U.S. Congress, House, Committee on Interior and Insular Affairs, Hearings, *Inclusion of Alaska Lands in National Park, Forest, Wildlife Refuge, and Wild and Scenic Rivers Systems*, 95th Cong., 1st Sess.（May 14, 1977）, p.2.
89) Ibid.,（June 4, 1977）, p.53.
90) Ibid.,（May 7, 1977）, pp.100–101.
91) Ibid.,（June 4, 1977）, p.53.
92) As quoted by John Seiberling in "John Seiberling on the Future of Alaska," *Living Wilderness*, *41*（1977）, 16.
93) House, Hearings（June 4, 1977）, p.38.
94) Pamphlet distributed by the Windstar Foundation, Snowmass, Co., July. 1980.
95) 引用部分はインタヴューからのものである。"Jay S. Hammond," published in *Mariah*, *3*（Dec., 1978）, 14, 16. この七つの文字という発言はハモンドの1975年の就任演説におけるものである。有用な伝記は以下にみられる。Hanrahan and Gruenstein, *Lost Frontier*, pp.66–81.
96) U.S. Congress, House, Committee on Interior and Insular Affairs, Hearings, *Inclusion of Alaska Lands in National Park, Forest, Wildlife Refuge, and Wild and Scenic Rivers Systems*, 95th Cong.. 1st Sess.（Aug. 20, 1977）, p.14. ロバート・ウィーデンによれば，100人のアラスカの「オピニオン・リーダーたち」は1969年に州議会の招きに応じて集まり，「アラスカの特別な感情は自然から，そして，自然の中における人間の経験から出てくるのである」と結論付けた。野生であること，美しさ，自由，あるいは，1963年に知事ウィリアム・A・イーガンが「十分な余地」と呼んだものがアラスカの長所に関する議論において支配的であった。Weeden, *Alaska*, pp. 32–33. イーガンの声明は以下において引用されている。Cooley, *Alaska*, p.129.
97) "Jay S Hammond," *Mariah*, *3*（Dec., 1978）, 16, 37.
98) Wood, "Woodsmoke," *Alaska Conservation Review*, *19*（1978）, 15; Miller in U.S. Congress, House, Committee on Interior and Insular Affairs, Hearings, *Inclusion of Alaska Lands in National Park, Forest, Wildlife Refuge, and Wild and Scenic River*

Systems, 95th Cong., 1st Sess.（July 7, 1977）, p.6.

99） "Political Protagonists in the D-2 Drama" *National Parks, 55*（1981）, 15に引用されている Young の言葉。

100） Interviews with Sue E. Liljeblad, Aug., 1980, and Sept., 1981, in Anchorage, Ak. and Santa Barbara, Ca..

101） Rogers, "Wilderness and Development" in *Alaska Public Policy: Current Problems and Issues*, ed., Gordon Scott Harrison（College, Ak.. 1971）, p.232. 同様に関連するものとして，以下がある。Rogers, *The Future of Alaska: The Economic Consequences of Statehood*（Baltimore, 1962）, および，Rogers, "Alaska in Transition: Wilderness and Development" in Maxine E. McCloskey, ed., *Wilderness: The Edge of Knowledge*（San Francisco, 1970）, pp.143–153.

102） Cooley, *Alaska*, pp.129–130. See also George W. Rogers and Richard A. Cooley, *Alaska's Population and Economy: Regional Growth, Development and Future Outlook*（College, Ak., 1963）.

103） Weeden, "Man in Nature: A Strategy for Alaskan Living," in Harrison, ed., *Alaska Public Policy*, pp.261 269. 以下も参照のこと。Weeden's, "Can Economics Save Wildlands?" *Alaska Conservation Review, 18*（1977）, 7, および，彼の "Letter from Alaska," *Living Wilderness, 35*（1971）, 35–40.

104） House, Hearings（June 4, 1977）, p.26.

105） Boyd Norton, "A Gentle, Welcoming Wilderness," *Audubon*, 79（1977）, 45に引用されている。

106） House, Hearings（Aug. 20, 1977）, p.83. For a related view see Edgar Wayburn, "All Quiet on the Alaska Front?" *Sierra, 66*（1981）, 59.

訳注

［1］ Coleman Company, Inc. アメリカ合衆国のキャンプ用品製造・販売業者。1900年にW・C・コールマンが創業。

［2］ ある国家が領有する国土の外の地域や人々に，その国家の政策活動を展開し，その実施を強制し，正当化する思想。

［3］ 一国の中央政府・統治からの分離独立をめざす人たち。主として，その国家内における民族的，宗教的，人種的な少数派。

［4］ アラスカ州の州都。

第15章
勝利という「皮肉」

森は蹂躙され，私のようなろくでなしたちはその問題の半分だ。

——コリン・フレッチャー（1971年）

「皮肉」(Irony）とは，文芸批評家たちが言うように，ある結果が意図された，もしくは，期待されたものとは反対のものとなる時に生じる。成功は結局，失敗となる。ここで述べることは，たとえよいことであっても過剰になれば悪となることの一例である。原生自然の評価は，われわれ自身の時代における皮肉の古典的事例を提供している。1世紀以上の間，ソロー（Thoreau），ミューア（Muir），レオポルド（Leopold），そして，ブラウアー（Brower）を支持する人たちは，アメリカ人の関心をレクリエーションの資源としての野生の地域へと引きつけることに骨を折ってきた。原生自然の保存は観光客を誘っていくことに依拠しているようにみえた。ヘッチヘッチ渓谷（Hetch Hetchy Valley）はその誉れを実体験によって知る者がとてもわずかであったために失われたとミューアは感じていた。グレンキャニオン（Glen Canyon）はブラウアーの時に貯水池の下に消えたが，その訳はそれがだれも知らない場所だったからであった。しかしその後，つまり，1960年代末から1970年代に「勝利！」が訪れた。原生自然は突然「熱狂」し始めた。ますます多くの都会人たちがかつてなかったような数となってこの国に残っていた何もない場所へと足を向けた。正確に記すことは難しいのであるが，原生自然地域への訪問者は毎年12パーセント増加し，10年で倍になった。控え目に見積もっても，2000年までには10倍になるとされている。[1)] アリゾナのグランドキャニオンのようなきわめてよく宣伝された原生自然では，訪問者の増加率はほとんど幾何級数的なものとなり，ついには「国立公園局」(National Park Service）によって止められるほどになった。このような人気は原生自然地域を開発から守る一助となった。原生自然を宣伝することに，ミューアと彼の同僚たちは見事に成功した。しかし，保存主義者たちがその明白な勝利を祝っている時にすら，彼らの中のより洞察力のある人々は熱狂自体の中にある，気を滅入らせるような原生自然への新しい脅威をみていた。「皮肉」なことに，原生自然への称賛の高まりそのものがその破滅をもたらす脅威となった。先の世紀に一般の人々の評価を異例に大きく得たことによって，次の世紀には原生自然は死ぬまで愛されることにも十分なりうるのである。

問題はもちろん，人々であった。ダムや鉱山や道路は環境の原生自然的な特質に対する基本的な脅威ではない。文明化された人々が問題なのであり，経済的動機なのか，それとも，レクリエーションが動機なのか，ということはある意味では，核心ではない。原生自然の価値というものは，適切な種類のレクリエーション的使用であったとしても，一定の量に達すれば，その場所の野生の姿を破壊してしまう。生態学者のスタンリー・A・ケイン（Stanley A. Cain）が記しているように，「おびただしい人々がいれば，ともに孤独を楽しむことはできない」のである[2)]。

振り返ってみると，四つの革命が，コリン・フレッチャー（Colin Fletcher）が「森林の蹂躙」と呼んだものの原因となった。**思想革命**（*intellectual revolution*）こそが，本書の主題にとってはなくてはならないものだ。第13章が示唆しているように，原生自然の価値を全面的に展開した哲学が1970年までには出現していた。より重要なことは，人気という点からわかることだが，原生自然への高い評価が知識人から，アメリカ社会のより広範な人々へと浸透したことである。原生自然を称賛する「展示フォーマット・シリーズ」（Exhibit Format Series）というコーヒー・テーブル向けの「シエラ・クラブ」（Sierra Club）とデーヴィッド・R・ブラウアーの書物はその一例である。より安価なレベルでは，「アメリカの原生自然」という題目のタイム・ライフのシリーズ本も同様のものであった。1970年代には，『バックパッカー』（*Backpacker*），『原生自然キャンプ』（*Wilderness Camping*），『アウトサイド』（*Outside*）といった原生自然指向性をもった雑誌が社会の格段に幅広い層へとメッセージを広めた。他の側面からみても，存命中は小さな仲間内で知られていただけだったヘンリー・デーヴィッド・ソローやアルド・レオポルドが原生自然運動に関する名高い碩学となった。原生自然に対する一般大衆の態度の上での革命的変化はこの違いを説明している。

しかし，さまざまな観念だけで森を蹂躙できるわけではない。装備革命(*revolution in equipment*)は原生自然への愛情の手段を容易にした。前の世代のアウトドア好きの人々が原生自然に入り込んだ時に用いた道具を今日考察することは容易ではないし，想像することすら困難である。[3)] 1920年代のテントは帆布でできていて，50ポンドの重さがあった。人々は端を巨大な安全ピンで留めた羊毛製のかさばる寝袋で眠った。食料は缶に湿った状態で詰められたものだった。無理もないことだが，キャンプ用具を運んだのは馬やラバだった。[4)] 装備を背負って原生自然を旅行する者は非常にまれであったので，変わり者だと思われたほどだった。ごく最近の1934年においても，デーヴィッド・ブラウアーは荷物を背負ってシエラネバダ（Sierra Nevada）における10週間の旅行を終えたのであるが，その時，だれも以前に訪れたことのないと彼がみなした場所をリストにすると旅行日誌の２ページ分にもなった。[5)] しかし，第二次世界大戦時における科学技術の飛躍的な進歩で，すべてが変わり始めた。プラスチック，ナイロン，アルミニウム，そして，気泡ゴムが食料保管のためのフリーズドライ製法とともに出現した。1950年代までには，平均的な人々が数日以上の間，荷物を背負って旅行をすることも可能になった。衣類の断熱性能やクロスカントリー・スキーが改良されたために，冬に森を訪れることも可能になった。[6)] グラスファイバーや合成ゴムによって渓流下りには革命的な変化が起こった。改良の速度には驚くべきものがある。1972年に『バックパッカー』年初号は，市場に出回っている19のバックパックを検討した。５年後にはこの雑誌は評価すべきものは129にもなることを知った。この数字は，テント，寝袋，ハイキング用の靴にも言えることである。こうした急速な増殖は原生自然人気への対応のためでもあるし，その人気の原因でもある。

舗装された現代的な幹線道路の時代以前では，原生自然に辿り着くことは原生自然の中を旅行することと同様に困難なことであった。1916年には，サンフランシスコ地域からドナー・サミットのようなシエラネバダの登山口に行くには，でこぼこの砂利道を３日かけて行かなければならなかった。鉄道を使ったとしても，その時代の東部居住者が西部の国立公園での休暇を２週間以内に収めることは事実上，不可能であった。1950年代になってさえも，ユタ州の渓谷地帯の端へ行くには，デンバー，ソルトレイクシティやラスベガスといった交通の基地から数日かかった。今日では，対照的に言えば，航空機での旅行や高速道路によって，週末を延ばせば，何百万人という人々にとって原生自然は現実的な訪問対象となっている。[7] 原生自然利用パターンへの輸送革命（*transportation revolution*）の衝撃は議論の余地のないものである。アメリカの原生自然に最も破壊的な影響を与えた科学技術的な要素は自家用車であったとも議論できそうだ。

原生自然を死ぬまで愛されるような地点へと追いやった四つ目の，そして，最後の要因は，情報革命（*information revolution*）である。50年前には原生自然はまさに知られざる地域であった。原生自然に踏み込むや否や，人は試行錯誤の中で学ぶことになった。1930年代末までには，デーヴィッド・ブラウアーはシエラネバダのどの地点を夜出発しようと朝になった時，自分がどこにいるかはわかっていたとジョン・マクフィー（John McPhee）は報告している。[8] しかし，一つの野生地域一つとこのように親密になったのは，彼が10年の間，ほとんど絶え間なく歩き回ったことの結果であった。地図やガイドブックはブラウアーの頭の中にあった。今日では原生自然旅行の案内書はバックパックに入るようなペーパーバック版で出版されている。西部のハイキング案内の先駆的なものは，『ジョン・ミューア・トレイルへのスターガイド』（*Starr's Guide to the John Muir Trail*）であるが，この初版は1934年にシエラ・クラブが出したものである。より新しいものには，原生自然旅行の初心者に手取り足取り教えてくれるものがある。そこでは，装備リストや「気軽な」，「ほどほどの」，あるいは，「努力を要する」道の提示もなされている。[9] ミューアやブラウアーやジョン・ウェズリー・パウエル（John Wesley Powell）が手にするのに生涯をかけたものが今日では，２ドル95セントで入手可能である。詳細な7.5分（7.5 minute）の「アメリカ合衆国地理調査局」（United States Geological Survey）の地形図とガイドブックを持っていれば，原生自然探検の初心者であっても，居間で原生自然旅行の計画を練ることができる。より多くの助けを求める者は，この10年間に次々と現れてきた何十というガイドや装備の商業的な事業者に頼ることもできる。『冒険旅行ガイド』（*Adventure Trip Guide*）によれば，15以上の会社がその名前に原生自然という文字を含んでいる。[10]（本書の167～168ページでみたように）ミューアの予想を確認するかのように，「疲れ，神経が混乱し，文明化しすぎた何千という人々」が原生自然に来て，「原生自然は必要なものだ」ということをすでに発見していた。[11] 一部の人々は，この過程で野生は消え去ってしまっていたことをも発見した。

これはグランドキャニオンにおいて（本書の395～396ページでみるように）最も劇

的に示されているのであるが，全国の至るところに驚くべき統計がある。ほとんど原生自然のない東部や多数の原生自然愛好者のことを考えてほしい。1940年のある研究は，利用者数を登山道のマイル数で割った。そして，ニューハンプシャーのホワイト山地では一人のバックパッカーは4マイル半ごとに他の人と遭遇することになる可能性があることを示した。1970年代初めにはその数値は73ヤードへと縮小した[12)]。かつては野生であった西部の広く知られた部分がそれよりずっとよかったというわけでもない。ある登山者は，カリフォルニアのホイットニー山に1949年8月6日に父親と一緒に行った旅について述べた。彼らは48州の中の最高峰の頂上で，誇り高く名前を登録したその年の6番目と7番目の者となった。その日から23年後，その登山者は彼の息子をホイットニー山に連れて行った。名前をサインをした時，彼らはその日の259番目と260番目であることに気づいた[13)]。彼らが労働祝日の週末を避けていたのは幸運だった。その週末には2000人の愛好者たちでその山は混み合うと予想されていたからだ。「誇張ではなく，人の顔のない1ヤード四方の地面を見つけることもできない」と，ある森林局の係官は登山の途中にあるミラー湖を視察した後で断言した。「臭いはただ単に恐ろしいものだった」[14)]。1974年に「森林局」(Forest Service) はホイットニー山への登山許可数を1日に70人に制限した。しかしながら，カリフォルニアのサン・ジャシント山の事例では，人数は規制されず，1970年代末にはラウンド渓谷は1日につき5000人もの訪問者を記録した。森林監視員たちは数秒ごとに二人ずつを頂上へと上らせた（ここもまた，そのよさを守るにはロサンゼルスに近すぎる)。サン・ゴルゴニオ原生自然の谷を横切って，1000人の人々がある小さな山の草地に一度にキャンプしようとした。他方で，モジャブ砂漠の東40マイルの所では，数千台のオフロード車がカリフォルニアに残った最良の砂漠の原生自然のいくつかを横切る100マイルレースのために整列した[15)]。明らかに管理が必要なのは原生自然ではなく，人間なのである。

原生自然の管理は，原生自然における管理されないレクリエーションは経済開発とまったく同様に，原生自然への脅威である，という了解事項に依拠している。この考え方の歴史はそう長くはないし，問題にもならなかったものである。今世紀の初めの30年間には，原生自然の保存が単なる指定以上のものを意味するとは誰も考えなかった。それは地図の上に円を描き，道路や建物のようなものを閉め出すことに集中した。それに比べれば，原生自然の境界内で起こったことは重要であるとは思われなかった。見落としていたという問題ではなかった。1920年代と1930年代の連邦政府の土地管理官たちに対して，公正にみたとしても，現実には管理するものはほとんどなかった。比較的わずかなアメリカ人が未開の地の冒険に出るにすぎなかった。この時代のほとんどの公園管理者たちはある程度の文明を求めていた。つまり，見晴らしのいい部屋や，定時のクマの餌付けやヨセミテの有名な熱泉のような娯楽をである。[16)]

原生自然の管理に対する，主任森林管理官ウィリアム・B・グリーリー（William B. Greeley）の態度はその代表的なものである。1926年に彼は，国有林に残っている原生自然の目録をつくるように，助手であるL・F・クナイップ（L. F. Kneipp）に依頼した。3年後にクナイップが指定した74エーカーのうちのいくらかが「L-20」規制によって保護されるべき範疇におかれることになった。しかし，グリーリーはここで止めてしまった。彼は原生自然体験がどのようなものであるべきかを明らかにしようとする努力はしなかったし，それゆえに，旅行者たちに対して，特定の目標を達成するように積極的に働きかけることもなかった。実際，グリーリーはレクリエーションで国立公園内の原生自然を利用する人々の数には，あるいは，その行動を規制しようとするあらゆる意向には関与しない，とはっきりと述べた。「人間の存在が原生自然の景観を破壊するからという理由で，原生自然地域から人々を閉め出すべきだという考え方には私はまったく共感しない」と野外担当の職員たちへの指示の中で彼は書いた。グリーリーによれば，一般の人々の使用を制限する唯一の要因は，「可能な移動形態によって規定される自然的要因」であるべきであった。「一般の人々が原生自然を訪れ，楽しむことは原生自然をともかくも保存する唯一の正当な理由なのだ」とグリーリーは結論付けた。[17)]

一般の人々による無制限の使用は原生自然への脅威となりうるということの最初の認識の一つは，ニューヨーク『ヘラルド・トリビューン』（*Herald Tribune*）の1926年の漫画として現れた。これは山の湖の事前，並びに，事後の眺めであった。最初の1コマには，馬に乗った一人の男が湖に近づくところと，それを囲む松の木やマスがたくさん飛び跳ねている様子が描かれた。「事後」の眺めのコマには，樹木はほとんどなくなり，魚は死に，湖岸は釣り人たちのキャンプで溢れる数年後の様子が描かれた。L・F・クナイップは個人としてはこの傾向に思い悩んだ。彼は森林局の同僚たちが未開地につくっている人工の登山道，手の込んだ避難所，トイレ，野獣捕獲用の柵を好まなかった。野外任務の職員への1930年5月30日付の書簡の中で，「かなりの助力なしで野生の地域を探検する能力をもった多数の人々の面倒をみるために［原生自然］，……地域を開発する必要はまったくないはずだ」とクナイップは記した。この地域は「文明の形跡からほとんど絶対的に離れることを求める」人々のためにあるのであるから，原生自然の管理の指針としては，「原始的な簡素さ」が用いられるべきだということを彼は推奨したのだ。[18)]

1931年にロバート・マーシャル（Robert Marshall）がアラスカのブルックス山脈での1年以上に及ぶ探査を終えた後に，原生自然擁護の仕事を森林局で始めた時，彼は野生地域におけるレクリエーション開発を押し止めようとするクナイップの言動を称賛した。『アメリカの森林のための全国的計画』（*A National Plan for American Forestry*）への寄稿の中でマーシャルは，原生自然は過剰に使用されうると警告を発した。キャンプ場は埃だらけの場所になるかもしれない。レクリエーションで利用する人々に原生自然でのエチケットを教育する必要がある，と彼は結論付けた。[19)]

1937年にマーシャルはこのテーマに再び，戻った。それは，シエラ・クラブの人たちとともにカリフォルニアのシエラネバダに現状調査に行った時のことだった。その時には，森林局のレクリエーション行政担当の最高職位の役人であったマーシャルは200名ものキャンパーたちとその荷物によって，国有林の原生自然が激しい損傷を受けていることを知った。その旅の結論として，彼は山地への訪問者による影響を減少させる方策を考案するようにシエラ・クラブの総裁であった，ジョエル・ヒルデブランド（Joel Hildebrand）に要請した。「特定の地域が引き続き超自然的とでも名付けることができるような状態に保つことができる」ための土地管理の可能性をマーシャルは探したいと望んだ。彼にとって，これは人工の登山道や標識や固定されたキャンプ場がまったくないこと，そして，最も重要なことは，「だれも以前にここに来たことはない」ところにいるのだという感情を意味した。[20)] アラスカではマーシャルは，このような「超原生自然」（super wilderness）の中を個人的に旅していた。しかし，こうした状態を他の諸州で保存する機会は急速になくなりつつあった。

ロバート・マーシャルは，訪問者の側の注意深い行動と登山道や避難所をつくらないようにすること，の二つの組み合わせによって，野生地域を野生のままに保つことになると想定した。彼は，訪問者数の制限というその次の論理的段階へは踏み込まなかった。しかし，1936年に，国立公園局の野生生物技師のローウェル・サムナー（Lowell Sumner）は，「必須の性質を破壊することなく多数の群衆を原生自然の中に解き放つことはいかにして可能であろうか？」という疑問を発した。[21] 1947年までには，サムナーは，「原生自然の過飽和状態」について語り，キャンプしようとする一行に対して1カ所での滞在許可期間を制限することを提案するようになっていた。[22] 利用地の配分というこの概念は，初期に原生自然を管理しようとするに関しては，支配的なものであった。潜在的な訪問者数名を完全に締め出すことになる可能性のある絶対的な訪問者割り当てを考える準備はだれにもできていなかった。

1950年代までには，シエラ・クラブは，その成員自体が原生自然保存の問題の一部であることを明瞭に理解した。1949年に始まったシエラ・クラブの隔年開催の原生自然会議はこの意味を考えるために，州，および，連邦政府の土地管理者，プロの案内人と旅行装備業者，そして，原生自然でのレクリエーション愛好者を集めた。[23] 原生自然地域を指定しても，原生自然の状態を維持する管理政策がなければ，それは無意味であるということで意見が一致した。

1950年代と1960年代になると，ますます原生自然保存主義者たちは原生自然の予想以上の人気という新しい問題に直面して，環境収容力[1]（carrying capacity）という考え方に目を向けるようになった。これはもともとは牧畜業者の言葉であり，草地として恒久的に劣化させないほどに特定の範囲に放牧しうるヒツジや牛の頭数に関するものであった。ここで採られる政策とは，環境収容力を超えて生息域を破壊しないように頭数を押さえることになるであろう。一群の旅行者たちのレクリエーションによって，壊れやすい山の草原に対して大きな影響を及ぼすということがこの概念の適用における転換を生んだ。環境収容力という考え方は原生自然における人間たちに適用された時，人間の影響を吸収し，さらに，野生の状態を保つ能力を意味することになった。

早くも1942年に，ローウェル・サムナーは環境収容力について，「原生自然が受け入れることができ，長期的な保存と調和するレクリエーション的使用の最高度の形態の最大限度の段階」である，と言及した。「レクリエーション的使用の最高度の形態」とは，サムナーによれば，注意深く，経験を積んだ原生自然旅行者によって実践されるキャンプのようなものであった。今日であれば，われわれはこれを最小の衝撃と呼ぶか，あるいは，跡を残さないキャンプと呼んだだろう。重要なことは，あらゆる訪問者たちが注意深くキャンプしたとしても，そこには最大限の使用レベルがあるということをサムナーは理解していたことである。原生自然の「……最大許容利用量を……管理者たちは決定すべきであるし」，その限界を守るべきであると彼は続けた。[24)]

1942年には，ローウェル・サムナーの野生生物の生物学者としての重要な関心は人間の自然への影響になっていた。原生自然の生物学的な環境収容力（biological carrying capacity）とは，人間の侵入の結果として生じる変容に抵抗するその地域の生命体，および，生命プロセス（過程）の能力のことをいう。湖の魚が「釣り尽くされ」たり，山の草原の地面がむき出しになったりした時には，環境収容力の限界を超えたということになる。ある地域にあまりに多くの人々が侵入したために鷹の巣が空になったり，神経症的になったハイイログマがキャンプ場を襲ったりした時にも，同じ状況が生じている。問題はクマにあるのではなく，人間に対するクマの環境収容力を超えることを許容した管理者にあるとサムナーなら言うであろう。物理学的な環境収容力（physical carrying capacity）は非生命的環境への訪問者たちの影響に対して，おそらくより適切な考え方であろう。踏み分け道による浸食に抵抗する特定の土壌の能力がその適例である。評価はより難しいが，原生自然という考えに対して究極的に最も重要なものは，心理学的な環境収容力（psychological carrying capacity）である。つまり， 人間の人間に対する影響である。ここでの焦点は土地よりも人間の心にあてられる。心理学的な環境収容力は，原生自然は人間の知覚という点で最もうまく規定される一つの経験であると仮定する。あまりに多くの人々が原生自然に入るのを管理人が許せば，だれもそれを原生自然だとは知覚しない。確かに，原生自然の定義は人によってさまざまで，寛容さも個人によってさまざまである。極端な人々は他のキャンパーの姿や音，あるいは，キャンプ場にいるという考えさえもが原生自然での経験を完全に台無しにすると考える。しかし，多くの原生自然訪問者たちは他の訪問者たちとの接触によって，原生自然と知覚しなくなるようなことはない，ということを社会科学者たちは発見している。もちろん，限界はある。訪問が増えれば，場所の原生自然としての質が消え去る時点は来る。原生自然愛好者の他の原生自然愛好者へのこうした影響は，原生自然が死ぬまで愛される主要な原因である。また，この影響はある時期に特定の原生自然に入ることを許可される数を管理することについての哲学的な論拠を提供している。それがたとえ細心の注意を払う熟練した奥地の野営者であったとしても，である。[25)]

原生自然の管理における最も微妙な問題の一つは，「人間中心主義」（authropocentrism）対「生命中心主義」[2]（biocentrism）に関する論争である。これらのもったいぶった言葉の背後には非常に古い問題がある。[26)] それは，公園や保護地や原生自然は人間のためにあるのか（人間中心主義的），または，自然のためにあるのか（生命中心主義的）ということである。ギフォード・ピンショー（Gifford Pinchot）とジョン・ミューアは1890年代にこの点をめぐって衝突した（本書の165～167ページを参照のこと）。1916年の「国立公園局法」（National Park Service Act）は公園の使命は自然を保存することと，一般の人々のレクリエーションを促進することの両方であると宣言することでこれを避けて通った。[27)] 一般的に言って，1960年以前は国立公園は人間中心主義に傾いていた。ホテルが建設され，道路が拡張され，登山道が改良され，トイレが設置され，湖には魚が放流された。これらすべては，1916年の法が「楽しみ」（enjoyment）と呼んだものを求める一般の人々のレクリエーションの手助けをするという名のもとに行われた。「ミッション66」と呼ばれた公園改良の最も野心的な計画は1956年から，1966年にかけてこの哲学に沿って実行された。原生自然に関して言えば，人間中心主義の考え方はレクリエーション的利用を妨げるいかなる規制に対しても，不賛成の意を示すものであった。その考え方は科学技術によって，より多くの人々が原生自然を楽しめるようにしようということであった。エリック・ジャルバー（Eric Julber）は田舎のシャレー風の家，ケーブルカー，歯形レール鉄道ができたことによって，いかに多数の旅行者たちがアルプスを経験することができるようになったかを指摘した。そして，それは彼の意見では，環境や経験の質への否定的な影響を与えることなく行なわれるものであった。[28)]

国立公園に関して，進入路付きリゾートという（人間中心主義的）哲学からの最初の大きな離脱はカリフォルニアのシエラ横断道路への抵抗であった。ジョン・ミューアは道路を好んだ。それは1913年にほとんど知られていなかったヘッチヘッチ渓谷を失った後，より接近が容易になればより多くの人々が訪れるようになり，そうすれば，「国立公園」という考え方に対する支持者が増えるだろうと考えたからであった。[29)] 自動車旅行が生まれ始めた頃であったので，原生自然は死ぬまで愛されることになるという問題をミューアは予測できなかったのだ。しかしながら，1930年代までには，シエラ・クラブの指導者たちは道路と人混みに関して考え直すようになった。ヨセミテの南にあるキングスキャニオン（Kings Canyon）における国立公園化運動はこの論点に焦点をあてた。キングス川の流域には道路がなく，アンセル・アダムズ（Ansel Adams）という名の若いシエラ・クラブの会員であった，天才的写真家はその状態が続くことを望んだ。『シエラネバダ――ジョン・ミューア・トレイル』（*Sierra Nevada: The Jonh Muir Trail*, 1938）という原生自然の写真集は，フランクリン・ルーズベルト（Franklin Roosevelt）の政府に新しい種類の公園を支持するよう促すのに大きな役割を果たした。1940年に建設されたキングスキャニオン国立公園では，その端のところで道路は止まった。ホテル，レストラン，土産物屋，訪問者のための施設はまったくつくられなかった。アダムズは，彼が「リゾート主義」（resortism）と名付けたものへのこの反乱に拍手した。1948年に，ヨセミテ渓谷の騒がしい状態を心に抱きつつ，生命中心主義はエリート主義的であると考える人々に対してこう答えた。「司祭たちが教会の通路でピーナッツを売ることを許可しないのは，『紳士気取り』の問題であろうか。メトロポリタン博物館がエジプト展示室で私にポータブルラジオを鳴らさせてくれないのは，紳士気取りだからであろうか」[30]と。

アンセル・アダムズの抗議を支えたのは，国立公園や原生自然に関する「生命中心主義な哲学」であった。シエラ・クラブの同僚であったデーヴィッド・ブラウアーとともに，国立公園はあらゆる人々にあらゆるものを与えるものとすべきではないという事実に初めて向かい合った人々の中に彼はいた。手付かずの自然に特化することは公園の適切な使命であった。そして，アダムズはこの概念には一般大衆に訴える力がないことは十分に承知しつつ，これを是認した。装飾や便利さのない自然を好む人々は十分におり，公園管理への新しいアプローチを正当化することは可能であると彼は考えた。1950年代には，アダムズはブラウアーの運動に加わり，ヨセミテ国立公園の北部の一部においてシエラネバダを横切る古いティオガ道路の改良に反対した。道路は低速にし，一部は危険なものにしておこう。そのようなことを好む人々はいる。1958年には，アダムズは結局は，成功裏に終わったティオガ道路の品質向上への努力に関して，国立公園局は「犯罪的過失」を犯したという非難をも行なった。[31]

生命中心主義的な管理哲学は，公園と原生自然の目的の序列づけにおいて，「自然性」（naturalness）の保存を第一に，「レクリエーション」を第二とした。ロジャーズ・モートン（Rogers Morton）長官は1972年９月25日付けのニューヨーク『タイムズ』（*Times*）紙において，「公園は人々のためにある」と述べたと引用されている。生命中心主義の擁護者たちはそれに対して，公園は自然のためのものであり，そして，手付かずの自然を好む人々のためのものである，と述べた。生命中心主義的な立場に立つ人々は原生自然の管理者たちに対して，人々に対立するような決定を下す勇気を特に，原生自然をそのままにしておきたくはない人々に対立するような決定を下す勇気をもつべきだ，と考えた。この考えは，原生自然に価値を与えているものは，そして，20世紀において，原生自然をユニークなものとしているのは，人間の影響をほとんど，あるいは，まったく受けないで作用している「生態学的な力」（ecological forces）がそこにあることなのだという確信に由来している。エリック・ジャルバーは分別のある生命中心主義者ではあったが，景色の美しさと野生であることを混同していた。もし訪問者たちが原生自然での経験なしですませたいと望むならば，アルプスにおけるヨーロッパ式の経験に悪いところなどは何もなかった。

国立公園政策において人間中心主義と同等に渡り合っていこうとする生命中心主義の困難な闘いの発展に大きな影響を与えた文書は，内務長官のスチュワート・ユードル（Stewart Udall）に対する野生生物諮問会議の1963年の報告書であった。この会議の議長はA・S・レオポルド（A. S. Leopold）であった。この人物はアルド・レオポルドの息子であり，彼の原生自然倫理の理解者であった。レオポルドの報告書は，野生生物に関する国立公園政策の見直しから始まるものであった。半世紀の間，連邦政府は「よい」動物（例えば，シカ）を保護し，オオカミやクマやクーガーといった捕食動物を除去することで，結果的には「悪い」動物から「よい」動物を取り除くことになった。A・S・レオポルドとその委員会は大きな政策の変化を提案し，こう述べた。「主要な目標としては，それぞれの公園内の生物学的群集（associations）は維持されるべきであり，あるいは，もし必要ならば，その地域に初めて白人が訪れた時に広がっていた状態にできる限り近づくように再生されるべきであると，われわれは推奨したい」と彼は述べた。[32] もしこのことがいくらかの訪問者たちを怖がらせるような大型の野生動物の再来につながることになったとしても，そうしろということであった。国立公園は大型の野生動物を好む人々のためのものであるとレオポルドと彼の同僚たちは暗に示唆した。もし訪問者がたまたま殺され，食べられたとしても，それは保存されつつある原生自然のあり方なのであった。もしその危険を消してしまえば，野生のものを消してしまうことになる。

人間中心主義に対する反乱はイエローストーン創設100周年に関して，国立公園局に助言するために組織された市民の特別専門委員会の1972年の報告書でも続けられた。この文献の要点は，国立公園は原生自然と原生自然依存型の活動に特化する勇気をもつべきだということであった。国立公園内におけるゴルフコースやテニスコートやスキーリフトを生む結果となった目的の混乱は，国立公園に相応しい種類のレクリエーションを原生自然指向のものと規定することによって終わらせるべきだ，ということであった。この100周年記念の報告書は国立公園への自動車によるあらゆる接近方式を止めさせることを求めるほどの主張はしなかったが，次の100年においては，バックパッカーや野営者の側に立って，自家用車やホテルやレストランは段階的に廃止すべきだと促しはした。この報告書は原生自然を正当に評価する人々の側に立ったことに対する差別であるとして，自らの調査結果を擁護した。原生自然を楽しむのに助けが必要な人々は休暇旅行のための別の場所を探すよう求められた。この論理によって，特別専門委員会は，「保存」対「楽しみ」という長年のジレンマを解決しようと試みた。国立公園や原生自然は野生のままの自然から楽しみを引き出す人々のために保存されるべきだということだ。こうした哲学に導かれることで，原生自然地域は生命中心主義的なものでありえたし，少なくとも選ばれた顧客にとっては人間中心主義的でもありえた。人間にとっての原生自然の重要性に関する認識は，このジレンマを解決した。[33]

1980年に，ミシガン大学の法学教授である，ジョセフ・サックス（Joseph Sax）は国立公園は原生自然に特化されるべきだという意見の総決算となる著作を出版した。[34]『手すりのない山々』（*Mountains Without Handrails*）の中で彼は，公園は思い切って異なったものになるべきだと議論した。公園は文明の中で得られるような種類のものと対照的な経験を一般の人々に提供することに努力すべきだ，とサックスは言う。これはつまり，公園を人間がほとんど統制しないということであり，できる限り公園内の人々をも管理しないことを意味する。管理されていないもの（例えば，手すりのない展望地）を強調することが危険を意味するということをサックスは理解している。しかし，彼はこれを訪問者たちに挑戦し，思慮分別を促す方策として歓迎した。サックスによれば，ホテルや道路や無数の訪問者用の施設は国立公園から段階的に排除すべきである。このことによって人々が時々不便さを味わうことになったとしても，キャンプや徒歩旅行をする人々のより質の高い経験のためにはわずかな出費である。サックスは便利さを捨てきれない人々には立ち入らないよう求めるが，国立公園局が原生自然環境の中での自給自足法を教える活動に従事することは好む。過剰に文明化されたアメリカ人たちを原生自然へと招き入れることを公園の担当者たちに前線から指揮してもらおうということだ。

サックスの議論が暗に意味することは，国立公園やアメリカの原生自然一般は成熟期に入ったという確信である。こうした考え方は多くの人から支持された。実際，数多くの人々から支援の声があった。ジョン・ミューアやスティーヴン・T・マザー（Stephen T. Mather）の時代のように，宿舎や楽しい雰囲気をつくって訪問を促す必要はまったくなかった。国立公園にはこのような文明化されたものや機能を消し去る余裕があるとサックスは信じている。それらは自然環境に特化した制度には不適切なものだというわけである。

原生自然に対する現代のレクリエーションの面からの圧力や森林管理官たちが生命中心主義的な仕事をする際に直面する難問は，特定の事例をみる場合に，その意味が明らかになる。アメリカ合衆国において，そして，人によれば世界中で，最も希求され，最も熱心に管理された原生自然はアリゾナのグランドキャニオンである。あらゆる原生自然の未来は今，グランドキャニオン国立公園に示されているとも言ってよい。日帰りのハイキングやサンダル履きの旅行を除いて，この地域への自由な（許可されていない）侵入はまったくできなくなっている。バックパッカーたちは最も人気ある道であれば何カ月も前から予約しなければならない。伝統的に人気ある復活祭休暇の間にバックパック旅行をする機会を得るためには，7カ月前にくじ引きをしなければならず，希望の2割が満たされるにすぎない。当選した申請者たちには彼らのバックパックにつける札が発行される。森林警備官たちはキャンプ地を調べ，双眼鏡をもって集団を追い，適切なチケットを探す。札を付けていないキャンパーたちには罰金が科せられ，即座にこの渓谷から追い出される[35]。

グランドキャニオン国立公園を通ってコロラド川を流れる川を通り抜ける旅への需要はそれよりずっと大きい。この川にボートを走らせる21の商業的ラフティング会社は700ドルから1200ドルの範囲の価格で，1年前から旅行予約を受け付

表1　アリゾナのグランドキャニオンを通り抜けるコロラド川旅行に関する資料

年	人数	年	人数
1867	1?	1941	4
1869–1940	73	1942	8
1943	0	1962	372
1944	0	1963–64	44
1945	0	1965	547
1946	0	1966	1, 067
1947	4	1967	2, 099
1948	6	1968	3, 609
1949	12	1969	6, 019
1950	7	1970	9, 935
1951	29	1971	10, 885
1952	19	1972	16, 432
1953	31	1973	15, 219
1954	21	1974	14, 253
1955	70	1975	14, 305
1956	55	1976	13, 912
1957	135	1977	11, 830
1958	80	1978	14, 356
1959	120	1979	14, 678
1960	205	1980	15, 142
1961	255		

けている。非商業的な川旅愛好者，つまり，（自分で行くタイプの旅行を好む人々は）1981年には，旅行をするには8年間待たなければならなかった。その上，待機者のリストは毎年数年分ずつ長くなっている[36)]。こうした需要の拡大の中で，非商業的な旅行は一生に一度の機会となるかもしれない。川に出れば，訪問者たちはキャンプの影響を最小化するために，この国の中でも最も厳しい規則に従わなければならない。例えば，人間の糞便は容器に詰めて，グランドキャニオンの外に持ち出して処分しなければならないと命じられている[37)]。

グランドキャニオンでの初期の川沿いの旅行の通常ではない性格のおかげで，あるいは，地形が現在の監視活動を助けているあり方（つまり，キャニオンの最初の225マイルのうちにわずか一つの進水，および，出発地点しかないこと）のおかげで，訪問者の完全な記録が残っている。上記の表1のデータはアメリカの原生自然への訪問者総数を表しているという点で他に例をみないものである[38)]。

おそらく1867年の最初の訪問者は探鉱者のジェームズ・ホワイト（James

White）であった。彼は，自分自身の頭がまったく混乱していたか，自分の旅行日程に関して恥ずべき嘘をついていたか，のいずれか，でなければ，間に合わせの丸太のいかだにしがみついてグランドキャニオンを流れ下ったはずである。[39] ジョン・ウェズリー・パウエルと５人の同行者たちは，1869年にだれもが認める「最初の」川旅を成し遂げた。その後の70年間には，わずか67名の個人がキャニオンを通り抜ける水上のルートを通ったにすぎない。しかし，1950年代初期までには軍が放出したゴムボートがグランドキャニオンの川を危険度の高い探検から家族休暇向けのものへと変え始めた。そうしたボートの中には33フィートにもなるものもあった。[40] しかし，原生自然でのレクリエーションへの評価が同時に高まっていなかったならば，装備の改良も訪問者数にはほとんど影響を与えなかったであろう。ちょうど，バックパック旅行の事例と同じように，科学技術と原生自然の思想とが結合して，グランドキャニオンのような原生自然へと向かう旅行への圧力をもたらしたのである。

1963年と1964年の川旅の顕著な落ち込みはグランドキャニオンのすぐ上流にグレンキャニオンダムが完成したためであり，パウエル湖に水を貯め始める必要があったためであった。この期間にダムを通り抜けた水は非常にわずかであった。しかし，この地の旅行への関心の爆発的な高まりは間近に迫っていた。1965年は訪問者の幾何級数的とも言えるほどの増加が始まった年であった。その説明の一つは，（本書の266～275ページでみたように）グランドキャニオンへのダム阻止の努力の一環でこの川旅が人々によく知られるようになったということであった。グレンキャニオンは「だれも知らない場所」であったために，パウエル湖で水浸しにされたのだと保存主義者たちは信じた。[41] グランドキャニオン内部の渓谷で同じ間違いを犯さないようにすることを誓い，シエラ・クラブは本や記事や映画の制作を主導した。ロバート・ケネディ（Robert Kennedy）のような有名人によって広く知られるようになった川旅によってキャニオンの常連客がつくり出された。アメリカの原生自然の歴史における最高の皮肉の一つは，古い問題（ダムの脅威）を解決した結果として新しい問題（グランドキャニオンを死ぬまで愛すること）が出現したことである。ダム建設者たちから救われると，キャニオンの野生状態は今度は救った人々自身によって脅かされるようになったのである。

驚くべきことに，１万6432の人もがグランドキャニオンを通り抜ける川旅をした，1972年のシーズンの後には，国立公園局はダムや貯水池と同様に，この地の原生自然としての「質」を破壊する潜在力のある問題を抱えているのだということを理解した。[42] キャニオン内部の渓谷の物理的・生物学的な環境収容力を超えてしまっただけでなく，それに加えて，訪問者たちがどれほどその影響を最小化しようと注意したとしても，彼らがそこにいること自体が原生自然での経験を色あせたものにしてしまった。実際，1970年代半ばまでには，キャニオンの状態をよく知っている多くの人々は原生自然と書く気をなくしていた。80パーセントの人々が旅行に用いた大型の動力付きボートのことを考えながら，ガイドのジョン・ヒュージング（John Husing）は，「この川旅は原生自然の旅行ではなく，カーニバル型のスリルを求める乗り物旅行だ」と記した。[43] 他の人々は，グレンキャニオンダムがグランドキャニオン内のコロラド川の流れを完全に管理しているあり方を指摘して，この地は野生のままであるとは考えられない，と結んだ。キャニオンに人影がまばらであったグレンキャニオンダム前の古い時代を知るケン・スレイト（Ken Sleight）のような人々が川旅をする人々にあまり寛容ではなかったのももっともである。「原生自然はまったく残っていない。かすかにあるだけだ。しかし，それでも，そのために戦う価値はある」とスレイトは言った。[44] 他方で，質問票をもとにした調査が明らかにしたのは，1975年の1000人の川旅経験者のサンプルのうちの91パーセントがこの地域は原生自然だと考えたということである。しかし，回答者のほとんどすべてがグランドキャニオンは初めてであり，多くの人々はここ以外では一度もキャンプをしたことがなかった。[45] このデータは結局のところ，原生自然は知覚の問題，つまり，精神的な構造の一部であるということを証明した。

普通では考えられないほどの訪問者の統計を見直した後で，国立公園局は，グランドキャニオンでは原生自然としての価値が脅かされている，と結論付けた。1日に500人もの人々がリーズ・フェリーの進水地点から出発した時点において，他の結論を考慮する余地はほとんどなかった。下流に行くと，主要な急流や興味深い地点では渋滞があった。ピーク時となる夏の何カ月間には，他の川旅集団や船外エンジンの音から数時間以上の間，逃れることは難しかった。グランドキャニオン国立公園はこうした状況に対して，1972年のレベルに使用を凍結することと，管理の目標として，「原生自然の川旅経験」を回復し，永続させることを定めた。[46] この目的に対する重要な手段の一つは，80パーセントの川旅に用いられていたエンジン付きの船舶を排除するという決断であった。国立公園局とほとんど原生自然愛好者たちの意見では，エンジンを禁止すれば，旅は原生自然体験とより調和するものになるということだった。この結論を支持することになったのは，両方の種類の旅に親しんだ川旅経験者たちの87パーセントがエンジンよりもオールを好んだことを明らかにした調査であった。[47)]

原生自然としての価値を高めるために，エンジンを禁止し，オールやパドルを使わせることにした1979年の国立公園局の決定は論争の嵐を巻き起こした。ビジネスを目的とした川旅装備業者たちは，彼らの重装備のゴムボートの動力として船外エンジンを使用してきたので，この論争には大きな経済的利害が関わっていた。装備業者たちは，コロラド川ではエンジンは伝統的なものであり，一般の人々には旅行の種類を選ぶ権利が与えられるべきだ，と主張した。エンジン支持派の「川旅装備専門協会」(promotor Professional River Outfitters Association) は公開書簡を発行し，「川旅はあらゆる人々のものであり，強健な人々や暇のある金持や公園管理官や彼の友人たちだけのものではないと……［国立公園局に］言う」ように市民に訴えた。[48)] 船外エンジン支持派のロビー活動者は1964年の「原生自然法」では，グランドキャニオンのコロラド川のいかなる部分も原生自然には指定されていないと正当にも主張することで，原生自然問題を回避しようと試みた。しかしながら，この理由付けはキャニオン一帯に原生自然の地位を与えようとこの地を推薦していた国立公園局の意図を無視するものであった。また，これは1シーズンに1万人が参加する高速のエンジン付きのボートでのビジネス目的の旅行のために，原生自然の状態と衝突するものであるということをも無視するものであった。

エンジンを使う装備業者たちはオールを動力とするボートへ転換する必要に直面することによって生まれる経済的苦境を訴えた。公園の監督官たちは1981年から，1985年にかけての段階的廃止を遅らせることでこれに応えた。しかし，1980年代末に，エンジン付きボート推進派のフレッド・バーク (Fred Burke) とゲイロード・スタヴィリー (Gaylord Staveley) は，ユタのオーリン・ハッチ (Orrin Hatch) とジェイク・ガーン (Jake Garn)，アリゾナのバリー・ゴールドウォーター (Barry Goldwater) といった上院議員たちを動かした。ハッチは国務省全体に関わる1981年度歳出法案への付帯条項を提出した。これはグランドキャニオンでのエンジンの使用を禁じたり，ビジネス目的の通行を1978年レベル以下に削減したりしようとする計画の実施に使われている歳出はいかなるものをも禁じるというものであった。上院の議場においてこの修正案の正当性を主張して，ハッチは，もしエンジンがなくなれば，「頑強で，若く，富裕な選ばれた人々」しか川旅を楽しむことができなくなるだろう，と述べた。それに反する証拠は十分あるにもかかわらず，アメリカの原生自然は頻繁にこうした理由付けの犠牲になってきていた。ハッチ修正条項は（投票にかけられることなく）出席していた上院議員の同意を得て通過した。グランドキャニオンの原生自然経験の性質に対する6年に及ぶ計画と調査を数分で消し去るものであった。[49)]

エンジン支持派のハッチ修正条項を覆す機会は，1981年初めにはあまりなかった。新しく発足したレーガン政権で内務長官となったジェームズ・G・ワット（James G. Watt）は「山岳諸州法律基金」（Mountain States Legal Foundation）での前職において，すでにキャニオンに船外エンジンを留めおくための訴訟を進めていた。[50)]こうした中で，1981年3月9日に，ワットは前年の9月に行なったグランドキャニオンを通り抜けるボート旅行について国立公園内での営業者たちに語った。「初日は壮大な見物だった……2日目になると少し退屈し始めた。しかし，3日目になると，私はボートを動かすのにもっと大きなエンジンが欲しいと思った。何と言われようとも私はオールで動くボートで川に出ることはない——それだけは言いたい。4日目にわれわれはヘリコプターを呼び，それは来た」。原生自然により相応しい交通手段に関しては，「私はオールを漕ぐことが好きではないし，歩くことも好きではない」とワットは述べた。[51)]この長官からの指示を不本意ながらも受け取り，グランドキャニオン国立公園は多くのエンジン付きボート旅行を受け入れる「コロラド川管理計画」（Colorado River Management Plan）の代替案の草案をつくった。しかし，1981年6月の草案の前書きは，ハッチやワットの視点には反するものを間接的にこう表現した。この草案はグランドキャニオンにおける経験の第一の価値を，「もう一つのリズム，つまり，われわれの通常の忙しい生活よりも何かより古く，より安定したものに気づく時間」として規定したのである。[52)]

現代アメリカ文明の中で原生自然の継続的存在のために懸命に戦ってきていた多くの人々にとって，原生自然の守護者である，この連邦政府高官の哲学は意欲をそぐものであったし，恐怖を与えるものであった。他の多くの選出された，あるいは，指名された連邦政府の担当者たちとともに，ワットは1981年11月のレーガンの大勝利を資源開発への指令であると解釈した。法的に保護されていないいかなる原生自然も，そして，保護されているもののいくつかも，資源とレクリエーション向けの利用の両方のための格好の標的にみえた。[53] 古い偏見――つまり，原生自然を嫌い，文明を好むこと――は生きているし，活力があるようにみえた。ある人々は心の中で，ワットやその同僚たちがやりすぎという理由によって，政治的に破滅する可能性の中に希望をみた。フロンティア的展望へのレーガン政権の支持は，廃れつつある価値の最後の閃光かもしれなかった。

コロラド川でのボート旅行に関してグランドキャニオン国立公園が1972年以降に設定した年間割り当ては，「配分」(allocation) 論争を引き起こした。アメリカの原生自然管理の短い歴史において初めて，原生自然保存のためにレクリエーション利用者が入場を断られることになった。[54]「割り当て制度」によって，結果的にグランドキャニオンを通り抜けるボート旅行への競争がますます激しくなった。主要な競争相手は，21の装備専門業者であった。こうした業者は年間利用許可の92パーセントを握っており，年間1000万ドルの収入を得ていた。そして，非商業的ボート利用者には残りの8パーセントが割り当てられていた。この割合は1972年の利用比率から引き出されたものであったが，非商業的川旅への需要が急上昇する中で，すぐに時代遅れのものになった。非商業的許可を求める申請者たちは1977年には，15件に1件（つまり，515件の旅行申請のうちの37件が）当たる年に一度のくじ引きに当選することに運をかけた。[55] おそらく不運にもくじに外れた申請者たちは決して川に出られなかった。同じ時，一度電話して小切手を送れば，商業的なグランドキャニオン旅行の座席を即座にとることができた。実際，商業用への配分量の中のわずかな部分は毎年使われることなく終わっていた。非商業的利害をもつ人々は，商業部門はグランドキャニオンのコロラド川への原生自然訪問者総数の中でのシェアを多くとりすぎていると主張して，国立公園局を通して是正を求めた。これが効果を上げないことがわかった時，訴訟と非合法の抗議旅行が始められた。[56] 議論の中心は，国立公園と他の公共な原生自然の目的に関する問題であった。商業的な装備専門業者たちは，自分たちは一般の人々に奉仕しているのだ，と主張した。非商業的部門の人々は，一般人の一部である自分たちが近づくことを拒否されているのだ，と応えた。[57] もちろん，問題の根幹はこの一般の人々の数が原生自然にとっては大きくなりすぎていたということであった。

1979年に発表された管理計画のもとで，グランドキャニオン国立公園はビジネス目的以外の部門への割当量をグランドキャニオンをボートで通ることを許される総人数の8パーセントから25パーセントへと拡大した。[58] 国立公園局はまた，年に一度のくじ引き制度を，一つの統合された空き待ちリストへと代えた。このリストは1982年までには9年の長さになっていた。換言すれば，グランドキャニオンのビジネス目的以外の川旅を実行する機会を求めて申請しようと1982年に決意した者は，その旅行を1991年に以前に行なうことを期待することはできなかったということである。このような状況に相当する歴史的前例は存在しなかった。原生自然は初めて自らが必要とするより多くの友を得たのであった。

このグランドキャニオンへの「割り当て論争」は，連邦政府が管理する原生自然において，どのような種類の利用が最も適切であるかというより深い問題を提起した。一つの見方によれば，エンジン付きの商業旅行はほとんど屋外パーティのようなものであった。ビーチバレーや冷たいビールはそうした旅行の目玉であった。客たちは原生自然体験を期待してもいなかったし，求めてもいなかった。白波の立つ急流は，都会の遊園地にあってもいいようなものであった。『プレイボーイ』（*Playboy*）誌が展開し，大々的に宣伝され，多くの写真で表現された川旅は，多くの人々の心の中の問題を表すものであった。[59] この種のグランドキャニオン旅行は限りある訪問者割り当てを使っており，結果として，原生自然愛好者たちを川から遠ざけ，ビジネス目的外のボート旅行者たちのすでに痛み出していた傷に塩をすり込む行為であった。

公正を期して言うならば，商業的案内人の一部は自分たちの客たちに対して，原生自然体験をさせ，それを解説することに尽力した。「ウィルダネス・ワールド」（Wilderness World）のロン・ヘイズ（Ron Hayes）はプロの弦楽四重奏団を彼のグランドキャニオン旅行のいくつかに招き，客たちの関心を原生自然と文化の複雑な関係に向けることまで行なった。[60] しかし，こうした旅は例外的なものであった。そして，非商業的な川旅をする人々は一般に，彼らの旅行は商業的な事業よりもグランドキャニオン内部の原生自然的な性格により調和したものだ，と信じていた。この考えの帰結は原生自然に触れる機会の配分におけるより高い優先順位の要求であった。実際，過激論者たちはいかなる商業的な乗客たちの旅行も，**あらゆる**ビジネス目的以外の需要が満たされた後に行なうべきだ，と主張した。ある集団は他の集団よりも多くのものを手にするというこの主張は個人的な動機とその管理という高度に主観的な問題を提起したのであるが，これは国立公園局がグランドキャニオンの配分論争に踏み込むのを恐れていたものであった。それでも，この論点は，そうした原生自然管理者たちの先駆的な人々がいつかは直面せざるをえないものであった。将来的には，申請者の一群の中でだれが原生自然に入る特権を与えられるのに十分なほど知的で，感受性が豊かで，熟練しているかを決定するように彼らに要求されることは十分にありえた。原生自然への入場試験は大学の学生を選別するのに使われるものに匹敵しうるものであるが，それほど遠くにあるものではないかもしれない。

グランドキャニオンの歴史が例示しているように，開発，そして，その次に来る人気は原生自然への最初の二つの脅威を構成している。三つ目のものは認識され始めたにすぎない。気が滅入ることであるが，これは前の問題の解決策の中に含まれているものである。管理者たちは一般に忙しすぎてこれを理解できなかったが，「原生自然の管理」という言葉自体が明白な矛盾であるということだ。[61] 語源的にも，伝統的にも，原生自然とは管理されていないものである。「野生の」（wild）場所や「野生の」動物は，人間や文明が耕したり，放牧したり，木を切ったり，住みついたり，あるいは，その他の形で管理されていない存在である。野生とは，しばしば，人間の知識さえもが及ばないもの，つまり，神秘的で暗く，危険で，時にはそうした理由のために魅力的なものであった。それとは対照的に，「管理」（management）という言葉は，ラテン語の manus（「手」）から派生したもので，文字通り，「手を加える」（handle）ことを意味している。

原生自然地域を行政的，法的に指定することによって，管理されていないという原生自然の本質は微妙な形で侵食され始めた。[62] その恩恵はあるとしても，「国家原生自然保全制度」（National Wilderness Preservation System）は，当該地域の土地の動物園のようなものだとみなしうるかもしれない。原生自然は明瞭に配置され，きちんと分類されて，法的な檻の中で展示されているのである。未知のものが知られている。不確かさは減少している。危険や恐怖もまた，そうである。登山道や避難所や森林管理官のパトロールや捜索救助チームはさらに，原生自然と妥協するものである。人々が管理されていない環境を知覚するあり方へのおそらく最も侵食的な力は，最近の原生自然人気のために制定せざるをえなかった規則や法令である。原生自然とは，心の状態なので，どのような条件のもとでそこに入るかは，全体的な原生自然経験にとってきわめて重要である。割り当て，許可，くじ引き，空き待ちリスト，予め決められた旅程，キャンプ地の指定は原生自然への感情を台無しにするものである。一部の人々にとっては，文明の恩恵によって，つまり，文明によって定められた条件のもとで，原生自然を訪れると考えること自体が原生自然経験を始める前に破壊する可能性がある。グランドキャニオンのような極度に管理された原生自然に背を向けて，アラスカやチリやネパールで新しいフロンティアを見つけようとする人々は多い。社会学者ならば，こうした現象を「転位[3]」(displacement）と呼ぶかもしれない。しかし，一般大衆が，そして，そうした人々に対する規則が追いつくのにどのくらいかかるであろうか。わずか30年前の1952年のことであるが，グランドキャニオンを通り抜けてコロラド川の川旅をしたのは全部で19人であった。彼らには許可など必要なかったし，規則などまったくなかった。

確かに，原生自然を管理されない状態にしておく余裕が社会にあったこの古きよき時代はグランドキャニオンのような場所では永遠に失われ，他の地域でも明らかに衰亡している。ロバート・マーシャルは，ルイス（Lewis）とクラーク（Clark）になることを夢見て，そして，探検すべき空白の空間を（アラスカのブルックス山脈の）地図の中に見つけることができた最後のアメリカ人であったかもしれない。すでにみたように，マーシャルはこうした機会を少数の「超原生自然」の中で維持することを望んだ。しかし，1930年代には，彼はそこを訪れたいと思う人の数に関してはまったく考えていなかった。たとえ広大な原生自然がみつかったとしても，今日では，パウエルやマーシャルが享受したような経験のためにそれを管理しようとしてもうまくいかないであろう。原生自然を救った人気の代償は「過剰な管理」である。このような管理の代替案は平等なレクリエーション的利用であるが，これは原生自然経験のうわべだけの経験すらをもあらゆる人々から即座に奪い取ってしまうものである。管理されていない原生自然はまさに死ぬまで愛されるであろう。

この気乗りしない結論を導く論理は原生自然でのレクリエーションをテニスと比較することによって説明できるかもしれない。テニスの愛好者はそのつもりがあるならば，したいだけテニスをするだろう。しかし，このゲームの人気がますます高まるにつれて，この贅沢は個人所有のコートを除いて許されなくなる（中世の貴族の狩猟保護区との類比をここですることは非常に興味深い）。公的な税金によって営まれるコートは公有地での原生自然と比較可能だが，ここでは，提供可能な時間と空間とを需要がしばしば上回る。管理は必要となる。記名用の紙と競技の長さと頻度に関する制限ができることになる。(森林管理人にあたる) コートの管理人は，だれも好まないがだれもが受け入れるべき規則を強いる。管理がなければ，テニスをしたくてたまらない人々がコートに押し寄せる。「3人制」が一般的になったり，ピーク時には，一方のサイドに25人もの人々がラケット付きのバレーボールをするように求められることも考えられる。このような試合も (大人数が使う屋外レクリエーション場で一部の人々が経験するように) 楽しいものであるかもしれない。しかし，それはテニスではなくなるであろう。テニス愛好者たちは管理を受け入れ，自らを管理する。なぜならば，テニスは2人か，4人で行なうゲームであることを認識しているからだ。だから，このゲームのもとのままの状態を望み，そして，自らの利益を心に抱き，愛好者たちは規則に従う。彼らは記名し，自らの順番を待ち，機会が来れば少なくともテニスをすることはできるということを理解して，コートを明け渡すのだ。

原生自然でのレクリエーションもまた，わずかな人々しか同じ時に同じ場所では行なえないゲームである。孤独を分かち合うことは容易ではない。原生自然経験の質への敬意は，規制の受容性を求める議論となる。人気のあるテニスコートとまったく同じように，不便さと欲求不満は避けられない。しかし，規則は少なくとも，順番が来た時に原生自然愛好者たちが自ら求めるものを見つけることを保証するのである。

しかしながら，二つの点において，テニスと原生自然レクリエーションは類似していない。まず，新しいテニスコートは建設することができるし，人気があればしばしば，その建設を求める議論がなされる。原生自然は完全にではないが，もっぱらゆっくりと文明によって修正させられる。実際上は，残っている原生自然はこれらからわれわれが手にすることのできるすべてであろうし，もうすでに混み合っているのである。もちろん，離れた場所に完全なグランドキャニオンを建設するなどということは馬鹿げたことである。第二に，管理の欠如は，テニスにとっては，原生自然ほど不可欠な部分ではない。管理はテニス愛好者たちをいらだたせるが，管理の欠如は原生自然を求める人々には完全に破壊的なことかもしれない。原生自然管理のパラドクスとは，必要な手段が望ましい目標を打ち倒すということである。

注

1）　Wildland Research Center, *Wilderness and Recreation*, pp.213–254, 特に，以下のページ，pp.236–237. Ezra Bowen, *The High Sierra* (New York, 1972), p.156.

2）　Ann and Myron Sutton, *The Wilderness World of the Grand Canyon* (Philadelphia. 1971), p.204, に引用されている。

3）　このことについては，20世紀初頭にキャンパーの「聖書」とされた本の初期の版をみると理解しやすい。Horace Kephart, *The Book of Camping and Woodcraft: A Guide For Those Who Travel in the Wilderness* (New York, 1910). また，以下も参照のこと。Louis Bignami, "Past and Present Tents," *Westways, 73* (1981), 34–37.

4）　1890年のシエラネバダの旅の荷物についての明快な記述については，以下を参照のこと。Joseph N. LeConte, *A Summer of Travel in the High Sierra* (Ashland, Or., 1972).

5）　David R. Brower, "Individual Freedom in Public Wilderness," *Not Man Apart, 6* (1976), p.2.

6）　Colin Fletcher, *Complete Walker* は現代的な装備について論じている（コリン・フレッチャー著／芦沢一洋訳『遊歩大全――ハイキング,バックパッキングの歓びとテクニック』森林書房，1987年)。同様の本として以下がある。John Hart, *Walking Softly in the Wilderness: The Sierra Club Guide to Backpacking* (San Francisco, 1977).

7）　この点に関しては，以下を参照のこと。Charles Jones and Klaus Knab, *American Wilderness: A Gousha Weekend Guide to Our Wild Lands and Waters* (San Jose, Ca., 1973).

8）　McPhee, *Encounters*, p.34.

9）　Karl Schwenke and Thomas Winnett, *Sierra South: 100 Back-country Trips in California's Sierra* (Berkeley, 1968). George S. Wells, *Handbook of Wilderness Travel* (Denver, 1968)，は全国を扱っている。例えば，以下のような「実用本」が着実に増えてきた。Mary Scott Welch, *The Family Wilderness Handbook* (New York, 1972).

10）　*Adventure Trip Guide*, ed., Pat Dickman (New York, 1972).

11）　この時代の典型的な発言は以下にみられる。Susan Sands. "Backpacking: 'I Go to the Wilderness to Kick the Man-World Out of Me,'" New York *Times*, May 9. 1971, p.1.

12）　"We're Loving our Wilderness to Death," *Audubon, 75* (1973), 111. 東部の原生自然の混雑ぶりに関する卓越した検討は以下にある。Laura and Guy Waterman, *Backwoods Ethics* (Boston. 1979), pp.158–170.

13）　Interview with Ivan Maxwell, February 10, 1973.

14）　Interview with Ed Waldapful, U.S. Forest Service Information Officer, October

6, 1978.

15) Edward Hay, "Wilderness Experiment," *American Forests, 80* (1974), 26–29; Jack Quigg, "Our Desert Being Killed with Love," *Santa Barbara* [*Ca.*] *News Press*, March 28, 1970; U.S. Department of the Interior, Bureau of Land Management, *The California Desert Conservation Area: Draft Plan Alternatives and Environmental Impact Statement* (Riverside, Ca., 1980).

16) 国立公園における「カーニバリズム」(carnivalism) の強調は, 以下の特に, 第8章で詳しく論じられている。Alfred Runte, *National Parks: The American Experience* (Lincoln, Neb., 1979).

17) 以下に引用されている。Roderick Nash, "Historical Roots of Wilderness Management" in *Wilderness Management*, ed., John Hendee, George H. Stankey, and Robert Lucas, "U.S. Forest Service Miscellaneous Publication No. 1365" (Washington, D.C., 1978), p.35.

18) Ibid., p.36.

19) Marshall, "The Forest for Recreation," p.466.

20) Joel H. Hildebrand, "Maintenance of Recreation Values in the High Sierra," *Sierra Club Bulletin, 23* (1938), 85–96.

21) E. Lowell Sumner, "Special Report on a Wildlife Study in the High Sierra in Sequoia and Yosemite National Parks and Adjacent Territory," unpublished report, U.S. National Park Service Records, National Archives, Washington, D.C.

22) Richard M. Leonard and E. Lowell Sumner, "Protecting Mountain Meadows," *Sierra Club Bulletin, 32* (1947), 53–62.

23) 五つの会議の要約は以下にある。Brower, ed., *Wildlands in Our Civilization*, pp. 130ff.

24) E. Lowell Sumner, "The Biology of Wilderness Protection," *Sierra Club Bulletin, 27* (1942), 14–22.

25) 本書の1967年の初版, 特に, 1973年の第2版以降, 原生自然管理に関する文献は驚くべき勢いで増えてきた。以下は文献目録的な手引きとなるだろう。George H. Stankey and David W. Lime, *Recreational Carrying Capacity: An Annotated Bibliography*. "U.S. Forest Service General Technical Report, INT-3" (Ogden, Ut., 1973), そして, Nina Brew, *Biological–Sociological Investigations: Backcountry Recreation—An Annotated Bibliography*, "Grand Canyon National Park Colorado River Research Series, No. 15" (Grand Canyon, Az., 1976). この分野における最も信頼できるテキストは以下の通りである。*Wilderness Management*, ed., Hendee, Stanley, and Lucas (注17を参照)。このテキストには, 1978年に至るまでの詳しい文献目録も納められている。「環境収容力」という考え方に関する初期の定義を提供しているものとして, 特に言及に値する作品がいくつかある。J. Alan Wagar's "The Carry-

ing Capacity of Wild Lands for Recreation"（unpublished Ph.D. dissertation, University of Michigan, 1961）は影響力の大きな研究であった。この一部は同じ題名で出版されている。The Society of American Foresters as "Forest Science Monograph, No. 7"（Washington D.C., 1964）. 1962年に Robert C. Lucas, は以下において，「環境収容力」という戦略を特定の地域に適用した。"The Quetico-Superior Area: Recreational Use in Relation to Capacity"（unpublished Ph.D. dissertation, University of Minnesota）. このルーカスの研究成果の一部は1964年に，以下のように発表された。*The Recreational Capacity of the Quetico–Superior Area*, "U.S. Forest Service Research Paper LS-15"（St. Paul, Mn.）. 以下は現代的な原生自然管理哲学と実践の背後にある原理に関する非常に初期の取り扱いを含んでいる。Arthur H. Carhart, *Planning for America's Wildlands*（Harrisburg Pa., 1961）. 同様に先駆者としての歴史的重要性をもつものとしては，以下がある。J. V. K. Wagar, "Some Major Principles in Recreation Land—use Planning," *Journal of Forestry, 49*（1951）, 43, 1–35.

26）この論点についてのすぐれた要約は以下において入手可能である。*Wilderness Management*, ed., Hendee, Stankey, そして Lucas の前掲書，pp.16ff.

27）以下を参照のこと。Runte, *National Parks*, pp.103–104，および，William C. Everhart, *The National Park Service*（New York, 1972）.「国立公園局」を創設した有名な基本法は以下を参照のこと。U.S., *Statutes at Large, 39*（1916）, p.535.

28）Eric Julber, "Let's Open Up Our Wilderness Areas," *Reader's Digest, 100*（1972）, 125–128，および，Julber, "The Wilderness: Just How Wild Should It Be?" *Trends, 9*（1972）, 15–18.

29）以下はヨセミテ国立公園への車乗り入れ論争におけるミューアの役割を論じている。Richard Lillard, "The Siege and Conquest of a National Park," *American West*（Jan., 1968）, 28–31, 67, 69–71.

30）Robert Turnage, "Ansel Adams: The Role of the Artist in the Environmental Movement," *Living Wilderness, 43*（1980）, 8, 9.

31）Ibid., 9; "David R. Brower: Environmental Activist, Publicist, and Prophet," pp. 53ff. Susan Schrepfer, Regional Oral History Office, Bancroft Library, Berkeley, 1980.（これはスーザン・シュリーパーが行なった口述の歴史に関するインタヴューを伝える未刊行の資料である）。

32）A. S. Leopold, et al., "Wildlife Management m the Natronal Parks," in U.S. Department of the Interior, National Park Service, *Administrative Policies for Natural Areas of the National Park System*（Washington. D.C., 1968）, p.92. このレポートは以下にも登場している。*National Parks Magazine, 37*（1963）.

33）Conservation Foundation, *National Parks for the Future*（Washington, D.C., 1972）, esp. pp.9–39. この報告書の結論の予想は1967年に，Conservation Foundation Publication, の刊行物として以下のように発表された。F. Fraser Darling and Noel

D. Eichhorn, *Man and Nature in the National Parks* (Washington, D.C., 1967), esp. pp.73–78.

34) Joseph Sax, *Mountains Without Handrails: Reflections on the National Parks* (Ann Arbor, Mi., 1980).

35) Interview with Richard Marks, Superintendent, Grand Canyon National Park, Aug. 8, 1981.

36) Interview with Marvin Jensen, River Unit Manager, Grand Canyon National Park, Aug. 10, 1981.

37) U.S. National Park Service, *Draft Colorado River Management Plan* (Washington D.C., 1977), p.24.

38) これらの数字は個人の遠征の記録から，そして，1941年以降はグランドキャニオン国立公園の公文書館からまとめられた。最近の統計は以下で入手可能である。"Boating Use on the Colorado River, Grand Canyon" (unpublished annual release of the River Unit, Grand Canyon National Park). 初期のグランドキャニオンの川旅について最も完全にまとめたものは以下である。The Otis Marston Papers, The Huntington Library, San Marino Ca.

39) Robert Collins and Roderick Nash, *The Big Drops: Ten Legendary Rapids* (San Francisco, 1978), pp.191–193; Harold A. Bulger, "First Man Through the Grand Canyon," *Missouri Historical Society Bulletin, 17* (1961), pp.321–331; R. C. Lingenfelter, *First Through the Grand Canyon* (Los Angeles, 1958). ホワイトの手柄への疑惑は以下が論じている。Robert Brewster Stanton, *Colorado River Controversies*, ed., James M. Chalfont (New York, 1932).

40) Collins and Nash, *The Blg Drops*, esp. pp.94–96; Roderick Nash, "River Recreation: History and Future" in River Recreation Management and Research, "U.S. Forest Seryice General Technical Report NC-28 (St. Paul, Mn., 1977), pp.2–7.

41) Eliot Porter, *The Place No One Knew: Glen Canyon on the Colorado* (San Francisco. 1963).

42) グランドキャニオンのコロラド川の原生自然的性格への人間の影響を論じた文献の諸例は以下である。Peter Cowgill, "Too Many People on the Colorado River," *National Parks and Conservation Magazine, 45* (1971), pp.10–14; Robert Dolan, Alan Howard, and Arthur Gallenson, "Man's Impact on the Colorado River in the Grand Canyon," *American Scientist, 62* (1974), 392–401; W. E. Garrett, "Grand Canyon: Are We Loving it to Death?" *National Geographic, 154* (1978), 16–51; Roy R. Johnson, et al., "Man's Impact on the Colorado River in the Grand Canyon," *National Parks and Conservation Magazine, 51* (1977), 13–16; Robert Dolan, et al., "Environmental Management of the Colorado River Within the Grand Canyon," *Environmental Management, 1* (1977), 391–400.

二つのシンポジウムの会議録はこれらの論点を直接扱っている。Lawrence Royer, William H. Becker, and Richard Schreyer, *Managing Colorado River Whitewater: The Carrying Capacity Strategy*（Logan, Utah, 1977），および，*River Recreation Management and Research*（cited above, fn. 40）. 同様に有益なものは以下である。Dorothy H. Anderson, Earl C. Leatherberry, and David W. Lime, eds., *An Annotated Bibliography on River Recreation*（St. Paul, Mn. 1978）.

43）“Troubled Waters,” *Newsweek, 81*（973）, 62, に引用されている。

44）Interview with Ken Sleight, Marble Canyon, Arizona, March 30, 1979.

45）Joyce M. Nielson and Bo Shelby, “River Running in the Grand Canyon: How Much and What Kind of Use” in *River Recreation Management and Research*, p. 172. ニールセンとシェルビーの契約研究の完全な報告書はグランドキャニオン国立公園の図書館において，“Colorado River Research Series, Contribution No. 18”（1976）として入手可能である。この研究成果の要約は以下にある。Grand Canyon National Park, *Final Environmental Statement: Proposed Colorado River Management Plans*（Washington, D.C., 1979）, pt. 8, pp.7ff.

46）Grand Canyon National Park, *Final Environmental Statement*, pt. 1, p.1. こうした政策の矛盾を指摘した声は非常にわずかであったことは記しておくべきである。1972年の使用レベルは，原生自然にとっても，原生自然経験にとってもはるかに高すぎる，と主張されていた。国立公園局は商業的部門と非商業的部門のどちらにおいても訪問者を減らすことを躊躇した。グランドキャニオンは投票権をもたなかったから，傷つけたのはこの論争では，おそらく彼らは最も適切ではない人々であっただろうが，寛大なグループの人々であった。

47）Nielsen and Shelby, “River Ruining,” p.174; National Park Service, Draft River Management Plan, pp.18–19. Bo Shelby “Contrasting Recreational Experiences: Motors and Oars in the Grand Canyon,” *Journal of Soil and Water Conservation*, 35（1980）,129–131; Steve Martin, “Dilemma in Grand Canyon,” *National Parks and Conservation Magazine, 50*（1976）, 15–17.

48）Professional River Outfitters Association, mimeographed form letter, August, 1979.

49）*Congressional Record*, 96th Cong., 2nd Sess., *126*（Nov. 14, 1980）pp.S14467–14470. 修正案は以下にあらわれた。Public Law 96–514, U.S., *Statutes at Large*, 94, p.2972. 国立公園局は直ちに以下のように対応した。U.S. Department of the Interior, “To Permit Motor/Oar Options on the Colorado River in Grand Canyon National Park,” *News Release, 81–2*. Jan. 14, 1981. 結果として起こった保護の一例に関しては，Shirley Fockler, ‘Running the Colorado By Oar or Roar,” *San Francisco Examiner and Chronicle*, April 19, 1981, p.3. “Tour Operators Gut Grand Canyon Plan,” *Currents*, 3（1981）, 1. を参照のこと。

50) James G. Watt to Board of Litigation, Mountain States Legal Foundation Feb. 27, 1980 (duplicated copy distributed by Western River Guides Association, Salt Lake City, Utah).

51) 以下に引用されている。Nathaniel P. Reed, "Why Watt Must Go," *Not Man Apart, 11* (1981), 10. A slightly different version appears in Michael Frome, "Park Concessions and Concessioners," *National Parks, 55* (1991), 18.

52) Grand Canyon National Park, "Draft Alternatives for the Colorado River Management Plan" (mimeographed format, June, 1981), p. 1.

53) See Reed, "Why Watt Must Go," pp. 10–11, and "James Watt's Land Rush," *Newsweek. 97* (1981), 22–24, 29–32; and Jeffrey Klein, "Man Apart: James Watt and the Marketing of God's Green Acres," *Mother Jones, 6* (1981), 21–27. ワットを内務長官から辞めさせるように訴える請願書が1981年の夏に環境主義者たちの間で回覧され，この請願書は以下において公表された。*Not Man Apart, 11* (1981), 15.

54) ほぼ同時に，「『アメリカ合衆国森林局』はカリフォルニアのホィットニー山やサンゴルゴニオ山，ワシントン州のレイニア山のような『有名な』山へのピーク時の訪問者割り当てを行なうようになった」。1973年までは，原生自然許可証は使用を制限するためではなく，情報を収集するために使われていた。1975年までには，夏季の訪問者割り当ては，多くの国立公園や森林地域で許可証によって行なわれるようになった。

55) River use data, Grand Canyon National Park Archives: Randy Frank, "The River Allocation Problem: A Brief History," *River Rights Action Newsletter* (Summer, 1977), 5.

56) *Wilderness Public Rights Fund v. Thomas F. Kleppe. Secretary of the Interior... and Merle Stitt. Superintendent of Grand Canyon National Park*, Ninth Circuit Court of Appeals, 77-1606 (1977), および，*Frederick B. Eiseman. Jr. et. al.,* v. *Cecil Andrews, Secretary of the Interior, et. al.*, Ninth Circuit Court of Appeals, 77-3693 (1979). 両方の訴訟の統合裁定において，裁判所は，国立公園局は国立公園への訪問者に関する規則を作る義務がある，という裁定を行なった。同様に以下も参照のこと。Robert A. Jones, "Whitewater Rights: Running Out of River," *Outside* (Sept., 1977) and Bo Shelby and Joyce Nielsen, "Private and Commercial Trips in the Grand Canyon" (unpublished research report, Grand Canyon National Park, 1976). 河川におけるレクリエーション機会の配分に関する最終的な報告書は以下である。Bo Shelby and Mark Danley, *Allocating River Use,* "United States Forest Service, Region 6, Recreation Report 059–1981" (Dec. 1980). 河川レクリエーションを非商業的な形で行なう権利は，1979年以降，「全国河川スポーツ機構」(The National Organization of River Sports) とその機関誌『カレント』(*Currents*) が先頭に立って主張してきた。

57) この論争に関する商業的，非商業的な立場についての簡潔な要約は以下を参照のこと。“What Are ‘Wilderness Public Rights’?”，そして，“What Do You Say, John Muir? Would You Have Wanted to Pay a Commercial Guide in Order to Walk the High Sierra?” *Not Man Apart, 6* (1976). 10–11. 非商業的な使用の主導的な提案者の声明は以下にある。Fred B. Eiseman, “Who Runs the Grand Canyon?” *Natural History, 87* (1978), 82–93. 原生自然や他の公有地の商業的使用と非商業的使用の問題に関する会議の議事録は下記で入手可能である。Leon J. Buist, ed., *Recreation Use Allocation,* State of Nevada Agricultural Experiment Station Publication R-149 (Reno, 1981).

58) Grand Canyon National Park, *Final Environmental Plan*, pp.1–7.

59) Richard Fegley, “Riverboat Gambolers,” *Playboy, 24* (1977), 81–87.

60) Roderick Nash, “Mozart on the Rocks: A Grand Canyon Experiment in the Relationship Between Wilderness and Civilization,” *Western Wildlands, 4* (1977), 39–44.

61) Roderick Nash, *Wilderness Management: A Contradiction in Terms?* “University of Idaho Wilderness Resource Distinguished Lectureship” (Moscow, Id., 1978). ここに含まれている思想的なジレンマを初期に認識していたのは以下である。Stephen H. Spurr, *Wilderness Management,* “Horace M. Albright Conservation Lectureship, VI” (Berkeley, Ca., 1966), p.1.

62) この点は以下において認識され，分析されている。Yi–Fu Tuan, *Topophillia: A Study of Environmental Perception, Attitudes, and Values* (Englewood Cliffs, N.J., 1974), p.112.（イーフー・トゥアン著／小野有五・阿部一訳『トポフィリア――人間と環境』せりか書房，1992年）。

訳注

［1］ ある環境下において，そこで継続的に存在できる生物の最大量。貨物などにおける「積載容量」(carrying capacity) を生態学用語として用いたものである。アメリカ合衆国の国務長官から上院に提出された報告書（1845年）がこの意味で最初に使用されたと言われている。

［2］「人間中心主義」：自然環境は人間によって利用されるために存在するという思想。「生命中心主義」：人間とその他の生物は，生態系の中でお互いに有機的な関係としての共同体の構成員であるとする思想。

［3］ 物理学において固体の結晶内部で線状に起きる一連の原子の位置ずれや原子の位置の転換。思想的には，従来の感情，価値，関心が別のものに置き換わること。

第16章 国際的展望

個人的には，私はあまり動物には興味がない。ワニを見ながら休暇を過ごしたいとも思わない。それにもかかわらず，私はワニが生き残ることを全面的に支持する。野生動物はダイヤモンドやサイザルアサに次いでタンガニーカの非常に大きな収入源となっている，と私は考えている。多数のヨーロッパ人やアメリカ人がこうした動物を見ようとする奇妙な衝動に突き動かされているのだ。

――ジュリアス・ニエレレ（1961年頃）

1854年から，1857年にかけて，イギリス人貴族のサー・セント・ジョージ・ゴア（Sir St. George Gore）はミズーリ川上流の原生自然で休暇を過ごした（訳注：イギリスの勲位の一つでナイト〔騎士〕ないし，準男爵〔バロネット〕という男性の勲位の尊称である)。ゴアは後にワイオミングとモンタナとなる地域を40人の同伴者，24頭のラバ，6頭の雄牛，スタグハウンドとグレイハウンドの一群の猟犬，3頭の乳牛を連れて旅行した。彼は2000頭のバッファロー，1600頭のシカとヘラジカ，105頭のクマを撃ち殺した。[1] 1909年4月から1910年3月まで，前大統領のセオドア・ルーズベルト（Theodore Roosevelt）は，200人の猟師，皮剝職人，ポーター，銃運搬人，テント「少年たち」とともに，後にケニヤとウガンダという国になる地域を旅行した。ルーズベルトとその息子は，3000頭以上の野生生物を撃ち殺し，保存して，ワシントンD.C.に送った。[2]

ゴアのサファリとルーズベルトのサファリとの間の半世紀の間に，アメリカ合衆国は野生種の輸出国から輸入国へと変わった。この転換は，アメリカのフロンティア（西部の辺境地帯）の開拓が公式に終焉し，（第9章で述べたように）原生自然の熱狂時代が始まった1890年代に起こったと考えられるかもしれない。それ以前は，野生を求める外国人の旅行者たちはミズーリ川を横断する西部に聖地を見つけた。セント・ジョージ・ゴアの旅行は野生のアメリカが残っていた頃にそれを経験しようとする富裕で社会的に著名なヨーロッパ人たちの活動の一例である。同時代のアメリカ人たちは野生とあまりにも密接な関係をもちながら，野生と張り合っていたので，野生の叫び声に耳を傾けることができなかった。彼らと野生との関係は旅行者ではなく，時代の変革者としての関係であり，そして，彼らは自らの職責を十分に果たした。セオドア・ルーズベルトに代表される後のアメリカ人たちの世代が野生のものを十分に称賛するようになった頃までには，アメリカ西部からは野生のものはほとんど消えていた。アフリカがルーズベルトのような自然愛好旅行者たちの新しい聖地となった。彼らは十分に富裕であったので，本国で稀少となったものを外国から輸入することができた。

国際市場で活発に取り引きされる商品として野生種を対象とすることによって，それらへの称賛は明らかになるし，世界の自然保護運動を十分に説明することもできる。この輸出・輸入関係は，野生種を滅ぼす文明化の過程がまさに野生種へのニーズをつくり出すものだ，という事実に内在する皮肉を浮かび上がらせる。一般に，原生自然をもつ国々はそれを求めないし，求める国にはそれがない。自然への称賛は「満腹」現象であり，金持で，都市的で，洗練された人々に限定される。社会が科学技術を取り入れ，都市化し，混雑してはじめて，野生種へのニーズが経済的，思想的な意味をもつのである。マルクス主義的な体系的理論には心をそそられる。自然愛好者という社会的・経済的な階級があるようにみえる。どこにある原生自然であろうとそれを享受し，救おうとする共通の関心ほど，彼らの国民的帰属意識は強くはない。こうした人々は自然の保存のために組織をつくり，協議し，連絡をとり，そして，資金を集める。彼らの地位の社会的プロフィールをみると，科学者や作家や芸術家といった人々が通常よりはるかに高い割合を占めているのがわかる。彼らは上流階級の人々であり，資金を出せるほどの富裕層でもある。

隠喩(メタファー)以上のものが自然の輸入の中には含まれている[3)]。それには経済的価値がある。野生は実際に売買されており，それもわずかな量ではない。狩猟記念品や動物園のための動物の生け捕りといった事例を除けば，自然が物理的に輸出国から持ち出されるわけではない。取り引きされる商品は経験である。輸入業者たちはその場で消費する。それに加えて，多くの書斎の自然愛好者たちがいる。野生生物についての映画，テレビの特集番組，雑誌，書籍を消費しようとする，そして，自然に対する慈善行為を支持しようとする彼らの熱意は自然の輸入の重要な形態である。しかし，ゴアやルーズベルトの足跡を追う富裕な旅行者たちは自然ビジネスの中心であり続けてきた。野生種を見るために大金を費やそうとする彼らは，未だにそれが存在する国々の経済における大きな収入源である。

この輸出・輸入という隠喩（メタファー）を拡張すると，国立公園や原生自然システムは制度的なコンテナとして考えうるかもしれない。このコンテナは傷つきやすい資源を「梱包する」という目的のために，先進国が開発途上国に送るものである。公園を運営したり，あるいは，現地人の運営者を訓練したりするために送られる人員は野生を富に換えるという点において，主要な役割を果たしている。

さらに功利主義的ではない議論は確かに存在してはいるが，現実においては，ほとんどの文化において自然を保存する最も重要な理由は金銭である。ゴアとルーズベルトの旅の例が示唆しているように，自然の輸出は大きな富をもたらす。あまり開発されていない国々は，もし自然の輸出が十分な配当をもたらすのならば，それによって必然的に開発を制限することになったとしても，野生を維持することができる。アフリカの地元民たちに向けられたポスターはこの点を明瞭に語っている。つまり，「われわれの国立公園はタンザニアに大きな金を運んでくれる――保存しよう」ということだ。例えば，大人の雄のライオンは，その生涯において旅行者からの収入として51万5000ドルを生み出すと地元の人々は知らされている。密猟者にとっては，肉と皮は1150ドルにもなるかもしれない[4)]。旅行者を引きつけることによって生み出される収入をもとに考えれば，ライオンやゾウは競走馬を含めたとしても，世界で最も価値ある動物であるかもしれない。

輸出業者と輸入業者との間の緊張は歴史的なものであり，継続的なものである。輸出する側の人々は概して，その生産物の市場価値を認識していないということは明らかにされるべきである。例えば，アフリカ人たちは物心つく前から，野生動物たちとともに暮らしてきた。マサイの人々にキリンを見たり，写真を撮ることに関心をもたせることができないのは，ニューヨーカーにタクシーに関心をもたせることができないのと同じことだ。同様に，アフリカの公園や保護地区での放牧や農業を制限することは，地元民にとって，マンハッタン中心部の1000平方フィートの区画にニューヨーカーが住み，利用することを妨げることと同様に困ったこととなるであろう。手付かずの自然の価値に関する先進世界の考え方を共有していないので，さほど先進的ではない世界は慣習的なやり方で資源を利用し続けてはならない理由を見出さない。しかし，この章の初めでみたタンザニア大統領ジュリアス・ニエレレ（Julius Nyerere）の言葉が示唆しているように，不可解な外国人旅行者たちがただ単に野生動物を見るためだけに何千マイルも旅をしたとしても，輸出する人々は抗議しないであろう。[5)]

自然の輸出と輸入は地域的，あるいは，国内的重要性をもっている。都市部の人口は後背地の原生自然を支持するかもしれないが，後背地の住民たちはそれに無関心か，または，明確な敵意をもっているか，のいずれかである。アメリカ合衆国では，東部やサンフランシスコのような西部の文明化された，いわば，島のような場所は，西部がなおも野生であった時代の数世代前に自然の輸入の段階に達していた。[6)] 最初の自然指向をもった旅行者たちはこうした地域から来た。自然保護運動の最初の活動もまたそうであった。ヘンリー・デーヴィッド・ソロー（Henry David Thoreau）やセオドア・ルーズベルトは，ハーバード出身者であった。ジョン・ミューア（John Muir）は，サー・セント・ジョージ・ゴアと同様にイギリスから来たし，1892年に彼が「シエラ・クラブ」（Sierra Club）を組織した時，それはバークレーとサンフランシスコ出身のエリートに支配されていた。[7)]

同様のことが世界中に存在した。日本の最北端の島である北海道に残っている野生を保護することは東京の人々の関心事でもある。オーストラリアの内陸部はシドニーやメルボルンの住人にとっての第一の関心である。「マレーシア自然保護協会」（Malaysian Nature Society）への支持はこの国の首都であるクアラルンプールを出ればほとんどない。ノルウェーやスウェーデンの国立公園はこれらの国々の南部地域における都市の人々の関心事である。そして，アメリカの経験に帰れば，アラスカにおける自然保存のための努力はアメリカ合衆国の他の地域出身のよそ者たちによって導かれてきた。例えば，ロバート・マーシャル（Robert Marshall）は古典的な輸入業者であった。彼には十分な資金と自由な時間があり，世界恐慌の最中にも原生自然への自らの情熱にふけることができた。

このテーゼをグラフを使って述べようとすれば，経済学の「限界評価」[〔1〕]（marginal evaluation）という概念が役に立つ。図1の垂直軸は，一つの社会，あるいは，国が問題としている特定の商品，または，経験に付与する価値を測るものである。水平軸は社会における経済的発展の度合いを測るもので，大雑把にいって歴史的時間に相当するものである。グラフは，左から右へと国の開発が進

図1　発展とともに変化する自然と文明に対する態度

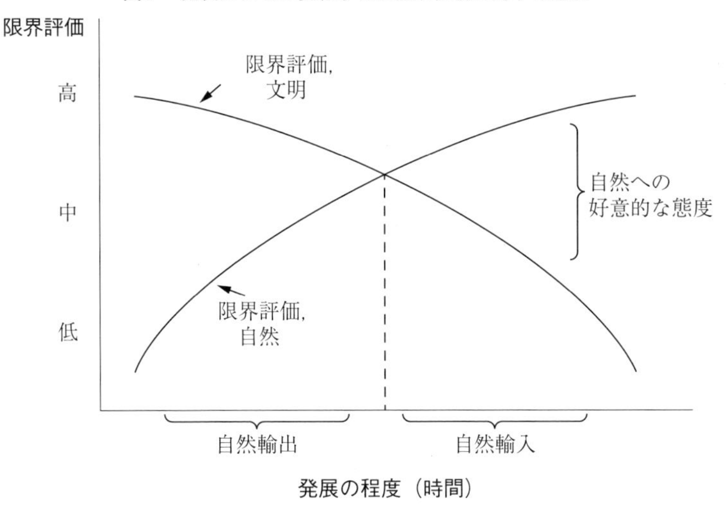

む時に手付かずの自然と文明への相対的評価に何が生じるかを示している。初期の文明の限界評価は野生よりはるかに高い。この段階では，野生は社会に脅威を与えるほど非常に豊富にあるが，この条件は自然の輸出に好ましいものである。時が経るにつれて，文明は多量となり，自然はわずかとなる。それぞれの限界評価は変化する。両方の曲線が交差した後は，社会は今では多量にある文明よりもますます稀少になっていく自然を評価するようになる。それ以後は，人々の精神的・肉体的な福利への脅威となるものは文明となる。この状況が自然の輸入を促すのである。右にいくにつれて，二つの曲線の間の垂直的距離は拡大するが，これはますます高まる自然への称賛を表していると考えうる。

つい最近に至るまで，楽しみを求めての移動はほとんど常により文明化されていない地域からより文明化された地域への動きに限定されたものであった。わな猟師や農民は出かける余裕がある時，最大の都市における数日の楽しみを求めて森から出てきた。人々が逆の方向へ移動した時は，アメリカへの最初の入植者やモルモン教の人たちの行動にみられるように，彼らの目的は常に原生自然を文明に転換することであった。その初期の頃には，レクリエーションのためにニューイングランドやユタに行く者はまったくなかった。修正されていない自然**そのも**

のを旅人たちの聖地とした，こうした原生自然の保存に向けての思想的な革命が本書の主題である。この革命は都市的環境に居住する富裕で文化的な諸個人の集団の出現に依拠していた。こうした個人にとって，原生自然は好奇心をそそる新しいものであり，深い精神的，心理的なニーズにさえなりえた。しかし，原生自然への関心を招くことになる文明化された状況はまた，原生自然を破壊するものでもある。旅行がその解決法となった。

野生の地域がもはや家の近くに存在していなかったとしても，もし十分な富と余暇があったならば，人間は他の場所で原生自然を探すことができた。イングランドの旅行者たちのアルプスへの行進は社会的・思想的な運動としての，自然の輸入の最初の主要な事例であった。1760年代には，ジャン＝ジャック・ルソー（Jean-Jacques Rousseau）の記述に刺激されて，そして，その後には，ジョン・ラスキン（John Ruskin）の新しい美学に刺激されて，イングランドの旅行者たちは海峡を渡って，彼らの故郷が提供できなかったものをフランスやスイスやイタリアに探した。19世紀半ばまでには，旅行は登山へと展開した。1854年以降の10年は黄金時代であり，1965年のマッターホルンを含むアルプスの180の山頂が最初に登頂されたのであった。[8)]

特権的な社会的・経済的背景をもつイングランド人がこの新しいスポーツでは際だっていた。重要なことは，アルプスに住む地元の人々は初めは登山にまったく興味を示さなかったということである。地元民たちは高所を恐れ，嫌っていたので，可能な時は常にそれを避けていた。外国人の登山を手助けすることによって報酬が得られることが明白になって初めて伝説的なアルプス山脈の案内人がロープを巻き，手を伸ばして闊歩するようになったのである。その時でさえ，山に対する輸入業者と輸出業者の態度ははるかに異なっていた。訪問者たちにとって楽しみとなったものは，地元の人々には上手く商売に結び付けられていたのである。[9)]

アルプスはその近さという点で有利であった。しかし，19世紀のヨーロッパ人の輸入業者たちにとっては，アメリカ合衆国の西部側の領土は特別に興味をそそられる場所であった。新世界はなおも真の原生自然を野生の動物，未開な人間とともにある定住化されていない地域をもっていた。アメリカのフロンティアの旅に伴う困難さや費用は訪問者を振い分けるフィルターとして作用した。原生自然を北アメリカから輸入することは半世紀の間，王族やきわめて豊かな人々のための特別な楽しみであり続けた。ますます多くの人々がこれに労力を注ぎ込むようになった。最も初期の一人はフランソワ＝ルネ・ド・シャトーブリアン（François-René de Chateaubriand）であった。彼は1791年にニューヨーク州が彼のロマンティックな想像力を燃え上がらせるほど十分に野性的であることをみつけた（本書の62ページを参照のこと）。彼の同国人であるアレクシス・ド・トクヴィル（Alexis de Tocqueville）はその40年後にやってきて，原生自然を見つけるために急速に動きつつあったフロンティアを追いかけ，はるかミシガンにまで行った。トクヴィルの叙述（本書の29ページを参照のこと）は，自然の輸出と輸入という視点の古典的事例である。

1870年代になってさえも，アメリカのフロンティアへの自然指向の旅行者たちのほとんどすべては外国人であった。アメリカ人たちは科学と発見のために，毛皮と金鉱のために，さらに，先住民（インディアン）と戦い居留地を確保するために，西部へと向かった。外国人たちは楽しみを求めてそこへ行った。彼らが開拓したのは原生自然への称賛であった。こうして，マクシミリアン公（Prince Maximilian）は1833年に完全な旅行者としてミズーリ川を遡った。カメラ出現以前の時代であったので，風景を記録するために彼はスイス人画家のカール・ボドマー（Karl Bodmer）を連れて行った。[10] ドイツ人のハインリッヒ・バルドゥイン・メルハウゼン（Heinrich Balduin Möllhausen）はミズーリ川の源流への1851年の観光旅行では，ヴュルテンベルクのパウル・ウィルヘルム公爵（Duke Paul William of Württemberg）に付添い，同様の役割を果たした。この公爵は「ジプシー公」として知られており，早くも1822年に野生の西部を旅していたのだが，画家を伴ってのこの旅行は先住民の攻撃と飢餓状態のために，生き残りを模索する状況へと展開していった。凍ったオオカミの肉で生きながらえていた時も，メルハウゼンは何とかいくつかの称賛に値する絵とともに帰国したいと思っていた。[11] サー・ウィリアム・ドラモンド・スチュワート（Sir William Drummond Stewart）は，スコットランドの最古で最も富裕な家の相続人であったが，1830年代と1840年代にアメリカ西部に繰り返し戻った。彼に随行した人たちには，30人ほどの「紳士」，同じ数の「猟師」，そして，120頭の馬とラバが含まれていた。スチュワートはその6年前のわな猟師の年次集会において，伝統的な山男のジム・ブリッジャー（Jim Bridger）に鎧の完全な一式を贈った。自然との関係で言えば，この男は一連の態度に対して，反対の立場に立つ者であった。ブリッジャーは生き残っているビーヴァーを捕獲し，拡大しつつあった文明から利益を得るために西部にいたのである。[12)]

19世紀の第3四半期になると，「極西部の狩猟旅行者」とポメロイ伯爵（Earl Pomeroy）が呼ぶものがますます一般的になった。[13)] 伯父から聞かされたサー・セント・ジョージ・ゴアの話はダンレイヴェン伯爵4世（the Fourth Earl of Dunraven）を鼓舞し，西部の原生自然の輸入へと向かわせた。1871年に，ダンレイヴェンはバッファロー・ビル・コディ（Buffalo Bill Cody）とテキサス・ジャック・オモハンドゥロ（Texas Jack Omohundro）に案内されて，ネブラスカの平原で狩猟を行なった。3年後には，オモハンドゥロはこの伯爵をワイオミング北西部へと導いた。ダンレイヴェンは彼の目的に関する思い込みをまったく隠さなかった。狩猟ではなく，むしろ「私の好奇心の満足と私の遊覧本能の充足」が彼の旅行の主要な理由であった。[14)]

ウィリアム・A・ベイリー＝グローマン（William A. Baillie-Grohman）は，19世紀末のアメリカの自然の輸入業者すべてのうちで，最もそれを何度も実践してきた者であった。スポーツマン（釣り人・狩猟者・野外スポーツをする人等）であり，アルプス登山家であったこの富裕なイギリス人は，極西部（Far West）やブリティッシュ・コロンビアへの旅行を1879年代末に始め，30回は行った。彼が北アメリカで探したのが，ヨーロッパではもはや見つけられないものであったことは明らかである。20年の間，ベイリー＝グローマンは家の近くで狩猟をし，「10歳になる前にアルプスで最初のシカを仕留めた」。しかし，旧大陸は野生に対する彼の渇望を満たすことができなかった。彼は，「新世界の大山系やハイイログマやオオツノヒツジやクピチ[2]をよく知りたいと願った。そして，「特に，後者の牡鹿はまったく壮大な，いわば『アメリカ的』スケールでつくり上げられたものである」のであった。[15)]

ベイリー＝グローマンの探検は西部における個人的なサファリの結末の局面を示すものであった。それ以後は，ほとんどの旅行者たちは，トマス・クック（Thomas Cook）やウォルター・レイモンド（Walter Raymond）といった商業的な旅行会社の業務を用いた。しかし，このような標準化された旅行においてさえ，西部の大きな魅力は野生であることであった。確かに，1900年に都市や博物館や教会を見るためにアリゾナやワイオミングに旅するヨーロッパ人はまったくなかった。しかし，先住民，ロッキー山脈，ヨセミテ，あるいは，グランドキャニオンは人を動かさずにはおかないものであった。文明ではなく，自然がアメリカとその外国人訪問者との間で活発に取り引きされた商品であった。[16)]

成長し続けるアメリカ合衆国の野望と19世紀における効果的な自然保護運動の欠如のために，自然指向の旅行者の楽しみは必然的に束の間のものとなった。1822年の叙述においてベイリー＝グローマンはこの地域の野生，広大さ，そして，豊富さに喜びに圧倒された。大型の猟獣は数多く，彼の初期旅行の公言された目的は戦利品目当ての狩猟であった。しかし，1890年の彼の著作はアメリカ文明の加速的拡張によってもたらされた変化を映し出している。ベイリー＝グローマンは１章分を費やして，バッファローやヘラジカの軽率な殺害について記している。彼の見方によれば，「鉄道や農場や鉱山業者たちは，かつてはスポーツマンの楽園であったものを占有しつつある」ということであった。初期の旅行者たちが楽しんだ野生は消え失せてしまった。「モンタナ，ワイオミング，アイダホの多くの部分は今でも，スポーツを目的として訪れるのに値している。しかし，これらの州の古い栄光は消え，二度と戻らない」とベイリー＝グローマンは結んだ。[17)]

こうした展望の中で，少なくとも野生の地域の古い栄光を生きながらえさせておく手段として国立公園が重要性を帯びてきたのである。重要なことは，イエローストーンはゴアやダンレイヴェンやベイリー＝グローマンや他の外国人たちが称賛したワイオミング北西部の一部を保護するものであった，ということだ。その上，国立公園という考え方を思いつき，1872年の議会へと押し出した人々は例外なく，東部諸州出身の輸入業者たちであった。ロッキー山脈に「国の公園」（nation's park）をつくるよう，唱導した最初の人物のジョージ・キャトリン（George Catlin）はフィラデルフィアの芸術家であった。コーネリアス・ヘッジス（Cornelius Hedges）にとって，その1870年のイエローストーン地域の旅行が国立公園運動に参加する直接の原因となったのだが，彼はイェールとハーバードの両方の学位をもっていた。彼の同僚のナサニエル・P・ラングフォード（Nathaniel P. Langford）はニューヨークに家族のルーツをもっていた。国立公園のためにロビー活動を行なった，鉄道事業家のジェイ・クック（Jay Cooke）は東部の金融界における有力者であった。はっきりと対照的であるが，モンタナやワイオミングの地元の住民たちはイエローストーン公園が金を落とす旅行者を引きつけるということが明らかになるまで，国立公園という考え方に懐疑的であった。国立公園は地域的な発展を妨げるのではなく，むしろ助けると理解することで，地元の人々は国立公園を受け入れた。[18]

期待通り，アメリカの西部から自然を輸入した人々はイエローストーン公園に満足した。ダンレイヴェン伯爵は，自分の好みの狩猟場が今，「あらゆる国々，そして，あらゆる人々」のために保護されていることを喜んだ。[19] 伯爵の友人であった，モレトン・フリューウェン（Moreton Frewen）はさらに踏み込んだ。1878年のイエローストーンへの狩猟旅行（狩猟は1883年に至るまでこの公園内では禁じられていなかった）の後，フリューウェンは近接する標高の高いウインド川の盆地での大型猟獣の越冬地をも含むように公園を拡張するように議会を説得するために，自らの縁故者たちを利用しようと試みた。この考えは生態学的には意味があったが，アメリカ連邦議会には届かなかった。失望し，そして，居住者の圧力によって野生生物と狩猟が消えてしまうことを恐れて，フリューウェンは自ら手を打った。1979年に彼はワイオミングのパウダー川に沿った広大な土地を買い，イギリスから取り寄せた堅木の床を完備した牧場風の家を建て，富裕な友人たちと原生自然での狩猟旅行を楽しんだ。[20] 同じことを他の輸入業者たちも考えた。東部やヨーロッパの著名な愛好家たちはロッキー山脈に５万エーカーの土地を購入し，その土地を柵で囲い，そして，ヘラジカやシカやクマや野生のヤギを自らの私的な自然保護区で狩猟のための組織をつくっているとベイリー＝グローマンは1900年に報告した。[21]

モレトン・フリューウェンやベイリー＝グローマンの友人たちのような行為はアメリカの西部において原生自然よりも文明を好む傾向を遅らせることになったかもしれないが，逆転させることにはなりえなかった。イエローストーンのような大きな国立公園でさえ，セント・ジョージ・ゴアが1850年代に経験したような野生の質と量の代わりになるものではまったくなかった。無情にも，発展しつつあるアメリカは成熟しつつあり，その過程において自然の輸出業から輸入業に変わりつつあった。手付かずの自然が存続している間はこの西部の資源は外国からの旅行者たちによって利用し尽くされた。世紀末までには，輸出業者たちは新しいフロンティアを求めるようになっており，野生の西部を継承したのはアフリカであった。

バッファローはこの変化の指標となる。1883年のセオドア・ルーズベルトの最初の西部旅行の時までには，バッファローたちはその最後の抵抗を試みるようになっていた。狩猟，柵，一般的な居住地の拡大によって，バッファローは6000万，ないし，7500万頭から数百頭へと減少していた。実際，大平原で最後の商業的なバッファロー猟が行なわれたのは1883年のことであった。[22] ダコタのバッドランズで１週間の間探し求めた後，ルーズベルトと彼の案内人はとうとう狩猟用の１頭の孤独なバッファローを見つけた。しかし，このニューヨーカーは困惑し，この猟獣の少なさに心が沈んだ。[23] ルーズベルトは飼育に目を向け，そして，野生を求めてアフリカへ目を向けた。

セオドア・ルーズベルトによって1909年に行なわれた東アフリカへの広く公表されたサファリは実際は，アメリカ合衆国より前に自らの野生を使い果たした国々出身の輸入業者たちがよく歩き回った道を辿ったものだった。1871年のデーヴィッド・リヴィングストーン（David Livingstone）を探すＨ・Ｍ・スタンリー（H. M. Stanley）の旅行が広く知れ渡ったことが暗黒で野生のままとされたアフリカへの関心のうねりを引き起こした。早くも1894年に，クライヴ・フィリップス＝ウォリー（Clive Phillips-Wolley）のようなイギリス人の狩猟の権威はスポーツマンの楽園の継承者として，インドとアメリカ合衆国西部からアフリカに注目した。フィリップス＝ウォリーは苦々しく思いながら，地元の人々による肉を求める狩猟や猟獣法令の無視によって，いかに世界の多くの部分において「スポーツに金を支払う外国人」のための機会が台無しになっているか，について述べた。[24] 同様にパーカー・ギルモア（Parker Gillmore）は1870年代にアメリカ西部に戻って，その変化に衝撃を受けた。「ああ！　偉大な西部の大陸はなんと変わってしまったことか，なんと変化したことか！　西部！　さらに西部へ，さらに深く西部へと私は押し進んだ。しかし，猟獣は精霊の国へと行ってしまった……。ハイイログマは数え切れないほどいたのだが，完全に姿を消し，オオカミの気味の悪い声も聞こえなくなっていた」と。悲しみとともに，ギルモアは故郷のイングランドに戻り，「どうしたら時間がつぶせるだろうか」と考えた。郵便が答えを運んできた。それはアフリカでの１年に及ぶ狩猟旅行への招待状であった。古典的な輸入業者であったギルモアは新しいフロンティアでの冒険旅行に瞬時に同意した。[25] Ｃ・Ｊ・「バッファロー」・ジョーンズ（C. J. “Buffalo” Jones）はよく知られたアメリカのカウボーイであったが，1910年に同じような反応を示した。この時，彼は「[彼には] つまらないもの」となった西部を離れ，アフリカにおける「征服すべきもう一つの世界」に向かっていた。ジョーンズはアフリカのライオンとサイを捕まえようと提案した[26]。代償的な原生自然冒険者さえもアメリカの西部を放棄した。エドガー・ライス・バローズ（Edgar Rice Burroughs）は1913年に絶大な人気を得た彼のターザン物語の舞台をアフリカに設定することで手本となった。

しかし，アフリカにおいてさえ，自然保護がなければ自然の輸入は長くは続けられないということがアメリカの経験からますます明らかになってきた。野生のアフリカを救えという初期の声の中で最も洗練されたものは，アベル・チャップマン（Abel Chapman）からのものであった。彼はノルウェーやスペインから野生を輸入し始め，その後，1899年に暗黒大陸に移った。チャップマンは彼の著作である『サファリについて』（*On Safari*）の１章分すべてを環境保護問題に費やした。彼は1880年代のアメリカ・バッファローの「忌まわしい大虐殺」とその後の10年におけるノルウェーのトナカイの群の破壊について記すことから始めた。彼の関心は，「このような野蛮な行為を少なくとも，イギリス領の土地の上では不可能にすること」であった。重要なことであるが，彼の初期の声明をみると，チャップマンは輸出—輸入の状況とアフリカの経済に対する重要性を明瞭に意識していた。「実際，簡単なことであるが，旅行するスポーツマンは植民地の最大の顧客であった（そして，今でもそうである）。他方では，猟獣は今でも最大の財産である」と彼は1908年に書いた。しかし，これらに対して矛盾と感じながらも，彼は猟獣保護は「白人の居住や植民地化の必要性」を邪魔するものであってはならないとも認めてはいる。チャップマンの論点は，アフリカの多くの部分は開発に適していないのであり，「神の美しき野生の創造物」に捧げうるものだということである。確かに，チャップマンは猟獣を殺した。しかし，彼の時代のほとんどの輸入業者とともに，彼は自らを「スポーツマン」と定義し，自らの定義について次のように述べた。つまり，それは「あたかもその父であるかのように，その猟獣を愛する者」だということだ[27]。

セオドア・ルーズベルトは，世界中の野生動物とその生息地の保全を促進するスポーツマンたちの先頭に立っていた。1909年に彼はサファリを始めたのであるが，この時，ルーズベルトはウィリアム・ベイリー＝グローマン編の中世の狩猟の古典である『猟獣の支配者』（*The Master of the Game*）への序章を書いた。彼は食べるために狩猟をしなければならないわずかな辺鄙な地や居住者が原始人のようなやり方で，「猟獣に対する戦争」を行なわなければならない場所があることは認めた。「しかし，地球のほとんどにおいてそのような状況は永遠に消え去ってしまった」とルーズベルトは記した。ルーズベルトが愛したように野生を愛した人々は彼ら自身の決意，そして，彼らの金だけが拡張しつつある科学技術文明の圧力と野生との間に立つものだということをはっきりと認識していた。「アフリカにおいてさえも，巨大な規模での猟獣保存が始まっている」とルーズベルトは1909年に述べた。[28)]

アフリカにおける猟獣の保護は自然の輸出と輸入が機能している卓越した事例である。植民地化がそれを容易にした。すでに開発された国々は，自国では使い尽くしてしまった野生が豊かにある広大な地域の管理権を手に入れることになった。次の論理的な段階は，ヨーロッパから来る人々が享受できるようにアフリカの自然を保護することであった。この方向の努力はイングランドにおいて1890年代に最初にみられた。1899年までに一連の全般的な提案がつくられ，1900年５月19日に七つのヨーロッパの国がアフリカにおける自然保護に関する条約案に署名した。その条約案は狩猟免許，禁漁期，捕獲方法に関する法令を提案するものであった。目録がつくられ，完全な保護を享受することになる（ゴリラ，キリン，チンパンジーなどの）種や，そして，後の生態学的な精神をもつ保存主義者たちには拒絶されることになる哲学に従って，（ワニや危険なサルや大蛇といった）根絶されるべき「有害な」生命体が詳細に記された。象牙交易を管理することによって，ゾウを助けようとすることがこの文書の中心部分を占めていた。[29)]

イギリス人たちによって促された，1900年の会議は最初の一段階としてのものであったが，著しく厳格であり，包括的であった。しかし，この性格そのもののために，まったく履行されることはなかった。商業的，行政的便宜への配慮はなおも支配的であった。その上，自然保護の国際協力におけるこの先駆的努力はこの試みにおける長年の問題となる可能性があることを経験した。つまり，法的強制力がないということだ。たとえ世界的な政治機構があったとしても，ある国が他の国によい行ないをせよと言えば，大きな成果が上がると予想するのは素朴すぎる考え方である。イギリス，フランス，イタリア，ドイツ，そして，ポルトガルの官僚たちの間で，数年間に渡って散発的に連絡がとられた後，アフリカの野生生物保護に関するこの1900年の崇高な計画は静かに消えていった。その最も重要な貢献は，一つの国が他の国における自然保護を促進しようと試みる際の一つの型を確立したことであった。

公園や保護区は包括的で強制不可能な諸決議よりもアフリカの自然保護においてより成功したことが判明した。ここでもまた，あらゆる勢いはヨーロッパから，そして，後にアメリカから来た。アメリカでの1872年の国立公園の創設は，世界の多くの地域における自然の輸入業者たちの注目を集めていた。南アフリカのクルーガー国立公園は教訓的である。第一の提案者はジェームズ・スティーヴンソン＝ハミルトン（James Stevenson-Hamilton）であった。彼は1902年にサビ狩猟保護区（Sabi Game Reserve）の主任管理官の地位を引き受けたイギリス人である。野生生物の豊かなこの未開発の低地草原の広がりは，４年前には南アフリカの「国民議会」(Volksraad）からは名ばかりの保護を受けていたにすぎなかった。「当時は，撃たれることが唯一の役割なのであり，そのために野生生物は存在すると考えられていた」とハミルトンは書いた。[30]

スティーヴンソン＝ハミルトンは，アメリカ合衆国での国立公園の概念を聞いて初めて，このような論理への回答法を知った。狩猟を閉め出したのはヘラジカやクマやバッファローは標的としてよりも生命体としてより価値があるというアメリカの諸公園の態度を反映するものであった。スティーヴンソン＝ハミルトンは，それはライオンやゾウやキリンに対しても同じように真実であるということを南アフリカの人々に納得させようと決意した。彼は，国立公園に関して入手できるすべての文献を求めてアメリカ合衆国に手紙を書き，国立公園の初代長官であった，スティーヴン・T・マザー（Stephen T. Mather）の方法を研究した。スティーヴンソン＝ハミルトンは，マザーが，旅行者を引きつける国立公園の潜在的な能力を証明する中で，鉄道会社の関心をいかに引き出したかについて特別な記述をしている。最終的に，危険な状態にあったサビ狩猟保護区は1926年にクルーガー国立公園となった。国土省大臣のピエット・グロブラー（Piet Grobler）は効果的な議論を推し進めたのであるが，それは自然保護に関するアメリカの先駆的事例における財政的成功であった。[31]

クルーガー以前に，アフリカで設立された大きな国立公園は一つだけであったが，それもまた，アメリカの経験に多くを負うものであった。ベルギーのアルバート王（King Albert）は1919年にアメリカ西部を訪問したが，それは６年後のベルギー領コンゴにおけるアルバート国立公園の創設へとつながる触媒的な出来事であった。アルバートに旅の各所で同伴したジョン・C・メリアム（John C. Merriam）とヘンリー・フェアフィールド・オズボーン（Henry Fairfield Osborn）

というアメリカ人科学者たちは，王がヨセミテのような国立公園の科学的重要性を評価している，と確信した。このアメリカ人たちはそのように確信したために，自然の輸入業者たちの好みのテクニックを行使した。つまり，それはよい事例による感化である[32)]。ヨーロッパに戻ると，アルバート王はジレンマに直面した。アメリカの公園を見たことによって彼は感化され，それに対応するべき何かをベルギーでも行なうべきである，と考えた。しかし，自国からは何世紀も前に原生自然は消えていた。とはいえ，アフリカにおいては野生は生きていたし，その量もかなりのものであった。そして，アルバートはその一部を統治していた。つまり，ベルギー領コンゴである。

この時点で，あらゆる白人の中で最もコンゴを知っており，最後の未修正のアフリカの環境の一つとしてのこの奥地を愛していた一人のアメリカ人が登場する。カール・アキリー（Carl Akeley）は，ニューヨークのアメリカ自然史博物館の剥製技師であり，大型の台座を使う動物の展示担当者であった。1910年に丁度，ルーズベルトのサファリが終了した時に，アキリーはアフリカゾウについての長期の野外研究を始めた。彼の次の研究はゴリラに関するもので，アキリーはそのために，コンゴへ行った。1922年までには，生き残っている数百のゴリラは保護がなければ滅びてしまう，と彼は確信するようになった。アキリーはベルギー政府と連絡をとり，禁猟区と生物学の研究所を設立するようにと主張した。1919年にアルバート王とともにいたジョン・C・メリアムは，アキリーの考えに賛同し，仲介に入った。こうした努力は実を結び，1925年３月２日に勅令によって，「アルバート国立公園」（Albert National Park）が設立された[33)]。後に600万エーカーに拡張されたこの公園は旅行よりも科学を強調したという点で珍しいものだった。訓練を受けた研究者だけが受け入れられたので，この保護区は輸入業者たちのニーズに応えるものにはなりえなかった。しかし，科学者たちの多国籍委員会によって，地元の搾取的な圧力から守られている自然の禁猟区として，アルバート国立公園は自然の輸出入の基底をなすもう一つの展望の古典的事例を提供している。この事例では，売買される商品は世界で最後のゴリラたちは安全であるという考えであった。カール・アキリーのような科学者にとってはこの公園はほとんど私的な保護区であった。これはまた墓地にもなった。その創設に非常に努力した公園への探検の途中で，アキリーは1926年11月に亡くなった[34)]。

ベルギーにアルバート国立公園を設立するよう決めさせた際のカール・アキ

リーとジョン・C・メリアムの有効性はまったく二義的なものとは言えなかった。「イエローストーン」(1872年),「ヨセミテ」(1890年),「国立公園局法」(National Park Service Act, 1916), 1920年代と1930年代の原生自然指定における「森林局」(Forest Service) の指導, そして, 後の「原生自然法」(Wilderness Act, 1964) と「アラスカ国家利益土地保護法」(Alaska National Interest Lands Conservation Act, 1980) のおかげで, アメリカ合衆国は世界で最も先頭を行く野生生物と原生自然の保護者である, という評判を保持してきた。例えば, 日本では, 国立公園を求める最初の提案は19世紀に学生や旅行者がヨセミテやイエローストーンを訪問した後に出された。その後1914年には, 24歳の日本人学生で登山家の東良三[3]がマルチネスの牧場小屋にジョン・ミューアを訪ねた。それはヘッチヘッチ論争の敗北に消沈していた頃で, ミューアには数カ月の余命しかなかったことになるが, 彼は東を2日間歓待した。東はすでにミューアのほとんどの著作に親しんでいたにもかかわらず, この訪問に圧倒された。「ジョン・ミューアから受けた深い精神的な影響は, 私の全人生を劇的に, そして, 決定的に方向づけてきた」と彼は後に記した。[35] 東が言わんとしたことは, 彼がアメリカ的生活と制度を日本人に通訳した主要な人物となった, ということである。彼はジョン・ミューアの伝記を含む24冊の本を書いた。東はまた, 田村剛[4]とともに働いた。田村はヨセミテを訪問し, スティーヴン・T・マザーに会っていた。1931年に田村は日本に国立公園制度を創設する法案を法制化しようとしていた。東は世界中を旅して日本に戻ったのだが, 第二次世界大戦中に政府官吏としての職を失った。それは, 彼がアメリカ合衆国の公園や原生自然地域の写真が入ったポスターを彼の職場の壁からはがすことを拒否したからであった。

比較的開発が遅れた世界の諸地域において野生のままの自然を保護するための国際協調という考えもまた, アメリカにルーツをもっていた。ホワイトハウス会議で環境保全を公表することに1908年に成功した後, セオドア・ルーズベルトと森林局長官であった, ギフォード・ピンショー (Gifford Pinchot) は「北アメリカ環境保全会議」(North America Conservation Conference) を呼掛けた。1909年2月のこの会議において, 代表者たちはオランダでのその年の9月の世界会議に向けて作業をすることを決議した。[36] 執務室を去る前にルーズベルト大統領は59カ国に向けて招待状を送付したが, 彼の後任となったウィリアム・ハワード・タフト (William Howard Taft) はこの計画を破棄した。しかし, スイス人動物学者のポール・サラシン（Paul Sarasin）は，「陸と海の両方を含む北極から南極までの世界全体に自然保護を拡張する使命」をもつ国際委員会を求める運動を続けた。[37] 1911年にスイス政府は，国際的に敬意をもたれている科学者たちによる委員会を結成し，同時に「自然保護国際会議」（International Conference for the Protection of Nature）を呼掛けた。この会議は1913年11月にバーゼルで開催された。（アメリカは含まれないが）16カ国からの代表者たちが参加した。彼らの最初の決議は，情報交換の施設を設立することと世界のあらゆる地域における自然保護のための宣伝機関を設立することに関してであった。[38] しかしながら，6カ月後の第一次世界大戦とともにそのすべてが崩壊した。1923年においてさえ，パリで開催された国際委員会でスイスが再び，努力したのであるが，より基本的な人間の問題が解決されていない時に，国際的な自然保護について真剣に考える用意がヨーロッパにはできていなかったことは明白であった。環境の保存はなおも満腹現象（a full stomach phenomenon）の状況にあった。

ポール・サラシンの後，P・G・ファン・ティエンホーフェン（P. G. Van Tienhoven）が自然保護を国際化するための聖戦を指揮することになった。オランダ人であったファン・ティエンホーフェンは1925年と1926年に，フランス，ベルギー，オランダにおける国際的自然保護のための委員会を組織した。1928年7月10日に，「生物科学国際連合」（International Unions of Biological Sciences）の賛助のもとに，自然保護のためにブリュッセルに本拠をおく国際事務局を設立した。その機能は情報収集に限定されたもので，ポール・サラシンの委員会と同様に，結局はもう一つの世界大戦に付随する混乱の犠牲者となった。しかし，1930年代初めの数年間，国際化された自然保護は最後の時を享受した。1931年にはパリで，「国際狩猟会議」（Conseil International de la Chasse）が世界中の鳥の保全に焦点をあてた熱心な会合を開催した。同じ年に，ファン・ティエンホーフェンは自然保護のための国際会議を組織した。代表者たちは世界の他の地域は，アフリカにおける野生のままの自然を救うための努力を再開すべきだ，と決議した。[39]

ファン・ティエンホーフェンの呼掛けに応えて1931年に形成された「国際野生生物保護アメリカ委員会」（American Committee for International Wildlife Protection）も同様の関心によって動かされていた。その委員会の議長となったのは家柄のよい保全主義者・狩猟者であり，在イギリス・アメリカ大使の兄弟であった，ジョン・C・フィリップス（John C. Phillips）であった。ハロルド・J・クーリッジ・

ジュニア（Harold J. Coolidge, Jr.）がその最初の書記であり，主任報道担当者であった。こうした人々，そして，幹部たちは一般に富裕な人々であり，よく旅をし，それが世界中のどこにあろうと，存在している野生の自然の美を鑑定しようとする人々であった。アフリカでは野生のままの自然という資源が脅威を受けていると認識しつつ，この委員会は『アフリカ猟獣の保護』（*African Game Protection*）という立派な特別の出版物を出した。これはアフリカの国立公園と猟獣保護区のリストをつくり，脅威を受けているさまざまな「種」について論じたものであった。[40]

第二次世界大戦前の制度化された世界的な自然保護が最高潮に達したのは，1933年10月31日であった。この時，アフリカにおけるすべての植民地権力の代表者たちとそれに加えて，P・G・ファン・ティエンホーフェンとジョン・C・フィリップスはイギリス上院において，「動物相，および，植物相の保護ロンドン会議」（London Conference for the Protection of African Fauna and Flora）の開催を宣言した。１週間の審議の後で19カ条の協定案が最終的な署名に向けて提出された。[41] この協定案は，国立公園と「厳格な自然保護区」と名付けたものの数を増やす決意を表明した。狩猟ではなく，旅行が許される公園とは対照的に，厳格な保護区では，資格をもつ科学者の注意深く規定された条件のもとでの立ち入りを除いて，人間の立ち入りはまったく禁止された。このような政策をとれば，明らかに自然指向の旅行者からの収入は多くはならないであろう。少なくともベルギーの代表団にとっては，自然指向の旅行は前もって関心を寄せていたことではなかった。彼らのアルバート国立公園は科学者以外には閉鎖されていたし，このベルギー人たちは，野生の植物や動物がそれ自身のために存在する権利に旅行業は服従すべきだ，と信じていた。[42] 通常，自然保護の価値基盤となっている人間中心主義からのこうした形での旅立ちは珍しいことだった。他の代表団たちは，人々の喜びが自然保護の唯一の正当性のある理由である，と主張した。自然の輸入業者たちの大半はこれに同意したであろう。ある場所や種が保護対象だという通知だけによって楽しみが奪われるという概念は1933年にはほとんど支持されなかった。

ロンドン会議は「猟獣法」（game laws of animals）によって公園や保護区外の動物の保護を促進することにも向かった。動物の狩猟記念品の取引を規制する試みがなされた。調印者たちは，車や飛行機から猟獣を撃つことなどの特定の狩猟方法を禁止することに同意した。二つのリストによって，完全な保護に値する動物と，特別な場合にのみ，特別の免許付与手続きを踏んだ上で殺されるべき動物が指定された。不運なことに，施行されることになった時，この協約はひどく姑息な手段によって対処された。アフリカの現地政府には，さまざまな理由で規制を回避する権利が与えられた。アラスカの政策を予期させるようなある条項は，地元民たちに以前に狩猟をしていたところでは狩猟を続ける権利を与えた。結局のところ，ロンドン会議で出された決議は法律ではなく，主張なのであった。そして，この機能さえも，第二次世界大戦が近づくにつれてもろくも消え失せていった。

国際的な自然保護への関心の第二の波における最後の活動はヨーロッパの戦争が最大規模となる直前の1940年に行なわれた。「全米州連合」(Pan-American Union) は，さまざまな南北アメリカ諸国からの保存主義者たちがワシントンD.C. に集合可能な制度的な仕組みを提案した。10月12日に協定案が提出された。この全米州的な文書は，1933年のロンドン会議を再確認し，さらに進んで，協定を締結した諸政府が設立することになる保護区の種類を確認した。国立公園とワシントンの会議参加者が「厳格な原生自然保護区」と呼んだものとともに，諸条項は資源の利用と保護区が理論上は共存する国立保護区の設立を呼掛けた。もう一つの新しいカテゴリーは他の三つの先を行くもので，たとえレクリエーション的なものであっても，立ち入りを完全に禁止するものであった。[43] アメリカ合衆国はこの諸条項を1941年４月23日に批准した。その後，戦争がやってきた。

第二次世界大戦後になると，「国際連合」(United Nations) を誕生させた国際協調に向かう運動によって，世界的な自然保護の再生と成長のための意見にとって好ましい条件がつくり出された。ここでまたもや，自然の輸入業者の仲間たちが外国における自分たちの利益を守るために一歩を踏み出した。スイスはその先頭を切って1947年６月30日にブルンネンで会議を主催した。「国際自然保護連盟」(International Union for the Protection of Nature) という暫定的な組織が生まれた。翌年の９月30日に，「ユネスコ」(UNESCO) の総裁であり，イギリスの自然の輸入業者の古典的手本であったジュリアン・ハクスリー (Julian Huxley) はフランスのフォンテンブローで会合を巧みに催した。18の政府と七つの国際機構，そして109の各国の自然保護組織が参加した。1948年10月５日に憲章が完成した。その前文は，この新しい機構の目的は「全世界の生物環境の保存」に他ならない，と規定した。再生可能な天然資源への人間の文明の依存がこの目的の背後にある公式の理由であった。しかし，フォンテンブローの会議参加者たちが実践的な配慮だけでなく，「快適性という価値」（amenity values）を心に抱いていたことは明らかであった。前文の第２段落は，「自然の美は，精神的な生活のより高い共通分母の一つである」ということを基本的な命題として掲げた。この声明は続けて，野生の生物や原生自然地域の価値を強調し，「国立公園，自然保護区……そして，野生生物の避難所」のための擁護者となった。この憲章によれば，自然保護には，経済的理由とともに，「社会的，教育的，文化的理由」があるということであった。1965年以前はIUCN（「国際自然保護連合」〔International Union for the Conservation of Nature and Natural Resources〕）として知られたこの機構は，その両方の基盤に立とうと試みた。しかし，「土壌，水，森林」への功利主義的な関心は常に，自然の輸入業者たちを喜ばせる野生の場所や野生の物の保全へのより広い支持を得るという目的のための手段であるように思われた。[44)]

IUCNのこうした傾向を証明するものは，この組織が初期の継続的な活動において消えつつある種や国立公園を強調したことにみられた。「生存部門委員会」（Survival Service Commission）という組織がニューヨークのサクセス湖でのIUCNの1949年の会議から生まれた。さまざまな「種」を記録する作業は1966年の『レッドデータブック』[〔5〕]（*Red Data Book*）の初版につながった。これは，危機にある鳥獣，そして，後に植物に関する世界規模のリストである。その装丁はルーズリーフで，特定の種の地位が改善したか，悪化したかについて定期的に改訂できるようになっている。種の絶滅の可能性を最小化するために，「世界野生生物基金」（World Wildlife Fund）がスイスで組織された。公式に提携しているわけではないのだが，この基金はIUCNと共生的に活動し，IUCNの活動計画のために資金を集め，スイスのモーゲスの本部を共有していた。[45)]基金の指導者たちの才覚とその集金能力は印象的なほどであった。世界野生生物基金の最初の総裁であった，オランダのバーンハード王子（Prince Bernhard）は1000人の選ばれた個人から1000万ドルを入手した。それと引き換えに，彼らはハクトウワシの版画と東アフリカ，ガラパゴス島，のいずれかへの招待状を受け取った。重要なことは，ほとんどの寄附金提供者たちの野生生物保全への関心はこのような輸入旅行から始まったということだ。バーンハード王子の経験の中には，1950年代のアフリカにおける数回の狩猟サファリ旅行が含まれていた。このような継続的な訪問の中で，彼は動物数の減少に気づいた。「かつては何千頭も見たところで，数百しか見つけられなくなった。その後，最もありふれた動物さえもほんの一握りになった」と王子は回顧した。[46]この自然の輸入業者の対応は世界野生生物基金を通して，彼の楽しみを保護するということであった。

国立公園や他の種の保護区の設立と維持を促進することは，IUCN の二つ目の主要な強調点であった。1958年のアテネ集会で，「国際国立公園委員会」（International Commission on National Parks）が立ち上げられ，代わってこれが『国連国立公園，および，同等の保護区リスト』（*United Nations List of National Parks and Equivalent Reserves*）の作成準備に取りかかった。[47]ハロルド・J・クーリッジ（Harold J. Coolidge）というアメリカ人とベルギー出身の IUCN の書記官ジーン＝ポール・ハロイ（Jean-Paul Harroy）がこの努力の先頭に立った。初版の準備は1962年７月30日に始まったシアトルでの「第１回国立公園世界会議」（First World Conference on National Parks）に間に合った。この63カ国からの145の代表団の集まりは，IUCN が組織したものであったが，アメリカ内務長官のスチュワート・L・ユードル（Stewart L. Udall）の基調報告にあったように，自然の輸入と輸出というテーマは非常にはっきりとしていた。ユードルは，国立公園に森や猟獣や鉱物が閉じこめられたそのあり方に，彼の同国人が初めの頃はいかに嘆いたかについて，説明した。しかしその後，「訪問者，旅行者に便宜を提供することから生まれる収入はこれらの公園の資源を利用することで入手可能と思われる総収入と同じか，それ以上である」ことを彼らは発見した。空の旅が発展するにつれて，「世界の［公園への］旅行者たちは，それらの土地のその他の利用法よりも，その地の経済成長にはるかに大きく寄与するであろう」ことを東アフリカの国々は発見するだろうと予測した。この会議では後に，保護された野生の自然の経済的価値が一つのセッション全体によって詳しく検討された。実際，経済的議論は，世界野生生物基金と IUCN が世界の自然保護を支えるものとみなした四つの「柱」の一つであった。他の三つのイデオロギー的支持は倫理的，美的，科学的議論から派生していた。[48]

IUCN も世界野生生物基金も主権国家に対して自然保護を強制する力はもってはいなかった。彼らは説得というより遠回しな手段をとらなければならなかった。『レッドデータブック』や『国連国立公園，および，同等の保護区リスト』や第１回国立公園世界会議は，国立公園や保護された稀少種を保有している誇りを国々に呼び起こさせるよう努力した。シャルル大聖堂やタージ・マハールを荒廃させることとまったく同じように，不必要に野生を破壊することは世界的な目でみれば，恥ずべきことになるだろう，ということが暗黙の主張であった。真に文明化された社会は文化的な宝のみでなく，自然の宝をも保護する。もし自然指向の旅行からこのようなプロセスで稼ぐことがあったとしても，それはそれでよいことである。もしこのような主張が人々に影響を与えなかったならば，開発の遅れた国々において自然を保護するという希望はほんのわずかになるということを自然の輸入業者たちは理解していた。

アフリカはこうした方法を試す主要な場となった。1960年代以前，そして，黒人のアフリカ諸国家独立以前には，自然保護はもっぱら白人の植民者の関心事であった。英領アフリカでは，ブレイニー・パーシヴァル（Blayney Percival）やA・T・A・リッチー（A. T. A. Ritchie）のような白人の公園監督者たちが「帝国動物相保存協会」（Society for the Preservation of the Fauna of the Empire）に支えられて，不安定な猟獣保護区を守ることを試みた。1933年のロンドン会議では，かすかな希望が広がることが期待されたが，マーヴィン・コーウィー大佐（Colonel Mervyn Cowie）が1936年に家族の待つ家に戻った時，状況は絶望的であった。地元の人々は完全に保護区を無視し，植民地政府のほとんどはそれを気にとめなかった。ナイロビ付近の野生生物は急速に消えつつあった。コーウィーは白人の居住者たちの間で世論を喚起しようと尽力し，こうして，1946年12月24日に「ナイロビ国立公園」の設立を確保することに成功した。他の公園もそれに続いて設立された。その中でも，「ツァヴォ」（1948年），「ケニヤ山」（1949年），そして，「セレンゲティ」（1951年）は最も重要であった。コーウィーやその同僚たちは，こうした王立の国立公園は白人によって白人のために設立されたことを十分に承知していた。それらは，コーウィーの言葉によれば，「文化的な人々の遊び場」なのであった。地元民たちは公園にはほとんど関心をもっていなかった。事実，アフリカで公園や保護区を設立しようとする考え方は最初は，地元民から自然を守ることであった。この理由から，植民地を自治的な地元民の政府へと手放すという展望をコーウィーのような白人の保存主義者たちは恐れた。「数十年前というほどでもないが，自由を叫んでいるのと同じ人々の祖先が，私の父のポーターを買って食べようと父に交渉しようとした」と彼は1961年にいきり立って言った。独立後も公園が生き残ることは，コーウィーにはありえないことのように思えた。特に，地元民の人口がより高い生活水準を求める欲求と同じほど急速に上昇している状態では。[49]

同じような関心が並はずれたドイツ人の自然の輸入業者であったベルンハルト・グルツイメク（Bernhard Grzimek）の動機となった。著名な動物学者で，フランクフルト動物園の館長であった，グルツイメクは，「われわれすべてが切望する究極の，そして，最後の楽園」であるアフリカは野生のものに関しての難問を抱えているということを1950年代には意識していた。彼は世界中の世論を喚起するためにできることはしようと決意した。そして，輸入業者たちには慣れ親しんだ考え方であったが，政治家や地元民にとっては奇妙なやり方でその理由づけをした。つまり，「地上に今なお，野生の動物たちがいて，処女地があると考えることで，安らぎを得るすべての人々に，アフリカは真に帰属しているのだ」ということであった。[50] グルツイメクは世界野生生物基金の仕事で指導的な役割を果たしたわけではなかったが，彼らと同じ隠喩（メタファー）を用いた。つまり，「洪水のように増大しつつある人間の数と欲求から野生生物を救うために，それに配慮する人々によって建造された箱船」というものであった。

1957年12月11日に，グルツイメクとその息子ミヒャエル（Michael）は６年前の最初のアフリカ旅行以来，彼らが愛するようになったものを救うために，シマウマのような条（すじ）をつけた単発機でフランクフルトを旅立った。彼らの標的はケニヤとタンザニアのセレンゲティ平原であり，その草食動物とその捕食者たちの驚くべき集中地域であった。セレンゲティは国立公園であったが，主に紙の上に存在するだけのものであった。地図や境界は曖昧で，どれほどの数の動物たちがその生息域を使用し，それらの移住行動はどのようなものであるかについてはだれにもわからなかった。その上，グルツイメクの旅の叙述の序章にアラン・ムーアヘッド（Alan Moorhead）が記したように，アフリカの政府関係者たちは，「人間の利害は至高のものであり，人間と野生生物との紛争があれば，それがどこであろうと，去らねばならないのは野生生物の方だ」と，決めつけていた。この「失望させる話」の中の唯一の希望は，小さな集団の人々が「セレンゲティが取り返しがつかないほどに失われる前に最後に激しく抗議しようと決意する」ことだとムーアヘッドは続けた。「人間はこの地球上で権利をもっている唯一の生き物ではない，という考えを明言している」自然の輸入業者たちが，「政治的権力者たちの利益だけでなく，良心をも喚起できれば」，といったように，その流れを逆行させることはできないにしても，止めることことはできるかもしれないのであった。[51]

これがグルツイメクの使命であった。彼らの飛行と調査によって国際的な関心と資金が東アフリカに集中することを彼らは望んだ。彼らの生き残りをかけた旅行，彼らの『セレンゲティを死なせない』（*Serengeti Shall Not Die*）という著作，彼らの映画，そして，悲劇的なことだが，空中からの野生生物の目録づくりの最中に起きた1959年１月10日のミヒャエル・グルツイメクの墜落と死は，世界の自然称賛者の社会にセレンゲティの名を広く知らしめることに大いに寄与した。それに加えて，ベルンハルト・グルツイメクは国立公園内に本拠をおく「セレンゲティ研究所」（Serengeti Research Institute）を創設した。ここでは，そのほとんどが非アフリカ人である集団が野生生物の生態を研究した。グルツイメクに関するテレビの特集は通常3500万人の視聴者をもち，この研究所やセレンゲティの友のような国際的な自然保護のための慈善団体に多額の資金を集めた。その資金の多くは，アフリカの政府への直接の贈り物となった（グルツイメクはこれを「賄賂」と呼ぶことをためらわなかった）。しかし，ヨーロッパの主導的な自然保護の仲介者としての成功にもかかわらず，グルツイメクはなおも悲観的であった。自然保護に関して，アフリカ人たちが「われわれの間違いと罪」から学ぶことを望んだ。しかしながら，ヨーロッパやアメリカと同様に，学習過程には何世代も必要となりうるということを彼は理解していた。こうして，新しく独立したアフリカ人たちが「ペンの一撃によって」自然保護のすべての構造を破壊するのではないかと危惧した。[52] 原型的な自然の輸入業者であるグルツイメクは，旅行業がアフリカの自然の最良の希望だということを理解していた。私は「旅行者たちを連れてきます」と彼はケニヤ人たちに念を押した。「昨年は６万人のドイツ人たちがあなた方の国にやって来ました。そして，こうしてあなた方の国に莫大なマルクを運ぶのを私はお手伝いしました」。[53] 猟獣の終わりは旅行者とマルクの終わりを意味した。人で溢れた村やコーヒー・プランテーションを見るために，アフリカにまで来る者はまったくないだろうとグルツイメクは説明した。野生動物は銀行における金であった。

ジュリアン・ハクスリーもまた，ベルンハルト・グルツイメクと同様のアフリカへの特別な関心をもっていた。彼の1961年の報告書は，自然の輸入業者たちの信条を古典的形式で押し出すものであった。「アフリカの野生生物は現地の住人たちにだけでなく，世界に属しているのであり，現在にだけでなく，人類の未来全体に属しているのである」[54]。ハクスリーは，アフリカの偉大な獣の群は最も重要な科学的資源の一つであるとみなしたが，彼はまた，その文化的重要性をも強調した。アフリカの野生生物を破壊することは，彼の見解では，システィナ礼拝堂を解体することやモナリザを燃やすことに相応することになるのであった。

自然の輸入と輸出が世界的な自然保護の秘訣だということを十分に理解していたので，ジュリアン・ハクスリーはアフリカの野生の主要な市場は工業化された国々の一般市民である，と説明した。ヨーロッパ人やアメリカ人のますます多くは，「過密な都市や，虫食い状の市街地域，騒音，スモッグ，退屈な仕事，自然との接触の欠如，そして，生活の一般的な過剰な機械化を逃れる」必要があるだろう，と彼は1961年に書いた。ハクスリーは時が経てば，現地のアフリカ人の意見も自然の保存のために協力するようになる，と考えた。しかし，少なくとも短期的にみれば，自然保護は外国人の責任であろうことを彼は知っていた。スワヒリ語の「ニャマ」(nyama) という言葉は野生動物も肉も意味する，と彼は記した。大多数のアフリカ人たちはシチュー鍋用と狩猟記念品の販売所用以外には野生生物に価値をまったく見出していなかった。東部，および，中央部のアフリカがほんの数年後に迫っていたころであったので，ハクスリーは国立公園という概念にまとわりついていた強い植民地主義的な雰囲気への反発をも恐れた。国立公園や猟獣保護区を白人の遊び場だとみなしたからといってアフリカ人たちを責めることはできなかった。なぜならば，それは常にそうであったからだ。ハクスリーはまた，アフリカ人がこう不満をもらすのを聞いた。「あなた方，白人たちは，あなた方のオオカミやクマをすべて殺してきた。どうして，あなた方はわれわれアフリカ人にライオンやゾウを保存させたいのですか」。そこに含意されているのはアフリカもまた，近代化し，工業化する機会をもつべきだということであった[55]。

このイギリス人はこうした反対意見に応えるべく，簡明な決まり文句をもっていた。つまり，‘Profit, Protein, Pride and Prestige’である（監訳者注：‘Profit, Protein, Pride and Prestige’という言葉が登場するのは，英国の著名な進化生物学者であり，ユネスコの初代事務局長であった，ジュリアン・ハクスリー〔『種の起源』の著者のチャールズ・ダーウィンの友人であり，支援者であった，トマス・ヘンリー・ハクスリーの孫にあたる〕らが1960年の7月から9月にかけて，アフリカで調査を実施したユネスコの報告書『中央・東アフリカにおける野生生物と自然環境の保護』（“The conservation of wild life and natural habitats in Central and East Africa,” 1961）であった。当時，自然環境の破壊や野生生物の殺略等が横行していた中央・東アフリカの実態を懸念して，ハクスリーは現地の状況を上記の言葉で表現した。具体的には，(1) Profit は観光収入，野生生物の肉や狩猟の賞品から得る収入による「利益」，(2) Protein はタンパク質の豊富な栄養価の高い肉や魚などの食物を示す「タンパク質の豊富な食物」，(3) Pride は天然資源を観光資源として収入にできる一地方としての「誇り」，(4) Prestige は天然資源を世界に輸出できる国家としての「威信」，を示すもので，アフリカの天然資源をめぐる利害状況を分析した端的な表現と言えるだろう)。旅行者たちが第一のものを供給した。注意深く管理された猟獣の収穫が第二のものである。より具体的ではない残りの二つの理由は，全世界が称賛する何かをもっているというところから引き出されるものだ。恥もまた，ハクスリーの議論に登場した。ほとんどのアフリカの独立国は尊敬を求めていた。そして，ハクスリーは，「この現代の世界においては，……国立公園をもたない国は文明化されているとはほとんど認められない」ということを明確にした。もしアフリカ人たちが国立公園を廃止したら，彼らは，「世界に衝撃を与え，野蛮で無知である，という非難を招くだろう」[56)]。これは実際，多くのアフリカ人たちが恐れたことであったので，この論点は説得的であった。彼自身の国が最初の国立公園を設立したのは1949年であり，それは野生が消え失せてから何世紀も後であるとは，ハクスリーは付け加えなかった。彼はまた，50年以上に渡って，イギリスにおける国立公園運動の主要な標的は現実的には，アフリカであったことをも白状しなかった。

マーヴィン・コーウィーやベルンハルト・グルツイメクやジュリアン・ハクスリーが認識したように，アフリカの野生における自然を救う鍵は，白人の植民者から新しい地元民の指導者たちに責任意識を移すことにあった。この明白な目的をもって，「国際自然保全連合」（International Union for the Conservation of Nature）は1960年にアフリカ特殊プロジェクトに乗り出した。最初の大きな業績は，「現代アフリカ国家における自然と天然資源の保全に関するシンポジウム」を1961年９月に開催したことであった。タンガニーカ（後のタンザニア）の都市名から「アルーシャ会議」（Arusha Conference）として知られるこの集まりには明白な任務があった。つまり，それは自然の輸入業者たちが自然の輸出業者たちを奨励したいということであった。この会議の山場は，タンガニーカの首相ジュリアス・

K・ニエレレによって署名された「アルーシャ宣言」(Arusha Manifesto) であった。アフリカ人たちは，経済的理由からだけでなく，美的な理由からも野生の生き物や土地を守ることに関心をもっているとこれは宣言したのである。この宣言の結論は野生生物等の輸出入の関係を認め，アフリカの野生への「世界の他の部分」の関心について記し，「専門的知識，訓練された人員，そして，資金」という形での国際的な援助を求めた。[57] 1963年9月18日には，ケニヤの大統領ジョモ・ケニヤッタ (Jomo Kenyatta) は彼の新しく独立した政府が野生生物と原生自然を保全しようとする宣誓を全うするのを後押しするために，「他の国，そして，世界中の自然愛好家」を招いた。[58] こうした声明は，自然を輸入している国々の発したはったりの証明を迫るものであった。もし自らの楽しみのために他の国にその野生生物を救うことを求めるのならば，保存に必然的に伴う犠牲を経済的に価値あるものにしなければならないであろう。ボイス・レンスバーガー (Boyce Rensberger) が理解していたように，資金を提供するか，さもなければ，黙るかという先進国への明白な挑戦であった。[59]

自然の輸入業者たちがアフリカにおける彼らの利益を守ろうと努めるにつれ，言葉は実質的なものになっていった。ワシントン D.C. に本部を置く「アフリカ野生生物リーダーシップ基金」(African Wildlife Leadership Foundation) の活動はその適例である (訳注：この組織は1961年にラッセル・トレインによって設立され，1983年に「アフリカ野生生物基金」〔African Wildlife Foundation〕に名称を変更した)。これは1961年にアルーシャ会議の後に，富裕なアメリカ人のサファリ愛好家であり，環境主義者であった，ラッセル・トレイン (Russell Train) によって組織されたものである。この財団の目的は，「野生生物の管理において，その運命を握っている人々に教育の機会を提供すること」であった。最初の事業は，タンザニアのキリマンジャロ山の麓のアフリカ野生生物管理大学 (The College of African Wildlite Management) であった。アフリカ人の学生たちは公園行政と野生生物の生態学に関する専門的訓練を受けた。デーヴィッド・バブ (David Babu) のような，この大学の卒業生はすぐに，東アフリカの主要な公園の仕事のほとんどに就いた。カメルーンのガロヴァ (Garova) で外国に支援された二つ目の大学は，フランス語が話される西アフリカにおける自然保護の教育を支援した。[60]

さらにまた，自然保護に関して一般大衆の意識を喚起する関心から，アフリカ野生生物リーダーシップ基金は「東アフリカ野生生物協会」(East African Wild

Life Society）とエルザ野生動物アピールと合同し，ケニヤの野生生物クラブを後援した。この後者の二つもほとんどが非アフリカ人の団体であった。アフリカの学校の生徒たちに野生生物の保全に関心をもたせようと，このクラブは映画，講義，作文コンテストを，そして特別な行事として，ほとんどの若いアフリカ人たちが見たことのない国立公園への旅を企画した。[61)]

自然保全の仕方に関してアフリカ人たちを訓練する他の方策は彼らの国外での教育へ資金を提供することである。ケニヤのペレス・オーリンド（Perez Olindo）はその一例である。アメリカの自然の輸入業者たちの気前のよさによって，オーリンドはミシガン州立大学で動物学と野生生物管理における学位を取った。1966年には，彼の努力は「ワシントン［D.C.］サファリクラブ」（Washington［D.C.］Safari Club）によって，今年の保全主義者として表彰された。オーリンドは，奨学金や賞だけでなく，アフリカの動物を保護するために必要な財政的，政治的支援はアフリカの外から来ていることを十分に意識していた。実際，彼は繰り返し，アメリカ人やヨーロッパ人の接触を頼りにしたことで，ナショナリスト的色彩の強かったケニヤでの政治的支援を失い，ついには仕事をも失うことになった。しかし，オーリンドは引き続き，自然の輸入を促進した。カンザスかネブラスカでプレーリー国立公園を設立しようとする試みに挫折したアメリカ人たちはその努力をセレンゲティ平原に移すべきだと1975年に，彼はニューヨークでの「地球にやさしい会議」（Earthcare Conference）で述べた。アフリカの土地を買って，それを公園にしてほしいとオーリンドはアメリカ人の聴衆に訴えた。[62)]

オーリンドの考えには克服すべき深刻な政治的障害はあったが，アメリカのテレビの有名人ビル・バーラッド（Bill Burrud）の訴えにアメリカ人たちは容易に反応した。バーラッドはケニヤのツァヴォ国立公園での密猟を思いとどまらせるためのヘリコプター購入を訴えたのである。この考えはもともとバーラッドがツァヴォの管理主任であったテッド・ゴス（Ted Goss）と話をした1973年に始まったものであった。ゴスは密猟によって公園の大型猟獣が根絶されつつある，と述べた。バーラッドは，『これらすべての動物たちはどこへ行ったのか？』という映画を制作して，それに応えた。この映画はアメリカとカナダのテレビで放映されたのであるが，殺害された動物のすぐ隣に着陸でき，密猟者たちを逮捕できる照射灯付きの警察用ヘリコプターのための寄付を求める訴えも同時に流された。10万ドルほどが集まり，1973年８月にはヘリコプターがパトロールを始めた。ほとんどの寄付は少額のものであった。ある5ドルの寄付に添えられていた手紙には単に「ゾウをコピーすることはできない」とあった。[63]

政府間の援助もまた，植民地から独立国への移行期におけるアフリカの自然保護の役に立った。その一つは，「アメリカ合衆国国立公園局」（United States National Park Service）の「国際短期コース」であった。このプログラムは1965年以来毎年提供されたもので，70カ国の国立公園の指導者たちを国立公園の考え方についての野外，および，教室での探究へと導くように受け入れた。ペレス・オーリンドは1965年のセミナーに参加した。[64] 他の援助プログラムは，公園の専門家をアフリカの諸政府に送り出すというものであった。例えば，1967年に，ニューヨークの「ヴァージル・ジュディス・スターク基金」（Virgil and Judith Stark Foundation）はアメリカ合衆国国立公園局の局員たちによるキリマンジャロ山の公園化可能性に関する研究の資金援助をした。1972年にはノルウェー政府は，キリマンジャロ公園計画のためのタンザニア政府への広範な援助プログラムに乗り出した。最近では，アフリカ野生生物リーダーシップ基金が「ロックフェラー兄弟基金」（Rockefeller Brothers Fund）と共同してアメリカの公園企画者たちをケニヤのすべての公園と保護区へ送りこんできた。他の諸政府は国連の食糧農業機関を通して，アフリカにおける自然保護を支持してきた。この機関は猟獣の収穫と旅行業の経済に特に，関心を寄せてきた。[65]

国連環境計画の科学者であり，ケニヤの国立公園局の一員でもある，ルーベン・J・オレンボ（Ruben J. Olembo）は自然の輸出業者としての，自らの国の経験をこう要約している。[66] 1950年代のケニヤの公立学校に通ったアフリカ人のオレンボは国立公園や猟獣保護区は白人のおもちゃであり，憎むべき植民地主義の象徴である，と彼の教師たちが彼に言っていたのを覚えている。だれもが（ケニヤの場合は1963年の）独立の達成は自然保護の終わりを意味すると予測した。野生生物は「忌まわしい迷惑であり」，開発の障害物であり，即座に，そして，完全に取り除かれるべきものであった。しかし，1960年代初めには，大型ジェット機が旅行者を詰め込んでナイロビに到達し始めた。ジェット機が運んできた白人たちはアフリカ人たちを利用し尽くそうとする植民者や実業家たちではなかった。この新しい種類の人々は単に野生動物を**見たかった**のである。彼らはその特権のために，多額の出費をした。地元民たちにはそれは驚きではあったが，喜びでもあった。[67] オレンボの意見では，1960年初めに公園が救われたのは，このことを人々が理解したからであり，自然に対する新たに見出された愛のためではなかった。1960年代を通して成長し，多くのアフリカの国々で外貨獲得の第一，または第二の収入源となった観光業は，1968年の「自然と天然資源の保全のためのアフリカ会議」(African Convention for Conservation of Nature and Natural Resouces) をも説明するものである。38のアフリカ諸国家の長たちが，1933年のロンドン会議に取って代わることになった文書に署名した[68]。重要なことは，この1968年の協定は，1933年にヨーロッパ人が作成したのと同じレベルで，アフリカ人のつくり出したものだ，ということだ。自然の輸出業者たちは自然の輸入業者たちが長い間，知っていたことを学んできていた。つまり，自然の商売はいい商売だということだ。

自然保護へのアフリカ人の経験の跋文としては，ケニヤの学校の生徒であった，ローレンス・キニュア (Lawrence Kinyua) の1974年のコメントは意味深いものである。彼の教師たちが組織した野生生物クラブのための小論の結論として，キニュアは祈りの言葉を書いた。「全能の神の祝福によって，われわれの野生動物が増え，より豊富になり，そうすることで栄えつつあるわれわれの国への旅行者の親近感が増しますように」[69]。この生徒の20年前には，ルーベン・J・オレンボは猟獣保護区のような植民地の遺物には何の価値もなく，独立後には消え去るものだと教えられていた。この20年の間に，世界の自然市場に関する経済はいく人かのアフリカ人の態度を革命的に変化させた。これで十分であるという確証はない。25年ごとに人口が倍増する国における野生のままの自然の未来は不安定なものである。ケニヤが1977年５月にあらゆるスポーツ用の狩猟を禁止した時にさえ，多くの人々は人間の野心が公有地を侵食するにつれて猟獣は消えると予想した[70]。結局，アイオワやカンザスにはあまり多くのバッファローはいない。しかし，そうは言っても，1860年代にはこれらの地域にはジェット機によって推進される大規模な自然指向の旅行業はなく，バッファローたちは地域の経済に貢献するものではなかったのだ。

ジェット機による旅行が登場したり，サー・セント・ジョージ・ゴアやセオドア・ルーズベルトのような少数の貴族層以上に野生を求める顧客が増大化したことによって，自然の輸入業者たちの影響力は近年，増加してきた。クエスターズ・オヴ・ニューヨークやカリフォルニアに本部を置くマウンテン・トラベルといった自然指向旅行の調達人たちは自然の輸入に関する仕事を容易なものにしてきた。費用はまだかなりのものだが，何十回の旅行を埋めるのに十分なほどの富裕な自然愛好家たちは存在していている。文明化された人々と野生を快適な状況のもとで結び合わせることに特化されたホテル――その有名な例はケニヤのツリートップやネパールのタイガートップであるが――は，何カ月も前からびっしり予約で埋まっている。自然指向の旅行業界の指導者たちは，彼らが生み出した事業が自然保護への負担を引き受けることを承知していたが，それはそうすることは自らの未来を保障することになるからである。「世界各地の国々にとって，旅行業はますます重要な資源になってきたから，野生生物の禁猟区や自然保護区への国際的な……旅はさらなる保全努力を促すことに役立つであろう，とわれわれは信じている」とクエスターズの社長である，マイケル・L・パーキン（Michael L. Parkin）は宣言する。[71)]

しかし，自然指向の旅行業が増加しても，野生の保護への効果については疑問が残る。狩猟なしの旅行業であったとしても，常に保存と両立できるわけではない。自然の輸入をする余裕のある人々は一般的に言って，より高齢の人々であり，野生の中での不快さに対する備えができていない。彼らはホテルやレストランや道路や自動車，あるいは，彼らを支える従者たちの小さな町といったものがすべて公園か保護区の中に備わっていることをしばしば要求する。[72)]この贅沢な旅行業は自然の輸出業者たちには最大の経済的恩恵をもたらす。バックパッカーたちは金を使わないことで悪名高い。彼らは客扱いされることよりも，自給的であることを好むのだ。道路のない原生自然はさほど収入を生まない。しかし，この種の環境はまさに一部の自然の輸入業者たちやほとんどの科学者たちが最高の価値をおくものなのである。もし公園が存在する唯一の理由が金を稼ぐことであるならば，収入を生む旅行業を制限することはありそうもないことである。たとえそれが自然を保護するという大義のためであっても，である。

世界的な自然保護の大黒柱としての旅行業にとって不利な二つ目の議論は，自然の輸入業者たちの富の最終的配分に関わるものである。地元の人々は，彼らが原生自然を開発しないことによって得られなくなった収入を補償されたとしても，旅行者からの収入の大部分は先進国の会社に行っている。この極端な例は，リンドブラッド・トラベルが世界中の野生の場所に送った観光船のようなものである。乗客たちが海辺で土産物や絵葉書に限られた額を出費したからといってそれが自然保護のための強力な主張となることはない。陸地を拠点とする旅行の経済はそれよりは地元の人々にとってよいものとなるが，主に恩恵を受けるのは外国に所有されている航空会社，ホテル・チェーン，旅行代理店である。ペルーの野生の川の44日間3600ドル旅行というアマゾン探検に関して言えば，ペンシルヴェニアのエリーにある本部は現地で食料さえ買わない。この旅行の参加者一人ひとりにはアメリカ合衆国出発前に食料を入れた袋が送られる。現地の商品やサービスの消費は，数夜の宿泊と川旅の前後での現地のトラックと運転手のサービスに限られる。川にダムをつくりたいと思う水力発電開発業者たちが自然の輸入は実質的な経済的代替物にはならない，と主張するのももっとものようにみえる。[73] それに加えて，ウガンダのすべてとケニヤ・タンザニア国境を旅行者に対して閉鎖した，1970年代後半当時のような政治的混乱は自然指向旅行によって与えられていた自然への保護を完全に除去しうるものであった。

その代替案は，あるいは，自然の輸入事業の究極的な拡大は重要な自然環境を完全に所有することか，あるいは，少なくともその管理権をもつことである。この目標に向けての国際協力を新植民地的として考えるのは公正ではない。しかし，その目的は南アフリカやベルギー領コンゴやケニヤにおける初期のヨーロッパ人国立公園推進者たちのそれとまったく同じである。国際公園とでも考えられうる中心的概念は，北アメリカの景観の驚異の一つに関してのアンドリュー・リード（Andrew Reed）とジェームズ・ナテソン（James Natheson）の声明の中に早くも1834年にみられる。「ナイアガラはカナダにもアメリカにも属していない。このような地点は文明化された人類の財産であると考えられるべきである」とこの旅行者たちは記した。[74]

ナイアガラの滝は伝統的な意味では，カナダとアメリカ合衆国に属していたから，この，そして，多くの同様の声明の背後にある論理を明瞭にする必要がある。明らかに，リードとナテソンはナイアガラをすべての人類に価値をもつ景観的資源だとみた。地理的な偶然によって，この滝はたまたまカナダとアメリカにあることになったが，だからといって，これらの国々にこれを破壊する権利が与えられたわけではない。あらゆる人間が今，そして，すべての時において，このような宝物への関わりをもっているのであり，その未来に関して，これらの国が一国主義的な行動をすることは許されない。この論理的な結論を述べれば，この理由付けの方向は一つの国の国境内における破壊的な活動を止めさせるために，もし必要ならば強制力を用いて，世界のコミュニティ[6]（共同体としての国家）が干渉してもよいことになるだろう。この考えを制度化することはきわめて困難であった。なぜならば，これは「主権」(sovereignty) という他に例をみないほど敏感な問題に触れるものであったからである。

イギリス貴族であった，モレトン・フリューウェンは1870年代に国際公園 (international park) の先鞭をつけた。アメリカのフロンティアの人々から守るために，この時，彼はワイオミングに土地を買った。自然の宝に対する近年の世界的な統制は1956年に始まった。つまり，マサイ人がセレンゲティ公園へ侵入し，アフリカの独立が予想されるようになったため，ベルンハルト・グルツイメクのような自然保全主義者たちは，セレンゲティを買うか，さもなければ，これを国連のもとで国際的財産とする協定を策定するか，のどちらかを選択する，という提案をした。この考えからは何も生まれなかった。しかし，その後の10年のうちに，シエラ・クラブは地球国際公園 (Earth International Park) の見込みについて議論し，他方で，「地球の友」(Friends of the Earth) は地球国立公園 (Earth National Park) の方を選んだ。1971年に，「野生生物保全インターナショナル」(Wildlife Conservation International) はザンビア政府と25年契約でザンビア国際野生生物公園の管理をするという協定を結んだ。ヴァージニアのアーリントンに本拠をおく，「自然保護協会」(Nature Conservancy) は，絶滅の危機にある自然環境を購入するか，あるいは，事実上の所有権を得ることによって活動することの方を優先した。20年間アメリカ合衆国内の活動に専念した後，自然保護協会は1970年半ばに外国における土地の所有権獲得へと乗り出した。1975年には，この協会はカリブ海の島国ドミニカにある原始の熱帯雨林950エーカーの贈与を受けた。これはドミニカ政府に貸与され，公園として管理されることになった[75]。それよりはるかに展望の大きなものは，「国連人間・生物圏計画」(The United Nations Man and Biosphere Program) である。これは1970年にユネスコの賛助のもとに動き出したものである。参加国は適切な地域を生態学的に重要な環境の世界的ネットワークへと結び付ける。レクリエーションではなく，科学がこの計画によって推進されるのである。参加は自発的なものだが，もし世界の世論の圧力があれば，保護地域を保護させようとする圧力をこの計画は生み出す。ストックホルムでの1972年の国連人間環境会議はこの人間と生物圏計画を正式に支持した[76]。

1972年のもう一つの自然保護に関する国際的会合は，イエローストーン国立公園の100周年を記念して北西ワイオミングで開催されたものである[77]。これはヴェトナム戦争や政治的暗殺やウォーターゲート疑惑の展開の中にあったアメリカ人たちには心地よい経験であった。世界中の代表団が次から次へと国立公園を発明したアメリカ合衆国の栄誉を称えた。[78] 2，3の発言者たちはそれに加えて，率直に，アメリカにおける原生自然保存の経験は示唆としてだけでなく，警告としての役割を果たした，と述べた。1913年のヘッチヘッチ渓谷のヨセミテ国立公園からの分離は，やってはならないことの一例であった（第10章を参照のこと）。人混み状態のヨセミテ渓谷も同様であった。しかし，全般的には，この会合は自然に対する人間のニーズを先取りし，原生自然の保存を制度化するために働いた先駆者としてコーネリアス・ヘッジスやジョン・ミューアやスティーヴン・T・マザーを称えるものであった。将来を見据えつつ，国立公園の第二世紀においては「世界公園という概念が促進されるべきである」という決議を80カ国からの400人の代表者たちは行なった。その一歩として，この会議はさらに，「南極条約への国々の代表者たちは，南極大陸とその周辺の海を最初の世界公園として設立するよう交渉すべきである」と決議した。[79] 国連はこの前例のない国際的な原生自然の管理を提供することになるとされた。

ラッセル・トレインは演壇に立って別の考えを提供した。つまり，世界遺産信託である。トレインはこれを国立公園概念の国際的な拡大だと説明した。特定の自然の様相は非常に傑出した価値をもつので，「それは世界全体の遺産に属するものだ」ということであった。[80] その例として，トレインはエベレスト山，ガラパゴス島，セレンゲティ平原，ベネズエラのエンジェル滝，アリゾナのグランドキャニオン，そして，マウンテンゴリラのような特定の動物種をあげた。トレインの考え方はこうした場所や生命体に代わって，世界の財政，技術，経営資源を先導することであった。

「世界遺産」[7] という考えの制度化に向けて，ユネスコは1972年11月に協定の草稿を作成した。アメリカ合衆国は1973年12月7日にこれを批准した最初の国となった。しかしながら，1978年9月になって初めて，11の国が「世界遺産リスト」にその国の地域を載せた。[81] イエローストーン，グランドキャニオン，エヴァーグレーズ，そして，レッドウッズ国立公園はアメリカのリストにあるものである。今日に至るまでに42カ国がこの協定を批准した。しかし，これによって得られる保護は大きくはない。長年の問題は国の主権に手を付けていないことである。参加国はその地域を意のままに取り消すことができるし，あるいは，さらに言うならば，協定全体を破棄することもできる。そうしたとしても，報復措置はまったくない。ある国がその国境内の自然に何をしようとも，それは国連人間環境会議宣言の第21原理が1972年にストックホルムで明確にしたように，その国自身の権利なのである。[82] しかし，「世界遺産」という考え方はかつてないほどに，自然環境の国際的重要性とその保護への国際的責任に対する認識を高めた。

野生のままの自然の取引に伴って生まれる経済は確かに，この話のすべてではない。他の動機――ある人々はそれをよりよい，あるいは，より高い動機と言うであろうが――は自然の世界を守るために存在している。そして，開発の遅れた国々も，いつかは自然保護はビジネス以上のものであるという点に至るまで経済的，思想的に進化しうるだろう。その間には，世界に残る原生自然の保存という活動は1世紀前のその始まり以来依存してきたように，ますます稀少になる商品の輸出と輸入に依存するであろう。

注

1）Francis Haines, *The Buffalo* (New York, 1970), pp.146-147; Wayne Gard, *The Great Buffalo Hunt* (New York, 1959), pp.62-64; F. George Heldt, “Narrative of Sir St. George Gore's Expedition, 1854-1856,” *Contributions of the Historical Society of Montana*, I (1876), 128ff.

2）Theodore Roosevelt, *African Game Trails: An Account of the African Wanderings of an American Hunter-Naturalist* (New York, 1910); R. L. Wilson, *Theodore Roosevelt: Outdoorsman* (New York, 1971), pp.172-202; Paul Russell Cutright, *Theodore Roosevelt: The Naturalist* (New York, 1956), pp.186-224.

3）Norrnan Myers, “Wildlife of Savannahs and Grasslands: A Common Heritage of the Global Community” in *EARTHCARE: Global Protection of Natural Areas*, ed., Edmund A. Schofield (Boulder, Co., 1978), pp.396ff, および，Boyce Rensberger, *The Cult of the Wild* (Garden City, 1978), pp.217-251. 上記は両者とも世界の自然保護の経済的意味に関する近年の重要な認定である。

4）Philip Thresher, “The Present Value of an Amboseli Lion” (unpublished manuscript, April, 1977), p.1.

5）以下において引用されている。Wolfgang Engelhardt, *Survival of the Free*, trans. John Coombs (New York, 1962), p.112.

6）Earl Pomeroy, *In Search of the Golden West: The Tourist in Western America* (New York, 1957).

7）Holway R. Jones, *John Muir and the Sierra Club: The Battle for Yosemite* (San Francisco, 1965).

8） 最初の自然旅行者たちに関しては，以下の文献で十分に説明されている。Bruce C. Johnson, "The Leader Must Not Fall: A Sociological Analysis of Mountain Climbing" (unpublished manuscript prepared in the Department of Sociology, University of California San Diego, 1977)，特に，第２章を参照のこと。Brian Dunning, "In the Beginning the English Created Mountaineering," *Mountain Gazette* (April 1973), 8 ; Gaven de Beer, *Early Travelers in the Alps* (New York, 1967); Ronald Clark, *The Victorian Mountaineers* (London, 1953); Claire Engle, *Mountaineering in the Alps* (London, 1971); and Arnold Lunn, *Switzerland and the English* (London, 1944).

9） Johnson, "The Leader Must Not Fall," 特に，第４章を参照のこと。Edward Whymper, *Scrambles Amongst the Alps* (Philadelphia, 1871), p.36; Claire Engel, *A History of Mountaineering in the Alps* (London, 1950), pp.23, 58, 63; Ronald Clark, *The Early Alpine Guides* (London, 1949).

10） Harold McCracken, *Portrait of the Old West* (New York, 1952), pp.71–76; Alexander Philip Maximilian, *Travels in the Interior of North America, 1832–1834*, ed., Reuben Gold Thwaites (Cleveland, 1906); John C. Ewers, *Artists of the Old West* (Garden City, 1973), pp.76–97.

11） McCracken, *Portrait*, pp.126–128; Möllhausen, *Diary of a Journey from the Mississippi to the Coast of the Pacific*, trans. Mrs. Percy Sinnett (London, 1858).

12） Mae Reed Porter and Odessa Davenport, *Scotsman in Buckskin: Sir William Drummond Stewart and the Rocky Mountain Fur Trade* (New York, 1963), pp.213–245; Matthew C. Field, *Prairie and Mountain Sketches*, ed., Kate L. Gregg and John Francis McDermott (Norman, Okla., 1957), Gene Caesar, *King of the Mountain Men: The Life of Jim Bridger* (New York, 1961), pp.153–154, 174, 186.

13） Pomeroy, *Golden West*, p.77.

14） Earl of Dunraven, *The Great Divide: Travels in the Upper Yellowstone in the Summer of 1874* (1876 ; reprint, Lincoln, Neb. 1967), pp.xx, xxv.

15） William A. Baillie–Grohman, *Camps in the Rockies: Being a Narrative of Life on the Frontier, and Sport in the Rocky Mountains, With an Account of Cattle Ranches of the West* (London, 1882), pp.v–vi. ベイリー＝グローマンの北アメリカ体験に関する包括的な記述は以下の通りである。*Fifteen Years' Sport and Life in the Hunting Grounds of Western America and British Columbia* (London, 1900).

16） 西部における遠征から，ツアーへの旅行の進化に関する議論については，以下の第２章と第３章を参照のこと。Pomeroy, *Golden West*.

17） Baillie-Grohman. *Fifteen Years,'* p.26.

18） 本書の第２版以降に，イエローストーンの初期の歴史を詳細に扱ったいくつかの新しい出版物が現れた。Aubrey L. Haines, *The Yellowstone Story* (Yellowstone National Park, 1977); Haines, *Yellowstone National Park: Its Exploration and Estab-*

lishment (Washington, D.C., 1974); Richard A. Bartlett, *Nature's Yellowstone* (Albuquerque, 1974).

19) Dunraven, *Great Divide*, p.xxiii.

20) Moreton Frewen, *Melton Mowbray and Other Memories* (London, 1924), pp.172, 176–177; Pomeroy, *Golden West*, pp.79, 92.

21) Baillie-Grohman, *Fifteen Years,'* pp.27–28.

22) Gard, *Great Buffalo Hunt*, pp.256–275; Tom McHugh, *The Time of the Buffalo* (New York, 1972). マクヒューは，白人が来る前のバッファローの頭数を3000万から，1億と見積もっている。

23) Wilson, *Roosevelt: Outdoorsman*, pp.33–39; Cutright, *Roosevelt: The Naturalist*, pp.38–42; Herman Hagedorn, *Roosevelt in the Bad Lands* (Boston, 1921), pp.28–46. ルーズベルトの東部人としての西部との関わりについては，その現実と理念の両方に関して，次の文献で取り扱われている。G. Edward White, *The Eastern Establishment and the Eastern Experience* (New Haven, 1968).

24) Clive Phillips-Wolley, *Big Game Shooting* (London, 1894), vol. I, 1, 346–348.

25) Parker Gillmore, *The Great Thirst Land* (London, ca. 1880), pp.2–3. 同様の発言は無数にある。例えば，以下を参照のこと。Frewen, *Melton Mowbray,* p.207 ; C. G. Schillings, *In Wildest Africa* (New York, 1907), pp.196–198, 203, および，J. G. Millais, *Wandering and Memories* (London, 1919), pp.219–220.

26) Robert Easton and MacKenzie Brown, *Lord of the Beasts: The Saga of Buffalo Jones* (Tucson, 1961), pp.196–262. ジョーンズの送別会に出席したゼーン・グレイは次の文献で彼について記している。Zane Grey, *The Last of the Plainsmen* (New York, 1908).

27) Abel Chapman, *On Safari: Big-Game Hunting in British East Africa* (London. 1908), pp.295–297, 300, 302. 狩猟愛好者たちのアフリカの野生生物保全における役割に関しては，次の文献を参照のこと。John F. Reiger, *American Sportsmen and the Origins of Conservation* (New York, 1975).

28) From Roosevelt's introduction to William A. and F. Baillie-Crohman, *The Master of the Game* (London, 1909), p.xxvi.

29) Sherman Strong Haiyden, *The International Protection of Wild Life* (1942; reprint, New York, 1970), pp.36–39.

30) Stevenson-Hamilton, *South African Eden: From Sabi Game Reserve to Kruger National Park* (London, 1937), p.112.

31) Ibid., pp.113, 120.

32) New York *Times*, Oct. 19, 1919. ベルギーの王室のヨセミテ，グランドキャニオン，その他のアメリカ西部へのツアーに関する詳細は以下に収録されている。*Report of the Director of the National Park Service to the Secretary of the Interior,*

1920 (Washington, D.C., 1920), I, 19–20, and in Franz Ansel, *Le Grand Voyage du Roi des Belges aux Etats-Unis d'Améirique* (Brussels, 1921) and P. Goemaere, *A Travers l'Amérique avec le Roi des Belges* (Brussels, 1923).

33) この保護地区は今では，ザイールのヴィルンガ国立公園とルワンダの火山国立公園になっている。

34) Carl Akeley, *In Brightest Africa* (Garden City, 1923), pp.249ff. Mary L. Jobe Akeley, *Carl Akeley's Africa* (London, 1931), および，同じ著者の *Congo Eden* (London, 1951) と "Belgian Congo Sanctuaries," *Scientific Monthly, 33* (October, 1931), 289–300, はさらに詳しい叙述を行なっている。

35) Maymie and William Kimes "Ryozo Azuma the John Muir of Japan," *Sierra, 64* (1979) 43. 以下も参照のこと。Tetsumaro Senge, "The Educational Contributions of National Parks in Japan," in Alexander B. Adams, ed., *First World Conference on National Parks* (Washington D.C., 1962), p.139, および, Ian G. Simmons, "Parks and Recreation in Japan," *Recreation News Supplement, 10* (1973), 26–30.

36) Gifford Pinchot, *Breaking New Ground* (New York, 1947), pp.361–367. See also M. Nelson McGeary, *Gifford Pinchot: Forester-Politician* (Princeton, 1960), pp.107–108.

37) As quoted in Max Necholson, *The Environmental Revolution: A Guide for the New Masters of the World* (New York. 1970), p.193.

38) Ibid., pp.193–194; Hayden, *International Protection*, pp.16–17.

39) Second International Congress for the Protection of Nature. *Minutes* (Paris, 1932).

40) American Committee for International Wildlife Protection, *African Game Protection* (Cambridge, 1933).

41) American Committee for International Wildlife Protection, *The London Convention for the Protection of African Fauna and Flora* (Cambridge, 1935). 1933年の会議の報告書は，以下でも再刊行され，議論されている。Hayden, *International Protection*, pp.43–63, 177–193. 現代の議論に関しては次の文献を参照のこと。G. Dolman, "The Peril to Africa's Big Game–Why the Conference is Necessary," *Saturday Review, 155* (1933), 463.

42) London Conference for the Protection of African Fauna and Flora, "Minutes, Nov. I, 1933," in the files of the American Committee for International Wildlife Protection, New York.

43) Hayden, *International Protection*, pp.62–66, 193–198.

44) International Union for the Conservation of Nature and Natural Resources, *1973 IUCN Yearbook* (Morges, Switzerland, 1974), pp.17–21; Nicholson, *Environmental Revolution*, pp.194ff. ; Philip Street, *Wildlife Preservation* (London, 1970), p.24.

45)　下記の2冊はこの機構の活動に関して，詳しく記している。Peter Scott, ed., *The Launching of a New Ark: The First Report of the President and Trustees of the World Wildlife Fund* (London, 1965)，および，Fritz Vollmar, ed., *The Ark Under Way: Second Report of the World Wildlife Fund* (Morges, Switzerland, 1978). 追加的な情報は，interview with Fred Packard, International Division, National Park Service, Washington, D.C., September 12, 1974.

46)　"Royal Conservatromst," *The New Yorker, 50* (December 1, 1974) 42.

47)　今日に至るまでで最も完全な成果は以下の通りである。Jean-Paul Harroy, ed., *United Nations List of National Parks and Equivalent Reserves,* 2nd ed., (Brussels, 1971). 追加情報は次のように発行されてきた。IUCN Publications, new series, no. 27 (1973) and no. 29 (1974).

48)　Adams, *First World Conference*, pp. 5, 98ff. Elspeth Huxley, "The Four Pillars-A Summary of the Aims" in Scott, ed., *Launching of a New Ark*, pp. 151-154.

49)　Mervyn Cowie, *Fly Vulture* (London, 1961), p. 218; Cowie, "History of the Royal National Parks of Kenya" (unpublished manuscript, 1952); interview with Mervyn Cowie, Nairobi, April 11, 1975.

50)　Bernhard Grzimek, *No More Room for Wild Animals* (New York, 1957), pp. 25, 13; John McDougall, "At Home with Grzimek: A Profile," *Africa Encounter, 12* (ca. 1975), 8-11; Harold T. P. Hayes, "The Last Place," *The New Yorker, 52* (December 6, 1976), 62ff.

51)　Bernhard and Michael Grzimek, *Serengeti Shall Not Die* (Ncw York, 1960), p. 12, に引用されている。

52)　Grzimek, *Serengeti,* pp. 173, 150-151.

53)　Hayes, "The Last Place," p. 73.

54)　Julian Huxley, *The Conservation of Wild Life and Natural Habitats in Central and East Africa* (Paris, 1961), p. 24. 同じ考え方が保護を求めるほとんどの申し立てに登場した。例えば，以下を参照のこと，E. B. Worthington, *The Wild Resources of East and Central Africa* (London, 1961), および，Noel Simon, *Between the Sunlight and the Thunder* (London, 1962).

55)　Huxley, *Conservation of Wild Life and Natural Habitats*, pp. 88, 93.

56)　Ibid., p. 94.

57)　Gerald G. Watterson, ed., *Conservation of Nature and Natural Resources in Modern African States* (Morges, Switzerland, 1963), p. 13. 自然保護に関するニエレレのすぐれて率直な言及と彼の個人的意見の考察のためには，本章冒頭の引用を参照のこと。

58)　Declaration by the President H. E. Mzee Jomo Kenyatta, September 18, 1963 (Files of the Ministry for Natural Resources, Nairobi, Kenya).

59) Boyce Rensberger, *The Cult of the Wild* (New York, 1978).

60) *African Wildlife Leadership Foundation News, 8* (Winter. 1973), ii, 12–13; Robinson McIlvaine, "Invisible Intangibles," *African Wildlife Leadership Foundation News, 9* (Spring. 1974), David Babu, Serengeti National Park, March 25, 1975; interview with Robinson McIlvaine, Nairobi, March 10, 1975; interview with Russell Train, Moab, Utah, August 10, 1972.

61) Hugh Russell, "Conservation Education," *African Wildlife Leadership Foundation News, 9* (Spring, 1974), 2–5; *Newsletter: Wildlife Clubs of Kenya* (Term III, 1974); interview with Sandra Price, Nairobi, March 25, 1975.

62) Perez Olinco, "National Parks, Tourism and African Environment," *Kenya Past and Present, 1* (July, 1972), 3–9 ; Perez Olindo, "Preservationist Viewpoint," in *The Dilemma Facing Humanity*, ed., George Dalen and Clyde Tipton, Jr. ; "Battelle Memorial Institute International Symposium *1*" (Columbus, Ohio, 1974), pp.24–26; Perez Olindo, "Park Values, Changes, and Problems in Developing Countries" in Hugh Elliott, ed., *Second World Conference on National Parks* (Morges Switzerland, 1974), pp.52–60; interview with Perez Olindo, New York City, June 7, 1975.

63) Interview with Ted Goss, Chief Warden, Tsavo West National Park, March 29, 1975; interview with Valeri Timbrook, Staff Assistant, Bill Burrud's Animal World, December 10, 1976; Daphne Sheldrick, *The Tsavo Story* (London, 1973).

64) "Representation in the First Seven Seminars of Administration of National Parks and Equivalent Reserves, 1965–197I" (unpublished staff paper, 1972). Records of the Division of International Park Affairs (National Park Service, Washington, D.C.); Barry S. Tindall, "National Parks in the World Community: An Overview of the United States Aid and Assistance," *Parks and Recreation, 18* (February. 1973), 24–29; interviews with Fred Packard, Bruce Powell, and Myron Sutton, Division of International Park Affairs (National Park Service, Washington, D.C.), September 12, 13, and 25. 1974.

65) U.S. National Park Service, *Kilimanjaro: Survey for Proposed Mount Kilimanjaro National Park, Tanzania, East Africa* (New York, 1967); interview with Leif Mattsson, Planner, Norwegian Foreign Aid Department, Marangu, Tanzania, March 13, 1975; John S. McLaughlin, *A Conceptual Masber Plan for Shimba Hills National Reserve* (n.p., 1973); interview with Philip Thresher, Economic Planner, United Nations Food and Agriculture Organization, March 7 and April 11, 1975.

66) Interview with Ruben J. Olembo, Nairobi, Kenya, March 26, 1975.

67) Philip Thresher, "Could Wild Animals Pay to Survive?" (unpublished manuscript April, 1975); Thresher, "The Present Value of an Amboseli Lron." これらの研究は，「国連食糧農業機関」(The United Nations Food and Agriculture Organization) の

ために行なわれたもので，スレッシャーのコンピュータによる野生生物観察の損益予測モデルに基づくものである。

68) Kai Curry-Lindahl, "The New African Conservation Convention," *Oryx, 10* (1969), 116-126.

69) Lawrence Kinyua, "Encounter with a Dead Elephant," *Wildlife Clubs of Kenya Newsletter* (Term III, 1974), 41.

70) Hayes. "The Last Place," pp.52-113. Peter Beard, *The End of the Game* (New York, 1965); Boyce Rensberger, "This is the End of the Game," *New York Times Magazine* (November 1, 1977), 43, 136-148; Rensberger, *Cult of the Wild*, esp. pp. 201ff.

71) Michael L. Parkin in the introduction to *Questers Directory of Worldwide Nature Tours, 1975* (New York, 1974), p.2.

72) 例えば，以下を参照のこと。Norman Myers, *The Long African Day* (New York, 1972). Another critical look at African nature tourism is Colin Turnbull, "East African Safari," *Natural History, 90* (1981), 26-34.

73) Henry Pelham Burn, "Packaging Paradise: The Environmental Costs of International Tourism," *Sierra Club Bulletin, 60* (May. 1975), 25; Myers, "Wildlife of Savannahs and Grasslands," p.395.

74) As quoted in Charles M. Dow, ed., *Anthology and Bibliography of Niagara Falls*, 2 vols. (Albany. 1921), 2 : 1070-1071.

75) R. Michael Wright, "Private Action for the Global Protection of Natural Areas" in *EARTHCARE*, pp.715-739; R. Michael Wright, "After God the Earth-Rainforest Preserved in Dominica, West Indies," *Nature Conservancy News, 25* (Spring, 1975), 8-11; R. Michael Wright, Director, International Program, Nature Conservancy, to Roderick Nash, January 23, 1976.

76) International Co-ordinating Council of the Programme on Man and the Biosphere, *UNESCO MAB: Final Report* (Paris, 1971); Michel Batisse, "The Beginning of MAB," in *World National Parks: Progress and Opportunities*, ed., Richard van Osten (Brussels, 1972), pp.178-179.

77) The proceedings are available as Hugh Elliott, ed., *Second World Conference on National Parks* (Morges, Switzerland, 1974). 関連する刊行物は以下の通りである。Freeman Tilden, *National Parks Centennial. 1872-1972—Yellowstone, the Flowering of an Idea* (Washington, D.C., 1972), および，*A Gathering of Nations: A Time of Purpose—In Commemoration of the Centennial Celebration of Yellowstone and the Second World Conference on National Parks* (Washington, D.C., 1973).

78) この点に関しては，以下を参照のこと。Roderick Nash, "The American Invention of National Parks," *American Quarterly, 22* (1970) 726-735. 別の小論は，オー

ストラリアが国立公園を設立した最初の国であったかもしれない，という主張の根拠に関する考察を行なっている。Roderick Nash, "The Confusing Birth of National Parks," *Michigan Quarterly Review, 19* (1980), 216–226.

79) Elliott, *Second World Conference on National Parks*, pp.443–444.

80) Russell E. Train, "An Idea Whose Time Has Come: The World Heritage Trust, A World Need and a World Opportunity," in Elliott, *Second World Conference*, pp. 378–379. トレインは1965年に世界遺産トラストという考え方を最初に提案した。Committee on Natural Resources Conservation and Development, *Report to the White House Conference on International Cooperation* (Washington, D.C.. 1965), pp. 17–19.

81) UNESCO, *Convention Concerning the Protection of the World Cultural and Natural Heritage* (Paris, 1972).

82) Nicholas A. Robinson, "Environmental Laws and Conventions: Toward Societal Compacts with Nature," in Schofield, ed., *EARTHCARE*, pp.513–545. この宣言は771ページの冒頭で転載されている。

訳注

［1］ 消費者が任意の財・サービスの最後の1単位の消費に対して与える評価。需要曲線を逆需要関数つまり数量を独立変数とし価格を従属変数として考えることができるが，この価格は消費者の限界評価を貨幣単位で表わしたものであり，需要価格とも呼ばれる（『経済学辞典（第3版）』有斐閣，1998年）。

［2］ シカ類の中の最大種の一つ。

［3］ 東良三（あずま・りょうぞう―1889～1980年）。ウィルソン実業高卒。北極探検の草分け。明治末渡米し，アラスカやカナダの極地でエスキモーと生活する。日本自然保護協会理事，日本動物愛護協会理事なども務めた。著書『アラスカ――最後のフロンティア』（1973年），『四十八州アメリカ風土誌』（1949年），『アメリカの河』（1949年），『カナダという国』（1955年）などがある。

［4］ 田村剛（たむら・つよし―1890～1979年）。造園家，造園学者，林学者。日本の国立公園，海中公園制度の確立と発展に尽くす。明治神宮内外苑の造営に携り，国際自然保護連合（IUCN）・国立公園委員会委員なども務め，日本の「国立公園の父」とも呼ばれる。主著『北米合衆国国有林の休養施設概況 附・カナダ国立公園並に国有林の休養施設概況』（1926年），『世界造園図集』（1929年），『国立公園講話』（1948年）『世界の景観』（1961年）など多数。

［5］ *Red Data Book*（RDB）。絶滅が危惧される野生生物を記載したデータブック。1966年に国際自然保護連合（IUCN）が中心となって作成され，各国や自治体，団体等でこれに準じたデータブックが作成されている。現在は各国や団体等によってもこれに準じるものが多数作成されている。

［6］「共同体」(community)。同一地域同一環境（政治・経済・文化等）における人間の集団（社会）を指すが，この場合，ある目的のもとに集まった人々の集団（国家，連携，組織など）を指す。

［7］ 1972年第17回ユネスコ総会において，世界の文化遺産および自然遺産の保護に関する条約（世界遺産条約）が成立。1978年第2回世界遺産委員会で，アメリカのイエローストーン国立公園やエクアドルのガラパゴス諸島など12件（自然遺産4，文化遺産8）が，第1号として，世界遺産リスト登録された。2014年現在，世界遺産の登録数は1007件（161カ国）となっている。

第５版へのエピローグ
――「島嶼文明」(Island Civilization) ――

ダーウィンのサイコロは，地球にとって悪い方に転がった。

(エドワード・O・ウィルソン〔Edward O. Wilson〕，2007年)

原生自然の歴史から，未来が自己意識をもつ自然とこの星の生命に対してもたらす可能性のことについて，私にとって今まさに，思索する好機といえます。私たちが新しい千年紀をちょうど迎えたのに続いて，そうした大変長い時間について考えたいと思います。次の千年紀が始まる1000年について，どう考えるでしょうか。私たちの出発点は，一つの展望，あるいは，1963年にマーティン・ルーサー・キング（Martin Luther King）が呼んだ「夢」(dream）にあります。彼の夢は，倫理をすべての人種と肌の色の人々にどのようにして広げていくのか，についてでした。私の夢は，すべての種と自然そのものを含むように，道徳が十分に大きな円を描くことです。それは，私たちが長い道のりを経て，どのようにこの地球という星に住むのかに関係しています。もしも，私たちがこうした目的をもたなければ，短期的にいい選択をするのは困難です。私の展望は，「島嶼文明」(Island Civilization）と，昔と同じように，ほとんどが「野生の世界」です。それは，長い期間にわたる，あるいは，生態系全体に及ぼす仕事かもしれません。中核となる発想は初めてかもしれませんが，自然界に対する人類の影響を強めるのではなく，弱めるために技術を用いることです。要点は，人間が地球を支配するのではなく，他の生命体とともに地球を分かち合うことです。それは，私たちが幼児期に決して十分に学習することのなかった，「尊重の倫理」(the ethic of respect）をすべての生命に実際に広めていくことです。[1)]

この発想に至るまでの道のりの一つは，地球の歴史の大部分において，原生自然は認識もされておらず，また，名前も付けられていない環境的な状況だったことを想起することです。人類が控えめな数ながら登場した時，人類は自己意識をもつ世界における他の狩猟・採集者の一員となりました。これは数百万年の間の有効な生活様式であり，また，今，私たちを不安にさせているものよりも相当深刻な地球規模の気候変動を私たちの祖先に乗り越えさせたものです。およそ1万年前，人類は，自然の一部を管理する試みをはじめました。かつては，人類は環境に適応していたのですが，環境を形成していくことが新しい仕事の中心となりました。原生自然は一つの概念として，また，強い恐怖，嫌悪，排除の対象として出現したのです。その結果として，今のところは，進化史上，類をみない素晴らしい功績がいくつかありました。しかし，時間とともに，皮肉なことも生じました。人類の成功，特に，大きいことはよいことだという発想が地球上の多くの生命にとって問題を引き起こしたのです。「知恵の金の指輪」（the golden ring of intelligence）を手にした種は，利己的で攻撃的，そして，破壊的だということがわかりました。今や，私たちはもう一つの絶滅の波の推進役となっています。この絶滅の波は，多くの生物学者が考えるところでは，1世紀の間に地球上の野生種の半数以上を絶滅させるでしょう。これが，ダーウィンのサイコロについての前述のコメントで，エドワード・O・ウィルソンが念頭に置いているものではないでしょうか。

過去数世紀の間に，人類は原生自然の真価を認め，また，その保護を望むまで十分に文明化しました。相対的な稀少性は，野生が価値を獲得するのに役立ちましたが，それには大きな代償が伴っていました。特に，生命が集中している温帯地方の低海抜地帯では，原生自然は今や，ますます危機に瀕する地理的な種になっています。隣接する48州のうち，法的に野生と定義される地域は，およそ2パーセントしかありません。それと同じ広さの地域が舗装されています。しかも，この国のその他の地域の野生の多くが深刻な危険にさらされているのです。しかし，アメリカ合衆国は国立公園と原生自然地域の創設において主導的立場にあり，フロンティア（西部の辺境地帯）の過去からそう遠く離れているわけではありません。その他の長い歴史をもつ国（例えば，フランス，ないし，日本）では，人類の影響はほとんどすべてに及んでいます。温帯地方で，私たちはかつて野生だった世界の遺物の保護に取り組んでいますが，にわかに小さく脆くなっていると思われる地球では，その世界の未来について，後戻りできない決断に直面しています。

そこでは，いくつか確かなことがあります。人類がその道筋を変えることがなければ，人口や消費，そして，無規制な技術力の増大が地球を変え続けるでしょう。原生自然はこの過程の犠牲者になります。変化の加速は圧倒されるほどです。1890年まで，アメリカ合衆国には連邦政府によって認められたフロンティアがあり，個人の移動手段といえば，馬を指していました。今や，地球上の人口は4倍となり，同時に，私たちの物質的な野心も増加の一途を辿っています。学者たちは自然の終焉，あるいは，死と地球環境のあらゆる面に人類が及ぼす影響を立証しています[2)]。一部の人々はそれを歓迎していますが，しかし，それが意味するのは，何百万年にも及ぶ私たちの進化の条件が失われつつあるということです。それが暗示するのは，原生自然の終焉です。そして，野生と共に，地球上の人間以外の生物の大部分の生存権が失われるのです。「島嶼文明」（Island Civilization）は間違いを正す一つの方法です。

簡潔にいえば，地球上の人類や自然の未来と，第4の千年紀におけるそこからの脱出法について考えるには，主に二つの方法があります。一つは「荒廃のシナリオ」（the wasteland scenario）です。これは，人口の増加と環境の悪化が機能不全と機能停止の臨界点に達すると予想します。文明と，成長は常に進歩に等しいとする哲学は癌のようにたちが悪く，また，持続不可能だということが判明しています。私たちは自らもその一員である生態系を破壊してきた向こう見ずな種の生き残りが住む，荒廃した地球という事態に陥ります。おそらくは，私が用いている1000年の範囲内で，地球は使い尽くされ，廃棄されてきました。長い歴史を持つ割には少しも賢明ではない人類という先遣隊は，略奪するための新しい開拓地を探して星々を先へ先へと進みます。核戦争や細菌戦争が，（人間以外の生物も含む）生物のほとんどを打ち倒し，殺すでしょう。このシナリオのずっと先には，原生自然状態がやがて地球に復活する可能性がありますし，そこには私たちよりも知的であることがわかるような生物でさえもいるかもしれません。ダーウィンのサイコロが，もう一度振られるかもしれません。

「楽園のシナリオ」（the garden scenario）は未来へのもう一つの道です。これから1000年の間に人間が自然に及ぼす影響がやはりほぼ全面的ではあるが，今度はそれが——少なくとも人間にとっては——恩恵をもたらすものであると想像してみて下さい。「緑の運動」（The Green Movement）が勝利を収めてきました。人間は地球を，美しく，豊かで，持続可能な庭へと変えてきました。土地の肥沃さは上手く管理され，ダムもたくさんありますが，川の流れはきれいで澄んだものに注意深く保たれています。生態学的なプロセスは，天候から生命の創造と進化に至るまで，厳しく制御されています。人間は実にたくさんいますが，新しい技術のおかげで，至るところで暮らしています。人間は自らもその一員であるはずの「生命共同体」（biotic community）から出ていく，あるいは，より厳密にいうと，それを踏みつけるか，のいずれかを選択してきました。功利主義がこうした新しい「エデンの庭師」（gardeners of Eden）の倫理を形成しています。周りにいる大型動物は，彼らが食べる動物だけです。原生自然とそれが支える生命の多様性はとっくに失われています。牧畜は支配の一形態だということを思い出すとよいでしょう。「よい」種類の人間の居住地の拡大と，「賢い」成長は悪い種類の人間とちょうど同じように，自己意識をもった世界を侵略するのです。

一部の人たちは，原生自然をこれらのシナリオから助ける方法は自動車のバンパーに貼ったステッカーが唱道してきたように，技術文明に背を向け，「更新世（the Pleistocenel）に戻る」ことだと考えています。選択によるものか必然的なものかにかかわらず，少数の人々は，何百万年もの間人類にとって十分上手く機能していた類いのローテクな狩猟採集生活を再び始めています。しかし，ここでの欠点は人類の並外れた功績と驚異的な潜在能力が無視されていることです。文明を非難するのではなく，すべての種には本質的な価値があるという発想に基づく新しい環境倫理によって，文明の方向性を変えてはどうでしょうか。大切なのは，科学技術は中立的だということであり，問題はそれをどう使うかということです。私たちが抱えている環境問題の責任を科学技術に負わせることは，奴隷制の責任を鞭と鎖に負わせることと似ています。確かに，過去数千年，特に，過去数百年の間の追跡記録は励みとなるようなものではありません。科学技術の大部分は野生の自然の征服と支配を加速するために用いられてきました。しかし，私は将来，人類がその状況から脱出して地球に住むためのハイテクではあるが，環境への影響の少ない方法――原生自然を守る方法――について，展望をもっています。それは，人間が進化の地平を進みながら，他のすべての野生種にも同様の機会を与えるのを可能とする道筋です。私は，これを「島嶼文明」と呼んでいます。

その中心的な考えは，「内部崩壊」（implosion），すなわち，地球規模での「群生」（clustering）です。今から1000年後には，人間が，できれば現在よりも少数の人間が，おそらくは半径100マイルほどの数百個程度の集中的な居住地に住むことになるでしょう。その居住地のそれぞれには，食物，水，および，エネルギーの生産と，廃棄物処理のための素晴らしい閉鎖的循環システムが組み込まれるでしょう。ある意味で，それらは地球上の宇宙船です。地球のその他の部分，実質的には地球のほぼすべてが，原生自然となるでしょう。いいかえれば，人間存在の周りに境界線が引かれるのであり，断片化され，支配されるのは今度は原生自然ではなく，文明です。「島嶼文明」は，ますます技術化してゆく人類が野生の自然と地球を共有する一つの方法なのです。

スプロール現象（都市の無秩序な拡大現象）とそれを後押しする人口の急増がこの種の展望の主な障害です。必要なのは——また，1000年間に，ともすればもっと短い間に，確実に期待されると私が考えることは——陸上輸送の代替手段です。高速道路や鉄道，フェンス，ダムがなくなれば，私たちは「野生生物回廊」（wildlife corridor）について考えるのを止め，フロンティアに回帰します。しかし今度は，フロンティアは永続的なものです。遠隔地から都市部への水や食糧，エネルギーの輸送は終わるでしょう。島が，自分たちがその場で必要なものを生産するのです。地産地消という考えは完璧なライフスタイルにまで達してきました。場所をあまり必要とせず，副産物として飲料水を生産するようなエネルギー技術まで，私たちはあと2～3世代のところにきているようです。パウエル湖（実のところは，貯水池ですが）やコロンビア川流域のダム群，スネーク川沿いのダム群のような怪物はとっくに忘れ去られ，恋しく思われることもないでしょう。島そのものに関しては，それらを素晴らしいものにするだけの知性を私たちはもつに至るだろう，と私は確信しています。現代の最も素晴らしい都市環境について考え，その遥か彼方を推測してみて下さい。温帯地方の地形を独り占めしたり，野生生物を世界の果てに追いやったり，追い出したりする必要はなくなるでしょう。未来の文明化された島々は極地や山の中やその周辺にあるかもしれませんし，空中や水上に浮いているかもしれません。都市計画者は，かつて人間が島のようなプエブロや修道院，壁に囲まれた原生自然の中の村で上手く生活していたことを思い出すでしょう。私たちは，高度の科学技術の助けを借りて，そうしたモデル，何世紀もの間私たちや他の生物に役立ってきた地球の居住方法に戻ることができるでしょう。しかし，穴居生活を考えてはいけません。「島嶼文明」は文明化の過程の〈程度〉に制限を設けるものであり，その質に制限を設けるものではないことを，心に留めておくことが大切です。最終的な結果は，自己意識をもつ他の種が繁栄する機会を減らすことなく，人類が繁栄することなのです。

もちろん，「島嶼文明」は若干の自由の喪失をもたらします。一部の未来の人間が人口過密な居住地の一つに住むことを選択しなかったらどうなるでしょうか。その答えを端的にいえば，もしも人類が第4の千年紀にハイテク生活を望むのであれば，そのような選択肢はないでしょう。新しい環境倫理はかつて奴隷所有という選択を除外したように，そのような思い上がった，無秩序な選択を除外してきました。ジョン・ロックが私たちに教えようとしたように，共同体の一員であることは制約を受け入れることを意味します。ですから，ロックの社会契約を超えた，生態学的契約へと進んでもよいのではないでしょうか。新しい生き方は，グローバルな範囲にまで拡大し，島の外にある原生自然を特に保護するものとなるでしょう。例えば，自分の居住地を離れたいと望む人がいるとすれば，その人は原生自然状態を変えるのではなく，受け入れなくてはならないでしょう。その人は1964年の「原生自然法」の言葉で言えば，「留まることのない訪問者」（a visitor who does not remain）なのです。開拓地も，家畜の群れも，自転車と漕ぎ舟以外の機械化された陸上輸送手段もありません。人によっては，キャンプファイアを囲んだりコンピュータをいじったりしながら，長い間，昔ながらの遊牧民のような生き方を選ぶ人や永久に野外で暮らし続ける人もいるかもしれません。原生自然で2～3年過ごすことが，ある種の任務として，10代後半の若者の教育に組み入れられるかもしれません。こうした訪問者は野外で，「その土地のものを食べて暮らす」必要はないと思いますが，何百万年もの間，人間を支えた生命の健康と多様性が回復していたことを考えると，そうすることも可能だと考えただけで勇気づけられます。

私の構想は完成にはほど遠く，私が提案する変化を実現する方法について，どんな答えでももっているというわけではありません。（地球への）愛が一つの道筋となるかもしれず，それゆえ，わが家としての地球を失うことへの恐れが一つの道筋になるかもしれません。「島嶼文明」は，人々が自然の主人，もしくは，「神の信託管理人」（steward）にならなくてはならないとか，まして原生自然の管理人にならなくてはならないことを意味しているわけではありません。野生は自己意識をもっているでしょうから，放っておいてよいのです。これが人間と自然の調和的な統合を軸とした，伝統的で尊い地球＝庭という理想の終焉を意味していることは明らかです。この理想がまだ選択肢の一つであったかもしれない時期がありました。アメリカでは，それは1845年7月4日だったかもしれません。その日は，ヘンリー・デービッド・ソローがマサチューセッツ州コンコードの町を出て，彼が「辺境」での生活，あるいは，「半農耕」生活と呼んだものを味わうために，ウォールデンの池に向かった日でした。[3)] 今は亡き私の同僚，ポール・シェパード（Paul Shepard）は原生自然と文明の双方を支えている地球についての初期の見解を，『やさしい肉食動物と聖なる戦い』（*The Tender Carnivore and the Sacred Game*）（New York, 1973）と，『更新世への帰郷』（*Coming Home to the Pleistocene*）（Washington, D.C., 1998）において，明確に述べました。原生自然を保護するために人間を集住させるという初期の構想のもう一つはパオロ・ソレリ（Paolo Soleri）の研究，例えば，『アーコロジー（完全環境計画都市）——人の姿をした都市』（*Arcology: The City in the Image of Man*）（Cambridge, Mass., 1969）に見られます。このように，バランスを取ることは地球の人口と変化が21世紀に入ってからも加速するにつれ，ますます難しい芸当となりました。私の構想は，ハイテク化し，圧縮された世界と，野生の世界のために，そのような芸当をやめることです。バランスを取る行為は，田舎の中心からではなく，環境のスペクトルの両端から交互にやって来ることでしょう。

私は「島嶼文明」を論ずる際に，1000年という範囲を用いてきました。しかし，多くの人々は一つの種として，必要なコース修正をするだけの時間はきっと私たちにはさほど残されていないだろう，と感じています。ほんの数世代先には，荒野か，完全に人間化された地球という庭が待ち受けていることでしょう。自己意識をもった生命は急速に消滅しており，地球上の野生種の半数が，一世紀の間に絶滅すると考える人もいます。第4の千年紀には，尊重し，保護するに足る野生はほとんど残されていないかもしれません。私たちがエコロジー的な近隣に配慮しているのであれば，その隣人たちを守ることは今や，優先事項であるように思われます。いくらか励みになるのは，人類はすでに「島嶼文明」に向かう途上にあるという兆しがあることです。地方の人々が都市に移動するにつれて，地球上の各所で人口減少や再野生化（rewilding）がみられます。土地計画表には，フェンスを解体し，いわゆるバッファローにアメリカ合衆国の大平原の北部を歩き回らせる提案が記されています。また，西部の大都市圏の間には，空き地（実際には，フロンティア）がまだたくさんあります。

「島嶼文明」は，一部の人たちが思い描いたような，特権的な白人が気晴らしできる「手付かずの」，あるいは，原始的な環境を回復することではありません。これらの古い人間中心主義的な倫理は1000年後にはとっくになくなっていてほしいものです。もはや，私たちがすべてではなくなるでしょう。一つの種として，私たちは身を引き，離れた所に立ち，分かち合いを考えます。原生自然はそれ自体として重要です。生態系中心主義的な新しい倫理は自己意識をもった世界を破壊するのではなく，保護し，また，人類とその欲望という圧倒的な負荷から進化のプロセスを守るという目的へと，科学技術の力を再方向づけしているのです。

環境運動がすべてに反対しているようにみえる時に，「島嶼文明」はすべてに賛成するためのものを提案しています。「島嶼文明」は，人類が最終的にはエコロジー的な近隣の関係の中で，よき隣人となれるような未来を切り開くのです。私たちの文明を一極集中させることによって，原生自然を保護することは人間の自制力の象徴です。それは，地球の謙虚さを示す行為なのです。また，それはこの地球上での人間の暮らし方を，より公平な，よりやさしく，また，より持続可能な道筋に置くための基盤になり得るのではないでしょうか。

注

1）『自然の権利――環境倫理の文明史』（*The Rights of Nature: A History of Environmental Ethics*）（Madison, Wis., 1989）において，私は，「島嶼文明」の哲学的基盤となりうる拡大された道徳の起源とその含意を論じている。

2） Bill McKibben, *The End of Nature* (New York, 1989); Carolyn Merchant, *The Death of Nature* (San Francisco, 1980); Edward O. Wilson, *The Diversity of Life* (Cambridge, Mass., 1992)。最近の意見には，Emma Marris, *Rambunctious Garden: Saving Nature in a Post-Wild World* (New York, 2011)，および，Peter Kareiva, Michael Marvier and Robert Lalasz, "Conservation in the Anthropocene," Breakthrough *Journal*, 2 (Fall, 2011), pp.29-34がある。

150年前に，ジョージ・パーキンス・マーシュが，彼の記念碑的著作，*Man and Nature; or, Physical Geography as Modified by Human Action* (New York, 1864) において，これと非常によく似たメッセージを述べた。しかしながら彼は，自然の形成力としての人類の役割については，どうやら最近の評論家たち以上に，強く危惧している（マーシュについての簡潔な議論に関しては，104～105ページを参照）。

3） ソローの言葉は，彼の主著『ウォールデン』（*Walden*）から引用した。92～93ページを参照のこと。アメリカ思想における牧畜の思想に関する重要な研究は，Leo Marks, *The Machine in the Garden: Technology and the Pastoral Ideal in America* (New York, 1964) である。

文献リスト

本書の旧版においては，詳細な文献リストを掲載したが，ここでは，再録していない。それらのうちのいくつかは今では時代遅れになっている。しかし，もともと脚注にあった文献は変えることなくそのまますべて載せている。そのため，私がここで提供するのは，「原生自然」の研究における中心的作品の簡単なアルファベット順のリストのみである。重視したのは，「原生自然」に焦点をあてた出版物である。その大半が最近のものであるが，それは，より古い作品は本文の中にあるからである。私は「環境」分野に関する膨大な文献の中から選び出してはいない。概して，私は「ネイチャー・ライティング（自然の描写）」（nature writing）のカテゴリーに入るもの，あるいは，特定の場所に焦点をあてた作品のリストをつくることはしていない。雑誌論文はほとんど掲載していないが，原生自然を真剣に研究してみたいと思う方々は，*Wild Earth, Conservation Biology, Environmental Ethics, The Environmental Professional, Orion, Wilderness, Environmental History*（これは以前は，*Environmental History Review* と *Conservation History*，であった）といった雑誌の全号を調べてみるのもよいだろう。掲載した著書，および，それらの文献にある参考文献がほとんどの関連する扉を開けてくれる，と私は確信している。

Allin, Craig. *The Politics of Wilderness Preservation*（Westport, Conn., 1982）.

Baldwin, Donald Nicholas. *The Quiet Revolution: The Grass Roots of Today's Wilderness Preservation Movement*（Boulder, Col., 1972）.

Botkin, Daniel B. *No Man's Garden: Thoreau and a New Vision for Civilization and Nature*（Washington, D.C., 2001）.

Brooks, Paul. *Roadless Areas*（New York, 1964）.

Brower, David. *For Earth's Sake: The Life and Times of David Brower*（Salt Lake City, 1990）.

Carroll, Peter. *Puritanism and the Wilderness: The Intellectual Significance of the New England Frontier, 1629–1700*（New York, 1969）.

Chase, Alston. *Playing God in Yellowstone: The Destruction of America's First National*

Park (New York, 1986).
Clough, Wilson. *The Necessary Earth: Nature and Solitude in American Literature* (Austin, 1964). クラーウ『フロンティア――アメリカ文学における自然と孤独』谷寿訳, 篠崎書林, 1974年。
Coates, Peter. *Nature: Western Attitudes Since Ancient Times* (Berkeley, 1998).
Cohen, Michael P. *The Pathless Way: John Muir and the American Wilderness* (Madison, Wisc., 1984).
Cronon, William. *Changes in the Land: Indians, Colonists and the Ecology of New England* (New York, 1983). クロノン『変貌する大地――インディアンと植民者の環境史』佐野敏行・藤田真理子訳, 勁草書房, 1995年。
——, ed., *Uncommon Ground: Toward Reinventing Nature* (New York, 1995).
Ehrenfeld, David. *The Arrogance of Humanism* (New York, 1978). エーレンフェルド『ヒューマニズムの傲り』野里房代訳, 中央書房, 1983年。
Ekirch, Arthur A., Jr. *Man and Nature in America* (New York, 1963).
Elbers, Joan S., comp. *Changing Wilderness Values, 1930–1990: An Annotated Bibliography* (Westport, Conn., 1991).
Evernden, Neil. *The Natural Alien: Humankind and the Environment* (Toronto, 1985).
——. *The Social Creation of Nature* (Baltimore, 1992).
Fairchild, Hoxie Neale. *The Noble Savage: A Study in Romantic Naturalism* (New York, 1928).
Foreman, Dave. *The War on Nature* (forthcoming).
Foreman, Dave and Howie Wolke, *The Big Outside: A Descriptive Inventory of the Big Wilderness Areas of the United States* (Tucson, Ariz., 1992).
Fox, Stephen. *The American Conservation Movement: John Muir and His Legacy* (Madison, Wisc., 1985).
Frome, Michael. *Battle for the Wilderness* (New York, 1974).
Fussell, Edwin. *Frontier: American Literature and the American West* (Princeton, 1965).
Gilligan, James P. "The Development of Policy and Administration of Forest Service Primitive and Wilderness Areas in Western United States" (unpublished Ph.D. dissertation, University of Michigan, 1953).
Gisel, Bonnie Johanna, ed., *Kindred and Related Spirits; The Letters of John Muir and Jeanne C. Carr* (Salt Lake City, 2001).
Glover, James. *A Wilderness Original: The Life of Bob Marshall* (Seattle, 1986).
Glacken, Clarence J. *Traces on the Rhodian Shore: Nature and Culture in Western Thought from Ancient Times to the End of the Eighteenth Century* (Berkeley, 1967).

Gomes, Mary E. and Allen D. Framer. *Ecopsychology: Restoring the Earth, Healing the Mind* (San Francisco, 1995).

Graber, Linda. *Wilderness as Sacred Space* (Washington, 1976).

Graf, William L. *Wilderness Preservation and the Sagebrush Rebellions* (Savage, Md., 1990).

Hagen, Joel B. *An Entangled Bank: The Origins of Ecosystems Ecology* (New Brunswick, N. J., 1992).

Harvey Mark W. T. *A Symbol of Wilderness: Echo Park and the American Conservation Movement* (Albuquerque, N. M., 1994).

Hays, Samuel P. *Beauty, Health and Permanence: Environmental Politics in the United States, 1955–1985* (New York, 1987).

Hays, Samuel P. *Conservation and the Gospel of Efficiency: The Progressive Conservation Movement, 1890–1920* (Cambridge, 1959).

Hazard, Lucy Lockwood. *The Frontier in American Literature* (New York, 1927).

Hendee, John, Robert C. Lukas, and George H. Stankey eds., *Wilderness Management* (Golden, Col., 1990).

Huth, Hans. *Nature and the American: Three Centuries of Changing Attitude* (Berkeley, 1957).

Ise, John. *Our National Park Policy: A Critical History* (Baltimore, 1961).

Keiter, Robert B., ed., *Reclaiming the Native Home of Hope: Community. Ecology, and the West* (Salt Lake City, 1998)

Kellert, Stephen R. and Edward O. Wilson. *The Biophilia Hypothesis* (Washington, 1995).

Lewis, W. R. B. *The American Adam: Innocence, Tragedy and Tradition in the Nineteenth Century* (Chicago, 1955). ルーイス『アメリカのアダム——19世紀における無垢と悲劇と伝統』斎藤光訳，研究社，1973年。

Martin, Calvin Luther. *In the Spirit of the Earth: Rethinking History and Time* (Baltimore, 1992).

Marx, Leo. *The Machine in the Garden: Technology and the Pastoral Idea in America* (New York, 1964).

McGregor, Robert Kuhn. *A Wider View of the Universe: Henry David Thoreau's Study of Nature* (Urbana, Ill., 1997).

Meine, Curt. *Aldo Leopold: His Life and Work* (Madison, Wisc., 1988).

Meredith, Robert. *The Environmentalists, Bookshelf: A Guide to the Best Books* (New York, 1993).

Mitchell, Lee Clark. *Witnesses to a Vanishing America: The Nineteenth-Century Response* (Princeton, 1981).

Mitman, Gregg. *The State of Nature: Ecology, Community and American Social Thought, 1900–1950* (Chicago, 1992).

Nash, Roderick Frazier. ed., *American Environmentalism: Readings in Conservation History* (3rd ed., New York, 1990). ナッシュ『アメリカの環境主義——環境思想の歴史的アンソロジー』〔監訳〕松野弘,〔共訳〕藤川賢・栗栖聡・川島耕司,〔解説〕岡島成行, 同友館, 2004年。

——. *The Rights of Nature: A History of Environmental Ethics* (Madison, Wisc., 1989). ナッシュ『自然の権利』松野弘訳, 筑摩書房, 1999年(ミネルヴァ書房, 2011年)。

Nicholson, Marjorie Hope. *Mountain Gloom and Mountain Glory: The Development of the Aesthetics of the Infinite* (Ithaca, N.Y, 1959). ニコルソン『暗い山と栄光の山——無限性の美学の展開』小黒和子訳, 国書刊行会, 1989年。

Noss, Reed F. and Allen Y. Cooperrider, *Saving Nature's Legacy: Protecting and Restoring Biodiversity* (Washington, D.C., 1994).

Oelschlaeger, Max. *The Idea of Wilderness: From Prehistory to the Age of Ecology* (New Haven, 1991).

——. ed., *The Wilderness Condition: Essays on Environment and Civilization* (San Francisco, 1991).

Pearce, Harvey. *The Savages of America: A Study of the Indian and the Idea of Civilization* (Baltimore, 1965).

Quammen, David. *Flight of the Iguana: A Sidelong View of Science and Nature* (New York, 1998).

Richardson, Elmo R. *The Politics of Conservation: Crusades and Controversies, 1897–1913* (Berkeley, 1962).

Richardson, Robert D. *Henry Thoreau: A Life of the Mind* (Berkeley, 1986).

Riesner, Mark. *Cadillac Desert: The American West and Its Disappearing Water* (New York, 1986). ライスナー『砂漠のキャデラック——アメリカの水資源開発』片岡夏実訳, 築地書館, 1999年。

Rolston, Holmes. *Philosophy Gone Wild: Essays in Environmental Ethics* (Buffalo, 1989).

Ronald, Ann. *Words for the Wild* (San Francisco, 1987).

Rothenberg, David. *Wild Ideas* (Minneapolis, 1995).

Runte, Alfred. *National Parks: The American Experience*, 3rd ed., (Lincoln, Neb., 1997).

——. *Yosemite: The Embattled Wilderness* (Lincoln, Neb., 1990).

Sanford, Charles, A. *The Quest for Paradise: Europe and the American Moral Imagination* (Urbana, Ill., 1961).

Sax, Joseph. *Mountains without Handrails* (Ann Arbor, 1980).

Schmitt, Peter J. *Back to Nature: The Arcadian Myth in Urban America* (New York,

1969).

Schrepfer, Susan R. *The Flight to Save the Redwoods: A History of Environmental Reform, 1917–1978* (Madison, Wisc., 1983).

Sellars, Richard West. *Preserving Nature in the National Parks: A History* (New Haven, 1997).

Shabecoff, Philip. *Fierce Green Fire: The American Environmental Movement* (New York, 1993). シャベコフ『環境主義――未来の暮らしのプログラム』さいとうけいじ・しみずめぐみ訳，どうぶつ社，1998年。

Shepard, Paul. *Man in the Landscape: An Historic View of the Esthetics of Nature* (New York, 1967).

——. *Nature and Madness* (San Francisco, 1982).

——. *Traces of an Omnivore* (Washington, D.C., 1996).

——. *Coming Home to the Pleistocene* (Washington, D.C., 1998).

Smallwood, William Martin. *Natural History and the American Mind* (New York, 1941).

Smith, Henry Nash. *Virgin Land: The American West as Symbol and Myth* (Cambridge, Mass., 1950). スミス『ヴァージンランド――象徴と神話の西部』永原誠訳，研究社，1971年。

Soulé, Michael. *Conservation Biology: The Science of Scarcity and Diversity* (Sunderland, Mass., 1986).

Soulé, Michael and Gary Lease, eds., *Reinventing Nature? Responses to Post-modern Deconstruction* (Washington, D.C., 1994).

Soulé, Michael and John Terborgh, eds., *Continental Conservation: Scientific Foundations of Regional Reserve Networks* (Washington, 1999).

Swain, Donald C. *Federal Conservation Policy, 1921–1933* (Berkeley, 1963).

Terborgh, John. *Requiem for Nature* (Washington, D.C., 1999).

Thomas, Keith. *Man and the Natural World: A History of the Modern Sensibility* (New York, 1983). トマス『人間と自然界――近代イギリスにおける自然観の変遷』山内昶監訳；中島俊郎・山内彰訳，法政大学出版局，1989年。

Tobias, Michael. *A Vision of Nature: Traces of the Original World* (Kent, Ohio, 1995).

Turner, Frederick. *Beyond Geography: The Western Spirit Against the Wilderness* (New York, 1980).

——. *Rediscovering America: John Muir in His Time and Ours* (New York, 1985).

Turner, Jack. *The Abstract Wild* (Tucson, Ariz., 1996).

Udall, Stewart. *The Quiet Crisis* (New York, 1963).

Williams, George H. *Wilderness and Paradise in Christian Thought* (New York, 1962).

Williams, Raymond. *The Country and the City* (New York, 1973).

Wilson, Edward O. *Biophilia: The Human Bond with Other Species* (Cambridge,

Mass., 1984). ウィルソン『バイオフィリア——人間と生物の絆』狩野秀之訳，平凡社，1994年。
——. *The Diversity of Life* (Cambridge, Mass., 1992). ウィルソン『生命の多様性』大貫昌子・牧野俊一訳，岩波書店，1995年。
Worster, Donald. *Nature's Economy: The Roots of Ecology* (San Francisco, 1977). オースター『ネイチャーズ・エコノミー——エコロジー思想史』中山茂・成定薫・吉田忠訳，リブロポート，1989年。
Zeveloff, Samuel I., Mikel Vause, and William H. McVaugh, eds. *Wilderness Tapestry: An Eclectic Approach to Preservation* (Reno, Nev., 1992).

◈監訳者あとがきにかえて◈

「人間と自然」関係の再考

―「原生自然」思想の役割と地球環境問題への位置―

はじめに：「人間と自然」関係の再考への出発点

古来より，人間は常に自然と対峙してきた。それは未知の世界としての自然への恐怖感の存在やそうした人間の不安を克服していくために，自然を征服しようとする人間の欲望があったからである。さらに，自然を征服することで，人間が生きていくための食糧やものづくりのための質料としての自然の利用という形での自然の破壊や収奪を行ってきたからである。この根底には，キリスト教的な自然観としての，神＞人間＞自然という階層的(ヒエラルキー)序列に基づく，人間中心主義思想（anthropocentrism）が存在していたのである。

しかし，18世紀後半から19世紀半ばのイギリスの産業革命を契機として，近代産業社会を推進していくために，天然資源を収奪・破壊することによって，経済的な豊かさは得られたものの，地震・台風・干ばつ・大雨等の自然からの攻撃には人間は科学技術をもってしても，今なお，なす術もないのが現状である。さらに，経済発展の対価としての「経済的な豊かさ」は天然資源の枯渇，砂漠化，地球温暖化というきわめて深刻な地球環境問題をわれわれ人間に突きつけたのである。

昨年（2014年）は「国家原生自然保全制度法」（National Wilderness Preservation System Act―略称「原生自然法」〔Wilderness Act〕）が成立（1964年）してから50年目という記念すべき年であった。ナッシュの『原生自然とアメリカ人の精神』は1967年に初版が刊行されて以来，現在，第５版（2014年１月），30刷，50万部以上の販売部数，といったように，ロングセラーとして数多くの人々に読まれてきている。このことは，アメリカ国民が「人間と自然」との関係に，さらに，自然の生態系の保存に，どれほど多くの関心を寄せているかを示しているといえるだろう。

アメリカは世界最大の経済大国・エネルギー大国でありながら，「原生自然」（Wilderness）の保存を中心とした，自然環境保護を含めた環境運動がきわめて活発な国である。アメリカは「大量生産—大量消費—大量廃棄」型の現代文明のトップランナーとして経済成長を推進し続けている一方，自然と人間との共生の可能性を追求している国でもある。この二律背反的な，自然に対する価値観のなぞを解き，生態系としての自然の持続可能性を人間文明の近代化の歴史の中で，自然と人間がどのように対立し，自然と人間との共生という重要な課題を解決していく方策を歴史的，かつ，文化的に詳細に論じているのが本書『原生自然とアメリ人の精神』なのである。

1．キリスト教の自然観：神による自然の支配思想の背景

自然が人間の不安・恐怖の対象とされてきた背景には，ユダヤ＝キリスト教の自然観が大きく影響している。科学技術が登場し，発達してくる，17～18世になるまで，自然災害や未知の自然現象（月食・日食等）がなぜ，起こるのかを人間が解明できない以上，その解明は人間の創造主たる「神」に委ねられたのである。中世史家のリン・ホワイト（Lynn White Jr.）によれば，「人間は自然界（natural world）の主であって，構成員ではなかった。人間は神に擬せられているばかりでなく，……人間が他の生命体よりも明らかに上位に位置したのであった」（Nash, 1989=2011：140）。さらに，ナッシュは，「このように，聖書では，あらゆる生き物は人間の要求に応じるために創造されたとしている」，「人間以外のすべての存在はユダヤ＝キリスト教的な階層的秩序（ヒエラルキー）では，劣等な位置に存在していているのである」（ナッシュ 1989＝2011：141）としている。このように，人間の理解を超えた超自然現象に対して，神をその解決人として委任した方が一般大衆には説明しやすいし，さらには，人間が経済的に豊かな社会を築いていくためには，自然を収奪・破壊していく正当な根拠を宗教に見出すことができたのである。

2．近代産業社会の自然観：自然は経済発展の道具

近代社会は産業化による工業振興，都市化による農村から都市への工場労働者の大量の移住による都市の形成，といった経済的基盤によって発展してきた。その先駆けが18世紀後半におけるイギリスの産業革命である。産業革命は近代産業社会を構築すべく，自然を産業化のための質料として活用するために，天然資源を収奪・破壊していくことが最大の目的であった。モノを大量に生産し，消費し

ていくという現在の「大量生産ー大量消費」システムの原型となったのである。自然を人間の物質的欲望を満たしていくための道具として捉える，という功利主義的，かつ，人間中心主義的な自然観が近代産業社会の思想的基盤となったのである。他方，「産業革命による〈近代産業社会〉の成立と発展が人間に経済的な豊かな社会をもたらしたのであるが，この豊かさは天然資源の破壊と収奪による，人間の自己利益を追求した結果としての豊かさであった」とともに，「近代以降の人間社会の発展は経済的発展のための開発と生態系との均衡の格闘の歴史であった」のである（松野 2014：73)。

3．アメリカ人の自然観（1）：西部開拓による自然征服の正当化

17世紀に入ってから，アメリカには，欧州からの大量の移民が押し寄せたが，その背景要因は母国における，(1)政治的抑圧からの逃避，(2)信教の自由を求めて，(3)貧困から脱出するための経済的理由，などであった。1620年，イギリスから信教の自由を求めて，102名の清教徒（ピューリタン）たちがメイフラワー号に乗って，アメリカにわたり，ニューイングランドのプリマスで植民地開拓の基礎をつくった，「ピルグリム・ファーザー（Pilgrim Fahthers)」（巡礼父祖）はその象徴であった（「米国の歴史の概要」在日米国大使館のホームページより。http://aboutusa.japan.usembassy.gov/j/jusaj-ushist1.html)。

こうした欧州等からの入植者は新世界であるアメリカで，土地を開墾し，経済的安定性を確保する目的で，未開拓，すなわち，原生自然であるフロンティア（西部の辺境地帯）を開拓していったのである。彼らにとっては，「原生自然は入植の障害であり，食料，燃料，家屋の供給源にすぎなかった」のである（McCormick, J., 1995=1998：17)。ナッシュによれば，原生自然の征服は神からの思し召しであるために，人間はアメリカにおける開拓，すなわち，人間による原生自然の収奪・破壊行為を宗教的理由から正当化した，と指摘している。例えば，ナッシュは『人と自然　第5号』(2012年）の中で，1）「旧約聖書を糧にした強固な意思を原動力として，未開地，土地を開拓し，打破してきた。征服と支配を拡大してきた」こと（p.34-35)，2）「ヨーロッパからの移住者たちは，キリスト教的精神を拠り所として，原生自然を切り拓くことは「善」であると考えた」こと（p.34)「暗黒の森（原生自然）に，開拓という文明の光をあてることは神の意思である，と信じて森を伐り続けていった」こと（p.34)，4）「『暗黒の森』は悪であ

り，切り拓く対象であるという考え方に対し，『暗黒の森』にも存在の意義があるのだ，と訴えた。そこにアメリカの環境保護の原点がある」（p.34），といったことなどを人間が自然を征服していくための正当化の論拠として指摘している（岡島成行「環境思想の原点を語る――ロデリック・ナッシュ博士との対話」『人と自然』安藤百福記念　自然体験活動指導者養成センター紀要，第3号，2012年度）。

4．アメリカ人の自然観（2）：ヘッチヘッチ論争からみる，「保存」と「保全」

20世紀初頭の近代産業社会の成立を背景として，アメリカでは「人間と自然」の関係に対する異なる二つの環境思想的な立場が現れた。その一つは，自然環境を人間のための有効な利用として位置づける，「保全主義」（Conservationism）―人間中心主義的・功利主義的立場である。もう一つは，人間にとっての倫理的・審美的な重要性を唱え，自然環境を原生自然の状態で保存することが自然環境保護に繋がるという，「保存主義」（Preservationism）である。

この二つの対立した考え方は1908年，アメリカ・カリフォルニア州のヨセミテ国立公園内にある，ヘッチヘッチ渓谷にサンフランシスコ住民のために，地震等の災害時に対応するために水資源の安定的供給を目的として，サフランシスコ市の貯水池と水力発電所用の用地を確保し，そこに大規模ダムを造るという計画をサンフランシスコ市長が連邦政府に申請したことから始まった。前者の立場を推進したのは自然環境の功利主義的な利用を容認する，連邦政府の森林局長官であり，保全主義者としての，G・ピンショーであり，後者の立場から，ヘッチヘッチ渓谷の保存・保護運動を推進したのは保存主義者，自然保護運動家としての，J・ミューアである。

ピンショーにとっては，保全は決して自然を破壊する行為ではなく，米国における天然資源を枯渇から守る唯一の方法であり，それは近代社会における科学・技術の恩恵であることを意味していた。（Nash, R.F., 1987=1989：82-83））このように，ピンショー自らがつくり出した「保全」概念は天然資源を賢明にし，かつ，効率的に利用することであり，人間による天然資源の効率的利用は資源の浪費を防ぐという最も合理的な環境保護政策の一つだと考えていたのである。（Nash, R.F., 1989=2011：11）これに対して，ミューアは自然保護がもたらす人間の精神的充足という側面を重視し，自然は天然資源の貯蔵庫ではなく，人間の日常生活の癒しとなるべき神からの贈り物であるという考え方をしていた。「疲労し，精神的に不安定で，過度に文明化された数千もの人々が，山にでかけることは家に帰ることでもあることを理解し始めている」とったように。(Nash, R.F., 1990=2004：148)

この二人の論争は当時の三人の大統領（T・ルーズベルト大統領，W・タフト大統領，W・ウィルソン大統領）を巻き込むという大論争となったが，1913年の下院でダム建設が決定され，ミューアをリーダーとする，自然環境保護派は敗北という結果に終わった。しかし，その後，国立公園局法（National Park Service Act）が1916年に成立し，公園内における経済開発は困難となったという事実からすると，自然環境の保存・保護のための環境主義思想がアメリカ国民に引き継がれていったといえよう（Nash, R.F., 1987=1989：86)。

このことは後の時代の自然環境保護をめぐる，倫理的・経済的な論争，すなわち，人間のための資源の有効利用という形での自然環境保全としての「開発志向的な立場」(開発）と自然のための自然環境保存としての「環境保護志向的な立場」(保護）を産み出し，経済的利益と環境的利益のバランスをどのように確保していくか，という課題を残していったのである。

5．〈持続可能な地球社会〉への一つの提案：ナッシュの「島嶼文明論」論

鬼頭によれば，自然と人間をめぐる二元論における価値論が現代社会の自然観に大きな影響を与えている。人間の自然に対する価値観は，(1)「使用価値」(instrumental values）～自然は，人間が利用するからこそそこに価値があり，だから守らなければならない，(2)「内在的価値」(inherent values）～畏敬や驚嘆の対象として，自然には内在的に何らかの価値があるのではないか，(3)「本質的価値」(intrinsic values）～自然には，人間を離れても，人間以外の生物も，あるいは無生物も含めてその間の平等関係の中でさまざまな関係性をもって存在している，と三つの自然の価値を指摘している（鬼頭 1996：100–102)

ここで，ナッシュの「島嶼文明論」の背景的な考え方の要点を紹介しておくことにする。

要点１――

「過去数世紀の間に，人類は原生自然の真価を認め，また，その保護を望むまで十分に文明化しました。相対的な稀少性は，野生が価値を獲得するのに役立ちましたが，それには大きな代償が伴っていました」(第５版へのエピローグ)。

要点2——

「『島嶼文明』は，一部の人たちが思い描いたような，特権的な白人が気晴らしできる『手つかずの』，あるいは，原始的な環境を回復することではありません。これらの古い人間中心主義的な倫理は1000年後にはとっくになくなっていてほしいものです。もはや，私たちがすべてではなくなるでしょう。一つの種として，私たちは身を引き，離れた所に立ち，分かち合いを考えます。原生自然はそれ自体として重要です。生態系中心主義的な新しい倫理は自己意識をもった世界を破壊するのではなく，それを保護し，また，人類とその欲望という圧倒的な負荷から進化のプロセスを守るという目的へと，科学技術の力を再方向づけしているのです」(同上)。

要点3——

「環境運動がすべてに反対しているようにみえる時に，『島嶼文明』はすべてに賛成するためのものを提案しています。『島嶼文明』は，人類が最終的にはエコロジー的な近隣の関係中で，よき隣人となれるような未来を切り開くのです。私たちの文明を一極集中させることによって原生自然を保護することは，人間の自制力の象徴です。それは，地球の謙虚さを示す行為なのです。また，それはこの地球での人間の暮らし方を，より公平な，よりやさしく，また，より持続可能な道筋に置くための支点になり得るのではないでしょうか」(同上)。

要点4——

「要点は，人間が地球を支配するのではなく，他の生命体とともに地球を分かち合うことです。それは，私たちが幼児期に決して十分に学習することのなかった，『尊重の倫理』(the ethic of respect) をすべての生命に実際に広めていくことです」(同上)。

現代の環境問題を根本的に解決していくための方策として，ナッシュは2010年に『環境史 15号』(*Environmental History* 15) で，文明と自然が共生する究極のシナリオとして，上記のような「島嶼文明」論 (Island Civilization) を提唱している (Nash, R.F., 2010：371-380)。

この提案には賛否両論あるようだが，増大化する人口増加，高度化する経済発展等の地球社会システムの拡大化という背景の中で，われわれ人間が自然と戦わずして，共生していく方策を問おうとしているのである。人口を15億人程度に抑制し，自然と人間との共生可能な自然にやさしいライフスタイルを基盤とした持続可能な「もう一つの社会」を地球上に500地区を基準として分散させた「島嶼」(Island) という形で形成する構想である。この考え方は現在の人間中心主義的な文明社会を根本的に転換させた，エコロジー的社会を支えていくための，「持続可能な文明」，すなわち，「島嶼文明」を誕生させよう，というきわめて大胆でユートピア的な「緑の社会」構想である。これまで，自然（原生自然）を人間の自己利益（経済発展）のために収奪し，破壊してきた人間が今後，生き残っていくためには，人間の過剰な物質的な欲望を抑止し，自然と人間の芝生に〈エコロジー的に持続可能な社会〉を構築していことの必要性を改めて本書はわれわれに問いかけているのではないだろうか（Island Civilization: A Vision for Human Occupancy of Earth in the Fourth Millennium by R. F. Nash, Environmental History 15, July, 2010: 371-380この論考は2008年に，サイモン・フレザー人文科学研究所で，ナッシュが報告したものをまとめたものである）。

〔ナッシュの「島嶼文明」論について〕

その１—「島嶼文明は，文明化の過程の〈程度〉に制限を設けるものであり，その質に制限を設けるものではないことを，心に留めておくことが大切です。最終的な結果は，自己意識を持つ他の種が繁栄する機会を減らすことなく，人類が繁栄することなのです」(「第５版へのエピローグ」)

その２—「島嶼文明は，人類が最終的にはエコロジー的な近隣の関係の中で，よき隣人となれるような未来を切り開くのです。私たちの文明を一極集中させることによって原生自然を保護することは，人間の自制力の象徴です。それは，地球の謙虚さを示す行為なのです。また，それはこの地球上での人間の暮らし方を，より公平な，よりやさしく，また，より持続可能な道筋に置くための基盤になり得るのではないでしょうか」(同上)。

６．本書の構成と概要

本書『原生自然とアメリカ人の精神』の目次構成は下記のようになっている。「原生自然」の語源的な源泉やその概念の歴史的変遷をアメリカの開拓や産業社会の発展過程に則して，環境史の観点から分析・記述しているところが大きな特徴である。

◇目次構成

プロローグ「原生自然とは何か」／第**1**章「旧世界における自然観の起源」／第

2章「原生自然の状態」／第3章「ロマン主義と原生自然」／第4章「アメリカの原生自然」／第5章「哲学者　ヘンリー・デーヴィッド・ソロー」／第6章「原生自然を保存せよ！」／第7章「保存された原生自然」／第8章「原生自然の伝導師 ジョン・ミューア」／第9章「原生自然への熱狂」／第10章「ヘッチヘッチ渓谷」／第11章「予言者　アルド・レオポルド」／第12章「永続のための決断」／第13章「原生自然の哲学をめざして」／第14章「アラスカ」／第15章「勝利という『皮肉』」／第16章「国際的展望」／第5版へのエピローグ――「島嶼文明」

本書における主要な論点の概要を邦訳に則して紹介すると，以下のようである。

◈主要な論点の概要

［1］ 第1章　旧世界における自然観の起源

近代社会の成立の以前の前近代社会では，人間にとって不安であり，恐怖の対象となったのが，「荒野」，「原野」と称される「原生自然」であった。キリスト教は「原生自然」を人間にとっての「悪」とすることで，神による自然支配を宗教的（キリスト教として）に確立したのであった。そのことが人間による自然の支配を正当化したのであった。

・（原生自然は），「何か人間とは異質なもの――文明が絶え間なく戦ってきた不安定で不快な環境――として本能的に理解された」（9ページ）
・「その暗い，神秘的な性質によって，近代科学以前の〔人々の〕想像力が悪霊や精霊の群れを活躍させるお膳立てを森林は果たした」（9ページ）
・「もし楽園が初期の人間にとって最高の善であったとすれば，原生自然はその対極にあるものとして，最大の悪であった」（10ページ）
・「『安全』（safety），『幸福』（happiness），『進歩』（progress），〔を達成すること〕はすべて，原生自然の状態から脱することにかかっているように思われた。自然を支配することが必要不可欠のこととなった」（10ページ）
・「キリスト教は，神が人間を自然界にいるその他のものを区別し，それに対する支配権を人間に与えたのだという考え〔創世記第1章第28節〕にこだわりすぎていて，それを簡単に放棄することはできなかった」（19ページ）

［2］ 第2章　原生自然の状態

アメリカの移住者の大半はヨーロッパからの人々が多かったが，彼らは新天地のアメリカで土地を開拓し，農業を通じて豊かな暮らしを夢見ていたのであった。したがって，東部を除いて，国土の大半が原生自然状態であったフロンティア（西部の辺境地帯）へ移動し，未開の地を田園に変えることが文明への大義であると考えていた。下記にあるように，そうした原生自然の征服は神によって認められていると彼らは考えていたのである。

・「原生自然は悪党であり，開拓者は英雄として，原生自然が破壊されるのを楽しんでいた。原生自然を文明に変えることは開拓者が払った犠牲に対する報酬であり，その功績の定義づけであり，また，彼の誇りの源泉であった」（31ページ）

・未開の地を田園に変えることの先例が聖書［創世記第1章第28節］にある。19世紀の物質的進歩思想を背景にして，コロラド準州初代知事だった，ウィリアム・ギルピンは「進歩は神である」と喝破した（46ページ）

［3］ 第3章 ロマン主義と原生自然

ヨーロッパで18世紀末から19世紀初頭に文学や芸術分野で勃興した「ロマン主義」（Romanticism）は近代の産業や科学技術への反発からでできたもので，「自然の崇高さと美を賛美し，自然と人間との情緒的一体性を重視する」ものであった（尾関他編，2005，181頁）。当時のアメリカでも，原生自然を人間の物質主義的な目的のために収奪するという風潮が支配的ではあったが，「人間の生命と自然の生命の間に統一的環のつながりがある」とする19世紀のロマン主義はアメリカでも文学者や詩人等の知識人を通じて深く浸透し，R・W・エマソンの「自然は人間の創造力の源であり，また人間の精神を反映したものである」（『自然』）という自然の精神的な影響力，さらには，H・D・ソローの「自然の中に身を置くことによって，理性や科学よりも直感によって，自然の中のすべてのものに浸透しているはずの大霊（Oversoul）と直接的に交流することによって人間の精神を見つめていこう」という，自然との精神的な交流，などが〈超絶主義思想〉（Transcendalism）という思想的流れを生み出し，原生自然としての自然を見直す契機となったのである（鬼頭，1996，42～43頁）。自然を単なる美的な価値の対象とするのではなく，自然との精神的な一体感を求めて，自然の重要性を社会に広めたのであった。この背景には，近代産業社会の進展によって，自然が失われ，都市化していく社会状況への思想的反抗があったことを示すものである。

・19世紀初めのロマン主義では，「原生自然が高く評価され始めたのは都市においてであった。斧を手にした開拓者ではなく，ペンをふるう文学に精通した紳士が最初に強力な嫌悪の本流に対して，抵抗する気配を示した」(57ページ)

・「ロマン主義――理神論，および，未開の美学も含む――は原生自然に対する旧態依然としたさまざまな想定を一掃していたのである」(77ページ)

［4］ 第7章 保存された原生自然

原生自然を保護するためには，企業等の私的利益のための開発を阻止していく必要があった。このような背景から登場してきたアイデアが原生自然の「国立公園化」のための法的措置であった。1872年のイエローストーン公園の誕生が原生自然の保存の最初であった。

・「1872年3月1日，大規模な原生自然を公共的利益のために保存する世界初の事例が誕生した。ユリシーズ・S・グラント大統領がワイオミング北西部の200万エーカー以上の土地をイエローストーン国立公園に指定する法令に署名したのだった」(137ページ)

［5］ 第9章 原生自然への熱狂

西部開拓時代の終焉に伴い，物質的欲望を満たしたアメリカ人は，開拓者の悪の対象であった「原生自然」に対して，美的・審美的な価値を付与することによって，自らの精神的充足を得ようとした。当時，普及しつつあったアメリカの鉄道事情の変化によって原生自然をレクリエーション目的で訪れようとする人が数多く増え，「原生自然」への一般大衆の熱狂が頂点に達していたのだった。開拓の「悪」だった「原生自然」が逆に，「善」へと転換したのであった。

・「1890年以前は，一般的に，フロンティア開拓者は善であり，その一番の敵である原生自然は悪――国民的ドラマの悪者――だと考えられていた。しかし，フロンティアの時代が終わったと認識されるにつれて，原始的な状態がもっていた役割が再評価されるようになった。多くのアメリカ人が，原生自然は開拓に不可欠であると理解するようになった」(178ページ)

・「このように，民主主義とユートピア的理想主義とが結び付いて，未開の地は新しい価値を得た。ターナーは未開の地の役割を文明が征服しなければならない敵から，人々と慣習によい影響をもたらす存在につくり変えたのだ。原生自然に対する彼の最大の貢献はアメリカ人の精神にある，原生自然を神聖なる『アメリカの美徳』と結び付けたことだった」(180ページ)

・原生自然の流行：

①原生自然を比類なき国家の特徴→未開の地に美学的，倫理的な地位を付与した。

②レクリエーション目的で，原始的な現地に関心が高まった（原生自然でのキャンプや登山等）。

③かつての男らしさではなく，美しさや精神的な真理を根源として，未開の地に価値を認めた。（178〜190ページ）

［6］ 第12章 永続のための決断

ヘッチヘッチ論争に端を発した，原生自然の「保存」と「保護」は自然保護政策に対して，さまざまな問題提起を行なったが，結局は，自然保護こそがアメリカ人の精神的充足につながるという思潮へと転換していった。原生自然の「保存」から，「永続的な保存」への思想的・政策的な方向性が固められていった。

・「開拓者としての国民の過去が遠ざかるにつれて，一般大衆の原生自然への評価は着実に高まっていった。そして，原生自然への熱狂とヘッチヘッチ渓谷の開発問題への抗議運動がもっていた展望は野生の地を守ることに成功した，一連の弁護の中で実現した」（243ページ）

［7］ 第13章 原生自然の哲学をめざして

アラスカという最後の原生自然の保存と政府の環境政策をめぐる問題がここで取り上げられ，環境管理（Environmental Management）によって，原生自然の保存が可能なのか，というすぐれた政策的な課題に対して，原生自然を保存するための基本的な理念として哲学をどのように構築していくかが検討されている。

・「ロバート・ワーニックのような原生自然思想の批判者やより現実的な標的を攻撃する開拓支持者たちに応えるために，20世紀に野生の生物を擁護しようとする人々は原生自然の哲学の公式化に奮闘した」（287ページ）

［8］ 第14章 アラスカ

・「純粋な野生を愛する者にとって，アラスカは世界で最も美しい地域の一つである。（ジョン・ミューア，1879年）」（329ページ）

・「1980年12月2日に，アメリカのジミー・カーター大統領は，「アラスカ国家利益土地保護法（Alaska National Interest Lands Conservation Act）に署名することで，一つの法としては世界史における最も偉大な原生自然保全法を完成させた」（329ページ）

・「彼ら（アラスカ人たち）の多くは適切に定められたものであれば，何らかの保存政策を支持しようとした。本質的には，彼らは，アラスカがアメリカの他の地域のようになってほしいとは思わなかった」（337ページ）

・「他にはないような野生のアラスカの質を保存することには，今なお未成熟で，かつ，暫定的な原生自然の管理という仕事の中でも最良の努力が要求されるであろう」（372ページ）

［9］ 第15章 勝利という「皮肉」

一般大衆の原生自然の保存への賛同，原生自然の保存のための環境管理が進展することによって，原生自然の保存への理解は深まったものの，原生自然へのレクリエーション的利用が増大化したために，原生自然地域の環境汚染や環境破壊が発生するという皮肉な結果を生み出している。原生自然の保存に成功したものの，原生自然に娯楽的価値を見出した人々が原生自然の価値を低下させているという課題を提起している。

・「『皮肉』なことに，原生自然への称賛の高まりそのものがその破滅をもたらす脅威となった」，「原生自然の価値というものは，適切なレクリエーション的使用であったとしても，一定の量に達すれば，その場所の野生の姿を破壊してしまう」（382ページ）

・「四つの革命が，コリン・フレッチャーが『森林の蹂躙』と呼んだものの原因となった。

①思想革命—原生自然への高い評価が知識人から，アメリカ社会のより広範な人々へと浸透したことである，②装備革命—科学技術の進歩で，食料や荷物を背負って原生自然を旅行することが可能になり，数多くの人々が原生自然に足を踏み入れたことである，③輸送革命—科学技術の進歩による航空機や高速道路の発展によって，原生自然が数多くの人々の訪問対象となったことである，③情報革命—原生自然旅行のガイドブック等の普及は原生自然旅行を増大化させたことである，このことが原生自然の保存の問題と深くかかわることになる」（382～384ページ）。

［10］ 第16章 国際的展望

環境問題がグローバルに拡散していくにつれて，国境を越えた地球環境問題の解決が国連をはじめとして，世界各国の重要な政策課題となってきた。このことは，地球環境問題にも「南北問題」，すなわち，地球の北半分の先進工業国（自然〔天然資源〕の輸入業者）と南半分の発展途上国（自然〔天然資源〕の輸出業者）との環境保護をめぐる政策的な対立が地球温暖化問題を中心とした環境政策に大きな影響を与えているのである。われわれ人間は経済発展を基盤とした環境保護政策を推進する〈経済的に持続可能な社会〉を求め続けるのか，それとも，地球の生態系の保護を前提とした〈エコロジー的に持続可能な社会〉を選択していくのか，という重要な壁にぶつかっているのである。

・自然の輸出と輸入という現代の自然ビジネスが自然の生態系の破壊をもたらしていることをわれわれは深く認識すべきである→「ゴアのサファリとルーズベルトのサファリとの間の半世紀の間に，アメリカ合衆国は野生種の輸出国から輸入国になった」(413ページ)，「自然の倫理的価値と経済的価値の乖離が，アフリカ等の開発途上国での自然破壊を促進している」(414～443ページ)

[11] 第5版へのエピローグ「島嶼文明」論

これまで，人間は原生自然を人間の物質主義的欲望を満たすために利用してきたが，近代産業社会の負荷現象としての公害・環境問題を発生し，グローバル化してきて以来，自然（原生自然）の価値を認め，その保護を認めてきた。しかし，現代産業社会における人口の急増，消費の拡大，無規制な技術力の拡大がかえって，自然を犠牲にするような事態に追い込んだ。そこで，ナッシュはますます技術化していく人類が原生自然と地球が共有する一つの方法として，「島嶼文明」(Island Civilization) を提唱し，コンパクトな「緑の社会」構想を〈緑の島〉として提起したのである。

・「地球上の人類や自然の未来と，第4の千年紀におけるそこから脱出について考えるには，主に二つの方法があります。一つは，荒廃のシナリオ (the wasteland scenario) です。これは，人口の増加と環境の悪化が機能不全と機能停止の限界点に達すると予想します。

……「楽園のシナリオ」(the garden scenario) は未来へのもう一つの道です。……原生自然をこれらのシナリオ（訳者注：功利主義的な環境対策）から助ける方法は……技術文明に背を向け，『更新世 (the Pleistocenel) に戻ること』だと考えています」(459～460ページ)

・「将来，人類がその状況から脱出して，地球に住むためのハイテクではあるが，環境への影響の少ない方法――原生自然を守る方法――について，……人間が進化の地平を進みながら，他のすべての野生種にも同様の機会を与えるのを可能とする道筋です。私はこれを『島嶼文明』(Island Civilization) と呼んで

います」(460ページ)

終わりにかえて

本書は，ロデリック・F・ナッシュ博士（カリフォルニア大学サンタバーバラ校名誉教授）の代表的著作の一つである，『原生自然とアメリカ人の精神（*Wilderness and the American Mind*）第5版』（Yale University Press, 2014, 409p＋著者紹介1p）の全訳である。この著作はナッシュ博士の博士論文であるが，原生自然に関する概念的・文化的な変遷過程を歴史的に記述分析し，「原生自然」の保存が今日の環境保護活動にとっていかに重要かを提示したすぐれた著作である。1967の初版以来，第2版は1973年，第3版は1982年，第4版は2001年，そして，第5版は2014年に次々と改訂され，冒頭で述べたように，現在まで，50万部以上刊行され，アメリカ国民のみならず，環境問題に関心をもつ世界の人々が「人間と自然との関係」，自然保護運動・自然保護政策を考えていく上で必読の著作となっている。本書は当初，第4版の翻訳を刊行の予定だったが，訳者の訳出作業が遅延していたために，最新の第5版（2014年）を刊行することになり，刊行が大幅に遅れてしまった事情がある。本書の翻訳体制はすぐれた下訳者2名（当時，英文学専攻の博士課程の大学院生）による，正確な下訳原稿を訳者が修正作業するという予定であったが，監訳者が共訳者の原稿を大幅に修正したために，予定よりも時間を要した。ただ，下訳がしっかりしていたために，監訳者としては，予想されたほどの修正作業ではなかったことに安堵している。監訳者はこれまで，ナッシュの三大著作，『自然の権利——環境倫理の文明史』（訳，TBSブリタニカ版［1993年］，ちくま学芸文庫版［1999年］，ミネルヴァ書房版［2011年］），『アメリカの環境主義——環境思想の歴史的アンソロジー』（監訳，同友館，2004年）を刊行し，環境問題の思想的な歴史に関心をもつ読者に読まれてきたが，本書が三大著作の最後の作品である。本書の訳者の分担は，次の通りである。プロローグ（山田雅俊・玉川大学経営学部准教授），第**1**～**5**章（小松洋・松山大学人文学部教授），第**6**～**11**章（関礼子・立教大学社会学部教授），第**12**～**16**章（川島耕司・国士舘大学政経学部教授），日本語版への序文，チャー・ミラーの序文，第5版はしがき，第5版へのエピローグ（監訳者），文献リスト・索引（ミネルヴァ書房編集部），となっている。なお，各章末の訳注の他に，本文で重要と思われる箇所については，監訳者（松野）が適宜，重要事項について，監訳者注，並びに，一般的事項については，訳注，という形で本文中に付記していることに留意していただきたい。

ご多忙の中，本書の「推薦の言葉」を寄稿していただいた，東京大学先端科学技術研究センター所長・教授の西村幸夫先生，さらに，「刊行によせて」を執筆していただいた，千葉大学法政経学部教授の広井良典先生，に御礼申し上げたい。

最後に，原生自然の保存の意義，環境問題への環境倫理思想的なアプローチに理解を示し，本書『原生自然とアメリカ人の精神』の刊行を力強く推進していただいた，ミネルヴァ書房の杉田啓三社長，並びに，本書の編集作業をきめ細やかに行なっていただいた，梶谷修編集部長には，心より感謝申し上げたい。本書が地球環境問題に関心をもつ多くの方々に読まれることを期待したい。

2015年7月

監訳者　松野　弘

［引用・参考文献］

安藤百福記念 自然体験活動指導者養成センター『人と自然』（安藤百福記念　自然体験活動指導者養成センター紀要，第3号，2012年度），2012年。

Eckersley, R., *The Green State*, The MIT Press, 2004（R・エッカースレイ『緑の国家』松野弘監訳，岩波書店，2010年）。

鬼頭秀一『自然保護を問いなおす』筑摩書房，1996年。

松野弘『現代環境思想論』ミネルヴァ書房，2014年。

McCormick, J., *The Global Environment Movement* 2nd edition, John Wiley & Sons, 1994（J・マコーミック『地球環境運動全史』石弘之他訳，岩波書店，1998年）。

Nash R.F., (1987), *From These Beginnings*, Harper & Row（R・F・ナッシュ『人物アメリカ史（上・下）』足立康訳，新潮社，1989年）。

―――, *The Rights of Nature*, University of Wisconsin Press, 1989（R・F・ナッシュ『自然の権利』松野弘訳，ミネルヴァ書房，2011年）。

―――, *American Environmentalism*, McGRaw-Hill, 1990（R・F・ナッシュ『アメリカの環境主義』　松野弘監訳，同友館，2004年）。

―――“Island Civilization：A Vision for Human Occupancy of Earth in the Fourth Millennium” *Euvironmental History* 15 (July 2010).

尾関周二他編『環境思想キーワード』青木書店，2005年。

人名索引

あ 行

アーヴィング，ワシントン　92–94,100,125
アイクス，ハロルド・L　247,261
アガシ，アレクザンダー　164
アキリー，カール　427
アスピノール，ウェイン　273
東良三　428
アダムズ，アビゲイル　88,89
アダムズ，アンセル　312,391
アダムズ，チャールズ・C　236
アダムズ，ヘンリー　3,298
アッシュ，W・W　236
アットウッド，ロバート　362–364,368
アビー，エドワード　298,304,311,312,315–317,353,365
アボット，H・L　164
アボット，ライマン　203
アルバート王　426,427
アンダーソン，J・R・L　315
アンダーソン，クリントン・P　264
アンダーソン，シドニー　210
アンドラス，セシル　355
イーガン，ウィリアム・A　349
イエス　18
インガルス，ジョン・J　141
ヴァスカ，トニー　335,336
ヴァン＝ダイク，ジョン・C　229
ヴァンディヴァー，ウィリアム　162
ウィーデン，ロバート　331,346,370
ウィグルズワース，マイケル　41
ウィリアムズ，サミュエル　88
ウィリアムズ，ロジャー　39,310
ウィリス，ナサニエル・P　91
ウィルソン，アレグザンダー　90
ウィルソン，ウッドロー　200,206,210,211,214,251,344
ウィルソン，エドワード・O　308
ウィン，フレデリック　226,227
ウィンスロップ，ジョン　36,40
ウェイバーン，エドガー　364
ウェイン，ノエル　344
ヴェスト，ジョージ・G　141,189
ウェルギリウス　11
ウォー，フランク・A　225,230
ウォートン，デーヴィッド　342
ヴォグラー，ジョー　332,361
ウォッシュバーン，ヘンリー・D　138
ウッズ，ロバート・A　177
ウッド，ジニー・ヒル　349,350,368
ウルフ，トマス　309
エイズリー，ローレン　305
エヴァンズ，エストウィック　57,68,69
エヴァンズ，ジョージ・S　175
エガート，チャールズ　257
エドワーズ，ジョナサン　43
エマソン，ラルフ・ウォルドー　110,111,114,117,154,156,157,295,312,316,338
エリオット，ジョン　32,35
エリオット，チャールズ　187
エングル，クレア　362
オーウェル，ジョージ　311
オーデュボン，ジョン・ジェームズ　124
オーバーホルツァー，アーネスト・C　250
オーリンド，ペレス　440,441
オズボーン，ヘンリー・フェアフィールド　426
オモハンドゥロ，テキサス・ジャック　420
オルソン，シガード　243,251,258,294,295,311,313,352
オルニー，ウォーレン　162,206
オルブライト，ホレス・M　215
オルムステッド，フレデリック・ロー　132,142,187,189

オルムステッド，フレデリック・ロー，ジュニア　*212*
オレンボ，ルーベン・J　*441,442*

か 行

カー，エズラ・スローカム　*154*
カー，ジャンヌ・C　*154-156*
カーク，チャールズ・D　*46*
カーター，ジミー　*329,354,355,357,358*
カーチス，エドワード　*340*
カーハート，アーサー・H　*226,250*
ガーファンクル，アーサー　*300*
ガーフィールド，ジェームズ・R　*199-201*
カーム，ピーター　*65*
ガーン，ジェイク　*398*
カウフマン，ジョン　*364,365*
郭熙　*21*
カチェル，トマス　*268*
ガネット，ヘンリー　*340,341*
カルス，タイトゥス・ルクレティウス　*11*
カント，イマニュエル　*59,109*
キース，サム　*351*
キーチ，ベンジャミン　*39*
ギスト，クリストファー　*37*
キニュア，ローレンス　*442*
ギフォード，R・S　*340*
ギブソン，ウィリアム・C　*313*
キャス，ルイス　*37*
キャトリン，ジョージ　*127-129,143,421*
キャリガー，サリー　*350*
ギルバート，グローブ・カール　*340*
ギルマー，ジョージ・R　*37*
ギルモア，パーカー　*423*
クーパー，ウィリアム　*37*
クーパー，ジェームズ・フェニモア　*95-98,118,126*
クーリー，リチャード　*370*
クーリッジ，カルヴァン　*229*
クーリッジ，ハロルド・J，ジュニア　*429,433*
クック，ジェイ　*421*
クック，チャールズ・W　*138*
クック，トマス　*420*
クナイップ，L・F　*230,386,387*
クノップフ，アルフレッド・A　*279*
クライスラー，ロイス　*350*
グラヴェル，マイク　*355,363*
クラゲット，ウィリアム・H　*140*
クラッチ，ジョセフ・ウッド　*311*
クラップ，ロジャー　*42*
グラント，マディソン　*185*
グラント，ユリシーズ・S　*137,140*
クリーガー，マーティン　*291*
クリーブランド，グロバー　*165*
グリーリー，ウィリアム・B　*230,386*
グリーリー，ホレス　*123,128*
クリューセン，チャールズ・M　*356*
グリューニング，アーネスト　*347,348*
クリントン，デウィット　*90*
グリンネル，ジョージ・バード　*185*
グリンネル，ジョサイア　*46*
グルツィメク，ベルンハルト　*435,436,438,445*
グルツィメク，ミヒャエル　*435,436*
グレイ，エイサ　*154*
グレイ，フィンリー・E　*208*
クレイトン，ジョン　*65*
クレーヴクール，J・ヘクター・セント・ジョン　*34,35*
グレゴリー，ヘンリー・E　*204*
グレッグ，ジョサイア　*34,76*
グロブラー，ピエット　*426*
グロンナ，アスル・J　*214*
クンズ，ジョージ・F　*191*
ケイツビー，マーク　*66*
ケイン，スタンリー・A　*382*
ケニヤッタ，ジョモ　*439*
ケネディ，ロバート　*396*
ケリー，ジョージ・W　*255*
ケント，ウィリアム　*185,208-211,214*
ゴア，セント・ジョージ　*413,415,416,420-422,442*
コーウィー，マーヴィン　*438*
ゴードン，ジョージ　*62*
コール，トマス　*87,98-102,124,125,128*
ゴールドウォーター，バリー　*398*

ゴス，テッド　440
コックス，サミュエル・S　142
コディ，バッファロー・ビル　420
コリアー，ジョン　248

さ 行

サーヴィス，ロバート　343,352
サージェント，チャールズ・スプレーグ　164,165,167
ザーナイザー，ハワード　243,254,256,260–262,265,272,296,303,305
サイモン，ポール　300
サゴフ，マーク　310
サックス，ジョセフ　393
ザックス，ハンス　61
サムナー，F・B　236
サムナー，ローウェル　350,370,388,389
サラシン，ポール　428,429
サンタヤナ，ジョージ　316
サンドボーグ，ジョージ　347
シートン，アーネスト・トンプソン　181
シウォード，ウィリアム　339
ジェームズ，ウィリアム　245
ジェサップ，モリス・K　146
シェパード，ワード　226
ジェファーズ，ロビンソン　316
ジェファーソン，トマス　38,88,89
シェルドン，チャールズ　343,344,349,363
シェルフォード，ビクター・E　236
シドモア，エリザ・ラハマー　339
シマスコ，ドナルド　363
シムズ，ウィリアム・ギルモア　96
ジャースタッド，リュート　315
ジャクソン，アンドリュー　45
ジャクソン，ウィリアム・H　103,139,140
ジャクソン，シェルドン　337,339
ジャクソン，ヘレン・ハント　177
シャトーブリアン，フランソワ＝ルネ・ド　62,419
ジャルバー，エリック　292,293,390,392
シュヴァイツァー，アルベルト　233,234
シューアル，サミュエル　38
シュペングラー，オズワルド　298
ジョージ，ヘンリー　160
ジョーンズ，ロバート　330
ジョスリン，ジョン　65
ジョンソン，アンドリュー　138
ジョンソン，エドワード　32,40,42
ジョンソン，サミュエル　3
ジョンソン，ポール・C　351
ジョンソン，リンドン・B　265,268,272,273
ジョンソン，ロバート・アンダーウッド　161–164,168,189–191,200–202,207,212,214,216
シルコックス，フェルディナンド・A　248
シンクレア，アプトン　177
スコットウ，ジョシュア　43
スタール，カール・J　226
スタイン，ガートルード　309
スタヴィリー，ゲイロード　398
スタッカー，ギルバート　302
スタンリー，H・M　423
スチュワート，ウィリアム・ドラモンド　419
スティーヴンズ，ウォーレス　316
スティーヴンソン＝ハミルトン，ジェームズ　426
スティーナソン，ハルヴァー　211
スティール，ウィリアム　41
スティール，リチャード　38
ステグナー，ウォーレス　254,255,309–311
スナイダー，ゲイリー　296,300,301,312
スミス，ホーク　164
スミス，マーカス・A　213
スムート，リード　212
スレイト，ケン　397
セイバーリング，ジョン・F　356,366
セイラー，ジョン・P　262,297
ソロー，ヘンリー・デーヴィッド　101,109–119,128,129,137,153,154,157–159,184,191,223,232,264,272,294,306,312,316,364,381,382,416

た 行

ターナー，フレデリック・ジャクソン　179,180,182,228,308,309
ダイズ，マーティン　211

タウナー，ホレス・M　211
ダグラス，ウィリアム・O　297,304,311,318,350
ダグラス，ポール・H　258,259
ダスマン，レイモンド　311
タフト，ウィリアム・ハワード　428
タフト，ハンク　314
ダフレスン，フランク　351
田村剛　428
ダンフォース，サミュエル　40
チャーチ，フレデリック・E　102
チャップマン，アベル　424
チャップマン，オスカー・L　252
テイラー，ジョン　38
ディルガー，ロバート　360
ティンデイル，ウィリアム　3
デヴァール，ビル　305
デヴォート，バーナード　255
デーヴィッド，ブラウアー　263
デフォー，ダニエル　61
デュボス，ルネ　290–293,305,307
デュランド，アッシャー・B　102
デンバー，ジョン　302,312,352,367
ドアン，グスタフ・C　138
トインビー，アーノルド　298
ドーソン，ウィリアム・A　259
ドービー，J・フランク　295
ドール，ウィリアム・ヒーリー　340
トクヴィル，アレクシス・ド　29,47,62,419
ドミニー，フロイド・E　290
トルーマン，ハリー・S　251
トレイン，ラッセル　439,446
ドワイト，ティモシー　35,46
トンプソン，ジョセフ・P　44

な　行

ナテソン，ジェームズ　444
ニエレレ，ジュリアス・K　416,438
ニクソン，リチャード・M　354
ニューウェル，フレデリック・H　168
ニューバーガー，リチャード・L　258,259
ニューホール，ナンシー　308
ノートン，ボイド　351
ノーブル，ジョン・W　163
ノールズ，ジョー　175,182,186,187,191,215
ノリス，ジョージ・D　214
ノリス，フランク　180

は　行

パーキン，マイケル・L　443
バーク，エドマンド　58
バーク，フレッド　398
パークマン，フランシス　118,125–127,143
バーグランド，ボブ　355
ハーゲンシュタイン，W・D　263
パーシヴァル，ブレイニー　434
ハーディン，ギャレット　289
バーデン＝パウエル，ロバート・S・S　180
バーデン，ダグラス　304
バード，ロバート・モンゴメリー　96
バートラム，ウィリアム　66,67
バートラム，ジョン　65
バーナム，ジョン　343
バーネット，トマス　58
バーラッド，ビル　440
ハーンドン，ブートン　351
バーンハード王子　432
パイエル，ジェラルド　309
パイク，ゼビュロン・M　38
パウエル，ジョン・ウェスリー　275,330,384,396,403
パウノール，トマス　37
ハクスリー，オルダス　311
ハクスリー，ジュリアン　431,436–438
ハッチ，オーリン　398
パティー，ジェームズ・オハイオ　75
バトラー，ジェームズ・デーヴィ　154
バニヤン，ジョン　39
ハフ，エマソン　229
バブ，デーヴィッド　439
ハモンド，サミュエル・H　129,130,137,143,144
ハモンド，ジェイ　354,358,367,368,370
ハリス，サディアス・メーソン　69,70

ハリソン，ベンジャミン　*162,163*
ハリマン，エドワード・H　*340*
ハロイ，ジーン＝ポール　*433*
バローズ，エドガー・ライス　*188,424*
バローズ，ジョン　*188,340*
ハンター，セリア　*349*
ハント，ウィリアム・H　*289*
ハント，チャック　*362*
ハンフリー，ヒューバート　*259,262*
ピアソン，G・A　*236*
ピーターソン，ウィリアム　*138*
ビーヤシュタット，アルバート　*103*
ビヴァリー，ロバート　*38*
ヒギンソン，ジョン　*42,43*
ヒギンソン，フランシス　*34*
ヒッケル，ウォルター・J　*331,343,360*
ヒッチコック，イーサン・A　*199*
ヒュージング，ジョン　*397*
ヒル，デーヴィッド・B　*146*
ヒルデブランド，ジョエル　*387*
ピンショー，ギフォード　*160,163–168,199,201,203,207,209,210,224,390,428*
フィッツジェラルド，F・スコット　*298*
フィリップス＝ウォリー，クライヴ　*423*
フィリップス，ジョン・C　*429,430*
フィルソン，ジョン　*74*
プーラー，フランク・C・W　*227*
ブーン，ダニエル　*74,75,236*
フェラン，ジェームズ・D　*199,207*
フォークナー，ウィリアム　*299*
フォルサム，デーヴィッド・E　*138,149*
ブュエル，ジェームズ・W　*189*
ブライアント，ウィリアム・カレン　*94,95,99,100,106,124,125,131*
ブライアント，エドウィン　*77*
ブラウアー，ケニス　*351*
ブラウアー，デーヴィッド　*243,254,256,258,264,268,269,271,289,297,304,305,307,383,384,391*
ブラウン，ウィリアム　*335*
ブラウン，ディル　*351*
ブラウン，ベルモアー　*343*
ブラウンソン，オレスティーズ　*118*
ブラッドフォード，ウィリアム　*29–32,40*
ブラッドリー，チャールズ・C　*256*
ブラッドリー，デーヴィッド　*256*
プラトン　*109*
プラム，ジョン，ジュニア　*32*
フランク，バーナード　*249*
ブランデジー，フランク・B　*213*
フリーモント，ジョン・C　*76*
ブリッジャー，ジム　*419*
フリューウェン，モレトン　*422,445*
フリント，ティモシー　*96*
ブルックス，ウォルター・ロリンズ　*154*
ブルックス，ディーン　*315*
ブルックス，ポール　*347*
フレイザー，チャールズ　*289*
フレッチャー，コリン　*296,302,304,382*
フレノー，フィリップ　*67,68,88,89*
フロイト，ジークムント　*245,298,313*
フローム，マイケル　*306*
フロスト，ロバート　*316*
ベアード，ダニエル・C　*181*
ヘイグ，アーノルド　*164*
ペイジ，ウォルター・ハインズ　*165*
ヘイズ，ロン　*401*
ペイソン，ルイス・E　*141,142*
ベイツ，キャサリン・リー　*296*
ヘイデン，フェルディナンド・ヴァンディヴァー　*103,139,140*
ベイト，ウィリアム・B　*143*
ヘイマート，アラン　*40*
ベイリー＝グローマン，ウィリアム・A　*420–422,424*
ベイリー，リバティー・ハイド　*233*
ベイン，レイ　*372*
ヘッジス，コーネリアス　*138,421,446*
ヘッドレー，ジョエル・T　*73,74,94,143*
ペトラルカ　*20,22*
ベルクナップ，ジェレミー　*69*
ヘンズリー，ウィリー　*335*
ボアーズ，エドワード・A　*163*
ホイーロック，エレアザー　*43*

ホイットマン，ウォールト　*184*
ホイットマン，エドモンド・D　*207*
ボウルズ，サミュエル　*133*
ホーソーン，ナサニエル　*44*
ポーター，エリオット　*268,312*
ホール，サウラ・ユーイング　*71*
ホール，ジェームズ　*70*
ポールディング，ジェームズ・カーク　*95*
ホッファー，エリック　*290*
ボドマー，カール　*419*
ホフマン，チャールズ・フェノ　*72–74,93,94,143*
ポメロイ伯爵　*420*
ホラティウス　*11*
ホワイト，ジェームズ　*395*
ホワイト，ジョン　*36*
ホワイト，スチュワート・エドワード　*186*
ホワイトヘッド，アルフレッド・ノース　*317*
ボンヌヴィル，ベンジャミン・L・E　*76,125*

ま　行

マーヴィン，コーウィー　*434*
マーシャル，ジョージ　*244,261*
マーシャル，ロバート　*5,243–250,260,264,330,331,344,345,351,363,364,370,387,403,416*
マーシュ，ジョージ・パーキンス　*131,137,161,233*
マーティン，ジョセフ　*257*
マーリー，ウィリアム・H・H　*144*
マイヤーズ，ノーマン　*306*
マカドゥー，ウィリアム　*142*
マグーン，エリアス・ライマン　*91*
マクシミリアン公　*419*
マクフィー，ジョン　*289,334,351,361,363,384*
マザー，コットン　*32,34,41*
マザー，スティーヴン・T　*215,225,250,394,426,428,446*
マッギー，W・J　*168*
マッキンリー，ウィリアム　*165*
マックィーン，スティーヴ　*302*
マックファーランド，J・ホレス　*190,202,203,215*
マックルーア，デーヴィッド　*147*
マッケイ，ベントン　*229,249,255,260,293,294*
マリンクロット，エドワード・C，ジュニア　*254*
マンソン，マースデン　*206*
ミシュー，アンドレ　*65*
ミューア，ジョン　*153–168,182,190,191,199–202,204,205,208–211,213,215,216,232,243,245,264,291,306,316,317,333,336–340,343,381,384,390,394,416,428,446*
ミューア，ダニエル　*154*
ミュリー，オラウス　*255,350*
ミュリー，マーガレット　*350,371*
ミラー，マイク　*368*
ミルズ，エノス　*228*
ミルトン，ジョン　*295,351*
ムーア，バーリントン　*236*
ムーアヘッド，アラン　*435*
メーガー，トマス・E　*149*
メリアム，C・ハート　*340*
メリアム，ジョン・C　*426,427*
メルハウゼン，ハインリッヒ・バルドゥイン　*419*
メルビル，H　*184*
モートン，ロジャーズ・C・B　*354,391*
モラン，トマス　*103,139*
モンテーニュ　*61*

や　行

ヤード，ロバート・スターリング　*215,250*
ヤング，S・ホール　*338*
ヤング，ドン　*356,360,368*
ユードル，スチュワート・L　*264,267,268,272,354,392,433*
ユードル，モリス・K　*271,273,353,354,356–358,366*

ら　行

ライク，チャールズ　*300*
ラスキン，ジョン　*418*
ラッシュ，A・J　*307*
ラッシュ，ベンジャミン　*68*

ラッセル，オズボーン　75
ラッセル，テリー　302
ラマー，ルーシャス・Q・C　143
ラングフォード，ナサニエル・P　138–140, 421
ランダル，マリオン　189
ランマン，チャールズ　74, 124
リード，アンドリュー　444
リード，ジェームズ・A　215
リヴィングストーン，デーヴィッド　423
リッチー，A・T・A　434
リリエブラード，スー・E　369
リングランド，アーサー・C　224
リンドバーグ，チャールズ・A　295, 300
ルイス，ポール・M　351
ルーズベルト，セオドア　167, 168, 182, 183, 185, 200–202, 205, 208, 225, 303, 308, 355, 413–416, 422–424, 442
ルーズベルト，フランクリン・D　213, 251, 391
ルート，エリヒュー　185
ルソー，ジャン＝ジャック　61, 418
レイ，ジョン　58
レイニー，サリー・アン　366
レイモンド，ウォルター　420
レーカー，ジョン・E　207, 208
レーガン，ロナルド　357, 399
レーン，チャールズ　118
レーン，フランクリン・K　206
レオポルド，アルド　5, 159, 223–237, 243, 248, 250, 255, 264, 272, 304, 306, 307, 315, 382, 392
レナード，ジーナス　38
レピン，ジム　351
レンスバーガー，ボイス　439
ローザック，セオドア　301
ローソン，ジョン　65
ローランドソン，メアリー　34
ロジャーズ，ジョージ　370
ロス，アレグザンダー　30
ロッジ，ヘンリー・キャボット　185
ロンドン，ジャック　188, 342

わ　行

ワーズワース，ウィリアム　110, 154
ワード，バーバラ　305
ワーニック，ロバート　287, 288, 292, 293, 295, 297, 301
ワイクリフ，ジョン　3
ワット，ジェームズ・G　357, 399
ワトキンズ，アーサー・V　253, 259
ワルドー，ピーター　19

事項索引

あ 行

アイザック・ウォルトン連盟　*251,253*
『アウトサイド』　*382*
『アウトルック』　*202,203,212*
アウトワードバウンド　*314*
アザゼル　*15*
『アタラ』　*62*
アディロンダック山脈　*94,129,131,137,189*
アディロンダック州立公園　*244,252*
アディロンダック保存林　*182*
『アディロンダック——森の生活』　*73*
『アトランティック・マンスリー』　*128,165–167,179*
アパラチアマウンテン・クラブ　*186,205–207*
アフリカ野生生物管理大学　*439*
アフリカ野生生物リーダーシップ基金　*439,441*
『アフリカ猟獣の保護』　*430*
アメリカ合衆国技術者団体　*346*
アメリカ合衆国森林局　*5,168,224,248,261,345*
アメリカ合衆国先住民(インディアン)担当局　*246*
アメリカ合衆国地理調査局　*384*
アメリカ計画市民協会　*254*
アメリカ芸術院　*90*
『アメリカ，この美しきもの』　*296*
アメリカ市民協会　*190,202*
『アメリカ森林管理のための全国計画』　*246*
アメリカ森林協会　*164*
アメリカ生態学会　*236*
アメリカデザイン協会　*100*
『アメリカにおける民主主義』　*29*
「アメリカの原生自然」　*382*
『アメリカの森林のための全国的計画』　*387*
『アメリカの鳥類』　*124*
アメリカの人々のための公園と開放地に関する全国市民政策会議　*261*
『アメリカの人々への公開書簡』　*207*
『アメリカの風景』　*91*
『アメリカのワンダーランド——ペンとカメラによるわが国の風景の驚異の写真と描写の歴史』　*189*
アメリカ風景・歴史保護協会　*190,204*
『アメリカン』　*72*
『アメリカン・ナチュラリスト』　*141*
『アメリカン・マンスリーマガジン』　*72*
『アラスカ』　*351*
『アラスカ・アウトドア・マガジン』　*351*
『アラスカ，原生自然のフロンティア』　*351*
アラスカ国家利益土地保護法　*329,336,349,353,358,368,370,371,428*
『アラスカ——最後のフロンティアでの生活についての雑誌』　*351*
アラスカ先住民　*358*
アラスカ先住民土地請求権解決法　*329,334,335,349,354*
アラスカ地理協会　*352*
『アラスカの原生自然』　*351*
『アラスカの地理』　*352*
「アラスカ——バランスのとれた土地」　*352*
『アラスカ——守るべき約束』　*371*
アラスカ連合　*336,356,357*
アルーシャ宣言　*439*
アルバート国立公園　*427,430*
『アレゲニー山脈からの手紙』　*74*
『アンカレッジ・デイリー・タイムズ』　*347*
イェール森林学院　*224*
イェール大学　*35,138,144,163,164,224*
イエローストーン国立公園　*137,138,140,141,143,153,161,182,183,189,333,445*
『生きている原生自然』　*250,293,355*
『イグザミナー』　*214*
遺跡保存法　*208,355*

『偉大なる地』　351
『インディペンデント』　212
『隠喩(メタファー)論――だれもが知っている聖書の隠喩の手引き』　39
『ヴァージニアについての覚え書』　88
ヴァージル・ジュディス・スターク基金　441
『ウォールデン』　114,117
ウォールデン池　114,117,191
『歌う原生自然』　251
『内なる神』　291
『美しいアラスカ』　351
『美しきアメリカ』　95
ウッドクラフト・インディアンズ　181
エヴァーグレーズ　250
エコーパークダム　243,252-262,267,348,357
エッセネ派　17
エデン　9,16,31,36,45,124
『絵のように美しい家庭読本』　91
『絵のように美しきアメリカの風景』　90
『エミール』　61
エリート主義　363,364,391
エルザ野生動物アピール　439
『奥地の開拓者』　95
オリンピック国立公園　252
『オレゴン街道』　126,127

か 行

絵画性　59
開拓局　253
開拓者　29-33,35-38,43,45-47,74-77,299,331,332
『開拓者たち』　95-98
カイバブ高原　229,266
価値の稀少性理論　298
ガラパゴス島　446
カリフォルニア大学　162
『カリフォルニアとオレゴン街道』　126
『カリフォルニアの山々』　191
カルヴィニズム　111,154
川旅装備専門協会　398
環境収容力　388,389
環境保全主義者協議会　254,260
環境保全信託協会　254
北アメリカ環境保全会議　428
『驚異の摂理』　42
『境界線の歴史』　63,64
恐怖　307,311
キリスト教　14,16-20,22,39,41,43,46,232
キングズ川　161,391
キングスキャニオン国立公園　391
クエティコ・スペリオル　226,250,251,294
クエティコ・スペリオル・カウンシル　250
グランドキャニオン　103,168,266-274,293,311,348,446
『グランドキャニオン』　272
グランドキャニオン国立記念物　271
グランドキャニオン国立公園　274,275,394,397,399,400
グランドキャニオン対策隊　272
クルーガー国立公園　426
グレーシャー国立公園　252
グレーシャー湾　338-341
グレーシャー湾国立記念物　341,353
『クレヨン』　102
グレンキャニオンダム　267,268,275,396,397
『クロニクル』　205
ケニヤ　413,441-443
ケニヤ野生生物クラブ　440
原始主義　60,61,64,66,68,157,184
原子力エネルギー委員会　348
原生自然協会　243,249,250,255,258,356
『原生自然――最先端の知』　351
『原生自然キャンプ』　382
『原生自然での冒険――アディロンダックのキャンプ生活』　144
『原生自然の中にたった一人で』　176
『原生自然の夏』　74
原生自然の保存　123,130,131,133,137-147,162,163,165,167,183,200,203,207-211,215,226,230,243,244,246,249-252,260,261,264,305,310,311,318,330,331,341,345-347,350,360,362-364,367,368,385,418,446,447
原生自然法　243,265,266,296,348,357,398,428
原生自然法案　262,264,265

原生自然保全協議会　265
現代アフリカ国家における自然と天然資源の保全に関するシンポジウム（アルーシャ会議）　438
恒久的野生動物保護基金　225
公有地法再検討委員会　354
『氷に閉ざされた夏』　350
国際公園　445
国際国立公園委員会　433
国際自然保護連合（IUCN）　432,433
国際自然保護連盟　431
国際自然保全連合　438
国際事務局　429
国際狩猟会議　429
国際野生生物保護アメリカ委員会　429
国際連合　431
国定原生・景観河川制度法　274,358
国内徴税局　269
国有林　162,225,226,230,248,262,265
国立公園　168,203,247,358,390-394,399,421,426,428,430-441
国立公園，および，自然保護協会　356
国立公園局　210,215,225,250,253,261,329,350,353,381,388,391,393,394,396-398,401
国立公園局法　390,428
国立公園保存協会　206,211
国立保護地　359
国立北極野生生物保護区　359
『国連国立公園，および，同等の保護区リスト』　433
国連食糧農業機関　441
国連人間環境会議　445,447
国連人間・生物圏計画　306,445
五大湖　124
国会図書館立法府参考部門　261
国家原生自然保全制度　5,265,274,297,329,354,358,371,402
コモンウェルス・ノース　356
『コリアーズ』　212,254
『これが恐竜（ダイナソー）国立記念物問題だ――エコーパーク地域と魔法の川』　255
『これらすべての動物たちはどこへ行ったのか』　440
コロラド川　266,267,274,275,330,394,397,398,400,403
コロラド川管理計画　399
コロラド川貯水事業　252
コロラド森林学・園芸学協会　255
コンコード　32,111,112,115,157
『コンコード川とメリマック川の1週間』　191

さ 行

『サイエンティフィック・マンスリー』　255
サクラメント『レコード・ユニオン』　160
『挿絵で見るアメリカ合衆国の風景』　91
『サタデー・イヴニング・ポスト』　287
『砂漠の隠者』　312,315
サビ狩猟保護区　426
『サファリについて』　424
サラトガスプリングス　139
山岳諸州法律基金　399
産業森林協会　263
サン・ゴルゴニオ原生自然　385
ザンビア国際野生生物公園　445
サンフランシスコ　155,199
サンフランシスコ市のヘッチヘッチ計画　200,216
シエラ・クラブ　189,205,206,208,215,252,261,268,269,271,272,351,356,382,384,387,388,391,396,416,445
『シエラ・クラブ会報』　190,350
シエラ・クラブ原生自然隔年会議　261
シエラ山脈　156,189
シエラネバダ　38,103,135,162,337,358,391
『シエラネバダ――ジョン・ミューア・トレイル』　391
シエラ・マードレ　231
『鹿狩人』　96
システィナ礼拝堂　270
『沈みゆく箱船』　306
『自然』　156
自然環境保全に関する全米知事会議　190
自然史博物館　212
自然と天然資源の保全のためのアフリカ会議

442
自然保護協会　307,445
自然保護国際会議　429
『時代と川の流れ——グランドキャニオン』　272
シナイ半島　14,16
シナバー・アンド・クラークスフォーク鉄道会社　141
ジャイナ教　20,231
『ジャングル』　177
『宗教的地球論』　58
種の保存　306
『ジュリー，あるいは，新エロイーズ』　61
準州地質・地理調査局　139
『食人者について』　61
ジョンズ・ホプキンズ大学　246
ジョン・ミューア・トレイル　292
『ジョン・ミューア・トレイル(足跡)へのスターガイド』　384
『白い牙』　188
進化　307,315
進歩　45,46,216
森林管理委員会　164,165,167
森林管理法　166
『森林ジャーナル』　226,227
森林生産試験所　227,231
『森林風景と他の森林地の眺めに関する意見』　59
森林保護法　163,165
『崇高，および，美の概念の起源の哲学的研究』　58
『スクリブナーズマンスリー』　139
『スケッチブック』　92
スコットランド　153,154
『スタンダード・ユニオン』　212
『スパイ』　95
『すばらしき新世界』　311
聖書　3,9,14,36,37,40,70,154,155
生態学　223,231-237,255,264,302-304,306-308,358,359
『聖なる大地』　233
西部における大学，および，神学教育推進協会　44
『西部の勝利』　182
世界遺産リスト　446
世界野生生物基金　432,433,435
セコイア保護連盟　210
セレンゲティ研究所　436
セレンゲティ公園　445
セレンゲティの友　436
セレンゲティ平原　446
『1984年』　311
先住民(インディアン)　33,34,41,62,97,116,126-129,177,295,300,334-336
『センチュリー』　161-163,190,202,339
全米オーデュボン協会　253,356
全米科学アカデミー　164
全米原生自然保全協議会　262
全米州連合　431

た 行

ダーウィン主義　178,232,234
ダートマスカレッジ　43
『ダイアル』　118
第1回国立公園世界会議　433
対抗文化　300-302,306
『大草原』　96,97,124
『大地と偉大な天候』　351
恐竜(ダイナソー)国立記念物　243,251-257,260,267,268,271,275
太平洋ガス電力会社　209
太平洋岸南西部水利計画　268,270
第4海軍(国立)石油留保地　359
ダコタ準州　183
ダニエル・ブーンの息子たち　181
『だれも知らなかった場所——コロラド川のグレンキャニオン』　267
タン　15
『地球家族』　301
地球国際公園　445
地球国立公園　445
地球にやさしい会議　440
地球の友　356,445
『地球への求愛』　291

チャールズ・「ビッグ・フィル」・ガードナー　36
チャリオット計画　348
中央アリゾナ計画　267,272,273
超越主義　109–111,118,155–157,189,191,232,338
「チリコーシサポーター」　29,30
ツァヴォ国立公園　440
ツンドラ　331
ツンドラ・トレック　350
帝国動物相保存協会　434
ティンバークリーク　184
テクノロジー　296,300,303
『手すりのない山々』　393
テネシー川流域開発公社　249
『デ・レルム・ナトゥラ』　11
田園風景　38,65
天然資源緊急委員会　253
天然資源市民委員会　254
天然資源保全に関する州知事会議　168
デンバー『ポスト』　260
『天路歴程』　39
動物相，および，植物相保護ロンドン会議　430
動物の保護　430
トーモー＝チーキー随想　68
『都会の原生自然』　177
『解き放たれて』　302
土地管理　368,372,386–388
土地利用政策　336
ドナー・サミット　383
『ドン・ジュアン』　63

な　行

ナイアガラの滝　133,139
内務省　271
内陸，および，島嶼問題下院委員会　271
内陸，および，島嶼問題上院委員会　273
『内陸部へ』　351
ナイロビ国立公園　434
『ナショナル・ジオグラフィック・マガジン』　340
ナチュラルブリッジ　88
『名もなき渓谷，輝く山々』　351
『ニッカーボッカー・マガジン』　126
日本　428
ニューイングランド　34–37,125
入植者　31
『ニューズウィーク』　254
ニューディール政策　247
ニューハンプシャー　364
ニューメキシコ州立狩猟野鳥獣部　224
ニューヨーク州森林委員会　146
ニューヨーク州立公園委員会　145
ニューヨーク商工会議所　146
ニューヨーク『タイムズ』　144,212,254,256,264,268
ニューヨーク『トリビューン』　73,145,146
ニューヨーク『ヘラルド・トリビューン』　386
『人間と自然——人間の行為によって改変された自然地理学』　131
『ネイション』　212
ネオ・ロマン主義　301
農務省　261
ノースウッズ・ウォールトン・クラブ　144
ノルウェー　416,441

は　行

『ハーパーズ』　190
ハーパーズフェリー　88
ハーバード大学　112,126,164,176,183,245
パウエル湖　268,396
『バックパッカー』　382,383
ハッチ修正条項　399
ハドソン川　101,145,146
ハドソン・リヴァー派　98,102
バランス　274,275,295–297,308
バンゴール・アローストーク鉄道会社　187
『判断力批判』　59
ヒーラ国有林　227
東アフリカ　436
東アフリカ野生生物協会　439
『被造物に現われし神の叡智』　58

『美と崇高の感覚に関する所見』 59
『一人の原生自然――アラスカのオデッセイ』 351
『緋文字』 44
ピューリタン 32,39-44,310
ヒンズー教 20,231
フーバーダム 266,273,275
ブーン&クロケット・クラブ 185,186
『不誠実な世に関する野蛮人の嘆き』 61
仏教 20,231
「プラスチックの木のどこが悪い？」 291
ブリッジキャニオン 266,267
ブルックス山脈 295,330,331,344,345,348,350,351,403
『プレイボーイ』 400
フレンチ―インディアン戦争 125
フロンティア 29-35,38,40,43,45-47,177-184,297,329-335,341-343,345,350,363,365,367,369,372,413
『ベオウルフ』 2
ヘッチヘッチ渓谷 168,191,199-207,209-215,336,381,390,446
ヘブライ人 14,15,17
ポイント・ホープ 348
『冒険旅行ガイド』 384
ボーイ・パイオニアズ 181
『ポートフォリオ』 71
ボールダーキャニオン 266
ボストン 176,177
ボストン『ポスト』 175,176
保全 159,160,168,273
北海道 416
北極圏 246
北極国立野生生物地域 351
『北極の野生』 350
ホットスプリングス 132
ポトマック川 88
ホリークロス山 103
ホワイト山脈 69,99,125,189

ま 行

マーブルキャニオン 266,267,271
『マグナリア』 41
マッキンリー山 342-344
マッキンリー山国立公園 344,352
マリン・カウンティー 208,209
マレーシア自然保護協会 416
マンモスホットスプリングス 142
ミシシッピ川 88,223
ミズーリ川 141
南太平洋鉄道会社 162
『皆んなで声をあげて，ヨセミテ公園の破壊を止めよう！』 205
ミネラルキング渓谷 318
ミューア森林国立記念物 208,210
ミューア氷河 338
メイン州 102,112,115,116,128,274,364
『メインの森で』 187
『森と川』 145
「森の哲学者」 67
モルモン教 310,417
『モンキーレンチを持つギャング』 298

や 行

野外レクリエーション国民会議 229,230
野生種 413-415
野生生物の管理 439
野生生物の保全 432,440
野生生物保全インターナショナル 445
『野生のアラスカ』 351
『野生の呼び声』 188,342
ユーコン川 333,343,346
ユーコン・テリトリー 342
『ユーコンの魅力』 343
ユーコン干潟 346
ユーコン平原 359
ユネスコ 431,446
『ユリシーズ・ファクター』 315
『用心』 95
ヨーロッパ 62,63,87-89,91-96,99-102,115,290,425,444
ヨセミテ国立公園 161,162,168,183,191,199,205,207,213,391,446
ヨセミテ国立公園保存全国委員会 211

ら 行

『ライアモンズ・ブルート』　*3*
『ライフ』　*254*
楽園　*10,16,31,32,36*
ランゲル　*338*
ランパート渓谷　*333,346*
ランパートダム　*346-348*
『リーダーズダイジェスト』　*254*
理神論　*57,59,60,66,73,77,87,110*
『リスニング・ポイント』　*251,294*
『猟獣の支配者』　*424*
猟獣の収穫　*438,441*
旅行者　*339-342,344,349,350,353,413-416,418-422,433,436,438*
リリス　*15*
『林泉高致』　*21*
ルイストン　*176*
『類猿人ターザン』　*188,215*
『ルネ』　*62*
レインボーブリッジ国立記念物　*268*
レッドウッズ国立公園　*446*
『レッドデータブック』　*432,433*
連邦開拓局　*252*
連邦権限法　*273*
連邦森林局　*163*
老荘哲学　*20,21*
ローマ　*11-13,113,184*
ローレンスビル大学進学予備校　*224*
『ロジャー・マルヴィンの埋葬』　*44*
ロッキー山脈　*36,103,125,127,189*
ロッキー山脈国立公園　*239*
「ロッキー・マウンテン・ハイ」　*302*
ロックフェラー兄弟基金　*441*
『ロビンソン・クルーソーの生涯と驚くべき冒険』　*61*
ロマン主義　*57,60,62,63,65-69,71,72,74,76,77,87,90,94,95,98,109,112,123,124,141,145,190,211,223*
ロンドン会議　*430,431,434*

わ 行

『ワールズ・ワーク』　*180*
ワイズマン　*344,346*
『若いグッドマン・ブラウン』　*44*
ワシントン『ポスト』　*268*
ワシントン山　*65*
『私の道は北へ』　*351*
ワラパイ先住民　*274*
ワルドー派　*19,39*

《著者紹介》

ロデリック・フレイザー・ナッシュ（Dr., Roderick Frazier Nash）

1939年ニュヨーク生まれ。現在，カリフォルニア大学サンタバーバラ校名誉教授。環境史・環境思想史・環境管理・環境教育等の世界的な権威として評価されるとともに，アメリカの環境政策に大きな影響を与える環境問題のコンサルタント，環境教育の活動家として活躍してきた。また，*Environmental Ethics, Environmental Review, Journal of Environmental Education* 等の数多くの著名な学術研究誌の編集委員を委嘱されてきた。

1960年に，ハーバード大学歴史学部で歴史と文学を専攻，magna cum laude（第２位優等賞）で卒業後，ウィスコンシン大学大学院で，アメリカ思想史（American Intellectual History）の大家，マール・カーティ教授の指導のもと，アメリカ思想史と環境思想史を学び，1964年に，本書の原型となる博士論文「原生自然とアメリカ人の精神」で歴史学の博士号（Ph. D.）を取得。その後，1966年に，カリフォルニア大学サンタバーバラ校歴史学部に赴任，「人間－環境」関係論，アメリカ環境史，アメリカ大衆文化史等の分野で，人気教授として活躍するとともに，1970年に同大学に環境問題に対する問題解決志向型，学際的な教育・研究組織，「環境研究プログラム」（Environmental Studies Programs）を設置し，初代センター長となった。1969年，アメリカ・カリフォルニア州サンタバーバラ沖の原油流出事故に対して，自らが中心となって，世界に発信した「サンタバーバラ環境権宣言」は世界の数多くの人々の支持を得た。

環境倫理思想史の分野では，「自然の権利」思想の形成過程を歴史的に分析したすぐれた著作『自然の権利――環境倫理学の歴史』（邦訳『自然の権利――環境倫理の文明史』松野弘訳，ミネルヴァ書房，2011年／ちくま学芸文庫版，1999年／TBSブリタニカ版，1993年）が刊行され，数多くの読者に支持され，日本以外にも，オーストラリア，中国，ギリシャ等の６カ国で翻訳されている。

［主要著作］

The American Environment: Readings in Conservation History, Addison Wesley, 1968

The Big Drops: Ten Legendary Rapids of the American West, Johnson Books, 1978（2nd edition, 1989）

The Rights of Nature: A History of Environmental Ethics, University of Wisconsin Press, 1989（邦訳『自然の権利――環境倫理の文明史』松野　弘訳，ミネルヴァ書房，2011年／ちくま学芸文庫，1999年／TBSブリタニカ，1993年）

American Environmentalism－Readings in Conservation History（*3rd edition*）, McGraw-Hill, 1990（1968, 1976）（邦訳『アメリカの環境主義――環境思想の歴史的アンソロジー』松野　弘監訳，同友館，2004年）

From These Biginnings: A Biographical Approach to American History（6th edition）, Harper and Row, 2000（1973, 1978, 1983, 1991, 1995）（邦訳『人物アメリカ史（上・下）』足立　康訳，新潮社，1989年）　他多数

《訳者紹介》（所属，執筆分担，執筆順，＊は監訳者）

＊松野　弘（千葉商科大学人間社会学部教授，日本語版への序文，序文，第５版はしがき，第５版へのエピローグ）

山田雅俊（玉川大学経営学部准教授，プロローグ）

小松　洋（松山大学人文学部教授，第１章～第５章）

関　礼子（立教大学社会学部教授，第６章～第11章）

川島耕司（国士舘大学政経学部教授，第12章～第16章）

《監訳者紹介》

松野　弘（まつの　ひろし）

1947年岡山県生まれ。早稲田大学第一文学部社会学専攻卒業。山梨学院大学経営情報学部助教授，日本大学文理学部教授・大学院文学研究科教授／大学院総合社会情報研究科教授，千葉大学大学院人文社会科学研究科教授を経て，現在，千葉商科大学人間社会学部教授。博士（人間科学，早稲田大学）。日本学術会議第20期・第21期連携会員（特任－環境学委員会）。千葉大学大学院人文社会科学研究科客員教授／千葉大学 CSR 研究センター長を兼務。

専門領域としては，環境思想論／環境社会論，産業社会論／CSR 論・「企業と社会」論／地域社会論・まちづくり論／高等教育論。現代社会を思想・政策の視点から，多角的に分析し，様々な社会的課題解決のための方策を提示していくことを基本としている。

環境思想論・環境社会論に関する領域の研究テーマとしては，①「環境思想」の比較研究（Environmentalism vs. Ecologism），②「環境政治思想」の生成と展開に関する研究，③「エコロジー的近代化論」（Ecological Modernisation）の思想と論理に関する研究，④〈エコロジー的に持続可能な社会〉論（Sustainable Society）の社会科学的研究（「大量生産－大量消費－大量廃棄型」の産業社会システムの批判的検討），等がある。

これまで，ナッシュの三大著作のうち，本書の他，『自然の権利――環境倫理の文明史』（訳，ミネルヴァ書房，2011年／ちくま学芸文庫版，1999年／TBS ブリタニカ版，1993年），『アメリカの環境主義――環境思想の歴史的アンソロジー』（監訳，同友館，2004年）を刊行した。

[主要著訳書]

『現代環境思想論』（単著，ミネルヴァ書房，2014年）
『大学教授の資格』（単著，NTT 出版，2010年）
『大学生のための知的勉強術』（単著，講談社現代新書，講談社，2010年）
『環境思想と何か』（単著，ちくま新書，筑摩書房，2009年）
『地域社会形成の思想と論理』（単著，ミネルヴァ書房，2004年）
『環境思想キーワード』（共著，青木書店，2005年）
『現代地域問題の研究』（編著，ミネルヴァ書房，2009年）
『「企業の社会的責任論」の形成と展開』（編著，ミネルヴァ書房，2006年）
『脱文明のユートピアを求めて』（R.T.Schaefer, W.Zellner，監訳，筑摩書房，2015年）
『入門企業社会学』（M.Joseph, 訳，ミネルヴァ書房，2015年）
『産業文明の死』（J.J Kassiola，監訳，ミネルヴァ書房，2014年）
『企業と社会――企業戦略・公共政策・倫理（第10版）』（J.E.Post 他, 監訳, ミネルヴァ書房, 2012年）
『ユートピア政治の終焉――グローバル・デモクラシーという神話』（J.Gray, 監訳, 岩波書店, 2011年）
『緑の国家論』（R.Eckersley，監訳，岩波書店，2010年）
『新しいリベラリズム――台頭する市民活動パワー』（J.M.Berry，監訳，ミネルヴァ書房，2009年）
『環境社会学――社会構築主義的観点から』（J. A.Hannigan，監訳，ミネルヴァ書房，2007年）

他多数

原生自然とアメリカ人の精神

2015年12月10日　初版第1刷発行　〈検印省略〉

定価はカバーに
表示しています

監訳者　松野　弘
発行者　杉田啓三
印刷者　藤森英夫

発行所　株式会社　ミネルヴァ書房
607-8494　京都市山科区日ノ岡堤谷町1
電話代表（075）581-5191
振替口座　01020-0-8076

亜細亜印刷・兼文堂

ISBN978-4-623-07153-1
Printed in Japan